社会工作精品教材

Financial Capability and Asset Building in Vulnerable Households

弱势家庭的金融能力与资产建设

理论与实务

[美] 玛格丽特·谢若登
朱莉·贝肯麦尔 迈克尔·柯林斯 著
方舒 胡洋 樊欢欢 张现苓 尹银 译
张莹莹 黄进 校

格致出版社 上海人民出版社

中文版序
金融能力是实现人的现代化与人的全面发展的核心能力

2018年春季，第一本关于社会工作者开展金融能力服务的教材由牛津大学出版社出版了，我们很高兴地把它分享给合作的中国社会工作同仁们，包括中央财经大学的李国武和方舒老师、中国青年政治学院的陈树强、侯欣和周晓春老师，以及北京大学的邓锁老师。五年过去了，我们非常高兴地看到，这本教材的第一个译文版将在中国正式出版。

近几年，全球新冠病毒流行、地缘政治危机加剧、经济全球化趋势转向；不管个体是否意识到，这些全球宏观动荡与变迁都深刻地影响着所有国家与社会中每个个体和家庭的就业、经济和金融安全。这使我们更加清楚地认识到，在一个复杂、变迁和动荡的全球环境中，个体的金融能力——正如本书所定义的，不仅包涵个体的金融素养、知识和技能，更涵盖普惠金融赋予人们的金融机会——对于确保家庭的经济安全以及金融福祉与金融健康起着至关重要的作用。

各个国家和社会实现现代化的途径与方式、强调的现代化目标或有不同。但是在日益金融化的现代化进程中，金融能力已经成为实现人的全面发展的核心能力之一，也是促进社会普遍富裕的微观基础。金融能力的关键作用贯穿于个体创造财富、分配财富和积累资产的全过程。培育个体的金融能力，增加他们接受普惠金融的机会，提高他们的金融知识与技能，是建设以个体和家庭金融福祉为中心的金融服务体系的一个独特和有益的切入点。但是，正如我们在美国社会中所观察到的，许许多多的弱势群体与家庭缺乏基本的金融能力，缺乏抵御风险的金融韧性，缺乏普惠的金融机会来帮助他们实现财富的创造、资产的积累和经济的繁荣，这进一步地影响了他们的身心健康、精神与行为、家庭关系、生活质量和幸福感，以及社区的治理与发展。

正如你们将在本书中看到的，我们提供的四个美国家庭的案例贯穿全书，力图想象他们会如何经历长达三年的新冠病毒大流行和世界经济动荡，他们的家庭经济和金融状况又会如何影响他们的生活。我们担心已经经受了破产的中年印第安人乔治，担心他的低工资能否提供足够的经济韧性，支持他从大学毕业，也支持他的女儿们健康成长。我们也忧虑单身的黑人妈妈尤兰达能否在金融咨询师的帮助下，逃脱发薪日贷款的高额利息的陷阱，照顾好她年老的、认知衰退的妈妈，帮助她的女儿解决恋情与教育目标上的冲突。我们希望从墨西哥移民来美国的康特拉斯一家已经攒够了首付，能够搬离那个让他们的孩子受欺凌的社区和学校，同时还有足够的资源支持他们留在墨西哥的家庭成员。我们更担心年轻的妈妈朱厄尔能否经济独立并成功建立自己的金融能力，能否带着孩子，不再需要在家暴的丈夫和庇护所之间奔波。

这些案例体现了不同家庭在不同生命周期的不同需求。没有金融能力，没有建立基于金融能力的经济安全和金融福祉，他们希望实现的生活目标，希望看到的老人健康、儿童成长、成年人事业有成和家庭和睦的景象都只会是虚幻的和不切实际的。家庭金融状况与金融能力贯穿于并整合在家庭各种功能的实现过程中；也贯穿于并整合在人们实现自己不同发展目标的过程中。把金融能力与人的全面发展联系起来是社会工作者思考和实践这一问题的独特视角，这也给服务个体与家庭的专业工作人员，包括社会工作者，提出了一个重要的挑战：我们认识到了金融能力对于实现专业服务目标的重要作用了吗？我们具备专业的知识、技能和资源去帮助服务对象提高金融能力吗？我们需要如何做才能够实现一个人人都享有平等、有益、以个体和家庭福祉为中心的金融服务，人人都享有普惠的金融机会，人人都享有充分的金融导引服务来提高自己的金融知识和技能并改善自己的金融能力的社会呢？这就是社会工作专业对于发展个体金融能力提出的一个愿景。

我们提倡从四个方面的工作入手，帮助我们创建这样一个支持金融能力与人的全面发展的社会体系与机制：第一，为了更深入地理解个体和家庭的金融状况及其金融能力，我们迫切需要依靠社会科学家进行科学且深入的研究。正如我们在本书第一部分的相关章节中展示的，这些研究可以帮助我们描述家庭金融能力的现状，理解它对个人和家庭的重要性，以及对人的全面发展的影响。这些研究还有助于我们认识到金融能力是如何与经济状况、教育机会和社会福祉等因素相互关联的。通过分析金融能力的不同维度和影响因素，我们可以制定更加有效和精准的政策、服务与干预措施，以提高人们的金融能力水平。

第二，为了提高金融能力和促进家庭的金融健康与发展，我们迫切需要改善和普及金融教育，为服务对象提供易于理解的和可获得的金融信息。通过改善金融教育，我们能够为人们提供必要的金融知识和技能，使他们能够更好地理解和管理个人和家庭的财务事务。这包括教授基本的预算技巧、理解贷款和债务管理及投资和储蓄策略等方面的内容。此外，我们还应该注重金融教育的多样性和包容性，以满足不同人群的需求。更重要的是，政府、学校、金融机构和社会组织等各方应该合作起来、共同努力，建立更加全面和协调的金融教育体系，为人们提供全面的金融教育资源和支持。一个系统的金融教育供给体系比一个单一的金融教育服务项目更加重要。本书第二部分的相关章节将提供许多有助于社会工作者了解金融产品和服务的知识和技能。

第三，大量的科学研究显示，光是金融教育并不足以充分提高人们的金融能力。除了金融教育，我们需要针对家庭的金融和财务等事务开展专业的金融导引服务。我们将金融导引定义为一个系统的、与家庭金融事务相关的、针对所有人群的社会服务系统，帮助个人和家庭作出最佳金融决策、遵守财务承诺、防止不必要的金融困难，避免经济困境的风险，加强金融稳定和未来的金融安全。金融导引服务的类别大致有信息提供、金融教育与培训、金融规划与建议、金融督导、金融咨询与金融治疗等。因此，金融教育也是一种特殊的金融导引服务。我们将金融导引作为金融社会工作的微观服务基础。建立在第二部分关于家庭的金融功能以及相关金融服务的基础上，本书第三部分的相关章节将简述金融导引服务的内容。

第四，我们强调，要促进个体金融能力的发展就必须关注社会政策金融化的趋势，以及社会政策和金融服务之间的紧密互动。对于社会弱势群体而言，避免社会政策金融化加剧金融排斥和不平等的风险是确保金融福祉与金融健康的关键。我们观察到，不仅在美国，而且在中国，社会政策的金融化都是一个影响个体和家庭的金融能力与金融福祉的重要制度性力量。比如，中国的社会养老和社会医疗保险制度中都伴有个人账户的组成部分，中国的住房公积金制度对于住房贷款和资产建设的支持，中国出台的个人所得税抵扣对于专项社会服务目标的促进，以及最新的个人养老金账户制度等都体现出新社会政策对个人与家庭的金融能力和金融福祉的重要影响。本书第四部分的相关章节也将简述社会政策实践在提升金融能力上的应用。

这四个方面的初步工作体现了推动个体和家庭的金融能力发展是一个复杂的社会体系和系统工程，需要社会各个部门和不同行业的共同努力。社会工作专业提出人人享有金融能力的愿景，聚焦现代化过程中金融能力与人的全面发展的关系，可以在促进人的金融能力发展、人的现代化和金融的现代化中扮演非常积极的作用。因此，社会工作促进金融能力的发展开创了社会工作实践的新领域：金融社会工作。高水平的专业金融社会工作实践只能依赖于高水平的金融社会工作教育和培训。在美国，我们评估得出：约一亿美元的投入就可以有效地更新美国社会工作者的金融能力实践技能。这本由美国圣路易斯华盛顿大学社会发展中心支持的教材，也是改善金融社会工作教育和培训，提升专业金融社会工作实践水平的一个努力。

在和中国社会工作同仁的合作交流中，我们观察到中国金融社会工作教育在过去几年迅速发展，有着推动金融社会工作实践、推进个人金融能力的良好条件。早在 2012 年，在北京大学王思斌教授和香港理工大学院曾媛琪教授的支持下，北京大学—香港理工大学中国社会工作研究中心就与美国圣路易斯华盛顿大学社会发展中心联合举办了“亚洲资产建设政策与创新国际研讨会”，提出以推进资产建设社会政策作为完善金融能力的重要政策基础。在过去五年间，金融能力与资产建设和金融社会工作的概念在中国进一步得到推广。2018 年，中央财经大学社会与心理学院和北京大学—香港理工大学中国社会工作研究中心联合举办了“金融赋能与资产建设：金融社会工作教育、研究与实务国际研讨会”，北京大学王思斌教授、中国青年政治学院史柏年教授、中国人民大学李迎生教授、云南大学钱宁教授和中国社会工作学会邹学银秘书长都在会上做了报告，大部分报告发言后来都发表在了《社会建设》上，推动了中国金融社会工作的发展。此后，西南财经大学社会发展研究院邓湘树老师和上海商学院社会工作系刘东老师也分别举办了关于金融能力与金融社会工作的学术会议。中央财经大学、江西财经大学和广东财经大学还分别开设了金融社会工作专业本科和硕士的培养方向。2021 年，在南京大学彭华民教授和中央财经大学李国武教授的努力下，中国社会工作教育协会成立了金融社会工作专业委员会（简称“金融社工专委会”），包括二十多个成员单位。金融社工专委会还分别在 2020 年、2021 年和 2022 年底召开了学术论坛。过去的五年间，在中央财经大学李国武和方舒老师、复旦大学顾东辉和赵芳老师、中国青年政治学院陈树强和侯欣老师，以及北京科技大学郇建立和吴玉玲老师的支持下，美国圣路易斯华盛顿大学社会发展中心也把金融社会工作的培训内容加入相关院校社会工作学生的暑期课程或培训班。在金融社会工作教育迅速发展的同时，金融社会工作研究在中国亦获得了长足的进步：中央财经大学李国武教授主编了《金融与社会》的年度集刊，推广中国金融社会工作的研究成果；中央财经大学方舒老师、北京大学邓锁老师、上海纽约大学金敏超老师和中国青年政治学院周晓春老师在多份社会工作期刊上组织专栏并发表金融社会工作文章。此外，中国的金融社会工作实践也获得了发展。比如，VISA 公司普惠金融及教育负责人王东先生和益宝科技的周玲女士，在中国金融教育发展基金会和中国社会工作联合会的支持下，广泛开展了针对社会服务组织和社会工作者的金融教育和金融能力培训活动；汇丰银行（中国）有限公司资助上海佰特教育咨询中心多年持续开展提升儿童青少年金融素养的教育与研发项目；深圳市创新企业社会责任促进中心倡导推进“深圳市居民金融素养提升工程”等。还有许多的中国社会工作同仁在发展金融社会工作过程中给予了我们许多帮助，作出了许多贡献，我们无法在这里一一列举。

我们希望本书的出版，将有助于中国社会工作同仁们进一步探寻中国金融社会工作教育和实践发展的独特路径，为制定中国自己的金融社会工作教材和教纲提供一些可借鉴的背景材料。在社会经济发展的新形势下，在普惠金融和数字金融高速发展的过程中，推动个体和家庭金融能力与金融福祉的金融社会工作提供了一个推进社会工作高质量进阶式发展的具体路径。我们也观察到，金融社会工作在中国的发展有着许多新机遇。例如，中国社会工作教育标准、专业胜任力和核心课程的制订将有助于规范社会工作者金融能力的教育与培训；中国基层社会工作服务站的推广和普及为社区和基层金融社会工作的实践提供了广阔天地和机会；新的人口发展战略、生育支持政策体系和老年服务体系的发展也为提升家庭金融能力的政策、服务与实践开拓了新的机遇。我们热切期盼中国金融社会工作的新发展。

最后，我们向本书的译者中央财经大学社会与心理学院方舒教授、尹银副教授、胡洋副教授、张现苓副教授和樊欢欢博士；向本书的校者圣路易斯大学张莹莹博士；向本书的资助者中央财经大学社会与心理学院院长李国武教授；向本书的出版方格致出版社，以及该社的忻雁翔副总编辑和程筠函编辑表示衷心的感谢和致敬！

黄　进
玛格丽特·谢若登

任何曾经在贫困中挣扎过的人都知道，贫穷是多么昂贵。

——詹姆斯·鲍德温（1960）

鲍德温，J.（2007），第五大道，上城区，《时尚先生》杂志，从 http://www.esquire.com/news-politics/a3638/fifth-avenue-uptown/ 检索（最初出版于 1960 年 7 月）

致　谢

本书是多年合作团队共同努力的成果。随着 20 世纪后期将社会与经济发展联系起来的理论与实践的推进，我们有理由相信，助人职业——尤其是社会工作和家庭经济学——重新唤起“美国进步年代”对弱势家庭财务状况的兴趣是正当其时的。2004 年，在社会工作专业与密苏里大学推广服务中心（University of Missouri Extension Services）的共同协作下，玛格丽特·谢若登（Margaret Sherraden）和沙隆·劳克斯（Sharon Laux）为社会工作者开设了或许是首个家庭理财课程。自此，我们开始设计各种方法，在十余年里致力于将金融知识和技能融入帮助弱势家庭的专业关系中。

到了 2012 年，一个来自圣路易斯华盛顿大学社会发展中心（Center for Social Development，CSD）的团队开始着手创建金融能力与资产建设（financial capability and asset building，FCAB）的课程，并将其提供给那些致力于研究弱势家庭和社区服务的社会工作专业学生。我们诚挚地感谢富国银行顾问和亚瑟·维宁·戴维斯基金会的慷慨资助，以及 CSD 的持续支持，这使得课程在接下来的三年里得到了良好发展。该课程项目为本书提供了启迪与基础。

我们感谢 FCAB 课程开发团队，该团队由来自 CSD 的 Mike Rochelle 和 Gena McClendon 专业领导，并得到了来自圣路易斯华盛顿大学布德尔美国印第安裔研究中心（Buder Center for American Indian Studies at Washington University in St. Louis）的 Peter Coser Jr.（现在是 Muscogee Creek Nation 的成员）的支持。课程的早期贡献者是 Meg Schnabel、Sheila Fazio、Tiffany Jackson、Katie Vonderlinde 和 Emily McGinnis。在圣路易斯的妇女再发展机会项目中，他们率先开展了经济倡导和金融教育。该组织倡导经济赋能的创新，帮助亲密伴侣暴力的受害者发展金融能力并建立金融资产。

我们非常感谢提供想法和思路的那些人，这让 FCAB 的课程得到了发展与完善。他们是：Gloria Brainsby，Dory Charlesworth，Patrice Dollar，Karen Edwards，Christy Finsel，Vikki Frank，Suzanne Gellman，Mae Watson Grote，Miriam Jorgensen，Sharon Laux，Cathie Mahon，Jonathan Mintz，Dominic Moulden，Jessica Gordon Nembhard，David Pate，Anna Shabsin，Rebecca Smith，Beverly Sporleder，Paul Stuart，Veronica Womack，Jing Xiao。

我们也要感谢那些参与试行 FCAB 课程的个人和机构合作伙伴。他们率先体验了 FCAB 课程，为课程的有效与否提供了第一手观察资料，并对其学生的学习情况进行了调查。很多人都慷慨地提供了宝贵的反馈意见，其中包括：Melody Bracket、Kim Downing 和 Deborah Riddick（伊丽莎白市州立大学）；Jenny Jones（现就职于克拉克·亚特兰大大学）；Michael Wright（田纳西州立大学，现就职于内华达大学拉斯维加斯分校）；Rene Dubay、Virgil Brave Rock 和 Craig Stevenson（萨利希·库特耐学院）；Andre Stevenson（鲍伊州立大学）；Joanna Doran（加州州立大学洛杉矶分校）；Yamuranai Kurewa 和 Karla McLucas Mary Stephens（班尼特学院）；Lisa Long、Kim Nelson 和 Sue Vickerstaff（塔拉德加学院）；Cathy Kass（培根学院）；Leah Prussia（伯米吉州立大学）；Tina Jordan（特拉华州立大学，现就职于鲍伊州立大学）；Wachelle McKendrick（佛罗里达农业和机械大学）；Lane Simpson 和 Alda Good Luck（小比格霍恩学院）；Virginia Whitekiller、Toni Hall 和 Carolyn Cox（东北州立大学）。其他的大学和合作组织针对课程开发也提供了一定的指导，其中包括 Evelyn Bethune、Theodore Daniels、Siomari Collazo-Colon、Michael Milner 和 Helen D. Worthen。

从 2014 年开始，我们便致力于将 FCAB 课程编写为一本教科书，其间许多同仁都在不同方面作出了重要贡献。Terra Neilson 作为团队成员，同时又是圣路易斯华盛顿大学的硕士研究员，负责了第 3 章的研究与起草工作。并且，她还参与了术语对照表的编写工作，并为几个章节提供了关键的反馈信息。Molly Tovar 和 David Patterson 审阅了乔治·威廉姆斯及其家庭的案例材料；Tiffany Jackson 审阅了尤兰达·沃克及其家庭的案例材料；Liza Barros Lane 审阅了西尔维娅·伊达尔戈·阿塞韦多和赫克托·康特拉斯·埃斯皮诺萨及其家庭的案例材料。在早期，Leah Gjertson 在一节消费金融课上以乔治的案例做了试教学，并就如何在课堂上最好地使用案例材料提供了有益的建议。Aaron Beswick 和 Courtney Roelandts 为尤兰达·沃克和乔治·威廉姆斯的案例研究提供了见解和资源。Shanea Turner-Smith 帮助完成了（本书的）术语对照表，她和 Kiyana Merritt 共同协助我们完成了事实核查的工作。圣路易斯大学的毕业生 Megan Armantrout 和 Maria Fitzgerald，也协助编辑了部分章节。

两位同仁阅读了整篇手稿，并提供了有用的反馈，其中包括以社会工作从业者的角度给予直率反馈的 Connie Sherrard，以及站在学生的角度思考并提供很多有用建议的 Maria Fitzgerald。同时，许多同仁认真地审查了各章节，我们感谢每一位同仁提出的宝贵的指正与意见：Gloria Brainsby，Mary Caplan，Margaret Clancy，Haidee Causora，Sara Dewees，Bill Emmons，Allison Espeseth，Mae Watson Grote，David Lander，David Marzahl，Molly Metzger，Nancy Morrow-Howell，Stephanie Moulton，Rourke O'Brien，Peggy Olive，Clark Peters，Katie Plat，Cliff Robb，Patti Rosenthal，Cynthia Sanders，Trina Shanks，Dave Stoesz，Paul Stuart，Justin Sydnor，Kathryn Sydor，Sharon Tennyson，Molly Tovar，Eric Zegel。

从一开始，Darla Spence Coffey 就代表全美社会工作教育协会（Council on Social Work Education）对此项事业给予了鼓励，并支持我们与全美社会工作教育协会在经济福利方面建立合作伙伴关系。贯穿全书，我们都以美国消费者金融保护局（Consumer Financial Protection Bureau，CFPB）和其他联邦机构提供的优质材料为依托。同时，来自美国国家金融教育基金会（National Endowment for Financial Education，NEFE）的 Ted Beck 和 Billy Hensley 也给予了本书撰写工作许多鼓励，并主动向社会工作相关教员和其他人类服务类专业人士提供支持。

多年来，本书的编写工作一直受益于我们与 Jodi Jacobson Frey 和 Christine Callahan 在马里兰大学社会工作学院（University of Maryland School of Social Work）金融社会工作创新中心（Financial Social Work Initiative）的合作。其间我们的团队共同主办了三次全国会议，聚焦于 FCAB 的研究成果和政策倡议。2015 年，在黄进（Jin Huang）等人的杰出贡献和领导下，“面向全民的金融能力与资产建设”被美国社会工作与社会福利科学院评选为“21 世纪社会工作的十二大挑战之一”。这项成就让研究人员、政策制定者和从业人员继续聚集在一起，去考虑如何改善弱势家庭和社区的财务状况。

同时，我们也十分感谢众多其他来自 FCAB 领域的专家，正是有了他们的激励，我们的工作才得以坚持。而他们的贡献也被蕴含在了本书之中：Deb Adams，Sandy Beverly，Ray Boshara，Marion Crain，Jami Curley，Mat Despard，Willie Elliott，Steve Fazzari，Terri Friedline，Sally Hageman，Philip Hong，Jim Kunz，Vernon Loke，Michal Grinstein-Weiss，Jeanne Hogarth，Tahira Hira，Philip Hong，Youngmi Kim，Amanda Moore McBride，Robin McKinney，Yunju Nam，David Okech，Melvin Oliver，Barbara O'Neill，Louisa Quittman，Kristin Richards，David Rothwell，Tom Shapiro，Fred Ssewamala，Stacia West，Jing Xiao，Intae Yoon，Min

Zhan，Karen Zurlo。

CSD 的杰出编辑 John Gabbert 所拥有的经验、技巧和耐心，有助于这本书汇编成册并使许多原本“游离的部分”体系化。可以说，是他和另一位 CSD 的编辑 Chris Leiker 一道让这本书成为现实。一开始就参与了编写工作的 Lissa Johnson 拥有十分丰富的项目经验，她提供了宝贵的统筹和指导，以及第 3 章的关键内容。Tiffany Trautwein 编写了整个课程大纲。为了丰富本书的内容，Tiffany Heineman 为此策划了许多会议和学术论坛，而 Tanika Spencer 为这些活动提供了行政上的帮助。

我们非常感谢牛津大学出版社的编辑 Dana Bliss，他从一开始就对本书的出版信心满满，在给予我们鼓励的同时，为我们提供了为期三年的斧正和指导，并耐心地等待最终的稿件。此外，还要感谢他的同事——才华横溢的编辑 Stefano Imbert——就书中所描述的四个家庭进行了图片制作。

本书所包含的所有观点、意见和政策讨论都来源于编者，与本书的所有资助者无关。在本书手稿的准备过程中，柯林斯同时获得了由安妮 · E. 凯西基金会和 CFPB 给予的其他项目的支持，这些项目和支持皆与本书观点无关。

此外，在本书出版过程中，我们的同事在厘清思路、提供建议、补充内容和纠正错误上提供了许多帮助，对此我们表示感谢。除此之外，如有纰漏，皆由本书编者负责。最后，附上我们的个人赠言：

本书是为那些对改善所有人的财务生活有热情的学生准备的，尤其是那些在私人和公共组织中继续担任领导者角色并可以使这愿景成为现实的人。

——迈克尔 · 科林斯（Michael Collins）

我想把这本书献给 Phil，他以各种方式为这项工作作出了贡献。我也要感谢我的社会工作专业本科生和硕士生，他们在过去的几年里为本书草稿提供了宝贵的反馈。

——朱莉 · 贝肯麦尔（Julie Birkenmaier）

这本书是献给我的学生的，关于美国家庭的经济困难和梦想，他们教会了我比他们所知的更多的东西。我还想献给 Michael、Catherine 和 Adrienne、Sam 和 Allison，以及我的孩子们，Ellie 和 Lila。

——玛格丽特 · 谢若登（Margaret Sherraden）

2017 年 3 月 9 日

目　录

引　言

考虑这些情形：

● 几年前，你帮助乔治·威廉姆斯处理了一些家务事和个人破产问题。现在，乔治用他以前留存的联系方式再次联系了你。他听起来很焦虑，和你倾诉了他目前经济再次拮据的情况，不知道自己能不能再为家人维持稳定的生活状态。他的大女儿一直说着想要上大学，而他自己也非常希望给他的三个孩子他自己从未有过的教育机会，然而现在，保证家庭的基本温饱对他来说就已经是一个问题了。于是他向你寻求帮助，但你也不确定能不能帮到他。

● 你曾一直为尤兰达·沃克开展工作，试图帮助她正处于青春期、难以找到自己生活方向的女儿。有一天，尤兰达满是烦恼地打电话给你，咨询你是否能帮她为年迈的母亲寻得相关服务，因为他们发现她时常四处走动然后迷路。尤兰达有很多事情要做：两个正处于青春期的女儿、债务问题，还有一个年迈的母亲需要照顾。因此，她向你寻求帮助。

● 西尔维娅·伊达尔戈·阿塞韦多和赫克托·康特拉斯·埃斯皮诺萨是一对已婚夫妇，他们有两个年幼的孩子和投靠他们的亲戚们。他们联系了你所在的机构，因为他们渴望离开现居的不安全社区。你与他们进行交流以后得知，是一个朋友介绍他们来到你的机构，因为他们曾有一次糟糕的尝试买房子的经历。虽然他们已经为房子的首付攒了很多钱，但是考虑到高昂的房价和缺乏信贷支持的现状，你不认为这是一个好的选择。

● 你已经在家庭暴力庇护所为朱厄尔·默里以及她的小女儿开展过几次工作了，当时她正在寻求帮助，希望摆脱她凶暴的丈夫的伤害。每次经过几天的咨询后，她都会回到丈夫的身边。今晚她带着伤回来了，听上去也比以前更害怕。由于在寄养环境中长大，朱厄尔缺少支持和生活技能。你担心她的安全和未来，但是依然决定帮助她。

这些是社会工作者、其他人类服务实践者和金融从业者每天都要与服务对象打交道时面临的情况。每一种都展示了社会、情感、经济和财务的多重挑战。虽然从业人员受过培训并有信心应对社会和情感方面的挑战，但他们也经常感到难以应付经济和财务挑战。

历史回顾

情况并非总是如此。在20世纪初的美国，在社会工作和家庭经济学等专业逐渐兴起的“进步时代”，服务者经常与家庭财务打交道（Stuart，2013）。在安置房、家庭服务机构、学校和大学中，服务者指导人们管理家庭和财务，并调查穷人的财务状况（Stuart，2016）。社会工作者和其他专业人士一道制定了支持贫困家庭的社会政策并创建了一些组织（Cruce，2001；Skocpol，1995）。在那些赠地大学和家庭经济局的政府办公室，研究人员和指导员进行了研究，并培训了家庭经济师，以促进家庭的知情消费和公共政策中的消费者保护（Goldstein，2012）。家庭经济福利是当时助人专业人士们的一个最基本问题。

到20世纪中叶，社会工作者在很大程度上放弃了对金融福祉的关注，反而转向研究心理和精神健康挑战问题（Specht and Courtney，1994）。与此同时，家庭经济师不再是联邦消费者机构中的关键角色，在消费经济学中也失去了发言权（Goldstein，2012）。大约在这个时候，经济学家把注意力转向公司和市场，而减少对消费者决策的关注（Tufano，2009）。

然而，到20世纪末，很多趋势日趋一致——重新激发了人类服务实践者对家庭经济生活的兴趣。在20世纪90年代，福利改革使家庭财务管理重新被世人关注，并引发对个人财务责任和经济自给自足的呼吁（Hacker，2008）。同时，强调资产不平等的研究提出了在经济阶梯最底层的家庭中创造财富的建议，特别是面向那些历史上和在当下遭受种族主义和歧视的有色人种家庭（Oliver and Shapiro，1996；Sherraden，1991）。由于次贷危机和2008年的经济衰退，家庭间收入和财富不平等的状况进一步恶化（Saez，2017）。服务者面临越来越多的具有金融脆弱问题的服务对象（Garfinkel，McLanahan and Wimer，2016；Lusardi，Tufano and Schneider，2011）。今天，面对持续存在的金融脆弱性，即使是在经济复苏的背景下，服务者也越来越意识到家庭金融在塑造民生福祉方面的关键作用。

金融和福祉

美国人一贯认为财务问题是心理压力的最大来源（American Psychological Association，2015；Brown，2012）。财务问题经常伴随和加剧人的情绪困扰，导致抑郁、焦虑和其他健康问题（Deaton，2011；Purnell，2015；Taylor，Jenkins and Sacker，2009）。财务问题导致了影响人类健康发展的“有毒压力”（Shonkoff and Garner，2012）。问题债务，包括无法管理的消费债务，会损害人们的健康和福祉（Drentea and Lavrakas，2000；Jenkins et al.，2008）。房屋止赎权与（生理）健康和心理健康问题有关（Libman，Field and Saegert，2012）。金钱问题也会对与包括家庭成员在内的其他人的关系产生负面影响（Pleasance，Buck，Balmer and Willams，2007）。

在财务困难时间持续延长和经济高度不平等的情况下，财务问题的负面影响会加剧（Emerson，2009；Kahn and Pearlin，2006）。从社会角度看，贫困——也许是生活在一个经济高度不平等的社会中“让人感到贫困”——导致健康状况不佳（Sapolsky，2005，p. 98）。

反之亦然：人们糟糕的身心健康状况也会加剧他们的财务困境。长期的非健康状况往往导致高昂的医疗费用，并使维持稳定的收入变得困难，这加大了支付账单的难度。认知能力下降在老年人中很常见，这会损害他们作出良好财务决策的能力，有时会使老年人面临严重的财务风险（Triebel et al.，2009）。如果许多人因破产而面临严重且长期的健康问题，他们将付出高昂的代价（Himmelstein，Warren，Thorne and Woolhandler，2005）。成瘾和精神健康紊乱会进一步放大人们的经济和健康困难（Butterworth，Rodgers and Windsor，2009）。

社会工作者和其他人类服务实践者如何助人

即使服务者了解家庭财务和福祉之间的重要关系，他们也并不总是知道该怎么做。事实上，他们可以做很多事情来改善人们的财务和经济状况。虽说使人们的财务正常运转需要一定的专业训练，但大多数操作并不是技术性的；当需要高度技术性的专业金融知识时，服务者可以将服务对象转介给相关专家。服务者帮助服务对象获得收入支持，并找到应急的食品和住所，已经成为日常。本书为服务者提供了在许多重要方面帮助服务对象的技能。例如，服务者可以使（服务对象）得到如下的收获：

- 收支平衡，尤其是当收入无法预测时；
- 决定哪些债务可以偿还，哪些可以等待，以及如何在债务不堪重负时寻求替代方案；
- 权衡不同金融产品和服务的优缺点；
- 把握好获得公共援助和福利补助的机会；
- 为意外开支或财务紧急情况拨备盈余；
- 继续支付租金或抵押贷款——在最坏的情况下——知道该做什么，在哪里可以得到帮助，以避免失去住所；
- 了解信用报告和信用分数以及这些会如何影响日常生活；
- 掌握如何申报联邦和州所得税，如何申请所得税抵免，以及如何充分利用所得税退税款；
- 权衡不同借款选项的利弊，以支付大件的购买品，如一辆汽车或一件电器；
- 辨别各种保险什么时候购买、什么时候续保更重要，以及什么时候不需要保险；
- 促进解决根本不平等问题的社会政策改革。

这些只是服务者遇到的金融方面的一些情形。他们还能够向服务对象介绍一些长期性的金融决策方面的信息，比如在拥有优质学校的安全社区找到经济性住房，管理好高等教育的花费，以及如何实现在晚年和退休后有所保障的步骤。

FCAB 增加了人们的金融知识且提高了其金融技能，使得人们可以更加便捷地获得各种创造金融福祉的途径，并塑造了改善金融福祉的政策。我们提供概念和工具，使服务者能够有效地干预和代表金融脆弱群体。目标是使服务者具备能力，帮助金融脆弱家庭在经济上建立稳定的生活并能确保未来生活稳定。此外，我们还希望能使人们实现人生目标，为下一代的成功做好准备，并为社区和世界的改善做出贡献。

指导原则

来自多个专业领域的指导原则为 FCAB 的实践提供了基础。[①] 我们认为，

---

① 我们没有列出所有人类服务和金融专业人士的指导原则，我们假定一些原则是每个服务实践者的基本技能中的一部分，包括维护一种专业关系，在专业的范围内实践，促进委托人的最大利益，实现实践者的自我意识，保护委托人的私密性，以及保护人的基本尊严和权利。

服务者可以相互学习、共同努力，将不同的专业概念、能力和最佳实践带到在改善弱势家庭财务状况方面的共同工作中。我们从三个主要领域得出这些原则：人类服务事业、金融服务和社会政策。

来自人类服务专业的原则

从社会工作、心理学、咨询和相关学科中，我们采用了五个基本原则——优势视角、呈现问题、非批判的态度、自我决定、文化胜任力和谦逊。它们共同指导服务者为服务对象开展工作。

使用*优势视角*意味着服务者总体上通过积极的而不是问题的视角来看待个人、家庭和社区（Saleeby，1996）。这种实践方法意味着关注人们的“能力、天赋、胜任性、可能性、愿景、价值观和希望，无论这些可能因为环境、压抑和创伤而变得多么破灭和扭曲”（Saleeby，1996，p. 96）。这并不意味着服务者忽视了人们的问题，而是他们有意识地认为人们有能力作出改变。换句话说，他们对人有积极的看法，而不是只关注解决问题。

与此同时，服务者也意识到促使服务对象寻求帮助的问题。*呈现问题*通常被表述为“从服务对象所处的情况开始”。它包括服务者通过积极倾听和达成对问题的相互理解，探索服务对象问题的细节和性质。这通常需要时间，在这个过程中，较小的问题（有时看起来是较小的问题）首先得到解决。随着服务对象和服务者之间关系的发展，信任也在发展，这使服务对象相信服务者确实在认真倾听，并将他们的利益放在第一位。服务者逐步鼓励服务对象更清楚地看到问题。同时，服务者避免对服务对象的“实际”问题作出决定，尤其是避免决定解决方案。

*非批判的态度*是指，服务者真实地理解服务对象的所处情境、态度、信念和行动。这并非意味着接受，而是明确了对服务对象的关怀并有助于形成富有成效的工作关系。服务者应在不强加个人价值观或偏见的前提下提供信息。非批判意味着服务者认识到：服务对象与我们所有人一样，也是容易犯错并且在困境中尽力而为的。

*自我决定*意味着服务对象有在不受服务者干预的情况下作出选择和采取行动的自由。服务者可能会鼓励服务对象通过探索各种选择的优缺点来检视可选的方案。然而，他们不应该给服务对象施加压力使他们作出特定的选择，干预他们的决定，或支配他们的行为。

自我决定不包括允许服务对象做伤害自己或他人的事情，以及需要向司法部门报告的行为。当服务对象作出的决定不违法时，即使是那些违反道德行为标准的决定，专业人士也要用专业判断来确定行动方向。

文化胜任力和谦逊反映了对不同群体之间差异的理解和尊重，如种族上和族群上的少数人群、移民、残障人士和贫困人群。有文化胜任力的服务者能了解影响服务对象观点和决策的历史的和当代的经验。文化上谦逊的服务者花时间去倾听、学习、理解和接受差异，因为通过这些差异，他们能够洞察人们的观点和动机。

金融服务业的指导原则

接下来我们谈谈金融服务业的原则。因为理财顾问和财务规划师使用的理财产品的成本和类型，低收入家庭不太可能接触到这些专业人士的服务。然而，这个领域的标准对于服务者来说是有用的。这包括受托责任、依靠客观资源以及向任何人提供服务，无论其背景或能力如何。

委托义务要求服务者忠实于服务对象的最大利益，在提供建议时谨慎行事，避免利益冲突。为了避免利益冲突，服务者可能不会建议服务对象采取在经济上同样有利于服务者的行动，无论是通过佣金还是其他方式。服务者可能会提供有关金融产品和服务的信息，但他们应该把选择权留给服务对象。服务者接受避免提供建议的培训；然而，当涉及财务决策时，提供建议和建议方向之间的界限往往是模糊的。

不偏不倚意味着服务者不向服务对象推广任何特定的金融产品或服务，而是使用一些材料来提供有关多种选择的信息，使服务对象能够作出自己的决定。服务者可以通过避免材料或依赖单一金融服务提供商的服务来描述选择的利弊，并保持目标。使用方案、课程和材料的循证方法使服务者能够提供不偏不倚的解决方案。

非歧视原则指导服务者提供具有同等价值的服务，不考虑种族、国籍、宗教、年龄、性别、性取向、军人或退伍军人身份或者残疾。实现这一原则意味着要对服务对象的不同背景保持敏感和密切关注，以确保项目能够始终如一地对待服务对象的各个子群体。项目有义务防止社会群体在项目收益上的差异。非歧视原则的一部分涉及可及性，这通常与服务对象可以轻松获得服务的物理环境有关。重要的是要确保办公室或服务场所对每个人来说都是可及的，包括残疾人。可及性还指对语言、文化水平和文化差异的敏感性。

有时，服务者无法确定为服务对象提供的最佳财务信息和指导是什么。在这些情况下，服务者可以将不确定性和谨慎性作为一个模拟良好财务决策的方法。他们可以教会服务对象寻找可靠信息的工具，帮助他们决定何时需要更多帮助，并适当地推荐更精深的专业人士。许多可靠的信息来源和参考案例在本书中都有所强调。

社会政策原则

在一个缺乏体面工作、可靠金融服务和有利政策的金融成像（financial landscape）中，即使是善意的改变人们金融行为的尝试也可能不会成功，甚至可能被证明是令人误入歧途的。虽然个人的缺点和错误的估计造成了家庭的经济困难，但它们往往不是问题的根源。贫穷是“昂贵”的。低收入家庭以各种方式为他们的贫困支付额外费用，例如通过成本较高的信贷和质量较差的金融产品的方式（Caplovitz，1967；Davies and Finney，2017）。经济现实，而不是个人行为，使许多家庭面临财务困难。这是本书的中心主题。

因此，我们讨论解决无法获得有益金融机会的问题的政策，以及我们如何向低收入和金融脆弱的家庭提供这些机会。人类服务实践者可以改变政策，促进所有家庭的经济福祉。换句话说，当政策出现问题时，服务者可以也应该寻求政策的改变，而不是要求服务对象去适应系统性功能障碍和不公平。我们关注社会政策的两项指导原则：普惠性和累进性。

*政策的普惠性*意味着，在福利和服务方面，所有人——包括金融上脆弱的人——都能获得管理其金融生活所必需的福利和服务。普惠金融服务必须适合资源较少的人的情况，必须是安全和人们负担得起的。普惠性确保经济利益和金融服务是一种公共产品，就像高速公路、清洁的空气和水以及公立学校一样。

*累进性*意味着政策要减少不平等，并促进处于经济阶梯底层的人们向上流动。有许多可以促进进步的方法，如税收、收入和资产支持、消费者和劳动者保护、教育和医疗保健。例如，儿童税收抵免是累进性的，因为低收入者比高收入者受益更多。换句话说，特别有利于低收入人群的财务和实物支持是累进性的。相比之下，许多现行的、更多地让富人比穷人更受益的政策是累退性的。在整本书中，我们指出了如何使政策和计划更加具有累进性。

本书的结构

我们为理解 FCAB 实践的重要性提供了基础，包括低收入家庭在历史上和当代背景下面临的许多挑战。本书为人类服务实践者提供了金融知识和技能，使服务对象能够透过复杂的金融环境管理复杂的金融决策。我们指出，服务者如何通过各种方式，解决金融服务中损害低收入和金融脆弱家庭利益的不平等问题和公共政策缺陷，从而通过系统性的改革来纠正这些不公。

本书分为三个部分。第一部分为在当代和历史背景下理解 FCAB 奠定了基础。在第 1 章中，我们将首先研究金融实践中有关金融脆弱家庭的基本概念。接着，第 2 章将描绘美国家庭的财务状况，他们比以往任何时候都更努力地维持收支平衡、储蓄和创造一个安全的未来。第 3 章回顾美国的历史，了解随着时间的推移，政策和实践是如何在一些人群中创造和维持不平等的基础的。第 4 章探讨美国的金融服务及其正在发生的影响人们金融福祉的变化。最后，我们在第 5 章的第一部分总结一些原则和工具，让服务者了解家庭金融的两个方面，这些方面将他们的金融问题纳入视野，并确定改善财务运作的途径。

第二部分侧重于 FCAB 实践在特定领域的基础知识和技能。第 6 章至第 19 章讨论家庭金融的具体领域，包括收入、支出、税收、储蓄、信贷、债务和保险的基本知识。它还包括帮助人们支付高等教育和住房费用、处理问题债务、避免身份被盗用以及为退休及其遗产做计划的策略。这一部分的每一章都强调了改进政策和政策宣传的方法。

第三部分综合了之前的内容，并以本书的前几部分为基础，重点介绍 FCAB 的专业实践。第 20 章将金融实践置于人类发展及社会环境如何塑造金融福祉的背景下。第 21 章探讨与个人和家庭相关的微观实践方法，旨在改善家庭财务状况。第 22 章的重点是通过组织和社区建立金融福祉的中观方法，以及产生政策创新的宏观实践，以扩大金融脆弱群体获得金融服务的机会。第 23 章对本书进行了总结，强调 FCAB 实践跨越几个不同的职业路径和未来方向。

每章的三个“聚光灯”将吸引读者的注意力，让他们注意到全美各地为改善弱势家庭金融状况所做的显著而实时的努力。“聚焦组织”专栏突出显示提供与本章主题相关的服务和资源的组织。“聚焦政策”专栏展示该章涵盖的创新政策。最后，“聚焦研究”专栏描述构建该章所述主题知识的研究。

FCAB 网站

本书在牛津大学出版社网站上有一个网页：www.oup.com/us/FCAB。其中，读者可以找到本书中四个家庭的基因图及术语对照表、一张显示了 FCAB 课程内容并符合社会工作教育政策和认可标准（EPAS）的课程图，以及其他教学和学习资源。

探索更多

每章有4—6个问题，可以作为作业或讨论的基础。三种类型的问题如下：

- *回顾*。复习类问题以章节内容为基础，并提供机会使学生能够评测章节中的关键概念。这类问题更加客观，可以作为与章节内容相关的其他作业的问题集，以及复习部分和讨论。
- *反思*。反思类问题在本质上更加个人化，要求学生考虑该章内容与其生活和职业生涯的关系。这类问题被设计成密集的作业，甚至是写日记活动。他们也可以在课堂讨论或小组讨论中使用。这类问题也可能有助于满足交流的需要，包括制作视频或进行演示。
- *应用*。这些是问题解决类的思考，可能涉及超越信息文本的内容，包括进行互联网和社区研究。

关注案例：遇见几个家庭

在整本书中，以人物为主角的案例研究阐明了每一章的主题，并展示了这些概念在他们的生活中是如何体现的。我们在引言部分一开始就遇到了乔治·威廉姆斯、尤兰达·沃克、西尔维娅·伊达尔戈·阿塞韦多和赫克托·康特拉斯·埃斯皮诺萨，以及朱厄尔·默里。他们和他们的家庭正在经历许多金融脆弱家庭所面临的财务挑战。[①]通过他们的故事，我们探索少数族群和少数族裔的家庭在生命的不同阶段所面临的共同挑战。他们的财务状况反映了金融剥削和持续歧视的贻害，也体现了他们建立金融福祉的不懈努力。通过他们，我们还会了解各种各样的FCAB实践者，这些实践者努力与金融脆弱家庭发展关系，并提供信息、指导和链接金融的机会。

这四个家庭的故事使书中所讨论的思想栩栩如生。在本书的叙述中，这些

① 这些都不是真实的家庭，但是他们的故事反映了我们从有关美国许多家庭的经济挑战的研究和实践中学到的东西。很多人会面对比这更绝望的财务问题，但是这些家庭的故事反映了一系列服务者在工作中可能遇到的金融和家庭的问题。

家庭应对财务挑战和金融机会将会持续三年的时间。

乔治·威廉姆斯

当我们见到乔治·威廉姆斯时，他已经43岁了，住在蒙大拿州北部布莱克菲特印第安人居留地的布朗宁。在过去的20多年里，乔治在布朗宁和米苏拉之间来回奔波，他15岁的女儿艾贝·威廉姆斯和她的母亲萨拉·斯帕克斯住在米苏拉。他还有两个小女儿，杰纳西·戈达德（8岁）和玛丽拉·戈达德（6岁），她们和母亲谢丽尔·戈达德住在保留地附近。乔治和他的孩子们很亲近，尽可能多地探视她们，并尽其所能在经济上支持她们。但他一直捉襟见肘，这让他越来越焦虑。

乔治是布莱克菲特部落的一名登记成员，在国民警卫队服役6年（全职服务）。乔治在战争期间没有服役，所以他的福利比那些战争期间服役的人要低，但是他有权享受一些退伍军人的津贴福利，包括一些在米苏拉的教育补贴和医疗服务。在他20多岁和30岁出头的时候，因为没有记录和管理自己的支出或及时付清所有的账单，乔治积累了大量的债务。在某种程度上说，这是因为他把每个月大部分的薪水都用来支持家庭成员的经济支出。乔治的女儿艾贝出生后，家里又多了一个人，这使得他的财务状况一团糟，并且压力很大。他意识到，在照顾好自己的个人生活之前，他不可能继续帮助每个人。在几个人的帮助下，其中包括他的朋友亨利·马登和家庭服务机构的顾问，乔治开始学习如何对家庭成员说“不”，并让自己的财务生活恢复正常。

在律师的帮助下，乔治宣布了破产。他设法在经济上站稳了脚跟，情绪上也开始好转。受到那些帮助过他的人的激励，乔治回到了大学，获得了人类服务的副学士学位。他在一家青年收容所找到了一份咨询师的工作，尽管薪水很低，但他很喜欢这份工作。他在继续全职工作的同时，也参加了位于蒙大拿州巴勃罗的萨利希·库特纳伊学院社会工作非全日制在线学士项目。

尽管如此，乔治还是担心他的财务状况。25000美元的年薪勉强够他的开销。他在当地的换货会上卖东西，周末和哥哥一起伐木以补贴收入。他靠打猎和捕鱼来获得食物，也与孩子的母亲和其他家庭成员分享这些食物。有时他用肉和鱼与朋友交换其他东西。尽管做出了这些努力，但乔治的财务状况还是经常捉襟见肘。

在破产和咨询服务期间，乔治知道有人可以帮助他。这对一个成长在认为人们应该把自己的烦恼——尤其是财务问题——留给自己的家庭中的乔治来说是重要的一步。今天，当再次发现自己在经济上不堪重负时，他决定寻求一些帮助，并打电话给家庭服务机构，该机构在一个月内没有任何可约时间，除非出现危机。他计划在一个月后与路易丝·德班会面，因为他认为在那之前他都能应付。

尤兰达·沃克

尤兰达·沃克今年45岁，是密西西比州杰克逊市的一名家庭健康助理。她与两个女儿——17岁的塔米卡和14岁的布里安娜——住在一起，而她的大儿子小罗伯特在芝加哥工作和居住。尤兰达今年70岁的母亲乔内塔·洛特，也与尤兰达和她的女儿们住在一起。尤兰达的丈夫老罗伯特在布里安娜4岁时死于车祸。尤兰达是那场事故的幸存者，但她一直感到责任重大，对未来忧心忡忡。

尤兰达的母亲在离杰克逊不远的农场长大。像当时密西西比州农村的许多非裔美国家庭一样，他们也是佃农。乔内塔想成为一名教师，但不被师范学校所欢迎，尽管当时法院已经明令师范学校（在种族上）更加开明包容。当乔内塔嫁给尤兰达的父亲、在附近的一个小农场长大的门罗·洛特时，他们搬到了镇上。乔内塔并没有为了成为一名教师而学习，相反，她一生中大部分的时间都在为杰克逊的白人精英家庭做管家。门罗在芝加哥的工厂工作了多年，经常往返看望家人。乔内塔和门罗用卖掉乔内塔父母农场的一小笔遗产和门罗在芝加哥工作的收入在杰克逊建了一所小房子。门罗多年前就去世了，但乔内塔仍然和她的女儿尤兰达以及孙女塔米卡和布里安娜住在那栋房子里。也许，尤兰达将继承这所已经住了四代人的小房子。

年轻的时候，尤兰达喜欢上学，想成为一名医生。高中毕业后，她希望进入历史上著名的黑人大学杰克逊州立大学，但她负担不起学费，所以决定在社区大学继续学业。与此同时，她遇到了自己的丈夫，并和他结了婚。虽然无法在抚养孩子的同时获得学位，但她接受了足够的培训，并成了一名合格的家庭健康助理。尤兰达工作努力。她的许多病人都很好，但她发现自己盼望着退休，希望利用自己的时间做一些不同的事情，包括更多地参与教会活动。

尤兰达是其孩子的唯一抚养者。她的年收入为23000美元，为了维持收支平衡，她必须成为一个谨慎的理财者。尽管手头拮据，她还是向教堂捐款，并定期缴纳什一税。她目前没有银行账户，在家附近的支票兑现网点支付账单，偶尔还会使用发薪日贷款来借点钱。但她总试图尽快偿还贷款。

今年早些时候，尤兰达向一名财务顾问寻求财务帮助，她是在工作中遇到这名顾问的。当与顾问多萝西・约翰逊交谈时，她提到自己的目标是更好地管理自己的财务。

不过，尤兰达心里还有其他更重要的事情。她的大女儿塔米卡是一名意志坚定的高中生，成绩优秀，但尤兰达认为她对一个年轻人（在感情上）过于认真投入了。尤兰达不希望塔米卡放弃其教育计划。她一直努力工作，以便她的孩子们能有所发展。现在她不确定自己能否负担得起帮助他们的责任。

尤兰达也很担心她的母亲，她的母亲已经出现了认知能力下降的迹象。如果情况变得更糟，她甚至无法想象该如何支付护理费用。尤兰达一边琢磨着自己的财务状况，一边对自己是否能退休感到茫然。由于担心自己的孩子和母亲，她退休照顾未来孙辈的梦想，以及花更多时间在教堂的梦想，似乎都遥不可及。

西尔维娅・伊达尔戈・阿塞韦多和赫克托・康特拉斯・埃斯皮诺萨

34 岁的西尔维娅・伊达尔戈・阿塞韦多和她 37 岁的丈夫赫克托・康特拉斯・埃斯皮诺萨住在加州洛杉矶。这是一个有几代人的大家庭，包括他们的两个孩子、赫克托的母亲和西尔维娅的妹妹。在过去的一年里，他们 10 岁的大儿子托马斯，一直受到帮派成员的骚扰，西尔维娅和赫克托担心他和他 7 岁的妹妹亚兹明・西尔维娅，所以赫克托决心离开这个社区，并实现他们买房子的梦想。

西尔维娅出生在墨西哥，并于 10 年前搬到美国工作。她和姑妈蒂亚・卢佩住在一起，帮忙照顾卢佩的孩子们，还为卢佩的朋友做管家。她不喜欢这份工作，所以当她的一个远房表亲给她提供了一份餐馆的工作时，她抓住了这个机会，在那里她遇到了赫克托。他们成为爱人并结了婚。

赫克托出生在美国。他的母亲多娜・罗莎几十年前来到美国，那时她还是个年轻女子。她和丈夫卡洛斯・康特拉斯都在墨西哥的普埃布拉州长大，那里的很多人都移民去了美国（Massey，Rugh and Pren，2010）。他们尽管在一个地方长大，但直到搬到加州后才相识，并在那里结婚，一直生活到退休。临近退休时，卡洛斯生病了，这对夫妇决定回到位于普埃布拉的家庭农场，那里离卡洛斯的哥哥和他的家人很近。在他们回到墨西哥后不久，卡洛斯就去世了。赫克托说服他的母亲回到加州与他和西尔维娅生活在一起，并帮助照顾孙辈。因为多娜・罗莎是美国公民，她可以在美国和墨西哥之间往来。现年 64 岁的多娜・罗莎与家人住在一起，同时照顾孩子们。

西尔维娅和美国公民卡洛斯刚结婚就申请了绿卡，这使她成为合法的永久居民，并使她能够在美国工作。在签发绿卡之前，因为她是非法入境者，移民当局要求她返回墨西哥，这对她的家庭来说是非常困难的。

最近，西尔维娅21岁的妹妹乔治娜·阿塞韦多·佩雷斯来到美国，与康特拉斯一家生活在一起。她来到这里工作，并把钱寄给仍住在墨西哥的、需要经济帮助的母亲。攒够钱后，乔治娜打算回家照顾母亲。乔治娜没有合法的移民文件，因此，像许多出生于国外却身处美国的人一样，康特拉斯一家拥有所谓的“混合”移民身份地位。

康特拉斯家族的财务状况很复杂，既有正式工作的收入，也有兼职的非正式收入。他们的经济需求很高，因为他们住在生活成本非常高的加州，而且还要供养美国和墨西哥的大家庭。赫克托在建筑工地工作，并能够在工作中获得一些员工福利。西尔维娅的餐馆工作不提供任何福利。

多年来，西尔维娅和赫克托一直在攒钱买房子。即使有许多其他的家庭责任，他们也努力地储蓄。他们已经知道申请住房贷款并不容易，所以西尔维娅和赫克托基本上避免了承担任何债务。虽然这在某种程度上对他们有所帮助，但也阻止了他们建立大量的信用记录。抱着很高的期望，他们涉及了一项棘手的购房协议。为了从这桩糟糕的购房交易中解脱出来，他们求助于当地社区发展组织的住房顾问加布里埃拉·冯塞卡。西尔维娅和赫克托与加布里埃拉谈得越多，就越了解未来面临的挑战。与关心他们、有专业知识的人交谈，他们感到轻松。

朱厄尔·默里

23岁的朱厄尔·默里是一个住在缅因州波特兰市的单身母亲。她和她两岁的女儿泰勒在“永远”离开她的丈夫后，住在一个家庭暴力庇护所里。她以前来过庇护所，然后又回到了丈夫身边，但这次她下定了决心。为了学会如何管理好自己，朱厄尔要学习很多事情，但只有她26岁的姐姐诺拉·库珀和庇护所工作人员能给她提供支持。

朱厄尔的童年很艰苦。她的父亲很少在家，她的母亲有药物滥用问题。在朱厄尔9岁时儿童福利机构收养了她。经过几次安置后，朱厄尔在一个集体宿舍里住了两年。作为寄养系统的一部分，朱厄尔参加了一个帮助她为独立生活做准备的项目。当时她认为这是毫无意义的，但现在她很感激这个项目帮助她建立了一个银行账户，计划了家庭预算，并了解了她对高等教育的选择。

尽管困难重重，但朱厄尔还是完成了高中学业，找到了一份兼职工作，并开始上社区大学以获得两年制的口腔卫生学位。然而，在获得学位之前，她遇到了托德·默里。虽然托德喝醉时脾气很坏，但朱厄尔觉得他真的理解她。他也来自一个困难重重的家庭，朱厄尔认为他们可以互相支持。他们结婚时，朱厄尔还不到 20 岁。

当朱厄尔怀孕时，托德说服她，如果她辞职会更省钱。不久之后，他建议她退出社区大学项目，以便在没有学习压力的情况下照顾泰勒。他说他们可以省下她的学费来买房子，她可以以后再完成她的学位。托德还接管了家庭财务，只留给朱厄尔足够的钱去买食物和一些必需品。

泰勒出生后不久，托德就开始对朱厄尔发脾气，包括对她进行身体虐待。当朱厄尔的脖子和胳膊上出现明显瘀伤时，她的姐姐和朋友们鼓励她离开托德。但是托德说服朱厄尔说他爱她，这种事不会再发生了。在托德失去控制的时候，朱厄尔给警察打了几次电话，警察把她转介给家庭危机服务中心（Family Crisis Services），也就是当地的（反）家庭暴力项目。在那里，她遇到了社会工作者莫妮卡·贝克。朱厄尔曾说要离开托德，但每次托德承诺戒酒后，她就会回去。

有一次，朱厄尔申请了一份针对托德的保护令，但当他回来时，朱厄尔没有上报，因此虐待仍在继续。然而，在经历了一次特别严重的事件之后，朱厄尔十分害怕他会杀了她。她在莫妮卡的帮助下寻求庇护，对托德提出了攻击指控。托德被定罪，法官判他入狱服刑。

朱厄尔已经取得了重大进步。她在一家餐馆工作，并计划搬到过渡住房。莫妮卡正在帮助她确定是否有资格获得各种公共福利，这些福利可以帮助她开始新生活。朱厄尔还没有准备好思考未来，但她告诉莫妮卡，她最终会想要完成她的副学士学位。然而，她也告诉莫妮卡课程很难，照顾泰勒的同时还要做作业真的很难。她不知道如果没有姐姐诺拉，她该怎么办。她的姐姐诺拉会在晚上朱厄尔工作的时候照看泰勒。

结论

乔治、尤兰达、西尔维娅、赫克托和朱厄尔的故事并不罕见。服务者与服务对象经常要一起处理类似的情况（通常是更可怕的情况），这些情况需要双方了解如何解决财务困难。他们的案例表明，在一个充满种族主义、歧视、金融剥削以及缺乏文化胜任力和经济机会的系统中，家庭面临着许多财务挑战。

我们希望本书能成为激励从事服务的后来者帮助像乔治、尤兰达、西尔维娅、赫克托和朱厄尔这样的家庭的源泉。

术语说明

FCAB 实践中使用的术语根据不同的来源，其含义有很大的不同。例如，低收入的官方指标可能与经济学家或社会学家（或一名低收入者本人）的定义不同。在这里，我们提供了定义，并且尽力始终如一地将这个定义贯穿整本书。有时，我们提供额外的信息来澄清这些术语的含义。在本书中，第一次使用的术语用楷体显示，完整的术语表也可以在网上获得。

- 家庭是指两个或两个以上的人通过生育、婚姻或收养关系联系在一起。家庭成员可能不住在同一间房屋内，但有经济关系和共同的安排。
- 一户家庭是指一起住在一个住房单元的人们。这些人不一定是亲戚，但他们有定期的财务互动和安排。
- 金融脆弱性是指人们所处的特定条件，包括收入较低，经济不安全，暴露在金融风险、冲击和压力之下。
- 中低收入是指收入低于贫困线 200% 的个人或家庭，但也包括那些经济状况不允许在必需品之外有更多支出或储蓄的人。我们有时称这些家庭为“较低收入家庭”。

探索更多

· 回顾 ·

1. 看待金融能力的优势视角是什么？这种视角有多大可能会影响助人专业人士——个案工作者、咨询师和其他人士——开展以改善人们财务状况为目的的工作？
2. 当为乔治开展服务时，至少有一项来自人类服务领域的指导原则是很重要的，这条原则的具体事例是什么？为什么？在为尤兰达开展服务时，至少有一项金融服务行业里重要的指导原则，你能举个例子吗？为什么？在为康特拉斯家族开展服务时，社会政策的哪些原则是重要的？为什么？在为朱厄尔开展服务时，来自人类服务领域的哪个原则是重要的？为什么？

·反思·

3. 想想你自己或家人的财务状况。在本章所介绍的四个家庭中，你如何看待其中一个或多个家庭的财务状况？你的经历有何不同？你的经历有多大可能会影响你与那些像本章介绍的四个家庭那样的服务对象建立关系的方式？你认为你的经历是有益的还是带有挑战性的？

·应用·

4. 从四个家庭中选择一个。现在假设你是一名服务者，你被安排与那家人见面。写一个简短的脚本，可以作为你的第一次家庭会面的指南。你如何以一种建立信任的方式开始你的工作？你需要什么信息来帮助他们？你会如何引出它？你使用的指导原则是什么？

参考文献

American Psychological Association. (2015). Stress in America: Paying with our health. Washington, DC: Author. Retrieved from https://www.apa.org/news/press/releases/stress/2014/stress-report.pdf.

Brown, A. (2012, October 30). With poverty comes depression, more than other illnesses. Gallup. Retrieved from http://www.gallup.com/poll/158417/poverty-comesdepression-illness.aspx?utm_source=alert&utm_medium=email&utm_campaign=syndication&utm_content=morelink&utm_term=All%20Gallup%20Headlines.

Butterworth, P., Rodgers, B., & Windsor, T. (2009). Financial hardship, socio-economic position and depression: Results from the PATH Through Life Survey. *Social Science & Medicine, 69*(2), 229-237.

Caplovitz, D. (1967). *The poor pay more: Consumer practices of low-income families*. New York, NY: Free Press of Glencoe.

Cruce, A. (2001). *A history of progressive-era school savings banking, 1870-1930* (CSD Working Paper No. 01-3). St. Louis, MO: Washington University, Center for Social Development.

Davies, S. & Finney, A. (2017). Making the poverty premium history: A practical guide for business and policy makers. Personal Finance Research Centre, University of Bristol. Retrieved from http://www.bristol.ac.uk/media-library/sites/geography/pfrc/pfrc1710_making-the-poverty-premium-history.pdf.

Deaton, A. S. (2011). The financial crisis and the well-being of Americans. National Bureau of Economic Research (Working Paper 17128). Retrieved from http://www.nber.org/papers/w17128.

Drentea, P., & Lavrakas, P. J. (2000). Over the limit: The association among health status, race and debt. *Social Science & Medicine, 50*, 517-529.

Emerson, E. (2009). Relative child poverty, income inequality, wealth, and health. *Journal of the American Medical Association, 301*(4), 425-426.

Garfinkel, I., McLanahan, S., & Wimer, C. (Eds.). (2016). *Children of the Great Recession*. New York: Russell Sage Foundation.

Goldstein, C. M. (2012). *Creating consumers: Home economists in twentieth-century America*. Chapel Hill: University of North Carolina Press.

Hacker, J. S. (2008). *The great risk shift: The new economic insecurity and the decline of the American Dream*. New York: Oxford University Press.

Himmelstein, D. U., Warren, E., Thorne, D., & Woolhandler, S. (2005). Illness and injury as contributors to bankruptcy. *Health Affairs, 24*(1). doi:10.1377/ hlthaff.w5.63.

Jenkins, R., Bhugra, D., Bebbington, P., Brugha, T., Farrell, M., Coid, J., Fryers, T., ... Meltzer, H. (2008). Debt, income and mental disorder in the general population. *Psychological Medicine, 10*, 1-9.

Kahn J. R., & Pearlin L. I. (2006). Financial strain over the life course and health among older adults. *Journal of Health and Social Behavior, 47*(1), 17-31.

Lusardi, A., Schneider, D., & Tufano, P. (2011). Financially fragile households: Evidence and implications. *Brookings Papers on Economic Activity, 42*, 83-150. Retrieved from https://www.brookings.edu/wp-content/uploads/2016/07/2011a_bpea_lusardi.pdf.

Libman, K., Field, D., & Saegert, S. (2012). Housing and health: A social ecological perspective on the U.S. foreclosure crisis. *Housing, Theory and Society, 29*(1), 1-24.

Massey, D. S., Rugh, J. S., & Pren, K. A. (2010). The geography of undocumented Mexican migration. *Mexican Studies, 26*(1), 129-152. Retrieved from http://www.ncbi.nlm.nih.gov/pmc/articles/PMC2931355/.

Pleasance, P., Buck, A., Balmer, N. J., & Williams, K. (2007). A helping hand: The impact of debt advice on people's lives. London: Legal Services Research Centre. Retrieved from http://www.lsrc.org.uk/publications/Impact.pdf.

Purnell, J. (2015). Financial health is public health. In Federal Reserve Bank of San Francisco & Corporation for Enterprise Development (Eds.), *What it's worth: Strengthening the financial future of families, communities and the nation* (pp. 163-172). San Francisco, CA: Federal Reserve Bank of San Francisco & Corporation for Enterprise Development.

Saez, E. (2017). Income and wealth inequality: Evidence and policy implications. *Contemporary Economic Policy, 35*(1), 7-25.

Saleeby, D. (1996). The strengths perspective in social work practice: Extensions and cautions. *Social Work, 41*(3), 296-305.

Sapolsky, R. (2005), Sick of poverty. *Scientific American, 293*(6), 92-99.

Sherraden, M. (1991). *Assets and the poor: A new American welfare policy*. Armonk, NY: M. E. Sharpe.

Skocpol, T. (1995). *Protecting soldiers and mothers: The political origins of social policy in the United States*. Cambridge, MA: Harvard University Press.

Shonkoff, J. P., & Garner, A. S. (2012). The lifelong effects of early childhood adversity and toxic stress. *Pediatrics, 129*, e232-e246. doi:10.1542/peds.2011-2663.

Specht, H., & Courtney, M. (1994). *Unfaithful angels: How social work has abandoned its mission*. New York: Free Press.

Stuart, P. H. (2013). Social workers and financial capability in the profession's first half-century. In J. Birkenmaier, M. S. Sherraden, & J. Curley (Eds.), *Financial capability and asset building: Research, education, policy, and practice* (pp. 44-61). New York: Oxford University Press.

Stuart, P. H. (2016). Financial capability in early social work practice: Lessons for today. *Social Work, 61*(4), 297-304. doi:10.1093/ sw/ sww047.

Taylor, M., S. Jenkins, & Sacker A. (2009, May). Financial capability and wellbeing: Evidence from the BHPS. Financial Services Authority, Occasional Paper Series 34. London. Retrieved from www.fsa.gov.uk.

Triebel, K. L., Martin, R., Griffith, H. R., Marceaux, J., Okonkwo, O. C., Harrell, L., ... Marson, D. C. (2009). Declining financial capacity in mild cognitive impairment: A 1-year longitudinal study. *Neurology, 73*(12), 928-934.

Tufano, P. (2009). Consumer finance. *Annual Review of Financial Economics, 1*(1), 227-247. doi:10.1146/annurev.financial.050808.114457.

Taylor, N., Sammons, [illegible] Stockton, (2003 [illegible]). Financial capability [illegible] the UK: [illegible] Financial Services Authority [illegible] Occasional Paper Series [illegible] 34. London. Retrieved from www.fsa.gov.uk

[illegible], K., [illegible] Many, [illegible] (2014). Declining financial capability [illegible] A longitudinal study. [illegible] 47(2), [illegible]

[illegible] (2005). Consumer Studies. *Journal* [illegible] 29 [illegible] doi:10.1111/j.1470-6431.2005.00405.x [illegible]

第一部分

铺垫基础

金融脆弱家庭的
金融能力与资产建设

金融稳定和安全对所有家庭都很重要，即使是最弱势的家庭也一样。第一部分探讨美国家庭在维持收支平衡、打造安全的经济未来等方面所面临的挑战，提出金融能力与资产建设的概念和经验基础，并探讨社会工作者和其他人类服务实践者如何改善家庭金融功能，以及解决经济方面的不公正和不平等。

我们从第 1 章开始考察收入充足、金融能力和资产建设，这些构成了本书的概念基础。第 2 章介绍美国在金融方面处于弱势地位的个人和家庭的金融状况。它强调了经济不平等加剧、优质金融服务缺乏和金融能力低下的现实。第 3 章是一个历史概述，记录美国的政策和实践对当代的金融脆弱性，以及金融普惠和金融能力的影响。第 4 章介绍复杂的主流业务和替代性金融服务（alternative financial service，AFS），这些服务被低收入家庭用来管理他们的金融生活。这一章探讨缺乏金融普惠和低质量的金融服务如何造成了金融脆弱性，以及怎样解决这些问题。最后，在第 5 章中，我们将提供家庭金融状况的概述，包括家庭金融资源的流入和流出，以及家庭所亏欠和拥有的。

第 1 章　金融福祉：基本概念

专业原则：对服务者来说，了解那些影响金融福祉的个体机会、结构性机会，以及制约因素很重要，特别是对于低收入和财富少的人群。

本章介绍三个概念，引导服务者改善金融福祉，包括：收入充足、金融能力和资产建设（Sherraden，Frey and Birkenmaier，2016）。案例家庭中的青少年是我们关注的重点。她们的经历说明了服务者在改善弱势家庭的金融能力和资产建设方面所遇到的一些问题。

聚焦案例：塔米卡和艾贝，两个来自金融脆弱家庭的青少年

塔米卡·沃克（17 岁）是尤兰达·沃克的大女儿，住在密西西比州的杰克逊市。艾贝·威廉姆斯（15 岁）是乔治·威廉姆斯的大女儿，住在蒙大拿的米苏拉。虽然相距 2000 英里，但她们有很多共同之处。塔米卡和艾贝都是高中三年级的好学生，渴望上大学。塔米卡学习护理，艾贝学习商科。由于家庭经济困难，她们都在 15 岁时就开始兼职快餐店的工作。她们用工作赚来的钱支付个人花销，但也在存钱上大学。

概念 1：收入充足

收入是指人们通过工作、投资、福利等获得的钱财总和。充足是指获得的钱财能够满足基本需求。收入充足是影响低收入家庭金融福祉的主要贡献因素。塔米卡和艾贝都有充足的收入：一是她们的个人花销比较少，二是父母负责承

担其家庭账单。

但是，整个家庭的收入水平较低，并不能覆盖家庭基本花销，因此收入是不充足的。两个家庭经常难以支付家庭账单，储蓄非常少。此外，收入和花销之间的关系呈现波动变化，这增加了家庭财务管理的难度。

服务者经常与收入不充足的家庭一起工作。这些家庭收入不充足的原因主要包括较低的工资、失业和不充足就业、缺乏额外的收入来源等。更有甚者，很多工作不提供诸如医疗计划、退休储蓄等福利，这些进一步加剧了这些家庭的金融脆弱性（Crain and Sherraden，2014）。

消费是指从家庭流出的金融资源，通常表现为家庭花销的形式。低收入家庭的花销往往超过他们的收入。住房及家庭设施、交通、食物的花销经常压垮低收入家庭（Pew Charitable Trusts，2016）。这会导致家庭财务赤字的出现，意味着家庭金融资源的流出多于流入。赤字则往往引起借贷，借此实现家庭收支相抵。

很多低工资岗位具有季节性、暂时性、不稳定性等特征。就业市场的起伏还会给低收入家庭带来其他问题。收入不仅低，而且难以预测、不连贯。当收入不能匹配家庭花销时，制定计划是非常困难的（Morduch and Schneider，2017；Seefeldt，2015）。这就导致低收入家庭在金融方面陷入“落后—努力挣扎追赶—再次落后”的循环（Ehrenreich，2001；Newman，2000）。部分低收入家庭甚至从未追赶上过，以致不得不持续借款来弥补家庭花销，进而带来家庭债务问题。

为了实现收支相抵，有些家庭不得不“打补丁”或组合多种收入来源，包括出售家庭物具、上夜班，或周末加班。低收入家庭中，很多家庭成员不得不同时从事多份工作，每一名家庭成员都被寄予工作的期望。他们还会转向公共福利以寻求在收入、食物、住房、养老、就业、退伍、残障等方面的支持和帮助。另有部分人群会从前夫 / 前妻、家庭成员或其他来源获得非正式帮助，比如子女抚养，获取尿布、食物等。

聚焦案例：塔米卡和艾贝的补丁式家庭收入

塔米卡和艾贝的家庭收入来源犹如“打补丁”一样，包括正式工作、非正式工作、公共福利和部落津贴。除了快餐店的工作外，塔米卡的母亲尤兰达还通过家庭健康助理的工作获得收入。塔米卡的父亲去世了，她的妹妹还太小，不能工作，所以她们必须把有限的收入加在一起来支付花销。由于收入较低，又有两个孩子需要抚养，尤兰达有资格申请个人所得税抵免，这在每年纳税时都为她带来令人欣喜的现金。

艾贝的母亲萨拉·斯帕克斯是一名美发师，收入仅够维持生计。父亲乔治住在350英里外，是一名青少年服务顾问。他还打零工以补贴收入，并获得一定的收入支持和福利津贴。

虽然这些家庭并不依赖两个女孩来支付日常生活必需品，但塔米卡和艾贝的收入用在支付自己的开支上，还是缓解了家里的一些经济压力。正如我们将在后面读到的，她们的工作和收入也为其个人发展提供了其他机会。

帮助家庭实现收入充足

服务者通过拓宽家庭收入来源，以帮助低收入家庭实现收入充足。例如，服务者可以帮助服务对象注册工作培训项目，寻找就业岗位，获取公共福利项目的申请资格，从非营利机构获得帮助。

但是，收入仍然不够。随着贫富差距的扩大，而越来越多的家庭成为劣质金融产品和金融服务的受害者，服务者可以通过其他方式改善人们的金融福祉。人们的生活日趋复杂，金融脆弱性与日俱增，研究人员一直在探索金融福祉的概念，以及提高金融福祉的途径和要素（见专栏1.1）。

专栏1.1　聚焦政策：理解金融福祉

CFPB在对相关研究进行彻底梳理后，将金融福祉定义为：履行当前和持续的金融义务，在金融未来中感到安全，并能够作出选择，进而享受生活（CFPB，2015b，p. 18）。

这是什么意思呢？根据CFPB的说法，金融福祉指的是人们拥有以下东西：

（1）对每日和每月的财务的控制。换句话说，他们可以承担自己的支出，按时支付账单，而且不用担心生计问题。

（2）吸收财务冲击的能力。他们有能够提供帮助的家人和朋友，拥有存款和保险，以应对需要钱的紧急情况。

（3）实现金融目标的计划。他们有金融目标，并且正在朝着实现这些目标的方向前进。

（4）选择享受生活的金融自由。他们不仅能满足日常开支，而且可以偶尔在一些额外开支上花点钱，包括捐款或在朋友和家人身上花钱。

CFPB已经将这四个维度转化为服务者可以使用的金融福祉量表（CFPB，2015a）。让服务对象实现这四个方面的金融福祉是服务者的目标，也是本书的目标。

金融福祉的概念不只涉及收入、金融稳定性、享受生活的能力。显而易见，它还与应对紧急事件的能力、不断进步以实现财务目标、提升未来金融安全性等相关。下面两节议题将围绕如何解决这些问题展开。

概念 2：金融能力

对改善低收入家庭的金融福祉而言，另一个重要的概念是金融能力。金融能力借用了人在情景中的视角（Kondrat，2002），它认为金融福祉源于人们行动的能力与行动机会的相互作用（Sherraden，2013，2017）。有金融能力的人具备相应的知识和技能，使得他们能够理解、评估，并据此以实现金融利益最大化为目的开展行动，但这些过程必须通过享有金融机会来实现，这些机会使得积极的金融决策成为可能（Johnson and Sherraden，2007）。

行动的能力

金融行动的能力通常由金融素养所衡量，后者指的是与一个人的金融状况相关的知识和技能、态度、习惯、动机、信心，以及自我效能（U. S. Government Accounting Office，2011）。金融素养对于有效的家庭财务管理而言非常重要。遗憾的是，很多人的金融素养偏低。举个例子，2015 年的调查中共有 5 个基本的金融知识问题，大部分成人只能正确答出其中的 3 个（见第 2 章专栏 2.2）。其中，25% 的人无法回答一个有关利息的基本问题，41% 的人无法回答一个有关通货膨胀的简单问题（Financial Industry Regulatory Authority Investor Education Foundation，2016）。除了理解金融概念，人们还要对自己的能力有信心，即能够制定金融计划，并在需要的时候作出决策（Robb，Babiarz and Woodyard，2012）。最后，当有需要的时候，他们应该能够获得金融指导。低收入家庭经常缺少足够的资源以支付及时、相关的金融建议（National Council of La Raza，2014）。

行动的机会

行动的机会通常由一个人的金融普惠程度所衡量，后者包括拥有安全且可靠的地方存钱、储备小额和长期的存款与投资、价格合理的小额贷款，以及基本的保险。基本的金融产品和服务使得人们能够管理自己的金融生活。

2015年，美国有约900万的家庭处于“无银行账户”状态，占全部家庭的7%。这意味着这部分家庭没有在银行或信用合作社开设账户（见第4章）[Federal Deposit Insurance Company（FDIC），2016]。此外，2450万个家庭有自己的账户，他们占全部家庭的20%。但这部分家庭同时在使用一些AFS，比如支票—现金折扣店或发薪日贷款商店（FDIC，2016）。非白人、少数族裔，以及年轻家庭尤其可能处于“无银行账户”或者“没有充分利用银行账户”状态。后者指的是他们有账户，但同时在用AFS，比如发薪日贷款（Financial Industry Regulatory Authority Investor Education Foundation，2016）。这些较大的家庭比例意味着美国的金融服务并没有满足金融脆弱家庭的需求。

金融普惠也意味着人们享有赋予金融稳定性和未来保障的社会政策。持续的贫困、不断提高的收入，以及资产的不平等（见第4章）意味着当前的政策没有达到期望的目标（DeNavas-Walt and Proctor，2015）。政策在金融普惠方面做得还不够，尤其对于金融脆弱家庭而言。在深入讨论这个问题之前，我们考虑一下塔米卡和艾贝是否具备金融能力。尽管她们有很多相似的地方，这两个人的金融经历却各有特点，使她们具备了不同水平的金融能力。

聚焦案例：塔米卡和艾贝正在培养金融能力吗？

塔米卡在学校的金融教育课上了解到，拥有一个银行账户或信用合作社账户很重要，这可以保证她的资金安全并有助于管理资金。她学习如何开立和管理一个金融账户。塔米卡从事的快餐工作，让她获得了可用于储蓄的收入。她问妈妈关于去银行开户的事。尤兰达对此持怀疑态度，她认为塔米卡最好把钱放在家里一个安全的地方，直到她长大并拥有更多的资金。尤兰达警告塔米卡，银行收费可能会吞噬小额储蓄。但塔米卡决心听从老师的建议。

塔米卡在离他们家四个街区的自动取款机上存入了她的薪水支票。她虽然努力尝试定期把收入存入银行，但有时会在存款前把支票存在家里。她既没有智能手机，也没有可以上网的家用电脑，所以无法密切追踪自己的账户。她依靠储蓄收据来跟踪自己的存款，偶尔还会从学校的电脑上查询。塔米卡偶尔会为了需要的东西提款，但把大部分钱都存到了银行里，以备上大学之用。她暑期打工攒了不少钱，但为了更专心学习，她削减了工作时间。塔米卡是个好学生，学习努力，希望能获得大学奖学金。

艾贝的情况完全不同。与自己存钱的塔米卡不同，艾贝就读的学校提供大学储蓄计划——College$ave，这是与当地一家非营利机构合作开办的。

College$ave 项目承诺：当学生开户并存款时，它们将提供300美元的“种子”存款。起初，艾贝的父亲乔治和尤兰达一样，对这个项目持怀疑态度。萨拉过去曾与银行有过纠纷，她不相信银行会“免费”把钱存入学生的账户。艾贝向她的父亲展示了一封学校寄来的推荐信，附有蒙大拿州财务部长的证明，说服他相信大学储蓄计划是真实的。艾贝对该计划提供的“种子”存款和项目提供的其他激励措施感到特别兴奋。

College$ave 与当地一家信用合作社合作，后者提供一种特殊的免费青年储蓄账户，这意味着艾贝可以拥有一个账户，即便账户余额过低也不收费。艾贝的雇主也帮了忙，同意将她的收入直接存入她的账户。艾贝每季度都会收到有关其储蓄的报告。当学生们顺利完成十年级的学业时，该项目的工作人员会帮助学生将他们的储蓄转移到一个专门的大学储蓄计划中，在此期间，其大学账户还会收到额外100美元的奖励。

金融能力：知识和机会

能力（即金融素养）和机会（即金融普惠）共同构成了金融福祉（Sherraden，2013）。换句话说，金融能力指的是人们的金融知识、技能加上实现金融功能的可能机会。金融能力的概念源于能力理论，这一理论强调的是真正的机会，这些机会给予人们“自由……让他们过上某种形式的生活”（Sen，1987，p. 36；1993）。一个社会有可能在传播知识方面做得很好，但却无法做到让人们相应地运用其能力（Nussbaum，2011，pp. 21—22）。

金融能力实务包括提高金融认知和能力。但是，如果不改变非公正、剥削性的金融体系和政策，人们就无法做出金融利益最大化的行动。人们需要金融知识和技能，但要想使得金融脆弱人群受益，就有必要同时修改、变革金融服务以及社会政策。

回到塔米卡和艾贝身上，尽管她们有相似性，但艾贝的金融服务经验与塔米卡存在很大差异。艾贝在她的存款账户中积累钱，而无须记录她的支出，或记着在银行存款。一切都是自动进行的，她的收入会自动存进她的支票和存款账户。换句话说，这种存款方式有利于她实现存钱读大学的目标。相比之下，塔米卡必须记得存支票，并监控她的账户。她的雇主并不会直接存款进去，也没有上述存款方式支持她努力存钱的行为。她没有存钱的激励，也没有存钱的提醒。一切都依靠塔米卡自己。

幸运的是，还有其他类似艾贝的存款方式的储蓄选择（见第 10 章）。旧金山市米申区的 MyPath 项目就是其中之一（见专栏 1.2）。

专栏 1.2　聚焦组织：MyPath

MyPath 的愿景是确保每个从事低收入工作的年轻人都有机会获得第一份薪水，这不仅关乎收入，还关乎经济流动性。为了达到这个目的，MyPath 让青少年和青年在一个可受教且可参与的时刻参与进来——也就是当他们在青年劳动力市场上获得收入时，让他们去开设银行账户、存钱并建立信用记录。MyPath 的模式已经经过测试，用于支持年轻人建立金融技能和信心，释放经济潜力。

MyPath 储蓄模式目前包括：一套经过测试的、专业同行设计的、基于行动的资金管理课程；一种名为 MyPath Money 的在线预算工具，它可在智能手机或平板电脑上运行；个人目标设定；获得安全的、属于年轻人的储蓄和支票账户；一个针对雇主合作伙伴的员工培训项目，以及个性化的技术支持。

2016 年，一项研究对 375 名 16 岁至 21 岁低收入青少年的 MyPath 储蓄计划开展了评估（Loke，Choi，Larin and Libby，2016）。研究中有三组对象：标准 MyPath 组、MyPath Plus 组和对照组。标准 MyPath 组的年轻人接受了短期培训、目标设定指导、直接将工资存入银行账户，以及在线金融教育。MyPath Plus 组也接受了同样的服务，此外，另有同辈带领的小组指导。对照组的年轻人既没有银行账户，也没有任何服务。调查结果如下：

- MyPath 的两组年轻人平均节省了 329 美元，约占他们收入的三分之一。
- 在 MyPath 这两组中，几乎所有注册储蓄账户的年轻人（97%）都签订了储蓄约定，设定了个人储蓄目标（100%），并实现了自己的目标（96%）。
- 在 MyPath Plus 组中，接受过辅导的年轻人更有可能在储蓄、预算以及理性消费上树立自信、增加金融知识，并在购买前比价（Loke et al.，2016）。

与改变金融服务和政策相比，人们目前更多地强调旨在增加知识和提高技能的金融教育。学校越来越多地为学生提供金融教育，这是一种进步的表现；然而，只有少数年轻人真的有机会参与学以致用的项目。以塔米卡为例，她学习金融教育课程，并试图涉足金融事务，却很少得到政策或金融机构的支持。在这种情况下，金融教育几乎没有价值。诸如塔米卡的负面经历会导致计划幻灭和愤恨，为其以后的生活添加困境。

聚焦案例：塔米卡的计划幻灭，而艾贝获得信心

上学期间，塔米卡有好几个月没有像以往那样工作那么多小时，她的工资支票没有存入银行，而她也没检查账户余额。尤兰达在塔米卡生日时送给她一部带有少量流量的手机，这样她可以通过手机查看账户的状态。塔米卡惊讶地发现，她的支票账户里的钱比她想象的要少。银行一直按月收取费用，这慢慢地消耗了她的存款。塔米卡认为银行收取这些费用是不公平的，她很伤心。她如此努力地工作，希望这些钱能帮助她上大学。此外，她曾经享受着拥有一个银行账户，使用 ATM 让她感觉自己长大了。但现在她认为母亲是对的。塔米卡把钱从银行账户中取了出来，并听从母亲的建议开始在家里存钱。

相比之下，艾贝的存款一直在她的储蓄账户中自动累积。当她的存款余额在学年期间下降时，银行也没有收取任何费用，因为该项目“初始账户”的存款门槛较低。该项目的目的是帮助年轻人感觉自己是成功的储蓄者。有时候，艾贝会从她的积蓄中拿出一部分来买衣服和郊游，当她上大学的时候，她已经积攒了很多钱。虽然这些钱不够支付她所有的花销，但正如她父亲所说，“每一点都有所帮助”。

艾贝的项目还配备了一名顾问，这名顾问帮助她了解如何得到大学学习资助。该顾问还会帮助学生安装一个应用程序，用来监控他们自己的储蓄。每当艾贝有关于金融方面的问题时，她身边总能有这样的人可以询问。

这里有必要强调：塔米卡和艾贝的不同结果是由不同的机会所导致，而非个人努力、天赋，或者是家庭背景等方面的差异。年轻女性的金融能力（金融知识和技能）及其金融机会（接受恰当、有益的金融服务）之间的交互作用给予了艾贝一个好的开始。能力和机会之间的这种相互作用，就像塔米卡和艾贝两个截然不同的案例所呈现出的一样，是理解金融能力这一概念的核心要素。

概念 3：资产建设

尽管收入充足和金融能力都是金融福祉的关键因素，但它们都不足以保证一个家庭的长期经济稳定和安全。人们必须有途径积累资金来实现他们的长期目标。因此，金融福祉的第三个要素是资产建设。

资产是一个人或一个家庭的财富存量，是他们所拥有的东西。它可以是金

融资产（货币和储蓄）或有形资产（房子、汽车、珠宝或其他有形财产）。资产建设指的是增加这些金融和有形资产的方式。其他关于资产的定义更为宽泛（见专栏 1.3），但由于本书侧重于金融议题，我们只深入讨论金融和有形资产。

专栏 1.3　资产的其他定义

对美国印第安人来说，资产比金钱和财产重要得多。这不仅仅是定义上的差异；它反映出人们生活方式的根本性不同。原住民发展研究所（The First Nations Development Institute）的目标是提高美国印第安人的经济条件，它确定了八个资产类别，即金融、物理、自然、制度性、人力资本、文化、社会、法律和政治，有助于保存、保护和加强美国印第安人对自己资产的控制（Adamson，Salway Black and Dewees，2003：Hicks，Edwards，Dennis and Finsel，2005）。对美国印第安人社区而言，对资产的控制与所有权、自决权错综交织（原住民发展研究所，2009，p. 55）。

其他族群也以不同的方式定义资产。例如，位于芝加哥的西北大学的资产为本社区发展研究所（The Asset Based Community Development Institute）将“资产”作为可持续社区发展的关键组成部分。一个社区的资产可能包括金融资源，但也包括参与社区建设的当地居民、协会和机构等的优势。资产地图（asset mapping）的一个关键方式是识别在社区发展工作中利用到的广泛的社区优势。①

尽管这些定义和其他定义有重叠之处，但也有一些关键的区别。为了避免误解，重要的是定义术语，并理解其他人可能会以不同的方式定义它们。

虽然资产建设通常被认为是高收入家庭的目标，但它对低收入家庭同样重要。资产创造条件、态度和行为，使家庭有可能随着时间的推移，在社会和经济层面上有所发展，并为下一代的金融安全做好准备（Sherraden，1991）。换句话说，人们既需要足够的收入来支付账单和维持生存，也需要资产来投资于教育、住房、土地、商业和其他实现长期目标的手段。资产是投资的物质资源，它也会改变人们对生活和未来可能性的看法（Sherraden，1991）。

在 21 世纪，资产建设比以往任何时候都更加重要。在美国，财富（资产）正日益成为未来安全的重要来源。总的来说，人们从工作中获得的收入越来越少，而从资产中获得的收入越来越多，这不仅提供了收入，而且提供

① 更多信息参见 http://www.abcdinstitute.org/。

了财务缓冲，以及在个人一生和几代人之间释放发展机会的能力（Sherraden，1991）。资产很少或没有资产的人，被认为是资产贫乏的人，正落后于人。虽然没有官方的资产贫困的定义，但一个常用的定义是资产不足以维持至少 3 个月的基本消费（Haveman and Wolff，2004）。其他定义侧重于家庭经济和社会发展所必需的资产，或将其作为一种减少经济不平等的方式（Nam，Huang and Sherraden，2008）。基于这些原因，服务者帮助金融脆弱家庭建设资产是很重要的。

聚焦案例：艾贝和塔米卡为上大学存钱

College$ave 为艾贝提供了与银行的良好关系和一种资产积累方法。该项目帮助艾贝和她的同学们开设了蒙大拿州家庭教育储蓄项目中的“529 大学储蓄账户”。除了最初的“种子”存款和十年级末的存款，该项目还承诺在他们高中毕业时为他们的账户提供另一个“里程碑”的激励。激励措施使年轻人觉得储蓄是值得的，并鼓励他们努力接受高等教育。

一天，艾贝回到家，兴奋地告诉她的父亲乔治自己在学校是如何学习资产建设的。乔治提醒她，早在白人提出存钱的想法之前，印第安人就有了资产，关于“资产”的概念有很多种说法。他问艾贝她的学校项目如何定义资产，艾贝告诉他这个项目是如何帮助她为上大学攒钱的。乔治赞扬了艾贝的储蓄行为，但也告诉了她许多对她的社区很重要的资产，并鼓励她记住自己的血统（见专栏 1.3）。这样，艾贝了解到，资产建设的概念只是思考资产的许多不同方式之一。

乔治还提醒艾贝，这些储蓄虽然有帮助，但不能支付她所有的大学费用，所以艾贝去拜访她的大学辅导员西奥多·威尔逊。威尔逊先生引导她在 FinAid 网站上查看最新的大学奖学金名单（见第 12 章）。她很有可能具备获得佩尔助学金的资格，作为布莱克菲特部落的登记成员，艾贝有资格获得美国印第安事务局（U.S. Bureau of Indian Affairs）、美国印第安人大学基金（American Indian College Fund）和其他来源的奖学金。她还计划在大学期间做兼职。威尔逊先生建议艾贝申请几所学校，以最大限度地提高她获得优秀奖学金的机会。考虑到入学社区大学和部落大学，加上储蓄和奖学金，艾贝估计她毕业时无需借贷，或只需要背负很少的学生贷款。这使艾贝和她的家人能够更多地考虑她未来的职业机会。

艾贝的“529 大学储蓄账户”规定，如果她提取存款用于教育以外的用途，会受到经济处罚。但即使没有罚款的威胁，她和她的父母也认为不该动用这笔大学储蓄——这笔钱完全是为了她未来的教育。随着艾贝在她的大学储蓄账户里不断存钱，上大学对她来说变得越来越现实。大学储蓄计划帮助艾贝树立了一种可控的效能感。

相比之下，塔米卡无法享受大学储蓄计划的好处，也无法获得艾贝和她的同学们所获得的经济激励。塔米卡仍然决心储蓄，但在家里存钱却很困难。尤兰达试图鼓励她，但其他人都不支持她的大学志向。塔米卡的积蓄现在被存放在卧室壁橱的顶层架子上，引诱着她。尽管如此，塔米卡依然从她的金融教育课上学到了很多，并努力限制自己的开支。她虽然并没有失去上大学的决心，但不再享有拥有大学储蓄账户带给她的有用提示。

结论

本章介绍了收入充足、金融能力和资产建设的概念。之后的章节将探讨何种方法最有效，相关的服务目标、服务结果是否因年龄和其他人口特征而有所不同，以及降低成本更有效的方式。CSD 的研究者正在检验这些观点（见专栏 1.4）。

专栏 1.4　聚焦研究：社会发展中心

CSD 培训研究人员，并在资产建设、金融能力、金融行为以及其他社会发展倡议方面开展应用研究。

在资产建设方面，CSD 正在测试资产的社会和经济效益，包括测试普惠性和渐进式资产建设政策的理念（Sherraden et al.，2015）。例如，越来越多的证据表明，从出生开始建立的儿童发展账户（Child Development Account，CDA）促进了儿童的社交情绪发展，以及父母对孩子未来教育的期望（见第 10 章）。

第二个领域是金融能力，重点是如何改善金融普惠和金融教育，及其对金融福祉的影响。例如，CSD 在这一领域的研究包括在各社会工作学院扩大 FCAB 的专业培训（Sherraden，Birkenmaier，McClendon and Rochelle，2016）。

第三个领域是金融行为研究，它聚焦于如何鼓励人们改善这些行为。例如，一项大规模的研究探讨了如何通过退还所得税来增加家庭储蓄。纳税申报过程中的激励储蓄增加了纳税人将部分退款分配到储蓄的可能性（Grinstein-Weiss，Perantie，Taylor，Guo and Raghavan，2016）。

家庭需要稳定且充足的收入，哪怕它们来自几种不同的途径。人们应当掌握一定的金融知识，并且能通过一些途径获得财务上的指导。他们应该接触到安全可靠的金融产品、服务和政策，这使得他们能够在积累资产方面获得最大的利益、机会和支持。同时，这些会有助于改善他们的金融功能、金融福祉和生活机会。

收入和资产的缺乏，加上其他的挑战，将塔米卡这样的弱势群体置于金融、社会和情感的不利地位，损害其当下的稳定性和未来的安全感。正如塔米卡这个案例所呈现的那样，这个代价很大。要帮助塔米卡这样的年轻人，服务者应当关注服务对象的早期金融经历，并且促成他们与金融服务业的接触，以建设金融能力和资产。这可能需要服务者制定致力于特定人群金融发展的新策略。

拓展内容

·回顾·

1. 金融能力是一个概念，它涵盖了一个人的能力、行为，以及在他所处的环境中拥有的机会。想一想塔米卡，一个服务者该如何提升她的金融能力呢？请讨论你会如何与她开展工作，或如何在社区里增加她接触到合适的金融服务的机会，以及如何增加她接受高等教育和职业发展的机会。

·反思·

2. 思考你自己或你家里的金融生活。和艾贝或塔米卡的金融生活在什么方面有相似之处吗？又有何不同呢？你从艾贝和塔米卡所缺乏的优势方面获益了吗？（如果有）在哪些方面？在哪些方面你的状况和她们相似？当你和塔米卡和艾贝这样的服务对象工作时，你的状况启发了你什么？要时刻注意些什么？

·应用·

3. 研究你所在的社区开展的项目或服务。思考哪三个项目或服务对正在努力管理财务状况的家庭可能具有价值？请列出每一个项目，包括它服务的人群，以及你认为它会如何对提升金融能力有帮助。然后讨论：每个项目在哪些方面不能满足你所在社区的需要，以及该如何改进每个项目。

参考文献

Adamson, R., Salway Black, S., & Dewees, S. (2003). Asset building in Native communities. First Nations Development Institute. Retrieved from http://www.firstnations.org/knowledge-center/business-development/asset-building.

Consumer Financial Protection Bureau. (2015a). CFPB financial well-being scale: Questionnaire. Retrieved from http://files.consumerfinance.gov/f/201512_cfpb_financial-well-being-questionnaire-standard.pdf.

Consumer Financial Protection Bureau. (2015b). Financial well-being: The goal of financial literacy. Retrieved from http://files.consumerfinance.gov/f/201501_cfpb_report_financial-well-being.pdf.

Crain, M., & Sherraden, M. (Eds.). (2014). *Working and living in the shadow of economic fragility*. New York, NY: Oxford University Press.

DeNavas-Walt, C., & Proctor, B. D. (2015, September). Income and poverty in the United States: 2014. Current Population Reports. U.S. Census Bureau. Retrieved from https://www.census.gov/content/dam/Census/library/publications/2015/demo/p60-252.pdf.

Ehrenreich, B. (2001). *Nickel and dimed: On getting by in America*. New York, NY: Henry Holt.

Federal Deposit Insurance Corporation. (2016). 2015 FDIC national survey of unbanked and underbanked household. Retrieved from https://www.fdic.gov/householdsurvey/2015/2015report.pdf.

Financial Industry Regulatory Authority Investor Education Foundation. (2016). 2012 national financial capability study. Retrieved from http://www.usfinancialcapability.org/downloads/NFCS_2015_Report_Natl_Findings.pdf.

First Nations Development Institute. (2009). Native American asset watch: Rethinking asset building in Indian Country. Retrieved from http://www.firstnations.org/system/files/2009_NAAW_Rethinking_Asset_Building.pdf.

Grinstein-Weiss, M., Perantie, D. C., Taylor, S. H., Guo, S., & Raghavan, R. (2016). Racial disparities in education debt burden among low- and moderate-income households. *Children and Youth Services Review, 65*, 166-174. doi:10.1016/

j.childyouth.2016.04.010.

Haveman, R., & Wolff, E. N. (2004). The concept and measurement of asset poverty: Levels, trends and composition for the U. S., 1983-2001. *Journal of Economic Inequality, 2*(2), 145-169. doi:10.1007/s10888-005-4387-y.

Hicks, S., Edwards, K., Dennis, M. K., & Finsel, C. (2005). Asset-building in tribal communities: Generating Native discussion and practical approaches (CSD Policy Report 05-19). St. Louis, MO: Washington University, Center for Social Development.

Johnson, E., & Sherraden, M. S. (2007). From financial literacy to financial capability among youth. *Journal of Sociology and Social Welfare, 34*(3), 119-145.

Kondrat, M. E. (2002). Actor-centered social work re-visioning "person-in-environment" through a critical theory lens. *Social Work, 47*(4), 435-448.

Loke, V., Choi, L., Larin, L., & Libby, M. (2016). Boosting the power of youth paychecks: Integrating financial capability into youth employment programs. Federal Reserve Bank of San Francisco. Retrieved from http://www.frbsf.org/community-development/files/wp2016-03.pdf.

Morduch, J., & Schneider, R. (2017). *The financial diaries: Spikes how American families cope in a world of uncertainty*. Princeton and Oxford: Princeton University Press.

Nam, Y., Huang, J., & Sherraden, M. (2008). Asset definitions. In S. M. McKernan & M. Sherraden (Eds.), *Asset building and low-income families* (pp. 1-32). Washington, DC: Urban Institute Press.

National Council of La Raza. (2014). Banking in color: New findings on financial access for low- and moderate-income communities. Retrieved from http://publications.nclr.org/bitstream/handle/123456789/1203/bankingincolor_web.pdf

Newman, K. S. (2000). *No shame in my game: The working poor in the inner city*. New York, NY: First Vintage Books.

Nussbaum, M. C. (2011). *Creating capabilities: The human development approach*. Cambridge, MA: Belknap Press of Harvard University Press.

Pew Charitable Trusts. (2016, March 30). Household expenditures and income. Retrieved from http://www.pewtrusts.org/en/research-and-analysis/issue-briefs/2016/03/household-expenditures-and-income.

Robb, C. A., Babiarz, P., & Woodyard, A. (2012). The demand for financial professionals' advice: The role of financial knowledge, satisfaction, and confidence. *Financial Services Review, 21*(4), 291.

Seefeldt, K. S. (2015). Constant consumption smoothing, limited investments, and few repayments: The role of debt in the financial lives of economically vulnerable families. *Social Service Review, 89*(2), 263-300.

Sen, A. (1987). The standard of living: Lecture II, lives and capabilities. In G. Hawthorn (Ed.), *The standard of living* (pp. 20-38). Cambridge, UK: Cambridge University Press.

Sen, A. (1993). Does business ethics make economic sense? *Business Ethics Quarterly, 3*(1), 45-54.

Sherraden, M. (1991). *Assets and the poor: A new American welfare policy*. Armonk, NY: M. E. Sharpe.

Sherraden, M., Clancy, M., Nam Y., Huang, J., Kim, Y., Beverly, S. G., . . . Purnell, J. Q. (2015). Universal accounts at birth: Building knowledge to inform policy. *Journal of the Society for Social Work and Research, 6*(4), 541-564.

Sherraden, M. S. (2013). Building blocks of financial capability. In J. M. Birkenmaier, M. S. Sherraden, & J. C. Curley, J. (Eds.), *Financial capability and asset building: Research, education, policy, and practice* (pp. 3-43). New York, NY: Oxford University Press.

Sherraden, M. S. (2017). Financial capability. In C. Franklin (Ed.), *Encyclopedia of social work* [Electronic] . Washington, DC, & New York, NY: NASW Press & Oxford University Press. doi:10.1093/acrefore/9780199975839.013.1201.

Sherraden, M. S., Frey, J. J., & Birkenmaier, J. (2016, 2nd Edition). Financial Social Work. In Xiao, J. J. (Editor), Handbook of Consumer Finance Research (pp. 115-127). New York: Springer.

U.S. Government Accounting Office. (2011). Financial literacy: The federal government's role in empowering Americans to make sound financial choices. Retrieved from http://www.gao.gov/new.items/d11504t.pdf.

第2章　美国家庭的金融脆弱性：一个描绘

专业原则：美国人的金融生活日益复杂。这种背景下，理解经济和政策趋势是有必要的，这些趋势能使人们改善他们的金融能力和福祉。此外，这方面的认识对于修正有效的政策、项目和服务而言都是必要的。

本章阐述一个家庭如何致力于承担基本花销、储蓄并打造一个安全的未来。普通家庭需要应对艰难的经济和金融处境。这些环境因素为与个人、家庭和社区工作的服务者带来启示，包括政策上的举措。我们从金融脆弱性的概念开始，然后过渡到当今家庭整体的金融福祉，包括他们的收入、花销、资产和债务。接着，我们评估美国家庭的金融素养和金融能力。结论部分则是基于对服务者实务角色的观察。整本书中，我们都会探索这些统计数据如何在普通家庭中发生作用。在这一章的结尾处，我们会回顾本章内容在四个案例家庭中的实务应用。

金融脆弱性

金融脆弱性指的是收入低、金融方面处于不安全的状态，并面对风险、动荡和压力（Chambers，1989）。金融脆弱性使得个体和家庭难以履行已有的财务承诺以及未来规划。它给家庭带来一系列相关的困境，包括挨饿和无家可归。它阻止人们参与基本的医疗服务和教育，并导致更短的预期寿命（Wiedrich，Sims，Weisman，Rice and Brooks，2016）。金融脆弱性在情感方面也有所影响。眼前的财务挑战主导了一切，这使得人们难以构想一个人的生活并做出更好的规划（Mullainathan and Shafir，2013）。

金融脆弱家庭的收入低且带有波动性，这让他们难以支付账单。他们每月的花销经常超过收入，部分原因是他们的家庭预算中有很大一部分要抵销支出，比如住房。因此，即便是收入或花销中的微小变化也能带来巨大影响，恶化他们的处境。金融脆弱家庭的存款少，难以抵抗危机，他们也缺少用于投资教育和其他机会的资源。较少的经济资源，加上有限的抵抗金融动荡的工具，给很多家庭带来了不乐观的财务未来。

收入和花销

在这个部分，我们来具体探索一个家庭的金融状况。我们从家庭的金钱流入，也就是收入开始，然后转到家庭的金钱流出，即花销。

收入：家庭的金钱流入

2015 年，美国家庭收入的中位数为 55775 美元，这意味有一半家庭的收入要比这个数值低（Posey，2016）。对于普通家庭而言，大部分的收入（78%）来自工作所得的工资（wages，通常按周、日等短期计算发放）和薪水（salaries，通常按月，有时按季或年计算发放（见图 2.1）。然而，也有其他

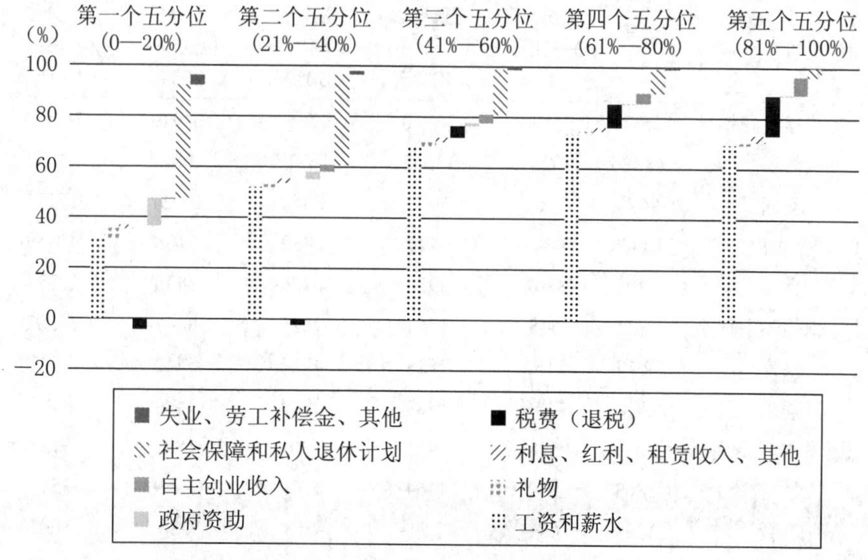

图 2.1 按照收入水平划分的收入来源

资料来源：消费者花销调查，美国劳工统计局，2015 年 9 月。

重要的收入来源，包括退休收益［比如退休金、退休储蓄和社会保障金（占总收入的12%）］、创业收入（自己的生意，6%），以及投资（2%），但这些来源在低收入家庭中并不常见。政府资助，包括食物资助［美国补充营养援助计划（SNAP）和其他食物项目］、美国贫困家庭临时救助计划、补充保障收入以及其他项目仅占所有家庭收入的2%，而这个比重在低收入家庭中还要更低。图2.1用五分位数值的方式显示了收入的来源。

花销：家庭的金钱流出

与高收入家庭相比，低收入家庭日常必需品方面的花销在其收入中所占的比重会远远更高。高收入家庭在保障资产和为未来存款方面的花销，在其收入中所占的比重会高得多。表2.1显示了所有家庭平均年度花销的美元货币值以及收入水平。与收入处于五分位顶部的家庭相比，位于五分位底部的人群在住房和食品方面的花销占其收入的比重更高。相比之下，较高收入家庭会将收入中更高的比重花费在保险和退休计划上（见第15章）。所得税，即表2.1中的“个人税”，也是中高收入家庭中较大的花销（见第7章）。

表2.1　按照收入水平划分的家庭平均年度花销（单位：美元）

	收入水平					
	全部	第一个五分位（0—20%）	第二个五分位（21%—40%）	第三个五分位（41%—60%）	第四个五分位（61%—80%）	第五个五分位（81%—100%）
平均年度花销	57311	25138	36770	47664	64910	112221
住房	18886	10267	13552	16315	20687	33653
交通	9049	3767	5992	8464	10931	16114
个人税	10489	–443	–447	2882	9108	41459
食品	7203	3862	4978	6224	8436	12513
个人保险和退休金	6831	645	1766	4227	8262	19302
医疗	4612	2156	3528	4266	5442	7677
娱乐	2913	1146	1783	2344	3409	5888
现金捐款（慈善）	2081	558	1431	1301	1891	5233
服装/衣物	1803	860	1164	1519	1959	3511
教育	1329	681	759	618	988	3605
个人护理产品和服务	707	333	490	569	777	1364

资料来源：消费者花销调查，美国劳工统计局，2016年9月。不包括杂项花销。

资产和债务

在这一部分，我们探讨家庭所拥有的（资产）以及他们所欠的（债务或负债）。尽管收入和花销意味着对金融资源的日常管理，但人们仍需要存款和举债。存款意味着不去支出，而是将收入存起来用于面临困境时的缓冲，或者投资于未来。债务意味着基于未来收入而对付款作出的承诺。我们将在之后的几章中探讨如何管理收入的流动，以及存款和债务是如何互相联系的。

资产

正如在第 1 章讨论的，资产包括金融和非金融资源、产权，以及一个家庭拥有的具有经济价值的所有物。表 2.2 显示，多数家庭都有某些形式的金融资产。最常见的类型是*交易账户*。98% 的家庭拥有这些账户（包括支票账户和预付卡），其中包括最低收入群体中 94% 的人群。金融资产中第二常见的类型是退休账户。几乎一半的人口拥有退休账户，尽管多数低收入家庭缺少足够的退休储蓄（见第 18 章）。更少的人拥有人寿保险（见第 15 章）和投资账户（见第 10 章）。

表 2.2　按收入水平划分的家庭持有每种资产的比例（2016 年，%）

	收入水平	任何金融资产	交易账户	退休账户	人寿保险	股票	储蓄债券	投资基金	存款证明
全部		98.5	98.0	52.1	19.4	13.9	1.2	5.5	6.5
第一个五分位	0—20%	95.2	94.2	11.3	12.5	3.7	0.0	2.3	2.9
第二个五分位	21%—40%	97.4	96.3	33.7	15.5	5.9	0.0	3.6	5.1
第三个五分位	41%—60%	99.7	99.5	52.9	19.5	10.7	0.0	3.8	6.4
第四个五分位	61%—80%	100.0	99.9	75.4	22.9	13.9	1.0	6.7	6.7
第五个五分位	81%—90%	100.0	99.8	82.1	22.1	25.1	1.6	8.6	11.4
	91%—100%	100.0	100.0	91.9	31.1	45.9	6.0	13.3	11.5

资料来源：2016 年消费者金融调查，http://www.federalreserve.gov/econresdata/scf/scfindex.htm。

存款

尽管很多低收入家庭都以非正式的方式存钱，但较少的人会将钱存在一个金融账户中（见图 2.2）。对于五分位数中的最低人群，仅有三分之一的家庭提到，他们在一个账户中存钱。在账户中存款在较高收入的家庭中更为常见。

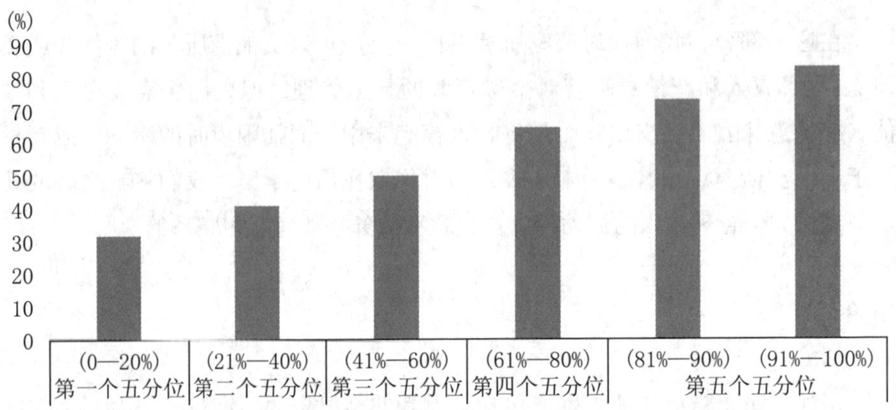

图 2.2　账户中有存款的家庭百分比（按收入分配百分比计算）

资料来源：2013 年消费者金融调查，http://www.federalreserve.gov/econresdata/scf/scfindex.htm。

人们会因许多原因存款（见图 2.3）。最常见的两个原因是流动性（35.8%）和退休（31%）。流动性意味着存款容易获得且灵活，这使得人们有可能应对危机和支付其他不可预期的花销。流动性对低收入家庭而言很重要，因为其收入经常是不稳定的。收入经常波动极大，经常是不可预期地、从月度到年度地变化，这一不稳定性从 1970 年至今增加了约 30%（Dynan，Elmendorf and Sichel，2012）。收入的流动性带来的结果是：家庭有时会有足够的金钱满足他们的花销，或许还有略微结余，有时候却没有足够的金钱。流动性使得规划难以实现，并会导致财务管理问题（Morduch and Schneider，2017）。

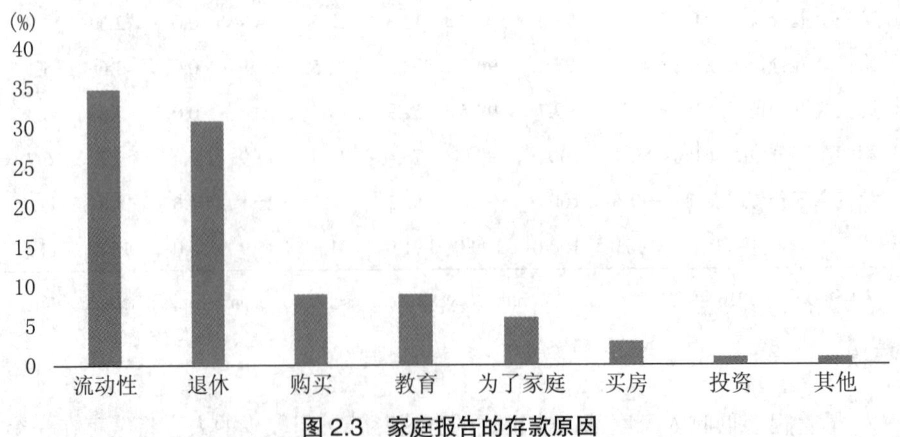

图 2.3　家庭报告的存款原因

资料来源：2013 年消费者金融调查。

债务

个人金融中的另一面是人们所欠下的部分，或者说是他们的债务。债务中最多的类型是住房按揭贷款，然后是教育贷款、车贷，以及信用卡和信贷额度（lines of credit，见表 2.3）。人们举债以实现重要的购买行为，并在以后的日子里补平成本。举个例子，多数人没有足够的现金去买房，所以他们采用按揭的方式一点点偿还。在有效利用的情形下，负债可以是一种取得成功的机会。但债务也可能导致不稳定。

表 2.3　负债家庭持有的债务中位数（以 2016 年 1000 美元为单位）

		初级抵押贷款	教育贷款	车贷	信用卡	信贷额度	其他	所有债务
全部		**114.0**	**19.0**	**13.0**	**2.3**	**3.0**	8.4	**60.0**
第一个五分位	0—20%	50.0	15.0	8.0	0.8	0.5	4.9	10.4
第二个五分位	21%—40%	65.0	20.0	9.7	1.7	1.6	4.6	23.3
第三个五分位	41%—60%	89.0	18.0	12.0	2.0	2.0	7.0	42.3
第四个五分位	61%—80%	117.0	20.0	16.0	3.0	6.9	9.0	103.0
第五个五分位	81%—90%	160.0	21.0	17.0	4.8	1.8	16.0	170.3
	91%—100%	270.0	33.0	19.0	6.0	50.0	44.0	299.0

资料来源：2016 年消费者金融调查，http://www.federalreserve.gov/econresdata/scf/scfindex.htm。

表 2.3 显示，所有美国家庭的债务中位数大约为 60000 美元。低收入家庭的债务中位数（10400 美元）要比高收入家庭（299000 美元）低得多。尽管看起来不错，但无法利用债务可能会阻止低收入人群购买房屋，甚至是接受大学教育。

尽管有潜在的收益，但债务也可能成为问题。当一个家庭不得不借钱支付每个月的账单或冲抵不可预见的花销，或者他们背负了太多的债务，尤其是无法及时还款的时候，债务就可能成为负担。在 2015 年，43% 的美国人要艰难地支付账单，30% 的人背负过大额的债务，而 36% 的人无法确定在危机发生时，他们能否在下一个月就凑够 2000 美元（Tescher and Schneider，2015）。

美国的收入和财富不均

自 21 世纪以来，经济上的不平等就在加剧（Piketty，2014；Saez and Zucman，

2014)。收入和财富越来越多地聚集到富裕人群上，而不是在所有家庭中平均分配。对少数族裔家庭而言，财富的分配不均尤其严重。与白人家庭相比，他们赚取较少的收入，持有的净财富也远远更少（Oliver and Shapiro，2006；Taylor，Kochhar，Fry，Velasco and Motel，2011）。很多非营利性的研究机构，比如皮尤研究中心（Pew Research Center，见专栏 2.1），展示了财富和收入不均的程度和趋势。

专栏 2.1　聚焦研究：皮尤研究中心

皮尤研究中心是一个非营利的无党派组织，它开展研究，并提供社会和人口趋势等方面的公开信息，为制定好的政策提供支持。皮尤研究中心的研究人员用民意调查、人口研究、内容分析和其他社会科学的方法，来理解和解决社会面临的挑战性问题。

皮尤研究中心的研究领域包括经济和个人金融、学生债务、代际和老龄化、种族和民族、性别、工作以及婚姻和家庭。其研究人员对拉丁美洲人、千禧一代①、美国 LGBTQ 群体②、亚裔美国人以及退伍军人等群体进行了深入研究。最近研究的一个样本显示了下列内容：

- 按种族和民族划分的财富。皮尤研究中心的研究人员发现，白人家庭的净资产中值是拉美裔家庭的 10 倍，是非裔美国家庭的 13 倍，这是自 1989 年经济复苏以来从未出现过的差距（Kochhar and Fry，2014）。
- 美国的儿童养育。皮尤研究中心的研究人员发现，低收入父母认为经济不稳定限制了他们的孩子获得安全的环境，包括养育孩子的好的社区和高质量的课外项目（Pew Research Center，2015a）。

收入不均

想象一个由 100 个家庭组成的社会。如果每个家庭都有同样的收入，收入将是平均的。这意味着每个家庭都会有 1% 的收入。收入不均一词指的是存在着少数高收入家庭和许多低收入家庭。比如，100 个家庭中的 10 个可能拥有全部收入的 60%（每个家庭占有 6%），而剩下 90 个家庭占有全部收入的 40%（每个家庭占有 0.44%）。排名前十的家庭取得的平均收入是其他 90 个家庭的 14 倍。

---

① 千禧一代没有一个明确的定义，但一般包括 1980 年至 2000 年出生的人群。
② LGBTQ 是女同性恋、男同性恋、双性恋、跨性别者或酷儿的缩写。

收入不均，或者说在不同群体中存在的收入的不平均分配，不仅加重了贫困负担，而且产生了社会影响，比如儿童较差的学习成绩（Kearney and Levine，2016）。因此，收入不均可能会导致循环效应，即经济劣势会在代际长期存在（Chetty，Hendren，Kline，Saez and Turner，2014）。为了解决长期以来的收入不均所带来的负面影响，有些政策会为低收入家庭补贴收入，或拓宽他们享受教育和其他机会的途径（见第 12 章；Kearney and Levine，2016）。

图 2.4 显示了美国三个不同群体家庭的收入比例。顶部 3% 的家庭拥有最高的收入，其收入占到所有收入的四分之一还要多，而他们的收入随着时间的推移也不断在增长。同时，90% 的家庭的收入共占到所有收入的一半多一点，而这个比例在过去的几十年中不断降低。换句话说，最高收入群体的收入在全部收入中的占比越来越大，而这个比例在低收入群体身上正不断下降。

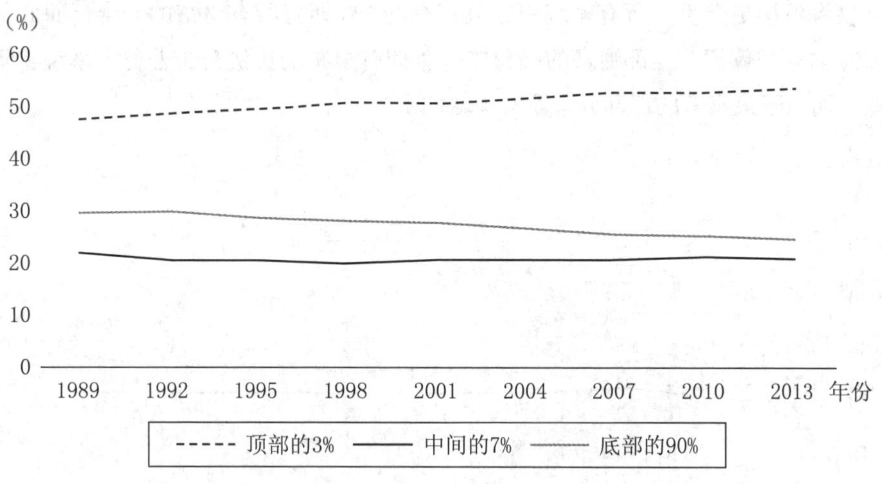

图 2.4　根据家庭收入水平划分的总收入比重

资料来源：2013 年消费者金融调查。

衡量收入的另一个指标是贫困率，即收入处于一定标准线以下的家庭所占的比例。美国联邦政府的贫困线是在对家庭规模和组成进行校准后，得出的衡量收入的官方标准。大约 15% 的人口（4670 万人）取得的收入在官方的贫困标准以下。2014 年，该标准是四口之家的收入为 23850 美元（DeNavas-Walt and Proctor，2015）。这个标准是基于全部人口的平均值，然而，有些亚群体的情况要更糟糕。比如，官方数据显示，几乎 30% 的北美印第安人都处于贫困状态，是美国所有少数族裔中占比最大的群体（Krogstad，2014）。与 20 年前相比，更多的人目前生活在极度贫困状态中——每天依靠 2 美元或更少的钱度日（Edin and Shaefer，2015）。与收入不均一样，贫困也会产生社会和教育影响，因为它妨碍人们享受在住房、教育以及医疗服务等方面的福利（Holzer，Schanzenbach，Duncan and Ludwig，2008；Yoshikawa，Aber and Beardslee，2012）。

财富不均

图 2.5 说明了在上述三个群体家庭（包括顶部的 3%、中间的 7% 以及底部的 90%）中存在着一个相似的构成规律，即其所拥有财富的占比是不均等的；这里的财富指的是人们拥有的东西，比如房屋、生意，以及退休储蓄（Bricker et al.，2014）。财富不均，或者说是财富在不同群体之间的不平等分配，从 1989 年以来就一直在加剧；这意味着最富有的 3% 的人所拥有的财富占比增加了，而处于底部的 90% 的人所拥有的财富占比却减少了。此外，财富不均要比收入不均更严重。所有家庭中，最富有的 3% 拥有所有财富的一半，而底部 90% 的人却仅拥有全部财富的四分之一。拥有财富的比例对于普通人来说在降低，而对于最富有的那部分人而言却增加了。

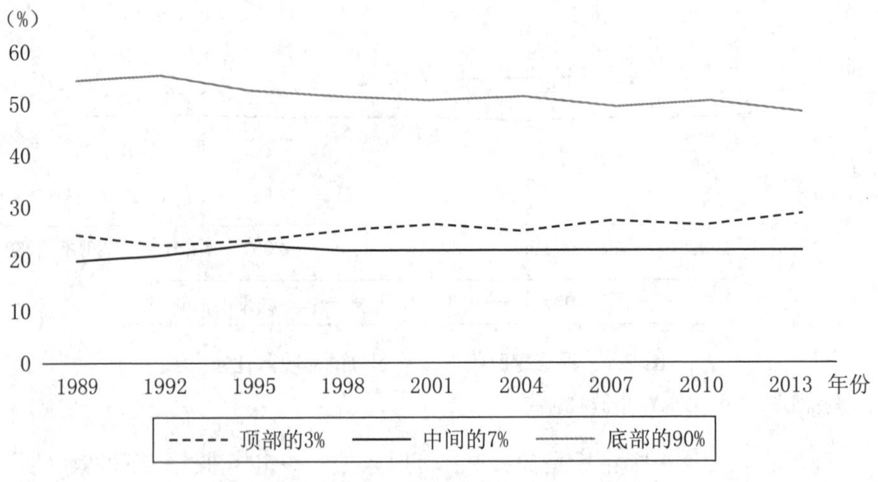

图 2.5　根据家庭收入水平划分的总财富比重

资料来源：2013 年消费者金融调查。

表 2.4 显示了在不同的收入水平下，各种资产类型所对应的中位数。比如，交易账户（如支票账户）在最低收入群体中的中位数低至 600 美元，而在最高收入群体中的中位数却高达 62000 美元。对低收入房屋所有者而言，最低收入群体的房屋价值中位数为 89000 美元，相比之下，最高收入群体的中位数则达到了 250000 美元。这个规律在其他的资产类型中也基本一致。尽管低收入家庭拥有这些资产，但其价值水平是较低的。

表 2.4　按收入水平划分的特定资产价值中位数（以 2016 年 1000 美元为单位）

	收入	交易账户	存款证明	储蓄债券	股票	退休账户	人寿保险的现金价值	交通工具	主要的住宅	净值
第一个五分位	0—20%	0.6	8.0	0.5	7.0	7.4	2.0	7.4	89.0	6.6
第二个五分位	21%—40%	1.6	20.0	1.0	15.0	17.0	5.0	11.0	112.0	31.5
第三个五分位	41%—60%	3.8	10.0	0.8	8.2	25.0	6.0	16.0	150.0	81.9
第四个五分位	61%—80%	8.2	20.0	0.6	12.0	51.0	9.6	23.4	195.0	167.3
第五个五分位	81%—90%	18.7	20.0	1.8	21.0	133.0	20.0	30.4	275.0	389.7
	91%—100%	62.0	60.0	1.5	125.0	403.0	38.0	38.0	550.0	1639.6

资料来源：2016 年消费者金融调查，http：//www.federalreserve.gov/econresdata/scf/scfindex.htm。

与收入水平相比，财富在不同种族和族群中的差异更为明显（Tippett et al.，2014）。在 2009 年，位于中位数的白人家庭持有的财富是非裔美国家庭中位数的 20 倍，同时是拉丁裔家庭中位数的 18 倍（Taylor et al.，2011）。净值，即一个人所拥有的（资产）减去他所欠的（债务或负债），在典型的非裔美国家庭中为 5677 美元，在典型的拉丁裔家庭中为 6325 美元，而在白人家庭中则为 113149 美元（Taylor et al.，2011）。也就是说，白人家庭拥有的净值是有色人种家庭的 20 倍。大约三分之一的非裔（35%）和拉丁裔（31%）家庭的净值为零或者负值，而白人家庭这方面的比例则为 15%（Taylor et al.，2011）。这些构成规律对人的影响是终身的。

以上并非是家庭结构的问题。事实上，一项基于 2013 年消费者金融调查的分析发现，白人单亲家庭的财富值中位数为 35800 美元，大约是非裔（16000 美元）和拉丁裔（18800 美元）美国双亲家庭的两倍（Traub，Sullivan，Meschede and Shapiro，2017）。换句话说，白人单亲家庭的财富要远远多于非裔和拉丁裔双亲家庭。这种不平等也会渗透到老年阶段。由 25—64 岁成人组成的非裔美国家庭所拥有的退休账户中的平均余额为 20000 美元，在拉丁裔家庭中约为 18000 美元，相比之下，白人家庭的平均余额则大约是 112000 美元（Rhee，2013）。对消费者金融调查的进一步分析发现，非裔美国家庭拥有的财富要远远低于白人家庭。事实上，处于中位数的白人单亲家庭持有的财富是非裔双亲家庭的 2.2 倍，同时是拉丁裔双亲家庭的 1.9 倍（Traub et al.，2017）。

在其他指标相似时，男性和女性之间的财富也存在差异。在控制收入、年龄和家庭类型之后，女性一般会比男性拥有更少的财富（Ruel and Hauser, 2013）。

测量金融素养和金融能力

我们现在转向金融素养和金融能力。正如第一章所介绍的，在金融世界中，人们需要这两种能力。

金融素养

测量金融素养可以通过测试与金融议题相关的事实知识来实现。专栏 2.2 列出了研究者最常用的问题，这些问题能被用于评估全球人口的金融素养。

专栏 2.2 金融素养测试

在美国和国际社会，以下五个问题被广泛用于衡量成年人的金融素养。你能正确回答多少个？

1. 假设你有 100 美元存款，利率是每年 2%。如果你把钱留在账户中增值，五年后，你认为你的账户里会有多少钱？

   a. 超过 102 美元

   b. 102 美元

   c. 少于 102 美元

2. 假设你的存款利率是每年 1%，而通货膨胀率是每年 2%。一年后，你能用这个账户上的钱买多少东西？

   a. 比今天多

   b. 完全一样

   c. 比今天少

3. 如果利率上升，债券价格通常会发生什么变化？

   a. 它们会上涨

   b. 它们会下跌

   c. 它们将保持不变

   d. 债券价格和利率之间没有关系

4. 15 年期抵押贷款通常比 30 年期抵押贷款需要更高的月供，但在贷款期限内支付的总利息将会更少。

a. 正确

b. 错误

5. 购买单一公司的股票通常比股票共同基金提供更安全的回报。

a. 正确

b. 错误

答案是：a，c，b，a，b。

如果你答错了两个或更多的问题，你并不是一个人。在这五个题中，美国人平均答对三个（Financial Industry Regulation Authority Investor Education Foundation，2016）。

基于这个测试，我们发现，美国人整体的金融素养较低。图 2.6 展示了近期在美国所做的一个有关金融素养的测验的结果。每个亚群体中都显示了五个问题中回答正确的平均题目数量。结果显示，女性的分值低于男性，年轻人的分值低于老年人。测试得分也与收入和教育水平相关。与较高收入和较高受教育程度的人相比，拥有较低收入和较低受教育程度的人群的得分要更低。

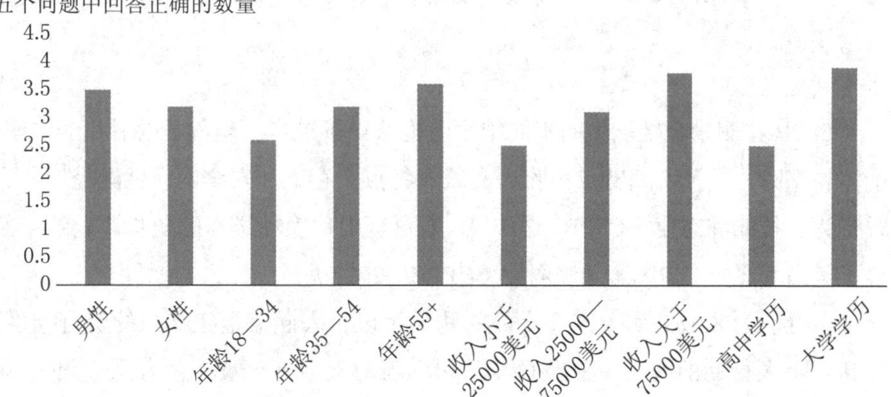

图 2.6 正确回答五个金融知识问题的数量

资料来源：2015 年美国金融能力调查。

金融能力

测量金融能力方面的尝试直到近期才出现。测量本身是复杂的，因为除了测量金融素养外，评估金融能力也需要相关信息，包括一个人接受金融指导的机会，金融政策、产品和服务，以及其他经济发展机会。威斯康星大学金融安全中心（Center for Financial Security）和安妮·E. 凯西基金会共同开发了一套简短的标准化客户效果量表（Collins and O'Rourke，2013）。这个简短的量表包括六个涉及金融自信和金融行为的问题，每个问题的分值分布为 0—8（见专栏 2.3）。

专栏 2.3　金融能力量表（0—8）

1. 你目前有个人预算、支出计划或金融计划吗？［有 = 1，没有 = 0］

2. 你对实现今天为自己设定的财务目标的能力，有多大的信心？［完全没有 = 0，有点 = 1，非常有 = 2］

3. 如果你有一笔意想不到的开支，或者家里有人失业了、生病了，或者有其他紧急情况，你有多大的信心你的家人能在一个月内拿出钱来维持收支平衡，或者支付他们的基本开支？［完全没有 = 0，有点 = 1，非常有 = 2］

4. 你现在是否设立了一个自动的存款或电子转账账户，把钱存起来以备将来使用，就像储蓄一样？［是 = 1，否 = 0］

5. 在过去的一个月里，你的家庭在生活费用上的花销比总收入还少吗？［是 = 1，否 = 0］

6. 在过去的一个月里，你是否在贷款或账单上支付了滞纳金？［是 = 0，否 = 1］

CFPB 在测量金融能力的不同维度上也取得了进步，涵盖了以下几个方面：个体、家庭，以及家庭特点；收入和就业特点；存款和安全网；金融经历；金融行为、技能和态度（CFPB，2017）。来自全国代表性样本的初步调查结果凸显了美国大部分人口的金融脆弱性（CFPB，2017）。

金融能力领域的实务需要全面的测量手段，去涵盖金融能力的所有维度，包括一个人行动的能力（金融素养）和行动的机会（金融普惠）。尽管这个领域已经在测量金融素养上取得进步，但它要求相关工具能够测量出接受金融指导，享受恰当的政策、产品和服务的机会。在这本书里，我们会探索以上机会的其他维度，包括在制度上和心理上享受有效的金融产品、服务和政策的机会（Sherraden and Ansong，2016）。

本书强调的很多组织都在提高公众的金融知识和理解（见专栏 2.4）。

专栏 2.4　聚焦组织：美国国家金融教育资源

联邦政府的金融知识和教育委员会（Financial Literacy and Education Commission），以及四个在美国范围内运营的非营利组织，共同代表了美国促进金融教育方面的组织案例。

金融知识和教育委员会成立于2003年，旨在建立一个全国性的金融教育网站（MyMoney.gov），以及实施一项目标是提高金融素养、金融能力和个人金融福祉的国家战略。今天，在美国财政部长和CFPB局长的领导下，它由23个主要的联邦机构组成。自2012年以来，它一直聚焦于“及早开始以在金融上取得成功”，旨在帮助美国人发展金融能力（Financial Literacy and Education Commission，2016）。

全球金融素养卓越中心（Global Financial Literacy Excellence Center）开展金融素养研究、推广政策并开发工具，为政策提供信息，促进美国和全球的金融教育发展。它资助了一个年度金融教育机构，其间提供免费的个人金融课程，开发金融素养量表，开展和传播研究，并参与政策讨论，以提高人们的金融素养（Global Financial Literacy Excellence Center，2018）。

金融教育和职业发展协会（Society for Financial Education and Professional Development）致力于提高美国家庭的金融和经济素养，并为职业金融教育者提供培训和发展（Daniels，2016）。它召集和资助金融教育活动，如美国金融教育工作者会议，以及治理公司和教育机构的培训研讨会。

经济教育委员会（Council for Economic Education）主要关注从小学生到高中生的经济和金融教育。它为全国各地的教师提供资源、培训和支持，并在六个议题上树立基准——获得收入、购买商品和服务、使用信贷、储蓄、金融投资、保护和保险——以满足不同年级学生的能力需求。它每隔半年出版一份针对美国学校的经济和个人理财教育的调查。近期数据显示，有17个州要求在高中开设个人理财课程（Council for Economic Education，2016）。

Jump$tart 是一个由来自非营利部门、商业、金融、美国国际信用收账协会（ACA）和政府部门的约150个组织组成的联盟，旨在提高中小学和大学层面的金融素养。Jump$tart 与在美国推广金融教育的组织合作。它资助了若干活动，包括：K-12个人理财教育的国家标准（Jump$tart Coalition for Personal Financial Literacy，2015），这是一个所有年轻人都应该获得的个人理财知识和能力框架；“Hill Day”，帮助联盟伙伴倡导关注国会山（Capitol Hill）方面的金融素养；以及一个金融教育资源的在线信息交流中心。

服务者和服务对象的金融生活

聚焦案例：不同层次的金融能力

本书中介绍的每个案例都以不同的方式触及了金融动向。朱厄尔·默里的收入非常不稳定，她几乎没有任何金融资产。作为一个曾经的寄养儿童，除了妹妹，她几乎没有什么家庭资源可以求助。朱厄尔想获得副学士学位，部分原因是副学士学位可以带来更高、更稳定的收入。在家庭暴力庇护所期间，她开始接受一些金融教育。在婚姻期间，家里的财务一直由她的丈夫控制着，而她现在才开始学习如何管理自己的财务。虽然她的经济能力很低，但朱厄尔有学习的动力，并渴望改善自己的处境。

尤兰达·沃克多年来已经具备了更强的金融能力。她已经学会了如何管理自己的财务，如何抚养孩子，如何以相对较低的工资经营家庭。但作为一个寡妇，她仍在学习管理丈夫过去打理的财务工作。她最大的财务挑战是照顾年迈的母亲和两个女儿，并为她未来的金融安全做计划。她拥有一些资产，并将继承她母亲的房子，但这些还不够。她担心家庭的财务前景，但她也有强大的家庭支持系统，以及多年来维持生计的技能和毅力。

西尔维娅·伊达尔戈·阿塞韦多和赫克托·康特拉斯·埃斯皮诺萨的收入高于朱厄尔和尤兰达，但他们的金融能力水平并不比尤兰达高多少。住在加州的西尔维娅和赫克托的花销很大。他们正在抚养年幼的孩子，虽然他们的社会支持体系很强大，但也有经济责任，包括照顾在家里和在墨西哥的大家庭成员。他们的收入会波动，但他们是很好的储蓄者，会设法为自己的主要金融目标——买房——而储蓄。然而，西尔维娅和赫克托在正规的金融部门服务范围外打理着自己的金融生活，并没有建立起信用记录，这将使他们难以获得住房抵押贷款。

尽管乔治·沃克的金融能力在提高，但他仍在努力维持收支平衡。这归咎于他过去犯下的错误和支付的高昂费用。他意识到，未来的金融福祉和他帮助孩子的能力如何，不仅取决于能否避免错误，还取决于能否挣更多的钱。因此，他专注于接受更多的教育。尽管他已步入中年，但学士学位仍将为他提供一个赚取更多收入、支付每月账单并积累储蓄的机会。

很多美国家庭都要面临与前述四个家庭相似或更严重的金融挑战。一个家庭想要很好地管理他们的财务，提高金融能力，并累积资产。他们想要达成愿望，但这并非易事。这时候，专业人士，比如社会工作者、个案管理者、咨询师、信贷顾问、金融教育者，以及理财规划师就可以大有作为。这些服务人士可以将知识、资源，以及对人类行为的洞察力运用在特定关系上，并聚焦于实现服务对象个人和家庭的目标。贯穿于整本书，我们会探索服务者基于人们的金融经历形成的路径和目标，教会他们管理金钱的方式，并帮助他们获得享有产品、服务和政策的机会。

当这些策略不足以解决服务对象的金融挑战时，服务人员会转向政策和项目等解决方式。这可能包括直接的收入支持或有成本的资助、小额信贷资格，或者是存款和投资机会。其他的策略可能会涉及与金融机构或监管机构在金融教育项目上的合作，或者为低收入群体开发特需贷款产品。政策和项目创新可能在联邦、州以及地方层面得以实现。这些工作会改善所有家庭的普惠和金融机会，甚至包括那些处于经济阶梯底部的家庭。很多组织，包括城市研究所（见专栏 2.5），聚焦于这类政策和项目，这对从业者而言都是必要的资源。

专栏 2.5　聚焦政策：城市研究所

城市研究所是一个非营利研究机构，它进行严谨的应用研究，为城市化世界的社会和经济政策提供信息。其目的是运用社会科学的方法来理解各类问题和议题，并找到解决方案。城市研究所的网站上发布了一系列主题的研究报告、简报、分析和国会证词。

城市研究所与学者、政策制定者、社区领导人、服务者和私营部门合作，围绕不同种族和族裔群体，以及不同世代之间不断加剧的收入和财富不平等、持续存在的贫困展开研究，并为解决不平等和其他社会问题提出政策建议。它发布了与金融福祉有关的各种议题的研究：

- 收入和财富：联邦学生援助、金融训练、经济适用房，以及社会保障和医疗保险的未来。
- 收入和就业：老年美国人的福利，工资停滞和最低工资，福利政策，儿童贫困，住房。
- 金融产品和服务：小额信贷，无银行账户和未充分使用的银行账户，为长期护理提供资金。
- 不平等：种族平等、福利与贫困、儿童贫困的制度性障碍。

例如，一项研究发现，每六个新生儿中就有一个出身贫困，其中近一半的新生儿在童年时期仍然贫穷（Ratcliffe and McKernan，2012）。研究人员强调，需要对这些青少年进行干预，因为他们在青春期成为单身父母的可能性是其他人的四倍，而且几乎所有人在成年时都没有高中学历。

结论

这一章强调了家庭的脆弱性，包括较低的和不稳定的收入、持续且易变的花销、低水平的存款和财富，以及有问题的债务。这说明很多人缺少对个人金融状况的足够理解，也缺少享有合适金融服务的机会。后面的各章会为服务者提供接触和反思实务干预的方法。在此之前，我们将先了解到，美国的金融能力和资产建设发展史如何为不均等的家庭金融福祉创造基础。下一章会重点关注四类金融脆弱人群：美国原住民、非裔美国人、拉丁裔以及女性。

拓展内容

·回顾·

1. 使用本章的表格和数字说明：
    a. 在美国，一个家庭的典型年收入是多少？
    b. 低收入家庭支出最多的三项是什么？
    c. 中等收入家庭的资产有多少？
    d. 最常见的三种资产是什么？
    e. 一个低收入家庭有多少债务？
    f. 债务的前三个来源或类型是什么？
    g. 这些数据显示出美国家庭的经济状况如何？

·反思·

2. 为你自己完成金融素养测试（见专栏 2.2）和金融能力量表（见专栏 2.3）：
    a. 你每个测试的总分是多少？
    b. 这些分数对你来说意味着什么？
    c. 你如何利用这些问题来指导自己提高金融素养和能力？
    d. 在接下来的几个月里，你希望改善哪些金融行为和态度？

· 应用 ·

3. 为你所在社区的一个有两个孩子的家庭寻找一套两居室公寓：
   a. 你能找到的最低月租是多少？
   b. 对于年收入 1.5 万美元（每月 1250 美元）的人来说，这种水平的房租他们负担得起吗？为什么？或为什么不能？
   c. 你认为低收入家庭应该怎样做才能负担得起你所在社区的住房？
4. 使用美国人口普查数据（使用 census.gov 网站）：
   a. 你所在社区最近的家庭收入中位数是多少？
   b. 贫困率是多少？
   c. 这些数据与国民收入和贫困水平相比如何？
   d. 这些数据对你所在社区的金融能力项目意味着什么？

参考文献

Bricker, J., Dettling, L. J., Henriques, A., Hsu, J. W., Moore, K. B., ... Windle, R. A. (2014). Changes in U.S. family finances from 2010 to 2013: Evidence from the Survey of Consumer Finance. *Federal Reserve Bulletin, 100,* 10.

Chambers, R. (1989). Editorial introduction: Vulnerability, coping and policy. *IDS Bulletin, 20*(2), 1-7.

Chetty, R., Hendren, N., Kline, P., Saez, E., & Turner, N. (2014). Is the United States still a land of opportunity? Recent trends in intergenerational mobility. *The American Economic Review,* 104(5), 141-147.

Collins, J. M., & O'Rourke, C. M. (2013). Finding a yardstick: Field testing outcome measures for community based financial coaching and capability programs. Center for Financial Security. Retrieved from http://fyi.uwex.edu/financialcoaching/files/2013/07/Collins_metrics.pdf.

Consumer Financial Protection Bureau (2017, September). Financial well-being in America. Retrieved from https://s3.amazonaws.com/files.consumerfinance.gov/f/documents/201709_cfpb_financial-well-being-in-America.pdf.

Council for Economic Education (2016). Survey of the states. Retrieved from http://

councilforeconed.org/wp/wp-content/uploads/2016/02/sos-16-final.pdf.

Daniels, T. (2016). What you should, but might not know about financial literacy. Retrieved from http://www.futureofbusinessandtech.com/education-and-careers/what-you-should-but-might-not-know-about-financial-literacy.

DeNavas-Walt, C., & Proctor, B. D. (2015, September). Income and poverty in the United States: 2014. Current Population Reports. U.S. Census Bureau. Retrieved from https://www.census.gov/content/dam/Census/library/publications/2015/demo/p60-252.pdf.

Dynan, K., Elmendorf, D., & Sichel, D. (2012). The evolution of household income volatility. *The BE Journal of Economic Analysis & Policy*, 12(2), 1-42.

Edin, K. J., & Shaefer, H. L. (2015). *$2.00 a day: Living on almost nothing in America*. Boston: Houghton Mifflin Harcourt.

Financial Industry Regulation Authority Investor Education Foundation. (2016). 2015 national Financial Capability Study. Retrieved from http://www.usfinancialcapability.org/downloads/NFCS_2015_Report_Natl_Findings.pdf.

Global Financial Literacy Excellence Center. (2018). Education. Retrieved from http://gflec.org/education/.

Holzer, H. J., Schanzenbach, D. W., Duncan, G. J., & Ludwig, J. (2008). The economic costs of childhood poverty in the United States. *Journal of Children and Poverty, 14*(1), 41-61. doi:10.1080/10796120701871280.

Jump$tart Coalition for Personal Financial Literacy. (2015). National Standards in K-12 Personal Finance Education. Retrieved from http://www.jumpstart.org/assets/files/2015_NationalStandardsBook.pdf.

Kearney, M., & Levine, P. (2016). Income inequality, social mobility, and the decision to drop out of high school. Brookings Institution. Retrieved from http://www.brookings.edu/about/projects/bpea/papers/2016/kearney-levine-inequality-mobility.

Kochhar, R., & Fry, R. (2014). Wealth inequality has widened along racial, ethnic lines since end of Great Recession. Pew Research Center, Fact Tank. Retrieved from http://www.pewresearch.org/fact-tank/2014/12/12/racial-wealth-gaps-great-recession/.

Krogstad, J. M. (2014). One-in-four Native Americans and Alaska Natives are living in poverty. Pew Research Center, FactTank. Retrieved from http://www.

pewresearch.org/fact-tank/2014/06/13/1-in-4-native-americans-and-alaska-natives-are-living-in-poverty/.

Morduch, J., & Schneider, R. (2017). *The financial diaries: How American families cope in a world of uncertainty*. Princeton & Oxford, UK: Princeton University Press.

Mullainathan, S., & Shafir, E. (2013). *Scarcity: Why having too little means so much*. New York, NY: Time Books, Henry Holt & Company.

Oliver, M. L., & Shapiro, T. M. (2006). *Black wealth/white wealth: A new perspective on racial inequality*. New York: Routledge.

Pew Research Center. (2015a, December 17). Parenting in America: Outlook, worries, aspirations are strongly linked to financial situation. Retrieved from http://www.pewsocialtrends.org/files/2015/12/2015-12-17_parenting-in-america_FINAL.pdf.

Piketty, T. (2014). *Capital in the twenty-first century*. Cambridge, MA: Harvard University Press.

Posey, K. G. (2016). Household income: 2015. American Community Survey Briefs. U.S. Census Bureau. Retrieved from https://www.census.gov/content/dam/Census/library/publications/2016/demo/acsbr15-02.pdf.

Ratcliffe, C., & McKernan, S. M. (2012, September 20). Child poverty and its lasting consequence. Urban Institute. Retrieved from http://www.urban.org/research/publication/child-poverty-and-its-lasting-consequence.

Rhee, N. (2013, December). Race and retirement insecurity in the United States. National Institute on Retirement Security. Retrieved from http://www.nirsonline.org/storage/nirs/documents/Race%20and%20Retirement%20Insecurity/race_and_retirement_insecurity_final.pdf.

Ruel, E., & Hauser, R. M. (2013). Explaining the gender wealth gap. *Demography, 50*(4), 1155-1176.

Saez, E., & Zucman, G. (2014). *Wealth inequality in the United States since 1913: Evidence from capitalized income tax data*. NBER Working Paper 20625. Cambridge, MA: National Bureau of Economic Research.

Sherraden, M. S., & Ansong, D. (2016). Financial literacy to financial capability: Building financial stability and security. In C. Aprea, E. Wuttke, K. Breuer, N. K. Koh, P. Davies, B. Greimel-Fuhrmann, & J. S. Lopus (Eds.), *International handbook of financial literacy* (pp. 83-96). New York, NY: Springer.

Taylor, P., Kochhar, R., Fry, R., Velasco, G., & Motel, S. (2011, July 26). Wealth gaps rise to record highs between Whites, Blacks and Hispanics. Washington, DC: Pew Research Center. Retrieved from http://www.pewsocialtrends.org/files/2011/07/SDT-Wealth-Report_7-26-11_FINAL.pdf.

Tescher, J., & Schneider, R. (2015). The real financial lives of Americans. Center for Financial Services Innovation. In L. Choi, D. Erickson, K. Griffin, A. Levere, & E. Seidman (Eds.), *What it's worth: Strengthening the financial future of families, communities and the nation*. San Francisco Federal Reserve & CFED. Retrieved from http://www.strongfinancialfuture.org/wp-content/uploads/2015/12/What-its-Worth_Full.pdf.

Tippett, R., Jones-DeWeever, A., Rockeymoore, M., Hamilton, D., & Darity, W. Jr. (2014). Beyond broke: Why closing the racial wealth gap is a priority for national economic security. Center for Global Policy Solutions, Duke University. Retrieved from http://globalpolicysolutions.org/wp-content/uploads/2014/04/BeyondBroke_Exec_Summary.pdf.

Traub, A., Sullivan, L., Meschede, T., & Shapiro, T. (2017). The asset value of whiteness: Understanding the racial wealth gap. Dēmos & Institute on Assets and Social Policy, Brandeis University. Retrieved from http://www.demos.org/sites/default/files/publications/Asset%20Value%20of%20Whiteness_0.pdf.

Wiedrich, K., Sims Jr., L, Weisman, H., Rice, S., & Brooks, J. (2016). The steep climb to economic opportunity for vulnerable families. Corporation for Enterprise Development. Retrieved from http://assetsandopportunity.org/assets/pdf/2016_Scorecard_Report.pdf.

Yoshikawa, H., Aber, J. L., & Beardslee, W. R. (2012). The effects of poverty on the mental, emotional, and behavioral health of children and youth: Implications for prevention. *American Psychologist, 67*(4), 272-284. doi:10.1037/a0028015.

第3章 美国金融能力与资产建设发展史[①]

专业原则：了解美国的FCAB政策发展史，对于理解弱势群体当前的经济状况至关重要。除此之外，了解这一历史背景有助于服务者的文化胜任力建设，提高他们开展家庭工作的能力，促成恰当的FCAB政策的出台。

美国社会中的经济不平等源于复杂的历史和当代环境。本章对历史状况进行概述，这些状况直接影响到四个群体在享受FCAB政策中的障碍和机会。这四个群体是：非裔美国人、拉丁裔、美国原住民，以及女性。[②]我们在此强调认识历史对于解决当代经济不平等、面向所有个体和家庭的金融发展的重要性。

对于FCAB政策的历史性认识是重要的，因为它摒弃了这样一种想法：低水平的FCAB政策仅仅源于当代的驱动力。另外，从实务角度看，历史可以给当前的努力带来有效的解决途径。非裔美国人、拉丁裔、美国原住民，以及美国女性的经历在很多方面有所差别，但他们都经历了经济衰退和被剥削的历史。经由法律和行动，这些群体被系统化地拒绝或被剥夺了资产，包括他们自己、文化、土地、自然资源、所有物和金钱。可以确定的是，面临金融障碍的不仅仅是这些群体，但这一章我们会聚焦在他们的特定经历上。

---

① 本章由作者与特拉·尼尔森（Terra Neilson）共同撰写。

② 在本书中，我们用印第安人、非裔美国人和拉丁裔美国人来指代这些少数群体。所有的术语都基于历史背景，我们认识到没有任何一个单独的术语能够充分地描述每个群体的传承和多样性。我们偶尔会使用其他术语，如原住民（First Nations）、美国印第安人/阿拉斯加原住民、黑人或西班牙裔。例如，美国关于种族和民族的官方人口普查术语是美国印第安人或阿拉斯加人、亚洲人、黑人或非裔美国人、西班牙裔或拉丁裔，以及白人。

美国原住民：征服、资产剥夺，以及对自决的追求

美国原住民的贫困是欧洲人征服、资产剥夺，以及被排除在经济流动之外的历史结果。520万原住民人口中有很多人都归属于联邦认可的566个部落，这些部落居住在保留地，保留地的规模从小于100英亩到1700万英亩不等（U.S. Bureau of the Census，2010；U.S. Bureau of Indian Affairs，2015）。尽管如此，但更多的原住民居住在保留地以外，且经常处于贫困状况。历史是复杂的，部落族群间也差别很大，但美国原住民家庭的财务挑战很严峻。这是怎么发生的呢？

印第安人迁移以及对土地和自然资源的占用

欧洲人早期到北美定居的时候，殖民者借着"天命论"（Manifest Destiny）的哲学措辞及其法律工具——"发现学说"（Doctrine of Discovery），通过武力和协定取得了对占领土地和自然资源的所有权（Pedraza and Rumbaut，1996）。在向西扩张的过程中，很多部落被迫离开他们的家园并向西迁移。在强加施行的保留地体系下，他们不情愿地用大宗土地进行交换，以保留自治权，但要受美国政府监督（Lui，Robles，Leondar-Wright，Brewer and Adamson，2006）。北美印第安人在战争中被杀，在富饶的土地被抢夺后饱受饥饿，还遭受了其他形式的大规模屠杀，这被称为"印第安人大屠杀"（Lindsay，2012）。在大屠杀之后，经济稳定和增长的可能受到多种限制，包括强迫定居、锐减的劳动力、消失的资源，以及抚平创伤的挑战（Anderton and Brauer，2016）。

1830年的《印第安人迁移法案》将上述过程合法化，这样美国总统就可以跟部落们协商。部落的土地通常换来的是不尽如人意的位置，经常是欧洲裔美国人定居的西部。尽管据称是自愿的，但这种移居很大程度上都由政府官员和军方所决定。该法案最终迫使原住民部落们迁移，也引发了一些骇人事件，比如1200英里的"血泪之路"，造成切罗基（Cherokee）部落4000名成员的死亡，以及1838年到1839年间15000多人的迁移（Lui et al.，2006；Pedraza and Rumbaut，1996）。1864年的"纳瓦霍远行"事件是另一起大规模的人口迁移。美国军方摧毁了纳瓦霍（Navajo）部落的家和果园。在枪口的威胁下，8000—9000名纳瓦霍部落成员被迫迁徙450英里，最终定居在40平方英里的地方，其中有200人在此期间丧生。1868年的纳瓦霍民族条约凸显了有关和平的条款，以及美国提供给纳瓦霍民族的所需品，这些条款直到今日还仍然有效（Iverson and Roessel，2002）。

到20世纪中叶，原住民的部落在保留地建立起来，其中大部分位于西部。联邦政府在很大程度上决定了保留地资源的使用，尽管有承诺的补偿，但这些补偿经常是不足的，或者根本没有履行（Pedraza and Rumbaut，1996）。

聚焦案例：乔治·威廉姆斯是布莱克菲特部落的登记成员

乔治是蒙大拿布莱克菲特部落的一员。乔治家族的几代人都在保留地长大，但他从部落长老那里听说过这个部落在五大湖地区的起源。他们说，随着与欧洲定居者的冲突变得越来越暴力，这个部落迁移到了蒙大拿州。试图安全向西通过俄勒冈的定居者们呼吁部落领袖们通过谈判达成协议。1851年的拉勒米堡条约（The Fort Laramie Treaty）为许多部落建立了保留地，包括现在的蒙大拿地区的布莱克菲特部落（Lee，2013）。尽管有近1万名印第安人参加了条约的谈判，但布莱克菲特族人并不在场。条约在密苏里州的马瑟尔谢尔、黄石河和落基山脉区间成立了布莱克菲特保留地。20年后，格兰特总统颁布了一项行政命令，将布莱克菲特保留地和邻近保留地的大片土地划给欧洲的定居者。大部分被割让的土地变成了冰川国家公园，该公园于1910年建成（Montana Extension Services，2010）。

乔治从长辈那里学到的东西与他在高中读到的东西不同，后者强调的是西方是如何“赢得”胜利的。有一次，乔治听到一个非原住民朋友向他讲述了克里斯托弗·哥伦布（Christopher Columbus）的勇敢和智慧，据说他“发现”了美洲。这个朋友在他就读的公立学校里学习了哥伦布的优秀品质。乔治在成长过程中对这段历史有着不同的理解。他从长辈那里得知，在克里斯托弗·哥伦布的领导下，印第安人遭受了不公正对待、虐待和种族灭绝（Anderson，2015）。乔治早期学到的这些关于他的社区历史的知识，并没有被传播给保留地以外的人。

从共有到私有产权：土地的个人化、征用及分割

在殖民地时期以前，产权安排在部落之间有所不同；但通常来说，所有权是共有的。1887年通过的《道斯法案》（也被称为《道斯土地分配法》）迫使共有的土地转变为个人或家庭在保留地持有的地块，这产生了长期影响。每个人只能分配到40英亩至160英亩的土地。政府规划出一些未分配给部落的土地，这些所谓“过剩的”土地被用于奖励那些西迁的白人家庭（Sawers，2010）。最

终,《道斯法案》导致 9000 万英亩土地中，有 1700 万多英亩土地从部落里被剥夺并为殖民者所有。这次大规模的再分配并没有做出相应的补偿，意味着美国原住民的土地大规模损失了（Franken，2012）。

依据《道斯法案》，已经获得财产所有权的原住民在去世后可以将他们被分配到的地块留给后人。如今，这些私人拥有的地块（也称分割的地块）被数以百计、甚至数以千计的后代所拥有（Tribal Law and Policy Insititute，n.d.）。分割的地块通常都是小块闲置土地，只有得到 51% 的所有者的同意后才能进行开发。2010 年，在 12 个主要的保留地上有 140 多万人，他们每人拥有的一小块地的份额还不到 2%（Russ and Stratmann，2013）。这些分割的地块不仅让部落们难以制定复杂的土地使用政策，鉴于联系继承人和达成协议的复杂性，它们对于家庭资产建设而言也是一个障碍。

聚焦案例：乔治从他拥有的那一小部分土地中获益甚微

五代人以来，布莱克菲特部落一直生活在冰川国家公园附近的保留地。《道斯法案》签署后，威廉姆斯一家分到了一块农田，乔治的祖先就在夏天耕种。经过几代人的传承，每个孩子收到的产权越来越小。几代人之后，乔治的曾祖父母只拥有不到 1% 的产权，而到了乔治，他只拥有 0.0015% 的产权。这家人不打算出租这块地，但即使以每月 1000 美元的价格租给一家旅游公司，乔治每年也只能得到 0.18 美元。随着分制的继续，乔治的孩子将得到更小的比例，进一步削弱了一家人对这份资产的有效掌控力。

对自决的追求

对于这个由欧洲白人殖民者成立的新国家而言，原住民的土地并非是他们占用的唯一资产。联邦政策还包括建立由政府经营的全日制和寄宿制学校，目的在于用英美文化同化原住民青年。这些学校——第一间开办于 19 世纪 60 年代——经营了 100 年，扩大了个人所有权、物质财富等特质的影响力。弗朗西斯·路比（Francis Leupp）于 1905 年到 1909 年间担任美国印第安人事务委员，他称上述学校为“强大的粉碎机，摧毁了部落群的最后残留”（Churchill，2004，p. 12）。理查德·H. 普拉特（Richard H.Pratt）上校创办的学校属于当时最早的一批，他表达了对以下诅咒的支持：“所有的印第安血统都应该被抹杀。抹杀他身上的印第安血统，这样才能拯救他。”（Wolfe，2006）很多原住民拒绝送他们的孩子去这些学校，但他们受到停发配给物或警察干预的威胁，最终被迫妥协（Churchill，2004）。

直到20世纪后期，部落们才开始在一定程度上获得对其生活、土地和内部事务的控制权。在1975年出台的《印第安人自决和教育援助法案》和1994年修改后的《部落自治法案》中，美国政府承认了部落们在一些政策、规则和规定上的咨商和同意权（美国印第安事务局，2016）。

1978年的《印第安儿童福利法案》为众多的服务者所熟知，这个法案终结了允许政府把原住民儿童从他们家里和社区带走的政策（O'Brien，1989）。在部落们多年的组织和呼吁下，对儿童进行转移和安置的主要司法权终于被转移给部落政府，终结了寄宿学校制度（Indian Child Welfare Act，1978）。

经济发展：部落学院、创业、自然资源和博彩业

如今，部落学院、创业、自然资源管理和博彩业为部落们提供了激发经济活动和积累家庭财富的机会。部落学院和大学被认为是成功的短期和长期经济发展策略，它通过培养受教育的劳动力和民众的方式投资原住民的人力资本（Dewees and Foxworth，2013）。纳瓦霍保留地的第一所部落学院成立于1968年，在此之后，部落土地上成立了30多所学院和大学。

部落创业在部落的土地上创造了商机和工作。部分税收规则，以及州和联邦的规章，都鼓励部落成员发展商业。然而，创业的持续面临着障碍，尤其是缺少金融资本和必要的设施去孕育、发展并创办生意。自20世纪以来，部落社区也在发展金融机构，试图拓展低收入社区的经济机会。一些本地化的小型商业中心同部落一起共同解决并消除上述障碍，试图孕育出属于“印第安保留地上的、小规模但生机勃勃的私人部门”（Dewees and Foxworth，2013，p. 211）。

由部落来控制自然资源，比如煤、天然气和木材，在一定程度上实现了更好的管理，原住民也在自己拥有的土地上获得了收益（Dewees and Foxworth，2013）。美国储备的能源资源有大约10%位于保留地上（Lui et al.，2006）。在过去，联邦政府监管着外部公司对这些资源的租赁，并支付给部落一定收益（见专栏3.1）。如今，有些部落正在对自己的资源实行自治管理，在联邦政府有限的干预下，他们组织协商自己的租赁（Dewees and Foxworth，2013）。

为了在保留地上创造工作岗位和收益，部落们在20世纪70年代后期引入了博彩业。两个法庭决议［布莱恩诉艾塔斯卡县（Bryan v. Itasca County）和加州诉“使命印第安人”卡巴宗部落（California v. Cabazon Band of Mission

Indians)]为 1988 年印第安博彩业规定的出台铺平了道路。与私人赌场不同，这里赌场取得的税后收益仅能用于部落，而非个人获利（Wilmer，1997）。

专栏 3.1　聚焦政策：印第安信托在科贝尔诉萨拉查（Cobell v. Salazar）案件中的土地获益

自 1887 年的《道斯法案》以来，美国内政部将原住民拥有的土地租给非原住民的个人和公司。由于联邦政府持有印第安人拥有的土地，并将其作为信托，来自这些租赁的收入被汇入个人印第安财富（IIM）账户。美国政府负责管理部落的土地，以实现其最佳利益，但在 2009 年科贝尔诉萨拉查案件中，政府正式承认了其 100 多年来在账户管理上的过失：未能准确地按照租赁计算相应收入，或支付公平的收入（Campbell，2012；Warren，2010）。

1996 年，身为农场主、银行家，同时也是布莱克菲特部落成员的埃洛伊丝·科贝尔（Elouise Cobell）提起了上述诉讼。在发现托管土地的资金管理存在巨大差异后，科贝尔代表数十万美国原住民提起诉讼。科贝尔案的结果在很大程度上取决于能否确定 IIM 账户的准确账目。经过超过 15 年的诉讼，被告和原告一致认为，由于政府丢失和销毁了记录，精确的审计无法实现。科贝尔的团队估计，个人原住民土地所有者被欠了共计 1760 亿美元，平均每个原告享有 35.2 万美元的债权（Whitty，2005）。

经过 14 年的游说及其去世前一年的努力，科贝尔勉强同意了一项 34 亿美元的和解协议，2010 年《索赔和解法案》得以通过。其中最大的一部分，即 19 亿美元，直接被拨给了信托土地合并基金，该基金将向部落政府提供资金，以购买单个分割的地块，使部落当局更容易将分配的土地合并成共同拥有的土地。另外 15 亿美元进入会计 / 信托管理基金——被分发给个人（Warren，2010），以及特别基金，如科贝尔奖学金基金，它为美国原住民学生提供 6000 万美元的大学奖学金（Cobell Scholarship，n.d.）。埃洛伊丝·科贝尔在 2016 年被追授总统自由勋章，以表彰她在推进“印第安人自决和经济独立”方面的引领作用（The White House，2016）。

部落注册和享用公共福利

部落的公共福利，比如教育和经济发展贷款，在美国原住民家庭的金融福祉中发挥着重要作用。然而，家庭的资质很复杂。首先，这个家庭要注册在联邦政府认可的 566 个部落名单里。目前，联邦政府使用以下标准界定认可的部落：

（1）它必须从 1900 年起就作为一个美国的原住民实体而存在；（2）从早期开始就已经形成了一个独立的社区；（3）对其成员有政治影响力；（4）具有成员标准；（5）构成的成员是历史上印第安部落的后代（25 C.F.R. ξ 83.7；U.S. Bureau of Indian Affairs，2015）。其次，这个人必须要通过血缘比例证明其资质（这种测量方式由部落来决定，即一个人有多少基因历史可以追溯到该部落），或是掌握必要的知识，包括部落的历史、语言、信仰，以及其他部落所独有的因素（Bardill，2012）。最后，想要获得服务的家庭需要住在特定的服务区域。对个人福利金而言（发放钱款），这并非大的障碍，但对于医疗福利来说就可能是一个障碍，因为附近可能没有运营的印第安医疗服务机构（Cunningham，1993）。

少部分部落政府会按照人均标准支付福利给成员。部落产业，比如博彩、石油和天然气租赁以及其他的商业活动，经常产生红利，并在注册部落成员中间分配。对于上述这类按照人均标准支付的款项，有些部落会为年幼的成员进行掌管。这些款项被放在少年信托账户中，直到他们长大成人，到他们支取的时候就会有一大笔钱。尽管少年基金账户对年轻人而言是重要的经济资源，但部落领导者也强调了，需要通过金融教育鼓励年轻人有效地使用这些基金，进而累积未来的资产（First Nations Development Institute，2011）。

联邦项目 IIM 账户也为部落成员建立金融账户。尽管经历过困难时期，但 IIM 账户为注册部落成员提供机会，让他们获得并管理从拥有的部落土地中取得的收益。IIM 账户由美国内政部印第安人特别受托办公室建立并管理，使得有资质的注册部落成员不断累积财富。整体而言，联邦政府——而非 IIM 的掌管者或部落领导者——批准有关土地租赁、财产和资产价值评估等相关决定（Echohawak，n.d.），但有些部落已经获得了对自然资源使用权，比如煤和木材的控制权。科贝尔诉萨拉查案的结果是向 IIM 账户支付和解基金（大约每人 1800 美元）。如今，很多部落成员将 IIM 账户作为补充收入的一种方式。

未注册和已注销的原住民不具有享受原住民适用的公共福利的资格。即使是注册部落成员也可能难以享受资源，尤其是当他们不在保留地居住的时候。那些在保留地之外居住的人缺少享受服务的机会，比如无法享有印第安人医疗服务和上述按人均标准支付的款项，这对他们的福祉和资产建设有直接影响（U.S. Commission on Civil Rights，2004）。

美国原住民：总结

从最开始，联邦政策就将原住民视为次等的，有价值的部落资源被作为商品由别人所控制。从强迫迁移和出售部落土地，到分割地块和持久的法庭诉讼，联邦政府为原住民的长期经济发展设立了系统化的障碍。诸如科贝尔诉萨拉查案的法律上的胜利取得了重要但渐进式的进步，让我们懂得让更多原住民负责管理部落财产的必要性。可以预想，以后还会发生此类让人几乎难以理解、却的确发生过的土地和资源征用事件。赋权原住民个人、家庭和社区，让他们能够建设金融能力和资产，对于均等化经济机会和应对当前的脆弱性很有必要。

非裔美国人：身份和资产剥削，以及对人权的抗争

欧洲的商人奴隶化了非洲人，他们跨越大半个西半球运送奴隶，还剥夺了这些奴隶的所有资产，包括奴隶的身体。后来，这些条款被纳入法律和政策，首先是在《奴隶法则》中的奴隶制，然后出现在"吉姆·克劳法"（Jim Crow laws）和政策中，将歧视制度化至今。第2章中呈现的金融福祉的巨大差异，可以追溯到这些政策和实践的影响（Williams Shanks，2005）。

奴隶制

奴隶制是把人作为财产的制度化，是对所有权的根本性否定，甚至包括一个人对自己的所有权。这种制度为奴隶主提供了廉价的劳动力，使他们可以通过剥削这些劳动力建立新经济世界的基础。对国家而言，奴隶制被证明是非常有生产力的。就像爱德华·巴普蒂斯特（Edward Baptist）写道的："美国之所以强大和富有，是因为他们对非裔美国人的商品化，让非裔美国人饱受苦难并被迫成为劳动力。"（2014，p. xxi）

奴隶制的制度化最早发生在17世纪40年代的美国殖民地上，当时弗吉尼亚州法庭宣称所有非裔的男人、女人和儿童都是财产（Lui et al.，2006）。由于缺少法律保护，被奴隶化的人们被来回买卖，并依照其主人的意愿被迫工作。与此同时，1639年到1712年间出台的《奴隶法则》，定义了奴隶的责任和身份状态，包括妇女的幼童，无论这个孩子的父亲是什么身份（包括奴隶、奴隶主或房产雇员），都被界定为私人财产。

在1787年的制宪会议中，美国的奴隶制被进一步制度化。北方的代表拥有更少的奴隶，他们希望仅将自由居民算入代表配额，而南方的代表则希望将奴隶也纳入，以增加代表在地区中的数量。这次协商发明了所谓的"五分之三原

则”，即被宣告为奴隶的个体有五分之三是人，而剩下的五分之二是财产。这个设计的初衷是保留白人对奴隶的所有权，同时在奴隶人口较多的地区增加国会代表的数量，尽管奴隶并不具有投票权（Finkelman，2012）。

聚焦案例：尤兰达·沃克，曾经被奴役人民的曾曾曾孙女

密西西比州杰克逊的尤兰达·沃克是奴隶的后代，他们被迫在离她家乡不远的一个种植园里工作。她无法找到有记载的家族史，但根据家族流传下来的故事，她认为她的一些祖先是被奴役的妇女和男奴隶主的孩子。被奴役的妇女容易遭受强奸和性侵。奴隶主可以选择任何他们想要满足的欲望，此外，当女性奴隶繁衍后代时，奴隶主也会从中受益，从而增加他们的财产（Bridgewater，2001）。

美国国会没有将奴隶制定为非法，因此没有为非裔人群提供资产所有权和合法权利的基础。1850 年的《逃亡奴隶法案》要求美国北方各州遣返逃跑的奴隶，给他们南方的所有者作为财产（Lui et al.，2006）。尽管废奴主义者拒绝执行这一规定并试图废除这个法案，但在 1857 年发生了德雷德·斯科特（Dred Scott）案之后，该法案反而被强化了。在该案中，名叫德雷德·斯科特的奴隶被他的主人们在密苏里州和伊利诺伊州之间差遣。当停留在伊利诺伊州自由地的时候，他为了自己的自由提起诉讼（Finkelman，2012）。最高法院审理了德雷德·斯科特诉桑福德（Sanford）案，宣布非裔人民不是美国公民，因此没有资格在联邦法院提起诉讼。因此，德雷德·斯科特仍然是奴隶。另外，联邦法院还判定因为奴隶是财产，未经正当程序，联邦政府无法将德雷德·斯科特和他的妻子从他们的主人身边带走（Lui et al.，2006）。

奴隶制持续了 200 多年，1863 年的《解放黑人奴隶宣言》解放了联邦军在联盟地区的奴隶。两年后，美国国会通过了美国宪法的第 13 次修订案，宣布奴隶制的非法性，解放了近 400 万的奴隶，他们占美国人口总数的 12.7%（Finkelman，2012）。

重建和所有权的权力

在重建时期（1865—1877 年），美国国会通过法律巩固了在北方已有的获益，而将自由的劳动力经济引入南方地区。作为此举措的一部分，美国国会成立了自由人事务管理局去帮助那些曾经是奴隶的人们。管理局租用被遗弃的联

邦军土地，以供被解放的非裔美国人使用。当时还广为流传着一个期望，即曾经是奴隶的每个人都能分到“40 英亩土地和 1 头骡子”，但最终并没有实现（Conley，2000；Oubre，1978）。管理局于 1864 年开设了自由人银行，按照弗雷德里克·道格拉斯（Frederick Douglass）的说法，这一举措“为我们的人民指明了享有财富和这个世界所有福祉的道路”（Osthaus，1976）。银行的主要领导层都是白人，他们为白人经营的公司提供具有争议的免息贷款。在开办 10 年后，银行最终倒闭了（Osthaus，1976；Sherraden，1991）。数以千计被解放的奴隶因此失去了他们的小额存款，并从未得到补偿。很多非裔美国人因此对银行失去信任，在此后的几十年里都不再去银行存款（Washinton，1909）。

19 世纪有两次重建式的发展为人们获得财产权铺垫了道路。1866 年的《民权法案》为所有男人——包括非裔美国男人，但不包括女人——提供了拥有自己财产和签署契约的权力。同年，一些被解放的奴隶家庭享受宅地的机会被延长了 10 年（见专栏 3.2）。两年后，即 1868 年，第 14 次修订案宣布所有出生在美国的人（除了美国原住民）都是美国公民。在 1877 年的总统选举和随后的政策变化之前，非裔美国人一直在积极地组织和创办生意，并在司法体系中发挥作用，为了权利平等、享受教育和司法服务而奋斗。

专栏 3.2 《宅地法》：针对白人，而非有色人种的资产建设

在林肯总统被暗杀之前，他于 1862 年签署了美国第一部《宅地法》。该法案宣布任何公民——包括获得自由的奴隶和未婚女性——都可以从联邦政府处得到土地，只要他们没有拿起武器反对美国、支付少量费用，并在地产上连续呆够 5 年。最后一项要求为曾经被奴役的人设置了障碍，他们在播种季节缺乏购买种子和设备的资源，要忍受作物歉收，还要熬过冬天。此外，之所以很少有非裔美国人能够拥有宅地，是因为到这些宅地的距离太偏远，而种族主义很猖獗（Williams Shanks，2005）。四年后，即 1866 年，《南部宅地法》将南方的公共土地开放给忠于国家的非裔美国人。尽管大部分可用的土地质量都很差，但在 1876 年该法案废止之前，它将土地授予了 1000 个黑人家庭（Oubre，1978）。

如今，大约有四分之一的美国成年人在家庭关系上会牵涉到宅地，而受益的主要是白人家庭（Williams Shanks，2005）。经过几代人的积累，这种不平衡的宅地分配显示了政策是如何长期影响资产建设的。考虑到许多非裔美国人都有丰富的务农经验，从《宅地法》中获益的障碍最终导致他们丧失了一个很好的资产建设机会（Williams Shanks，2005）。

重建时期的成果在吉姆·克劳时代被颠覆，佃农制成为主流

尽管自由人事务管理局帮助了很多被解放的奴隶，但它维持的时间很短。1877 年总统选举时，联邦军队被从南方召回，白人至上主义又在当地获得主导地位（Lui et al.，2006）。1865 年，亚伯拉罕·林肯（Abraham Lincoln）被刺杀后的五年，曾经的种植园主和其他白人又夺回了生产性的农地，通过“黑人法令”，南方的白人重新开始了对非裔美国人的暴力控制和剥削。非裔美国人的商业活动被限制，企业主们被罚款、收监，并被判决以服刑囚犯的身份工作（Marable，1983）。比如，黑人儿童会被强迫到南卡罗来纳做学徒，而有些法律会将流浪视为犯罪，这意味着非裔美国人的流浪行乞也被禁止（Jaynes，2005）。与此同时，诸如三 K 党（Ku Klux Klan）的群体施行了针对非裔美国人的恐怖行为，包括用炸弹和私刑去恐吓他们。当时还出台了带有种族歧视的法律。随着强势且暴力的群体以及挑衅性法律的涌现，非裔美国人被迫回避潜在的冲突，进而失去了他们的权利和财产（Alexander，2012）。

聚焦案例：解放奴隶后，尤兰达的祖先继续务农

解放之后，尤兰达的几位祖先通过自由人事务管理局租了一小块地。他们在奴隶制下学会了耕作技术，但获得必要的工具和设备是一项财务挑战。在很短的时间内，他们努力维持小农场的运转。但他们下定了决心——也许是因为那片土地多岩石和丘陵，所以不适合耕种——有些人设法保住了自己的小农场，即使在白人重新控制土地的时期也是如此。尤兰达的家人得以购买并保留他们定居的土地。但尤兰达听说，还有许多人，包括一些亲属，因为担心安全，不得不逃离家园，到城镇里寻找工厂和家政服务工作，有些人则北上寻找工作。

聚焦案例：南方白人迫使尤兰达的亲戚破产

尤兰达的曾曾曾祖父母于 1893 年在密西西比州开了一家小型干货店。这家小店越来越受欢迎，引起了仇视竞争的白人的注意。随着“吉姆·克劳法”在南方获得了广泛的支持，白人肆意破坏了这家商店，结果也是不了了之。沃克一家经受住了虐待和威胁，但他们担心情况会更糟。他们听说过孟菲斯的黑人店主被处以私刑（Goings and O’Conner，2010；Wells，1970）。最后，暴力威胁变得势不可挡，他们决定卖掉这家小店。这笔小小的销售收入使他们得以北上芝加哥，并希望在那里再开一家店。

“黑人法令”促成了“吉姆·克劳法”，后者颠覆了以往那些禁止特殊对待非裔美国人的民权法律。“吉姆·克劳法”随后又导致了在学校、餐馆和公共空间进行种族分离的制度化。其他的法律限制了投票权，将失业犯罪化，并降低了非裔美国人在法律合同上的法律效力。当地政府对非裔美国人经营的生意征收费用，进一步限制了他们经营生意和建设资产的能力（Alexander，2012）。

在这段时间，奴隶制被分成佃农制（sharecropping）代替。在新的制度下，佃农在土地上工作，并支付给土地主人一部分农作物。到了1890年，几乎所有租用土地的黑人（90%）都成了佃农（Lui et al.，2006）。在这种制度下，佃农会一直在白人地主那里欠债，因为地主们会在丰收来临之际提高租金。非裔美国人的就业机会有限，还要因为不能支付租地费用被定罪，这样，佃农要么留在土地上工作偿还债务，要么面临监刑。这一困境把佃农与土地和地主套在一起（Ochiltree，2004）。其他的非裔美国人以非正常的比例被收监。在犯罪司法系统中，黑人罪犯被租给公司做劳力，本质上又为奴隶制创造了一个新的市场（Alexander，2012）。

通过土地拨赠制度建设金融能力

政府赠地学院在19世纪发展起来，其目的在于为农村发展提供实务知识和技能。1862年的《莫里尔法案》建立了政府赠地学院制度，但主要面向白人学生，尤其在南方地区（Washington State University Extension，2009）。1890年颁布的第二个《莫里尔法案》对少数族裔学生开辟了独立的学院系统。这些学院力求为非裔美国人提供技术技能，使其能够自力更生。位于亚拉巴马州的塔斯基吉学院是当时由布克·T. 华盛顿（Booker T.Washington）领导的一所卓越超群的非裔美国人学院，这所学院培养的教师比亚拉巴马州其他所有高等教育机构加在一起的还要多（Norrell，2009）。塔斯基吉学院还教授金融技能，包括“指导学生……怎么去存钱，什么东西要买、什么东西不要买，怎么舍弃以脱离债务以及停止抵押”（Lasch-Quinn，1993，pp. 76-77）。

通过创办这些政府赠地学院，《莫里尔法案》为高等教育和劳动力培训铺开了道路，还影响了金融教育、民主参与，以及个人独立（Harper，Patton and Wooden，2009）。如今，传统黑人大学（HBCU）包括了政府赠地学院和私立大学。尽管与白人学生和白人的政府赠地学院相比，HBCU和其黑人学生从历史上就存在着资金不足的问题，但这些机构仍旧为大专教育提供了必要的桥梁（Hamlinton，Cottom，Aja，Ash and Darity，2015）。此外，HBCU继续变革着 FCAB 的课程内容，这对消除种族间的财富不均是重要的（Looney，2011；Williams Shanks，Boddie and Wynn，2015）。

20 世纪：一个有关资产建设的故事，但不适用所有人

20 世纪伊始，非裔美国人开始大规模地离开南方，迁移到北方和中西部的城市中心，试图远离沉重的佃农制、歧视、暴力以及失业（Lemann，1991；Wilkerson，2010）。到了 1980 年，400 多万出生在南方的非裔美国人离开了南方（Tolnay，2003）。在 1910 年到 1997 年间，南方由非裔美国人所拥有的土地从 1500 万英亩减少到了 230 万英亩（Nembhard and Otabor，2012）。尽管移民的动机主要是逃离"黑人法令"下的暴力和歧视，但直到今日，北方的黑人仍面临种族隔离和保守的歧视（Lui et al.，2006）。

与其他族群相比，非裔美国人从大萧条时期的联邦新政政策中的获益相对较少，这些政策提供了收入支持和资产建设机会。与此同时，很多非裔美国人从事家庭和农场工作，这些群体被排斥在"新政"最低工资和社会保障法的受惠范围之外长达 20 多年（Stoesz，2016）。在住房部门，"新政"中旨在稳固贫困家庭的法律并没有使非裔美国人受益。比如，分别开办于 1933 年和 1934 年的房主贷款公司和联邦住房管理局稳定了住房市场，并增加了有资格申请住房抵押贷款的人的数量。然而，明显的种族歧视限制了黑人家庭享用这些资源。这些歧视性的住房政策导致了住房分离，并为非裔美国人的房屋所有权增加了障碍（Jackson，1980；Rothstein，2014）。

与此同时，私人部门的行动很大程度上被公共政策所忽视，进而限制了非裔美国人和其他有色人种的投资机会。限制性契约在由政府提供发展性补贴的地区很常见。这种契约将房屋的销售和占用限定于白人。银行活动和划区通过区别对待服务歧视有色人种。这是一种有违伦理的、现今已经被视为违法的行为。这种方式指的是贷方以前在一些地区出借和投保财产时，会基于人口特征，比如种族或民族而非个人评估，做出拒绝或索要高额费用的行为（Massey，1993；Rothstein，2014）。作为更加积极的回应，1977 年美国出台了《社区再投资法案》，它强制要求金融机构在其所有市场上都满足信用要求，包括低收入和中等收入社区（Board of Governors of the Federal Reserve System，2014；见第 4 章）。

聚焦案例：尤兰达的父母梦想买一套房子

尤兰达·沃克的祖父母杰尔姆和莉莲·西姆斯是20世纪初出生的，他们继承了杰尔姆父母在密西西比州杰克逊镇外的小农场。他们是勤劳的农民。尽管贫穷，但他们拥有自己的小农场，并种植棉花和供全家食用的食物，包括水果和蔬菜。尤兰达的母亲乔内塔·洛特（现在已经70多岁了）是家里七个孩子中的老二。像她的许多朋友和兄弟姐妹一样，乔内塔离开家庭农场去芝加哥找工作（Coates，2014）。乔内塔在城里的一个白人家庭找到了一份佣人的工作。在这段时间里，卓内塔遇到了门罗·洛特，他们开始计划组建自己的家庭。

婚礼后，乔内塔在一个安静的社区找到了一套理想的房子，她有一些积蓄，可以支付首付款，还有两份固定但微薄的收入。他们认为自己有资格申请一笔适中的贷款。尽管邻居并非全是白人，但他们还是被拒绝了，因为这处房产有限制性条款，只能卖给白人基督教家庭（Dreier，Mollenkcopf and Swanstrom，2013）。乔内塔开始在主要由黑人家庭居住的社区寻找房子。当她在一个有好学校的社区找到一栋房子时，她简直太高兴了，那里的居民主要是中产阶层的黑人和移民家庭。他们回到之前那个银行去借贷，但还是被拒绝了。一个邻居告诉他们，在那个社区，放贷者很难找到愿意为房屋提供融资的人，而该地区唯一一家愿意放贷的银行最近也倒闭了。乔内塔和门罗都不知道该怎么做了（Coates，2014）。

聚焦案例：尤兰达的祖父母去世，留下一小笔遗产

1970年的一天，门罗和乔内塔接到一个电话，通知他们乔内塔的母亲在密西西比州去世了。乔内塔的父亲在这之前就死了，她的母亲也没有留下遗嘱。因此，州政府将该案件视为继承人财产案，该家族被迫出售农场（Dyer and Bailey，2008）。继承人财产是指一个家庭成员去世后，家庭成员共同拥有的土地。农场被卖掉了，收益被分给三个孩子。乔内塔和门罗决定用卖地所得的一小部分买房子。因为在北方建一所房子看起来很困难，所以他们决定搬回家人附近的老家（Tolnay，2003）。他们在杰克逊找到了一所小房子。

今天，乔内塔仍然和尤兰达及其女儿住在这栋房子里。在不同的时期，这个小地方在同一个屋檐下容纳了沃克家族的四代人。乔内塔希望把房子——她唯一的、真正的经济财产——传给她的女儿们。

二战的结束给中产阶层美国人带来了另一个重要的资产建设机会。《G.I. 法

案》(也就是1944年的《退伍军人权利法案》) 为退伍军人提供低成本的贷款，用于购买房屋、农场或者创业，还有些款项会资助高等教育。非裔美国人使用《G.I. 法案》时处于弱势地位，因为这些回到南方的人发现：这些种族隔离的白人学院和大学的学生获得的资源要远远好于有色人种的学生（Katznelson，2005）。即使在南方之外的地方，非裔美国人也会被新兴的地区所排挤，在《G.I. 法案》下，他们更加不具备找到住房的资格（Coates，2014）。

20世纪90年代，入狱和失业的非裔美国人数量猛增，减少了获得收入的机会并降低了利用资产建设机会的能力（Westen，2002）。非裔美国人的失业率是白人的两倍，入狱率几乎是白人的六倍（Desilver，2013；Drake，2013）。房屋止赎权的危机尤其使非裔美国人房主衰弱，导致了大范围的房屋置换和资产损失（Saegert，Field and Libman，2011）。

非裔美国人：总结

从奴隶制、"黑人法令"、"吉姆·克劳法"、佃农制、带有排斥色彩的住房政策，到大规模的入狱，非裔美国人一直是压迫和歧视的受害者，这对他们的金融和经济福祉已经产生了负面影响。旨在建设金融能力和资产的联邦政策使白人家庭受益，但经常会排斥非裔美国人和其他有色人种。从《宅地法》开始，诸如社会保障金、最低工资、房主贷款公司以及《G.I. 法案》等政策，直接或间接地造成有色人种尤其是非裔美国人处于不利地位。可以肯定的是，这一过程也存在少数亮点，比如昙花一现的自由人事务管理局、高等教育机会和《社区再投资法案》。然而，与在经济机会和资产所有权上排挤非裔美国人的政策和实践相比，这些就显得黯淡了。城市中种族分离的居住现状，包括非裔美国人的社区环境通常较差，这些都并非偶然。

拉丁裔美国人：边境的设立和为所有权而奋斗

这个部分，我们重点讨论美国5200多万拉丁裔人民的经历，这是一个数量庞大又多样化的人群。最大的群体包括墨西哥裔（65%），其次是波多黎各裔（10%）、萨尔瓦多裔（4%），以及古巴裔（4%）(Lopez，Gonzalez Barrera and Cunnington，2013)。这个国家有一半的拉丁裔人出生在美国，很多人的先辈可以追溯到早期美国与墨西哥之间的战争，他们的土地在那之后被并入美国。

另一半的拉丁裔多数是出生在国外的移民，他们最初出于各种不同的理由来到美国。波多黎各裔人是美国公民，如果他们是从波多黎各岛——一个属于美国大陆的联邦体——迁移到美国，那么就会被视为移民。拉丁裔中还有很小部分人是难民。他们从自己的祖国逃出来，因为害怕受到各种原因的迫害，包括种族、信仰、国别、持有特定社会群体身份或政治意见，以及其他灾难（United Nations High Commission for Refugees，2016）。在所有的移民人口中，估计有1100万是未被合法授权的，大约占了墨西哥裔一半的人口（Passel and Cohn，2016）。

拉丁裔美国人的历史起源：征服和移民

每一个少数族裔都有一段独特的历史，影响着他们今天的金融和经济福祉。这些故事从他们是如何成为美国居民和公民的情况开始，而这在不同的群体中有巨大差异。在这个部分，我们简要分析墨西哥裔美国人、波多黎各裔美国人、古巴裔美国人，以及来自中美洲几个国家的人民，这对今天的 FCAB 很有启示。

墨西哥裔美国人主要有两种方式成为美国公民。第一种涉及那些曾住在美国当前边境内的人，他们被赋予了公民资格。[①] 经常会有人以为所有的墨西哥裔美国人都是移民来的，或者是移民的后代；然而，据估计，有 3400 万的墨西哥裔是原住民的后代，他们曾住在现在美国的西南部。19 世纪的“天命论”推动了美国向西部扩张，在墨西哥和美国的战争结束后，美国获得了墨西哥北部的领土。随着 1848 年《瓜达卢佩-伊达戈条约》和 1853 年《加兹登购地协定》的出台，以及吞并得克萨斯州，美国在五年内获得了墨西哥一半国土的控制权（Perea，2003）。选择留下的墨西哥人被承诺赋予美国公民身份，以及对其自由和财产的保护。相反，他们的很多财产都被迅速迁入的白人定居者所夺走（Lui et al.，2006）。新的定居者取得了对原住民财产的所有权，但通常是通过暴力的方式，包括大范围的恐吓（Carrigan，2015）。美国的法院很少站在出生在墨西哥的美国人这边裁决。比如，在 1848 年到 1851 年的“淘金热”时期，美国国会允许很多白人定居者占有原属于墨西哥出生的美国人矿主的土

① 第十四修正案不仅使之前是奴隶的人（和自由的非裔美国人）成为美国公民，而且后来最高法院于 1898 年的裁决（美国诉黄金德）明确指出，在美国出生的非美国公民的子女也属于美国公民。

地（Griswold del Castillo，1990）。保守估计，1854 年到 1930 年间，本土的墨西哥裔美国人失去了约 5500 万英亩的土地，却没有得到相应补偿（Rendón，1971）。

墨西哥裔成为美国公民的第二种方式是移民。直到 1924 年，2000 英里长的美国—墨西哥边境大部分都还在开放。寻求经济机会的墨西哥人在雇主们的鼓励下来到美国，这些雇主在农业、建筑业和其他工业领域内寻找低工资的劳动者（Calvaita，1992）。尽管 1924 年限制移民后，边境被正式关闭了，但两国之间的这种循环移民规律已经建立起来，虽然持续的人流会有所波动，却不会停止。

墨西哥裔移民史阐释了移民规律是如何起伏变化的，这一方面取决于移出国鼓励离开的条件，也称*推力因素*，另一方面也由接收国鼓励移入的条件决定，这被称为*拉力因素*。推力因素包括贫困、政治动乱和暴力。拉力因素包括经济机会、社会支持网络，以及鼓励移民的政策。

波多黎各的故事不一样。美国大陆和波多黎各岛之间的移民规律会有所变化，这取决于当地的经济和美国的社会经济政策（Lui et al.，2006）。在 1900 年到 1930 年间，美国政策允许了大部分对岛上资源的投资，然而这些政策非但没有推动岛上经济，反而导致大量资产从波多黎各被移交到了岛外的所有者手里。到 1930 年，美国大陆的资本家拥有了波多黎各大部分的糖业、烟草业和金融产业，以及对于所有航线的掌控权（Lui et al.，2006）。与此同时，在一战以后，美国大陆的工业需要低工资的工人，于是从岛上招募了 5 万多波多黎各人来到美国大陆（Pedraza and Rumbaut，1996）。如今，在美国大陆所有的拉丁裔群体中，波多黎各人的失业率和贫困率是最高的；住在岛上的人在信贷危机和之后的玛利亚飓风中损失惨重，这导致了学校、医院和其他社会服务项目预算缩减（Calmes，2016；*The Economis*，2017）。

相比之下，大部分古巴裔和少数中美洲裔在美国都是难民的身份。根据移民法规定，难民可以比移民获得更好的待遇，比如基本的金融支持和获得公民身份的方式。出于政治原因，美国曾接纳了很多离开菲德尔·卡斯特罗执政的古巴人。很多这些早期的古巴难民都是接受过教育的富人（Pedraza and Rumbaut，1996）。2013 年，将近 12 万难民来到美国，其中只有 1607 人来自中美洲，而有超过 25000 人来自古巴（Office of Immigration Statistics，2014）。

很多人从中美洲的冲突中逃离出来，尤其是危地马拉、萨尔瓦多和洪都拉斯，这些人没有难民身份，而是通过非官方授权的渠道进入美国。这一途径极具挑战性。比如在 2013 年 10 月 1 日到 2015 年 8 月 31 日间，估计有 76000 名无人陪伴的儿童从危地马拉、萨尔瓦多和洪都拉斯的暴力冲突中逃离出来并被抓到，他们中的大多数，数月以后都没有被美国移民部门所认可（Pierce，2015）。

总之，对于拉丁裔的难民、移民和未被授权的移民来说，历史和当前的移民身份在他们的金融福祉中起了关键作用。接下来会从墨西哥裔移民的视角更深入地探讨移民问题。

大门开了又关：对墨西哥裔移民的剥削

大萧条时期，国际边境的大门对大部分移民都是关闭的，包括墨西哥裔移民。在1929年到1933年的四年时间里，合法的移民数量从236000降到了23000，下降了10倍，并在后来的十年中一直保持在较低数量。在当时，加上自愿归国，官方政府遣返大约50万到200万墨西哥裔美国人，他们中的大部分都是美国公民（Hispman and Meissner，2013）。被遣返的人，尤其是有些人没有留下任何人去帮助他们依法处理相关法律事务，失去了他们的金融基础，包括家庭存款、所有物、财产，以及重要的文件。对于移民政策和财产损失之间的这种直接联系，社会上用"剥削"（dispossession）一词恰当地表述了这一过程（Geisler，2011，p. 243）。

二战爆发时，美国的政策又颠倒过来，墨西哥的工人受邀来工作，但不能留下。1942年到1964年的"短工计划"（Bracero Program）允许数十万的墨西哥人临时在美国工作，并承诺以最基本的劳动保障（Calavita，1992）。这一政策无意之中为将来的移民带来了诸多影响。比如，短工（Bracero，对这些外来工人的称呼）每年来了又走，他们加强了与民众、雇主以及地域之间的联系。在这一政策结束之际，很多人直接留下了，还有人又回来，却没有被认可的移民身份（Massey and Liang，1989）。在这一时期，遣返还在继续。1954年，在抵制激增的移民的过程中，美国政府启动了"湿背行动"（Operation Wetback），上述遣返也达到了顶峰。一年后，大约100万墨西哥裔被遣返回国，包括很多美国公民（Carrasco，1997）。

在短工计划时期，美国和墨西哥政府扣除了短工10%的工资作为退休金，鼓励他们在这一政策结束后回到墨西哥，但这部分资金从来没有被支付给他们。3200多万美元被从短工的薪水中扣除，并存放在美国银行中，而这些钱如果算上利息，相当于今天的5亿美元，这些亏欠的金钱一直没有支付给前短工（Osorio，2005）。

短工计划影响了低工资美国公民的工作环境，尤其是拉丁裔美国人。拉丁裔定居往往要面对的是低工资、不达标的工作环境，以及有时候要比给予短工的更少的承诺。由于短工被用来破坏罢工者的行动，很多农业劳动者都失去了组织的能力（Acuña，2011）。由此，短工计划创造了一系列环境，造成了拉丁裔美国人与其他公民相比，在定居中面临更少的工资和更差的工作环境。由此产生的全部负面影响难以计算，也很大程度上造成了拉丁裔今天的金融脆弱性。

聚焦案例：美国劳工短缺促成赫克托的曾祖父移居加州

赫克托·康特拉斯·埃斯皮诺萨的家族最初来自墨西哥中部高地，这是一个美丽却经济贫困的地区。在20世纪20年代中期，赫克托的曾祖父唐·卡洛斯为了找工作，在青少年时期就移民美国。当时他的村子里有寻找农场工人的招工广告，家里决定让三个儿子去应招。在那之后的许多年里，他和他的兄弟们与村里的其他男人一起，往返于墨西哥普埃布拉州和美国加州之间，他们在广阔的农田里劳作。当时他们并没有移民证件。边境一直开放到1924年，但即使是在那之后，官员们也是睁一只眼闭一只眼，因为他们需要农场工人。在大萧条最严重的时候，找工作变得更加困难。当1942年短工计划开始时，兄弟们和其他家庭成员作为短工合法地回到美国。

第二次世界大战之后，为美国退伍士兵腾出劳动力市场的压力越来越大。康特拉斯·埃斯皮诺萨家族遭受了严重的挫折。1954年6月，唐·卡洛斯的两个儿子——小卡洛斯和圣地亚哥——下班回家后，在他们的拖车房屋那儿发现了边境巡逻官员。官员们拘留并驱逐了这两名年轻人，他们被卷入名为“湿背行动”的大规模驱逐运动中，当时有100万移民被遣返回墨西哥。他们没有时间来收集其贵重物品，不得不留下大部分财产和拖车。其他家庭成员得知他们被驱逐出境的消息后，急忙赶过来保护拖车，但被窃贼抢先了，这些窃贼在边防人员之后出现，偷走了他们的贵重物品。

被驱逐出境并没有阻止他们返回美国，但是增强的边境安保使得前往加州的路途更加昂贵和危险。唐·卡洛斯和他的妻子最终在普埃布拉牧场退休，但他的孩子们，包括圣地亚哥和小卡洛斯及其家庭成员，最终在加州定居。此后他们一直住在洛杉矶地区。赫克托是小卡洛斯的大儿子，他和他的妻子目前以合法的移民身份生活在美国。

历史上的移民，尤其是农场劳工和未登记的工人，往往缺少工作保障。1938年的《公平劳动标准法》建立了工作场所的制度保障，比如最低工资、加班政策，以及童工规定，但它并未涵盖雇佣了很多墨西哥移民的农场劳工。

20 世纪末，大规模的农场工人团结起来（比如凯撒·查维斯领导的全国农场工人协会）取得了一些进步，也带来了小规模的胜利。比如，1983 年通过的《移民和季节性农业工人保障法案》提高了工资和工作环境，为农场工人提供了更多的工作保障。几年之后，《移民改革与控制法案》于 1986 年出台，为未被认可的移民提供了有限的获得公民身份的途径。法律也首次惩罚了那些雇佣没有取得公民身份的工人的雇主。然而，这项政策也导致了针对拉丁裔美国工人的雇佣歧视，使得他们的工资变得更低（Donato and Massey，1993；Lowell，Techman and Jing，1995）。

政策松动和收紧：当更多的家庭跨过国际边境

20 世纪 70 年代开始，美国的移民数量开始上升，在 21 世纪到来之际达到历史性巅峰。2013 年，出生于国外的人在美国人口中的比重达到了 13.1%，这一比例仅比 1900 年的顶峰 15% 低一些（Pew Research Center，2015）。

在这一时期，移民和社会政策中的新方向影响了移民的金融福祉。1986 年，《移民改革与控制法案》使得来到美国更加困难，但它也出台了赦免政策。赦免也是获取美国公民身份的一个途径，之前有 1700 万墨西哥裔移民住在美国，而没有得到官方认可，他们通过赦免成了美国公民（Hispman and Meissner，2013）。然而，这不意味着政府对未得到官方认可的移民敞开了大门。十年后，另一部法律《个人责任和工作机会协调法案》出台，它取消了大部分合法和非法移民享受联邦公共福利的机会，比如公费医疗补助、补充保障收入，以及补充营养援助项目（曾被称为食物券）。

2001 年的恐怖袭击后，一系列的政策都聚焦于减少合法和非法的移民。尽管这些政策并非针对墨西哥裔移民，但他们无意中“囚禁”了未注册的墨西哥裔移民，他们不敢回到自己的祖国，担心之后无法再回到美国（Lorentzen，2014，p. 68）。1996 年的《非法移民改革和移民责任法案》进一步强化了移民收紧政策，使得进入这个国家更加困难。2006 年的《安全围栏法》授权在美国和墨西哥边境使用围栏（Hispman and Meissner，2013）。另一部法律《真实身份法案》使得未经认可的移民更难取得驾照，这刺激了伪造虚假身份产业，并使得驾车更加危险，因为这些移民会逃避酒驾测试，也不会购买保险（Garlick，2006）。

据估算，未经官方认可的移民如今已经达到了 1100 万到 1200 万，他们越来越怕被遣送回国，所以愈加隐藏自己。作为解决措施之一，通过行政措施，奥巴马总统于2012年宣布了“童年入境者暂缓遣返”（DACA）政策，允许年轻的移民在一定条件下留下来工作和学习。然而与此同时，该政策针对其他未经认可的移民展开了大规模的遣返（Fathali，2013）。尽管在DACA政策下，有资格的年轻移民在生活上得到了改善，但这一政策的未来还是不确定的。对于DACA受益人群和其他未经认可的移民来说，未来的生活和金融稳定性还跟以前一样充满了不确定性（Alvarez，2017）。

聚焦案例：西尔维娅·伊达尔戈·阿塞韦多——一个未经认可的加州移民——的落脚

在墨西哥西尔维娅的村子里，许多年轻人都移民到了墨西哥城或美国，但她是她直系亲属中第一个踏上危险的北上旅程的人。当还是个在校孩子的时候，西尔维娅是个学得快、意志坚定的学生，但她长大的城镇除了有自给自足的农业外，几乎没有提供别的就业机会。她决心找个好工作，在经济上帮助家里。高中毕业后，她告诉父亲她在考虑去加州。

然后，出乎意料的是，她的母亲去世了。葬礼上，她最喜欢的一个姑姑——卢佩问她是否愿意来加州和自己一起在餐馆工作。卢佩提出借她一笔钱，用来付给一个被称为“郊狼”的人口走私犯，穿越美国—墨西哥边境估计需要2.5万美元。卢佩告诉西尔维娅，她可以在到达那里后偿还贷款。

尽管对一个年轻女子来说很危险，但西尔维娅还是向北而行，幸运的是，和其他成百上千的越境者不同，她没有经历被骗、被强奸，或者被遗弃在沙漠里等死（Simmons，Menjfvar and Téllez，2015）。西尔维娅在抵达后不久就遇到了美国公民赫克托·康特拉斯·埃斯皮诺萨，并很快和他结了婚。

拉丁裔美国人：总结

历史、哲学、政策，以及对移民和公民的定义，对当今的拉丁裔美国人都产生了持续影响。这些早期居民的后代被剥夺了资产，而这些资产本来可以成为后代们发展经济的基础。尽管移民政策随着时代在变化，但政策很少能提供彻底的支持，这些移民为了赢得立足之地及对他们家庭的支持而艰苦奋斗。很多拉丁裔面临着种族歧视，这更增加了金融脆弱性。此外，那些未经认可的移民必须在主流的金融系统之外行动，这限制了他们的安全、财产权力，以及享有有益于家庭收入和资产的社会福利资格。

女性和金融能力：资产所有权的限制、金融决策，以及自治

在美国的大部分历史时期，有关享有财产所有权、教育、就业和遗产继承的政策和实践，对女性都不是完全公平的。这些政策限制了女性的金融能力和财富，在报酬和财富上造成性别失衡（Deere and Doss，2006；Shapiro，Meschede and Osoro，2013）。这段有关性别的历史影响到所有女性，但在金融保障上对有色人种的女性影响最大，她们经历了种族、民族以及性别歧视的综合影响（Chang，2010）。

财富失衡和财产权力

女性，尤其是有色人种的女性，从古至今在产权方面就一直处于劣势地位。在奴隶制结束以前，非裔美国女性和非裔美国男性一样被视为财产。其他族裔的女性虽然不是财产，但整体而言，家里的财产被丈夫、父亲或其他的男性角色所有并控制。一个女性一旦结了婚，习惯法中“*有夫之妇*”的观念在夫妻关系中就起了主导作用，将所有的法律权威，包括财产所有权，给予了丈夫。单身和丧偶的女性受到不同的法律约束，但很少有单身女性能够拥有财产，而且低工资限制了她们积累财富的能力（Chused，1983；Goldin and Sokoloff，1981）。在19世纪，当有夫之妇的观念淡化的时候，富裕家庭中的女性开始继承财富，但低收入家庭中的女性却缺少金融自主权的基础。另外，被奴隶化的女性不会被赋予任何的所有权（Women，Enterprise and Society，2010）。

在性别问题上，原住民社区通常会更加平等，女性在社区里也有发言权。后来，英美白人文化的征服强调了个人的财产权，这侵蚀了原住民女性的社会和经济权力（La Fraboise，Heyer and Ozer，1990）。

1840年到1850年施行的《已婚女性财产法案》，对于19世纪女性的经济独立是一个历史转折点（Deere and Doss，2006）。各州开始在法律上授权给已婚女性拥有*不动产及个人资产*，并使其与丈夫的权力分开，她们可以签署法律合同，并执行遗嘱。尽管女性不太可能从父母或其他亲戚那里继承遗产（Pearce，1978），《已婚女性财产法案》让那些确实继承了遗产的女性能有控制权。

在现实中，女性继续面临财产所有权的障碍。例如，1862年的《宅地法》允许户主申请土地，但女性如果结婚就不被视为一家之主。《道斯法案》则将已婚妇女排除在分配土地的收益之外。如果家庭中没有男性，妇女则和印第安原

住民一样，经常被宣称没有能力拥有土地（Amott and Matthaei，1991）。

1934年，《美国住房法》通过联邦发放的住房抵押贷款，赋予人们更多享有房屋所有权的机会。然而，女性通常不会被认为是好的授信对象。对于有色人种的男性和女性，这个法案几乎没有什么财富效应，因为在1930年到1960年间，非裔美国人持有的抵押贷款还不到全部份额的1%（Lui et al.，2006）。

尽管存在上述限制，但女性，尤其是白人女性，在20世纪早期能够通过婚姻和继承的方式积累财富（Harbury and Hitchens，1977）。在1830年到1890年间的马萨诸塞州，女性的遗嘱认证遗产（按照遗嘱分配财产的法律过程）从16%增加到了43%，而核实认证后归给女性的财富从7%上升到了27%（Shammas，1994）。到20世纪50年代，女性拥有了全部财富的40%（Harbury and Hitchens，1977）。

从家庭到商业的劳动力转换

19世纪初，美国的劳动力市场正在从农业转向家庭企业和商业。女性在家务和商业劳动中都扮演了重要角色（Chused，1983）。随着工业化的推进，单身女性和儿童最有可能离家从事教育、工厂和家政服务等方面的工作（Chused，1983）。女性工资尽管在1820年到1850年间得到增长，但也仅仅约为男性的一半（U.S. Bureau of the Census，1980）。

有些已婚女性在就业上遭遇了法律和文化障碍。比如，已婚的白人女性会被期望待在家里，而有色人种的已婚女性和在农场的已婚女性经常不得不在外工作（Zinn，1994）。从19世纪初到20世纪初，"结婚警戒"（marriage bars）政策限制了已婚女性在教育和神职领域的就业（Goldin，1990，p. 160）。这些限制逐渐消除，这样到了2012年，70%的已婚女性都会外出工作（Chused，1983）。然而，这种转变在大部分有色人种女性身上作用甚微；她们通常外出工作，但由于种族歧视而被排挤，难以在收入较好的商业和制造业等领域就业，不得不从事家政服务（Bose，2001）。

越来越多的女性进入劳动力市场，但从文化的角度，她们仍被期望维持家庭责任，这经常被称为"第二班工作"（Hochschild and Mchung，1990）。结果是，女性缺少儿童照料和其他方面的支持系统，大量的低收入女性无法享受更多的女性就业机会（Kessler-Harris，2001）。即便在今天，家庭责任的重任也大部分由女性承担，这限制了她们赚钱的机会。在2011年，相同的职位下，女性赚的钱要比男性少23%（Gordon，2014）。

聚焦案例：朱厄尔的爱尔兰祖先和 19 世纪早期的“工坊女孩”

朱厄尔·默里在 9 岁时被儿童福利员从父母身边带走，但她记得祖母讲述的关于她们家勤劳妇女的故事。或许是与她的个人经历有关，朱厄尔利用课堂作业来研究她的祖先，追溯到她们来自爱尔兰的祖辈。祖母告诉她，家里的一个亲戚莫娜，在 19 世纪中叶，为了逃离爱尔兰的马铃薯饥荒而移民到纽约。抵达纽约后，莫娜看到了写着“不录用爱尔兰人”的标语。这些标语是由新教企业张贴的，这些企业当时受到爱尔兰天主教移民人数不断增长的威胁。朱厄尔猜测莫娜可能在家政服务行业工作过，因为当时纽约市的所有家政人员中，有近四分之三是爱尔兰移民（Urban，2009）。她们被轻蔑地称为婆娘（Biddies），是 Bridget 的缩写。

朱厄尔的研究发现，莫娜在找到当地一家棉纺厂的工作之前，曾在家政服务行业工作多年。随着纺织业的繁荣，棉纺厂开始寻找年轻和单身的爱尔兰妇女。她可能和其他“工厂女孩”一起住在员工公寓里，一起工作。工厂在夏天又挤又热。在 19 世纪 30 年代和 40 年代之间，女工们组织起来抗议工作条件，以及每天长达 12 小时到 14 小时的工作时间。这次坚定的全女性组织的努力，以贯穿整个 19 世纪 30 年代的罢工为标志，最终赢得了争取 10 小时工作制的斗争（Lowell National Historical Park，n.d.）。

新政改革

大萧条以后，由富兰克林·罗斯福领导的联邦政府在新政背景下出台了一系列福利政策。这些政策为脆弱的个体提供福利，包括女性和儿童。然而，与男性相比，提供给女性，尤其是有色人种女性的福利通常都不够。

上述政策假设女性生活在“男主外、女主内”的家庭中，因此她们从丈夫的工作中获益。然而在新政时期，只有不到 60% 的家庭状态与这种假设一致（Mettler，1998）。大范围的就业项目，比如民间资源保护队、公共事业振兴署和市政工程署等，聚焦于失业的男性，只提供了少数工作给女性。

新政的一个关键部分是《社会保障法案》，它使得男性获益，却将很多女性排斥在外。这些女性被认为会不规律地选择就业，或是由家中掌权的男性提供支持（Kessler-Harris，2001）。这个法案提供了与工作相关的福利，比如失业保险，但政策要求他们在享受福利前提供持续工作的证明。最低工资也很大程度上排斥了工资很低的工作者，大部分都是女性（DeWitt，2010）。这些基于性别考虑的福利在二战之后被取消，当时女性工作者的数量有了极大飞跃，女性在“主外”中的角色也无法被忽视了（Kessler-Harris，2001）。

其他的工作保障包括最低工资法和失业保险，但收益在男性和女性之间也是不平等的。《国家工业复兴法案》提供了最低工资保障，但不适用于主要为女性的家务工作者。另外，立法程序也不均衡地排斥了南方的有色人种女性，那里的黑人女性中有 85% 都是家务工作者（DeWitt，2010）。

新政时期出台的另一个项目叫“受扶养儿童援助”①，它为有特殊需要的母亲和儿童提供支持，但基于种族或者家庭结构的考虑排斥了很多人。比如在 1935 年的佐治亚州，黑人女性和家庭中仅有 1.5% 享受了这一福利，相比之下，白人女性和家庭的比例则为 14%（Lui et al.，2006）。这一政策是为离异女性设计的，而非单身和未婚女性，后面这两个群体被视为“品德”相对较差，不值得获得国家支持（Gordon，1994，p. 27）。为了获得帮助，母亲们必须要证明其资格，而在现实中，这方面的评估通常基于“阶级和种族定义的母性成功标准”（Gordon，1994，p. 51）。

《民权法案》：享有财产权的更多机会

20 世纪中期，社会规范和政策都限制了女性的教育、培训和就业，尤其是在特定的职业领域（Goldin，1990）。直到 20 世纪 60 年代，联邦政府才从法律层面解决了女性和少数族裔在就业、教育和住房方面的不平等问题。1964 年的《民权法案》在教育和就业方面制止了歧视，1968 年的《公平住房法案》又在房屋买卖和租赁方面消除了歧视。1974 年，《平等信贷法案》制止了基于性别授信的做法。在这方面，具有信用资质的女性不会再被拒绝授信，或是被要求联署保证（Chang，2010）。通过专门消除法律上的性别和种族歧视，女性（包括有色人种女性）开始在财富和财产上获得更多的所有权（Lui et al.，2006）。

这样，在 20 世纪到 21 世纪间，女性享受教育、就业和资产所有权的机会得到改善。与男性相比，她们比以往更接近“经济公民”的身份（Kessler-Harris，2001，p. 12）。然而，和以往实施的状况一样，政策对于有色人种女性的影响不如白人女性。收入和资产持有方面仍需考虑周全，以确保公平的政策执行和根本性的包容。

---

① 1962 年，“受扶养儿童援助”项目改名为“对有受扶养儿童家庭的援助”，之后的 1996 年，该项目被重新组织并改名为“困境家庭临时援助”。

女性和金融能力：总结

尽管《已婚女性财产法案》在推动女性经济独立上迈出了开拓性的重要一步，但这之后的很多政策，比如1861年的《宅地法》和1934年的《美国住房法》，仍旧对女性不利。随着新政的到来，女性，尤其是有色人种女性被排斥在福利之外。1964年的《民权法案》和1968年的《公平住房法案》取得了额外的进步，但性别和种族歧视的残留影响还是限制了实务上的改变。如今女性的工资和财富不均就能反映出这种效应，这可以用“贫困的女性化”恰当地形容（Pearce，1978），尤其适用于那些老年女性和有色人种女性。在制定资产建设政策时，有必要运用性别之外的视角，比如年龄和文化，来处理历史上形成的对女性FCAB的阻碍。

聚焦案例：莫娜从她的新丈夫那里实现经济独立

朱厄尔的研究表明，大约在1854年，也许是在和其他女工一起外出的一个晚上，莫娜遇到了她的丈夫。等到她决定离开工厂结婚的时候，她已经可以合法地以自己的名义，保留从工厂赚取的小额存款。就在不久前，莫娜还没有资格从她丈夫那里拥有一处单独的财产。工坊女孩们书写了她们阿姨和母亲们的故事，后者在结婚后放弃了经济独立，无法独立签订合同或提起诉讼。1839年，情况发生了变化，密西西比州成为第一个通过《妇女财产法案》的州。1855年，莫娜居住的马萨诸塞州也通过了《妇女财产法案》。到1900年，所有州都允许已婚妇女签订合同，接受并重新分配遗产，她们也可以与丈夫分开，将自己作为独立的经济代理人（Shammas，1994）。

总结

这一章的故事并非难以理解，但它们强调了当今美国很多家庭处于金融弱势地位的历史渊源。这种历史视角让服务者能够理解歧视和当前挑战的长期特点。实务和政策解决方案必须要考虑历史因素。要在FCAB上打造文化胜任力和“文化谦逊”，服务者要了解机构和政策如何随着时间的流逝而影响不同的群体。具备了这方面的认识，加上自我认知和对当前金融现实的掌握，服务者才具备在不同的人群中开展有效的FCAB实务的基础。通过这本书，我们将继续探索美国当前的金融现实，以及导致不平等恶化的政策。

拓展内容

· 回顾 ·

1. 过去针对美国原住民、阿拉斯加原住民以及美国其他原住民的政策，是如何在今天的家庭资产建设方面造成障碍的？描述至少四个政策或项目作为例子。
2. 思考针对尤兰达 · 沃克及其家族的种族主义和歧视史。围绕历史可能如何影响了她和大家庭的金融状况，描述至少两种方式。
3. 列举三个女性在历史上面临的挑战的具体例子，并说明这些挑战可能是阻碍经济流动性以及男女平等的障碍。

· 反思 ·

4. 随着时间的推移，美国的政策可能如何影响你的大家庭的金融能力和资产？（你的家族的不同分支是否以不同的方式受到了影响？）你对自己及其他家庭背景的了解，会如何影响你与金融脆弱家庭合作的方式？

· 应用 ·

5. 利用最新的数据，以你所在的社区为研究范围，分析美国人口普查局关于美国境外出生家庭的数量和比例的数据（见 census.gov）。在过去的 50 年里，你们社区的人口构成发生了怎样的变化？随着时间的推移，政策在哪些方面让你所在社区的群体受益，或面临挑战？

参考文献

Acuña, R. (2011). *Occupied America: A history of Chicanos*. Upper Saddle River, NJ: Prentice Hall.

Alexander, M. (2012). *The New Jim Crow: Mass incarceration in the age of colorblindness*. New York: New Press.

Alvarez, P. (2017, September 9). Borrowed time. *The Atlantic*. Retrieved from https://www. theatlantic.com/politics/archive/2017/09/whats-next-for-daca-recipients/539262/.

Amott, T. L., & Matthaei, J. (1991). *Race, gender and work: A multicultural economic history of women in the United States*. Boston: South End Press.

Anderson, M. (2015, October 12). Rethinking history class on Columbus Day. *The Atlantic*. Retrieved from http://www.theatlantic.com/education/archive/2015/10/columbus-day-school-holiday/409984/.

Anderton, C. H., & Brauer, J. (2016). *Economic aspects of genocides, other mass atrocities, and their prevention*. New York: Oxford University Press.

Baptist, E. (2014). *The half has never been told: Slavery and the making of American capitalism*. New York: Basic Books.

Bardill, J. (2012). Tribal sovereignty and enrollment determinations. Retrieved from http://genetics. ncai.org/tribal-sovereignty-and-enrollment-determinations.cfm.

Board of Governors of the Federal Reserve System. (2014, February 11). Community Reinvestment Act. Retrieved from https://www.federalreserve.gov/communitydev/cra_about.htm.

Bose, C. (2001). *Women in 1900: Gateway to the political economy of the 20th century*. Philadelphia, PA: Temple University Press.

Bridgewater, P. (2001). Un/re/dis covering slave breeding in Thirteenth Amendment jurisprudence. *Washington and Lee Race and Ethnic Ancestry Law Journal, 7*, 11-44.

Calavita, K. (1992). *Inside the state: The Bracero Program, immigration, and the I.N.S. (after the law)*. New York: Routledge.

Calmes, J. (2016, May 9). Treasury Secretary Jacob Lew puts a face on Puerto Rico debt crisis. *The New York Times*. Retrieved from http://www.nytimes.com/2016/05/10/business/dealbook/treasury-secretary-jacob-lew-puts-a-face-on-puerto-rico-debt-crisis.html?_r=1.

Campbell, B. (2012). Cobell settlement finalized after years of litigation: Victory at last? *American Indian Law Review, 37*(2), 629-647.

Carrasco, G.P. (1997). Latinos in the United States: Invitation and exile. In Juan F. Perea(Ed.), *Immigrants out! The new nativism and the anti-immigrant impulse in the United States*(pp.190-204). New York: New York University Press.

Carrigan, W. (2015, February 19). When Americans lynched Mexicans. *The New*

York Times. Retrieved from http://www.nytimes.com/2015/02/20/opinion/when-americans-lynched-mexicans.html.

Chang, M. (2010). *Shortchanged: Why women have less wealth and what can be done about it*. New York: Oxford University Press.

Churchill, W. (2004). *Kill the Indian, save the man: The genocidal impact of American Indian residential schools*. San Francisco, CA: City Lights.

Chused, R. (1983). Married Women's Property Law, 1800-1850. *Georgetown Law Journal, 71*, 1359.

Coates, T. (2014, June). The case for reparations. *The Atlantic*. Retrieved from http://www.theatlantic.com/magazine/archive/2014/06/the-case-for-reparations/361631/.

Cobell Scholarship. (n.d.). The Cobell scholarship. Retrieved from http://cobellscholar.org/.

Conley, D. (2000). 40 acres and a mule. *National Forum, 80*(2), 21-24.

Cunningham, P. (1993). Access to care in the Indian Health Service. *Health Affairs(Project Hope), 12*(3), 224-233.

Dewees, S., & Foxworth, R. (2013). *The economics of inequality, poverty, and discrimination in the 21st century*. Santa Barbara, CA: Praeger.

Drake, B. (2013, September). Incarceration gap widens between Whites and Blacks. Pew Research Center. Retrieved from http://www.pewresearch.org/fact-tank/2013/09/06/ incarceration-gap-between-whites-and-blacks-widens/.

Deere, C., & Doss, C. R. (2006). The gender asset gap: What do we know and why does it matter? *Feminist Economics, 12*(1-2), 1-50.

Desilver, D. (2013, August). Black unemployment rate is consistently twice that of whites. Pew Research Center. Retrieved from http://www.pewresearch.org/fact-tank/2013/08/21/through-good-times-and-bad-black-unemployment-is-consistently-double-that-of-whites/.

DeWitt, L. (2010). The decision to exclude agricultural and domestic workers from the 1935 Social Security Act. *Social Security Bulletin, 70*(4). Retrieved from https://www.ssa.gov/policy/docs/ssb/v70n4/v70n4p49.html.

Donato, K. M., & Massey, D. S. (1993). Effect of the Immigration Reform and Control Act on the wages of Mexican migrants. *Social Science Quarterly, 74*(3), 523-541.

Dreier, P., Mollenkopf, J. H., & Swanstrom, T. (2013). *Place matters: Metropolitics for the twenty-first century*(2nd ed.). Lawrence: University Press of Kansas.

Dyer, J., & Bailey, C. (2008). A place to call home: Cultural understandings of heir property among rural African Americans. *Rural Sociology, 73*(3), 317-338.

Echohawk, J. E. (n.d.). Individual Indian Money(IIM) accounts—Cobell v. Salazar. Native American Rights Fund. Retrieved from http://www.narf.org/cases/cobell/ http://www.narf.org/ cases/cobell/.

Fathali, H. (2013). American DREAM: DACA, DREAMers, and comprehensive immigration reform. *The Seattle University Law Review 37*(1), 221-254.

Finkelman, P. (1997). *Dred Scott v. Sandford: A brief history with documents*. Boston: Bedford Books.

Finkelman, P. (2012). Defining slavery under a "government instituted for protection of the rights of mankind." *Hamline Law Review, 35*(3), 551-590.

First Nations Development Institute. (2011). Developing innovations in tribal per capita distribution payment programs: Promoting education, savings, and investments for the future. Longmont, CO: First Nations Development Institute.

Franken, A. (2012). Dealing with the whip end of someone else's crazy: Individual-based approaches to Indian land fractionation. *South Dakota Law Review, 57*(2), 345-368.

Garlick, S. (2006). License to drive: Pioneering compromise to allow undocumented immigrants access to the roads. *Seton Hall Legislative Journal, 31*(1), 191-214.

Geisler, C. C. (2011). Accumulating insecurity among illegal immigrants. In S. Feldman, C. Geisler, & G. A. Menon(Eds.), *Accumulating insecurity: Violence and dispossession in the making of everyday life*(pp.240-260). London: University of Georgia Press.

Goings, K. W., & O'Connor, E. M. (2010). Lessons learned: The role of the classics at black colleges and universities. *The Journal of Negro Education, 79*(4), 521-531.

Goldin, A., & Sokoloff, N. (1981). *The relative productivity hypothesis of industrialization: The American case, 1820-1850*(NBER Working Paper No.795). Cambridge, MA: NBER.

Goldin, C. (1990). *Understanding the gender gap: An economic history of American women*. New York: Oxford University Press.

Gordon, C. (2014, May 22). Growing apart: A closer look at gender and inequality. Retrieved from http://scalar.usc.edu/works/growing-apart-a-political-history-ofamerican-inequality/ gender-and-inequality.

Gordon, L. (1994). *Pitied but not entitled single mothers and the history of welfare*. Cambridge, MA: Harvard Univ. Press.

Griswold del Castillo, R. (1990). *The Treaty of Guadalupe Hidalgo: A legacy of conflict*. Norman: University of Oklahoma Press.

Hamilton, D., Cottom, T. M., Aja, A. A., Ash, C., & Darity, W. Jr. (2015). Still we rise: The continuing case for America's historically black colleges and universities. *The American Prospect, 25*(4). Retrieved from http://prospect.org/article/why-black-colleges-and-universities-still-matter.

Harbury, C., & Hitchens, D. (1977). Women, wealth and inheritance. *Economic Journal, 87*(345), 124-131.

Harper, S. R., Patton, L. D., & Wooden, O. S. (2009). Access and equity for African American students in higher education: A critical race historical analysis of policy efforts. *The Journal of Higher Education, 80*(4), 389-414.

Hipsman, F., & Meissner, D. (2013). Immigration in the United States: New economic, social, political landscapes with legislative reform on the horizon. Migration Policy Institute. Retrieved from http://www.migrationpolicy.org/article/ immigration-united-states-new-economic-social-political-landscapes-legislative-reform.

Hochschild, A., & Machung, A. (1990). *The second shift*. New York: Avon Books.

Indian Child Welfare Act of 1978, 25 U.S.C. § § 1901-63. (1978).

Iverson, P., & Roessel, M. (2002). *Diné: A history of the Navajos*. Albuquerque: University of New Mexico Press.

Jackson, K. T. (1980). Race, ethnicity, and real estate appraisal: the Home Owners Loan Corporation and the Federal Housing Administration. *Journal of Urban History, 6*, 419-452.

Jaynes, G. (2005). Black Codes. In *Encyclopedia of African American society*(pp.113-114). Thousand Oaks, CA: SAGE.

Katznelson, I. (2005). *When affirmative action was white: An untold history of racial inequality in twentieth-century America*. New York: W. W. Norton.

Kessler-Harris , A. (2001). *In pursuit of equity: Women, men, and the quest for economic citizenship in twentieth-century America*. New York: Oxford University Press.

La Framboise, T. D., Heyer, A. M., & Ozer, E. J. (1990). Changing and diverse roles of women in American Indian cultures. *Sex Roles, 22*(7-8), 455-476.

Lasch-Quinn, E. (1993). *Black neighbors: Race and the limits of reform in the American settlement house movement, 1890-1945*. Chapel Hill: University of North Carolina Press.

Lee, M. (2013, May 21). Treaty series: The Fort Laramie Treaty of 1868. Retrieved from http://blog. nativepartnership.org/treaty-series-the-fort-laramie-treaty-of-1868/.

Lemann, N. (1991). *The promised land: The great black migration and how it changed America*. New York: Vintage Press.

Lindsay, B. C. (2012). *Murder state: California's native American genocide, 1846-1873*. Lincoln: University of Nebraska Press.

Looney, S. M. (2011). Financial literacy at minority-serving institutions. Washington DC: Institute for Higher Education Policy. Retrieved from http://files.eric.ed.gov/fulltext/ED527709.pdf.

Lopez, M. H., Gonzalez Barrera, A., & Cunnington, D. (2013). Diverse origins: The nation's 14 largest Hispanic-origin groups. Pew Research Center. Retrieved from http://www.pewhispanic.org/2013/06/19/diverse-origins-the-nations-14-largest-hispanic-origin-groups/.

Lorentzen, L. A. (2014). *Hidden lives and human rights in the United States: Understanding the controversies and tragedies of undocumented immigration*. Santa Barbara, CA: Praeger.

Lowell, B. L., Teachman, J., & Jing, Z. (1995). Unintended consequences of immigration reform: Discrimination and Hispanic employment. *Demography, 32*(4), 617-628.

Lowell National Historical Park. (n.d.). The mill girls. Retrieved from http://www.nps.gov/lowe/planyourvisit/upload/mill girls.pdf.

Lui, M., Robles, B., Leondar-Wright, B., Brewer, R., & Adamson, R. (2006). *The color of wealth: The story behind the U.S. racial wealth divide*. New York: New Press.

Marable, M. (1983). *How capitalism underdeveloped black America*. Boston: South End Press.

Massey, D., & Liang, Z. (1989). The long-term consequences of a temporary worker program: The US Bracero experience. *Population Research and Policy Review, 8*(3), 199-226.

Mettler, S. (1998). *Dividing citizens: Gender and federalism in New Deal public policy*. Ithaca, NY: Cornell University Press.

Montana Extension Services. (2010). Blackfeet timeline. Retrieved from http://www.opi.mt.gov/ Pdf/IndianEd/IEFA/BlackfeetTimeline.pdf.

Nembhard, J.G., & Otabor, C. (2012). The Great Recession and land and housing loss in African American communities: Case studies from Alabama, Florida, Louisiana, and Mississippi, Part II: Heir Property. Center on Race and Wealth, Howard University, Washington, DC.

Norrell, R.J. (2009). *Up from history: The life of Booker T. Washington*. Cambridge, MA: Belknap Press of Harvard University Press.

O'Brien, S. (1989). *American Indian tribal governments*. Norman: University of Oklahoma Press.

Ochiltree, I. (2004). Mastering the sharecroppers: Land, labour and the search for independence in the U.S. South and South Africa. *Journal of Southern African Studies, 30*(1), 41-61.

Office of Immigration Statistics. (2014, August). 2013 yearbook of immigration statistics. Retrieved from https://www.dhs.gov/sites/default/files/publications/ois_yb_2013_0.pdf.

Osorio, J. (2005). Proof of a life lived: The plight of the braceros and what it says about how we treat records. *Archival Issues, 29*(2), 95-103.

Osthaus, C. R. (1976). *Freedmen, philanthropy, and fraud: A history of the Freedman's Savings Bank*. Urbana: University of Illinois Press.

Oubre, C. F. (1978). *Forty acres and a mule: The Freedmen's Bureau and black land ownership*. Baton Rouge: Louisiana State University Press.

Passel, J. S., & Cohn, D. (2016). Overall number of U.S. unauthorized immigrants holds steady since 2009. Pew Research Center. Retrieved from http://www.pewhispanic.org/2016/09/20/ overall-number-of-u-s-unauthorized-immigrants-holds-steady-since-2009/.

Pearce, D.M. (1978). The feminization of poverty: Women, work and welfare. *The Urban and Social Change Review, 11*, 28-36.

Pedraza, S., & Rumbaut, R. (1996). *Origins and destinies: Immigration, race, and ethnicity in America*. Boston: Wadsworth.

Perea, J. (2003). Brief history of race and the U.S.-Mexican border: Tracing the trajectories of conquest. *UCLA Law Review, 51*(1), 283-312.

Pew Research Center(2015, September). Modern immigration wave brings 59 million to U.S., driving population growth and change through 2065: Views of immigration's impact on U.S. society mixed. Retrieved from http://www.pewhispanic.org/files/2015/09/2015-09-28_ modern-immigration-wave_REPORT.pdf.

Pierce, S. (2015, October). Unaccompanied child migrants in U.S. communities, immigration court, and schools. Migration Policy Institute. Retrieved from http://www.migrationpolicy.org/research/unaccompanied-child-migrants-us-communities-immigration-court-and-schools.

Rendón, A. (1971). *Chicano manifesto*. New York: Macmillan.

Rothstein, R. (2014). *The making of Ferguson: Public policy and the root of its troubles*. Washington, DC: Economic Policy Institute.

Russ, J. W., & Stratmann, T. (2013). Creeping normalcy: Fractionation of Indian land ownership(GMU Working Paper in Economics No.13-28). Washington, DC. Retrieved from http://ssrn. com/abstract=2353711.

Saegert, S., Field, D., & Libman, K. (2011). Mortgage foreclosure and health disparities: Serial displacement as asset extraction in African American populations. *Journal of Urban Health: Bulletin of the New York Academy of Medicine, 88*(3), 390-402.

Sawers, B. (2010). Tribal land corporations: Using incorporation to combat fractionation. *Nebraska Law Review, 88*(2), 385-432.

Shammas, C. (1994). Re-assessing the Married Women's Property Acts. *Journal of Women's History, 6*(1), 9-30.

Shapiro, T. M., Meschede, T., & Osoro, S. (2013). The roots of the widening racial wealth gap: Explaining the black-white economic divide. New York: Institute on Assets and Social Policy.

Sherraden, M. (1991). *Assets and the poor: A new American welfare policy*. Armonk, NY: M. E. Sharpe.

Simmons, W., Menjívar, C., & Téllez, M. (2015). Violence and vulnerability of female migrants in drop houses in Arizona: The predictable outcome of a chain reaction of violence. *Violence against Women, 21*(5), 551-570.

Stoesz, D. (2016). *The excluded: An estimate of the consequences of denying Social Security to agricultural and domestic workers*(CSD Working Paper No.16-17). St. Louis, MO: Washington University, Center for Social Development.

The Economist(2017, September 30). Puerto Rico could feel the effects of Hurricane Maria for decades. Retrieved from https://www.economist.com/news/united-states/21729762-island-faced-economic-collapse-even-storm-struck-puerto-rico-could-feel.

The White House(2016). President Obama names recipients of the Presidential Medal of Freedom. Retrieved from https://www.whitehouse.gov/the-press-office/2016/11/16/president-obama-names-recipients-presidential-medal-freedom.

Tolnay, S. E. (2003). The African American "Great Migration" and beyond. *Annual Review of Sociology, 29*, 209-232.

Tribal Law and Policy Institute. (n.d.). Fractionated ownership of Indian lands. Retrieved from http://www.tribal-institute.org/lists/fractionated_ownership.htm.

United Nations High Commission for Refugees. (2016). Refugees. Retrieved from http://www. unhcr.org/pages/49c3646c125.html.

Urban, A. (2009). Irish domestic servants, "Biddy" and rebellion in the American home, 1850-1900. *Gender & History, 21*(2), 263-286.

U.S. Bureau of Indian Affairs. (2015). Indian entities recognized and eligible to receive services from the United States Bureau of Indian Affairs. *U.S. Federal Register, 80*(9), 1942-1948.

U.S. Bureau of Indian Affairs. (2016). Who we are. Retrieved from http://www. indianaffairs.gov/ WhoWeAre/index.htm.

U.S. Bureau of the Census. (1980). *Statistical abstract of the United States*. Washington, DC: Author.

U.S. Bureau of the Census. (2010). The American Indian and Alaska Native Population: 2010. 2010 Census Briefs. Retrieved from https://www.census.gov/prod/cen2010/briefs/c2010br-10.pdf.

U.S. Commission on Civil Rights. (2004). Native American health care disparities briefing: Executive summary. Washington, DC: Office of the General Counsel, U.S. Commission on Civil Rights.

Warren, J. (2010, June 7). A victory for Native Americans? *The Atlantic*. Retrieved from http://www.theatlantic.com/national/archive/2010/06/a-victory-for-native-americans/57769/.

Washington, B. T. (1909). *The story of the Negro*. Vol.2. New York: Doubleday, Page & Co.

Washington State University Extension. (2009). What is a land-grant college? Retrieved from http://ext.wsu.edu/documents/landgrant.pdf.

Wells, I. B. (1970). *Crusade for justice: The autobiography of Ida B. Wells*. Chicago: University of Chicago Press.

Westen, B. (2002). The impact of incarceration on wage mobility and inequality. *American Sociological Review, 67*(4), 526.

Williams Shanks, T. (2005). The Homestead Act: A major asset-building policy in American history. In M. Sherraden(Ed.), *Inclusion in the American dream: Assets, poverty, and public policy*(pp.20-41). New York: Oxford University Press.

Williams Shanks, T. R., & Boddie, S. C., & Wynn, R. (2015). Wealth building in communities of color. In R. Wynn(Ed.), *Race and social problems: Restructuring inequality*(pp.63-78). New York: Springer Science Business Media.

Wilkerson, I. (2010). *The warmth of other suns: The epic story of America's great migration*. New York: Random House.

Wilmer, F. (1997). Indian gaming: Players and stakes. *Wicazo Sa Review, 12*(1), 89-114.

Wolfe, P. (2006). Settler colonialism and the elimination of the Native. *Journal of Genocide Research, 8*(4), 387-409.

Women, Enterprise, & Society. (2010). Women and the law. Retrieved from https://www.library.hbs. edu/hc/wes/collections/women_law/.

Zinn, M. B. (1994). Feminist rethinking from racial-ethnic families. In M. B. Zinn & B. Thornton Dill(Eds.), *Women of color in U.S. society*(pp.303-313). Philadelphia, PA: Temple University Press.

第4章　金融机构、产品和服务

专业原则：对于一个家庭而言，能够找到并使用恰当的、负担得起的金融产品和服务很重要。服务者必须了解金融产品和服务的类型，以及它们对金融脆弱家庭的益处和风险。

不久之前，很多人还依赖于现金进行大部分的金融交易。21 世纪后，这种方式变得不太实用。即使对于最贫困的家庭，金融产品和服务也变得不可缺少。如果没有享受金融服务的机会，一个家庭就会被置于现代经济的边缘，他们为交易支付了高额费用，但仍处于金融脆弱的状态。作为回应，金融普惠，也就是享受负担得起的金融产品和服务，成了中心任务，力求改善金融脆弱人群的处境（World Bank，2014）。

在最基本的水平上，金融普惠意味着人们与银行业有交集，即人们拥有或使用金融机构的账户，这个机构可以是银行或信用社。有机会使用这些金融主流服务让人们能够安全地将钱存起来、有效且高效地管理家庭资源，为紧急情况储蓄、在合理的期限内借款，给亲戚汇钱，以及为长期投资积累资产（Barr and Blank，2009）。此外，在银行有业务保护人们免遭窃贼或损失，减少花钱的诱惑，并有助于存钱。

然而，金融脆弱家庭有很充分的理由不去拥有银行账户（Burhouse et al.，2014；FDIC，2016；Servon，2017）。在众多担忧中，高额或不可预见的费用是一个关键原因（见专栏 4.1）。银行会因为很多原因收取费用，包括特定形式的交易、低于最低余额要求，以及超支和资金不足等。这些费用慢慢地榨取着金融脆弱家庭的收入。平均来说，产生银行费用的家庭每年要付超过 200 美元（CFPB，2013b）。

专栏 4.1 聚焦研究：联邦存款保险公司对无银行账户和未充分利用账户的家庭的研究

联邦存款保险公司（FDIC）每两年对美国没有使用金融服务的家庭进行研究。在2015年的调查中，FDIC（2016）发现，四分之一的美国家庭没有使用其账户。约900万户家庭——占美国所有家庭的7%——根本没有账户。这些家庭没有把钱放在一个安全的金融机构账户中。2450万家庭——占美国所有家庭的20%——没有在使用账户，这意味着他们有一个账户，但是使用AFS。

调查显示，少数族裔、年轻人、失业者、处于工作年龄的残疾人和低收入者最有可能没有银行账户。在种族和收入水平方面，18%的非裔美国人、16%的拉丁裔美国人、23%的失业家庭和26%的年收入低于1.5万美元的家庭没有银行账户，而这个比例的总体平均水平为7%。在FDIC的研究中，人们报告了未拥有银行账户的单一或多重原因（FDIC，2016，p. 3）：

- 没有足够的钱（57%）；
- 不信任或不喜欢金融机构（29%）；
- 高额费用（27%）；
- 不可预知的费用（24%）；
- 隐私问题（29%）；
- 有信用、身份或银行历史方面的问题（16%）；
- 不需要银行提供的产品或服务（15%）；
- 不方便的时间（9%）；
- 不方便的地点（9%）。

帮助人们拥有银行账户需要多种策略。例如，FDIC（2014）的调查显示，大约三分之一最近失去银行账户的人，之前已经失去了收入或工作。在这种情况下，金融产品可以通过不向低余额账户征收高额费用，来帮助他们度过失业时期。再举一个例子，无银行账户的移民提到了语言障碍，他们感觉自己不受欢迎，而且不熟悉美国的银行（Osili and Paulson，2005）。在这种情况下，像直接存款这样的自动功能可以鼓励人们拥有银行账户（FDIC，2014）。精心设计的金融产品，结合拓展服务，可以满足未使用银行服务人群的特定金融需求。

没有银行账户的人会转用AFS进行某些或者全部的金融交易，比如现金支票、汇票、预付卡、汇款交易、发薪日贷款、汽车抵押贷款、先租后买服务、当铺服务，以及其他服务（FDIC，2016；FINRA Investor Education Foundation，2013）。这些服务的费用很高。缺少银行账户的人要为每次的支票取现（包括政府福利支票和工资支票）支付 1% 到 5% 的费用（Council of Economic Adusers，2016）。整体而言，使用 AFS 的普通家庭每年仅在利息和费用上就要支出 2412 美元（Office of the Inspector General United States Postal Service，2014）。“服务”的另一方则收益很高。AFS 产业在 2013 年盈利了 1030 亿美元（Center for Financial Service Innovation，2014）。

这一章将描述由主流金融机构（比如银行和信用合作社）提供的基本金融服务。然后会分析 AFS 的崛起，以及非正式金融安排，尤其是该安排在低收入家庭中的常见类型。我们将分析降低成本的创新尝试和新技术，它们同时带来了可靠性和安全性上的挑战。在本书的各章节中，我们会讨论服务者在帮助服务对象寻找并使用合适的金融产品中的作用，以及他们在相关政策和项目方面的推动作用，以帮助弱势家庭享受更多的金融机会。

我们首先回顾尤兰达 · 沃克和塔米卡 · 沃克的故事。在导论部分，我们已经知道，尤兰达谨慎地管理她的收入。她很谨慎地花钱，并尽可能少地为金融产品付费。在她的丈夫罗伯特去世前，他们共有一个银行账户。这改变了她的财务处境。目前，尤兰达属于密西西比州无银行账户的人群，他们占到了人口的 13%（FDIC，2016）。

聚焦案例：尤兰达 · 沃克和塔米卡 · 沃克无法享受金融服务

尤兰达失去丈夫后，在银行遇到了一些麻烦。尤兰达不习惯一个人管理家庭财务，没有罗伯特的收入，她只好将就着过日子。罗伯特去世后的第一年，尤兰达的账户透支了好几次。银行对她的每笔透支收取 35 美元的费用，她还必须向给她开支票的机构支付 25 美元到 35 美元不等的透支费用。尤兰达问她的银行是否可以在资金短缺的时候垫付，这样她就可以避免缴纳由透支账户引起的费用。一些银行为拥有大量存款或信用良好的客户提供这种透支保护。不幸的是，她两个条件都没达到，银行因此拒绝了她。

考虑到尤兰达的负余额，银行关闭了她的账户并上报给 ChexSystems①。ChexSystems 是消费者报告系统之一，记录那些支票账户和储蓄账户被强迫关闭的消费者的信息。银行和信用合作社使用这些系统来筛选潜在客户，然后才允许他们开户。自被列入 ChexSystems 数据库以来，尤兰达就被视为高风险银行客户，一直无法开设银行账户。

① 参见 http://www.chexsystems.com。

尤兰达想要一个银行账户。当她在银行存钱时，这些钱由联邦政府投保，在发生自然灾害或被盗窃时得到保护。直接存入工资支票节省了3美金，现在她需要在杂货店兑现她的工资。然而，她因为被拒绝了几次而感到尴尬，不愿意在另一家银行再次尝试。

尤兰达的女儿塔米卡也没有银行账户，不愿意开设新账户。在高中时，她的储蓄账户有过非预期费用的负面经历（见第1章），她目前没有工作，还有一个6个月大的儿子杰里米。她试图靠从困境家庭临时援助计划和SNAP中获得的微薄福利维持生计。她不是通过银行账户领取这些福利，而是通过电子福利转账卡（EBT）领取。

金融机构：产品和服务

商业金融机构的类型和规模分为几类。基于自身的使命，它们会以不同的人群为目标客户。

商业银行是由政府监督部门（比如联邦储备系统和FDIC）管控的营利型商业机构。它们主要倾向于为中高收入客户提供产品，尤其是商贸客户。商业银行相对不太会为低收入群体提供定制服务（FDIC，2012）。

社区银行的规模更小，由当地所有和运营。它们的董事会由当地民众构成，这些人领导社区银行的工作并聚焦于当地社区。社区银行在小型的和农村的社区中较为常见。

信用合作社是有资质的免税金融组织，由联邦和州政府运营。信用合作社的客户都是其成员，他们通过共享的组织架构控制运营。信用合作社向它们的成员回报分红，也就是超出收入的部分（National Credit Union Administration，n.d.）。一个信用合作社中的成员通常限定于特定社区的居民或者一个组织的成员，比如工厂、教堂、联盟或学校。

信用合作社通常提供低于商业银行的费用的基本金融服务，在存款上提供更高的利息（Burke，2014），也可能是一个特别的类型。低收入信用合作社需要证明超过50%的成员的收入都低于社区收入中位数的80%，或与之持平。他们有资格接受技术协助、外部资金、来自非成员的存款以及特别贷款。社区发展信用合作社服务低收入和中等收入人群、少数族裔，以及女性主导的家庭（National Federation of Community Development Credit Unions，n.d.）。多数信用合作社提供基本的银行产品、金融教育、小额消费贷，以及其他针对金融脆弱家庭定制的产品。

网上银行跟实体银行一样提供支票和存款账户、借记卡和信用卡以及抵押，但它们没有实体经营场所。尽管很方便，但有些人想要面对面的客服支持，有些人没有智能手机或可靠的联网设备，有些人不习惯新技术，还有些人则担心安全性，所以可能更愿意与传统机构打交道（Blyskal，2016）。多数金融机构提供在线服务，所以客户仍可以享受便捷的线上特点，而不必使用网上银行。

银行和信用合作社提供的存款产品

银行和信用合作社为金融上处于弱势的人群提供多种收益性的存款产品。存款产品包括存款账户、支票账户、二次机会账户（second-chance accounts）、定期存单（certificate of deposit，CD）和储蓄债券，在有些情况下，还包括货币市场账户（见第 10 章）。

- *存款账户*是联邦政府保障的付息账户。联邦规定，每月只允许一个账户进行 6 次提款或汇款交易（Board of Governors of the Federal Reserve System，2011）。然而，这种限制并不适用于面对面交易和 ATM 交易，也不适用于自动还贷支付。
- *支票账户*是联邦政府保障的交易账户，它通常提供无限制的储蓄、取款以及账单期的汇款，但只有很少的利息或没有利息。
- *二次机会账户*是联邦政府保障的支票账户，但它针对的是被通报到消费者报告机构（比如 ChexSystems 或 Early Warning Services）的人群。它的保障措施（比如，无法在账户透支）可以帮助客户建立更为成功的银行关系。
- *货币市场账户*也是由联邦政府保障的支票账户。[①] 它比标准的支票账户提供更高的利息，但要求账户内有更多的余额，并限制支票账户户主每月签写的支票数量。
- *定期存单*是非联邦政府保障的投资，在特定时期内产生利息。
- *储蓄债券*是非联邦政府保障的有利息的投资，由政府面向大众发行。

银行和信用合作社提供的交易产品

交易产品被用于进行人与人之间或贸易之间的资金转移，包括电子资金汇

---

① 货币市场账户与货币市场基金不同，后者没有联邦政府的保障。

款（以及汇付）、保付支票或现金支票、汇票、透支保护、借记卡以及 ATM。

- 电子资金汇款（或资金转移）是把资金用电子方式从一个人处汇到另一个人处。
- 汇付是指将钱汇到境外。
- 保付支票是由银行发行的支票，由于已经认证了其资金的可获性，因此在接受付款的时候要比普通的支票安全。
- 汇票是针对特定的预付数额开具的纸质单。
- 透支保护是一项由账户户主购买的收费服务，意味着如果支票账户中没有必需的资金，银行将会垫付支票。
- 借记卡是直接关联到银行账户的卡片，支出的钱直接从账户中提取。
- ATM 提供 24 小时的现金和汇款服务。

银行和信用合作社提供的贷款产品

贷款产品包括小型商业贷款、汽车贷款、按揭贷款、住房净值贷款，以及教育贷款。银行和信用合作社也会提供个人贷款或贷款额度，旨在与更昂贵的发薪日贷款（见第 12 章）和信用卡竞争。

- 小型商业贷款被用于创办、支持和拓展小型商业活动。
- 汽车贷款用于购买汽车。
- 按揭贷款是用于买房的长期贷款。
- 住房净值贷款是基于抵押额的贷款，这一额度是房屋当前价值（可以出卖的数额）和按揭未偿还余额的差额（仍欠款的部分）。
- 教育贷款是用于支付与教育相关费用的贷款。
- 小额贷款是短期的、无抵押的个人贷款，通常是几千美元或更少的数额，有着广泛的用途。
- 信用卡是通过短期的贷款实现购买行为的卡片，并不需要及时还款。

除了特定的储蓄、交易和贷款产品外，银行和信用合作社还提供多种服务，包括使用 ATM、网上银行和网上自动账单付款。其中一些机构还提供金融教育和金融咨询服务，或将客户转介给提供这些服务的组织。

银行储蓄和交易产品的费用通常很高

费用是一些低收入家庭不使用银行账户的重要顾虑。大约四分之一的不使用银行账户的人表示，高昂的费用（27%）和不可预测的账户费用（24%）导致他们避开银行账户（FDIC，2016）。低收入家庭经常使用支票账户等传统银行产品，并为此支付过高的费用。

费用的产生有很多原因。正如塔米卡在高中经历的，银行要求客户在其储蓄和支票账户中保持最低余额，如果账户余额低于最低余额，客户将被收取费用。银行也针对账户管理不善收取高额费用。例如，2011 年，发生账户透支和余额非充裕的家庭平均支付了 225 美元（CFPB，2013b）。大多数消费者都是小额透支；事实上，36 美元是导致消费者账户透支的交易金额中位数（FDIC，2008）。无论透支的金额是多少，银行都会收取这些费用。

无银行账户和未充分使用银行账户人群的普惠服务

许多社区已经开展了拓展工作，将人们与银行服务连接起来。这些努力包括州和地方政府、非营利组织以及金融机构之间的合作（National League of Cities，2014）。这些合作伙伴利用了美国金融服务创新中心（CFSI）的工作。该组织在促进和推广金融产品和服务方面处于领先地位，其目标是覆盖无银行账户和未充分使用银行账户的家庭（见专栏 4.2）。

专栏 4.2 CFSI 的“指南针原则”

CFSI 是一个非营利性组织，旨在推广设计精良、价格合理的金融产品和服务，以满足那些不使用银行服务人群的短期和长期金融需求。通过研究、合作和政策工作，CFSI 指导银行和信用合作社开发产品，它推荐了接下来将讨论的四个“指南针原则”（Parzick and Schneider，2012，p. 4），以及它们在储蓄产品上的应用：

（1）**接纳包容**。以安全的、让人感到受尊重和方便的方式向未使用相关服务的社区提供适当的、负担得起的产品和服务。这一原则也适用于储蓄产品，即在人们报税时为他们开立储蓄账户。从业方还可以通过提供低成本的支票和储蓄账户来应用这一原则。

（2）**建立信任**。开发有价值的产品，以满足金融机构的目标和不使用银行人群的需求。为了将这一原则应用于储蓄产品，金融机构可以为预付借记卡提供保险，这样人们就会相信，自己不会为从卡中被盗走的资金负责。

（3）**推动成功**。设计智能产品，引导消费者在人生的各个阶段及时做出明智的金融选择。金融机构可以将这一原则应用于储蓄产品，向客户发送定制的信息（例如短信），介绍它们的储蓄目标，以及告知客户设定金融目标的重要性。

（4）**创造机会**。提供能带来金融成功的选择。金融机构可以将这一原则应用于储蓄产品，方法是系统地将这些产品与退税联系起来，这样人们就可以自动地将一部分退税或预算产品储蓄起来，进而自动地看到他们是如何维持储蓄目标的。

大约有一半的银行会与社区中的合作方一起工作，包括非营利性组织，去覆盖那些无法享有相关服务的客户（FDIC，2012）。金融机构为金融脆弱家庭创造了各类定制产品和服务：

- 最低余额要求较低的存款账户，包括为儿童和青年提供的账户。
- 小额且短期的个人贷款，无需全面的信用核实或抵押。
- 二次机会支票账户，针对无资质使用基本支票账户的人群。
- 免费转介预算和贷款咨询。

鉴于全球范围内的欺诈性银行账户和洗钱问题，金融机构在拓宽账户使用途径上必须权衡安全和透明性。比如，2001 年《美国爱国者法案》要求金融机构验证所有客户的身份。很多人难以在银行开户，因为他们缺少登记的信息，包括姓名、出生日期（比如出生证明、驾照、领事身份证或者护照）、街道地址（比如账单寄送的家庭地址），以及身份识别号码（比如社会保障卡、个人纳税识别号或者雇主证件）（CFPB，n.d.-a.；Financial Crimes Enforcement Network，2004）。这些文件给一些群体造成了很大的负担，例如近期的移民、无家可归者、遗失了证件的人，以及证件盗窃受害者。

服务客户的非营利使命让信用合作社开拓性地为无法享有服务的人群创造了很多产品，有些产品的设计初衷是与 AFS 竞争。聚焦使命的信用合作社致力于创造对金融脆弱人群有吸引力的产品，尤其是负担得起的存款、支票和贷款产品。比如，圣路易斯社区信用合作社将其支行开在了低收入社区以及社区社会服务机构中。它雇用社会工作者和其他人类服务实践者提供金融指导，并帮助客户管理他们的家庭财务（Prosperity Connection，n.d.）。除了金融教育和二次机会支票账户，信用合作社也提供创新性产品，包括自由信用额度（Freedom Line of Credit，针对发薪日贷款的替代性产品，让拥有良好支票账户的成员的借款上限达到 500 美元），以及自由车贷（Freedom AutoMoney Loan，针对汽车贷款的替代性产品，允许顾客最多借用2000美元，并将汽车作为抵押，但收取的费用和利息要低于传统的汽车牌照贷款）。

聚焦案例：金融服务提供商向尤兰达和塔米卡伸出了援手

尤兰达和塔米卡居住的社区，就像美国许多低收入和少数族裔社区一样，没有银行支行。这个社区曾经有一家社区银行，但它在最近的银行合并和关闭浪潮中关闭了（Schwartz，2011）。支票兑现店、发薪日贷款方和其他AFS供应方提供该区域内仅有的金融服务。位于路边的零售商店在晚上和周末开放。这些商店很方便，员工也很友好。支票出纳和发薪日贷款方提供快速获得现金的方式，无需执行信用检查或通过ChexSystems审核客户。考虑到这种便利，尤兰达和塔米卡所在社区的居民们往往会定期使用这些商店。

有一天，尤兰达在塔米卡面前追忆，社区以前的服务比现在要多。“你可能不记得了，这里曾经有一家银行、一家杂货店，还有高质量的商业机构。这些机构和民众相互了解、相互信任。”尤兰达和罗伯特在社区银行有一个账户。“我真希望银行还在这儿。我们可以进去和他们谈谈，把问题解决掉。”

下一次塔米卡来的时候，她给尤兰达带来了一张传单，这是她在家庭和儿童服务中心拿到的，内容与Bank On项目资助的活动（见专栏4.3）有关。尤兰达起初持怀疑态度，但想进一步了解。塔米卡仍然记得她在高中时的糟糕经历，她对开立账户不太感兴趣。她还记得自己曾被收取某种费用，损失了钱。考虑到以前的经历和目前的金融状况，塔米卡认为设立账户没有意义。但是她同意了和妈妈一起去参加活动。

专栏4.3　聚焦组织：Bank On行动

在一个名为“金融赋权城市基金”（The Cities for Financial Empowerment Fund，CFE）的全国性非营利组织的支持下，美国各地出现了一场由政府、非营利组织和金融机构在当地发起的“银行行动”——Bank On。这一行动通过地方联盟，使每个人都能获得安全和负担得起的金融产品。Bank On联盟提高了人们对无银行账户和未充分使用银行账户问题的认识。他们还开展活动以创造服务机会。例如，Bank On主办公共活动，并利用媒体讨论目标社区在金融服务可及性上的问题。

Bank On与地方、地区和国家的金融机构以及联邦监管机构合作，降低人们开设银行账户的壁垒。例如，CFE和Bank On正在努力与金融机构谈判，以采用 Bank On 的**全国账户标准**。符合标准的账户允许较低的开户存款，不涉及透支能力，且不会因不使用相关服务而收取费用（Birkenmaier，2012；CFE，2017）。

Bank On 的目标是改善名为“绘制金融机会”（Mapping Financial Opportunity）的研究结果，这个研究项目对金融机会可及性的趋势实现了可视化，它估计在 2016 年，只有 9% 的银行能拥有满足 Bank On 核心功能的账户（Friedline，Despard Eastlund and Schuetz，2017）。

替代性金融服务

在没有金融机构时，很多金融脆弱家庭依靠 AFS，包括替代性交易产品和替代性信用产品（Servon，2017）。与金融机构不同，这些服务的提供方并非联邦政府保障的接受存款的机构。基于不同的成本，AFS 在独立商店、食品杂货店和其他地方都广泛存在。很多顾客认为 AFS 更加便捷、更便宜且更容易理解，在客户服务方面也比其他金融服务要更友好（Barr，Dokko and Keys，2012；Servon，2017）。然而，AFS 的整体费用和利息对于顾客来说是昂贵的，一个人一生在现金支票上的平均费用支出约为 4 万美元（Fellowes and Mabanta，2008；Wolkowitz，2014）。

替代性交易产品

替代性交易产品包括非银行汇票、现金支票、汇付，以及可充值的预付卡。银行和信用合作社也可以提供这些产品，对消费者来说，它们的成本通常会更低。

非银行汇票

作为 AFS 最常用的类型（FDIC，2016），非银行汇票和银行汇票一样，都是对于预付数额的纸质汇单。人们可以在邮局、杂货店、便利店、信用合作社和其他地方购买汇票。其成本会有所不同，主要取决于卖方以及购买者与卖方的关系（Morales，2013）。由于汇票的钱是预先支付的，收取方可能会用它来兑现，这对于支付账单和汇款等用途来说都是一种可靠的方式。很多房东只接受用现金和汇票的方式付租金，因为他们担心租户会写无效的支票。

现金支票

如果一个家庭缺少银行账户，他们就需要拿着支票到杂货店或支票兑现店兑现（FDIC，2016）。其费用有所差异，可以是支票票面价值的一个百分比（1.5%—5%），也可以是从每张支票收取的固定数额。如果一个家庭的劳动者是每周或每双周取得收入，那么这些费用可能会激增。对一个支票账户而言，这些费用通常要高于月付的费用。除了便利性，现金支票兑现店还有别的好处：人们可以购买汇付、支付公用事业费等日常账单，以及转移资金（Beard，2010）。

汇付

移民和国际（短期）移民经常汇付给别人，对象通常是他们生活在家乡的家庭成员。汇付对发展中国家而言是有利的，2015 年的估计收益达到了 4350 亿美元（World Bank，2015b）。全球汇付最大的市场份额——几乎是四分之一——源于美国。墨西哥、中国和印度是这些汇付接收比重最多的国家（Pew Research Center，2014；World Bank Group，n.d.）。从美国到墨西哥的一次汇付的平均总成本是交易额的约 8%（World Bank Group，2015a）。汇付可以通过银行、支票、汇票、信用卡和借记卡实现。然而，非银行汇付主导着市场，因为很多汇出方和接收方没有银行账户（Weiss，2013）。汇付会收取两项费用：一项发生在汇出方，另一项发生在接收方所在国的货币转换上。

普通用途的可充值借记卡

普通用途的可充值（GPR）借记卡是一种预付费的卡片，可以充值并在多种信贷卖方使用。这些卡像电子支票账户一样，只是没有支票或借记卡关联到银行账户。尽管这些卡有帮助金融脆弱家庭管理资金的潜质，其中的一些还具有支票账户的功能和保障，但 GPR 借记卡是收取费用的，而且附带条款，客户需要仔细审查，以知晓并限制要支付的费用（CFSI，2015）。

信用卡和 GPR 借记卡的一个重要区别在于信用机构会如何跟踪消费信息。信用卡对持卡人的信用记录有益处。因为 GPR 持卡人会预先在卡里充值，而不是通过借贷的方式或有规律性地偿还贷款，所以 GPR 借记卡不会积累持卡人的信用（Pew Charitable Trusts，2014b）。

替代性信用产品

现金支票兑现店、纳税申报办公室、杂货店、折扣店、酒类商店，以及其他的店面都会销售替代性信用产品。很多产品也会通过线上出售，包括发薪日贷款、消费分期贷款、汽车牌照贷款、先租后买约定、退税预期支票，以及典当贷款。

发薪日贷款

发薪日贷款是短期且无保障性的贷款（即无抵押贷款），面向有工作和有支票账户的人群，并收取较高的利息（Bradley，Burhouse，Gratton and Miller，2009）。要获得发薪日贷款，借方需要向贷方提供一张支票（数额为贷款的金额加上利息）、近期工资单、近期银行对账单复印件等。此外，借方必须出示身份信息和公用事业费等账单，或其他可以证明其拥有固定住所的文件。整个审批过程只需不到 30 分钟。在发薪日的第二天，贷方即可用借方写的支票兑现，这样借方就偿还了贷款。双方可以通过支付上期利息的方式续签贷款，或者在无法支付的情况下面临还款违约。

续签（展期）发薪日贷款的方式可能会变成金融陷阱：借方通过另一笔贷款去偿还第一笔贷款，因此产生双份利息费用（Montezemolo，2013）。当这些支付增加的时候，借方会非常艰难地偿还贷款（King and Parrish，2011）。借款循环也会限制人们在其他必需品上的花销，使得他们的财务处境更加艰难（Skiba and Tobacman，2011）。2017 年，联邦监管机构 CFPB 出台了一个适用于所有发薪日贷方的联邦规定。这一规定要求贷方保证在借方可以偿还贷款的同时，能够满足其日常基本的生活开支并能履行主要的金融责任（CFPB，2017）。遵守这一规定的贷方可能会保护借方，以免借方陷入由发薪日贷款造成的金融债务陷阱。

发薪日贷款能够吸引借方的原因体现在若干方面。发薪日贷款的借方一般都艰辛度日：发薪日贷款客户的年收入中位数是 22476 美元（CFPB，2013b）。很多人都依靠退休或残疾取得的固定收入维生，几乎四分之一的发薪日贷款借方在享受社会保障金（Borné and Smith，2013）。这些贷款为那些在别处得不到贷款的人提供小额信贷（King and Parrish，2011），而借方用这些贷款实现收支平衡（Baradaran，2015；Servon，2017）。他们提供及时的现金，而贷方也不要求借方具有良好的信用（Montezemolo，2013）。与滞纳金或因透支支票账户导致的超支费用相比，发薪日贷款的费用可能会更低（Few Charitable Trusts，

2014a）。

然而，发薪日贷款的高利息和偿还问题已经引起了美国州和联邦管理者的审查。有些州收紧了对发薪日贷款的监管，而其他州则一起禁止了该产品。很多州有高利贷法，限制了贷方被允许收取的最高利息。有些州的法律设定了年利率要在 36% 以下，而其他州可能会允许更高的利率或不设置限制，这对于提供线上贷款的贷款公司来说也适用。联邦政府没有在利息率上作出限制。因此，规定发薪日贷款的法律在各州之间有所差异。

消费贷

消费贷是收取高额利息的小额短期贷款。它们跟发薪日贷款相似，但贷款期更长，通常是 120 天或更长。在发薪日贷款被视为非法的一些州，通常为消费贷提供一系列的还款方式，涵盖 1 年或 2 年的期间。基于年度计算，利息率的差异可能从 50% 到 182% 不等。跟发薪日贷款一样，消费贷也可以展期，在这种情况下，借方要支付新的利息及其他费用。贷方通常鼓励借方购买不必要的保险，保障万一借方失业、残疾或死亡时贷款的偿还。消费贷通常通过抵押的方式得以保障，比如抵押汽车、消费类电子产品、电动工具和珠宝。这意味着借方如果不还贷，其抵押的财产可以被没收（Kiel，2013）。与 AFS 贷方的条款相比，金融机构提供的消费贷会更优质。

汽车牌照贷款

汽车牌照贷款是短期贷款，将借方的汽车作为抵押品。如果借方不能偿还贷款，贷方就可以拥有其汽车。潜在的借方无需银行账户就可以申请汽车牌照贷款，15 分钟就能获得贷款。跟按揭贷款不同，汽车牌照贷款的借贷期通常为一个月。同发薪日贷款一样，汽车牌照贷款会按每百标准收取费用。比如，贷方可能会为每 100 美元的贷款收取 10 美元的费用，而 500 美元的汽车牌照贷款费用就为 50 美元一个月（Fox，Feltner，Davis and King，2013）。在月末，借方将要还 550 美元。如果借方只能负担 50 美元的费用，贷方就会将贷款展期一个月，到了下一个月末，借方就另欠了 50 美元，加上原始的 500 美元。如果借方没有偿还，抵押品，也就是借方的汽车，就会被没收。

尽管有些州已经尝试着监管汽车牌照贷款，但仍有一些州存在着法律漏洞。比如，有些州可能允许贷方从监管较为宽松的州操作，或者允许贷方线上为本州的居民发放这类贷款。这些措施让贷方避开了监管的视线（Hawkins，2012）。有一项联邦规定将汽车牌照贷款利率最高限定为 30%，但这一规定只适用于从事军方服务的服役期成员（Hawkins，2012）。CFPB 发薪日贷款规定，贷方从一开始就要确定借方是否具有无需二次借款就能偿还的能力，这一规定也适用于 30 天的汽车牌照贷款（CFPB，2017）。

先租后买约定

先租后买消费品，比如家具、电器及电子产品，是通过按揭付款的方式购买的。通过先租后买方式购买的产品成本要比这些商品的零售价格高得多。比如，一个客户从先租后买商店买了一台价值 500 美元的冰箱，他可能就要在 36 个月的期限内每月支付 50 美元，或者总共支付 1800 美元。由于先租后买通常被归类为租赁，它们不受各州有关信用贷款规定的限制（Barr et al.，2012）。尽管先租后买的购买成本较高，但人们还是会签署这类协议，因为无需良好信用，他们就能购买产品。通过小额且负担得起的付款，他们能及时地享用产品。然而，先租后买物品可能在还款失败的时候被收回。如果发生这种情况，客户此前已经付过的还款也就随之损失了。

退税预期支票

退税预期支票将借方预期从联邦政府获得的退税作为抵押（Wu and Best，2015）。一个纳税申报员会依据借方的收入信息评估退税金额，并与银行合作设立一个临时账户。该账户由贷方控制，后者发放退款预期支票。当借方已经申请了退税，美国国税局（Internal Revenue Service，IRS）也已经将退税汇到账户中时，贷方就会从中扣除起初的贷款数额、费用和利息，并基于账户中的余额为借方开一张支票。退税预期支票会加速整个申请和接收退税的过程。它也让纳税人能够从退税款中直接支取退税预期费用，而不需要预先支付这部分。值得注意的是，退税预期贷方会为服务收费，但对于某些人来说是免费的（包括 2016 年收入少于 54000 美元的人、老年人、残疾人，以及英语能力有限的人），这些人可以通过志愿者所得税援助（VITA）申报网站申请（见第 7 章），在网站上在线提交申请。客户如果选择线上提交，并希望直接以存汇的方式退税，那么他在几天之内就会收到退款。

典当行贷款

典当行会为那些将自己的财产用作抵押品的人提供现金贷款。为了保证贷款，借方会带着一个财物，比如一件珠宝或一台电视机，到典当行（Cater，2015）。借方不需要拥有银行账户或工作，而典当行也不会审核借方的信用。典当行贷款的额度是所带财物价值的某个比例，通常是物品实际价值的一半或更少（Collins，2015）。如果借方没有在特定的时期内赎回财物，贷方就可以将其卖掉以冲抵贷款。尽管借方的借款数额很难与物品的实际价值匹配，但对于那些需要及时变现的人来说，典当行贷款仍是一个可行的替代性产品。典当行由州政府监管，有时当地也会有相关规定，对贷款条款、利息率和地点做出限制（Cater，2015）。

总之，在一个金融化不断推进的世界，一个人的生活必然会涉及基本的金融服务。替代性金融产品，比如发薪日贷款、汽车牌照贷款、汇付，已经初具规模，因为主流的金融服务无法满足低收入家庭基本的财务所需。它们提供的金融产品和服务，正是低收入人群在管理自己金融生活的过程中所需要的。因此，尽管收费昂贵，但这些业务得以繁荣发展。存在的问题和相应的解决方案错综复杂。政府机构，包括非营利组织、商业企业，以及倡导性群体，都在参与政策制定。比如，之前提到的CFPB，站在监管的立场保护消费者免受非公正的产品和服务（见专栏4.4）。本书也会重点介绍很多其他的做法。

专栏4.4 聚焦政策：消费者金融保护局

消费者金融保护局（CFPB）是由2010年的《多德—弗兰克华尔街改革和消费者保护法案》(Dodd-Frank Wall Street Reform and Consumer Protection Act）设立的。① 作为一个独立的联邦机构，CFPB的主要职责是保护消费者，并赋予他们控制自己的经济生活的权利。为了保护消费者免受抵押贷款、学生贷款和信用卡等金融产品和服务的潜在风险，CFPB制定规则、收集投诉、监督联邦消费者金融保护法律的遵守情况，并进行研究。

CFPB的职责是关注特定群体的金融状况，这些群体同样也受到社工和其他人类服务实践者的关注。这些群体包括学生、老年人、现役和退伍军人。

CFPB发布关于使用金融服务、避免欺诈和诈骗的报告与指南。此外，CFPB还搜集反馈意见，特别是关于金融脆弱家庭主题的反馈意见，其中包括对金融产品的投诉（Cordray，2014）。

---

① 《多德—弗兰克华尔街改革和消费者保护法案》，Pub. L. No.111-203，124 Stat. 1376（2012）。截至2017年，包括美国国会和总统在内的CFPB的反对者提出了一系列改革建议，包括对所有近期的法规和裁决进行审查。这些提议包括限制CFPB的权力和治理活动，以及将某些监管权移交给其他联邦或州机构。这些变化的目标是为金融服务提供商提供更大的灵活性，尽管在消费者保护和私营企业监管灵活性方面存在持续的权衡。随着市场的变化，关于CFPB和金融监管的争论可能会持续下去（Michel，2017：Whalen，2017）。

CFPB 采取的行动包括：

- 发布规则，保护抵押贷款中的借款人（CFPB，2013）。
- 调查和起诉违反法律的抵押贷款、产权和房地产公司（CFPB，2015c）。
- 收集公众对消费者如何了解和使用透支项目的意见（Stein，2012）。
- 强化执行有关移民向其原居住国汇款的规定（CFPB，2013c）。
- 创造《你的金钱和目标》——一份为与金融脆弱家庭工作的服务者提供的指南（CFPB，n.d.-b）。
- 研究哪些人属于信用隐形人群（即没有信用记录的人群），信用隐形对其的影响，以及补救方法（见第 11 章：CFPB；2015b）。

CFPB 监督提供方是否遵守联邦法律和规定，包括管理预付卡、债务收集、发薪日贷款、储蓄和支票账户透支功能及其他 AFS（CFPB，2014a）。CFPB 的监管职责是通过监督提供方是否遵守联邦法规来支持消费者，并对欺骗消费者的提供方采取法律行动。2011 年至 2014 年间，超过 8.67 亿美元被返还给了违反消费者金融保护法行为的受害者（CFPB，2014b）。CFPB 还收取了超过 1.19 亿美元的罚款。这些钱被存在民事罚款基金（Civil Penalty Fund）中，该基金被用于补偿金融欺诈的受害者和金融能力项目（CFPB，2014b）。然而，CFPB 的优势，以及它执行命令的能力，可能会随着时间的推移而改变或减弱，因为政策制定者就其在市场中保护消费者的角色持有争议（Protess，2017）。

聚焦案例：尤兰达和塔米卡都依赖 AFS

自从失去银行账户，尤兰达就在杂货店兑现她的支票。为了兑现她一年内收到的 30 张支票，她支付了 90 美元（每张支票 3 美元）。她把一些钱放在家里，另一些放在可充值预付卡上。她每周使用一次该卡，通过 ATM 机提取现金，并支付 1.75 美元的费用。这些费用加起来一年共计 91 美元。对于一些账单，比如公用事业费、税款和需要支票的债务，她在支票兑现处购买汇票，每次支付 1.25 美元。她通常每年使用 36 张汇票单，成本为 45 美元。有一天，她坐下来，把一年的花销加起来，共计大约 226 美元。

尤兰达依赖每年的所得税退税，但她很难坚持到办理退税的日子。她使用一个纳税申报网站，申请当天的退税预支支票。尽管她不得不支付 100 美元的纳税申报费用和大约 25 美元的退税预期贷款，但她每年仍然继续使用这种退税预期贷款。

尤兰达的母亲乔内塔也没有银行账户，她的社保退休金是通过 Direct Express 领取的，这是联邦政府提供的可充值预付卡（Social Security Administration，2013）。乔内塔不喜欢把她所有的钱都以现金的方式放在家里，她宁愿在卡片上留一些。卡片的条款允许她在一个月内提取三次，但需要为额外的提取支付 ATM 费用。尤兰达担心乔内塔最近变得健忘，会因此弄丢她的卡，泄露她的个人身份证号码，或者忘记她已取过几次钱。

塔米卡通过国家提供的 EBT 卡获得政府津贴（见第 6 章）。由于一些 ATM 机对于从卡中提取现金要收费，所以她会在月初一次性提取所有的钱。和尤兰达一样，她把钱放在抽屉里。她购买汇票单来支付房租和公用事业费，用现金支付食物和其他费用。塔米卡用另一张 EBT 卡领取食品救助津贴，这张卡只能在获得项目资质的食品供应商那里使用，而且这张卡只能购买特定类型的食品。

尤兰达、塔米卡和乔内塔都为她们的金融服务支付费用：一年至少支付 354 美元。尤兰达有时会想，如果有更好的选择，她们或许可以省些钱，但她不知道从哪儿入手。

非正式金融服务

非正式的存款和贷款服务组成了金融服务的第三种类型（Morduch，Odgen and Schneider，2014）。人们使用非正式金融服务的历史长达几个世纪，这些服务包括：在家存钱；从家人、朋友和同事处借钱；参与储蓄小组；从放贷人处借钱。使用非正式金融服务各有利弊（Morduch et al.，2014）。优势包括灵活、便捷，又有能协商的条款，以及由当地民众所定义的规则。非正式金融产品对于那些难以获得金融服务且没有正式合同的人也很有效。然而，这类产品也有很明显的缺点。非正式存款难以得到保障；如果一个储蓄小组失败，有人可能会提取现金，而让其他参与者遭受损失。非正式贷款一般都是小额且短期的，也不会累积借方的信用记录。一旦借方或贷方无法兑现承诺，人们也不会受到相应的法律保护。

在家存钱

最常用的非正式金融安排是在家存钱。有些人会在自己家里存钱，或是让家里人帮着看管。大部分的低收入家庭都有金融账户，但手头至少会留有 100 美元现金（Morduch et al.，2014）。跟账户里的资金不同，抽屉里的现金不会受到讨债人或财产扣押令的影响（见第 15 章），也不会影响他们享受公共福利的资格。一个人无论自己的移民身份如何、有什么样的银行问题，或是对银行持有什么感觉，都可以选择将钱放在家里。对某些人来说，与在家存大量现金的缺点相比，便捷性和规避费用的能力更为重要。然而，在家存钱是有风险的：现金可能会被偷走，或是在自然灾害中损失。把现金留在手边会增加花钱的诱惑力，以及在家人或朋友需要钱的时候外借的动机。在家存钱不会帮助一个人累积享用信用和资产的机会。

从家人、朋友和同事处借钱

除了信用卡，以非正式的方式从家人、朋友和同事处借钱是第二类最常见的借钱方式（Morduch et al.，2014）。人们会出于很多原因彼此借钱。这些安排的差别很大。如果一个家庭成员或朋友收取利息，这个利息通常是较低的，而贷款可以是短期的，也可以是长期的。有时候朋友或家庭成员之间的贷款会被遗忘，而有些贷款从来就不会被偿还。

储蓄小组

储蓄小组（比如轮转储蓄和信用联盟）很常见，尤其是在移民社区中。在这类自愿组织中，通常是家庭成员和朋友之间，每个成员都按月存款，而大家共同存的钱会在每个月被分配给一个不同的成员，由这个人在约定的时期内使用（Collins，Mordun，Rutherford and Ruthven，2009）。每个人都有机会使用这个共同的资产，直到所有人都轮转过一次，这让参与者能够用大额资金购买大宗商品或进行大额投资。在一个叫“累计存款和信用联盟”的变体中，每月总额的一部分被允许积累起来并借给成员，这通常要收取利息。对于缺少信用资质、但具有很强和可信赖的社会关系的移民社区，这类储蓄小组很常见。正式的贷款循环服务，比如那些由非营利组织资助的服务（Parker，2013），有时候会上报信息给信用机构。参与这类小组能提高成员的信用积分，并减少负债，尤其是对于金融上处于最弱势地位的家庭而言（Reyes，López，Phillips and Schroeder，2013）。

从放贷人处借钱

这种非正式贷款最早的形式至今依然存在。从放贷人处借钱有时被称为"贷款鲨鱼"(即放高利贷者)(Venkatesh，2009，p. 5)，放贷人是指提供具备清晰条款和高利息贷款的个人。尽管在发展中国家中更为广泛应用，但这种非正式金融服务在美国也很常见，尤其是在移民社区中(Baradaran，2015)。借方通常每周支付费用(与发薪日贷款贷方的每100美元收费15美元类似)。如果借方无法支付每周的费用，放贷人可以要求借方偿还全部贷款的余额，或威胁拿走借方的财产。由于放贷人在正规管制系统之外，一旦借方不合作或无法偿还，他们也许就会采用暴力或恐吓的方式。

聚焦案例： 尤兰达再次尝试银行服务，但塔米卡没有这样做

在杰克逊的Bank On活动上，尤兰达和塔米卡与银行代表讨论了她们的银行业务选择。尤兰达了解到，有一个二次机会支票账户，它面向的客户跟她一样，曾透支过自己的账户。她问了很多关于每月账户费用以及支票、透支和打印报表等费用的问题，还询问了每月的余额要求、交易限制和初始存款要求。尤兰达了解了银行支行的营业时间和地点，以确保她下班后能赶到那里。最低余额为10美元，没有月费，这个账户对尤兰达来说似乎很合理。银行要求开设二次机会账户的人参加金融教育课程，而她不确定自己是否有时间参加。

银行代表向尤兰达和塔米卡提供了材料，供她们以后审阅。回到家后，尤兰达读了一本她在活动上拿的宣传册。其中包括一个工作表，用以追踪她一个月的所有金融服务费用，包括支票兑现、汇票和ATM交易的费用。她再次把自己支付的费用加起来，意识到开设银行账户可能是更好的选择。她决定抽出时间参加规定的金融教育课程。课程提供的信息比她想象的要多，她领了一张表格，帮助自己评估金融服务方案(见表4.1)。

尤兰达意识到，她在金融产品和服务上的支出已经超过了所需。她决定再试一次银行账户，即使它可能不像支票兑现店那样离家近。如果不成功，她可以随时提取她的钱，并再次使用AFS。她使用表4.1中的信息比较了成本。很明显，信用社或银行账户会择提供更多的选择，而且成本更低。

表 4.1　尤兰达的成本比较（单位：美元）

	ABC 信用合作社	社区银行	现金商店 AFS
支票账户每月费用	6.00	10.27	NA
线上支付	0	3.95	NA
付款	支票免费	支票免费	汇票：4 美元
支票兑现	免费	免费	支票数额的 3%
循环贷款	年利率的 15%	年利率的 12%	发薪日贷款的费用为：每 100 美元收取 15 美元（年利率的 400%）
逾期费用	29	35	NA

注：这些费用仅供说明。实际服务、成本和费用会有所不同。NA= 不适用。

对于难享服务的人群，新技术提供了许诺

新技术在几个方面提供了可能性，包括覆盖更广泛的人群、更低的成本，以及比以往更完善也更容易获取的产品。手机银行和 EBT 卡为人们（包括金融脆弱家庭）享受金融服务带来了更多的便利性。

手机银行为改善金融服务提供了潜在路径

手机银行可以将支票或现金存到电子银行账户。用户可以通过短信、电子邮件和手机应用程序实现交易。这让人们可以将钱存在安全的地方，尽管并不存在具有实体地点的银行和银行账户，人们也无需带着现金去支付。对于覆盖数量庞大的人群，尤其是难以从传统的金融机构获得服务的人而言，这是一种最有潜力的发展趋势。手机银行让客户能够通过受保护的在线银行账户去查看余额、付款、申请信用、定位 ATM、接收账户和账单提醒，以及实现其他的银行交易（Pew Charitable Trusts，2016）。手机银行的服务项目包括不收取月度费用、无最低存款要求，以及无透支的一些服务。在这些账户中能够获得的收益很少，但其他的功能，包括帮助用户做预算的功能，很有吸引力（Lee，2016）。肯尼亚在这方面起到了表率作用，手机银行在那里已经覆盖了全部人口的 34%。手机银行有机会覆盖全球 20 亿无法享受银行服务的人口（World Bank，2015a；World Bank Group，2015b）。有证据显示，手机银行还能帮助肯尼亚妇女脱贫（Suri and Jack，2016）。

尽管美国的手机银行发展要落后于某些国家，但交易服务，比如Paypal、Venmo、Square Cash、Google Wallet、Zelle和Apple Pay，让人们能够彼此转移资金，并让个人消费者能够管理自己的支付活动。大部分无银行账户和未充分利用银行账户的人都有手机，而多数手机都是智能型的（Board of Governors of the Federal Reserve System，2015）。

手机银行让银行服务变得更容易、更方便，但也存在着障碍（Baradaran，2015）。在美国，手机银行通常都关联着一个银行账户或一张信用卡，因此没有银行账户的人无法享受这种服务。其他的障碍包括缺少信任和管制（Board of Governors of the Federal Reserve System，2015）。许多低收入家庭获得电脑、家庭宽带互联网和移动设备的数据计划的机会有限。还有一些人更喜欢面对面的银行互动和银行对账单的纸质副本（Wu and Saunders, 2016）。许多人有理由担心隐私和安全以及监管机构缺乏监管。因此，针对金融脆弱家庭开展的以技术为本的方案有利有弊，这就要求政府和相关机构相应地对新产品和服务开展持续的审查和反馈。

用于政府福利的EBT卡

2013年，联邦政府在部分领域实现了由纸质支票到电子付款的转变，包括发放SNAP、社会保障金、残障补助，以及其他各类公共资助福利。EBT有时候也被称作政府给民众的直接付款，它们降低了邮寄支票的成本和风险，也能让无银行账户的人群使用。这些卡可以在ATM上提现，也可以在商店里用于支付日常花销，包括食品杂货、公用事业费等账单，以及租金。有些州也通过这些卡提供儿童照顾支持和其他的福利。有了EBT卡，人们可以使用在线工具管理财务，分析他们的花销和存款规律，实现基本的预算。相似的卡能被用来发放联邦所得税退税。

在政府机构的监管下，EBT卡由签署了合同的私人公司运营管理。每隔几年，这些卡的条款就会有所变化，包括ATM取现额度的限制、超出取现额度后的费用，以及使用跨行ATM的费用。

结论

21世纪的生活要求每一个人，包括低收入人群，使用各类金融产品和服务。对低收入家庭而言，这些通常包括了 AFS 和非正式金融协议。金融脆弱家庭经常要为金融服务支付高额费用，这减少了他们本来就较低的收入。如同其他无法享有服务的人一样，尤兰达和她的女儿塔米卡谨慎处理金融事务，力求节省费用，但这一过程会遇到多种障碍。尽管每个人的情况有所不同，但数以百万计美国家庭的处境跟她们的都很相似。在本书里，我们讨论了服务者在帮助服务对象了解、评估和选择最佳金融服务上的角色。我们也强调了，在服务对象改变金融服务过程中，服务者可以做的工作，让人们能为改善自己的金融福祉创造基础。

拓展内容

·回顾·

1. 尤兰达和塔米卡正在使用的金融服务类型受到哪些因素的影响？她们各自可能会考虑哪些替代方案？这些替代方案的优缺点是什么？
2. 为什么人们会使用诸如发薪日贷款商店、支票兑现店、先租后买商店和典当行等 AFS？与其他金融产品和服务相比，这些服务的优缺点是什么？

·反思·

3. 你曾经使用过银行或信用合作社吗？你曾经使用过 AFS 吗？你使用它们的原因是什么？你的经验是否影响了你对这些服务提供者的态度？在使用金融服务时，过去的经历会如何影响其他人的决定？

·应用·

4. 回顾表 4.1，比较不同来源的金融产品的类型。
   a. 核实你所在社区的服务提供方提供的每项服务的成本（考虑所有成本要求和费用），包括一家银行或信用合作社和一家 AFS 提供方。
   b. 这些费用比较起来如何？
   c. 客户为什么要使用这些资源？
5. 你在自己的社区（在所有类型的媒体上）看到过什么样的金融服务广告？哪些人群是这些服务的目标人群，为什么？

参考文献

Baradaran, M. (2015). *How the other half banks: Exclusion, exploitation, and the threat to democracy*. Cambridge, MA: Harvard University Press.

Barr, M. S., & Blank, R. M. (2009). Savings, assets, credit, and banking among low-income households: Introduction and overview. In R. M. Blank & M. S. Barr(Eds.), *Insufficient funds: Savings, assets, credit, and banking among low-income households*(pp. 1-22). New York: Russell Sage Foundation.

Barr, M. S., Dokko, J. K., & Keys, B. J. (2012). And banking for all? In M. S. Barr(Ed.), *No slack: The financial lives of low-income Americans*(pp.54-82). Washington, DC: Brooking Institution Press.

Beard, M. P. (2010). In-depth: Reaching the unbanked and underbanked. Federal Reserve of St. Louis. *Central Banker, 20*(4), 6-7. Retrieved from https://www. stlouisfed.org/~/media/Files/PDFs/publications/pub_assets/pdf/cb/2010/CB_winter_10.pdf.

Birkenmaier, J. M. (2012). Promoting bank accounts to low-income households: Implications for social work practice. *Journal of Community Practice, 20*(4), 414-431. doi:10.1080/10705422.2012.732004.

Blyskal, J. (2016, January). Choose the best bank for you. *Consumer Reports*. Retrieved from http://www.consumerreports.org/banks-credit-unions/choose-the-best-bank-for-you/.

Board of Governors of the Federal Reserve System. (2011). Regulation D Reserve Requirements of Depository Institutions(Regulation D), 12 C.F.R. § 204.2. Retrieved from https://www. federalreserve.gov/boarddocs/supmanual/cch/int_depos.pdf.

Board of Governors of the Federal Reserve System. (2015). Consumers and mobile financial services 2015. Retrieved from http://www.federalreserve.gov/econresdata/consumers-and-mobile-financial-services-report-201503.pdf.

Borné, R., & Smith, P. (2013). Bank payday lending. In *The state of lending in America and its impact on U.S. households* [Report]. Retrieved from http://www.responsiblelending.org/state-of-lending/bank-payday-loans.

Bradley, C., Burhouse, S., Gratton, H., & Miller, R.-A. (2009). Alternative financial services: A primer. *FDIC Quarterly, 3*(1), 39-47. Retrieved from http://www.fdic.gov/bank/analytical/quarterly/2009_vol3_1/FDIC140_QuarterlyVol3No1_AFS_FINAL.pdf.

Burhouse, S., Chu, K., Goodstein, R., Northwood, J., Osaki, Y., & Sharma D. (2014). 2013 FDIC National Survey of Unbanked and Underbanked Households. Retrieved from https://www.fdic. gov/householdsurvey/2013report.pdf.

Burke, M. M. (2014). Analysis of small credit union trends and opportunities for accountants. *Accounting and Finance Research, 3*(4), 15-23. doi:10.5430/afr.v3n4p15.

Carter, S. P. (2015). Payday loan and pawnshop usage: The impact of allowing payday loan rollovers. *Journal of Consumer Affairs, 49*(2), 436-456. doi:10.1111/joca.12072.

Center for Financial Services Innovation. (2014). 2013 financially underserved market size. Washington, DC: Author.

Center for Financial Services Innovation. (2015). Defining quality in the prepaid market. Retrieved from http://www.cfsinnovation.com/CMSPages/GetFile.aspx?guid=f3735680-833f-417d-bba6-6e5272748a9e.

Cities for Financial Empowerment. (2017). Bank On national account standards(2017-2018). Retrieved from http://www.joinbankon.org/#/resources#bank-on-national-account-standards.

Collins, D., Morduch, J., Rutherford, S., & Ruthven, O. (2009). *Portfolios of the poor: How the world's poor live on $ 2 a day*. Princeton, NJ: Princeton University Press.

Collins, J. M. (2015). Paying for the unexpected: Making the case for a new generation of strategies to boost emergency savings, affording contingencies, and liquid resources for low-income families. In J. M. Collins(Ed.), *A fragile balance: Emergency savings and liquid resources for low-income consumers*(pp. 1-15). New York: Palgrave MacMillan.

Consumer Financial Protection Bureau. (n.d.-a.). A newcomer's guide to managing money: Checklist for opening a bank or credit union account. Retrieved from http://files.consumerfinance.gov/f/201507_cfpb_checklist-for-opening-an-account.pdf.

Consumer Financial Protection Bureau. (n.d.-b.). Your money, your goals: Are you having the money conversation? Retrieved from http://www.consumerfinance.gov/your-money-your-goals/.

Consumer Financial Protection Bureau. (2013a, January 17). CFPB rules establish strong protections for homeowners facing foreclosure. Retrieved from http://files.consumerfinance.gov/f/201301_cfpb_servicing-fact-sheet.pdf.

Consumer Financial Protection Bureau. (2013b, June). CFPB study of overdraft programs: A white paper of initial data findings. Retrieved from http://files.consumerfinance.gov/f/201306_cfpb_ whitepaper_overdraft-practices.pdf.

Consumer Financial Protection Bureau(2013c). Send money abroad with more confidence［Factsheet］. Retrieved from http://files.consumerfinance.gov/f/201310_cfpb_remittance_campaign_consumer_fact_sheet_english.pdf.

Consumer Financial Protection Bureau. (2014a, July). Consumer Financial Protection Bureau: Enforcing consumer protection laws［Factsheet］. Retrieved from http://files.consumerfinance.gov/f/201407_cfpb_factsheet_supervision-and-enforcement.pdf.

Consumer Financial Protection Bureau. (2014b). Semi-annual report of the Consumer Financial Protection Bureau: October 1, 2013-March 31, 2014. Retrieved from http://files.consumerfinance.gov/f/201405_cfpb_semi-annual-report.pdf.

Consumer Financial Protection Bureau. (2015a). CFPB takes action against Wells Fargo and JPMorgan Chase for illegal mortgage kickbacks［Press release］. Retrieved from http://www. consumerfinance.gov/newsroom/cfpb-takes-action-against-wells-fargo-and-jpmorgan-chase-for-illegal-mortgage-kickbacks/.

Consumer Financial Protection Bureau. (2015b). Credit invisibles (CFPB Data Point). Retrieved from http://files.consumerfinance.gov/f/201505_cfpb_data-point-credit-invisibles.pdf.

Cordray, R. (2014, March 26). Prepared remarks of CFPB Director Richard Cordray at the field hearing on payday lending. Retrieved from http://www.consumerfinance.gov/newsroom/prepared-remarks-of-cfpb-director-richard-cordray-at-the-field-hearing-on-payday-lending/.

Consumer Financial Protection Bureau. (2017). CFPB finalizes rule to stop payday debt traps. Retrieved from https://www.consumerfinance.gov/about-us/newsroom/cfpb-finalizes-rule-stop-payday-debt-traps/.

Council of Economic Advisers(2016). Financial inclusion in the United States. The

White House. Retrieved from https://www.whitehouse.gov/sites/default/files/docs/20160610_financial_inclusion_cea_issue_brief.pdf.

Federal Deposit Insurance Corporation. (2008). FDIC study of bank overdraft programs [Report] . Retrieved from http://www.fdic.gov/bank/analytical/overdraft/FDIC138_Report_Final_v508.pdf.

Federal Deposit Insurance Corporation. (2012). 2011 FDIC survey of banks' efforts to serve the unbanked and underbanked. Retrieved from https://www.fdic.gov/unban-kedsurveys/2011survey/2011report.pdf.

Federal Deposit Insurance Corporation. (2014). 2013 FDIC National Survey of Unbanked and Underbanked Households. Retrieved from https://www.fdic.gov/householdsurvey/2013report.pdf.

Federal Deposit Insurance Corporation. (2016). 2015 FDIC National Survey of Unbanked and Underbanked Households. Retrieved from https://www.fdic.gov/householdsurvey/2015report.pdf.

Fellowes, M., & Mabanta, M. (2008, January). Banking on wealth: America's new retail banking infrastructure and its wealth-building potential(Metropolitan Policy Program Research Brief). Retrieved from http://www.brookings.edu/~/media/research/files/reports/2008/1/banking%20fellowes/01_banking_fellowes.pdf.

Financial Crimes Enforcement Network. (2004, January). Guidance on customer identification regulations. Retrieved from https://www.fincen.gov/statutes_regs/guidance/pdf/finalciprule.pdf.

FINRA Investor Education Foundation. (2013). Financial capability in the United States: Report of findings from the 2012 National Financial Capability Study. Retrieved from http://www.usfinancialcapability.org/downloads/NFCS_2012_Report_Natl_Findings.pdf.

Fox, J. A., Feltner, T., Davis, D., & King, U. (2013). Driven to disaster: Car-title lending and its impact on consumers. Retrieved from http://www.responsiblelending.org/other-consumer-loans/car-title-loans/research-analysis/CRL-Car-Title-Report-FINAL.pdf.

Hawkins, J. (2012). Credit on wheels: The law and business of auto-title lending. *Washington and Lee Law Review, 69*, 535-606.

Kiel, P. (2013, May 13). The 182 percent loan: How installment lenders put borrowers in a world of hurt. ProPublica. Retrieved from http://www.propublica.org/article/

installment-loans-world-finance.

King, U., & Parrish, L. (2011). Payday loans, Inc.: Short on credit, long on debt [Report]. Retrieved from http://www.responsiblelending.org/payday-lending/research-analysis/payday-loan-inc.pdf.

Lee, J. (2016). Moven vs. Simple mobile banking: Head-to-head comparison. Nerdwallet. Retrieved from https://www.nerdwallet.com/blog/banking/moven-vs-simple/.

Michel, N. J. (2017). President Trump's first 100 days: Steps toward financial services reform. Heritage Foundation Issue Brief No.4653, February 3. Retrieved from http://www.heritage. org/sites/default/files/2017-02/IB4653.pdf.

Montezemolo, S. (2013). Payday lending abuses and predatory practices. In *The state of lending in America and its impact on U.S. households* [Report]. Retrieved from http://www.responsiblelending.org/state-of-lending/reports/10-Payday-Loans.pdf.

Morales, G. (2013, December 19). Money order fees compared at USPS, Western Union, and More. Retrieved from http://www.mybanktracker.com/news/2013/11/11/comparing-post-office-bank-western-union-money-order-fees/.

Morduch, J., Odgen, T. & Schneider, R. (2014, August). An invisible finance sector: How households use financial tools of their own making(USFD Issue Brief). Retrieved from http:// static1.squarespace.com/static/53d008ede4b0833aa2ab2eb9/t/542b1f5ee4b0801eab6fa720/1412112222733/issue3-informal.pdf.

National Credit Union Administration. (n.d.) What is a credit union? Retrieved from http://www.mycreditunion.gov/about-credit-unions/Pages/How-is-a-Credit-Union-Different-than-a-Bank.aspx.

National Federation of Community Development Credit Unions. (n.d.). About us. Retrieved from http://www.cdcu.coop/about-us/what-is-a-cdcu/.

National League of Cities. (2014). City financial inclusion efforts: A national overview. Retrieved from http://www.nlc.org/find-city-solutions/institute-for-youth-education-and-families/family-economic-success/financial-inclusion.

Office of the Inspector General United States Postal Service. (2014). Providing non-bank financial services for the underserved. Washington, DC: Author.

Osili, U. O., & Paulson, A. (2006). *What can we learn about financial access from*

U.S. immigrants?(WP 2006-25). Chicago: Federal Reserve Bank of Chicago. Retrieved from http://www.chicagofed.org/digital_assets/publications/working_papers/2006/wp2006_25.pdf.

Parker, J. (2013). Developing financial capability through IDA saving clubs. In J. Birkenmaier, M. S. Sherraden, & J. Curley(Eds.), *Financial capability and asset development: Research, education, policy, and practice*(pp. 174-191). New York: Oxford University Press.

Parzick, R. F., & Schneider, R. (2012). Compass principles: Guiding excellence in financial services. Retrieved from http://www.cfsinnovation.com/CMSPages/GetFile.aspx?guid=f4bed53b-8225-4953-912a-044283283b7c.

Pew Charitable Trusts. (2014a). Are alternative financial products serving consumers? (Testimony given before the Financial Institutions and Consumer Protection Subcommittee, Senate Committee on Banking, Housing and Urban Affairs.) Retrieved from http://www.banking. senate.gov/public/_cache/files/8e3816f4-50f5-474b-a55d-81097f39d286/33A699FF535D59925B69836A6E068FD0.bourketestimony32614ficp.pdf.

Pew Charitable Trusts. (2014b). Consumers continue to load up on prepaid cards: Changes in general purpose reloadable prepaid cards make them more like checking accounts but without important protections [Report]. Retrieved from http://www.pewtrusts.org/en/research-and-analysis/reports/2014/02/06/consumers-continue-to-load-up-on-prepaid-cards.

Pew Charitable Trusts. (2016, January). Is this the future of banking? Focus group views on mobile payments(Issue Brief). Retrieved from http://www.pewtrusts.org/~/media/assets/2016/01/cb_ futurebankingissuebrief.pdf.

Pew Research Center. (2014). Remittance flows worldwide in 2012 [Database]. Retrieved from http://www.pewsocialtrends.org/2014/02/20/remittance-map/.

Protess. B. (2017, Jan.30) Republicans' pathway to unraveling the Dodd-Frank Act. *New York Times*. Retrieved from https://www.nytimes.com/2017/01/30/business/dealbook/republicans-unravel-dodd-frank-act.html.

Prosperity Connection. (n.d.). Excel Center. Retrieved from http://prosperityconnection.org/excel-center/.

Reyes, B., López, E., Phillips, S., & Schroeder, K. (2013). Building credit for the underbanked: Social lending as a tool for credit improvement. Retrieved from http://cci.sfsu.edu/sites/sites7.sfsu.edu.cci/files/MAF%20Evaluation.pdf.

Schwartz, N. D. (2011, February 22). Bank closings tilt toward poor areas. *New York Times*. Retrieved from http://www.nytimes.com/2011/02/23/business/23banks.html?_r=0.

Servon, L. J. (2017). *The unbanking of America: How the new middle class survives*. New York: Harcourt Brace.

Skiba, P. M., & Tobacman, J. (2011, February 23). *Do payday loans cause bankruptcy?*(Vanderbilt Law and Economics Working Paper No.11-13). doi:10.2139/ssrn.1266215.

Social Security Administration. (2013). Getting your payments electronically(SSA Publication No.05-10073). Retrieved from http://www.ssa.gov/pubs/EN-05-10073.pdf.

Stein, G. (2012, April 25). Comment period on overdrafts extended to June 29［Web log post］. Retrieved from http://www.consumerfinance.gov/blog/category/overdrafts/.

Suri, T., & Jack, W. (2016). The long-run poverty and gender impacts of mobile money. *Science, 354*(6317), 1288-1292.

USA Patriot Act of 2001, Pub. L. No.107-56, § 326, 115 Stat. 272, 317-318(2002) (codified as amended at 31 U.S.C. § 5318(2014)).

Venkatesh, S. (2009). *Off the books: The underground economy of the urban poor*. Cambridge, MA: Harvard University Press.

Weiss, M. A. (2013). *Remittances: Background and issues for Congress*(Report No.R43217). Congressional Research Service. Retrieved from http://www.ipmall.info/hosted_resources/crs/ R43217_130909.pdf.

Whalen, R. C. (2017). *Abuse of power: The CFPB and Ocwen Financial Corp*. Retrieved from https://papers.ssrn.com/sol3/papers.cfm?abstract_id=2971460.

Wolkowitz, E. (2014). 2013 financially underserved market size. Retrieved from http://www.cfsinnovation.com/Document-Library/2013-Financially-Underserved-Market-Size.

World Bank. (2014). *Global financial development report 2014: Financial inclusion*. Washington, DC: Author. doi:10.1596/978-0-8213-9985-9.

World Bank. (2015a, April 15). Massive drop in number of unbanked, says new report［Press release］. Retrieved from http://www.worldbank.org/en/news/press-release/2015/04/15/massive-drop-in-number-of-unbanked-says-new-report.

World Bank. (2015b, October). Migration and remittances recent developments and outlook(Migration and Development Brief No.25). Retrieved from http://pubdocs.worldbank.org/pubdocs/publicdoc/2015/10/102761445353157305/MigrationandDevelopmentBrief25.pdf.

World Bank Group. (n.d.). Remittance prices worldwide. Retrieved from https://remittanceprices.worldbank.org/en/corridor/United-States/Mexico.

World Bank Group. (2015a, April 13). Remittances growth to slow sharply in 2015, as Europe and Russia stay weak: Pick up expected next year [Press release]. Retrieved from http://www.worldbank.org/en/news/press-release/2015/04/13/remittances-growth-to-slow-sharply-in-2015-as-europe-and-russia-stay-weak-pick-up-expected-next-year.

World Bank Group. (2015b). The little data book on financial inclusion 15. Retrieved from https://openknowledge.worldbank.org/bitstream/handle/10986/21636/9781464805523. pdf?sequence=3.

Wu, C. C., & Best, M. (2015). Taxpayer beware: Unregulated tax preparers and tax-time financial products put taxpayers at risk [Report]. Retrieved from http://www.nclc.org/images/pdf/pr-reports/report-tax-time-products-2015.pdf.

Wu, C. C., & Saunders, L. (2016). Paper statements: An important consumer protection [Report]. Retrieved from http://www.nclc.org/images/pdf/banking_and_payment_systems/paper-statements-banking-protections.pdf.

第 5 章　理解家庭财务：损益表和资产负债表

专业原则：损益表和资产负债表对于全面理解一个家庭的财务情况很重要。如果服务者能够理解这些工具所阐述的基本会计概念，并知道如何使用这些工具，他们就可以从更广阔的视角理解家庭财务，也能更好地提供支持，以改善弱势家庭的财务处境。

要在财务方面得以生存，拥有很少经济资源的人必须要成为积极且具有创造力的财务管理者。大部分家庭都要在某一时期处理不稳定的、甚至是波动的收入流问题。对于低收入家庭而言，收入的突然增加或减少都尤其带有挑战性（Golden，2015）。一旦花销超过收入，他们就不得不调整预算或是借钱，以实现收入平衡。这种借钱的方式会让一个家庭觉得他们以后永远没有机会获得成功了。不稳定性也让为紧急情况和长期目标攒钱的行动难以实现。这些财务模式在损益表和资产负债表中得以体现。服务者可以使用这些基本的工具分析一个家庭的财务状况。

这一章呈现的框架和工具为服务者提供了一个途径，使得他们能够全面理解一个家庭的财务状况。这种视角对于与面临财务问题的家庭有效开展工作的服务者很关键。损益表和资产负债表代表着一个家庭处境的两面：资源的流入和流出，以及财富的存量（见图 5.1）。

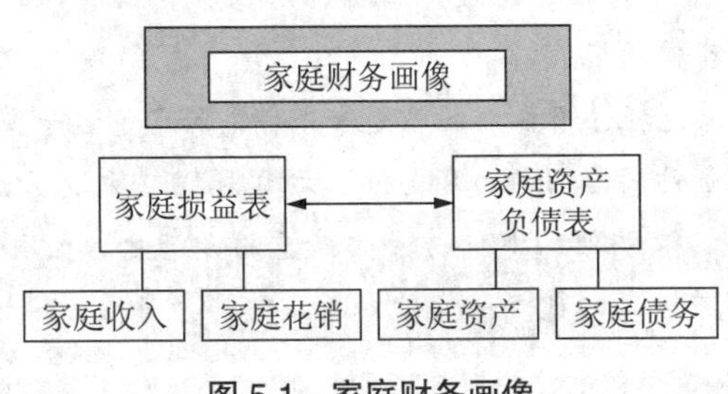

图 5.1　家庭财务画像

尽管知道如何使用损益表和资产负债表对于服务者来说很重要，但与大部分服务对象的工作开展都不会从这些工具入手。回想下这条指导原则：从服务对象识别出的问题入手。服务对象在最初寻求帮助的时候，通常会陷入一个特定的问题，而不会去讨论广泛的财务问题（Richards，2015）。一个处于财务危机的家庭也不会从分析家庭财务中获益。然而，一旦危机得以控制，这个家庭也准备好了，那么这些工具就可以帮助他们制定并实施财务计划了。尽管有时候服务对象无法使用这些工具，但损益表和资产负债表为服务者洞察服务对象的家庭财务状况提供了有益的视角。本章会从这个方面概述家庭财务，之后的各章会进一步追加细节。

任何家庭，无论是由单身一人组成，还是由住在一起的大家庭组成，都能制定并使用损益表和资产负债表。在这一章，我们聚焦于西尔维娅·伊达尔戈·阿塞韦多和赫克托·康特拉斯·埃斯皮诺萨的案例。西尔维娅和赫克托与他们的大家庭住在公寓里。他们谨慎地管理金钱，但最近经历了一次令人沮丧的财务挫折。在住房顾问加布里埃拉·冯塞卡的帮助下，他们使用本章讨论的金融工具来了解他们的财务状况。她帮助他们从更宏观的视角审视财务状况，并思考为达成目标所要取得的努力。

聚焦案例： 西尔维娅和赫克托从住房顾问那里寻求帮助

当西尔维娅和赫克托来见加布里埃拉时，加布里埃拉问他们有什么可以帮忙的。他们面面相觑，心平气和地解释说，他们想买一套房子，但出了问题，现在他们很担心，不知道下一步该怎么办。加布里埃拉温柔地让他们从头说起，告诉她发生了什么。他们讲述了自己的故事：他们一直在为了买房子而攒钱。因为加州的房子非常贵，他们花了很长时间才存够首付。就在他们认为自己已经存够钱的时候，他们从一个朋友那里听说了一套他们买得起的房子。房主说他将以“原价”把房子卖给他们。房子需要大量的修复工作，但赫克托在建筑业工作，可以自己修复以节省钱。房主还说，他会提供卖房贷款，这样西尔维娅和赫克托就不用再申请住房贷款了。这也是个好消息，因为他们几乎没有信用记录。

西尔维娅和赫克托怀着极大的希望和兴奋，同意了这一项非正式的安排，并确定了价格和首付。他们向卖家支付了大约 1450 美元，开始了这套房子的购买流程。这包括表明他们购买房子的诚意的保证金，还有用在房屋检查、评估和建筑许可图纸上的钱。他们计划在大约一个月后，通过房主推荐的律师完成交易。

在那之后，房子着火了。消防检查员判定这是由电线故障引起的电气火灾。这套房子完全被毁了，市检查员下令拆除它。房主和他的保险公司达成了和解，但他告诉西尔维娅和赫克托，他们有义务按现状买下这块空地，否则就会失去1000美元的保证金。到目前为止，他们在这笔交易中投入的所有资金都损失了，包括他们的时间、保证金和其他成本。

这时，加布里埃拉问这对夫妇："你们是怎么找到我的？"他们解释说，他们非常难过，和一个朋友谈起这件事，朋友劝他们去找自己认识的一个住房顾问。"也许她能帮你们拿回钱，"他们的朋友说，"这个人叫加布里埃拉·冯塞卡，完全值得信任。她也许能帮得上忙，而且不会给你们惹麻烦。"

他们在讲述故事时停顿了一下，问加布里埃拉，他们是否可以做些什么来挽回自己的钱。他们损失的并不是所有的积蓄，但这是一大笔钱，而且他们花了很长时间才攒起来。加布里埃拉告诉他们，自己非常肯定能帮上忙。他们问加布里埃拉是否为其帮助收费，后者向他们保证这是免费的，并解释说，该机构是一个与NeighborWorks（见第13章）合作的非营利性社区组织，接受来自基金会和政府的资金，以完善房屋所有权。这正是这对夫妇的朋友告诉他们的，但他们不太相信。加布里埃拉解释说，还有其他几种金融咨询机构，但在寻求财务指导时保持谨慎总是一个好主意（见专栏5.1）。

专栏5.1　聚焦机构：金融咨询和辅导机构

像大多数人一样，西尔维娅和赫克托在遇到财务困境时向家人和朋友求助。社会上也有专业人士和组织可以提供帮助，但客观的金融咨询、辅导和其他类型的指导并不总是那么容易找到。有时求助者很难区分能够真正帮助人们实现目标的服务者和那些只是利用人们的财务困境获利的人。服务者的一个角色是帮助客户评估他们的选择，并帮他们找到最合适的金融指导。

下面的列表提供了人们可以从哪儿获得帮助的例子，其中许多内容在本书的其他章节中有所讨论：

- **公共福利和社会援助机构**帮助符合条件的服务对象识别和申请公共福利以及私人援助（见第6章）。
- **社区发展公司**是一种以社区为基础的非营利性组织，它投资于低收入社区，有时还提供金融咨询服务（见第22章）。
- **社区发展信用合作社**协助服务对象寻找金融产品和服务，包括贷款（见第4章）。

- **金融赋能和机会中心**为越来越多城市的社区居民提供金融咨询服务，有时还会与其他城市的项目和服务相结合（见第 23 章）。
- **军人金融筹备中心**（见第 23 章）为军人家庭和退伍军人提供财务管理援助。
- **消费者信贷咨询服务**提供资金管理教育和债务偿还计划方面的帮助（见第 22 章）。
- **VITA 站点**提供纳税申报方面的帮助，包括修改前几年的退税表。一些 VITA 站点全年开放（见第 7 章）。

网上也有很多关于金融信息和建议的资源。下面的例子围绕各类主题提供了相关信息：

- 由美国各地赠地大学赞助的**拓展服务**，在网上和课堂上提供广泛的信息（见第 8 章）。
- **向 CFPB 询问**，它提供有关许多主题的信息，特别是关于金融产品和服务的信息（见第 4 章）。

这里有必要了解，有些组织和顾问是不可信的。有一些警告信号值得注意。那些收取高额预付款，或在深夜广告中承诺让 IRS 和债务催收人"滚蛋"的机构，可能不值得信任。在将服务对象转介给组织之前，服务者应该了解该组织。

损益表：资源流入和流出家庭

损益表是一张概括一个家庭在特定期间内资源流入（收入）和流出（花销）的财务表格。它显示出资金（如果有）去除花销后剩余的数量。正数意味着这个家庭有结余，处于"黑色状态"。数值为零意味着花销和收入刚好相抵。负数意味着花销超过了收入，此时家庭处于"红色状态"，预算为赤字。

损益表总结了近期已经发生的收入和花销，这与显示收入和花销计划的预算或"支出计划"不同（见第 8 章）。损益表最有价值的地方在于可以追踪某个期间内对一个家庭有价值的收入和花销，比如 2 周或 1 个月内。尽管形式和风格有所差异，但所有的损益表都由三个要素构成：分别显示收入和花销的部分，以及显示家庭处于结余还是赤字状态的部分。

在追踪低收入和中等收入家庭的收入和花销方面，美国金融日记项目（U.S. Financial Diaries Project）做出了尝试，这个项目洞察了人们日常金融生活中的细节（见专栏 5.2）。

专栏 5.2 聚焦研究：美国金融日记项目

美国金融日记项目跟踪调查了 4 个社区的 300 多户中低收入家庭，与他们建立了信任，并收集了他们日常理财的详细信息。在一年多的时间里，研究人员每隔几周就会访问这些家庭（Hannagan and Morduch，2015）。调查结果揭示了美国普通工薪阶层的财务状况。

美国金融日记项目的一个重要发现是，这些家庭发现自己很难预测收入和支出的“涨跌”。在研究期间，他们平均经历了两次收入高峰和两次支出高峰（Morduch and Schneider，2017）。当某人得到或失去一份工作、收到退税或偿付保险金时，其收入就会出现高峰或低谷。在美国金融日记项目中，生活贫困的参与者在一些特定月份有 27% 的几率收入下降，这主要是因为他们的工作是时薪的，每周的工作时间也不一样（Morduch and Schneider，2017）。

支出的涨跌通常是因为支出的不同，比如教育支出在学期开始时上涨，医疗相关支出在生病或受伤时上涨。家庭发现自己很难应对这些高峰和低谷，因为它们发生在不同的时间，这样就会在一些月份造成财务问题，在另一些月份则产生盈余。

聚焦案例：加布里埃拉与西尔维娅和赫克托建立了信任

在与加布里埃拉的第一次会面中，西尔维娅和赫克托没有告诉她，为什么他们在寻求帮助时如此紧张。他们不习惯走出家门寻求帮助。他们也没有告诉加布里埃拉，西尔维娅的妹妹乔治娜·阿塞韦多是非法移民，和他们住在一起。他们认为说得太多会出现问题，可能给乔治娜带来被驱逐出境的风险。

加布里埃拉知道有些事情是服务对象经常不愿意透露的。金钱是一个敏感的话题，建立信任需要时间。她让他们谈谈自己的目标和期望。对西尔维娅和赫克托来说，加布里埃拉似乎理解他们工作的艰辛，她的举止让他们感到放松。加布里埃拉是一名经验丰富的住房顾问，曾与许多移民一起工作，她知道这些移民经常带着对金融机构、法律和实务的不同期望前来咨询。

很明显，西尔维娅和赫克托叙述了他们的经历后，为发生的一切自责。他们觉得丢了钱很屈辱，承认他们不知道该怎么办。西尔维娅的眼睛里充满了泪水，并说他们之前应该多了解一些。加布里埃拉立即安抚他们，这种事情总会发生的，并坚称这不是他们的错。“买房子并不容易，”她说，“但你们做了正确的事情，既节省了钱，又考虑了自己的目标。事实上，即使你们遇到了这么可怕的事情，我认为我们仍然可以找到一个解决办法，来实现买房的梦想。”加布里埃拉提醒说，这需要一些时间，他们需要和她分享一些财务信息。她补充说：“请记住，我会对你们的信息绝对保密。”

根据西尔维娅和赫克托告诉她的情况，加布里埃拉谨慎而乐观地认为，他们至少可以收回一部分钱，但这取决于他们手头的文件。这些信息对于建议他们如何处理并收回丢失的钱，以及研究购买新房都是必要的。加布里埃拉建议他们从损益表开始，评估自己管理房屋付款和其他房屋相关成本的能力。他们安排了第二次会面来进行进一步商谈。

家庭收入

损益表获取了流入一个家庭的所有收入。[①]它的来源广泛，数量不定，每个月都可能会有所差别。有些收入可能反映在工资条的明细上，有些则体现为自动汇到一个账户的存款，而另一些则可能是现金的形式。很多人都可能难以清点所有的来源和数量。

家庭花销

家庭花销的主要类型分为固定的或可变的（见第 8 章）。固定花销是可预见的责任行为，通过定期计划好的方式付款，其数额在每个时期都是相对平均的。固定花销方面的例子包括房租、按揭、保险费、学费、工会会费和贷款。可变花销在每个时期都会有所不同。有些可变花销，比如公用事业费等账单，也可能是固定的。比如，一个家庭可以签订支付计划，这样公用事业费等账单每个月就都是相同的。帮助大家庭成员满足其金融需求的责任可能是固定的，也可能是可变的（Stack，1974）。

由于固定花销难以改变，一个家庭对于可变的部分会有更及时的掌控。当手头紧张的时候，人们倾向于寻找减少可变花销的方法。然而，减少固定花销可能更有意义。如第 2 章讨论的，低收入家庭收入的一半都花在住房和交通方面。如果人们想要制定可持续的家庭管理策略，那么减少固定花销的策略就是一种重要的途径（见第 8 章）。

---

① 这不包括实物收入或交换物，也就是作为替代收入的物品和服务。例如，前伴侣可能会给孩子尿布和食物，而不是现金。这些对许多低收入家庭的生存很重要，但它们不包括在损益表中。

聚焦案例：西尔维娅和赫克托的收入和花销

在他们的下一次约谈中，西尔维娅和赫克托描述了他们的收入来源（见表5.1）。两种收入来源是固定的且在账面上的，也就是说，他们要为收入纳税：赫克托从建筑工作中获得收入，西尔维娅从餐馆服务员工作中获得收入。这些数字是实得工资，也就是雇主扣除扣缴税款、保险费和其他费用后的实得工资。

表 5.1　西尔维娅和赫克托的损益表（单位：美元）

	12 月	1 月	2 月
收入			
赚取的收入			
赫克托的实得工资	3020	2400	2295
赫克托的自雇收入	1500	519	1950
西尔维娅的实得工资	1699	1699	2209
罗莎的自雇收入	297	377	327
乔治娜的自雇收入	375	520	488
其他收入			
赫克托和西尔维娅的退税	0	0	6500
总收入	6891	5515	12769
花销			
固定花销			
房租	1800	1800	1800
食物	1760	1520	1475
汇款	325	325	325
教堂和慈善	80	80	80
汽车保险	45	45	45
可变花销			
汽油	350	250	275
信用卡	50	50	200
公用事业费	123	212	190
话费	110	120	120
衣服	400	275	200
个人护理用品 / 服务	100	165	125
外出就餐	150	170	190
礼物	500	150	150
娱乐	200	230	290
杂项	50	920	75
总花销	6043	6312	5540
实得收入或亏损	**848**	**（797）**	**7229**

其他常规收入来源是非正式的：收入以现金方式取得，并未入账（即不向 IRS 报告）。赫克托的母亲罗莎·康特拉斯夫人在家乡墨西哥从事保姆和服装转卖的工作。乔治娜靠打扫房屋赚钱。赫克托还通过与一个密友一起兼职，为私人客户完成小型建筑项目来获得非正式收入。最终，他们想要开始一个独立的合同业务，但是现在，这项工作是不入账的。这一收入如表 5.1 所示，为“现金收入”。最后，在一个月之内，他们收到了退税，这就为他们提供了一笔收入。

西尔维娅和赫克托最大的固定支出是房租和食物。其余花销是可变的，比如公用事业费、话费、衣服、外出就餐、礼物、娱乐以及其他花销，这些花销每月上下浮动。

在大多数月份，他们在支付花销后都有盈余。他们的目标是将剩余的 100 美元存入储蓄账户，以备买房之用。他们会把剩余的盈余放在支票账户里，作为几个月的经济缓冲，以应付修车这样的意外开支。事实上，如表 5.1 所示，那次汽车维修让他们很拮据。（赫克托的心里也想着他的卡车，这辆车几年后需要更换了。这将意味着汽车贷款上的新固定支出可能是每月 300 美元或更多。他希望那辆旧卡车能一直使用，直到他们买了房子安顿下来。）

加布里埃拉问到 2 月信用卡费用的增加。他们解释说，他们决定加快还清信用卡债务的速度。西尔维娅的父亲意外去世后，他们不得不为了去墨西哥而在信用卡上花很多钱。尽管墨西哥社会保险局（Instituto Mexicano del Seguro Social）支付了她父亲葬礼的大部分费用，但还有很多其他需要一次性支付的费用。他们使用信用卡支付这些费用，打算以后还清。今年 2 月，他们将支付给信用卡公司的最低金额从 50 美元提高到 200 美元，以更快地还清债务，并降低债务的利息和费用。

西尔维娅和赫克托列出了他们所有的花销，这促使他们考虑作出一些不同的财务决策。他们想要增加储蓄（并偿还信用卡债务），所以他们开始寻找可能的储蓄空间。他们一致认为，必须通过汇票方式寄钱给西尔维娅的家人，但是他们也许能够在教堂捐款上节省一些，直到他们买到房子。服装支出似乎很高，但他们向加布里埃拉解释，这包括西尔维娅的制服、赫克托的工作靴和工作服的支出。赫克托认为他们可以在礼物上少花点钱，尽管西尔维娅提醒道，他们是一个大家庭，但他们还是同意了在这方面省点钱。夫妻俩考虑告诉孩子们削减不必要的开支可以提供帮助。孩子们对搬到新房子很兴奋，所以西尔维娅和赫克托非常肯定孩子们愿意帮助家里节省更多的钱。

同服务对象一起使用损益表

服务者使用损益表帮助服务对象了解他们的现金流、识别结余或赤字，并制定替代性计划以实现期望的目标。比如，他们可以帮服务对象分析，存款之外是否还有任何的结余。相对地，如果有赤字，他们可以帮助服务对象减少花销，或是寻找其他管理财务缺口的方案。

仔细考虑财务计划的时间框架是很重要的。有些服务者会自发地假设损益表应该基于年度或月度追踪财务状况，但根据一个家庭的付薪周期制定损益表可能会更有意义（比如针对每两周获得薪水的服务对象，采用双周的方式制表）。

为了制定损益表而去搜集信息的过程可能是一个挑战。其中至少需要工资单，但有些人有不同的工作，或是自己创业，这就使得制表变得困难起来。其他可能需要的文档包括银行账单、信用卡账单，以及其他账单。这些信息正越来越多地以电子的方式存储，但有些服务对象喜欢在家留存纸质的金融文档材料。这样的话，与服务对象一起建立一个可行的记录保存系统就比较有用了。损益表不必让人望而却步，也不要求很高的技术性，服务者有很多方式制作一个损益表。

损益表的价值

将损益表和支出计划（见第 8 章）结合起来，能够让服务对象评估他们的花销与目标的匹配程度。这帮助他们知晓相关信息并作出关于应该如何花钱和存钱的决策。在核查了几个月的损益表之后，服务对象就能开始看到规律了。他们能决定何时发生结余或赤字。结余的发生意味着服务对象开始实现财务目标了。赤字则意味着服务对象或许需要增加收入、减少花销、使用储蓄，或是去借款。

聚焦案例： 西尔维娅和赫克托的损益表

西尔维娅和赫克托家的损益表显示，他们的收入势头虽然强劲，但存在变数（见表 5.1）。这个家庭把自己的资源集中起来，用非正式收入补充主要工作的收入。让我们回顾下西尔维娅和赫克托的收入现金流：

- 他们赚取的额外现金收入对于满足开支来说很重要，但在显示的 3 个月内这一部分的收入变化很大。

• 罗莎夫人和乔治娜的自雇贡献很小，但确实有助于家庭开支。它们是“账面之外”的，没有报税。

• 今年1月，他们的资金出现了短缺。他们要么花掉储蓄，要么通过借钱来弥补差额。

• 2月，退税提供了一个月的资金注入，潜在地增加了他们的储蓄。

资产负债表：从收入转为财富

资产负债表是一个财务报表，它总结了一个家庭在特定的时间节点拥有的（资产）和亏欠的（债务）。它也显示出净值，由资产减去债务得出。资产负债表的底部如果是正数，意味着这个家庭有正净值，而负数则意味着家庭有负净值（见第2章）。

服务者一般会围绕低收入服务对象的家庭收入和花销工作，因此有时候难以理解资产负债表的重要性，尤其是当服务对象仅有少量的资产时。然而，资产负债表在很多情况下都是有益的，比如：

- 当一个服务对象担心她的债务，以及她是否有能力换掉旧车的时候。
- 当一个服务对象为了他积攒的退休储蓄金额感到焦虑的时候。
- 当一个服务对象正在考虑离婚，并且想要知道财产将如何分配的时候。
- 当一个服务对象考虑如何处理与兄弟姐妹共同继承的财产的时候。

这些情况都需要服务对象对家庭金融的资产负债表等方面有所了解。下面的内容会分析资产负债表的构成。

资产

资产负债表列出了一个家庭所有资产的公允市场价值。这一价格体现的是在特定时点，一个买家愿意支付给卖家的价格，而非卖家最初购买的价格。就像我们在第2章中讨论的，资产可以被归类为金融资产或有形资产。金融资产可以被储蓄为现金或储蓄在金融账户中，比如定期存单、储蓄债券、退休储蓄及寿险保单。有些体现在投资、退休账户、股票和债券中。金融资产的价值很容易估算，尽管在将部分账户转化为现金过程中发生的成本也要考虑进去。另一种金融资产是应收账款，这部分是指借方所亏欠的金额。换句话说，尽管一个家庭可能目前还没有金钱，但他们预计未来将会收到这笔款项。

有形资产包括汽车、不动产和其他个人财产，比如家具、家用电器、珠宝、收藏品以及其他有价值的物品。要估计有形资产的价值，就要比较类似物品近期在相似市场售卖的价格，也就是估计物品的市场价值。大部分耐用品，即可以使用较长时间的物品，比如家具和洗衣机，会随着时间流逝而折旧。一辆汽车、一枚硬币或一件珠宝的价值通常取决于物品的状况和使用年限。相比之下，有形资产中房屋的价值一般会随着时间增加（但也并非总是如此），并很大程度上由房地产商在同一个街区内挂出的相似房屋的售价决定。

负债

资产负债表也会列出负债的现值。它通常会被分成两类：短期负债和长期负债。

短期负债的偿还期限较短，通常少于一年，且一般利率高。这方面的例子包括信用卡欠款、未付税费，以及逾期账单。短期负债也包括从 AFS 提供方、家人和朋友处借来的钱。

长期负债有更长的还款期，通常超过一年，其利息一般比短期负债要低，比如住房按揭贷款、车贷、房屋净值贷款，以及教育贷款。

家庭净值

净值位于资产负债表的底部（见第 12 章），是在特定时间点一个家庭真正拥有的金融财富数量。通俗来说，净值是一个家庭在变卖所有资产，并还清所有负债之后剩余的金钱数额。当净值为正数时，这个人或家庭就拥有正净值，意味着拥有的多于亏欠的。正净值也被称为财富。财富带来金融稳定、安全，以及发展的机会。

净值也会是负的，这指的是一个人或家庭亏欠的多于拥有的。如果一个人或家庭的净值为负，就会被认为是无力偿还的。一旦所有的负债同时到期，他们就会无法偿还（这和破产不同，见第 18 章）。

聚焦案例：西尔维娅和赫克托的资产负债表

西尔维娅和赫克托的资产负债表（见表 5.2）显示，他们拥有 33590 美元的资产。他们大部分的资产以现金、储蓄和支票的形式存在。

西尔维娅和赫克托的支票账户里有 5825 美元。这刚好低于他们每月的花销，即从 6000 美元到 7000 美元不等。他们解释说，手头的现金为他们管理现金流提供了一点缓冲。考虑到家里大量的现金可能有被盗或丢失的风险，加布里埃拉做了个笔记，以便稍后再谈这件事。

西尔维娅和赫克托在一个储蓄账户里存了 4225 美元。虽然这只是一个传统的储蓄账户，但像许多人一样，他们为它起了个名字。他们称之为“住房基金”，并希望它最终能支付他们的住房首付款（见第 13 章）。他们为自己的储蓄感到骄傲，但这还无法满足他们的需求。更糟糕的是，他们在失败的房产交易中损失了一些积蓄。

除了首付，赫克托还通过他的雇主在 401（k）退休账户上存了 5300 美元。[平均而言，像赫克托和西尔维娅这样抚养年幼孩子的拉丁裔父母的退休储蓄水平很低，所以和同龄人相比，赫克托做得已经算较好的了（Rhee and Boivie，2015；Urban Institute，2015）。] 赫克托知道，他们可以把退休基金兑现来支付首付款，但如果他们这样做，他将不得不为这笔钱支付税款和额外的税收罚款（见第 10 章）。赫克托知道这不是一个好主意，因为他们总有一天会退休，随着年龄的增长，他们也会需要这些资金。

西尔维娅和赫克托没有其他储蓄或投资账户，但资产负债表上还有一项：这对夫妇向一个家庭成员提供了 2250 美元的无息贷款。西尔维娅和赫克托正指望着这笔钱被偿还，并计划将这笔钱存入他们的住房基金。

最终，他们会把钱存起来用于其他目标，包括用于帮助孩子上大学。但是，在他们买房子之前，他们已经决定推迟为孩子上大学攒钱。

西尔维娅和赫克托有一些有形资产。正如我们之前提到的，赫克托有一辆用了八年的四门小货车，这辆车已经行驶了 15 万英里。他把它用于工作，以及兼职承包项目。它也是这个家庭的主要交通工具。他三年前买了这辆车，最近才付清了欠款。他觉得现在这辆卡车好像在给他赚钱一样，他不用再支付费用了。拥有一辆车而没有车贷，对其损益表（没有贷款支付）和资产负债表（这是一项资产而不是负债）而言都是有益的。

最后，他们拥有一些个人物品、家具、工具、珠宝和一些电子产品。他们可以出售这些资产，但仍需替换它们。例如，赫克托可以卖掉他的工具，但是如果他这样做，他就不能做副业，而且会失去这份工作带来的额外收入。西尔维娅和赫克托也收到了一些作为结婚礼物的珠宝，但两人都不考虑出售。

好消息是，这对夫妇的负债很少。他们确实在信用卡上欠了 4850 美元，但没有什么其他欠款。他们努力不积累债务，但这有一个潜在的劣势：除了一笔付清的汽车贷款和信用卡，赫克托的信用报告中几乎没有其他内容，西维娅的信用记录中也没有账户。加布里埃拉对此也做了笔记。为了买房子，他们需要抵押贷款，因此他们的信用报告中可能需要更多的正面记录。缺乏完整的信用记录将使他们获得抵押贷款批准的努力复杂化（见第 11 章）。

他们讨论了接下来想拥有一套房子的事情。他们将制定一项建立家庭信用记录的策略。与此同时，他们又谈到当初来见加布里埃拉的原因：从失败的房屋交易中收回尽可能多的钱。加布里埃拉要求他们下次见面时，把与交易相关的所有文件都带来，并尽可能多地回忆起发生了什么，包括日期和姓名。

就年龄和收入水平而言，西尔维娅和赫克托的净资产都比较高（表 5.2）。如果他们买了一套房子，每月还能支付得起，而房地产价值又保持稳定，他们在偿还抵押贷款的同时还会积累更多的净资产。这将需要他们继续创造稳定的收入，并谨慎管理财务。由于要为孩子们上大学和自己的退休生活存钱，他们在这方面有所担心，但现在的首要任务是搬出当前的社区，在一个有更好学校的地方买一套房子。他们希望加布里埃拉能帮他们找到解决办法。

表 5.2　西尔维娅和赫克托的家庭资产负债表（单位：美元）

资产		负债	
现金及现金等价物	信贷		
手头的现金	3250	信用卡	4850
支票账户	5825		
储蓄账户	4225		
应收账款			
借给朋友或家人的钱	2250		
退休账户			
401（k）	5300		
财产			
汽车	6640		
其他财产			
珠宝	300		
工具和五金	2200		
家具	3600		
资产总额	33590	负债总额	（4850）
净资产＝	28740		

通过与西尔维娅和赫克托讨论损益表和资产负债表，加布里埃拉迅速判断出他们家庭财务状况的优劣势。她绘制了一个表格，包含四列：（1）收入；（2）费用；（3）资产；（4）负债。这对夫妇已经告诉她足够多的信息，她向他们展示了收入栏和支出栏的优势，以及资产栏和负债栏的劣势。西尔维娅和赫克托有一个明确的目标——买房。这个认识使加布里埃拉为今后与他们一起工作奠定了基础。

损益表和资产负债表：实务中的应用

尽管人们可能觉得家庭金融都是跟数字有关的，但金融决策实际上是一个离不开人的工作。使用损益表和资产负债表帮助服务对象了解其金融处境，为审视其财务处境提供了一个视角，这让服务者能够沿着改进的方向提供指导。类似地，服务对象学会如何使用这些工具，进而理解自己的财务处境。尽管大部分家庭对收入和资产有大致了解，但说出这些概念的名字并做出阐释，甚至喝咖啡的时候写在纸巾上，都为这些服务对象提供了讨论他们财务处境的视角和途径。这一目标在于提供指引路径所需的相关信息。

为了能有效地工作，服务者需要倾听，并了解一个家庭如何交流及处理金钱。在有关金钱的所有讨论中，家庭动力和价值观都起着作用（见第 8 章）。制定损益表和资产负债表可能引起情感问题。服务对象或许非常不愿意讨论金钱。一张损益表可能会引起有关工作及夫妻双方如何花钱的冲突。可能存在秘密的收入来源或者花销，也可能存在控制方面的问题，这在涉及经济暴力的家庭环境中尤其常见（Sanders，2013）。同样，每个个案都有独特的一面，服务者需要对是否及如何开展金融工作做出评估。这一过程或许要缓慢地推进，尤其是当服务对象的金融知识和技能有限的时候。

一个家庭最初可能会对资产负债表感到惊讶或困惑。更多人还是习惯于思考收支平衡（收入和花销），他们或许不明白为什么资产和负债是相关的。然而，当考虑一个家庭的长期目标和福祉时，资产负债表就很关键了。此外，一旦服务对象初次完成了资产负债表，定期更新信息对他们来说就不会那么困难了，尤其是当资产负债表为电子版的时候。更新资产负债表能提供正强化作用，进而激发积极的行为。制定现实、积极的计划赋予未来希望。

完善资产负债表有几种方式，直接与服务对象工作就是其中之一，但也有其他提高家庭净值的方式，包括增加低收入家庭净值的政策，以及提供金融缓冲和未来发展的资金。联邦储备系统就是审查这些政策方向的组织之一（见专栏 5.3）。

专栏 5.3　聚焦政策：联邦储备系统

联邦储备系统是美国的中央银行。它旨在确保“更安全、更灵活和更稳定的货币与金融体系”（Board of Governors of the Federal Reserve System，2005，p.1）。除了监督货币政策和监管银行体系，美国联邦储备系统还通过 12 家地区银行提供免费的金融教育和社区发展资源，并审查政策方向：

- **“它的价值：强化家庭、社区和国家的金融未来”项目**，由旧金山联邦储备银行与企业发展公司在 2015 年（Corporation for Enterprise Development）合作（2015）创建，旨在改善家庭、社区和国家的金融未来。
- **“揭示你的金融健康和财富的五个简单问题”**，是家庭金融安全中心（Center for Household Financial Security）在圣路易斯联邦储备银行的一个项目（Emmons and Noeth，2014）。该中心的目的是了解和改善陷入困境的美国家庭的资产负债表。它的“个人理财 101 个对话”帮助人们填写纳税表格、使用借记卡、创建预算，以及购买汽车保险。
- 明尼阿波利斯联邦储备银行团队的研究重点是房屋止赎、儿童早期发展、金融素养、赫蒙族（Hmong）社区的信贷可及性，以及印第安乡村的经济发展。
- 达拉斯联邦储备银行的在线课程**“积累财富：确保你未来金融安全的初学者指南”**，配有英语和西班牙语版本。
- 纽约联邦储备银行的家庭信贷数据、表格和地图。

结论

金融脆弱家庭经常处理着复杂的金融生活，这很大程度上是因为缺少资源。本章讨论了在这一问题上可以帮到他们的两个重要工具。在与这些服务对象工作的时候，损益表和资产负债表对服务者来说很有用。这两个工具都提供了用于测量家庭的金融健康状况的简明方式。它们帮助服务对象思考如何实现财务目标。就像我们看到的，赫克托和西尔维娅很幸运，五分之一的移民人口都生活在贫困中，而他们并不属于这部分。然而，他们并没有累积很多资产，也缺少信用记录。像很多移民一样，他们也渴望拥有房子。接下来的几章将讨论服务者应该如何与服务对象一起工作，以实现他们的目标。

拓展内容

·回顾·

1. 分析西尔维娅和赫克托的家庭损益表（见表 5.1）。
   a. 从 12 月到 1 月，他们的家庭收入变化了多少？为什么？从 1 月到 2 月变化了多少？为什么？
   b. 每月的费用中变化最大的是哪个部分？哪些费用的变化最小？在 1 月花销大于收入的情况下，这个家庭是如何维持生计的？如果更多的月份像 1 月一样，会发生什么？
2. 分析西尔维娅和赫克托的资产负债表（见表 5.2）。
   a. 他们最大的资产是什么？如果他们急需资金，他们能卖掉资产吗？出售资产的利与弊是什么？
   b. 西尔维娅和赫克托有多少债务？这看起来是高还是低？为什么？

·反思·

3. 西尔维娅和赫克托的财务目标是拥有住房。现在买房子对你来说重要吗？在未来呢？为什么重要或为什么不重要？你的原因在多大程度上反映了财务和生活方式的权衡？
4. 看损益表或资产负债表会让你有什么感受？你喜欢看这些数字吗？它们能帮助你了解一个家庭的财务状况吗？还是它们让你感到焦虑？为什么？你认为人们为什么或多或少会喜欢使用财务报表？

·应用·

5. 想象你正在与西尔维娅和赫克托见面。你知道他们渴望拥有自己的房子。你会如何使用损益表或资产负债表来帮助他们制定财务计划？关于他们的财务报表，你可以和他们讨论哪三个问题，来帮助他们决定下一步该做什么？

6. 你的社区提供哪些金融咨询或辅导服务？人们如何享用这些服务？它们位于哪里？它们要花多少钱？在你看来，还需要哪些类型的金融咨询或辅导服务？

参考文献

Board of Governors of the Federal Reserve System. (2005). *The Federal Reserve System: Purposes and functions*(9th ed.). Washington, DC: Author.

Emmons, W. R., & Noeth, B. J. (2014, December). *Five simple questions that reveal your financial health and wealth*(In the Balance No.10). St. Louis, MO: Federal Reserve Bank of St. Louis, Center for Household Financial Stability.

Federal Reserve Bank of Dallas. (2016). *Building wealth: A beginner's guide to securing your financial future* [Also released in Spanish as *Cómo crear riqueza: Una guía introductoria para asegurar su future económico*]. Dallas, TX: Author.

Federal Reserve Bank of San Francisco & Corporation for Enterprise Development. (2015). *What it's worth: Strengthening the financial future of families, communities and the nation*. San Francisco, CA: Authors.

Golden, L. (2015). Irregular work scheduling and its consequences(Briefing Paper No.394). Retrieved from Economic Policy Institute website: http://www.epi.org/publication/irregular-work-scheduling-and-its-consequences/.

Hannagan, A., & Morduch, J. (2015). Income gains and month-to-month income volatility: Household evidence from the US Financial Diaries(Working Paper No.1). Retrieved from U.S. Financial Diaries website: http://www.usfinancialdiaries.org/paper-1.

Morduch, J., & Schneider, R. (2017). *The financial diaries: How American families cope in a world of uncertainty*. Princeton and Oxford: Princeton University Press.

Rhee, N., & Boivie, I. (2015). *The continuing retirement savings crisis*. Retrieved from National Institute on Retirement Security website: http://www.nirsonline.org/storage/nirs/documents/ RSC%202015/final_rsc_2015.pdf.

Richards, C. (2015, June 8). The wrong place and time to have a money conversation. *New York Times*. Retrieved from http://www.nytimes.com/2015/06/08/your-money/the-wrong-place-and-time-to-have-a-money-conversation.html.

Sanders, C. K. (2013). Financial capability among survivors of domestic violence. In J. Birkenmaier, M. S. Sherraden, & J. Curley(Eds.), *Financial capability and asset development: Research, education, policy, and practice*(pp.85-107). New York, NY: Oxford University Press.

Stack, Carol B. (1974). *All our kin: Strategies for survival in a black community*. New York. NY: Harper.

Urban Institute. (2015). Nine charts about wealth inequality in America. Retrieved from Urban Institute website: http://datatools.urban.org/Features/wealth-inequality-charts/.

第二部分

家庭金融

构建金融能力与资产建设的基础

在第二部分，我们提供知识和技能的一个基础，当服务者发展金融能力和建立家庭资产时，会发现这些是有助益的。随着人们的金融生活变得越来越复杂，服务者必须了解基本的财务问题，并知道如何帮助服务对象作出正确的财务决策。同样重要的是要解决金融服务和政策变化问题，这些问题都会在每章的末尾讨论。第二部分包括第 6 章至第 19 章。

在这一部分的前六章中，我们讨论家庭日常生活中遇到的财务管理问题。第 6 章探讨家庭收入，包括正式和非正式工作的收入与工作福利、收入支持和其他公共福利、从其他来源流入家庭的资金，以及诸如工作保护和工资补贴等政策如何在低收入家庭中建立收入保障。第 7 章着眼于大多数人必须缴纳的税款，如何准备和提交所得税申报表，如何申请税收减免和抵免，以及服务者如何为有利于低收入家庭的税收改革做出贡献。第 8 章讨论个人价值观对消费的影响，概述服务者如何帮助服务对象管理开支和计划大额采购，并促进消费者保护。第 9 章论述短期储蓄在低收入家庭中的重要性，家庭如何成功地储蓄以应对紧急情况，以及支持这些努力的政策和方案。第 10 章强调资产积累的重要性，区分储蓄产品、储蓄项目和储蓄计划，并研究储蓄计划和政策如何促进弱势家庭的资产积累。第 11 章概述信贷的好处和风险，提供与服务对象合作以明确信贷目标和有效管理信贷的指导方针，最后提出更安全、更灵活的信贷产品建议。

接下来，我们将用六章的篇幅来讨论那些不是日常事务、但在一年中的特定时刻或在生活中的某些特定时刻至关重要的问题。第 12 章探讨高等教育的收益和成本，人们如何通过储蓄和借贷支付高等教育费用，以及管理学生贷款债务的挑战。这一章将提供方案和政策选择，旨在使金融脆弱的个人和家庭更容易获得受教育机会。第 13 章回顾租房和拥有房屋所有权的选择，减少无家可归风险的政策和方案，以及为金融脆弱人群提供更多负担得起的住房机会的政策和方案。第 14 章分析家庭债务和问题债务，并提供债务协商的策略，同时考虑确保消费者在债务管理方面得到有力保护的建议。第 15 章讨论保护人们财产的各种保险，以及哪些保险可能与金融脆弱家庭最相关，还讨论如何将保险费用降到最低，以及何时转介法律援助。第 16 章定义了身份盗窃，概述理解、预防和处理身份盗窃的方法，并描述使身份窃贼更难利用金融脆弱者的方法。第 17 章集中讨论当人们有无法支付的债务（包括托收、破产和工资扣押）时，到底发生了什么。它将概述服务者如何进行选择，以帮助人们驾驭这些复杂和压力重重的过程，以及如何将服务对象转介专门的援助，如何改变政策以减少身陷问题债务的人数。

这一部分最后两章讨论的是老年人以及残疾和死亡的财务问题。第 18 章主要讨论人们如何为经济保障做好准备，并在老年时充分利用资源。服务者在制定满足老年人财务需求的计划、服务和政策方面的作用也得到了强调。最后，第 19 章强调与金融脆弱家庭最相关的遗产规划的要素，如组织财务文件、指定受益人、创建遗嘱。它将讨论服务者如何帮助服务对象在丧失工作能力或死亡的情况下确定他们的优先事项，以及强调为每个人而不仅仅是富人进行遗产规划的政策的重要性。

第6章　家庭收入

专业原则：服务者可以通过探察服务对象获得收入支持的资格以及正式和非正式收入来源，帮助其实现收入最大化。

工薪家庭面临困难时期。正如我们在第 2 章所讨论的，中低收入家庭在美国总收入中所占的份额正在下降。实际工资——通胀调整后的工资价值——自 1979 年以来一直在下降（McKenna and Tung，2015）。少数种族和少数族裔的收入仍然远远低于白人。按中位数计算，非裔美国人的收入为白人收入的 74.8%，拉美裔的收入为白人收入的 70.9%（Gould，2016），女性的收入相对于男性有所增加，但仍因投入时间照顾家人和承担其他家庭责任而受到影响（Chang，2010）。

本章研究金融脆弱家庭的收入，包括正式和非正式工作的收入与工作福利、收入支持福利及从其他来源流入家庭的资金。本章为服务者提供帮助其理解、管理和最大化服务对象家庭收入的方法。本章还探讨致力于解决相当一部分人收入停滞和下降等现实问题的政策。

在开始讨论这些问题之前，我们先来了解一下乔治·威廉姆斯，他住在蒙大拿州，为一个青少年治疗项目工作。早些时候，我们遇到了他 15 岁的女儿艾贝·威廉姆斯，当时艾贝正在读高中，并参加了一个大学储蓄计划。一年后，乔治为其经济困难寻求帮助，我们会在本章中重回他的故事。

聚焦案例：乔治有了进步，但金钱依然是个挑战

十年前，乔治的生活一团糟。他在与债务作斗争。债主们经常打电话来，他都不接电话了。他停止拆信，把信堆在一个箱子里。随着他的血压升高和体重增加，印第安人健康服务中心的一名护士警告说，他必须注意照顾自己。

乔治感到撑不住了，把他的经济压力告诉了护士。护士给了乔治一个公益律师的电话号码。乔治按此打电话，与律师会面，最终申请了破产。这解决了他眼前的经济问题，使他大大松了一口气。他的烦恼还远未结束，但乔治很认真地想要改变自己的生活。他6岁的女儿艾贝对他来说太重要了，他觉得自己为女儿做得还不够。有了改变的动力之后，乔治开始锻炼，并且更加关注自己的健康。

尽管经历了起起落落，但乔治的整体情况还是有所改善。每一年，他的身体和情绪似乎都有所好转，甚至体重也在缓慢下降，血压也得到了控制。他还发现自己善于与人合作，并且愿意帮助那些遇到身心问题的人。他在青年中心的工作很充实，尽管薪水不高，但他多数时候都热爱自己的工作。事实上，乔治仍在努力挣足够多的钱来支付他的开销。在他的职业领域，如果没有更高的学历或文凭，就没有多少提升的空间。

乔治和他的老朋友亨利·马登谈了谈，马登建议乔治去社区家庭服务机构见一个他认识的理财顾问路易丝·德班。亨利了解乔治的过去，他担心这种经济压力可能会导致抑郁并使健康状况恶化。多年来，亨利一直是乔治获得心理稳定的重要来源，所以他采纳了亨利的建议。

乔治与德班约好了时间，但他对会面感到紧张。他害怕德班会告诉他，他花钱太多了，需要削减开支。亨利向乔治保证，路易丝并不评判他人，帮助乔治实现经济目标是她的职责。但是乔治怀疑是否有好的解决办法。他已经在全职工作——事实上，工作时长比全职还长。他真的不认为自己能比现在做得更多，但是他向亨利保证会和德班见面。

工作类型

服务对象可能有几种不同类型的收入。一种是来自正式部门的收入，另一种是来自非正式部门的工作收入。事实上，服务对象通常在这两种部门都有工作。

正式就业部门的工作受劳动法约束。这些职位要求缴纳社会保障、残疾和失业保险（见第7章）。正式就业部门的雇员可以领取小时工资或薪水。许多正式部门的工作提供雇主资助的福利或非工资补偿，如医疗保险和退休储蓄。

然而，越来越多的正式部门工作也不是想象中有福利保障的好工作（Mishel，Bivens，Gould and Shierholz，2012；Stiglitz，2012）。事实上，美国政府估计，2010 年，超过 40% 的劳动力是临时工，其中 8% 的工人从事最缺乏保障的临时工作，如代理临时工、直接雇用临时工、随叫随到工人和零工（U.S. Government Accounting Office，2015）。这些正式部门的工作通常缺乏工资和工时保障、传统的雇主福利以及定期的全职工作安排。这些员工中有许多是自由职业者，他们为 Uber 和 Lyft 等按需提供服务的公司工作（Schreiber，2015）。社会歧视、自身的不利条件和其他因素决定了哪些人群会从事这类工作，这些工作往往缺乏晋升机会或使这些从业者无法建立财务保障（见专栏 6.1）（Lein，Romich and Sherraden，2016）。

专栏 6.1　聚焦政策：2009 年《莉莉·莱德贝特公平薪酬法案》

莉莉·莱德贝特在一家轮胎厂当了 19 年的主管，临近退休时，她了解到自己的薪酬一直低于男性同行。她提起了诉讼。在 2007 年美国最高法院“莱德贝特诉固特异轮胎橡胶公司”一案的判决中，法院限定了员工可以提出涉及赔偿的歧视投诉的期限。虽然陪审团认定她的雇主存在薪酬歧视，但最高法院维持了上诉法院的判决，驳回了莱德贝特的索赔，因为她没有在发现差异后的 180 天内提起诉讼。这一裁决对因工资歧视而追回欠薪的法律诉讼构成了重大障碍。

2009 年，《莉莉·莱德贝特公平薪酬法案》（Lilly Ledbetter Fair Pay Act）终止了这一限制。该法案建立在 1963 年《同工同酬法》（Equal Pay act）的基础上。《同工同酬法》禁止“在相同工作条件下从事需同等技能、努力和责任的工作”的男女之间存在歧视。在考虑薪酬时，雇主还必须考虑工资以外的福利，如奖金、报销账户和保险。此外，雇主可能采取降低一些雇员的工资从而使所有雇员的工资平等的手段来违背该法案（U.S. Equal Opportunity Employment Commission，n.d.）。

另一种类型的工作是非正式部门的工作（有时被称为“地下经济”），它们存在于未注册、逃避监管、不申报收入或纳税的企业中（Venkatesh，2006）。据估计，地下经济的规模约占美国国民经济活动的 8%（Feige，2016），这种类型的工作通常以现金支付雇员薪资。例如，从事发型设计、家庭清洁和家庭维修的人经常以非正式的形式工作。时断时续的工作，如在跳蚤市场卖东西或在夏天油漆房子，通常也是非正式的。非正式部门有时包括专门性工作，如照料儿童或老年人。一些非正式部门的工作是非法的，如卖淫、高利贷、赌博和毒品交易，这就给这类工作增加了很多风险。与临时工一样，许多人在正式经济中面临就业障碍，包括基于性别、种族、族裔、移民身份、残疾或年龄的歧视，这些因素使他们转而从事非正式工作（International Labour Organization，2013）。同时在正式部门和非正式部门工作的中低收入者很常见，他们有时同时从事两份或两份以上的工作。据估计，44%的在职成年人在非正式部门挣钱（Bracha and Burke，2014）。

聚焦案例：路易丝开始与乔治建立信任

在与路易丝的第一次会面中，乔治承认，尽管他之前申请破产了，但他的财务状况仍然紧张，他没有透露太多细节。当路易丝问自己能帮上什么忙时，乔治没说什么。路易丝注意到乔治更愿意谈论自己的体重和健康，而不是钱的问题，于是问他为什么如此。

乔治解释说他不喜欢和任何人谈论个人财务状况。他从小就有这样的认识：人们不去谈论金钱。在他的家里，经济是父母的事。他明白父母在极力保护孩子们不受焦虑的困扰，但乔治和他的兄弟姐妹们一直知道这个家庭处于挣扎之中。乔治回忆说，当他的母亲每个月付账单的时候，气氛真的很紧张。他们可以听到父母深夜为钱争吵。当孩子们要钱时，乔治的母亲总是说没有足够的钱买额外的东西。

路易丝耐心地听着。尽管乔治过去经历过破产，不得不和律师讨论他的财务状况，但他并不愿意透露更多细节。路易丝不执着于乔治的过去，她帮助乔治专注于现在和未来的重要事情。"乔治，"她说，"我知道人们是多么容易陷入财务困境，而当这种情况发生时，许多人发现很难去谈论它。"

又聊了几句之后，乔治觉得路易丝不会因为他的经济困难而责怪他，于是他开始放松下来。路易丝察觉到了这一点，就问他："乔治，你能谈谈促使你今天来这里的原因吗？"

乔治回答："我就是入不敷出。我一直在工作，但是没有足够的钱来支付全部的费用。现在的我比年轻的时候好多了，更有责任感了。我已经竭尽全力，但有时候会感到自己要崩溃了。"

路易丝点点头，承认了他的焦虑："我能看出来你有心事，你能来到这儿交流，我觉得很高兴。现在，我们先不去解决任何问题，请协助我进一步了解你的财务状况，然后我们可以考虑做点什么。"

对雇主和雇员来说，非正式部门的工作有好处也有坏处。非正式部门的雇主规避了遵守劳动法和提供工作福利的一些成本。因为缺乏正规教育或正式部门工作所需的法律文件，工人可能投向非正式部门。他们还可能寻求逃避纳税。但在非正式经济中工作也有缺点。非正式工人缺乏许多劳动保护措施（International Labour Organization，n.d.），比如，无法对雇主的不当行为提出申诉。相比需申报收入和扣缴税款的人，这些工人能拿到手的钱会更多，但他们通常不能享受医疗保险、社会保障和其他福利。

与服务对象一起了解收入流

出于许多原因，与服务对象谈论收入可能会让他们感到不舒服。陷入财务困境的人常常为自己的困境自责。有时，有的服务对象像乔治一样，从小就不谈钱。有关私下收入和税收的法律问题也可能使服务对象感到不自在，这使他们无法谈论钱。

服务者常常发现，他们必须投入时间和建立信任，才能全面了解服务对象的家庭收入。对于像乔治这样的服务对象，服务者需保证他们的财务信息是受到保密的。服务对象可能认为顾问会向当局举报他们不纳税或从事未经许可的工作，可能担心有人会利用他们的财务细节谋取私利。服务对象也可能发现自己很难记住所有的家庭收入来源，他们需要提示，并且需要花些时间才能记住，也可能需要带上记录单以形成一个准确的画面。

聚焦案例：路易丝与乔治探讨收入

在第一次会面中，路易丝得知乔治在一家青年中心做顾问。她问起他的工作，他们聊了一会儿关于社会服务的工作，两人一致认为尽管薪水不是最高的，但这是一个伟大的职业。路易丝很清楚，乔治喜欢他的工作。她问乔治是否还有其他收入。乔治说没有，并解释说他的工作是全职的。

路易丝回忆着自己曾经服务过的个案，猜测乔治和她的许多服务对象一样，不只做一份工作。于是，她用另一种方式问乔治："你还有其他赚钱的方式吗？哪怕是小钱？"

"当然，"他回答道，"我和哥哥在镇上捡柴、砍柴、卖柴。"

"啊，要做的工作真多。还有别的吗？"她问。

"嗯，我卖一些从各处以及拍卖会上收集的小玩意，这赚不了多少钱。但我带女儿们去旧货交换会，我们都玩得很开心。我们去参加就能挣些外快。"

这时，路易丝问是否还有其他项目，乔治补充说，他有自己的方法来降低成本。路易丝请他多提供一些信息。乔治解释说，他会和兄弟一起狩猎和捕鱼，就像他的家族世世代代所做的那样。“确实，”他补充道，“这让我们度过了很多艰难的日子。”

通过这种方式，路易丝现在了解到乔治在正式和非正式部门都有工作。正式工作工资较低，但提供一些工作福利和保障。其他工作没有福利，但能够在经济上补贴生活。路易丝还了解到，非正式工作带来的不仅仅是收入。这些有社会意义的生产性活动把乔治和家人聚在一起。然而，此番讨论也告诉路易丝，乔治确实很拮据，处在经济的边缘。

谈话结束后，路易丝问乔治，下次见面时可否带来一些材料，包括他的工资单。她还想了解乔治是否有资格加入收入支持项目。公共福利提供有形的财务支持，根据她过往的经验，帮助服务对象获得这些支持有助于与服务对象以有形的方式建立信任关系。然而，她对乔治获得收入支持的可能性并不乐观，因为她知道，对于一个有工作的单身男人来说，这样的机会不是太大。

对服务者来说，了解服务对象的工作性质及其与财务状况的关系是很重要的。收入流是规律的、可预测的，还是不规律的、不稳定的？他们有工作福利吗？他们的工资是直接、安全地存入银行账户吗？他们是否为社会保障、医疗保险和特别账户缴费？

为了与服务对象建立信任和沟通，一条指导原则很重要：即使服务对象提到不合法或不道德的收入来源，服务者也要对这一赚钱途径持非评判态度。一般来说，法律不要求服务者报告这些活动，除非怀疑这些途径可能对服务对象或其他人造成伤害。（不过，由于强制性报告指南因专业、事项和管辖范围而异，对于服务者来说，认真研究本专业的强制性报告指南是个不错的办法。）在适当的时候，服务者可以运用专业的判断力处理此类工作产生的影响。另外，服务对象可能已经认真研究过这些问题了。

收入

服务对象提到他们的工资，就表明其从事的是正式部门的工作。服务者可以帮助他们了解自己的收入、纳税情况和员工福利。对这些特征的清晰理解将有助于服务对象管理和最大化收入流。

工资单

服务对象的工资单可以提供有关其财务状况的重要信息。尽管工资单有时以纸质形式发放，但越来越多的人通过网络和手机获取。工资单列出了工资总额、实得工资和在发薪期（通常为 2 周或 1 个月）扣缴的税款。它还可以列出为保险、退休、照料儿童、慈善捐款和其他目的而扣除的金额，所享受福利的金额以及因债款扣押而扣除的金额（见第 17 章）。

工资和薪水

工资总额是扣除税款和其他缴款前的收入总额。实得工资是指雇员在工资总额扣除税款和缴款后可获得的收入总额。所有的工资单都包含这类信息。

税

联邦、州和地方所得税的预扣金额与其他税务信息一起列在工资单上。所有正式部门的雇员都有由雇主代扣的联邦所得税。从雇员工资中扣缴的金额取决于他在 W-4 表格上申请的免税额（见第 7 章）。州税扣缴额因州而异。工资单还列出了社会保障和医疗保险税的预扣金额，这些被列为联邦保险缴款法（Federal Insurance Contribution Act，FICA）缴款。所得税和 FICA 税的预扣金额将报告给 IRS，并在员工的年度纳税申报表中列出。所有的工资单都包含这些纳税信息（见第 7 章）。

保险

如果医疗、人寿或伤残保险费从雇员的工资中被扣除，工资单上会列出这些金额。有些雇主支付某项保险的总费用，但工资单上没有列出。医疗保险费是许多雇员工资单上列出的最大扣除额，其数额取决于雇主的保险金额。大多数工资单会包含这类缴款。

退休金保障扣款

雇员及其雇主也可以为退休金或退休储蓄计划缴费，将其列在工资单上（见第 7 章），并向 IRS 报告。

慈善捐款

如果员工选择定期从其工资中扣除慈善捐款，则该笔捐款的金额也会被列在工资单上，但不会向 IRS 报告。许多工资单不包括慈善捐款的信息。

债款扣押

工资单上的另一项是扣发工资的数额。为了收回所欠的债务，债务催收人可以获得法院判决授予的扣押债务人工资的权利。在这种情况下，催收人在员工的工资到款之前收取其中的一部分（National Consumer Law Center，2013；见第 17 章）。债款扣押不向 IRS 报告。

自助餐式福利计划

自助餐式福利计划是一种由雇主赞助的报销安排，它允许雇员将其总收入的一部分存入指定账户，并将资金用于保险未涵盖的某些费用。自助餐式账户是一种灵活的支出账户，用于支付非处方药和其他不在保险范围内的医疗费用。其他自助餐式福利计划可用于报销某些长期护理、收养、受扶养人护理、人寿保险的费用，甚至可以报销某些递延退休福利（IRS，2015）。对自助餐式福利计划的缴款将报告给 IRS。

与服务对象一起了解他们的薪酬

服务者通过查阅服务对象工资单上的项目，讨论他们及其雇主缴纳了什么项目，以及每一项的金额，帮助其了解自己的收入和福利。服务者还可以讨论服务对象利用雇主可能提供的其他福利的方式。有些雇主为雇员提供医疗、牙科、人寿、伤残和其他类型的保险（见第 15 章）。他们还可能在纳税上省出钱来（见第 7 章）。

一些雇主给他们的雇员提供了一个向退休账户缴款的机会。这些缴款减少了实得工资，对于低收入家庭来说，这可能会迫使他们作出艰难的选择。一些雇主赞助的计划，特别是那些收取高额费用和缺乏雇主配套的计划，是不划算的。然而，一些其他的退休计划是划算的，尤其是如果雇主承担部分费用的话。如果人们负担得起，长期储蓄（包括退休储蓄）是有益的，服务者可以帮助服务对象调研各种选择（见第 10 章和第 18 章）。

聚焦案例：乔治来自工作和其他来源的月收入

在他们的下一次会面中，路易丝和乔治一起查看工资单。乔治的年收入约为 2.5 万美元，每月第一天领工资（见表 6.1）。这份工资单只包括他在治疗中心的正式收入，不包括他的副业收入。

表 6.1 乔治的月工资单（单位：美元）

项目	
每月工资总额	2083.33
联邦税收扣缴	-245.31
社会保障（FICA）	-129.17
医疗保险	-30.21
蒙大拿州代扣代缴税款	-83.00
实得工资	1595.64

注：FICA 指 FICA 税。W-2 备案状态：单身无受扶养人。

他们讨论工资单上的每一项，包括乔治的总工资和实得工资。他们汇总了所有来源的收入数据（见表 6.2）。乔治已经告诉了她有关伐木和交换会的销售情况。路易丝问他是否还有其他收入。

表 6.2 乔治目前的收入（单位：美元）

项目	9月	10月	11月
收入			
劳动收入			
就业工资总额	2083	2083	2083
（减去扣缴和扣除）	-488	-488	-488
就业的实得工资	1595	1595	1593
部落成员收入（IIM）		1395	
其他收入			
伐木 / 跳蚤市场销售	125	145	225
总收入	1720	3135	1820

注：IIM 个人印第安财富，也被称为科贝尔协议，IIM 账户持有人获得定期的损害赔偿存款（见第 3 章）。

乔治问 IIM 付的钱算不算收入。“当然算！”路易丝说。

乔治承认来自联邦 IIM 的款项对他来说是一笔意外之财。他用这笔钱支付了一些逾期账单，因而这实际上对他今年的收入产生了很大的影响。

总的来说，他们得出的结论是，乔治的大部分收入是不规律的，在一些月份比较可观，但在其他月份则不然。由于 IIM 的付款，10 月的情况不错。去年 11 月，他从伐木和交换会销售中获得了额外收入，但大多数月份的情况都不如去年那么好，那正是他陷入财务困境的时候。考虑到乔治的低收入，路易丝想知道是否有一些可以帮助乔治解决这个问题的收入支持项目。

收入支持

来自政府的收入支持福利是中低收入服务对象的另一个重要收入来源。这些福利可以为经济困难的家庭增加收入和资源。不过，这些程序很复杂。政策和资格要求逐年变化。各州的特点不尽相同。美国的收入支持计划分为三大类：社会保险、公共援助和实物支持。

社会保险计划

面向家庭的政府支出中大部分是社会保险。社会保险是指将资金从政府转移到个人身上，这些个人因其在保险体系中的缴款而享有获得相关项目的福利的权利。社会保险包括对老年人、受保职工遗属、残疾、失业、工伤和退伍军人的收入支持，其资金来自社会保障、失业、工人抚恤金和退伍军人等管理系统。

公共援助计划

公共援助计划旨在减轻贫困，通常有一定的准入标准；也就是说，家庭成员只有通过了经济状况调查，才有资格享受这种福利。这一调查要求家庭证明家庭成员的收入和资产均不超过规定水平（见专栏 6.2）。例如，收入调查可能要求受益人的收入低于贫困水平的 200%。2017 年，一个两口之家的联邦贫困水平为 16020 美元，意味着想要享受这种福利，那么这个家庭的收入必须不到这个数字的两倍，即低于 32040 美元。另一个项目可能会将合格线设定为官方贫困水平的 50%，即 8010 美元。有时经济状况调查考虑家庭资产（如汽车和其他财产）的价值。这些具体要求往往很难实现，在特殊情况下，一些资格要求可能会被放弃；因此，建立一个可以了解公共援助计划细节的专业网络是很有帮助的。

专栏 6.2　聚焦研究：预算和政策优先事项中心

预算和政策优先事项中心（CBPP）研究与卫生、食品援助、住房、社会保障和收入支持有关的扶贫政策和方案。它与审查国家预算和政策的国家组织合作。此外，CBPP 还对影响低收入家庭的预算草案和税收政策进行了辩论。

例如，在家庭收入支持方面，CBPP提供了有关贫困家庭临时援助方案的基本情况。它的分析显示，10个州在基本支持方面（包括家庭现金）的项目上花费了不到10%的资金，其余大部分用于其他服务，包括一些与“为低收入家庭提供安全网或工作机会”无直接关联的服务（Schott，Pavetti and Floyd，2015）。

CBPP还监督行政规则的制定过程，并让服务者参与有关变更的讨论。最后，CBPP传播了有关项目影响的证据，以及联邦税收和家庭直接支出更好地支持有孩子的低收入家庭的方式（见第7章）。

其他资格准则可能会按性别、年龄、公民身份、居住地和其他标准来规定，以限制福利。这包括食品、住房、教育、其他基本需求和医疗保险等项目。

实物支持

实物支持计划为特定目的补充家庭收入。它们类似于公共援助项目，因为大多数项目使用经济状况调查或其他标准来确定资格。此类项目包括：

- 就业计划为失业和未充分就业的个人（包括残疾人和青年）提供就业培训和支持，有时还提供直接的公共就业。
- 州和地方提供社会服务，来向某些弱势及脆弱人群（如儿童、家庭、穷人等）提供援助。
- 营养援助计划为低收入家庭、母亲、儿童和老年人提供食物。
- 医疗援助计划为个人和家庭提供保险和直接护理。医疗援助可以是一种社会保险（如为老年人服务的医疗保险）、社会援助（如为低收入者服务的医疗补助）或《平价医疗法案》补贴（见第15章）。还有其他类型的医疗援助，包括通过卫生中心为某些人群提供直接医疗服务。
- 住房援助方案为私营和公共部门的住房提供间接补贴，并为低收入家庭、部落公民、退伍军人和其他人提供能源援助。
- 教育和培训方案为高等教育提供支持，包括贷款和捐赠。
- 退伍军人福利提供教育、住房、退休、医疗和其他支持。特别计划还支持特殊的退伍军人群体，如那些在越南战争、海湾战争及“9·11”事件后的国际冲突中服役的退伍军人。

包括乔治在内的美国印第安部落成员有资格享受收入支持计划，但也可以从印第安事务局和其他联邦机构提供的部落服务中获益。①

这篇简短的概述讨论了为增加家庭收入而提供资金或实物资源的收入支持，但这并不是对这些福利项目的全面介绍。服务者可以了解他们所在州和社区的项目，包括对这里讨论的资源形成补充的私人和非营利项目。还有一些在线资源可用于为服务对象提供福利，如福利银行（Benefit Bank，https：//www the Benefit Bank.org/），该银行提供在线资格筛选工具，并集中了一些福利项目的申请程序，此外还有美国一些城市中经 IRS 认证的纳税援助、国家老龄福利检查委员会（https：//www.Benefits Checkup.org），后者是一项针对老年人的资源（见第 18 章）。

与服务对象合作获得收入支持

与服务对象谈论申请收入支持并不总是那么容易，特别是公共援助项目，因为它们以穷人为目标，所以带有福利的污名。这对一些人来说不是一个障碍，但其他人可能就不愿意或者干脆拒绝申请。服务者应表明他们尊重这些顾虑，同时指出申请福利的潜在好处。重新规划讨论是有效的。一个有用的策略是提醒服务对象，他们在运用过去和将来缴纳的税款为这些援助付费。服务者的另一个策略是关注家庭中儿童或老年人的福祉。此外还可以谈到，现在获得支持会如何帮助家庭聚焦在其长期目标（见第 8 章）。

服务对象通常不太会抵触申请社会保险福利，如社会保障、医疗保险和失业保险。这些项目不会带来什么耻感，因为人们愿意相信自己已经获取了这些福利，而且社会保险项目的财政支持水平高于社会救助项目，申请过程也远没有那么繁琐。与此类似，大多数人认为税收抵免是一种工作回报，是他们应得的。

服务对象有时需要有人协助其申请福利，包括文书工作和申请流程指导。有些人可能需要鼓励，因为他们在过去有过负面的经历：排着长队等待，面对长长的等待名单，填写大量的纸质表格，与粗暴的工作人员打交道，被剥夺本有资格享受的福利，以及被登记上后福利突然被中断（Edin and Lein，1997）。有些服务对象会因项目指南感到气馁，例如求职的要求或反复填写文件。还有一些服务对象需要服务者对他们进行鼓励才能克服这些挑战。在申请社会保障部门残疾福利的人中，只有 38% 的人直接获得批准，有 21% 的人通过上诉程序才最终通过福利审批（Duddleston，Blackston，Bouldin and Brown，2002）。

---

① 更多关于部落服务的信息，请登录 https：//www.doi.gov/tribes/benefits。

聚焦案例：乔治及其家庭的收入支持

到目前为止，路易丝和乔治已经建立了一种信任的关系，乔治和她分享了许多个人财务问题。路易丝有一个公共福利援助的清单，以此来确保服务对象得到他们有资格申请的资助。

首先，路易丝问了关于税收的问题（见第 7 章）。她在考虑乔治能否将三个女儿认定为受扶养人。艾贝现在 16 岁，和她的母亲一起住在米苏拉市。9 岁的玛丽拉和 7 岁的杰纳西与他们的母亲谢丽尔·戈达德一起住在保留地。没有一个女儿大部分时间和他住在一起，所以乔治不能认定她们为抚养对象。然而，路易丝要求乔治带来去年的纳税申报表，以便看看乔治是否有资格获得其他税收抵免。如果他有资格申请，路易丝可以帮他提交一份修改后的申报表，并获得退税。

乔治没有资格从补充营养援助计划（SNAP）中获得食物援助，因为他是一个没有家眷的单身职员。不过，退伍军人事务部提供医疗、教育和住房支持，路易丝因此询问了有关退伍军人的福利。乔治说，下次他去退伍军人管理局所在地米苏拉市看望女儿时，会进一步了解此事。

路易丝停顿了一下，问乔治："你申请过低收入家庭能源援助项目（LIHEAP）吗？"乔治听说过这个项目，但他认为自己不够资格，因为他有工作。"让我们详细了解一下，"路易丝回答说，"即使你的收入太高，无法获得能源援助，我认为你也有资格获得家庭气候状况改善资助，这能让你在蒙大拿寒冷的冬天省下一大笔电费。"

接下来，路易丝询问孩子的抚养费。一个人每月要承担的抚养费与其收入挂钩。乔治的总收入是 2083 美元，在大多数月份，他全职工作（每周 35 小时），而在有些月份他的工作天数较少。他的税后收入不到 1600 美元，其中最大的开销是房子、汽车和女儿们的抚养费。路易丝认为他每月的子女抚养费（414 美元）可能比规定的要高，但乔治坚持认为他必须完全承担女儿们的抚养责任。

路易丝向乔治询问是否享有布莱克菲特印第安人保留地提供的福利。除了 IIM 的付款，他不知道自己是否有资格获得任何其他福利。路易丝做了笔记，她要自己研究一下。

现在，他们认为乔治最好的选择是做更多的副业来增加收入。这是一个短期的策略，而长期的计划是能拿到更高的薪水。要做到这一点，乔治可能需要获得学士学位。

在美国大多数州，目前的公共援助计划申请过程包括使用在线表格、电话系统和其他技术。这些功能减少了在项目办公室等待的时间，但对前来咨询的申请人几乎没有技术支持。服务者可以帮助服务对象应对官僚主义，并在他们气馁时提供支持。

帮助服务对象与家人谈论收入

当服务者与家庭一起工作时，他们应该牢记不同家庭成员所扮演的财务角色，以及影响财务决策的其他因素。家里的大多数财务决策是谁作的？谁负责追踪财务决策，如何追踪？孩子们对家庭收入了解多少？孩子们应该为家庭收入做出经济贡献吗？这些问题往往是敏感的，有时不被讨论。年龄、性别和文化差异是否影响家庭财务的讨论？在这些问题上的观点差异可能是摩擦的根源，特别是在家庭财务紧张的时期。如果这些差异在家庭中造成问题，服务对象可能会给出线索。例如，服务对象可能会开玩笑说，他们和配偶从来没有就金钱问题达成一致；或者说，孩子总是要求购买他们买不起的东西。即使是随意的评论，也可能表明家庭成员在金钱问题上存在冲突。如果出现这样的评论，服务者应探讨家庭成员如何确定财务优先事项并作出决策。如果冲突较严重，且涉及其他家庭关系问题，该家庭可能需要转介去咨询或治疗（见第21章）。

聚焦案例：路易丝帮助乔治启发他的家人设定财务目标

虽然乔治独自生活，自己管理自己的财务，但他对他的三个孩子还是有些经济责任的。他和路易丝谈论他该如何培养孩子对钱的建设性思考。像他的父母一样，他不想让他的孩子担心家庭的经济问题。但随着年龄的增长，他在这方面的观念也在发生变化：他开始相信，孩子们需要向父母学习如何理财，而且父母有很多方法可以在不引起焦虑的情况下传授这方面的知识。事实上，他和路易丝讨论了把孩子纳入涉及家庭目标的财务决策中的方法。

例如，乔治鼓励他的女儿艾贝在学校里找份工作，但规定了她的工作时间，以免妨碍她的学习。在成长过程中，乔治一直认为工作比学习更重要，当他发现工作和学习不能兼顾时，他就退学了。他不想让艾贝犯同样的错误。他认为教育是重中之重。

在路易丝看来，乔治正在以一种建设性的方式处理他的财务问题。尽管遇到了一些挫折，但乔治还是努力工作来维持生活，量入为出，养育他的孩子。但他的低工资让他几乎不可能为孩子的未来和自己未来的经济保障打下坚实的基础。

从她不断增长的个案数来看，路易丝知道他社区里其他人的情况更糟。她的许多服务对象要么失业，要么工作报酬太低，没有任何福利。乔治有目标，并决心改善他的情况，但其他人没有这样的能力及乐观的态度，有些人已经放弃了希望。路易丝没有失去希望，但她想知道自己能做些什么，来帮助这些家庭。

向更高层次发展：转向组织和政策

在20世纪，社会工作者和其他人员在制定、实施和捍卫收入支持政策方面发挥了重要作用（Ehrenreich，2014；Stuart，2013）。尽管新政和“向贫困宣战”期间创造的收入支持政策在20世纪大大减少了贫困，但21世纪收入不平等的加剧，使家庭感到越来越脆弱。即使家庭收入低于贫困水平，他们也比过去更不可能得到公共援助。以现金援助形式获得收入支持的贫困家庭从1996年的68%下降到20年后的23%（CBPP，2016）。

就旨在解决低收入劳动者收入不平等和艰苦工作条件的行动，服务者可以提供宝贵的意见（Lein et al.，2016）。他们可以参与关于最低生活工资、增加最低工资、工资支持和补贴的运动（Tilly，2005）。随着这些运动的开展，一场倡导运动出现了，许多倡导者正带头努力提高低工资劳动者的工资（见专栏6.3）。

专栏6.3 聚焦组织：国家就业法项目

国家就业法项目（National Employment Law Project）与地方、州和国家各级的倡导者和立法者合作，发起了提高最低工资运动（National Employment Law Project，2015）。支持者称，问题在于，2016年联邦最低工资是每小时7.25美元。全职劳动者一年的工资是15080美元，而且工资自2009年以来就没有增加过。该运动指出，按实际价值计算，现在的最低工资比40年前要低：如果将通胀因素考虑在内，1968年的最低工资——每小时1.60美元——

相当于今天的每小时10.90美元，比目前的每小时最低工资高出3.65美元。这意味着，一个拿最低工资的工人现在用其工资购买的东西比1968年的工人少。一项研究估计，该运动提出的“到2020年将最低工资提高到12美元”的建议将直接或间接增加3500多万人的工资，其中包括超过四分之一的美国工人（Cooper，2015）。

该运动在2016年取得了几次成功。几个市之前已提高了最低工资，但当加州宣布到2022年最低工资将提高到每小时15美元（Greenhouse，2016），以及纽约州和新泽西州跟进宣布“15美元最低工资”的计划时，最低工资运动变得更加突出（McKinley and Yee，2016；McGeehan，2016）。

国家就业法项目跟踪美国各地的这类和其他发展。它也是服务者在研究、联合和倡导努力以及其他信息方面的资源。乔治的顾问路易丝·德班在多年与从事最低工资工作的服务对象打交道后，在沮丧之中转向这类资源。她希望能够影响到政策，这些政策使她的所有服务对象受益，并最终认识到提高最低工资是必要的（见第23章）。

除了提高最低工资标准外，还可以通过补充工资来提高中低收入家庭的收入。例如，扩大公众对照料儿童、医疗、交通、食品和其他日常必需品的支持，可以帮助家庭进一步提高工资。最近的一项提案呼吁扩大失业保险，使其覆盖所有低工资劳动者，并提供更多的失业保护（Shaefer，2010）。在下一章中，我们将讨论扩大所得税抵免的努力。

关于扩大服务和资助，一个重要的考虑是福利的便携性，这样人们从一份工作转到另一份工作时，就不会失去医疗保险和残疾保险。便携性是自由职业者或合同工特别关注的问题（Horowitz，2015；Lein et al.，2016）。

另外的建议集中在改善兼职和轮班工人的工作条件上，他们面临着变动的日程安排和波动的收入。每周的工作日程常不可预知地改变，这使得工人很难在管理家庭的同时工作。其中一些提议旨在通过保证足够的工作时间、规定最短轮班时间以及要求对员工待命期间进行补偿，使轮班工作更具可预见性（Lambert，2014）。

劳动力发展建议也很重要。就业培训是帮助人们获得正式部门工作资格和成功的几种方法之一（Holzer，2015）。这些努力往往针对特定群体，如青年、退伍军人或在工作被转移到海外时流离失所的人。

这些政策建议的讨论需要服务者的观点。他们对生活在低工资环境中的人们的真实情况的洞察可以带来有价值的贡献。他们的观点是制定适当、可行的政策和方案的关键。

聚焦案例：路易丝参与了最低工资运动

路易丝在报纸上读到过许多地方为争取15美元的最低工资而开展运动的报道。她认为，加薪将有助于乔治和其他像他这样的服务对象（见专栏6.3）。在网站上，她发现蒙大拿州的最低工资标准比联邦最低工资标准要高，但她知道这个标准对家庭来说还是太低了。

路易丝开始考虑乔治需要为他自己和他的家庭提供什么。她阅读有关最低工资的文章，这些最低工资是估算出来的：家庭需要支付的基本开支，如食物、照料儿童、医疗保险、住房、交通和服装。这些估算考虑了全国各地生活成本的差异（Glasmeier，2015）。这些文章把她引到了一个计算蒙大拿州最低工资的网站：有一个孩子的成年人每小时的工资超过20美元！路易丝估计，乔治一家的最低工资应该是26.25美元（一个有两个孩子的成年人），如果算上他第一次婚姻里的女儿艾贝，就是34.58美元。

路易丝决定加入一个当地的运动，但并没有搜索到。由于不知道该怎么办，她考虑与蒙大拿州的其他人合作，发起一场全州范围内的最低工资运动。在一次社区活动中，她遇到了一名来自蒙大拿州立大学的研究人员，这名研究人员与她一样热衷于在全州范围内开展政策宣传活动。这促成了与当地社区组织工作人员的进一步会议，她了解到，美国社会工作者协会蒙大拿分会的年度会议期间将会举行一个专门会议。她认为这可能是一种开始的方式。

结论

收入经常出现在与服务对象和社区打交道的工作中。服务者可以帮助他们的服务对象解决低收入和不稳定收入的问题，了解这将会带来什么，并最大限度地利用现有资源。但他们也可以努力改变政策和方案，以扩大就业和提高工资。然而，在许多人收入“持平或下降”的时代，建构金融福祉的其他战略也将是必要的（McKinsey Global Institute，2016）。接下来的章节将探讨改善家庭财务状况的其他方法。

探索更多

· 回顾 ·

1. 检查乔治的工资单（见表 6.1）：
   a. 他的收入中减少了什么？为什么？
   b. 他的总收入和实得工资相比如何？
   c. 工资单能告诉你服务对象的情况吗？
2. 本章描述的三个收入支持计划是什么？描述每一种方法以及它对低收入家庭的帮助。在你所在的州，低收入家庭如何符合每一个支持计划的条件？

· 反思 ·

3. 乔治说他不愿意和别人谈论他的财务状况：
   a. 你觉得他为什么这么想？
   b. 你愿意谈论你的财务状况吗？为什么愿意，或者为什么不愿意？
   c. 如果你是路易丝，你会如何接近乔治，了解他不愿意谈论的财务状况？
4. 路易丝在考虑她的服务对象可从事的工作时，她很担心：
   a. 为什么有工作机会，特别是好工作，对一个社区来说很重要？
   b. “好”工作的特点是什么？
   c. 如果找不到足够好的工作怎么办？
   d. 你怎么知道你的社区里有没有好工作？
   e. 如何改善社区居民的就业机会？

· 应用 ·

5. 检查表 6.3 中向社会保障局（Social Security Administration，SSA）报告的乔治的收入：
   a. 这份报告和工资单有什么不同？
   b. 随着时间的推移，你在乔治的记录中注意到了什么样的模式？
   c. 乔治的收入与蒙大拿州家庭收入中位数相比如何（查看 census.gov 网站）？
   d. 你如何使用 SSA 的服务对象收入历史记录？

表 6.3　据社会保障局记录的乔治收入历史记录

乔治的工龄（岁）	社会保障收入（美元）
18	4759
19	14400
20	17280
21	18144
22	19051
23	20004
24	15120
25	7560
26	5670
27	7371
28	16632
29	18295
30	17125
31	16632
32	18137
33	18295
34	21351
35	16864
36	15916
37	17533
38	19067
39	21938
40	22698
41	23803
42	24469
43	还未记录

参考文献

Bracha, A., & Burke, M. A. (2014, December). Informal work activity in the United States: Evidence from survey responses(Current Policy Perspectives No.14-13). Retrieved from http://www. bostonfed.org/economic/current-policy-perspectives/2014/cpp1413.pdf.

Center for Budget and Policy Priorities(2016, August 5). Chart Book: TANF at 20. Retrieved from http://www.cbpp.org/research/family-income-support/chart-book-tanf-at-20.

Chang, M. L. (2010). *Shortchanged: Why women have less wealth and what can be done about it*. Oxford, New York: Oxford University Press.

Cooper, D. (2015, July 14). Raising the minimum wage to ＄12 by 2020 would lift wages for 35 million American workers(Briefing Paper No.405). Retrieved from http://www.epi.org/publication/raising-the-minimum-wage-to-12-by-2020-would-lift-wages-for-35-million-american-workers/.

Duddleston, D. N., Blackston, J. W., Bouldin, M. J., & Brown, C. A. (2002). Disability examinations: A look at the Social Security Disability Income system. *American Journal of the Medical Sciences, 324*(4), 220-226. doi:10.1097/00000441-200210000-00009.

Edin, K. J., & Lein, L. (1997). *Making ends meet: How single mothers survive welfare and low-wage work*. New York: Russell Sage Foundation.

Ehrenreich, J. H. (2014). *The altruistic imagination: A history of social work and social policy in the United States*(Paperback ed.). Ithaca, NY: Cornell University Press.

Equal Pay Act of 1963, 29 U.S.C. § 206(2014).

Feige, E. L. (2016). Professor Schneider's shadow economy(SSE): What do we really know? A rejoinder. *Journal of Tax Administration, 2*(1), 93-104.

Glasmeier, A. (2015). Living wage calculator. Retrieved from http://livingwage.mit.edu.

Gould, E. (2016, March 10). Wage inequality continued its 35-year rise in 2015. Economic Policy Institute. Retrieved from http://www.epi.org/publication/wageinequality-continued-its-35-year-rise-in-2015/.

Greenhouse, S. (2016, April 1). How the ＄15 minimum wage went from laughable to viable. *New York Times*. Retrieved from http://www.nytimes.com/2016/04/03/sunday-review/how-the-15-minimum-wage-went-from-laughable-to-viable.html.

Holzer, H. (2015). Job market polarization and U.S. worker skills: A tale of two middles(Brookings Institution Economic Studies Working Paper). Washington, DC: Brookings Institution.

Horowitz, S. (2015). Freelancers in the U.S. workforce. *Monthly Labor Review*, October. Bureau of Labor Statistics, U.S. Department of Labor. Retrieved from http://www.bls.gov/opub/mlr/2015/article/freelancers-in-the-us-workforce.htm.

Internal Revenue Service. (2015, December 23). Publication 15-B: Employer's tax guide to fringe benefits. Retrieved from https://www.irs.gov/pub/irs-pdf/p15b.pdf.

International Labour Organization. (n.d.). Informal economy. Retrieved from http://www.ilo.org/global/topics/employment-promotion/informal-economy/lang--en/index.htm.

International Labour Organization. (2013). The informal economy and decent work: A policy resource guide supporting transitions to formality. Retrieved from http://www.ilo.org/emppolicy/pubs/WCMS_212688/lang--en/index.htm.

Lambert, S. J. (2014). The limits of voluntary employer action for improving low-level jobs. In M. G. Crain & M. Sherraden(Eds.), *Working and living in the shadow of economic fragility*(pp.120-139). New York: Oxford University Press.

Lein, L., Romich, J. L., & Sherraden, M. (2016). Reversing extreme inequality(Grand Challenges for Social Work Initiative Working Paper No.16). Retrieved from http://aaswsw.org/wp-content/uploads/2016/01/WP16-with-cover-2.pdf.

Lieber, R. (2015). *The opposite of spoiled: Raising kids who are grounded, generous, and smart about money*. New York: HarperCollins.

McGeehan, P. (2016, June 23). New Jersey Senate passes ＄15 minimum wage, setting up clash with Christie. *New York Times*. Retrieved from https://www.nytimes.com/2016/06/24/nyregion/ new-jersey-senate-passes-15-minimum-wage-setting-up-clash-with-christie.html.

McKenna, C., & Tung, I. (2015, September). Occupational wage declines since the Great Recession: Low-wage occupations see largest real wage declines(Data Brief No.1). Retrieved from http://www.nelp.org/publication/occupational-wagedeclines-since-the-great-recession/.

McKinley, J. & Yee, V. (2016, March 31). New York budget deal with higher minimum wage is reached. *New York Times*. Retrieved from http://www.nytimes.com/2016/04/01/nyregion/new-york-budget-deal-with-higher-minimum-wage-is-reached.html.

McKinsey Global Institute(2016, July). Poorer than their parents? Flat or falling incomes in advanced economies. Retrieved from http://www.mckinsey.com/global-themes/employment-and-growth/poorer-than-their-parents-a-new-perspective-on-income-inequality.

Mishel, L., Bivens, J., Gould, E., & Shierholz, H. (2012). *The state of working America*(12th ed.). Retrieved from http://stateofworkingamerica.org/subjects/overview/?reader.

National Consumer Law Center(2013). No fresh start: How states let debt collectors push families into poverty. Retrieved from http://www.nclc.org/issues/no-fresh-start.html.

National Employment Law Project. (2015, January 15). New poll shows overwhelming support for major minimum wage increase: Advocates back federal legislation for ＄12.50 wage [Press release] . Retrieved from http://www.raisetheminimumwage.com/media-center/entry/new-poll-shows-overwhelming-support-for-major-minimum-wage-increase/.

Schott, L., Pavetti, L., & Floyd, I. (2015, October 15). How states use federal and state funds under the TANF Block Grant. Retrieved from http://www.cbpp.org/research/family-income-support/how-states-use-federal-and-state-funds-under-the-tanf-block-grant.

Schreiber, N. (2015, July 12). Growth in the "gig economy" fuels work force anxieties. *New York Times*. Retrieved from http://www.nytimes.com/2015/07/13/business/rising-economic-insecurity-tied-to-decades-long-trend-in-employment-practices.html?_r=1.

Shaefer, H. L. (2010). Identifying key barriers to Unemployment Insurance for disadvantaged workers in the United States. *Journal of Social Policy, 39*(3), 439-460. doi:10.1017/ S0047279410000218.

Stiglitz, J. E. (2012). *The price of inequality: How today's divided society endangers our future*. New York: W. W. Norton.

Stuart, P. H. (2013). Social workers and financial capability in the profession's first half-century. In J. M. Birkenmaier, M. S. Sherraden, & J. Curley(Eds.), *Financial capability and asset development: Research, education, policy, and practice*(pp.44-61). New York: Oxford University Press.

Tilly, C. (2005). Living wage laws in the United States: The dynamics of a growing movement. In M. Kousis & C. Tilly(Eds.), *Economic and political contention in comparative perspective*(143-160). New York: Taylor & Francis.

U.S. Equal Opportunity Employment Commission. (n.d.). Equal Pay Act of 1963 and Lilly Ledbetter Fair Pay Act of 2009(Brochure). Retrieved from https://www.eeoc.gov/eeoc/publications/brochure-equal_pay_and_ledbetter_act.cfm.

U.S. Government Accounting Office(2015). Contingent workforce: Size, characteristics, earnings, and benefits. Washington, DC: Author. Retrieved from http://www.gao.gov/assets/670/669899. pdf.

Venkatesh, S. A. (2006). *Off the books: The underground economy of the urban poor*. Cambridge, MA: Harvard University Press.

第7章　税收和金融脆弱家庭

专业原则：服务者协助服务对象尽量减少应纳税额（在法律允许的范围内），避免服务对象在纳税申报过程中发生不必要的费用。他们还开发社区资源，协助服务对象报税和获得退税，并为提高税收公平性和累进性的政策举措作出贡献。

尽管许多美国人害怕纳税时间的到来，但有些家庭对此还是很期待。对许多人来说，所得税退税是他们每年收到的最大一笔款项，因此这成为最重要的金融交易之一。这些钱可能会让他们能够付账单、购买他们原本无法负担的东西，甚至为将来存钱。尽管如此，申报所得税可能是一件令人恐惧且复杂的事情。一个差错就可能意味着低收入纳税人得不到全额退税，或者缴纳的税款比他们应缴的多。申报所得税的过程也可能导致高昂的费用和不必要的成本。服务者可以帮助服务对象最大限度地享受税收优惠，避免不必要的报税成本。

在这一章中，我们将讨论大多数人必须缴纳的税种。我们将研究如何准备和提交所得税表格，以及如何申请减税和抵免。我们还研究了服务者如何改进地方、州和联邦各级的税收程序。我们首先来关注朱厄尔·默里，她必须第一次由自己报税。正如引言中所讨论的，朱厄尔离开了一段遭受虐待的婚姻。在此期间，她的前夫托德由于先前被捕和对朱厄尔造成严重伤害，被判处一年多的监禁。在家庭暴力庇护所的帮助下，她和3岁的女儿泰勒搬进了过渡住房。朱厄尔正在家庭暴力庇护所的社工莫妮卡·贝克的帮助下，努力重新站起来。

聚焦案例：朱厄尔在金融能力方面的提升

在他们短暂的婚姻中，托德处理了所有的家庭财务，包括纳税申报单。尽管朱厄尔工作并纳税，但托德声称，对朱厄尔来说，报税“太复杂”了。在某种程度上，避免理财让朱厄尔松了一口气，因为她在寄养家庭长大，对理财了解不多。儿童福利机构开设了一门关于独立生活的课程，内容涉及财务问题，但她几乎不记得课程内容（National Resource Center for Youth Development，2014）。在结婚之前，她挣的钱太少，不需要报税。她从来都不知道填写纳税申报表格需要哪些信息，也不知道如何报税。但她知道很多人在 1 月底或 2 月拿到退税。然而，让朱厄尔感到困惑的是，为什么一些收入相近或孩子数量相同的朋友得到的退税不同，有的人甚至还要补缴税款。

现在，在过渡住房，朱厄尔开始准备独立生活。她的社工莫妮卡正在帮助她了解自己的财务状况，莫妮卡最近还鼓励朱厄尔参加由相关机构提供的金融教育课程（Silva-Martínez et al.，2016）。朱厄尔很兴奋，因为莫妮卡说她今年有资格申请退税。她希望把这笔钱存起来，以支付她和泰勒搬出去后第一个月的房租和押金。尽管朱厄尔很兴奋，但她也担心托德会发现她在没有他的情况下申报了所得税，或者托德会收到她纳税申报所需的文件。过去，托德利用他们的财务状况来控制她，但现在，她承担了所有个人财务任务中最难的一项：纳税申报。她提起诉讼，称泰勒是她的受扶养人，这在财务上对她有助益，但也可能让她遭到托德的报复。

税的种类

联邦、州、县、市，甚至市政府都要收税。在联邦一级，财政部下属的 IRS 负责收税并执行税法。在州和地方一级，税务机关或税务部门监督税收的征收和执行。各种不同的税的支付方式、征收者和资金去处都存在差异。常见的税种如下：

- 所得税是对工作所得或企业经营所得征收的税。为他人工作的人的所得税通常会由雇主从工资中代扣，然后交给政府以支付他们的所得税。[①] 为自己工

① 除联邦税外，大多数州还征收州所得税。（七个州——阿拉斯加州、佛罗里达州、内华达州、南达科他州、得克萨斯州、华盛顿州和怀俄明州——没有州所得税。）一些市或县政府也有某种形式的所得税。

作的人（所谓的自雇者）也有责任定期缴纳税款，即使他们没有正式的工资单。

• *工资税*，和所得税一样，是从每月工资单中扣除的，有时被称为 FICA 税。个体经营者也支付这些费用。FICA 税用于支付社会保障、医疗保险和其他社会保险计划。

• *资本利得税*是对出售的资产（如房屋或投资）增值征收的税。这些通常是在计算所得税的过程中支付的。

• *财产税*是对房地产和其他个人财产（如房屋、土地、汽车、礼物和遗产）的估价征收的年度税。

财产税尽管可能会由其他各级政府征收，但大多数是由地方政府征收的，用于支持学校和其他服务。州和地方政府通常要求居民在年度申报中列出所有应税财产，并利用这些申报根据所列财产的评估价值生成年度税单。美国没有联邦财产税。

• *销售税*不是在联邦一级征收的，而是在人们购买某些商品时由州、县和市征收的。有些州免除某些商品的销售税，如食品或药品。

准备所得税申报表

人们基于*应税收入*（年收入减去所有免税收入）缴纳所得税。上一年度的应税收入是编制和提交纳税申报表的重要部分。通常，每个家庭都会提交一份申报表，但在某些情况下，人们也可能会单独申报税款。无论是以个人还是以家庭为单位提交，都有两个主要步骤：

（1）确定*总收入*，即所有来源的总收入。在正式部门工作的员工在年底会收到 IRS 的 W-2 表格。W-2 表格中包括雇员的年收入、预扣税、FICA 税以及其他由雇主收集并报告给 IRS 或城市相关机构的信息。①

（2）计算*调整后总收入*，即总收入减去免征额和某些税款减免额。

免征，指允许纳税申报人在计算所得税时忽略一定数额的收入。老年人或有某些残疾的人可以免征更多的收入。

*税收减免*是指在计算应纳税额前，减去免征部分后所有收入的加总，从而降低应税收入。在联邦所得税规则中有许多税收减免措施。为了简化纳税申报

① 总收入不包括人寿保险收入、大多数员工福利和部分社会保障福利。企业或自雇职业所得可算作应税所得，但通常以不同的方式核算。

程序，IRS 允许人们申请标准扣除额或分项扣除额（IRS，2015d）。

- 标准扣除额是一个固定数额，在减去所有免征部分后从总收入中扣除。根据纳税申报人的不同，标准扣除额的大小也不同。

- 分项扣除额是指不采取统一的扣除额，而是人们跟踪和记录某些支出，如住房抵押贷款利息支付、医疗费用、慈善捐款、工作费用和其他费用。IRS 要求人们能够证明这些费用的数额和时间。大多数人只有在他们能够提供文件并且金额大于标准扣除额的情况下才会进行分项扣除。

大多数纳税申报人要求使用标准扣除额，而不是一项项地列出分项扣除额（IRS，2015c）。标准扣除额对人们来说更容易管理，因为它不需要记录费用，且使纳税申报更加简单。

经修正的调整后总收入与调整后总收入类似，但前者包括更多的调整。比如，加回某些扣除额，如学生贷款利息和某些退休供款，以及应税社会保障收入（IRS，2011）。

联邦所得税的申报过程包括将该年度雇主报告的金额与 IRS 报告的金额相匹配。雇主根据雇员填写的表格（通常在雇佣开始时填写），即 W-4 表格，向 IRS 和 FICA 代扣代缴税款。此表格显示雇员的受扶养人数量，以及他们是单独申报（称为单身）还是有配偶或伴侣（称为已婚），或双方是否分别申报。W-4 的受扶养人津贴越多，被扣缴的收入就越少。

表 7.1 显示了每周工资为 200 美元至 600 美元的个人的联邦所得税扣缴额。工人的津贴越多，从每周工资中扣除的税款就越少。例如，一个每周收入为 500 美元（约 12.50 美元 / 全职每小时）的工人，没有津贴的话，将会被扣缴 60 美元的联邦所得税。同样一个工人，持有给两个受扶养人和他（她）自己的津贴，即有三份津贴，扣缴额会降到 25 美元。

表 7.1　基于每周工资的个人联邦所得税扣缴额

	津贴数量						
每周工资	0	1	2	3	4	5	6
200 美元	16 美元	8 美元	1 美元	0	0	0	0
300 美元	30 美元	19 美元	11 美元	3 美元	0	0	0
400 美元	45 美元	34 美元	22 美元	13 美元	5 美元	0	0
500 美元	60 美元	49 美元	37 美元	25 美元	15 美元	7 美元	0
600 美元	74 美元	62 美元	50 美元	39 美元	27 美元	16 美元	8 美元

资料来源：Internal Revenue Service（2017），IRS Publication 15，p.49。

联邦所得税的申报包括计算从每个人的工资中扣缴了多少钱，并确定这是否足以支付当年应缴的实际税款。如果已扣缴的税款少于应缴税款，纳税人必须缴纳税款以弥补应缴税款的差额。如果纳税人已经超额支付税款，IRS会将退还纳税人多支付的款项，即退税。不是每个人都必须提交联邦所得税表格。只有少量收入的人可能不需要提交当年的联邦所得税申报表（IRS，2015d）。

聚焦案例：朱厄尔了解税收

朱厄尔参加了莫妮卡建议的金融教育课程。在课堂上，老师蒂法尼要求每个人下一节课时把自己的工资单带到课堂上。

作为一名餐厅服务员，朱厄尔每小时挣3.75美元，外加小费，这是缅因州“给小费工人”的最低工资。① 有了小费，她平均每小时能挣12美元（尽管有时要少得多）。她的周薪是307.69美元。在蒂法尼的协助下，朱厄尔估算，她的年收入为14400美元，包括小费。

但是，和蒂法尼一起查看工资单这件事提醒了朱厄尔，她的收入水平可能赶不上她的支出（见表7.2）。她知道当自己住在过渡住房里时问题不大，但她越来越担心，当她和泰勒搬出去单独生活时会发生什么。

表7.2 朱厄尔本周的工资单（单位：美元）

	金额
每周总收入	307.69
联邦税扣缴	-30.65
FICA	-19.47
医疗保健	-4.46
缅因州州税扣缴	-9.00
实得工资	244.11

朱厄尔问蒂法尼有没有办法提高她的实际工资。蒂法尼说，她也许可以减少所得税的数额。蒂法尼提醒朱厄尔她开始在餐厅工作时填写的W-4表格，并问朱厄尔申请了多少份津贴。“记住，”蒂法尼说，“你申请的受扶养人

① 这个金额因州而异。联邦最低标准为每小时2.19美元（U.S. Department of Labor，2016）。缅因州要求“给小费工人”每小时至少得到7.25美元的报酬；如果加上小费达不到这个金额，雇主必须补足差额。

津贴越多，你的每份工资中被扣除的税款就越少。如果你没有给泰勒申请一笔津贴，你可能被扣得太多了。”

朱厄尔不记得她在表格上写了什么。蒂法尼鼓励她查查是否在W-4表格上为泰勒申请了津贴。蒂法尼告诉朱厄尔，如果没有，她可以填写一份新的W-4表格，填上泰勒，并把它交给公司里的工资经理。然后，她的雇主将减少从每份工资中扣缴的税款。“这将减少你明年的退税金额，但会让你在每一张工资单上多一点钱。”蒂法尼解释说。

“这会有帮助的。”朱厄尔说，“但我肯定会错过大额退税的！”蒂法尼提醒她，实际退税金额不会改变，会改变的是她能什么时候从中受益。每次发工资时的多余的钱是重要收入，可以在费用发生时支付，不过有些人更喜欢一次就拿到更大的退税支票。“这取决于一个人的生活状况和目标。”蒂法尼说。

申请税收抵免

对于低收入家庭来说，几项税收抵免可以大幅度减少应缴税款。税收抵免（tax credits）不同于税收减免（tax deductions）。税收减免减少了应缴纳所得税的收入额。税收抵免是实实在在地减掉了应纳的税额，因此相应地为纳税人提供了更多的储蓄。

税收抵免可以退还，也可以不退还。可退还的税收抵免使纳税人获得的回报超过了他们应缴税款的总额。换言之，可退还的税收抵免额可以使应缴税款低于零。如果金额超过纳税人应缴税款，则差额作为退税被退还。如果纳税人已经获得退税，则可退还的税收抵免额将被添加到现有的退税中。这样，可退还的税收抵免对符合条件的低收入家庭是一种帮助。大多数税收抵免是不可退还的税收抵免，这意味着它们将应纳税额减少为零，但不会退还超出的部分。

例如，在表7.3中，我们可以看到收入为40000美元的单身申报者的预扣税、应税收入、应纳税款和退税。由于没有减免或抵免，该纳税人的联邦所得税总额为4448美元。因为纳税人扣缴了4536美元（计算方法见表7.1），所以有88美元的退税。

表 7.3 根据税收优惠的变化，一个收入为 40000 美元的单身所得税申报者应缴税款（单位：美元）

	没有扣税或抵免	5000 美元分项扣税	5000 美元超额扣除	5000 美元不可退还	5000 美元可退还
联邦预扣所得税	4536	4536	4536	4536	4536
应税收入	29650	29650	24650	29650	29650
应缴税款	4448	4448	3698	—	（464）
退税	88	88	839	4536	5000

注：估值基于作者的计算。

5000 美元的税收减免减少了应纳税的收入额，将应缴税款减少到 3698 美元，并将退税增加到 839 美元。5000 美元的税收抵免不会降低应税收入，但会抵免待缴的所有所得税，使应付税款总额为零，退税额为 4536 美元。换言之，与从应税收入中同等数额的税收减免相比，税收抵免使得实际应纳税额减少更多。可退还的抵税额更为有利，因为纳税人可以抵免任何税款，并可以保留所有超出的抵税额。在这种情况下，退税现在是全额 5000 美元。税收抵免，特别是可退税抵免，为中低收入纳税人提供的退税要比税收减免大得多。

由于中低收入家庭的收入往往会低于应纳税的最低收入水平，因此他们往往有资格获得可退还的税收抵免，这意味着，税法会结构性地使他们受益。撇开可退还抵税额的诸多好处，重要的是，要注意获取这些抵税额的资格的规则大体上是重叠的，但又有所不同，这可能会造成混淆。下面是一些例子。

所得税抵免

所得税抵免（EITC）是一种可退还的税收抵免，通过提供财务激励（达到一定的收入水平）来奖励工作。它是基于报告的收入、报税情况和受扶养子女的数量计算出来的。图 7.1 显示了按收入水平划分的 EITC。在本例中，没有收入的纳税人不会收到 EITC。随着收入的增加，每多挣 1 美元，EITC 会越来越高，然后 EITC 福利金额逐渐减少，再次降至零。因此，EITC 的规则在中等收入水平下产生了更大的收益，但其收益会随着收入接近更高水平而减少。最大的 EITC 福利是针对有三个或更多孩子的夫妇，最小的是针对没有孩子的单身人士。有些州，但不是所有的州，提供适用于州所得税的州 EITC（见专栏 7.1）。

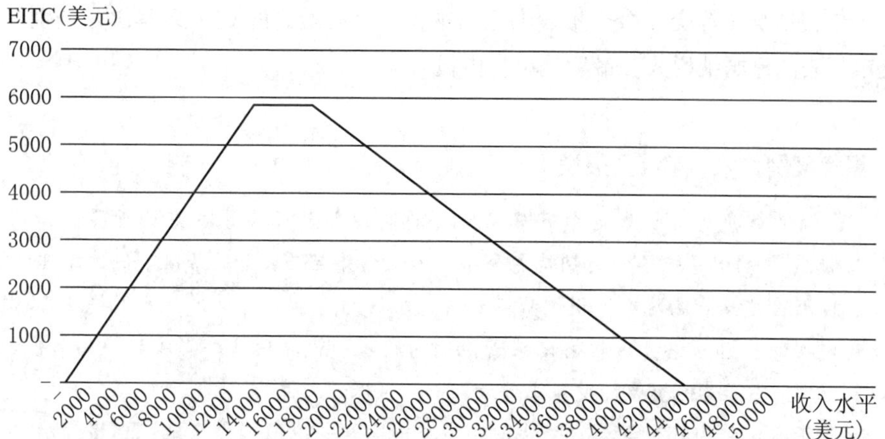

图 7.1　2015 年按联邦所得税单身申报人和两个受扶养人的应纳税所得额计算的 EITC 金额

资料来源：IRS，n.d.，https：//www.irs.gov/credits-deductions/individuals/earned-income-tax-credit/eitc-income-limits-maximum-credit-amounts-next-year。

专栏 7.1　聚焦政策：州 EITC

截至 2016 年，共有 26 个州拥有州 EITC。这些州的倡导者正在努力扩大该州的 EITC，或使其更加慷慨。州 EITC 税收优惠政策的慷慨程度因收入水平或受扶养人的数量而异。一些州提供可退还的税收抵免；其他州则不提供（CBPP，2015）。没有州 EITC 的 24 个州的倡导者正在努力说服州立法机构修改州税法，使之包含州一级的税收抵免。

在安妮 · E. 凯西基金会的支持下，"工作家庭税收抵免网"为州一级的行动提供了资源。它以州联盟的案例研究为特色，并提供了一个指南，以了解有效的 EITC 活动的趋势。它还有一张 50 个州的资源地图，上面有州 EITC 工作的最新新闻、研究和政策发展。服务者可以了解立法过程，找到资源材料，并了解其他倡导者。

儿童税收抵免

儿童税收抵免（CTC）是针对 17 岁以下受扶养儿童的部分不可退还的税收抵免。申请抵免的儿童必须是美国公民或居民，且与纳税人有关，如是其子女、继子女、养子女、侄女、侄子或孙辈。纳税人为相关儿童提供一半以上的经济资助，儿童与纳税人共同生活满一个纳税年度的，可以申请抵免。与 EITC 一样，CTC 随着收入的增加而逐步减少，但其所基于的收入水平要高得多，这取决于申报情况（提交联合申报表的已婚纳税人享有最高的CTC，其次是分别提交申报表的已婚纳税人，最后是单身申报人）。

聚焦案例：朱厄尔准备报税

新年假期过后，朱厄尔开始从餐厅的同事那里听到更多关于所得税和“税收季”的消息。尽管她期待着今年的退税，并在蒂法尼的帮助下仔细整理了自己的档案，但她对报税过程感到害怕。她的雇主告诉员工，他们将在几天内收到W-2表格，该表格记录着他们的收入和代扣税款。当收到表格时，朱厄尔把它和其他重要的财务文件放在一个特殊的文件夹里。

在她的金融教育课上，蒂法尼给了全班同学一份他们提交纳税申报表时需要的文件清单。蒂法尼建议朱厄尔和她的同学向他们的雇主和金融机构确认他们登记的地址是最新的。蒂法尼告诉学生，自己不能为他们完成纳税，但是，根据一些信息，她可以帮助他们了解，他们可能有资格获得什么。蒂法尼问了他们几个问题：（1）他们收到的W-2表格上的总收入是多少？（2）他们还有其他收入吗？（3）他们有多少受扶养人？

朱厄尔在她的W-2表格上看到，除了政府福利，她上一个年度的唯一收入来源是工作收入。她的W-2表格上有一个标有“专栏1”（工资、小费、其他报酬）的部分。W-2表格的另一个部分被标记为“专栏2”（联邦所得税扣缴）。根据这一信息，蒂法尼告诉朱厄尔，她应该有资格同时申请联邦EITC和CTC。她还将有资格申请缅因州的EITC，它是联邦EITC的5%。她只有一个受扶养人——泰勒。但蒂法尼告诉她，根据她的收入，她也应该有资格获得1000美元的联邦CTC。蒂法尼向朱厄尔解释说，她的退税将有几千美元。

这是朱厄尔拥有过的最大一笔钱。她急于尽快完成她的纳税申报表。蒂法尼告诉全班同学要小心地准备报税。准备报税有很多选择，既可以自己动手，也可以使用商业报税人。蒂法尼还说，有些地方会为低收入者或老年人免费填写纳税申报表。她为班级提供了一份由IRS资助的社区免税申报项目清单。

儿童和受扶养人照料抵免

儿童和受扶养人照料抵免是不可退还的抵免。这项税收抵免允许纳税人抵销照料子女、配偶或受扶养人的主要开支，使他们能够返回工作岗位或延长工作时间。因此，日托或夏令营的费用是被接受的，但不包括私立学校的学费或在申报人正常工作时间以外的时间的日托费用。这里的抵免对象必须与纳税人同住半年以上、年满 13 周岁，或者身体、精神不能自理。该抵税专门用于正式的、现场的照顾，而不用于偶尔由配偶或亲属负责的婴儿照管和照顾。抵免不覆盖所有费用，因为它是不可退还的，只为纳税人提供一些益处。为了申请抵税额，纳税人必须填写一份特殊的 IRS 表格（IRS 表格 W-10 表格，抵免对象的身份和证明），其中报告符合条件的照料提供者的姓名和地址（IRS，2016a）。

纳税申报

人们通常使用 IRS 每年制作的表格来报税。虽然每年都会有细微的细节变化，但表单都有标准的标签和编号。例如，一种最常见的表格被称为两页的 1040“美国个人所得税申报表”，另一种是一页的 1040-EZ 表格，它和较长的 1040 表格相比更简单。1040-EZ 使得低收入纳税者很容易申请税收抵免。

纳税申报表的主要功能是提供一种方法，使向 IRS 报告的收入和纳税额与纳税人自己的信息相一致。这主要是通过纳税人的社保号码来追踪的。纳税人也需要配偶或受扶养人的姓名和社会保障号码来备案。没有资格获得社保号码的移民或外国人可以使用 IRS 发布的个人纳税人识别号码（ITIN）纳税（IRS，2015a）。九位数的 ITIN 用于代替社保号码，仅用于税务目的，不用于就业。想获得 ITIN 的服务对象通常会在第一次报税时提交申请。

所得税申报季从 1 月开始，这时 IRS 公布纳税申报人用于填写上一年度申报表的表格。为了避免罚款，纳税申报人必须在截止日期前（通常是 4 月 15 日前）邮寄（以邮戳为准）或电子提交（也被称为“e-filed”）申报表。一般来说，希望获得大额退税的人倾向于在 2 月初提交申请，而那些要缴税的人则往往捱到临近提交申请的截止日期。

电子申报的便利性使其非常受欢迎，2013 年，超过 90% 的人提交了电子申报表（IRS，2015c）。软件或在线报税服务简化了这一过程，因为它要求纳税人以简单的语言提供信息，并自动计算所有公式。通过电子提交的纳税人可以通过电子银行转账或邮寄纸质支票支付税款。纳税人可以通过电子方式将收到的退税存入银行账户，或存入 IRS 提供的借记卡，或寄送纸质支票。纳税人只应将退税存入其名下的有权限使用的账户。不建议纳税人使用另一个人的银行信息，因为一旦资金进入账户，实际获得资金的过程就可能变得复杂。

在填写纳税申报表时，人们可以使用免费软件准备自己的纳税申报表，与商业报税人合作，或到社区里由 IRS 设立的免费站点完成报税。

免费网上报税

今天，大多数人在网上报税，这是报税和收到退税的最快方式。IRS 估计，90% 的在线报税和等待退税的人在不到 3 周的时间内就能收到退税（IRS，2017c）。大约 70% 的纳税人有资格使用 IRS 免费文档（IRS Free File）（IRS，2017a），并获得有品牌的、易于使用的免费软件。那些由于收入太高而不符合申请免费文档资格的人，以及那些能够轻松准备自己的申报表的人，可以使用免费文档填报表格（Free File Fillable Forms），即带有内置计算器的电子版 IRS 纸质表格（IRS，2016b）。

商业报税人

超过一半（56%）的申报人在 2013 年的申报表中使用了收费的报税人（IRS，2015c）。报税人每次报税通常收取 150 美元至 500 美元不等的费用，他们一般位于方便的地点，周末和晚上营业。然而，商业报税人的成本和质量各不相同。一些报税人试图向服务对象销售他们不需要的附加服务。例如，尽管 IRS 通常可以在几天内处理退税付款，但一些商业报税人会推销短期贷款，纳税人可以立即获得退税，而这些退税预期支票相当于一笔高成本的短期贷款（见第 4 章）。如果服务对象使用收费的报税人或自行完成报税，就不太可能有问题（Slemrod，2007）。

免税申报点

VITA 志愿站点由 IRS 设立，并提供免费的一对一援助，帮助中低收入纳税人获得联邦和州的申报表（IRS，2016c）。针对老年人的税务咨询（TCE）站点类似，但针对 60 岁及以上的成年人（不考虑收入）。这些站点通常在 1 月至 4 月提供税务申报和协助的服务（IRS，2016c）。VITA 和 TCE 站点的志愿者接受 IRS 认证的培训，该培训包括如何避免有关受扶养人申报的问题，以及其他税务申报的关键方面。VITA 站点可能只准备在其“专业范围”内考虑的所得税申报表，纳税人最好提前打电话确认站点是否可以申报不常见的收入类型（如租金收入或版税）。

IRS 有一个在线“定位”工具，服务对象可以使用它来查找最近的 VITA 或 TCE 站点，网址为：http://IRS.treasury.gov/freetxprep/。许多其他组织也提供援助和转介服务，包括地方联合福利机构（United Way agencies）、美国退休人员协会（AARP）和工作家庭税收抵免（TCWF）联盟的社区伙伴。

低收入纳税人诊所帮助纳税后遇到问题的纳税人。指导中心提供与IRS的税务纠纷（而不是州一层面的事务）的代理服务。他们教导低收入者和那些母语不是英语的人作为纳税人的权利和责任。指导中心的工作人员有正式员工、学生和志愿者，其中还有律师。服务是免费或低成本的，包括协助审计、上诉、征收事宜、联邦税务诉讼和其他纠纷（IRS，2015b）。

错误和更正

人们在纳税时可能会犯错误，包括计算EITC的错误。多达四分之一的EITC纳税申报表有填写错误（Hathaway，2015）。常见的错误包括重复计算收入和受扶养子女被夫妻双方重复申报。即使他们使用的是注册代理的专业报税人，即接受IRS监督的训练有素的报税人，纳税人也要对报税信息负责。重要的是，纳税人应仔细、全面地审查报税表中的错误或遗漏信息，特别是当退税或余额与申报人预期或过去收到的不同时。尽管可能存在“只为完成”的压力，或者纳税申报人不愿意继续这一过程，但错误的后果对申报人来说可能是严重且长期的。

IRS发现错误时，会联系纳税人，详细说明纠正过程。IRS可能会将申请表退回报税人，并可能因此延迟退税。当纳税人收到过高的EITC付款时，他们必须连本带利退还这笔款项。IRS在未来很多年间都可能审查和审计申报表，因此纳税人应将至少3年的申报表安全存放。虽然很少见，但也存在纳税人伪造信息或实施欺诈的情况（Blumenthal，Erard and Ho，2005）。涉嫌故意欺诈的纳税人，会被处以罚款、监禁，并丧失未来获得税收抵免的资格。其代价可能是昂贵的，尤其是如果法律费用叠加罚款和欠税的话。

聚焦案例：朱厄尔提交了她的纳税申报表

朱厄尔想寻求帮助她缴税的服务，但不想付费，所以查询了蒂法尼在最后一节金融教育课上提供的VITA站点列表，想找到离自己最近的一个。起初，她担心VITA站点是否会有志愿者，想知道商业报税人是否更可靠，所以朱厄尔在课堂上问蒂法尼，VITA站点是否真的可靠。蒂法尼告诉全班同学，VITA站点的志愿者接受了40小时的特殊培训，很多人在会计等专业领域工作过。蒂法尼还向她保证，许多志愿者年复一年地与VITA站点合作。

正如蒂法尼向全班同学解释的："所有VITA志愿者都必须通过IRS的在线认证考试。他们真的能搞定这件事。"她说："去年9万多名志愿者准备了近400万份报税表。"

在VITA站点，朱厄尔发现志愿者们友好、乐于助人、行动迅速。由于她提前打电话确认了要带什么文件，所以在周六早上一个多小时内就可以进入报税现场。她与志愿者一起查看1040表格。在志愿者的帮助下，她以电子方式提交了纳税申报表。帮助她的志愿者说，朱厄尔随身带着所有正确的文件，真的很不一样。朱厄尔很惊讶，她在VITA站点的体验是快速和愉快的，她特别高兴节省下了使用商业报税人的费用。

服务者的角色

服务者有很多方法可以直接帮助他们的服务对象，协助其准备和完成报税。他们还可以与联盟的同事合作，以增加获得税收抵免的机会，促进税收的公平和公正。

促进报税

服务者直接与服务对象合作，以尽量减少他们应缴的税款，并使他们最大限度地获得退税。他们通过确保服务对象了解所得税要求和准确填写所有表格所需的文书工作，来达成这一目标。服务者帮助服务对象识别潜在的税收减免和抵免。他们还可以帮助服务对象避免不必要的费用和报税费用。除了直接行动外，服务者还可以参与地方联盟，以促进纳税时的金融能力和资产建设。

对服务者来说，跟进有关所得税的新信息非常重要，包括新的纳税表和工作表。除了查找IRS发布的信息外，一些税收联盟，如TCWF网站，也提供了易于理解的信息（见专栏7.2）。

专栏7.2　聚焦组织：工作家庭的税收抵免

工作家庭税收抵免（TCWF）是由安妮·E.凯西基金会赞助的一个网站，向中低收入家庭和服务于他们的专业人士提供税收方面的信息，网址为：http://www.taxcreditsforworkingfamilies。该网站的目标是教育和告知工作者关于州和联邦税收抵免的重要性，同时也帮助人们参与这些项目的推广。该网站还保留了一份所有IRS赞助的免费报税VITA和TCE地点的列表。TCWF网站提供了有关EITC、CTC和其他抵免的详细信息，还有各州提供的税收抵免，以及正在进行的州或联邦立法的详细信息。

倡导者可以在TCWF网站上找到资源，为社区提高对所得税抵免的认识提供信息。服务者可以找到有关推广税收抵免最佳做法的信息，以及如何将公职人员和倡导者聚集在一起，支持税收抵免使用的扩大。它提供了宣传信息的支持材料和实例，并列出了各州鼓励中低收入家庭享受州一级所得税抵免的宣传组织。

服务者还可以促进其社区的纳税人援助。许多服务对象不知道免税援助。服务者可以倡导全年免费的税务援助，也可以参与组织推广负担得起的银行账户，使他们更容易、更安全地存入退税（见第4章），或者建议他们与报税人讨论某些税务优惠，这些优惠适用于纳税，也可以在未来几年有助益。

聚焦案例：朱厄尔的税务情况变得更加复杂

当朱厄尔开始思量，一旦纳税申报顺利通过，她将如何处置她的退税时，她感到很兴奋。然而，在VITA站点提交纳税申报表的第二天，VITA站点协调员打电话告诉朱厄尔，IRS因为她的社保号码有问题而拒绝了电子申报。报税点的质量审查协调员对这些数字进行了复核，尽管它们是正确的，但还是有一些内容向IRS提示了风险。几天后，朱厄尔收到了IRS的一封信，这封信吓坏了她。信中表明，有人已经用她女儿的社保号码报税了。朱厄尔对此感到十分困扰。

朱厄尔和她所在的庇护所的社工莫妮卡一起，试图弄清楚发生了什么。托德已经报税，并声称泰勒是他的受扶养人。她知道托德没有合法的权利将泰勒认定为受扶养人，因为他没有和泰勒一起生活至少一半的纳税年度。因此，根据IRS的规定，泰勒不是托德的合法受扶养人。

朱厄尔的害怕是可以理解的。这份通知让人觉得她好像做错了什么，或者这可能会导致一次大范围的审计。莫妮卡建议朱厄尔立刻打电话给IRS。她向朱厄尔保证，“理顺这些事应该不会太难”。在等待了近一个小时后，IRS的一名工作人员告诉朱厄尔，她必须提交另一份表格。“你会在收到的信中找到分步骤的说明，”IRS的工作人员解释道。IRS的工作人员会和朱厄尔一起回顾解决因认领受扶养人而产生的冲突的程序。虽然IRS的工作人员说自己不能提供具体的建议，但她向朱厄尔保证，如果后者遵循IRS的程序，这是可以解决的。

朱厄尔希望尽快解决这一切。她在电台上听到“1-800”号码的广告，她可以打电话求助该号码能帮她“搞定 IRS”。莫妮卡警告说，这些服务会对她自己能做的事情收取很高的费用。她提醒朱厄尔，她没有一点过错，托德仍然在利用她。她鼓励朱厄尔听从 IRS 的指示，IRS 会处理托德，但朱厄尔很紧张——这可能会使托德发疯，后者可能会因“被告发”而报复自己。莫妮卡提醒朱厄尔她的安全计划。托德和他的家人朋友都不知道她住在哪里或在哪里工作。既然托德不管怎样都会对很多事情生气，朱厄尔决定去冒触怒托德的风险，但她还是感到很害怕。

倡导有利于低收入家庭的税收政策和方案

服务者不仅要了解如何帮助服务对象申报、尽量减少应缴税款、申请所有可用的税收优惠，还要了解弱势家庭的税收负担。除了与服务对象个人合作外，服务者还可以参与倡导一个更好的、支持低收入家庭的税法的活动。要了解如何做到这一点，服务者就必须在税收收入（revenues，人们必须支付的税收）和税收支出（expenditures，人们不必支付的税收）之间做出重要的基本区分。

税收收入

一般来说，累进税政策有利于低收入家庭。（回顾：累进性是我们的指导原则之一；见引言。）累进税是指随着收入的增加，纳税人按比例支付更多的税款。例如，25000 美元的收入可能按 10% 的税率征税，但超过 25000 美元的收入可能按 25% 的税率征税。换言之，在累进税政策中，低收入纳税人支付的税率较低，而高收入纳税人支付的税率较高。累退税意味着较高收入家庭支付的比例不高于较低收入家庭。例如，FICA 税是递减的，因为每个人支付相同的比例，在一定的收入水平之后，FICA 根本不收税。累退税意味着税收负担更重地落在低收入人群身上。

特别是销售税，它具有很强的递减性。所有家庭都必须把钱花在基本消费上，但对于低收入家庭，基本消费可能会占用他们所有的收入。高收入家庭缴纳的销售税税率相同，但相对于他们的收入，他们对销售税的贡献比低收入家庭少。事实上，低收入家庭缴纳的销售税在收入中的占比几乎是高收入家庭的 8 倍（Institute on Taxation and Economic Policy，2015）。

税收支出

除了提倡更多的累进税外，服务者还可以提倡在州和联邦一级更公平地分配税收支出。*税收支出*是指通过税法发生的政府支出。税收支出与政府直接收益具有相同的效果，只是其产生的机制不同于政府直接支付某项活动的费用（Economic Policy Institute，2010）。例如，EITC是一种税收支出，而不是以公共援助付款的形式向劳动者提供的补贴，EITC通过提供可退还的税收抵免来提供补贴。事实上，EITC现在是支持低收入美国人的最大社会项目之一（Halpern-Meekin，Edin，Tach and Sykes，2015）。

减税、免税和豁免是最大的税收支出（CBPP，2016）。然而，高收入纳税人在税收支出中所占比例过高，这导致一些人说，"每个人"，尤其是富人，都在"享受福利"（Abramoviz，1983）。这是因为对于退休和拥有住房的人来说，他们可获得税收支出，高收入纳税人获得84%的退休税收支出和70%的住房所有者支出（Steuerle，Harris，McKernan，Quakenbush and Ratcliffe，2014）。低收入家庭受益较少，因为他们的税率很低；他们欠的所得税很少，而且他们经常不逐项列出他们的税收减免。其结果是，当前的公共政策更倾向于让高收入者受益的税收支出，而不是让低收入者受益的税收支出。

某些税收支出改革可能使低收入美国人受益。可能的改革包括：（1）使可退还的税收抵免更加容易被获得和更加慷慨；（2）对基本必需品提供越来越多的免税和豁免；（3）重新设计累退税支出，使其也有利于低收入家庭。

使可退还的税收抵免更容易被获得和更慷慨

分享受扶养子女监护权的纳税人不能在一个纳税年度内分享EITC。只有监护父母可以申请EITC，除非在某些限制性的情况下。在联邦一级，EITC可以改变，它允许共同监护的父母既要求EITC，也获得与其监护协议相等的份额。

对联邦EITC的另一项改革将允许家庭在全年内按月分期领取退税，而不是一次性领取一大笔退税（Halpern-Meekin et al.，2015）。这样，家庭可以平衡他们的收入流，并有额外的资金用于每月支出。

在州一级，有更多的州可以提供更慷慨的州EITC。[①] 与需要申请和资格标准复杂的公共援助计划不同，像EITC这样的计划并没有污名化受益人，而是

---

① 州税收抵免汇总表参见http：//www.ncsl.org/research/labor-and-employment/earned-income-tax-credits-for-working-families。

使援助更容易获得。目前没有 EITC 的州可以增加该项计划，有 EITC 的州可以为人口较多的家庭和高收入水平的居民提供更慷慨的福利（Williams，2016）。

当提供这种选择时，一些纳税人认为他们的退税是一个储蓄的机会（见专栏 7.3）。更多的州可以允许家庭将退税分成两部分，其中一部分用于储蓄（见第 9 章）。低收入家庭在报税时很重视将一部分退税放入基本储蓄账户的机会（Beverly，Tufano and Schneider，2006）。

专栏 7.3　聚焦研究：退税储蓄

研究表明，低收入家庭将 17% 的 EITC 退税进行储蓄，尽管他们将剩余的大部分退税用于购买耐用品，但他们也提前还清债务和支付账单（Halpern-Meekin et al.，2015）。在“储蓄退税计划”（Refund to Savings Initiative）中，研究人员和开发报税软件 Turbo Tax 的 Intuit 公司合作研究低成本、简单易行的方法，鼓励人们将一部分退税进行储蓄。Intuit 公司为低收入纳税申报人提供了一个在线免费版本，该版本嵌入了一个储蓄机会，并已在研究中使用。学术研究人员和私营软件开发商之间的合作旨在鼓励纳税人存下部分退税（Covington，Oliphant，Perantie and Grinstein-Weiss，2015）。纳税人在确定退税金额后，就被策略性地要求储蓄。早期的调查结果显示，大约一半的受访者有兴趣将部分退税进行储蓄。这项研究还重点关注了访问账户的问题以及对更简单的储蓄方式的需求（Grinstein-Weiss，Tucker，Key，Holub and Ariely，2013）。

扩大对低收入美国人的税务免除和税务豁免

税法可以更好地反映经济现实，即低收入家庭挣的每一美元几乎都花在食品、住房和医疗保健等基本项目上。所得税法规中规定更高的免税额有助于家庭保留更多的收入用于支付生活费。在州和地方一级，减少或取消食品、服装和医疗保健的销售税减轻了销售税对低收入家庭的累退性影响。豁免某些购买行为会增加每个人的预算，但这对低收入消费者有很大影响，因为他们的收入中用于支付销售税的比例较高。在地方一级，免征租金所得税和降低低收入家庭的财产税，可以使这些税收更具累进性（Institute on Taxation and Economic Policy，2015）。

重新设计税收支出以惠及低收入家庭

奖励低收入家庭进行储蓄和拥有住房的税收支出的行为，将更有可能实际增加退休储蓄和住房拥有量（Weller and Ghilarducci，2015）。通过允许纳税人无需逐项申报扣除额，并将税收支出限制于价值较低的住房或较低收入水平等举措，更多低收入家庭将受益（Toder，Austin，Turner，Lim and Gesinger，2010）。

结论

所得税退税使低收入纳税人能够通过偿还债务、购买必需品，甚至储蓄来平衡其财务状况。然而，这些家庭面临着障碍，可能会被这一过程压垮。服务者可以发挥重要作用——教导纳税人了解税收制度、申报选择、所得税退税以及储蓄的好处。通过这些角色，服务者使服务对象能够获得并最大限度地提高他们的税收优惠。服务者还可以参与地方、州和联邦一级的倡议，以改进税收制度，使服务对象受益。进行政策宣传十分必要，目的是使税收制度更加有利于各种家庭建立资产和财务安全。

探索更多

· 回顾 ·

1. 一个家庭可能要向州政府或联邦政府缴纳的四种税是什么？列出每种类型的税，并说明每种类型必须由谁支付，以及如何收取。
2. 你有一个服务对象，他第一次申报联邦和州所得税，他不知道如何申报：
   a. 在他报税之前，手头需要什么文件？
   b. 他有什么途径自行报税？每种选择的利弊是什么？
3. 你的服务对象听说过税收抵免和税收减免，但不确定如何进行：
   a. 税收抵免和税收减免有什么区别？
   b. 对中低收入家庭来说，哪一个在经济上最有利？

c. 什么是可退还的税收抵免与不可退还的税收抵免，哪一项对低收入纳税人更有利？为什么？

· 反思 ·

4. 纳税可能是一种压力很大的经历：

a. 考虑纳税或填写所得税表格会让你感到焦虑或有压力吗？为什么会，或者为什么不会？

b. 你可以用什么策略来帮助别人，使他们对报税过程感到更舒服？

· 应用 ·

5. 使用朱厄尔的纳税申报表（图 7.2）完成以下问题：

a. 朱厄尔的调整后总收入是多少？

b. 朱厄尔为联邦所得税扣了多少钱？够了吗？

c. 朱厄尔收到多少退税？为什么？

d. 你能给朱厄尔提些什么建议来帮她至少省下一部分退税？

☐ 她有 14400 美元的 W2 收入（她的雇主报告）

☐ 她有一个受扶养人。

☐ 她付了 4928 美元的联邦税。

☐ 她的申报状态是“单身”。

收入

7. 工资、薪水、小费等	14400
8a. 应纳税利息	0
9a. 普通股息	0
10. 资本利得	0
11b. IRA 分配（应税）	0
12b. 养老金（应税）	0
13. 失业金或阿拉斯加永久基金	0
14b. 社会保障福利（应税）	0
15. 从第 7 项到第 14b 项相加。这是你的应纳税收入	14400

调整后总收入

16. 教育费用 0
17. IRA 扣减 0
18. 学生贷款利息扣除 140
19. 学杂费 850
20. 第 16 行到第 19 行加总。这些是你的全部调整金额 990
21. 用第 15 行数据减去第 20 行数据。这是你调整后总收入 13410

税收抵免和付款（表格背面）

22. 从第 21 项输入 AGI 13410
23a. 如果出生于 1952 年之前，请输入 1（否则为 0） 0
23b. 如果为盲人，则输入 1（否则为 0） 0
23c. 加总 23a 和 23b 框 0
24. 输入您的标准扣除额 6300
25. 用第 22 行数据减去第 24 行数据。如果第 24 行多于第 22 行，请输入 0 7110
26. 豁免。用 4000 美元乘以第 6 行的免税额 8000
27. 用第 25 行数据减去第 26 行数据。如果第 26 行大于第 25 行，请输入 0。这是你的应纳税所得额 0
28. 税收［见查找表（Lookup table）］ 0
29. 预付税款抵免还款（表格 8962） 0
30. 加总第 28 行和第 29 行
31. 儿童及家属照顾费用抵免（表格 2441） 0
32. 老年人或残疾人抵免（附表 R） 0
33. 教育抵免（表格 8863） 0
34. 退休储蓄供款抵免（表格 8880） 0
35. 儿童税收抵免（附表 8812） 1000
36. 加总第 31 行到第 35 行。这些是你的总抵免额 1000
37. 用第 30 行减去第 36 行。如果第 36 行大于第 30 行，请输入 0 1000
38. 医疗保健个人责任（如果有全年保险，请填写 0） 0
39. 将第 37 行和第 38 行相加。这是你的全部税额 0

付款和信贷

40. 从表格 W-2 和 1099 中扣缴的联邦所得税 4928

41. 预计纳税额	0
42. 所得收入抵免（EIC）(见查阅表）	3373
43. 附加儿童税收抵免。如果第 37 行为 0，请在第 35 行输入金额	1000
44. 美国机会抵免（表格 8863）	0
45. 净保费税收抵免（针对 8962）	0
46. 加总第 40 行到 45 行。这些是你的总付款	9301
退税	
47. 如果第 46 行大于第 39 行，则用第 46 行减去第 39 行。这是你多付的钱	9301
48. 第 47 行的数据为你希望退还的金额	9301
49. 明年申请的金额	0
欠缴金额	
50. 欠缴金额。如果第 39 行大于第 46 行，则用第 39 行减去第 46 行	0
51. 估计的罚款	0

图 7.2 朱厄尔 · 默里纳税表（2017 年版）(单位：美元）

参考文献

Abramovitz, M. (1983). Everyone is on welfare: The role of redistribution in social policy. *Social Work, 28*(6), 440-445.

Beverly, S., Tufano, P., & Schneider, D. (2006). Splitting tax refunds and building savings: An empirical test. In J. Poterba(Ed.), *Tax policy and the economy*(pp.111-162). Cambridge, MA: MIT Press.

Blumenthal, M., Erard, B., & Ho, C. C. (2005). Participation and compliance with the Earned Income Tax Credit. *National Tax Journal, 58*(2), 9-213.

Center on Budget and Policy Priorities. (2015). *State earned income tax credits*(Policy Basics Report). Retrieved from http://www.cbpp.org/research/state-budget-and-tax/policy-basics-state-earned-income-tax-credits.

Center on Budget and Policy Priorities. (2016, February 23). Policy basics: federal tax expenditures. Retrieved from http://www.cbpp.org/research/federal-tax/policy-basics-federal-tax-expenditures.

Covington, M., Oliphant, J., Perantie, D., & Grinstein-Weiss, M. (2015). *The volunteer income tax preparer's toolkit: Showing clients why tax time is the right time to save*(CSD Toolkit No.15-56). St. Louis, MO: Washington University, Center for Social Development.

Economic Policy Institute. (2010, October 21). Federal budgeting for retirement security: Tax expenditures are entitlements: Focus on retirement. Retrieved from http://www.economicpolicyresearch.org/images/docs/retirement_security_background/Schwartz_tax_ exp_backgrounder.pdf.

Grinstein-Weiss, M., Tucker, J., Key, C., Holub, K., & Ariely, D. (2013). Account use and demand for tax-refund saving vehicles: Evidence from the Refund to Savings Experiment(CSD Research Brief No.13-13). St. Louis, MO: Washington University, Center for Social Development.

Halpern-Meekin, S., Edin, K., Tach, L., & Sykes, J. (2015). *It's not like I'm poor: How working families make ends meet in a post-welfare world*. Oakland: University of California Press.

Hathaway, J. (2015, September 22). Tax credits for working families: Earned Income Tax Credit(EITC). National Conference of State Legislators. Retrieved from http://www.ncsl.org/research/labor-and-employment/earned-income-tax-credits-for-working-families.aspx.

Institute on Taxation and Economic Policy. (2015). Who pays? A distributional analysis of the tax systems in all fifty states. Retrieved from http://www.itep.org/whopays/.

Internal Revenue Service. (n.d.). 2016 EITC income limits, maximum credit amounts and tax law updates. Retrieved from https://www.irs.gov/credits-deductions/individuals/earned-income-tax-credit/eitc-income-limits-maximum-credit-amounts-next-year.

Internal Revenue Service. (2011). Ten facts about the Child Tax Credit (IRS Tax Tip 2011-29). Retrieved from https://www.irs.gov/uac/Ten-Facts-about-the-Child-Tax-Credit.

Internal Revenue Service. (2015a, October 27). General ITIN information. Retrieved from https://www.irs.gov/individuals/general-itin-information.

Internal Revenue Service. (2015b, December). Low income taxpayer clinic program report. Taxpayer Advocacy Service. Retrieved from https://www.irs.gov/pub/irs-pdf/p5066.pdf.

Internal Revenue Service. (2015c). Statistics of income: 2015 tax statistics(Publication No.4198, Rev.7-2015). Retrieved from https://www.irs.gov/pub/irs-soi/15taxstatscard.pdf.

Internal Revenue Service. (2015d）. Your federal income tax: For individuals(Publication 17). Retrieved from https://www.irs.gov/pub/irs-pdf/p17.pdf.

Internal Revenue Service. (2016a, February 5). Child and Dependent Care Credit(Tax Topic No.602). Retrieved from https://www.irs.gov/taxtopics/tc602.html.

Internal Revenue Service. (2016b, February 5). Free file: Do your federal taxes for free. Retrieved from https://www.irs.gov/uac/Free-File:-Do-Your-Federal-Taxes-for-Free.

Internal Revenue Service. (2016c, February 17). Free tax return preparation for qualifying taxpayers. Retrieved from https://www.irs.gov/Individuals/Free-Tax-Return-Preparation-for-You-by-Volunteers.

Internal Revenue Service. (2017a). IRS Free File launches today; Offers more free Federal and free state tax software options. Retrieved from https://www.irs.gov/newsroom/irs-free-file-launches-today-offers-more-free-federal-and-free-state-tax-software-options.

Internal Revenue Service. (2017b). Employer's supplemental tax guide(Supplement to Publication 15, Employer's Tax Guide). Retrieved from https://www.irs.gov/pub/irs-pdf/p15a.pdf.

Internal Revenue Service. (2017c). What to expect for refunds in 2017. Retrieved from https://www. irs.gov/refunds/what-to-expect-for-refunds-this-year.

National Resource Center for Youth Development. (2014). A financial empowerment toolkit for youth and young adults in foster care. Child Welfare Information Gateway. Retrieved from http://www.acf.hhs.gov/cb/resource/financial-empowerment-toolkit.

Paul, K. (2016, December 17). Domestic violence leaves hidden scars and financial ruin. *MarketWatch*. Retrieved from http://www.marketwatch.com/story/domestic-violence-leaves-hidden-scars-and-financial-ruin-2016-11-23.

Silva-Martínez, E., Stylianou, A. M., Hoge, G. L., Plummer, S., McMahon, S., & Postmus, J. L. (2016). Implementing a financial management curriculum with survivors of IPV: Exploring advocates' experiences. *Affilia, 31*(1), 112-128. doi:10.1177/0886109915608218.

Slemrod, J. (2007). Cheating ourselves: The economics of tax evasion. *Journal of Economic Perspectives, 21*(1), 25-48. doi:10.1257/jep.21.1.25.

Steuerle, C. E., Harris, B. H., McKernan, S. M., Quakenbush, C., & Ratcliffe C. (2014). Who benefits from asset-building tax subsidies? Opportunity and Ownership Initiative Fact Sheet, Urban Institute. Retrieved from http://www.urban.org/sites/default/files/alfresco/publication-pdfs/413241-Who-Benefits-from-Asset-Building-Tax-Subsidies-.PDF.

Toder, E., Austin, M., Turner, K., Lim, K., & Gesinger, L. (2010). Reforming the Mortgage Interest Deduction. Washington, DC: Urban Institute. Retrieved from http://www.urban.org/research/publication/reforming-mortgage-interest-deduction.

U.S. Department of Labor, Wage and Hour Division. (2016, January 1). Minimum wages for tipped employees. Retrieved from http://www.dol.gov/whd/state/tipped.htm.

Weller, C. E., & Ghilarducci, T. (2015). Laying the groundwork for more efficient retirement savings incentives. Center for American Progress and The New School SCEPA. Retrieved from https://cdn.americanprogress.org/wp-content/uploads/2015/11/17071405/RetirementIncentives-report.pdf.

Williams, E. (2016, January 19). States can adopt or expand Earned Income Tax Credits to build a stronger future economy. Washington, DC: Center on Budget and Policy Priorities. Retrieved from http://www.cbpp.org/research/state-budget-and-tax/states-can-adopt-or-expand-earned-income-tax-credits-to-build-a.

第 8 章 价值、目标和支出计划

专业原则：服务者帮助服务对象以体现其价值观和目标的方式管理支出。这需要服务者深入了解金融脆弱家庭的经济生活。通过他们的工作，服务者还可以深入了解政策和项目可支持家庭作出有效财务决策的方式。

管理家庭支出，通常被称为做预算，大多数人发现这个话题难以讨论。他们可能会认为，预算和支出计划只是为了削减他们喜欢的东西，或者仅仅是一种迫使他们做出不想做的艰难财务权衡的方式。服务对象可能会觉得包括服务者在内的很多人会对他们的支出决策提出批评。此外，谈论预算可能会让服务对象想起他们为之后悔的曾经的决定，或是想起自己未能很好地赚钱和理财。

因此，即使谈论服务对象的支出似乎是一个合乎逻辑的开始，与新服务对象合作的服务者也应该避免从“预算”开始。更容易成功的方法是从服务对象的价值观和目标开始。服务对象想要实现什么目标？支出计划和预算是帮助人们实现目标的工具，这些目标将使他们能够以改善财务状况的方式实现自己的价值观。

当服务对象获得管理支出的工具时，他们就会建立起储蓄、偿还债务和规划未来的能力。这并不是说服务对象不知道他们的资金流向何处，而是这些工具给了他们一种安排支出和产生愿景的手段。在本章中，我们将讨论如何与服务对象就价值观和目标进行建设性讨论，然后规划支出决策。计划支出、理财和运用策略作出购买决策是取得进展的重要组成部分。本章讨论管理常规的、可预测的开支，以及计划和实施周期性的、较大规模的采购。与服务对象的有效合作还要求服务者了解自己与服务对象之间在财富观、财务目标方面的差异。最后，本章探讨消费者保护在服务对象财务安全中的作用。

我们首先来关注乔治·威廉姆斯，他关心的是如何维持每个月的收支平衡。他和财务顾问路易丝·德班多次会面，讨论了增加其收入的方法（见第6章）。现在他开始探索可能减少开销的方式，开销对乔治来说是个沉重的负担。

聚焦案例： 乔治的价值观和目标

正如我们在第6章中看到的，乔治信任路易丝，并愿意讲出目前的经济状况，表达他的沮丧。乔治告诉路易丝，他已经失去了希望，并说："我想我还是放弃一天三餐吧。"由于担心乔治的无力感越来越强，路易丝语气平静地要求他多说一些。

乔治：就是太让人崩溃了。我们上次也谈到过，即使有工作，我仍然在担心欠了多少钱，而孩子的抚养费也在折磨着我。我就是做不到。我什么都试过了，削减开支、做计划、一切……

路易丝：我知道，你在努力工作以维持收支平衡，有时候，确实钱不够花。把更多的注意力放在"你认为我们的合作会对你有何帮助"上，可能对你有所助益。能谈谈你最重要的财务目标吗？

乔治：我不确定。我是说，我想我是有目标的。我的孩子最重要，但是当我不能付账单的时候，（实现这个目标）就很难了，钱实在是太少了。

路易丝：太好了，孩子让你将关注点聚焦。我知道有时候钱不够。但是，如果可以的话，让我们多谈谈你的目标。你能告诉我，几年后你想达到什么目标吗？

乔治：我听说过一种在网上借钱的方法，那样我就可以支付所有的账单。你听说这件事了吗？

路易丝：是的，我们肯定会在某个时候谈谈那些信贷优惠，我相信付掉全部账单的感觉会很好，我能体会到那种感觉是很棒的。但首先，我们能不能先退后一步，谈谈一两年后你想成为什么样子？这将帮助我更好地了解你有哪些可能的选择，以及我可以怎样帮助你。

乔治：为什么要搞得这么麻烦?！除了付账单，我没有足够的钱做别的事，我甚至都付不起账单。

路易丝：乔治，我真的听到你在说什么了。你在努力应付所有的账单，听起来真的很疲惫，但我知道，为了你的孩子而不停地努力是多么重要。你还想再考虑几个办法吗？

他们继续交谈。路易丝的上述回应表达了对乔治的金钱焦虑的担忧和关切，以及对他所付出的努力的认可，但路易丝要引导他去表达生活中重要的东西。路易丝的目标是让乔治明确自己的目标是什么，同时她意识到，这么多年的困苦使他很难说出自己的目标，因为这些目标现在看来是无法实现的。不过，路易丝也知道，目标就是帮助他制定并坚持财务计划的动力。路易丝试图让他专注于自己做得好的方面、能改进的方面，以及实现自己的目标和活出自己的理念的方式。

在支出和预算方面与金融脆弱的服务对象合作

在与寻求经济帮助的人合作时，回顾指导原则中的这两点十分重要：当服务者避免对服务对象的支出决策做出价值判断时，他们会更加成功；花时间真正了解服务对象将为预算方案提供指引。

首先，保持对服务对象支出的非评判态度是提供有效指导的关键。服务对象经常为自己的财务问题感到羞耻和尴尬。他们害怕别人认为这是他们自己造成的。这不难理解，长期以来，人们总是把穷人的贫困归咎于他们自身，而态度和政策往往反映了这一点（Ryan，1971；Shildrick and MacDonald，2013）。对被批评的恐惧可能会使服务对象不愿意讨论他们的支出。在他们看来，这样做可能会导致有人出来告诉他们该如何花钱。因为服务对象会将此类讨论解读为对其财务选择的直接批评，所以对于服务对象要依靠如此微薄而不稳定的收入去面对生活中那些真实且重大的挑战，保持相当的同理心，对服务者来说是很重要的。

其次，在找到预算解决方案之前，服务者必须花时间尽可能多地了解服务对象及其家庭的财务状况。人们的花钱方式有很多成因，支出反映了他们的经济和社会环境、文化影响和成长经历（见第 20 章）。除了了解历史、经济和政治现实（见第 2 章和第 3 章），了解文化如何影响支出决策（见专栏 8.1）也是服务者文化胜任力的重要组成部分。

专栏 8.1 文化和支出

传统、语言、家庭价值观、寻求帮助的传统和宗教可能会影响人们对金钱和支出选择的态度（Ruth and Otnes，2015）。有时，服务对象会避免与服务者讨论他们的文化信仰如何影响支出决策，因为他们认为服务者可能不认同或不理解。发现和讨论文化影响可以帮助服务对象了解是什么因素在影响他们的行为。事实上，服务对象的信仰和支出决策有时会让服务者感到惊讶，但了解这些偏好和选择的背景很重要。服务对象可能会强烈地感觉到一些支出选择的重要性，与此同时，他们可能更倾向于改变其他选择。不管怎样，在有重要文化意义的项目上的花费可能会反映在家庭的预算中。以下是一些现实中可能出现的、文化对支出产生影响的例子：

- **成人礼（quinceañiera）**指的是年轻女孩的15岁生日，这个节日起源于拉丁美洲一些地区，标志着年轻女性的转变。这是一个仪式性的活动，由年轻女孩的家庭主办并支付费用（可能是昂贵的）。
- **“什一税”**是将家庭收入用于宗教和慈善捐赠的承诺（通常设定为10%），在一些宗教信仰中是一种习俗。
- **朝觐**是一种宗教责任，身体健全的穆斯林一生中要前往沙特阿拉伯的麦加做一次朝圣。
- **孝道**是家庭成员互相照顾的义务，特别强调年轻一代对年长一代的照顾。在许多亚洲文化和其他文化中，子女要确保老年父母得到良好的照顾。

最后，根据自决原则，服务者应鼓励服务对象作出体现其个人和家庭价值观的选择。这样的讨论可能很困难，但可以让服务对象更好地控制支出。通过使服务对象对财务状况的理解与其财务价值观和目标相一致，他们可以作出更有效的决策。在开始帮助服务对象设定财务目标之前，我们转回路易丝，她正在使用一个简单的绘画练习，鼓励乔治思考他的目标。

聚焦案例：乔治的财务价值观和目标

路易丝试图让乔治放松，并专注在他的目标上（North Dakota State University，2003）。路易丝让他画一幅图画，展示他希望自己的生活在一年后会是什么样子，五年后会是什么样子。因为很难描绘出“削减开支”的财务目标，路易丝鼓励乔治描绘出生活目标。思考、画画和分享是一种强大的工具，它可以激发人们的洞察力，而这些洞察力可能很难仅仅通过对话产生。一旦服务对象制定了自己的目标，下一步就是探索这些人生目标的财务含义。

路易丝知道，有经济困难的人往往很难预见未来，甚至很难预见不远的将来，因为他们忙于日常生存，而不是憧憬一年后将要发生的事情。对未来的思考可能会让人不安，但乔治并不觉得那么困难。他只是很惊讶，因为很少有人问过他的目标。他起初犹豫了一下，说："我是个糟糕的艺术家！"但最终画了放在桌子上的食物。他停下来想想，把它擦掉，把纸翻过来，重新开始画。他在画中描绘了三个幸福健康的女儿，她们住在漂亮的房子里，还去上学。家里其他人都围绕着她们。他添加了一张自己戴着毕业帽、穿着毕业礼服的画面。

乔治解释说，尽管他把事情搞得一团糟，但家庭对他来说意味着一切，他试图给他们所需要的一切。他正在努力工作以扭转生活。他越是投入工作，感觉就越好，但他无法设想这种感觉能持续下去，因为缺钱，他已经有太多个月没有足够的钱来支付账单了。

路易丝一边说话，一边注意到对乔治来说最重要的事情：孩子的福利、为家人做些自己能做的事，以及成为其大家庭的一分子。这些目标将共同构成他们财务工作的基础。路易丝想帮助乔治达到这样一个境界：他可以专注于实现这些目标，而不会觉得自己在财务上被"淹没"了。路易丝的计划是帮助乔治认识到自己的优势，并开始为自己的长期目标制定短期行动步骤。

尽管乔治很乐意谈论自己的困难和抱负，但当路易丝让他更详细地谈论他的开支时，他却不说话了。路易丝回忆起他在之前的一次会面中谈到，他的父母从来没有和他及兄弟姐妹谈论过财务决策（见第 6 章），因此路易丝询问他的成长经历是否让他很难谈论支出。他耸耸肩，微笑着说："也许是这样……他们没有和我们这些孩子谈论这些，父母给我们唯一的消费建议是'钱不长在树上'。"

但这只是其中的一部分。乔治告诉路易丝，他对自己的处境感到尴尬，担心每个人都会知道他的经济困难。路易丝向他保证，未经他允许，自己绝不会分享任何信息，而且对每个人来说，理财都是困难的。路易丝告诉他："这不会影响到你；事实上，你能达到现在的水平，已经表现出了你的足智多谋和创造力。你可能觉得自己可以做得更好，但你还有很多事情要做。"慢慢地，随着乔治更多地觉察到自己为什么对金钱讳莫如深，他开始与路易丝一起写出一些涉及财务困境的细节。

设定财务目标

每个人都倾向于关注短期而不是未来的计划。当人们知道自己应该做某事

（如节食和锻炼）时，他们就会拖延，之后又希望自己能坚持到底。这种短视被称为“即时倾向”（present bias）。在财务问题上，即时倾向的一个主要例子是，人们发现在现在消费比为将来储蓄更容易（O’Donoghue and Rabin，2015）。这是一种自然的人类反应，而不是只影响陷入财务困境的人。

财务目标通过为财务决策提供一个框架，帮助人们专注于最重要的事情，是提供自我激励和自我察觉的一个来源，有助于矫正“即时倾向”。当人们要么没有目标，要么看不见目标时，就会出现财务问题。对日常财务的控制感是财务状况良好的标志（Ratcliffe，2015）。不可避免的是，人们必须对支出（或不支出）作出艰难的决定，这会使他们在短期内感到有压力或经济困窘。当这种情况发生时，服务者可以提醒服务对象有关他们的长期目标，今天的艰难选择将在以后得到回报。在这个过程中，有一系列的资源（见专栏 8.2）可以起到帮助作用。

专栏 8.2 聚焦研究：合作推广中心提供“在艰难时期理财”的帮助

服务者可以利用联邦政府资助的合作推广中心的个人金融网站，找到基于数据的实用资源，帮助金融脆弱的家庭作出支出决定。主题包括衡量金融健康的调查问卷、制定财务计划的课程材料以及评估所承担的财务风险的工具。它为年轻人和成年人提供了许多个人理财主题的自选模块，如儿童和金钱、消费者教育和金钱情感。

例如，“在艰难时期理财”模块提供了大量的资源，帮助人们在家庭经济困难时学习积极的理财技巧。内容包括正视感受、应对压力、保持沟通的开放性，以及教导儿童应对技能，如帮助青少年考虑如何帮助家庭。

该网站指出，研究显示，收入大幅下降的家庭往往在很多个月内都不会调整家庭支出。它提供了如何成功进行调整的实用指导，包括当收入下降时减少压力的资金管理方法。网站上的资料可以帮助人们评估首先要支付哪些账单、找到低成本的家庭活动、决定如何腾挪出钱来并赚更多的钱，以及在食品消费上精打细算（Extension，n.d.）。

当人们确定他们想要达到的具体目标并制定实现目标的计划时，改变行为的可能性更大（Gollwizer and Paschal，2006）。为每一步确定明确步骤和最后期限是很重要的。目标和执行计划成为一个框架，即使遇到了挫折，人们也能应对新的挑战。

制定支出计划

一旦服务对象确定了他们的财务目标和价值观，服务者就可以和他们一起开始制定计划，即使是有些尝试性的。这包括三个步骤：（1）跟踪当前支出，（2）对支出进行分类，以及（3）创建支出计划。

跟踪支出

无论是穷人还是富人，很少有人能准确地了解自己的日常开支。跟踪所有的家庭支出——从大到小的支出，通常是充满启发的。捕捉所有流出家庭的资金流，包括观察使用现金、支票、汇票、预付卡、自动扣款、在线交易以及使用智能手机、平板电脑或其他移动应用程序时发生的交易。跟踪几天或一周的支出可以捕捉到一些家庭支出（但不是所有），因为有些支出发生在其他几周或几个月。因此，人们还必须考虑长期费用（如按月交的租金、按季度交的水费或污水处理费、季节性的假期开销和汽车保险）。服务对象可以使用在线或移动设备上的支出跟踪工具，也可以在笔记本电脑或台式计算机上创建自己的支出跟踪工具。

这是一个信息收集阶段，接着是就信息进行分析和做出最终的预算。一些服务对象可能会担心受到服务者的批评，因此重要的是让他们放心：每个人都有理由按照自己的方式消费，而且几乎每个人都会发生一些不必要的消费。跟踪支出的目的是首先去了解，而不是跳到评估和提供解决方案上（见专栏 8.3）。

专栏 8.3　聚焦组织：国家金融教育基金会

美国国家金融教育基金会（NEFE）致力于提升美国国民的金融能力，使其能够“享受更好、更安全、更满意的生活”（NEFE，2016），它资助金融知识和行为研究，召集专家讨论个人理财问题，参与国家公共政策工作。在其网站上，NEFE 为服务者提供了许多资源，如为社会服务专业人士提供有关老龄化、健康、残疾、青年和多样性等主题的金融教育工具。

NEFE 的“聪明理财计划”“Smart about Money”为服务者提供帮助服务对象理财的免费资源。服务者可以从更多地了解自己开始，然后与服务对象一起使用这些工具。金融身份测试（Financial Identity quiz）有助于人们了解如何表达自己与金钱相关的身份。金融生活价值观测试（Financial Lifevalues quiz）帮助人们了解他们的信仰和价值观，以及这些如何影响他们的金融决策。这些工具共同帮助人们理解关于收入、支出、储蓄和借款的决策。NEFE网站还提供一些工具，帮助人们计算减少、推迟或放弃消费的价值，并提供减少非必需品开支的建议。工作表可以帮助人们计算出“想要”与“需要”之间的关系，并学习如何堵住**支出漏洞**（即资金日积月累一点点地漏出去）。NEFE网页上的资源包括数十种省钱方法和节能技巧（Smart about Money，n.d.）。

支出分类

在跟踪他们的支出之后，服务对象可以使用支出跟踪工具将它们分为不同的类别。常见类别包括食物、住房、儿童照料、公用事业、交通、健康、服装、通信和娱乐。其他类别包括可变动或间歇性费用，如一项修理费或一份保险费。

有了一个完整的跟踪系统，服务对象可以评估他们是如何把钱花掉的。[①]他们可以反思自己的目标并回答以下问题：

- 哪些花销是优先项（即必须全额支付的花销）?
- 是否有花销可以部分支付或延迟支付而不会产生负面影响?
- 是否有一些“想要（或欲望）”大过“需要（必需）”的支出可以减少或避免?
- 是否存在可以阻止或减缓的支出漏洞?

聚焦案例：乔治的支出跟踪工具

乔治跟踪了他一周的开支（见表8.1）。女儿周末去看望他，产生了买东西、出去吃饭、娱乐和加油的花销，比平时一周的开销要高。他知道自己每周的开支差别很大，所以决定跟踪一个月的开支，以便更好地了解情况。路易丝支持乔治的看法，并认为他需要在更长的时期内跟踪自己的支出。

① 一篇题为“账单背后？从一个步骤开始”的发表文章中，提供了一个支出跟踪工具以及其他工具（CFPB，n.d.）。

表 8.1　乔治的支出跟踪器：开支的项目和类别（美元）

日期	项目	金额
1 日	汽油（交通）	30.00
1 日	分期贷款支付（拖车）	285.00
1 日	儿童养育（ACH）	414.00
2 日	午饭（食品）	5.00
3 日	杂货店（食物）	45.00
5 日	有线电视费，网络费（公用事业费）	45.00
6 日	燃气费（公用事业费）(ACH)	25.00
6 日	汽油费（交通）	10.00
6 日	礼品	25.00
7 日	银行费用	29.00
7 日	电影（休闲和娱乐）	12.00
7 日	晚饭（食物）	15.00
	第一周合计	940.00
10 日	午饭，外出吃饭（食物）	5.00
12 日	信用卡支付	100.00
13 日	电费（公用事业费）	45.00
13 日	快餐，外出吃饭（食物）	3.50
14 日	汽油费（交通）	20.00
15 日	个人护理物品	8.00
	第二周合计	181.50
16 日	教育贷款还款（教育）	173.00
16 日	汽车保险（交通）(ACH)	45.00
17 日	午饭，外出吃饭（食物）	5.00
19 日	快餐，外出吃饭（食物）	3.00
19 日	手机话费（沟通）	45.00
20 日	汽车贷款还款（交通）	145.00
21 日	理发（个人护理）	10.00
	第三周合计	426.00
22 日	汽油费（交通）	20.00
22 日	部落露天烧烤会（娱乐）	25.00
24 日	食物（杂货店）	55.00
25 日	午餐（外出吃饭）	5.00
27 日	晚餐（外出吃饭）	20.00
29 日	汽油费（交通）	20.00
29 日	拖车停车场租金	70.00
	第四周合计	215.00
	月总计	1762.50

注：ACH = 自动清算系统，预付或自动付费的开支。

下个月他们又见面了。乔治带来了记在活页本里的一个手写消费记录。路易丝利用消费记录和乔治谈论他的开支，路易丝首先问乔治如何看待自己每周的总开支。他们得出结论，乔治在总体开支管理方面做得相当好。这个练习的结果和他之前的报告没有太大的不同：除了为孩子花钱，他没有额外花太多钱。日常开支，特别是债务、住房和儿童抚养费，是他每月的大笔开支。他没有多少开支可以缩减。然而，乔治发现，把这一切都记录下来让人安心。他说，这让他觉得更能掌控自己的钱。

乔治很想知道他可以在哪些方面削减开支，但路易丝告诉他，在收集完所有信息之前，他们不需要作任何决定。路易丝提醒道，在计划中，他们会保护他优先考虑的项目。路易丝希望他在作决定之前仔细考虑所有的开支选择。

制定支出计划

在设定目标、跟踪当前支出并对支出进行分类之后，服务对象准备好创建支出计划。这些计划可以是每周、每两周、每月、每季度、每年，甚至更长时间的。因为许多服务对象每个月的支出都不一样，所以最好从一个详细说明家庭主要收入（见第 6 章）和支出流的短期计划开始。确定一个家庭每月可以依靠的基本收入底线，是支付固定费用的良好的第一步。这些计划为家庭提供了一个好月份和差月份的时间表，使他们能够相应地调整支出（或借款）。月度计划是最常见的，但双周计划可能对于每双周获得报酬的服务对象更有用。

关键是要保证计划过程足够简单，以便人们能够坚持他们的计划。服务对象不需要学习各种支出类型的技术术语或定义，实际上，过多的技术信息可能会带来更多的压力。然而，这有助于服务者了解这些差异。正如我们在第 5 章中了解到的，下面是一些谈论它们的替代方法：

- 固定费用是指规律性的、可预测的每月费用，如房租、抵押贷款还款和助学贷款还款。
- 可变费用每个月都会发生，但数额不一，而且不是每个月都一样，例如杂货和交通支出。
- 临时费用经常发生，但不是每个月都发生。它们通常是季节性的，如生日、假期、更换机油和返校费用。它们可以是固定的，也可以是可变的。
- 紧急费用是计划外的、不可避免的，例如医疗急救或意外的汽车修理。

计划的灵活性至关重要。境况变化，支出计划需要定期修订，特别是对于资源紧张的家庭。服务对象需要了解，这些计划将随着时间的推移而改变，因为他们的情况发生了变化。该计划是帮助他们作出决策的工具。服务者可以帮助服务对象重新评估他们的财务状况，并提供建议，以在过程中监控费用和提高效率。他们可以帮助服务对象确信，这一调整过程是建设个人财务能力和资产的正常且关键的部分。

聚焦案例：乔治的开销

基于对他的收入（见第 6 章）和支出跟踪的分析（见表 8.1），乔治和路易丝一起回顾了乔治的现金流（见表 8.2）。

表 8.2　乔治三个月的现金流（美元）

	9 月	10 月	11 月	固定的还是可变的?
拖车的贷款	285	285	285	固定
拖车的停车场租金	70	70	70	固定
食物	80	120	150	可变
儿童养育	414	414	414	固定
燃气费	80	90	75	可变
汽车租赁	145	145	145	固定
信用卡	100	0	120	可变
教育贷款	173	173	173	固定
公用事业费	80	102	95	可变
手机话费	40	40	40	可变
汽车保险	0	90	45	固定
服装	0	40	0	可变
个人护理用品 / 服务	0	55	20	可变
外出吃饭	0	60	20	可变
礼品	50	40	0	可变
娱乐和休闲	0	75	120	可变
银行、信用卡和后续的费用	29	59	37	可变
杂项付款（维修）	225			可变
固定费用合计	1087	1177	1132	
可变费用合计	684	681	679	
全部费用合计	1771	1858	1811	
可支配收入	1719	3134	1819	
结余（亏空）	（52）	1276	8	

路易丝和乔治首先确定他每月的固定费用。其他费用按月变动，如杂货、汽油、公用事业、个人护理用品、信用卡支付、外出就餐、礼品和娱乐。他在几个月里也有一些临时费用，如礼品或修理费。有时候，不管他有多少钱，都必须把钱花在孩子或年迈的母亲身上（Danes，Garhow and Jokela，2016）。

乔治计算出他每月至少需要挣 1800 美元来支付固定费用和最低生活必需品。乔治无法控制其中的一些开支，包括根据蒙大拿州的公式计算的儿童抚养费、其拖车的分期贷款、拖车停车场的租金，以及垃圾收集服务。他告诉路易丝他得考虑一下其他费用。

如果乔治在工资以外没有其他收入，就无法支付可变花销。他已经获得了一些额外的收入（见第 6 章），但这些机会并不总是稳定可靠的。即使能赚更多的钱，他还是决定削减一些可变花销。

路易丝鼓励乔治，但非常注意，没有显示出对乔治在某些事项上花费过多的暗示，或者让他对自己的花费感到内疚。路易丝要求他认真考虑自己的目标，并决定哪些类别的支出是他的优先事项。路易丝建议他对自己能控制的所有项目进行排序，并将它们按最重要到最不重要列出优先级。她说，如果排序中遇到困难，可以回过头再去思考自己的目标。

乔治可能还没有和路易丝分享一些其他费用。这些可能是个人贷款或是出于他不愿谈论的习惯。路易丝没有给他太大的压力，而是问预算中是否还有其他重要内容可能被遗漏。

总之，跟踪支出、对支出进行分类，以及制定支出计划，其目的更多的是确定优先事项，而不是进行财务计算。提前计划有助于确保服务对象首先支付最重要的账单。或许更重要的是，制定财务计划可以帮助服务对象决定支付哪些费用，以及如何使用财务盈余。如果这一计划过程导致服务对象减少支出，他们可以查看具体的项目和支出类别，从支出漏洞开始，确定削减的方式（见专栏 8.4）。

专栏 8.4　支出漏洞

支出漏洞是指与小件物品有关的费用，如咖啡、香烟、彩票、杂志、杂费和个人护理费用，这些费用随着时间的推移而累积起来。减少支出漏洞可能意味着短期内的小额储蓄和长期内的大额储蓄。更重要的是，削减这些开支可以增加在优先事项上的支出。例如，图 8.1 显示了每天购买 3 美元的物品（如饮料）和每周购买 10 美元的物品（如彩票或快餐）的累计花费。即使是每周 10 美元的商品，每年加起来也要 520 美元。人们可能会形成一个规律或习惯，不太容易了解这些“漏洞”是如何累积起来的。

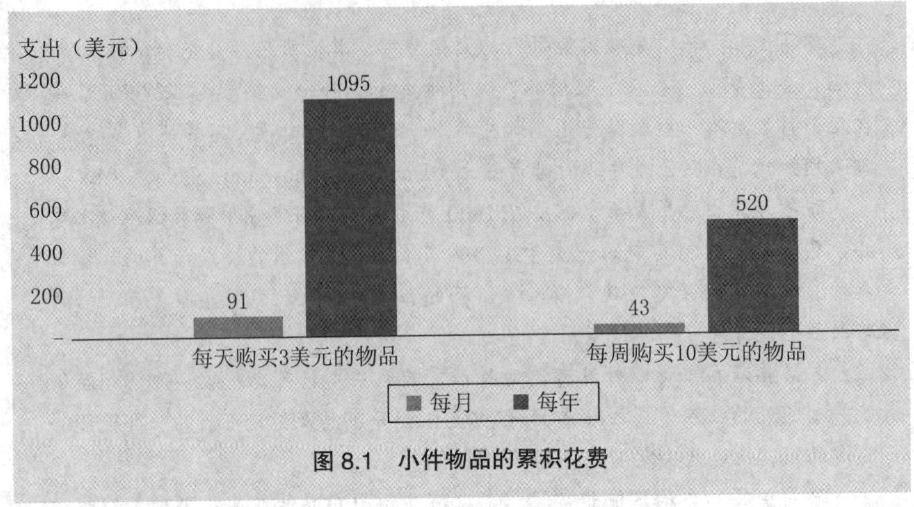

图 8.1　小件物品的累积花费

资金管理

资金管理包括跟踪现金、支票账户、借记卡、汇票、预付卡、自动扣款、在线交易和移动银行业务的日常使用。这样做需要原则和组织，没有一种方法适用于所有个人。低收入者往往对自己的收入和支出了解得较为清楚，即便如此，他们也可能发现一个资金管理系统是有用的。在选择适合自己的方法之前，人们往往会尝试不同的方法。当他们找到一种可行的方法时，可能会觉得在经济上更有保障。

资金管理和记账策略包括信封法、纸质分类账、基于个人计算机或平板电脑的分类账、银行或金融机构会计系统和个人财务管理服务（一种财务信息集合体）。习惯于依赖纸质系统的人可能会发现电子资金管理成本太高，或太具挑战性，并且可能会担心其安全性。对所有选项都有了解的服务者会帮助服务对象选择最适合他的系统。

信封法

信封法是一种传统的管理钱的方法，已经沿用了好多世代（Rainwater，Coleman and Handel，1959）。服务对象在处置现金时，会将主要的费用类别分别写在信封上。例如，一个服务对象需要将每周 540 美元的收入沿用到下一周，她可以将工资分成以下几个信封：房租（220 美元）、取暖费（40 美元）、电话费（25 美元）、有线电视费（20 美元）、日用品费（120 美元）、外出就餐费（40 美元）、服装费（20 美元）、其他费用（40 美元）和储蓄金（25 美元），服务对象把它们分给各个信封。随着时间的推移，她会发现这些分配是否合适。与此同时，服务对象可能不得不做一些调整。

有银行账户的服务对象可以用他们的账户支付房租和公用事业费等主要账单，并将剩余的现金分成信封，用于食物、衣物和其他日常开支。拥有预付卡的服务对象可以把他们自由支配的钱放在预付借记卡上，当他们的钱用完时就停止消费。可自由支配的支出或不必要的支出，往往是人们最难以管理的支出类型。信封法可以在这些情况下提供帮助。

这是一种低成本、有形且简单的资金管理方法，尤其适用于以现金形式获得收入、拥有简单的现金流，或者那些更喜欢纸质系统的人。这个系统帮助人们将支出限制在信封里的东西上（Heath and Soll，1996）。它还提供了积累盈余的潜力，这可以被用作应急基金或其他储蓄。另一个好处是，比起使用借记卡或信用卡，花现金的感觉更强烈、更不舍得，因此人们会倾向于减少支出（Davies，2003）。

然而，信封法也有一些缺点。要想使用这种方法，支票必须转换成现金，这可能会耗费时间，而且可能会发生费用，还有可能会损失现金，或是被借、被盗。此外，有些账单需要用到支票或汇票。使用信封法时，家里每个赚钱或花钱的人都必须合作。有些购买很难分类，例如在杂货店购买的衣服最好不要用食物信封支付。如果服务对象总是跨信封借款，他们就会破坏使用这种方法调节支出的目标。

纸质分类账法

纸质分类账法是一种简单而悠久的跟踪资金流入（收入）和资金流出（支出）的方法。要使用这种会计系统，人们就要在一张纸的一边跟踪收入，在另一边跟踪支出。在月末，服务对象可以看到收入是否超过支出（盈余）或支出是否超过收入（赤字）。在赤字的情况下，服务对象必须借贷、动用储蓄，或做更多的工作来弥补差额。许多网站都提供支出日志和分类账，包括合作推广中心（Washington State University Extension，2009）和联邦贸易委员会（the Federal Trade Commission，FTC，2012）。人们也可以创建自己的分类账，带有预定类别的空白表单是一个有用的工具。维护一个分类账需要时间——至少一周一次，如果不是更频繁的话——而且这种方法要求人们手动或用计算器进行计算。

计算机电子表格法

电子表格是纸质分类账的电子版。服务对象可以与配偶或其他家庭成员共享文件，使跟踪多人费用更容易。与纸质分类账不同，该软件可以准确、自动地运行所有计算。软件工具还允许服务对象绘制随时间变化的趋势图，并直观地识别潜在问题。网上有很多模板，其中一些允许进行在线更新或在智能手机上使用。

然而，服务对象需要用电脑、平板电脑或智能手机来维护电子表格，以及需要一些基本的计算机技能。基于计算机的记录也会带来隐私和安全问题，这让许多家庭感到担忧。计算机也有软件故障和数据丢失的风险，因此必须定期备份。这种方法适用于拥有计算机或移动设备且使用顺手的人，但服务者在推荐基于计算机的电子表格法时应谨慎，应首先了解服务对象对技术的熟悉度以及他们已经拥有的设备和软件的类型。

银行或信用合作社网上账户方式

一些银行和信用合作社提供在线系统，使每月可生成理财报告。在一些机构，资金可以被转入单独的账户，就像用于较大预算项目（如租金或税收）的电子信封法。这种方法对管理付款很有用，因为存款和取款都是自动的。提款的日期和时间可以被预先设定。当预计余额低于一定水平时，该机构可以发送警告短信或电子邮件。其将电子支付与预算工具联系起来的功能可能特别有用。

这些系统差异很大，只有当人们在一家机构以电子方式维护所有账户、使用电子支付并知晓如何登录在线网站时，这些系统才有用。有些人可能不愿意标记他们的支出，或者不信任金融机构对信息的保密。

个人理财应用程序（PFM apps）

个人理财应用程序将服务对象链接到网站的账户信息聚合起来，创建一个用户界面，使其能够轻松地查看支出和预计支出。用户登录进去后，可维护账户和分析数据。这些个人理财应用程序对拥有多个账户、信用卡和借记卡的用户非常有用。这些应用程序会根据用户的喜好自动对支出进行分类，当支出接近预设的支出限额时，就会发送电子邮件或短信。这类系统有几十种，其中大部分的运行是依靠向消费者收取的费用，或来自广告及金融产品促销或销售产生的佣金。

聚焦案例： 乔治重整了他的经济生活

路易丝和乔治谈了几种可以重新控制他的资金管理的方法。路易丝问他是否用过将工资直接存入账户的支付方式，乔治说他的雇主确实提供直接存款的方式，但他不愿意签约，因为他对自己的银行不满意（“他们收了很多费用！”）。不过，他承认，如果没有直接存款，他经常很难将支票存入银行（有一次他甚至丢失了这张支票，不得不重新开具）。他们还讨论了增加使用网上付账的方式来代替他仍在使用的支票支付的方式。乔治有兴趣了解网上银行的使用方法，这将有助于他跟踪现金流。那里只有很少的储蓄，用于打印支票和邮资，但这将帮助他，使得他更有条理。

路易丝接着问乔治，他是否试图降低信用卡借款的成本。乔治说，他试图找到低利率的信用卡，但 18% 是他能找到的最好的信用评级。如果他只付最低限度的钱，将需要 7 年才能还清信用卡债务（假设他没有增加新的欠款）。现在，如果乔治每月支付大约 225 美元，他可以在大约 2 年内还清信用卡，但如果他在余额上增加更多的花费就不行了。乔治说，他将尽量不使用信用卡支付每月无法全额支付的任何费用，但他承认，他的收入变化很大，所以需要灵活度。乔治说他会仔细检查他的信用卡，至少不会让余额增加。

接下来，路易丝问乔治，他认为可以怎样降低银行的费用。乔治告诉路易丝，他受够了银行每月收取的费用。他的账户余额经常接近于零，有时甚至是负数，这导致了低余额和“资金不足”的费用。他还对 10 月忘记给他的一张信用卡支付最低还款额感到不安，他已经建立了自动支付系统，但当他的银行余额太低时，这项功能就不起作用了。

路易丝告诉乔治，他应该考虑把支票账户和储蓄账户连接起来，这将覆盖未来的透支。然而，他的储蓄账户余额太低（125 美元），无法提供太多帮助。他可以停止使用自动支付信用卡、住房和保险费用的功能，并在规定的时间内付这些费用。问题是他可能会忘记付款，这会产生费用。他决定拜访银行工作人员，讨论他能有什么选择。

在银行，柜员给了乔治一些透支保护计划的信息，如果他的账户余额太低，透支保护计划将支付这笔交易。柜员解释了不同种类的透支。自动支付和支票可能包括在内，但当他试图使用自己的卡时，ATM 交易仍然会被拒绝，因此不会产生费用。银行可以在他的账户余额低于 150 美元时给他发短信提醒，低于 50 美元时再发一次。透支保护计划将自动支付他开的支票，但当账户余额为负数时，银行将收取 10 美元的费用，然后对余额收取 18% 的利率作为循环信用贷款。这可能比因“资金不足”收费或因错过还款期限而产生的罚款要便宜——在有些月份他为此花费了将近 60 美元。

乔治还决定与雇主签约直接存款，以减少将工资支票存入银行账户所需的时间。这将避免银行在他的工资结清之前收取费用。他还建立了一个免费的在线账户管理系统，该系统将提供预测工具，提醒他余额是否有可能为负值。银行工作人员还帮助乔治在手机上设置了一个应用程序，以跟踪他的账户。所有这一切只花费了不到 15 分钟，乔治已经感觉到自己更能控制自己的钱了，他很感谢路易丝帮助他了解该问什么，以及如何采取下一步行动。否则，他根本就不会去银行启动这个程序。

与在线账户一样，这种方法的缺点是用户必须为他们想要整合的所有金融账户提供账号和密码信息，这可能会让一些人感到不舒服。应用程序可能会销售或推销金融产品，这也带来了潜在的利益冲突。服务对象可以自行查询或使用这类个人理财应用程序，在这种情况下，服务者可以协助确保他们了解与应用程序相关的详细信息，包括有什么信息被分享了，并仔细审查通过个人理财应用程序提供的任何产品或服务。

大件购买

大件购买是另一个支出挑战。服务对象经常支付过高的费用，或被骗去支付隐藏的费用。虽然需要付出时间和努力，但大件开支的挑战对他们来说还是可以应付的。充分利用收入的关键是货比三家，尤其是在购买昂贵商品的时候。货比三家是花时间、比较成本、对购买何物及财务事项慎重作决定的简略说法。货比三家需要七个步骤：

（1）制定预算。不管是买 1.5 万美元的汽车还是 100 美元的家电，最重要的考虑因素是家庭负担得起多少。对于大件购买，可能按月分期付款对他们来说较为合适。

（2）确定优先级。很多人想在重大采购时购买最好的商品。但由于预算有限，“最好的”可能遥不可及。理想情况下，买家会列出自己最看重的功能。每个人看重的功能会有所差异。

（3）做调查。这可能需要一个小时或几个月，具体取决于购买者。网上购物效率高，有助于买家缩小购物范围。对于不方便上网的服务对象，公共图书馆可以提供帮助。实在无法上网的服务对象可以给几家商店打电话以比较价格，甚至可以查询日期最近的报纸广告，不过对于一些商品来说，试用（比如试驾汽车）很重要。即使是在买电器的时候，在购买前看一看，并和销售人员交谈也可能会有帮助。看2个至4个同类产品是明智的，有利于获得关于功能和价格的感觉。然而，太多的选择可能会使购买者很困扰。

（4）*比较备选方案*。一旦选择的范围缩小，买方就可以比较具有类似功能的产品的价格。价格不是唯一的考虑因素；耐用性、质量和产品的使用年限成本也很重要。例如，一种产品可能价格稍高，但更节能。

（5）*决定如何付款购买*。在购买前想好如何支付是一个好办法，可避免超支或支付额外的贷款。付款方式包括储蓄、信用卡、贷款或者分期付款。

（6）*最后购买*。销售人员很懂得如何影响人们的决定，以推销出他们的产品（Iyengar and Lepper，2000；Johnson et al.，2012）。消费者需要对自己的产品研究充满信心，并坚持自己的决定，这会有助于他们抵制高压销售策略。

（7）*当心意外花费*。在购买期间和购买之后，经销商和供应商可能会提供额外的收费服务或功能，因此有时买下的物品不是消费者想要的。重要的是要进行核查，以确保该物品是消费者需要购买的物品。

对金融脆弱家庭来说，两种常见的大件购买是车辆和电器。

买车

车辆是许多人购买的最昂贵的物品，而且过程可能很复杂。此外，汽车的实际成本超过了“标价”，这些成本可能包括送货费、登记费、销售税和其他附加费，以及保险、融资和长期使用成本。长期成本帮助人们了解购买车辆的实际成本。其中包括汽油、维护、修理、政府检查和保险（见第15章）。稍做研究（见专栏8.5），购车者就可以提前了解长期成本。

专栏8.5　聚焦政策：消费者联盟

消费者联盟（Consumers Union）成立于1936年，是一个非营利的信息和倡导组织，旨在传递给消费者各种知识，使其作出明智的选择。它还提倡更安全的产品和公平的市场行为。它举着“释放消费者改变世界的力量”的旗帜，开展消费者调查、测试产品、发布评级、进行研究，以及在金钱、食品、能源、医疗保健、患者安全、媒体和通信等问题上，就消费者保护提供教育和倡导。

消费者联盟中最著名的可能是其产品测试部门——消费者报告（Consumer Reports，n.d.），该部门对包括汽车和家电在内的数千种消费品进行评分并提供购买指南。消费者联盟也对消费主题进行研究。例如，一份报告研究了公用事业公司通过强制性每月固定收费而不是基于使用情况的费率来收回更多成本的做法。强制性固定收费保护公用事业不受能源效率提高、经济衰退和其他发展带来的收入下降的影响，但消费者联盟声称，这些收费不公平，有时效率低下。该组织的研究提供了几种替代方法，如鼓励消费者提高能源效率，这可以满足公司和家庭可接受的价格底线（Consumers Union，n.d.；Whited，Woolf and Daniel，2016）。

因为大多数人没有足够的现金全款买车，他们有两种选择：租赁或融资（借贷）。购车者可以拥有汽车，但要通过贷款的方式。如果车主违反贷款协议，贷款人可以收回汽车。使用租赁的人实际上是同意签订一份长期租赁协议，该协议的月供通常要比汽车贷款低。租赁者只为车辆的使用支付费用，而并不拥有这辆车。在此期间，租赁者必须对车辆进行保养，该协议限制总里程数，不得将其用于某些目的（如从事可能伤害车辆的工作）。当租约到期时，汽车必须归还。

对大多数人，特别是购买二手车的人来说，贷款是一个更具经济优势的选择。为了避免支付不必要的费用，购车者可以在确定贷款前，就以下五方面分别进行协商：（1）汽车的销售价格，（2）以旧换新的汽车的价值（如果汽车经销商买下了购车者现有的车），（3）贷款利率和每月付款额，（4）成交手续费和送货费，以及（5）任何广告价格中未包含的附加功能（如地垫或特种涂料）。就每一项分别议价十分重要，因为经销商可能会降低一方面的花费，同时抬高另一项的价格进行弥补。

买大家电

购买大家电的过程类似于购买汽车，但需要考虑更多因素。家电产品的标准化程度远低于汽车，这使得了解品牌和型号的差异对买家来说非常困难（Hawks，2002）。购买大型电器的费用中可能包括交付、安装和拆卸费用。制造商和家电经销商提供不同的保修条款，这些条款通常涵盖一两年内出现的缺陷或问题，但很少物有所值。

电器的运行成本取决于能源效率。所有新设备都有联邦政府授权的能源指南标签，显示估算的年度能源用量、能源成本和其他功能。这有助于买家比较不同家电产品的成本（FTC，2014；Virginia Cooperative Extension，2009）。多花钱买一台节能家电可能更经济，因为家电在普通家庭的能源支出中占很大一部分。消费者代理机构有时会为买家提供指南和为电器评定能源等级（见专栏 8.5）。

购买家电可能会让人感到困惑。有时，如果买家开一张新的信用卡购买电器，他们会得到折扣。新信用卡可能会有一段时间的低利率，但利率往往会在几个月后上升，而且可能变得更加昂贵。有时人们通过“先租后买”商店购买电器，即人们必须每月支付该电器的租金。就像租车一样，这是一个昂贵的选择。

聚焦案例：乔治需要洗衣机和烘干机（大件购买）

几年前，乔治花了不到 100 美元从一个朋友那里买了一台洗衣机和烘干机。因为烘干机的使用成本很高，并且洗衣机漏水，他大部分时间都去自助洗衣店洗衣。他的女儿艾贝和他在一起时不洗衣服，乔治对此感到很难过。他知道自己的预算很紧，但他看到广告，仅花 400 美元就可买到一台洗衣机外加烘干机。其中一些服务还包括免费安装以及拆除旧的洗衣机和烘干机，另一些则他自己负责运输和安装。在四处比价和咨询预算后，他决定花不超过 500 美元买一台洗衣机和烘干机。他计划把几个月的伐木收入存起来，直接购买这些电器，而不是使用贷款等金融方式。

降低金融脆弱家庭成本的政策和方案

倡导团体和政府机构支持消费者管理开支和主要消费。政府消费者保护机构（如 FTC、消费品安全委员会、食品药品监督管理局、州消费者保护办公室）和非营利组织［如消费者联盟（见专栏 8.5）、美国消费者联合会（the Consumer Federation of America，CFA）、美国消费者委员会、全国消费者联盟］进行调研并发布报告。商业促进局委员会（the Council of Bette Business Bureaus，n.d.）是一个保护性组织，代表私营部门与地方分支机构合作，受理有关诈骗和其他违反信任行为的投诉，并提供争端解决服务。

公共组织、非营利组织和私人组织为服务者提供了许多参与、提供反馈和代表服务对象进行倡议的方式。服务者可以支持那些对举报侵犯消费者权益行为缺乏信心的服务对象，可以帮助他们向 FTC 投诉无良的产品和服务，并向 CFPB 投诉有问题的金融产品和服务。

通过加入非营利的倡导组织，服务者也努力影响立法者和政府官员，使他们作出政策改变，以保护金融脆弱的美国人的钱包。服务者也可以参与为低收入家庭倡导免费或低成本财务指导的努力。例如，“你好，钱包”（Hello Wallet）与一些非营利组织合作，在有限的基础上提供对其个人理财应用程序的免费访问。服务者可以倡导扩大和公开资助这类服务。

结论

与想降低家庭开支的服务对象工作的实践基础是了解他们的价值观和目标。在讨论中，服务者应该倾听服务对象支出模式背后的关键因素。他们可以引入一些工具，如费用跟踪和预算，帮助服务对象了解自己的钱花在哪里，帮助他们保存财务记录，这可以确保服务对象的财务信息可访问且安全。分析当前的支出信息和收入，可以鼓励服务对象评估自身当前的财务状况，以及这些是否有助于做出节省资金的改变。如果服务对象想做出改变，一个支出计划可以为他们新的支出决定提供指导。服务者可以对重大采购提供指导。最后，服务者可以参与倡导和组织消费者保护，并获得有关安全消费的指导。

探索更多

·回顾·

1. 跟踪费用的三种方法是什么？每种策略的优缺点是什么？你认为哪种方法对乔治最有效？为什么？
2. 作出重大采购决策的关键步骤是什么？你认为大多数人在购买大件商品之前会遵循这样的流程吗？为什么遵循这样一个流程可以帮助人们作出改善财务状况的选择？

·反思·

3. 一周内为自己完成一个支出跟踪。记住要包括一切，包括你支付的账单、自动扣款、在线支付，以及杂项开销：
   a. 你发现跟踪费用有哪些困难？
   b. 你学到了什么，你对自己的花费感到惊讶吗？
   c. 你如何利用你所学的跟踪支出方法来帮助服务对象？
   d. 与你信任的朋友、同事或同学分享你的跟踪工具，并讨论消费模式。你觉得这次讨论怎么样？什么样的沟通方式和哪些类型的问题往往会让你觉得被评判？是什么让你觉得更有希望、更投入其中？

·应用·

4. 分析乔治的费用（见表 8.1）：
   a. 他最大的开支是什么？
   b. 哪些开销他改变起来十分容易？哪些是很难改变的？
   c. 你可以问乔治哪三个非评判性的问题，以鼓励他对自己的财务状况进行建设性的思考？
5. 你有个服务对象和她的孩子住在公寓里。房东不提供冰箱。服务对象没有办法独自搬运一台大的电器。她的月收入是 2000 美元，每月花 800 美元租公寓，花 600 美元买食物，花 600 美元付其他的开销。
   a. 一台只有基本功能、但运行良好的冰箱在你们社区要多少钱？
   b. 她有哪三种不同的方法去买冰箱？
   c. 在买新冰箱之前，她会考虑哪些因素？

参考文献

Consumer Financial Protection Bureau. (n.d.). Behind on bills? Start with one step. Your money, your goals. Retrieved from https://orders.gpo.gov/download/cfpbfinemp/CFPB263.pdf.

Consumer Reports. (n.d.). Home page. Retrieved from http://consumerreports.org.

Council of Better Business Bureaus. (n.d.). Home page. Retrieved from https://www.

bbb.org/council/.

Danes, S. M., Garhow, J., Jokela, B. H. (2016). Financial management and culture: The American Indian case. *Journal of Financial Counseling and Planning, 27*(1), 61-79.

Davies, G. (2003). The realities of spending. *The Financial Services Forum, 2*(6), 22-27.

Extension. (n.d.). Personal finance. Retrieved from http://articles.extension.org/personal_finance.

Federal Trade Commission. (2012). Make a budget. Retrieved from http://www.consumer.ftc.gov/articles/pdf-1020-make-budget-worksheet.pdf.

Federal Trade Commission. (2014). Shopping for a home appliance? Retrieved from http://www.consumer.ftc.gov/blog/shopping-home-appliance.

Gollwitzer, P. M., & Paschal, S. (2006). Implementation intentions and goal achievement: A meta-analysis of effects and processes. *Advances in Experimental Social Psychology, 38*, 69-119.

Hawks, L. K. (2002). Do you have some tips for selecting major appliances? *Ask a Specialist, 69*, 1.

Heath, C. & Soll, J. B. (1996). Mental budgeting and consumer decisions. *Journal of Consumer Research, 23*, 40-52.

Iyengar, S. S., & Lepper, M. R. (2000). When choice is demotivating: Can one desire too much of a good thing? *Journal of Personality and Social Psychology, 79*(6), 995-1006.

Johnson, E. J., Shu, S. B., Dellaert, B. G. C., Fox, C., Goldstein, D. G., Häubl, G., ... Webe, E. U. (2012). Beyond nudges: Tools of a choice architecture. *Marketing Letters, 23*(2), 487-504.

National Endowment for Financial Education. (2016). Mission and vision. Retrieved from http://www.nefe.org/what-we-do/mission.aspx.

North Dakota State University. (2003). Financial values, attitudes, and goals. Retrieved from http://www.ag.ndsu.edu/pubs/yf/fammgmt/fs591.pdf.

O'Donoghue, T. & Rabin, M. (2015). Present bias: Lessons learned and to be learned. *The American Economic Review, 105*(5), 273-279.

Rainwater, L., Coleman, R. P., & Handel, G. (1959). *Workingman's wife*. New York: Oceana.

Ratcliffe, J. (2015). Four elements define personal financial well-being. Consumer Finance. Retrieved from http://www.consumerfinance.gov/blog/four-elements-define-personal-financial-well-being/.

Ruth, J. A., & Otnes, C. C. (2015). Consumption rituals. In *The Wiley Blackwell encyclopedia of consumption and consumer studies*, 1-2. doi:10.1002/9781118989463.wbeccs072

Ryan, W. (1971). *Blaming the victim*. New York: Pantheon.

Smart About Money. (n.d.). Home page. Retrieved from http://www.smartaboutmoney.org/.

Shildrick, T., & MacDonald, R. (2013). Poverty talk: How people experiencing poverty deny their poverty and why they blame "the poor." *The Sociological Review, 61*(2), 285-303.

Virginia Cooperative Extension. (2009). Energy series: What about appliances? Retrieved from http://fcs.tamu.edu/files/2015/07/what-about-appliances.pdf.

Washington State University Extension. (2009). Family living account book. Retrieved from http://cru.cahe.wsu.edu/CEPublications/eb0544/eb0544.pdf.

Whited, M., Woolf, T., & Daniel, J. (2016, February 9). Caught in a fix: The problem with fixed charges for electricity. Consumers Union. Retrieved from http://consumersunion.org/wp-content/uploads/2016/02/Caught-in-a-Fix-FINAL-REPORT-20160208-2.pdf.

第 9 章　短期和应急储蓄

专业原则：家庭财务会受到收入和支出意外变化的影响。当发生短缺时，人们需要储蓄来维持生计。服务者可以帮助服务对象管理储蓄和支出，以减轻压力和增加幸福感。此外，服务者可以与其他倡导者合作制定政策和方案，以此支持为应对紧急情况和其他突发事件而进行的储蓄。

在经济紧急情况下，大多数低收入家庭几乎没有，或根本没有经济缓冲来保护自己。年收入在 2 万美元以下的人中，有一半人的储蓄账户里不足 450 美元，只有 41% 的家庭表示，如果出现紧急情况，他们可以从亲戚朋友处获得 3000 美元的财务支援（Gjertson，2015）。

不幸的是，紧急情况和计划外开支是不可避免的。它们一旦发生，收入可能不足以支付额外的费用。如果一个家庭缺乏现金，又缺乏维持生计的储蓄，那么其选择的余地很有限。其中一些选择是正式的：通过信用卡、银行贷款或发薪日贷款来借钱，但以这些方式借钱可能会很昂贵。其他选择是非正式的：向朋友和家人借钱、寻求慈善援助，或变卖财产。有时，唯一的选择是通过不付款或减少食物和药品等必需品的花销来平衡开支。

建立短期和应急储蓄是迈向财务稳定的重要一步。尤其是低收入家庭，他们可能会因暂时的短缺陷入财务不稳定（Collins，2015b）。当这些短缺发生时，应急储蓄可以弥补缺口，并提供保护，避免其进一步陷入困境，如失去住房（Gjertson，2016）。此外，拥有应急储蓄是金融福祉的关键（CFPB，2017）。

当出现计划外的有利机会时，拥有积蓄和其他短期、流动的资源也很重要。例如，有储蓄的员工因为能够支付儿童照料、交通、注册报名和其他相关费用，得以参加周末培训，这可能会带来加薪或升职。同样，有积蓄的家庭的孩子也更有可能获得学习机会，例如课外班或夏令营经历，这些都会带来重要的好处。

本章讨论帮助家庭积累短期储蓄的方法，这些储蓄是可实现的，但只是为了应急。本章还研究支持人们努力创建这种储蓄的政策和方案。

我们从朱厄尔·默里开始，她和小女儿泰勒住在过渡住房里。朱厄尔在寄养家庭度过了她生活中的大部分时间，她对如何理财知之甚少。莫妮卡·贝克是一名来自家庭暴力机构的社会工作者，朱厄尔正与莫妮卡·贝克合作，目标是在她离开过渡住房准备独立生活时，对自己的生活和财务拥有更多的控制感。

聚焦案例：朱厄尔准备继续前进

莫妮卡想帮助朱厄尔为未来的财务挑战做好规划，但不想过于急切地去推动她。她知道朱厄尔仍然需要时间来厘清她受虐的婚姻中的情感和法律问题，并保证自己安全，免受进一步伤害。不过，朱厄尔表示，她已经准备好谈论下一步。她总对莫妮卡提到自己在金融教育课上的发现。在上一次咨询中，朱厄尔说，她意识到，在她与前夫托德·默里的关系开始时，财务就已经是一个重要问题了，托德故意让她在财务上依赖他（Sanders，2013）。"那些金融教育课让我意识到托德对我隐瞒了多少，但也让我想知道该如何去学习所有需要学习的东西。"朱厄尔说。

朱厄尔开始管理自己的财务，她的视野更开阔了，并开始学习一些金融知识。莫妮卡帮助她起草了一份计划，以增加她在餐馆工作的收入。她可以在过渡住房中住一年到两年，所以目前她的住房成本很低。

有了这些基础知识，莫妮卡建议，是时候为紧急情况储备一笔资金了，即"未雨绸缪资金"，当朱厄尔陷入财务困境时可以使用。因为她有一个孩子和一辆旧车，朱厄尔可能会面临意外的支出，如医疗费或汽车修理费。莫妮卡鼓励她考虑如何应对这些费用。这对朱厄尔是有意义的，她几乎没有积蓄，几个月前，当手头拮据时，她甚至还用了发薪日贷款。虽然她在几周内还清了贷款，但希望不要为了维持生计再借一笔昂贵的贷款。

莫妮卡问起她的存款，朱厄尔似乎不太愿意说。她说，她在一个信封里装了一些现金，这是她从工作中获得的小费。"我把它放在家里，因为我可能因为什么事需要它。当我确实需要时，很可能情况非常紧急。"她承认担心过渡住房里的人会偷信封，但她说，如果需要现金，冒风险把现金放在手头是值得的。

为什么低收入家庭为紧急情况储蓄很困难

尽管许多低收入者缺乏足够的应急储蓄，但这并不意味着他们不储蓄或不重视储蓄。即使是收入非常低的家庭也认为储蓄很重要，并像朱厄尔一样，在力所能及的情况下留出一些钱（National Council of La Raza，2014；Sherraden and McBride，2010）。现实地说，当意外情况出现时，他们不能没有一点额外的钱（Rutherford，2000）。然而，只有 22% 的低收入家庭有应急储蓄，收入低于 5 万美元的家庭中，只有不到一半的家庭有应急储蓄（见图 9.1）。

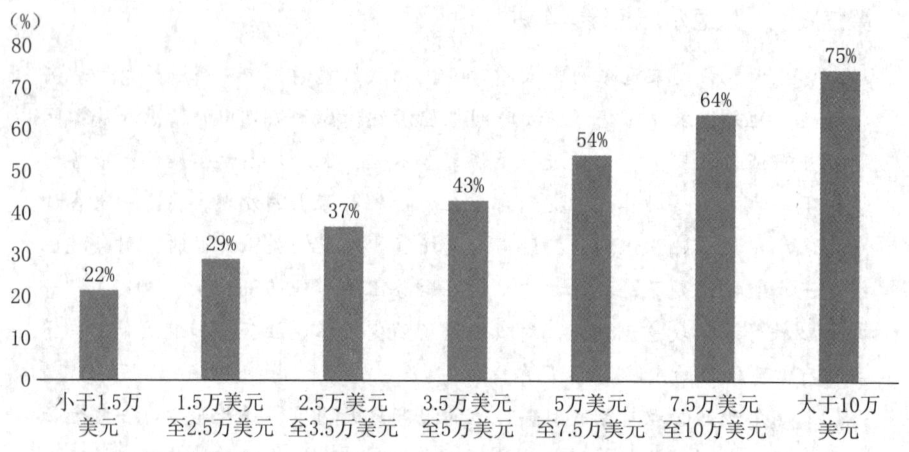

图 9.1 按收入水平划分的应急储蓄基金拥有量

资料来源：2015 年国家金融能力调查，作者依据下载自 http://www.usfinancialcapability.org/ 的数据计算。

现实情况是，低收入家庭面临许多储蓄障碍（Pew Charitable Trusts，2016）。他们缺乏足够的收入和适当的金融服务，他们有负债并面临行为、法律和社会障碍。

缺乏稳定且充足的收入导致储蓄困难

收入不足且不稳定（见第 2 章）使得低收入家庭难以留出存款。约五分之一（21%）的家庭经历了不寻常的高收入或低收入月份，另有 10% 的家庭报告称，他们的收入往往“每月相差很大”（Board of Governors of the Federal Reserve，2014，p.8）。如果一个家庭的收入低且难以预测，那么不借助帮助积累储蓄几乎是不可能的（Morduch and Schneider，2017；Sherraden and McBride，2010）。

缺乏资金渠道导致储蓄不足

人们不积累应急储蓄的另一个原因是，他们缺乏一个安全方便的储蓄场所。银行储蓄账户的特点往往成为低收入家庭的障碍。例如，一些账户上的储蓄额如果低于最低水平，银行会向人们收取月费。这些所谓的账户维护费是累计的，15 美元的月费可以让 75 美元的账户余额在 5 个月后变成零。低收入人群可能无法使用没有这些条款和成本的储蓄账户。

人们还有其他储蓄方式，但这些方法也有缺点。他们可以使用可充值的预付卡，但这些卡可能会丢失或被盗（见第 4 章）。像朱厄尔一样，有些人在家里存现金，但这些储蓄有可能被用于非紧急情况，并可能遭遇盗窃和火灾。美国财政部提供的储蓄债券是低成本的选择，但这些账户不通过银行出售，只在网上出售，人们需要了解它们的运作方式。

储蓄的行为障碍

即使家庭没有面临其他障碍，也很容易延迟储蓄（Thaler and Shefrin，1981）。不管处于何种收入水平，人们往往都有即时倾向（见第 8 章），这意味着即使从长远来看，他们可能受益，但在当下他们往往无法做出牺牲。问题是，对于收入较低的人来说，拖延的成本可能更高，因为他们在困难时期没有多少经济缓冲。

监管和法律障碍阻碍紧急储蓄

州和联邦政策也影响低收入家庭的储蓄。一些收入支持计划通过资产测试来审查资格（见第 5 章）。如果一个家庭的储蓄超过许可的数额，他们可能无法获得收入支持福利（Sherraden，1991）。例如，一些州拒绝那些有 1000 美元以上储蓄的申请人（Prosperity Now，n.d.）。仅仅是资产测试的存在，就可能让一些低收入家庭担心，如果他们需要资助，拥有任何储蓄都可能影响他们获取资助资格（O’Rourke，2015）。

另一个问题是有些人受到法律判决的约束，如授权收回欠债、欠税和儿童抚养费的法院命令。扣押令授权债权人直接从债务人的工资支票或银行账户中收取款项（ADP Research Institute，2014；见第 17 章）。公共援助福利可免予扣押，但银行无法确定账户资金来源。因此，银行可以冻结涉嫌生效判决者的任何账户。被冻结账户的风险，即使是暂时冻结，也成为低收入人群可能回避使用储蓄账户的另一个原因。

家庭和社会网络阻碍储蓄

低收入人群可能会担心，如果家人和朋友知道自己有存款，可能会要求他们提供借贷或现金援助（Gjertson，2015；Halpern-Meekin，Edin，Tach and Sykes，2015）。服务对象可能仍会存钱，但他们可能会采取避免被发现的方式。例如，他们可以光顾位于镇子另一头的银行、使用秘密账户，或者将钱存入亲戚的账户。

管理债务可能会抑制储蓄能力

如果低收入人群在每月还款后只剩下很少的钱，过度的债务就会使储蓄变得困难。一些财务专家鼓励家庭在储蓄前还清高息债务：信用卡债务的利率可以超过 20%，因此持有此类债务的成本肯定超过了将钱存入一个按 1% 利率支付利息的储蓄账户的财务收益。

然而，人们的借贷和储蓄常常同时进行（Telyukova，2013）。他们知道，用于偿还债务的资金在紧急情况下是无法动用的。他们可以通过借贷来应付紧急情况，但贷款限额、费用、高利率、时间延迟和其他障碍可能会使贷款难以获得。因此，以低息进行储蓄，同时持有高息债务，以储蓄一些现金是明智的。

聚焦案例：朱厄尔的应急储蓄计划

下一次会面时，莫妮卡把朱厄尔介绍给了该机构的财务导师塔马拉。她与服务对象一起努力实现他们的财务目标。莫妮卡认为塔马拉可以帮助朱厄尔制定最终搬进自己公寓的财务计划，朱厄尔向塔马拉解释了她的情况和计划。她说她想为了搬家存点钱。她了解到，搬进公寓的启动成本很高，当她缺钱时，就需要动用积蓄。现在这个机构愿意帮助她，如果没有其提供的经济援助，朱厄尔没有人可以求助。

塔马拉花时间倾听朱厄尔的讲话，并问她一些带有启发性的问题。朱厄尔解释说，她的工资是用工资借记卡支付的，根据她前一周的工作，借记卡里每周五下午会打入款项。她还收集现金小费，将它们放在家里的信封里。她用小费购买日用品和其他东西，但尽量留一些在信封里，以备需要。朱厄尔无法想象自己能积累多少，她总结道："我就是不知道储蓄会从哪里来。"

塔马拉问朱厄尔更多她的目标的信息："我们不会聚焦于某个数值，而会聚焦在怎样做对你来说是最好的。"塔马拉让朱厄尔首先谈谈，为什么储蓄在她这个生活阶段是重要的。

朱厄尔：为什么我想储蓄？我不知道。我是说，这个想法有点疯狂。我没有钱。我有个小女儿，我要去上学，而且这一切都是我一个人在操持。我还在试着离开我的前任，独立起来。我能获得一些帮助，但还是太难了。我想，我只是觉得，当我陷入困境时，一些备用现金会有所帮助。

塔马拉：有道理。听起来你进步很大。你当然不疯狂！我们都需要一些安全措施，而应急储蓄可以起到很大的作用。让我们想想你怎样才能建立起经济缓冲。你说你现在有一些存款，你是怎么做到的？

朱厄尔：嗯，就像我说的，我把小费放在家里的信封里，还有我付完账单后剩下的一点钱。这些钱能够帮助我在公寓多住一段时间。我的女儿泰勒有本州的医疗保险，我们还得到了食物援助，所有这些都帮了我。我妹妹诺拉也帮了我一些。她有时会照顾泰勒，这样我的日托费用就降低了。不过，剩下的钱还是不多，离开过渡住房的时候我真的很担心，因为以后我要付更多的钱了。

塔马拉：你知道如何照顾你的女儿，还能够兼顾工作和家庭，真是太棒了。让我们关注一个储蓄目标，你想每周储蓄吗？可能是 10 美元或 15 美元？每月 40 美元到 60 美元。

朱厄尔：也许吧，对，这要看情况。不过，我想我可以在大多数星期里存下一些钱。

塔马拉：你几个月前的联邦所得税退税怎么样了？进行到哪里了？

朱厄尔：我今年得到了一大笔退税！这太棒了！感谢莫妮卡送我去免费的税务中心。起初，我遇到了一个问题，但我们解决了，这让我松了一口气。我用它来应付账单和其他事情。我还剩一点。我真的很想把明年的退税多存下一些，但那还有很长的路要走。

塔马拉：你有没有想过设置一个自动存款到储蓄的系统，即把工资直接从工资卡划到一个账户？

朱厄尔：我不知道我能否做到。我也有小费，但那不在我的工资卡上，所以有点麻烦。

塔马拉：让我们来谈谈如何把剩余的退税存起来，甚至从每一张工资支票中存钱。这样你就可以在获得明年的退税前攒起钱了。

帮助服务对象进行应急储蓄

朱厄尔的案例凸显了储蓄的挑战。低收入、固定费用和跟上支付进度可能会让人难以承受。当与服务对象合作时，服务者可能会发现将计划和储蓄分解为几个小步骤是有帮助的。储蓄基本上是一个三步过程：（1）寻找资金来源，（2）安全地存一些钱以备日后使用，以及（3）维持储蓄（Beverly，McBride and Schreiner，2003）。

寻找储蓄来源

要开始储蓄，服务对象必须找到资金来源。这些可能包括小的支出漏洞、意外之财、新收入和其他储蓄支持。堵住支出漏洞（见第 8 章）可节约资源。解决支出漏洞的小小努力可以将钱腾出来储蓄。例如，在家准备咖啡和饭菜往往比买现成的要便宜。使用购物清单可以减少冲动购买，调节恒温器可以降低家庭能源成本。

另一个策略是寻找意外之财。意外之财是一笔不属于正常收入的资金流入，例如退税、保险理赔，或是朋友意外地还了一笔遗忘已久的借款。低收入家庭最常见的例子是退税。意外之财并不经常发生，而且很容易被花掉，但有很大的潜力帮助服务对象大幅改善其财务状况。与朱厄尔一样，人们往往认为他们的退税是一种特殊的年终奖，可以用来偿还债务和弥补开支（Halpern-Meekin et al.，2015），但退税也可以成为储蓄的来源（Grinstein-Weiss，Russell，Gale，Key and Ariely，2016）。

第三种省钱的方法是通过从事其他工作、兼职或加班来增加收入。所有这些选择对家庭来说都很困难。公共福利、公用事业援助和其他支持提供了额外的选择。从这些来源得到的帮助可以减少一个家庭自掏腰包的开支，让他们腾出钱来存钱（见第 6 章）。

储蓄技术

服务者可以使用许多技术来帮助他们的服务对象未雨绸缪、开始储蓄。开始储蓄的一个常见方法是从小处开始，例如每天 1 美元或每周 10 美元。虽然在资金短缺的情况下，储蓄会让人望而生畏，但服务者会帮助服务对象制定一个支出计划，以便后者定期将少量资金拨入一个基金，用于短期需求和紧急情况。

*专款专用*是指为特定目的指定和考虑某一资金池。例如，月底某人的支票账户上还有 50 美元，她可能会将这笔钱指定为储蓄，甚至可能指定为用于某个特定目的的储蓄，如孩子的校外研学或住房基金。另一个人可能会把某个特定来源的收入，比如周末的工作，指定为偿还债务的资金。指定用途可以使思考“从哪里能存下钱”的过程变简单（Thaler，1999）。

储蓄的一个大问题是*拖延*，即推迟做某事。这在储蓄时很常见，因为消费是诱人的。*自动存款*提供了一种克服拖延的技术。储蓄者可以设置自动存款，这样每个月都会有一笔固定金额（比如 50 美元）的钱被自动存入储蓄，而储蓄者除了授权自动转账之外，不必做任何其他事情。账户余额会随着时间的推移而增加，这些资金可以在开支激增或紧急情况发生时使用。但对于那些低收入就业或不稳定就业，或者没有储蓄账户的家庭来说，这种方法可能不可行。

设定一个储蓄目标或储蓄指标也可以让服务对象存下钱来。人们倾向于瞄准一个目标并期待实现它（Schreiner and Sherraden，2007；Tversky and Kahneman，1981）。它可以帮助人们产生储蓄动机（见第 23 章）。例如，一些创新项目提供储蓄比赛、储蓄奖励和其他激励措施（Tufano and Schneider，2009）。研究人员已经评估了某些发展短期储蓄的方法。例如，金融安全中心的研究人员对鼓励人们储蓄的做法和实验性想法进行了探究（见专栏 9.1）。

专栏 9.1　聚焦研究：威斯康星大学麦迪逊金融安全中心的储蓄研究

金融安全中心认识到，一笔意想不到的开支就可能让金融脆弱的家庭陷入经济困境，并且当出现这种开支时，拥有应急储蓄可以使这些家庭保持稳定，因此它在 2012 年开始了一项关于应急储蓄的研究倡议。

2015 年出版的《脆弱的平衡：低收入消费者的应急储蓄和流动资源》最终促成了为现实世界中的应急储蓄政策和方案收集创新想法的活动（Collins，2015a）。其他努力包括《在紧要关头拿出现金：应急储蓄及其对策》，这是一份研究简报，介绍了 80 篇关于应急储蓄的文章（Chase，Gjertson and Collins，2016）。该中心还主办了一次家庭金融和公共政策方面的国家领导人会议。这次会议旨在突出开拓性的解决方案，推动关于增加储蓄的研究，并在服务者和学者中建立对相关进展的支持。另一项活动在美国国会大厦举行，旨在对国会人员强调政策议题。

这项倡议包括：为方便服务者和公众查阅，持续致力于翻译有关应急储蓄的研究报告。这项工作包括播客、博客文章、三个现场网络研讨会、演讲、会议、活动，以及一些已发表的文章和专栏。一篇题为“一份远离贫困的薪水”的评论文章受到全国关注（Collins，2016）。金融安全中心还创建了 Emergencysavings.org 网站，分享有关应急储蓄对金融福祉重要性的最新研究。

储蓄：短期储蓄产品

一般来说，服务对象需要一种可以避免日常挪用、被盗和丢失的储蓄方式。存款应该便于使用，但又不是那么方便得到——否则会导致储蓄者或其他人将其用于预期以外的用途。低风险储蓄账户可以保护资金，并且便于使用（即使在账户中也有助于限制提款）（见第 4 章）。

所有这些都假设服务对象有储蓄选择权，条款和收费结构与他们的财务状况相适应。但情况并非总是如此（见第 4 章）。

家庭应该存多少钱？循序渐进的指南

一个普遍的建议是，家庭应该至少有相当于 3 个月收入的短期储蓄（Chang，Hanna and Fan，1997）。对于一个年收入为 24000 美元的人来说，3 个月的收入将是 6000 美元！这是一大笔钱，对许多服务对象来说不现实。这项建议是基于这样一种想法：人们可能需要 3 个月才能找到另一份工作；然而，在低收入家庭，短期储蓄是为了维持收支平衡，而不仅仅为了预防失业。

但什么是可行的目标呢？服务者可以从对服务对象最重要的支出开始，即他们最看重或最担心的项目。服务对象经常会说，最重要的支出是住房费用（租金或抵押贷款以及公用事业费）、汽车贷款或维修费以及儿童照料费。一个较好的首要目标是留出足够的资金来应付这些常见的费用。如果有足够的钱来支付汽车贷款或维修费用，会有助于服务对象在经济上感到更安全，那么这笔钱，例如 300 美元——可能就是最初的目标。这个目标实现后，服务对象可以开始存钱，迈向既能维持汽车开销、又能付租金的目标。

聚焦案例：朱厄尔开了一个储蓄账户

塔马拉和朱厄尔经常讨论朱厄尔应该存多少钱，以及在哪里能安全地储蓄。她们谈到朱厄尔和餐馆老板建立的自动存款系统。朱厄尔认为这会使储蓄更容易，因为钱会直接进入账户，她不必做任何事。

塔马拉告诉朱厄尔，退休储蓄账户很容易使用，并且肯定地告诉她，她仍然可以在紧急情况下使用这些资金。但是朱厄尔说她现在不担心退休："我现在有太多事情要考虑。退休金要直到年老才能使用，算了吧。"朱厄尔更喜欢一个不收任何费用的储蓄账户。

她们谈论朱厄尔下一次的 EITC。塔马拉估算，当朱厄尔申报所得税时，EITC、CTC 和缅因州 EITC 将为她提供大约 4000 美元。朱厄尔说她肯定想把退税的一部分存起来，再从每张工资支票中存一点钱。朱厄尔开始觉得，不管怎样，应急储蓄基金是有可能实现的。不过，她还有另一个担心。

朋友们告诉朱厄尔，如果她在储蓄账户上有存款，就可能失去她的福利。她告诉塔马拉："我不能失去食物援助，当我搬出去住的时候，可能还需要参加一个有助于支付房租的项目。"

塔马拉告诉朱厄尔，这是一个重要的问题，她听说的这些"资产测试"确实存在。事实上，对于像朱厄尔这样的 SNAP 接受者，缅因州的资产限额为 5000 美元。如果朱厄尔曾经失业，缅因州对贫困家庭的临时援助资产限额甚至更低（2000 美元）。朱厄尔不想做任何可能损害她获得援助资格的事情。

短期和应急储蓄的创新

政策在支持短期和应急储蓄方面可发挥重要作用。服务者可以解决储蓄的障碍，如资产测试，并可以扩大储蓄机会，如特殊储蓄计划。服务者应该了解各种储蓄选择的优缺点，特别是服务对象社区中可用的选择。例如，许多信用合作社提供特殊的储蓄账户：青年储蓄账户、假日账户、退休账户和货币市场账户。在提出这些选项时，服务者要帮助服务对象权衡其储蓄目标、可能的选择和当前状况（包括银行和信用合作社的现有账户）。

一些创造性的举措正在试验鼓励低收入家庭积累小额储蓄的方法。一个例子是 SaveUSA（见专栏 9.2），它表明退税可以帮助有兴趣为紧急情况和其他用途储蓄的人，是一种有前景的方法。政策制定者和金融机构可以实施一些简单的创新，鼓励低收入家庭储蓄。低收费或不收费的账户，只要 25 美元就可以开户，并提供一种自动存入小额款项的方式，这就是此类账户功能的几个例子。州和联邦计划可以为灵活、无限制的储蓄（提款是有限制的）提供税收抵免。拟议的“未雨绸缪 EITC”（见专栏 9.3）是促成应急储蓄政策的一个样例。政策制定者还可以考虑制定创新性办法，鼓励金融机构提供低成本、无限制的账户。

专栏 9.2　聚焦研究：SaveUSA

SaveUSA 是一项鼓励中低收入者储蓄部分退税的倡议。该计划从 2012 年持续到 2015 年。它允许使用免费报税站点（VITA 站点）的纳税人将其退税的 200 美元至 1000 美元存入一个特殊储蓄账户。参加者同意将退税的一部分存入特殊账户一年，就会在年终时收到存款额的 50%，并将其作为配套资金（参加者每存 1 美元，就会收到 50 美分的配套资金）。该倡议在纽约市发起，随后又有三个城市跟进，即俄克拉何马州塔尔萨市、新泽西州纽瓦克市和得克萨斯州圣安东尼奥市。

纽约市长基金（用以促进纽约市发展）和纽约市经济机会中心，联合纽约消费者事务部的金融赋能办公室实施了这一方案。一项针对有兴趣储蓄的纳税人的研究实验对随机分配到 SaveUSA 项目的参与者与未获得参与机会的人进行了比较（Azurdia and Freedman，2016）。

SaveUSA 起作用了吗？主要的三个发现如下：

（1）SaveUSA 组三分之二的人在实施该计划的三年中至少收到一笔储蓄配套资金，平均收到 365 美元的配套资金。

（2）有储蓄的纳税申报人比例增加了近 8%；平均储蓄额增加了 522 美元。

（3）人们有更多的钱来支付开支、应对紧急情况和意外开支（Azurdia and Freedman，2016）。

专栏 9.3　聚焦政策：未雨绸缪 EITC

Prosperity Now（前身为企业发展公司）是一家致力于为低收入家庭和社区扩大经济机会的非营利性组织，它与前沿的社会政策研究人员合作，提出了“未雨绸缪 EITC”，这是一项针对低收入劳动者的应急储蓄政策。

其理念是帮助人们建立一个无障碍、无限制的储蓄账户，以消弭金融冲击的影响。现有的 EITC 每年向低收入劳动者一次性支付大笔款项。人们经常把他们的 EITC 作为一种储蓄形式——一种为年度开销储存资金的方式。他们预期从退税中获得一年一次的资金注入，并用它来应对账单和其他财务责任。

虽然一次性退税在纳税时给了人们很大的帮助，但许多EITC领取者在一年中的其他时间缺乏应急储蓄。“未雨绸缪EITC”提案允许纳税人将20%的EITC延期6个月，并因此获得适度的储蓄配套资金。这样做的目的是利用纳税时获得一次性退税的优势，将钱转入应急储蓄账户。

Prosperity Now与低收入报税专业人士、政策倡导合作伙伴以及2015年出版的《我不是穷人》一书的作者合作，发展和推广这一理念（Edin，Greene，Halpern-Meekin and Levin，2015）。

有些人确实是“没有钱可存”（Sherraden and McBride，2010，p.145）。为了帮助那些无法靠自己存钱的家庭，服务者可以指导他们接触和创建有利于储蓄的项目。这些项目使储蓄开户变得容易，创造低收费或不收费的账户选择，并增加有利于储蓄的激励措施。重要的是，储蓄政策和方案使低收入家庭能够在偿还债务的同时积累紧急储蓄，还得以保留获得公共福利的机会。

结论

紧急和短期储蓄对所有家庭的金融稳定都很重要。服务者可以通过审查他们的损益表和资产负债表来帮助服务对象确定设立短期储蓄的机会，他们还可以提供留出资金的方法。

并不是所有的家庭都准备好进行数量可观的储蓄，但有证据表明，大多数家庭都有储蓄的愿望，并且确实在储蓄。服务者可以与服务对象合作，评估存较大金额款项的方法，并确保安全存储。他们还可以为帮助家庭进行应急储蓄的政策建议作出贡献。随着时间的推移，应急储蓄可能被用来支付意外开支和应对收入波动，最终未来可能形成更大的积累。下一章将重点讨论这种长期储蓄。

探索更多

·回顾·

1. 为什么朱厄尔担心有应急储蓄会使她没有资格享受收入福利？什么是资产限

制，为什么收入支持计划有资产限制？资产限额如何为应急（和其他）储蓄设置障碍？

2. 应急储蓄对其他财务目标有何贡献？紧急储蓄在哪些方面可能与其他目标（如支付信用卡欠款）形成竞争？
3. 应急基金的三种储蓄方式是什么？在朱厄尔的案例里，每一种都有什么利弊？

·反思·

4. 想一想你遇到的一次财务窘困（无法支付你的开销）或者一项你无法立即支付的意外或紧急开销：
   a. 你感觉如何？你那时做了什么？你向谁求助了吗？
   b. 如果你有一笔应急基金（或数额更大的一笔钱），你对自己的财务状况会有多大的信心？
   c. 你认为有一笔应急基金会使你更可能获得更大的财务福利吗？为什么？

·应用·

5. 你认为朱厄尔的应急储蓄账户里应该有多少钱？为什么？
   a. 她每个月需要存多少钱才能在 3 个月内积攒这么多钱？
   b. 她存下那么多钱，还能支付基本开支吗？
   c. 她攒下那么多钱要花多长时间？
6. 研究你所在社区的银行和信用合作社的储蓄账户。选择一家银行和一家信用合作社，比较每笔存款所需的初始最低存款额。
   a. 维持一个储蓄账户是否收取费用？
   b. 这两个机构对于你们社区的低收入人群都是可及（时间、地点、资格）的吗？
   c. 每一项指标与低收入储户的需求匹配程度如何？

参考文献

ADP Research Institute. (2014). Garnishment: The untold story. Retrieved from http://

www.propublica.org/documents/item/1301187-adp-garnishment-report.html.

Azurdia, G., & Freedman, S. R. (2016). Encouraging nonretirement savings at tax time: Final impact findings from the SaveUSA evaluation. Retrieved from http://papers.ssrn.com/sol3/papers.cfm?abstract_ id=2714489.

Beverly, S. G., McBride, A. M., & Schreiner, M. (2003). A framework of asset-accumulation stages and strategies. *Journal of Family and Economic Issues, 24*(2), 143-156. doi:10.1023/A:1023662823816.

Board of Governors of the Federal Reserve System. (2014). *Report on the economic well-being of U.S. households in 2013.* Retrieved from http://www.federalreserve.gov/econresdata/2013-report-economic-well-being-us-households-201407.pdf.

Chang, Y. R., Hanna, S., & Fan, J. X. (1997). Emergency fund levels: Is household behavior rational? *Journal of Financial Counseling and Planning, 8*(1), 1-10.

Collins, J. M. (Ed.). (2015a). *A fragile balance: Emergency savings and liquid resources for low-income consumers*. New York: Palgrave Macmillan.

Collins, J. M. (2015b). Paying for the unexpected: Making the case for a new generation of strategies to boost emergency savings, affording contingencies, and liquid resources for low-income families. In J. M. Collins (Ed.), *A fragile balance: Emergency savings and liquid resources for low-income consumers* (pp. 1-15). New York: Palgrave Macmillan.

Collins, J. M. (2016, March 4). One paycheck away from poverty (Congress Blog post). Retrieved from http://thehill.com/blogs/congress-blog/economy-budget/271680-one-paycheck-away-from-poverty.

Chase, S., Gjertson, L., & Collins, J. M. (2016). Coming up with cash in a pinch: Emergency savings and its alternatives (CFS Issue Brief No. 6.1). Madison: University of Wisconsin-Madison, Center for Financial Security.

Consumer Financial Protection Bureau (2017, September). Financial well-being in America. Retrieved from http://files.consumerfinance.gov/f/documents/201709_cfpb_financial-well-being-in-America.pdf .

Edin, K., Greene, S. S., Halpern-Meekin, S., & Levin, E. (2015). The Rainy Day EITC: A reform to boost financial security by helping low-wage workers build emergency savings. Retrieved from https://prosperitynow.org/files/resources/The_Rainy_ Day_ EITC.pdf.

Gjertson, L. (2015). Liquid savings patterns and credit usage among the poor. In J. M.

Collins (Ed.), *A fragile balance: Emergency savings and liquid resources for low-income consumers* (pp. 17-37). New York: Palgrave Macmillan.

Gjertson, L. (2016). Emergency saving and household hardship. *Journal of Family and Economic Issues, 37*(1), 1-17. doi:10.1007/s10834-014-9434-z.

Grinstein-Weiss, M., Russell, B. D., Gale, W. G., Key, C., & Ariely, D. (2016, May). Behavioral interventions to increase tax-time saving: Evidence from a national randomized trial. *Journal of Consumer Affairs, 51*(1), 3-26. doi:10.1111/joca.12114.

Halpern-Meekin, S., Edin, K., Tach, L., & Sykes, J. (2015). *It's not like I'm poor: How working families make ends meet in a post-welfare world.* Berkeley: University of California Press.

Morduch, J., & Schneider, R. (2017). *The financial diaries: How American families cope in a world of uncertainty.* Princeton and Oxford, UK: Princeton University Press.

National Council of La Raza. (2014). Banking in color. Retrieved from http://nul.iamempowered.com/sites/nul.iamempowered.com/files/report_ attachments/bankingincolor_ web.pdf.

O'Rourke, C. (2015). Savings matches, small dollar accounts, and childcare workers' decisions to save: 2012-2015. Appalachian Savings Project [Report]. Retrieved from http://bit.ly/1T9jywW.

Pew Charitable Trusts (2016, January). The role of emergency savings in family financial security barriers to saving and policy opportunities. Retrieved from http://www.pewtrusts.org/~/media/assets/2016/01/emergency-savings-report-3_ 011116_ update.pdf.

Prosperity Now. (n.d.). Prosperity Now scorecard: Maine. Retrieved from http://scorecard.prosperitynow.org/data-by-.

Rutherford, S. (2000). *The poor and their money.* New Delhi: Oxford University Press.

Sanders, C. K. (2013). Financial capability among survivors of domestic violence. In J. Birkenmaier, M. S. Sherraden, & J. Curley (Eds.), *Financial capability and asset development: Research, education, policy, and practice* (pp. 85-107). New York: Oxford University Press.

Schreiner, M., & Sherraden, M. (2007). *Can the poor save? Saving and asset building in Individual Development Accounts*. New Brunswick, NJ: Transaction.

Sherraden, M. (1991). *Assets and the poor: A new American welfare policy*. Armonk, NY: M.E. Sharpe.

Sherraden, M. S., & McBride, A. M. (with Beverly, S.G.). (2010). *Striving to save: Creating policies for financial security of low-income families*. Ann Arbor: University of Michigan Press.

Telyukova, I. A. (2013). Household need for liquidity and the credit card debt puzzle. *Review of Economic Studies, 80*(3), 1148-1177. doi:10.1093/restud/rdt001.

Thaler, R. H. (1999). Mental accounting matters. *Journal of Behavioral Decision Making, 12*(3), 183-192.

Thaler, R. H., & Shefrin, H. M. (1981). An economic theory of self-control. *Journal of Political Economy, 89*(2), 392-406. doi:10.1086/260971.

Tufano, P., & Schneider, D. (2009). Using financial innovation to support savers: From coercion to excitement. In R. M. Blank & M. S. Barr (Eds.), *Insufficient funds: Savings, assets, credit, and banking among low-income households* (pp. 149-190). New York: Russell Sage Foundation.

Tversky, A., & Kahneman, D. (1981). The framing of decisions and the psychology of choice. *Science, 211*(4481), 453-458. doi:10.1126/science.7455683.

第10章 长期储蓄和资产积累：建设一个未来

专业原则：资产和财富为服务对象的未来提供机会。即使是非常贫穷的家庭和有债务的家庭也可以建设资产和财富。然而，资产建设策略、储蓄产品和服务必须符合服务对象的特定目标和情境。

人们通过储蓄、投资和积累随时间推移而增值的资产来累积财富，比如拥有一套住房和积累退休储蓄。随着时间的推移，资产提高了人们的金融安全感和生活水平，也提供了更光明的前景。它们“从本质上来说是长期的，它们在经济上把现在和未来联系起来。的确，从某种意义上来说，资产就是未来。它们是具体形态的希望”（Sherraden，1991，p. 155）。

如第2章所示，在美国，财富不平等超过收入不平等，许多低收入家庭几乎没有，或根本没有具有实质性金融价值的资产。少数种族和少数族裔的家庭尤其可能资产匮乏（Bricker et al.，2014），因为缺乏足够的收入去做资产投资，这些家庭获得财富的机会有限。使问题变得更复杂的是，因为低财富水平家庭几乎没有什么可以传给他们子孙后代的财产，财富不平等在几代人之间逐渐加剧（Oliver and Shapiro，1995）。

在这一章中，我们将探讨金融脆弱的家庭在建设资产时所面临的挑战。我们专注于随着时间的推移而增值的金融资产，使人们能够投资于未来的发展机会，如房屋所有权、高等教育和退休保障。我们首先介绍主要的资产建设概念和术语，以及针对低收入人群的两种主要资产建设方法：（1）传统储蓄和投资产品；（2）储蓄和投资计划。本章最后将介绍帮助低收入者建设资产的实践和政策方法。

首先，我们回顾西尔维娅·伊达尔戈·阿塞韦多和赫克托·康特拉斯·埃斯皮诺萨的案例。他们正与当地一家房屋中介机构的住房顾问加布里埃拉·冯塞卡合作，建立他们家庭的资产。他们向加布里埃拉寻求帮助，以追回他们在一桩失败的购房交易中损失的钱。与加布里埃拉合作，是为了更清楚地了解他们的家庭财务状况（见第5章），之后，他们准备回到尝试购房的问题上来，考虑更安全的购房方式。

聚焦案例：西尔维娅和赫克托想要回他们的定金

在最近一次会谈中，加布里埃拉听到了西尔维娅和赫克托第一次尝试买房的细节：他们付了大约1450美元，开始了买房的历程，其中，定金1000美元，剩下的450美元用于房屋检查和估价。然而，错误的电线接线方式导致房子在他们真正拥有之前被烧毁，卖主告诉这对夫妇，他们应购买这块空地（房子在火灾后被拆除），他不会偿还他们1000美元的定金。因为打算用这笔钱来帮助支付首付，所以这对夫妇决定等到有希望收回钱后再买房。

加布里埃拉以前也遇到过类似的情况，当这对夫妇出现在她的办公室时，她打电话给加州消费者保护部。他们告诉她哪里可以找到西尔维娅和赫克托应该填写的表格。这对夫妇必须提交申请才能收回1000美元。他们一起填写并提交了所需的表格。

在与加布里埃拉的下一次会面之前，赫克托和西尔维娅接到了加州总检察长办公室的电话。这位官员要一份他们向卖方付定金时签署的文件。他们寄去了一份文件的副本。该部门的一名律师要求业主提供更多信息。不久之后，西尔维娅和赫克托收到了1000美元的定金支票。

当西尔维娅和赫克托下一次见到加布里埃拉时，他们感谢她帮忙拿回了钱。怀着乐观的心情，他们开始着手考虑下一步的工作。在加布里埃拉的帮助下，他们先计算了自己的财务状况（见第5章）。他们告诉加布里埃拉，尽管有几个长期目标——买房、送孩子上大学、确保罗莎夫人晚年安逸，以及最终退休，但买房是他们的首要任务。

加布里埃拉告诉他们，要想获得住房贷款，他们需要足够的首付。“在加州，那可是一大笔钱啊！”幸运的是，他们有1000美元，还有其他存款，但他们需要更多钱。为了帮助他们增加储蓄，加布里埃拉解释了构成长期资产建设基础的三个关键概念：复利、风险与回报，以及通货膨胀。她用他们的购房经验来进行说明。

资产建设的关键概念

正如第1章所讨论的，资产建设是积累为发展提供机会的金融资产和有形资产的过程。因为资产建设的关键概念是从金融学中提取的，并且涉及一些数学知识，所以许多服务者没有强烈的学习意愿。然而，仅仅理解一些概念就可以让服务者创造性地思考如何帮助服务对象储蓄并且进行长期投资和建设资产。

saving（储蓄）是一个动词，表示积累金钱的行为，而 savings（储蓄）则是一个名词，表示通常储存于可使用的储蓄账户和支票账户中的金钱。investing（投资）是为了积累财富而把钱存入一个账户的行为，而 investment（投资）则是把钱存入诸如退休账户等相对不可使用的长期资产账户。

货币的时间价值：复利的力量

长期储蓄和投资不同于在床垫下攒钱，或是在储蓄账户中存钱，原因有二：货币的时间价值和复利。了解这些概念有助于服务对象对发展机会作出明智的选择，这样服务对象就可以随着时间的推移而增加资产。货币的时间价值是这样一种观念：现在得到一笔钱比将来得到同样的钱更有益，因为现在可以投资，可以赚取利息，未来的价值会更高。

投资可以获得回报，其中包含利息（即使没有新的资金注入也会增值的资金）。以单利形式（利息只基于本金）累计的账户也会增长，但不会呈指数增长。例如，以 5% 的利息投资 100 美元，一年后价值 105 美元。对于以复利形式累计的账户，本金利息加上以前的应计利息，储蓄会随着时间呈指数增长。同样用这个例子，下一年 105 美元将获得 5% 的利息，即加上 2.05 美元——额外的 0.05 美元是从第一年开始的利息。10 年后，100 美元储蓄的价值将超过 150 美元。表 10.1 提供了另外一个例子。

表 10.1　以 5% 利率计算的 1000 美元本金的单利及复利

年数	单利利息（美元）	复利利息（美元）
1	50	50
2	50	53
3	50	55
4	50	58
5	50	61
6	50	64
7	50	67
8	50	70
9	50	74
10	50	78
总计	500	629

风险与回报

风险与回报是一个简单的概念，即投资风险越大，未来回报的潜力就越大。储蓄账户赔钱的几率很小；因此，提供给储户的利息可以忽略不计。与之相对的是，稍后讨论的股票、债券和共同基金可能会带来更高的回报，但也会带来更大的风险。

服务者可以告知服务对象，提供更高潜在回报的投资将带来更高的短期亏损风险。投资应该被看作一种长期的活动，随着时间的推移，它会慢慢积累财富。然而，低收入家庭很少有机会做到这一点，他们需要有利于长期投资的政策，我们将在本章后半段讨论这个话题。

一个相关概念——投资期（time horizon），反映出对一项投资在清算（或出售）前预计持有多长时间的看法。价值经常波动的投资会受到市场低迷的影响，不建议短期投资者进行。通常，投资者耐心等待获得资金的时间越长，投资回报就越大。例如，可持有投资 5 年及以上的投资者，将能够承担更多的风险，并可能获得更大的回报。

通货膨胀

通货膨胀是指商品和服务的总价格随着时间的推移而上涨。它起作用的方式与利息相反：利息使储蓄在未来更值钱，但通货膨胀使货币在未来更不值钱。通货膨胀的影响是，同样数量的钱不能买同过去一样多的东西。例如，1975 年一类邮资的价格是 10 美分。到 2016 年，一类邮资的成本几乎高出五倍还多。通货膨胀对持有现金或不对现金进行投资的人有着特别不利的影响。长期投资提供了抵消通货膨胀负面影响的机会。

实际回报率

实际回报率有助于储户在考虑通胀因素后了解自己的资金是否在增长。如果储蓄以 2% 的回报率增长，而通胀率也为 2%，那么实际回报率为零。就人们能够用这笔钱买到的东西而言，储蓄的价值是稳定的。如果储蓄增长率为 2%，通货膨胀率为 3%，那么实际回报率为负（−1%）。这意味着人们将无法购买到和以前一样多的东西。然而，如果储蓄增长率为 2%，通胀率仅为 1%，实际回报率为正（1%）。

实际回报率的概念侧重于通货膨胀的影响。还有其他一些因素可能会进一步降低回报率，包括佣金、手续费、税费和对提前撤出投资的惩罚。储户在计算一段时间内的投资回报时应考虑这些因素。

服务者在阐释资产建设的关键概念时的角色

在与服务对象讨论各种储蓄和投资方式的利弊时，服务者必须了解货币的时间价值、风险与回报以及通货膨胀。例如，服务者可能会讨论在投资账户中存钱的好处，以及在家中存放现金的风险和成本。然而，当服务对象无法维持账户所需的最低余额时，服务者也应强调可能降低其储蓄价值的因素。

对于希望进行长期储蓄和投资的服务对象，服务者应该做好准备与之讨论，为什么投资账户可能比简单储蓄账户提供更高的回报率。服务者还可以帮助服务对象探索并理解佣金、费用和税费如何影响储蓄。服务者可以用一个简单的投资经验法则来帮助服务对象了解复利的作用，即思考若使他们的存款翻倍，将需要多长时间的投资，这也被称为“72 法则”（见专栏 10.1）。

专栏 10.1 72 法则

“72 法则”是一条有用的捷径，可用来估计将投资翻番所需的年数，包括初始投资和按给定利率赚取的利息。

规则很简单：将利率除以 72。

72÷年复利 = 投资翻番所需的年数

例如，如果一项投资的预期年利率为 5%，则 72÷5=14.4 年翻倍。这可以用心算或一个简单的计算器来估计。下面是更多的例子：

10% 年利率：72÷10=7.2 年翻番

6% 年利率：72÷6=12 年翻番

3% 年利率：72÷3=24 年翻番

2% 年利率：72÷2=36 年翻番

储蓄和投资产品

低收入家庭可以通过提供正回报率的储蓄和投资产品来构建金融资产。对于那些有能力存钱并可持续较长时间的家庭来说，下一步就是要熟知各种投资选择的利弊，并有能力和知识对其进行评估，一旦决定了某种投资类型，就要考虑如何管理储蓄。投资产品种类繁多，包括定期存单（CD）、美国储蓄债券、股票、共同基金和年金。低收入者经常处理短期和紧迫的金融问题，这些问题使他们无法进行长期储蓄。然而，了解这些储蓄和投资产品是如何运作的，包括它们对金融脆弱家庭的限制，对服务者来说是很重要的。

储蓄产品

低收入家庭可以很容易地获得两种旨在建设金融资产的储蓄产品：CD 和美国储蓄债券。CD 是一种定期的利息收入账户，通常为期 3 个月到 60 个月（5 年）。一旦 CD 到期，持有人就可以提取存款以及累计的利息。CD 的利率高于普通储蓄账户的利率。但是，如果储户在固定期限之前取款，则会受到惩罚，因此考虑 CD 的服务对象应确保在期限结束前不需要这些钱。

美国储蓄债券由美国政府出售。债券的购买者会随着时间的推移赚取利息（U. S. Department of Treasury，2015）。在美国，储蓄债券是在网上购买的或作为所得税退税的一部分（见第 7 章）。尽管美国储蓄债券过去是以纸质形式发行的，但今天它们只以电子形式发行。这意味着一些服务对象可能必须开设一个 TreasuryDirect 账户才能管理他们的储蓄债券。该债券要求起始购买额不低于 25 美元，没有任何其他费用。这些债券的利息收入也无需交州税或地方税。

储蓄债券主要有两种类型：一种是 EE 系列债券，保证在一定年限内（例如 20 年）价值翻番；另一种是 I 系列债券，不保证价值翻番，但进行了指数化，因此在通货膨胀之后，它总是能提供正的实际回报。储蓄债券对前 5 年提前支取有很小的惩罚（3 个月的利息）。

CD 和储蓄债券都是那些希望避免储蓄贬值风险的服务对象的选择。如果服务对象不提前收回投资，他们可以保证收回最初的投资外加利息。然而，低金融风险的代价是，这些储蓄产品的回报率低于其他选择。

股票、债券和共同基金

股票、债券和共同基金这三类投资产品的回报率可能高于 CD 和美国储蓄债券。然而，这些产品具有更大的风险，只能由那些能够长期持有其投资并能耐心捱过初始投资价值下降阶段的人持有。投资这些产品可能需要大量的最低存款（如2000美元或更多），且可能涉及佣金、手续费，以及CD和储蓄债券不收取的费用。价值波动、最低余额要求和高成本的风险可能使这些类型的产品不太适合许多服务对象。

股票是公司的部分所有权。股票作为公司股份被出售，这是该公司的所有权单位。换句话说，当一个人购买一家公司的股份时，他拥有其中的一小部分。股票持有人可以在未来转售其股票，比如在股价上涨后转售。股票持有人也可以从公司获得收入，或者随着时间的推移获得额外的股票。

股票所有权涉及风险，因为一家公司的股价会涨会跌，不能保证投资者会拿回他们的本金或从投资中赚钱。如果一家公司倒闭，那家公司的股票可能一文不值。然而，尽管股票是有风险的，但在较长时间内，股票的平均回报率要高于许多其他投资。

债券由公司、城市、州和其他实体发行，是为项目或活动筹集资金的一种方式。购买债券的人实际上是把钱借给发行债券的实体，以换取一定的回报率。债券通常以固定期限（例如10年）发行，并承诺每年或每半年按固定利率支付利息。债券的价值可能上升或下降，而债券的发行人可能无法支付承诺的利息。债券的风险相对低于股票，但债券的回报率较低。

许多投资者更喜欢由投资公司管理的股票和/或债券池——共同基金。共同基金为投资者提供了一种避免“把所有鸡蛋放在同一个篮子里”的方法，有利于分散多种投资的风险，也被称为分散投资风险。共有两种共同基金：主动管理型基金和指数基金。主动管理型基金由基金经理管理，后者为基金挑选投资。指数基金是按照一个公式运行的，这个公式通常是为了匹配现有市场指数的组成部分而设计的。与主动管理型基金相比，这类共同基金的管理成本更低，而且通常费用和支出也更低。共同基金的风险取决于投资池中的项目，但风险可能与单个股票一样大。

年金

年金是人们为了换取未来有保障的收入支付流而购买的投资。它有几种不同的形式，包括投资者一次性购买年金和投资者通过长期付款购买年金。年金以同样的方式支付给投资者，可以一次性支付，也可以随时间进行系列支付。它也可以有人寿保险的成分，如果投资者死亡，他的指定受益人可以收到付款（见第15章）。年金的主要好处是，它会在未来提供有保障的支出，以及赚取不需缴纳所得税的利息。

大多数年金对提前退出有很高的惩罚，因此投资者必须承诺保持长期投资。年金通常包括高额的销售佣金，考虑到不同的年金产品在条款和费用上的诸多差异，我们很难对其进行比较。投资者常常对“变额年金”感到特别困惑，许多人表示说，他们后悔购买这些产品（Siegel Bernard，2015）。年金有时会在低收入社区大肆出售，通常是通过家人、朋友和社区组织出售。服务者应强烈警告那些迫于压力购买金融产品、特别是年金的服务对象（见专栏 10.2）。

专栏 10.2　谨防投资诈骗

每年都有报道称，新的投资骗局针对的是金融脆弱的家庭、老年人和那些几乎没有存款但渴望建设资产的人。服务者可以警告服务对象，应该对任何宣传为无风险、高回报的投资非常谨慎。以下是一些常见的骗局：

- 庞氏骗局是一种常见的投资骗局，它通常（虚假地）承诺高利率。庞氏骗局根本就不是投资，而是依靠新投资者的存款来偿还现有的投资者，且发起者保留一部分资金。在某个时点，现有的投资者想要回他们的钱，但由于发起者没有足够的资金来偿还这些投资者，庞氏骗局崩塌，投资者就损失了他们的钱财。
- 离岸投资是指将人们的存款存入银行或投资到另一个国家。这些可能是真正的投资，但损失风险很高，一旦资金离开本国，几乎不受任何法律保护。针对境外投资的税法复杂，亏损风险高。
- 虚假投资是另一种骗局，欺诈者在其中投资公司或投资发明机会、房地产开发或其他“伟大的想法”，并将其作为投资加以推广。这些骗局往往会攫走投资者的钱，然后欺诈者消失。
- 另一个骗局是对初创石油公司或能源公司的投资，卖家承诺这些公司“准备赚大钱”。虽然承诺的钻探或勘探可能是一个真实的冒险项目，但风险通常很高，赚钱的几率很低。
- 骗人的财务顾问也许是最常见的骗局。每年都有数千名看似合法的投资顾问或税务顾问因向投资者撒谎、收取过高费用，以及使用或隐瞒信息而被罚款或起诉。这些坏人以弱势群体为猎物，通常以老年人为目标，吸引他们成为新客户。

退休储蓄产品

有些人通过工作单位拥有退休储蓄账户或养老金。此外，人们还可以使用特殊类型的退休储蓄产品自行储蓄养老。个人退休账户（IRA）可以帮助人们为最终的退休建设资产，而不是依靠雇主提供。

传统 IRA

传统 IRA 是一种与工作或雇主无关的退休储蓄账户。任何有收入且到当年底还不满 70.5 周岁的人，都可以通过银行、共同基金或其他来源设立传统 IRA。只有达到 59.5 周岁，储户才能使用传统 IRA 中的资金，否则会被罚款。

使用传统 IRA，储户可以抵扣设立当年的联邦所得税（见第 6 章）。储户可以申请在标准扣除额之外的扣除额，而无需逐项列出扣除额，这使传统 IRA 成为一种减少应税收入的方法。然而，储户从传统 IRA 中提取资金时必须缴纳所得税（包括个人所得税）。就传统 IRA 来说，初始投资的税收被推迟到以后的生活中，对许多人来说，那时的收入会更低。

Roth IRA

Roth IRA 与传统 IRA 类似。任何获得收入的人（不论年龄）都可以通过银行、共同基金或其他来源开户或向该账户缴款。与传统 IRA 的不同之处在于，Roth IRA 不允许储户在开户年份从所得税中抵税。然而，如果储蓄者直到 59.5 岁仍持有该账户，则不对其从中获得的收益征税。对于收入低且将较长时间用于储蓄的年轻人来说，Roth IRA 通常是比传统 IRA 更好的选择。原因是，如果人们在应纳税所得额较低且税率较低的情况下提取 Roth IRA，那么他们在提取的当年所付税款相对较少。当他们退休后再提取时将是免税的——无论他们当时有多少收入。换句话说，每个人都必须在开始或结束时为 IRA 缴税，因此最佳选择取决于投资者对其纳税金额何时最低的估计。

传统 IRA 和 Roth IRA 都有缺点。投资者需要知道如何购买、在哪里购买以及如何管理这些投资，这可能是一个挑战。与共同基金一样，这些账户也可能有较高的最低存款额。此外，由于 IRA 旨在降低税收，而低收入劳动者支付的税收较低，因此，IRA 对低收入投资者的税收优惠相对较小。

储户抵免

储户抵免是一种不可退还的税收抵免，旨在鼓励中低收入纳税人为退休储蓄。截至 2017 年，年满 18 岁或以上、非全日制学生且未被申报为依赖他人纳税申报表的受扶养人，可使用该抵税额积攒最多 2000 美元的退休储蓄。然后，纳税申报人可以根据其收入水平，申请最高可节省 50% 联邦所得税的税收抵免（IRS，2017）。

金融脆弱投资者面临的挑战

从前面的讨论中我们可以看到，有许多储蓄和投资产品可供个人储户和投资者选择。投资产品在成本、回报、风险、维护要求和持续时间等方面的差异很大。然而，对于金融脆弱的人来说，这些选择中很多都有缺点：

- 门槛很高，因为大多数产品需要初始存款，这对于低收入甚至中等收入的储户来说太高了。
- 大多数低收入储户没有资格享受与储蓄产品相关的税收优惠，或者，即便他们有资格享受，税收优惠也相对较低。
- 有些比在市场上购买投资产品简单，但对大多数人来说，如何选择和管理仍然相当复杂。
- 上述产品没有一个提供自动登记功能，研究表明，无论什么收入水平的人，即使明知对自己有益，如果被强制要求登记，他们常常会放弃开户（见第 22 章）。
- 最后，对州和联邦收入支持计划的资产限制可能会抑制金融脆弱家庭的资产积累。

因此，对于这些家庭来说，储蓄和投资的想法可能会让他们感到遥远。他们对未来怀有希望和梦想，却被困在当前的经济需求之下（Sherraden and McBride，2010）。

储蓄和投资计划

这里描述的投资和账户类型可供任何人使用，但它们不是为低收入家庭设计的。服务者可以做些什么来构建对长期储蓄和资产建设的支持呢?

了解资产积累的现实很重要。无论贫富，很少有人通过储蓄积累大量的金钱。相反，他们在使储蓄自动化、补贴储蓄的计划和政策的支持下才能积累储蓄。那些获得支持和补贴的人——如那些在基于雇主的退休计划中获得支持和补贴的人和那些投资于房地产及其他有税收补贴的投资项目的人——随着时间的推移，在积累储蓄和资产方面要成功得多（Schreiner and Sherraden，2007）。

聚焦案例：帮助西尔维娅和赫克托准备低风险的房屋交易

西尔维娅、赫克托与加布里埃拉会面，讨论如何投资他们刚刚收回的1000美元。他们正在考虑一种1年期的CD，他们认为这是一种非常安全的存钱方式。问题是，他们找到的最好的CD只能赚取1.5%的利息，通胀率在0.5%左右，这样他们就不会亏钱了，而且它的收益比储蓄账户还要多。即便如此，当加布里埃拉告诉他们，按照72法则（72除以1），他们的投资需要72年才能翻番时，他们还是很失望！

他们告诉加布里埃拉，有朋友推荐了一些回报率非常好的股票，远远高于CD的收益率。赫克托用激动的声音告诉加布里埃拉："我的朋友塞尔吉奥投资了一些股票，他说几个月后他的投资翻了一番！"加布里埃拉仔细倾听，尽力调整自己的回应，以便赫克托能够理解她的警示性建议。

"我听到你在说什么了，赫克托。投资的问题是，它们上下波动，而且人们往往很难把握时机。在评估你朋友的投资时，我们需要知道更多。他最初花了多少钱？随着时间的推移，而不仅仅是在某一年，他的收益是多少？他在这一年赚了很多并不意味着下一年还会这样。事实上，除非他把投资的时间安排得恰到好处，并在恰当的时机出售，否则他的投资价值也可能缩水一半。他冒了很大的风险。如果你投资1000美元，几个月后只值500美元，你会感觉好吗？"

赫克托和西尔维娅开始明白投资是多么复杂。西尔维娅承认，她很失望："或许这类投资并不适合我们。"他们开始感到拥有一套房子的希望溜走了。

"不过，"加布里埃拉说，"现在不要放弃。这可能是一个漫长的过程，但是社区里有一些帮助人们攒钱买房的项目。它们提供特殊的储蓄计划，其中包含的福利使购房者的储蓄变得更容易。"加布里埃拉说，她将对这些计划进行一些研究，找出适合他们的选择。出于谨慎而乐观的态度，西尔维娅和赫克托仍然希望实现他们的置业目标。

帮助金融脆弱的人储蓄和投资的计划正在制定中（Clancy，Sherraden and Beverly，2015）。它们类似于退休储蓄和有利于高收入家庭的投资。这些计划的特点包括自动登记、简化开户程序、一个或多个由目标组织或政府机构密切审查和监测的投资选择、低/无最低缴款或余额、低/无费用，以及诸如种子存款等财政奖励（补贴）、储蓄配套和其他有助于投资增长的方式（Clancy，Lassar and Taake，2010）。在本节中，我们讨论四种储蓄计划：（1）退休计划，（2）个人发展账户（IDA），（3）529大学储蓄计划（529计划），以及（4）儿童发展账户（CDA）。

退休储蓄计划

大多数退休储蓄都存在于雇主支持的401（k）和403（b）计划中。雇员从雇主提供的有限投资选择列表中进行选择，并在被扣税前自动从总收入中扣除储蓄供款（医疗保险和社会保障税除外）。许多雇主在这些计划中提供配套储蓄。员工可以从59.5岁开始提取存款而不受处罚。税费是在退休后支付的，通常是在收入较低、应缴税额较少的情况下。

在几个州出现的由州府运营的退休储蓄计划，对那些没有雇主支持的401（k）或403（b）计划的人或没有任何其他现实的退休储蓄选择的人具有潜在的帮助。这些计划使登记和资金选择变得简单，并将开销和服务费降到最低。退休专家表示，这些计划可能会大大增加投资于低成本的、适当的资金的人数（Smith，2016）。

例如，俄勒冈储蓄银行为约100万无法获得工作场所退休计划的雇员提供了一个州府支持的退休储蓄计划（Oregon.gov，2017）。俄勒冈州是筹划提供此类计划的八个州中的第一个（Olson，2017）。除非员工选择退出，否则该计划会自动将工资总额的5%（或更少）扣缴入退休账户。到2020年，所有不提供退休计划的雇主都需要登记（Olson，2017）。

个人发展账户

IDA首先证明了当低收入工作家庭获得支持时，他们可以建设自己的资产（Sherraden，1991；U.S. Housing and Urban Development，2012）。他们获得储蓄配套奖励或补贴——这些帮助人们为教育、汽车、房屋、商业或退休等长期目标而储蓄。

社区非营利组织与金融机构合作赞助IDA。有时，IDA得到来自《独立资产法》的联邦匹配基金，以及其他公共来源和私人慈善事业的支持。某些IDA针对特定群体，如寄养儿童、家庭暴力幸存者或曾被监禁的个人（Peters，Sherraden and Kuchinski，2016；Sanders and Schnabel，2006）。

有了IDA，储户可以将钱存入一个特殊的储蓄账户。另一个与储蓄者账户相连的账户持有储蓄配套或其他激励措施。这种激励措施，通常被称为种子存款，是在开户时存入的一笔钱，以推动IDA。这两个账户一起被称为一个IDA（见图10.1）。当储户提取IDA（包括个人储蓄和储蓄配套）时，这些钱可直接用于购买住房、支付教育费用、为退休账户储蓄或其他获认可的发展用途。

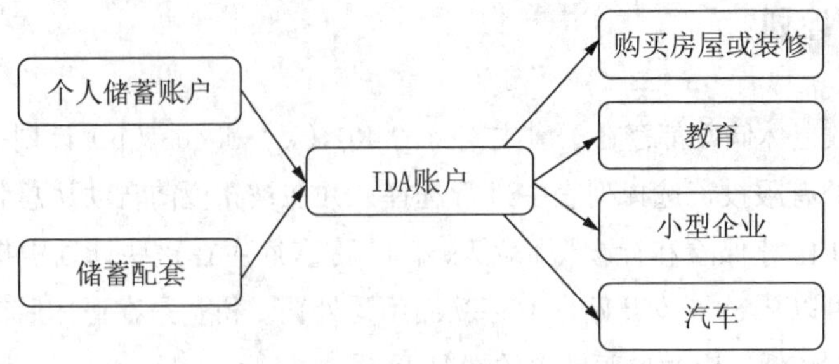

图 10.1　个人发展账户（IDA）

资料来源：Authors Simulation。

IDA 的储蓄额因项目和财政激励措施的不同而大不相同。在一项研究中，低收入的 IDA 储户每年储蓄 1600 美元，其中包括储蓄配套（Schreiner and Sherraden，2007）。对这些家庭中的许多人来说，这代表了可观的储蓄，他们过去无法为长期目标开展储蓄（Sherraden and MeBride，2010）。

尽管 IDA 提供了一个储蓄结构、财务激励和储蓄指导，但它们是由当地运营的社区项目，往往难以获得足够的资金来继续运营。因此，IDA 是有时间限制的，有时短至一年，然后就必须被纳入不同类型的金融产品。因此，IDA 远非理想，但 IDA 背后的理念有助于推动其他投资计划的发展，具体如下。

529 大学储蓄计划

529 计划允许家庭自动从工资单或银行账户中扣除储蓄供款，为大学教育费用进行储蓄。各州政府为鼓励教育储蓄而设立的 529 计划，在一些州可以帮助金融脆弱家庭为高等教育储蓄（SavingforCollege.com，2016）。529 计划中的资金增长不会对投资收益收取联邦或州所得税，如果该资金用于学费、学杂费、书籍、教育用品和设备以及住房等合规的高等教育费用，则储蓄者可以免税提取（IRS，2015）。如果这笔钱不用于教育，则储蓄者必须支付应计利息税和取款收益部分的 10% 作为罚款。或者，储蓄者可以将资金转移给受益人的家庭成员。

529 计划并不是专门为帮助低收入家庭储蓄而设计的。事实上，低收入家庭的税收优惠通常很少，因为这些家庭应缴的所得税往往较少。然而，一些州引入了一些特色，使其更具先进性，因此，该计划对金融脆弱家庭很有用。例如，通常建立在 529 大学储蓄计划平台（见专栏 10.3）上的 CDA，提供储蓄配套且收取低费用，并免除最低缴款额，即使是不欠所得税的低收入家庭也能实现大学储蓄（Clancy，Sherraden and Beverly，2015；College Savings Plan Network，2015）。

专栏 10.3　聚焦政策：529 大学储蓄计划平台

第一个全州范围的CDA计划是缅因州的“哈罗德·阿方德大学挑战”（Harold Alfond College Challenge，2014）。它为每一个在缅因州出生的孩子提供了一个529计划下500美元的免费种子存款，该种子存款被称作NextGen。受益人可以使用大学挑战基金支付合规的高等教育费用（Clancy and Sherraden，2014）。缅因州的大学挑战账户不违背公共福利的家庭资产限额，因为这些账户归阿方德基金会所有，而不是孩子。如果孩子的家庭选择自己储蓄，他们会为此设立一个单独的529计划账户。无论家庭收入如何，家庭供款都有资格获得配套的补助金——50%的配套资金，每年最高100美元，终身最高1000美元（Clancy and Sherraden，2014）。

作为突破性的一步，缅因州从2014年开始自动将所有新生儿纳入计划。随着这一计划的扩张，该州所有的新生儿，每年大约5000人，现在可以从该州的529计划中获得500美元的补助金。2015年，该州的529计划为16000名年轻人提供了400多万美元的大学资助。

其他州也跟随缅因州的脚步（Poore and Quint，2014；Sherraden et al.，2015），然而，与缅因州由私人慈善机构资助的项目不同，康涅狄格州的项目由公共资金资助。罗得岛州的婴儿大学资助计划（College Bound Baby program）在出生证明表（用于新生儿登记）上提供了一个复选框（网址为：http://www.collegeboundfund.com/ri/?nid=11691&sid=46）。

儿童发展账户

CDA有时被称为儿童储蓄账户（CSA），是长期储蓄和投资账户。CDA的目标是建立一个从出生就开始的终身资产建设账户（Sherraden，1991）。因为长期投资可以产生更多的收益，所以资产账户从出生之初或工作后不久就开始。作为终身账户，CDA可以用于获批准的目的，但未来教育往往是主要目标，特别是在儿童时期。它通常提供种子存款、储蓄配套和里程碑式的贡献，以帮助资产增值。实验研究表明，CDA计划可以覆盖整个人群，资产随着时间的推移而增长，并产生其他一些积极影响（见专栏10.4）。

专栏 10.4 聚焦研究： 资产对儿童及其家长的影响

俄克拉何马州的儿童种子实验（SEED OK）是对整个人口中长期资产建设的严格测试，它测试了从出生开始的普遍、自动的 CDA 的影响（Sherraden et al.，2015）。自 2007 年开始，SEED OK 随机将 2700 名新生儿分配到 SEED OK 账户组或对照组（无 CDA）(Sherraden et al.，2015)。迄今为止，研究发现：

- 很少有人拒绝资产机会：SEED OK 账户组的 1360 个家庭中只有 1 个选择了退出大学账户（出于宗教原因）。相比之下，对照组中只有 2% 的家庭自己开户。此外，在 7 年的时间里，尽管受到了大萧条的影响，但 1000 美元的初始投资增长了 40%。
- 账户组孩子的父母比对照组孩子的父母对孩子上大学的期望更高。
- 该账户对最贫困和处境最不利的儿童的影响最大，而不论父母的储蓄如何。
- 与对照组相比，到 4 岁时，有账户的经济困难母亲的子女在社会情感发展方面的收益更大。

仅仅拥有一个账户就能改变父母和孩子的看法和行为。正如一位母亲在孩子 2 岁左右时告诉研究人员的那样，这个账户“给了我一种安全感，让我松了一口气，有些事情已经启动了，你明白的，但愿很快我就能往账户里充值”(Gray，Clancy，Sherraden，Wagner and Miller-Cribbs，2012)。

截至 2017 年，绝大多数 CDA 都设立在可选择性退出、本州支持的 529 大学储蓄计划上（Prosperity Now，2016a）。除了这些全州计划外，还有许多地方和地区儿童储蓄计划。其中规模最大的是旧金山的“幼儿园到大学”(K2C) 计划，该计划自动招收该市公立学校幼儿园的学生，这些学生可以在储蓄账户中获得 50 美元的免费种子存款，以及以后获得奖金奖励的机会（Phillips and Stuhldreher，2011）。印第安纳州提供了一个混合示例：使用 529 计划结构的 CDA 项目。该项目名为“Promise Indiana”，旨在为孩子及其家庭建立积极的上大学期望，并将储蓄视为支付大学学费的途径（Rauscher，Elliott，O’Brien，Callahan and Steensma，2016）。

可能还有其他平台为制定储蓄计划提供了机会，例如，IIM 实际上是一种 CDA，尽管是家长式的版本（见第 3 章）。IIM 被一些人称为“18 岁的钱”，因为在部落青年 18 岁拥有所有权之前，该账户一直是托管账户，IIM 账户接受按上限支付的金融存款和部落成员的其他收入，并进行投资和赚取收入（Office of the Special Trustee for American Indians，n.d.；CFPB，2016）。它有储蓄计划的几个特点：是为所有合格部落成员自动开设的终身账户。它们存在局限性，特别是因为植根于土著部落和美国政府之间历史上麻烦重重的家长式关系中；然而，为了部落成员的利益，政府可以对它进行改革（Whitty，2005）。

建设资产的政策和实践

金融脆弱的服务对象难以建设资产。原因有很多，包括缺乏存款收入、缺乏储蓄和投资计划以及缺乏对资产积累的支持。尽管几乎每个人都直观地理解储蓄的重要性，并希望有一些存款（Sherraden and McBride，2010），但许多人也觉得储蓄和投资是他们无法企及的。服务者可以倡导政策和计划，使积累资产对金融脆弱的人更容易些。

聚焦案例：西尔维娅和赫克托未来的储蓄选择

在上班的路上，加布里埃拉考虑了西尔维娅和赫克托的情况。他们比她的大多数服务对象有更多的财务选择。他们收入稳定，是很好的财务管理者。一旦拥有可靠的信息和指导，加布里埃拉很肯定他们会一切顺利，但她担心她其他服务对象的资源较少。

在那天的见面中，西尔维娅和赫克托告诉加布里埃拉，他们不想把钱放在1年期的CD上，因为利率太低了。加布里埃拉微笑着说："还记得上次见面时我告诉过你们，我会研究一些社区项目，这些可能会为购房提供激励吗？嗯，我发现了一个IDA计划，IDA是个人发展账户的缩写。"加布里埃拉解释了什么是IDA，以及该计划将如何配套住房储蓄。她解释说，在洛杉矶房价非常高的地区，IDA的储蓄配套可能高达3：1，甚至更高。

"所以，我做了一些调查，有好消息也有坏消息，"加布里埃拉告诉他们，"好消息是我发现了一个IDA计划，它提供了一个很好的储蓄配套。坏消息是有长达一年的等待名单。"他们讨论了利弊，得出结论：即便他们必须等待一段时间才能进入该计划，但300%的储蓄回报率是值得的。

西尔维娅说："我们每存1美元，这个计划就要存3美元！是的，这会推迟买房，但这意味着可以省下更多的钱。我们最终将得到更多的首付。"赫克托感到失望，他们不得不等待，但他也同意，因为这将大大减少他们的每月付款。

同时，他们决定把1000美元放在一张CD里存起来。加布里埃拉敦促他们利用这段时间学习更多关于买房和如何申请抵押贷款的知识。她主动提出要帮助他们找到一些好的课程。“然后，我们可以共同努力，来确定你们是否有资格参加加州住房金融机构提供的首次置业计划。”

当晚，加布里埃拉复盘了他们的谈话。她相信自己能帮助西尔维娅和赫克托，但对其他服务对象抱的希望要小得多。大多数人在经济上比这个家庭更脆弱，许多人缺乏大家庭的支持。尽管和她一起工作的大多数家庭都想储蓄，但他们仍在努力寻找为未来储蓄的方法。

与服务对象合作

回到一个关键的原则上来会有助益，即帮助服务对象理解他们是有选择的。与服务对象一起工作，始于讨论他们的目标和了解他们独特的处境。当服务对象将长期储蓄、投资与家庭目标联系起来时，这一过程将更有意义，更可能产生积极的结果。将储蓄与目标联系起来也有助于服务对象考虑特定储蓄产品的收益和风险如何适用于他们的情况。

同时，服务者必须意识到服务对象面临的长期储蓄障碍。低收入和不稳定的收入使人们很难有盈余，也很难形成一致的储蓄习惯。在这种情况下，服务对象可能更愿意集中精力积累应急储蓄（见第9章）。高额的债务负担和家庭冲突也可能构成障碍，这些可能需要在家庭开始长期储蓄之前加以解决。此外，州和联邦政策层面上以公共利益资产限制形式存在的障碍也可能阻碍资产积累（见第9章）。

然而，低收入者希望并确实在存钱（Rutherford，2000；Sherraden and McBride，2010）。服务者可能会发现，如果他们拥有储蓄债券等储蓄工具，或者如果他们生活在一个有先进的529计划、有CDA的国家，就可以帮助服务对象建设资产。

改革和创新政策

服务者积极参与各级低收入家庭资产建设政策和项目的提出、测试和倡导工作。他们为规划过程带来知识和经验，并有助于在政策和方案的设计和实施过程中纳入服务对象的意见（见专栏10.5）。在国家层面上，各组织正在推动这类政策尝试。例如，为每一个孩子的未来和为大学储蓄的行动的目标是让所有美国人都有一个储蓄账户（Prosperity Now，2016b）。在社区层面上，像 IDA 和 CDA 这样的尝试可以成为创造财富的发展战略的一部分（Soifer，McNeely，Costa and Pickering-Bernheim，2014）。

专栏 10.5　聚焦组织：州级资产建设联盟

美国各州和各地区都成立了资产建设联盟来影响政策，并制定了在中低收入家庭中建设资产的计划。南部地区资产建设联盟（SRABC）和伊利诺伊州资产建设集团（IABG）分别是全州集团和地区集团的一个例子。

SRABC 是由亚拉巴马州、佛罗里达州、路易斯安那州和密西西比州这四个州资产建设联盟组成的伙伴关系。它监测这些州的公共政策，与州和联邦政策制定者沟通并促进伙伴关系，以增加南部家庭的资产建设资源。SRABC 的领导人认为，尽管 1862 年的《宅地法》和 1944 年的《退伍军人权利法案》帮助许多美国家庭建立了资产，但少数种族和族裔家庭并没有平等受益。通过支持国有资产建设团体、收集资源、教育成员和召开年度会议，SRABC 力求消除低收入社区资产建设和财富创造的结构性障碍（SRABC，2014）。

IABG 旨在通过日益增加的资产所有权和资产保护，来建立家庭和社区的稳定与力量。该组织致力于扭转日益扩大的种族贫富差距，为家庭创造为未来储蓄的机会。它涉及六个项目领域：建立退休保障，扩大人们进入大学的机会，保护工人免受不堪重负的收债行为的影响，加强对低收入家庭的金融服务，保护消费者免受不安全金融产品的影响，以及增加信贷建设机会（IABG，2016）。

结论

大多数金融脆弱的家庭——即使是最贫穷的家庭也能省下一些钱，但由于许多原因，他们发现自己很难积累资产。尽管如此，长期储蓄和资产积累对每个人都很重要，而不仅仅是对富人。通过长期储蓄和资产建设，人们可以做的不仅仅是维持家庭账单；他们还可以为自己和家人保障未来。服务者可以帮助服务对象了解长期储蓄目标，长期储蓄和资产的动态，各种储蓄及投资产品和计划的优缺点。具体来说，它们可以帮助服务对象了解基本功能，例如自动登记的账户、简化的账户管理、安全的投资选项、合理的储蓄贡献和余额，以及低费用和财务激励。他们可以讨论如何让服务对象最大化为未来创造机会的少量储蓄。

这项工作需要服务者了解当前的政策如何支持高收入家庭的资产建设，同时忽略（甚至阻止）低收入家庭的资产建设。正如经济学家和公共政策专家Gene Steuerle（2016）所写，政策目标应该是“将经济增长提供的额外收入的更大份额引导到机会议程上来”，这会刺激“随着时间的推移，对私人资源，特别是对财富、市场收益以及人力和社会资本的控制。在拥有这些私人资源的过程中，我们通常会评估个人和家庭的机会：他们实施行动、推动进展、把握创业机会，并将这些机会传递给子女”（p.10，emphasis in original）。

一个先进的、自动的和终身的资产账户是迈向机会议程的一步。虽然还没有实现，但它已经取得了一些进展。IDA 为低收入储蓄者提供储蓄激励，但它以社区为基础，需要持续的慈善事业和有意愿的金融机构合作伙伴。CDA 建立在 529 计划提供的税法机会的基础上，因此更具可持续性，但迄今为止，它仅在少数几个州为低收入储户提供服务。服务者可以倡导真正的包容性选择，同时可以帮助金融脆弱的服务对象利用现有的储蓄和投资计划建设资产。

探索更多

·回顾·

1. 西尔维娅和赫克托未来几年可以用哪三种存款账户来储蓄？每种类型的优缺点是什么？你认为哪个最能满足他们的需要？
2. 储蓄产品和储蓄计划有什么区别？为什么后者更有可能帮助低收入家庭积累资产？
3. 为什么有些储蓄计划会为储蓄提供激励，比如配套储蓄存款的种子存款？请列举两个有这类激励措施的账户的例子。你认为这将如何影响人们在正式账户中储蓄的意愿？为什么有些人仍然不愿意使用这些账户？

·反思·

4. 你最早的储蓄记忆是什么？那时你多大，你把钱存哪儿了，是干什么用的？
5. 本章指出，低收入家庭能够而且确实在储蓄，但由于许多原因，他们很难长期积累储蓄。你认为社区里的人很难拯救的原因有哪些？

·应用·

6. 让自己看看复利随时间推移的力量。制作一个简单的电子表格，每年的账户余额都会按照指定的利率增加：
   a. 估计储蓄 1000 美元，为期 10 年，利息为 3%。
   b. 估计储蓄 1000 美元，为期 30 年，利息为 3%。
   c. 估计储蓄 1000 美元，为期 30 年，利息为 5%。
   d. 在一个有 5% 利息的账户里，估计 30 年来每年缴款 100 美元的价值。
7. 在资产和机会记分卡（网址为：http://Assets and Opportunity.org/Scorecard/）中查询你的状态：
   a. 你所在州的总体结果排名和政策排名是多少？
   b. 你的州在哪些方面比美国整体表现更好？你所在的州在哪些方面比美国整体表现更糟糕？
   c. 你认为这些数据对你所在州需要的服务和项目意味着什么？

参考文献

Bricker, J., Dettling, L. J., Henriques, A., Hsu, J. W., Moore, K. B., Sabelhaus, J., ... Windle, R. A. (2014). Changes in U.S. family finances from 2010 to 2013: Evidence from the survey of consumer finance. *Federal Reserve Bulletin, 100*(4), 10.

Consumer Financial Protection Bureau. (2016). Your money, your goals: Focus on Native communities. Retrieved from http://s3.amazonaws.com/files.consumerfinance.gov/f/documents/CFPB_ YMYG_ Native-Communities_ final_web.pdf.

Clancy, M., Lassar, T., & Taake, K. (2010). *Saving for college: A policy primer* (CSD Policy Brief 10-27). St. Louis, MO: Washington University, Center for Social Development.

Clancy, M., & Sherraden, M. (2014). *Automatic deposits for all at birth: Maine's Harold Alfond College Challenge* (CSD Policy Report 14-05). St. Louis, MO: Washington University, Center for Social Development.

Clancy, M. M., Sherraden, M., & Beverly, S. G. (2015). *College savings plans: A platform for inclusive and progressive Child Development Accounts* (CSD Policy Brief 15-07).

College Savings Plans Network (2015). Overview of CSPN. Retrieved from http://www.collegesavings.org/cspn-overview/.

Gray, K., Clancy, M., Sherraden, M. S., Wagner, K., & Miller-Cribbs, J. (2012). *Interviews with mothers of young children in the SEED for Oklahoma Kids College Savings Experiment* (CSD Research Report). St. Louis, MO: Washington University, Center for Social Development.

Harold Alfond College Challenge. (2014). Augusta, ME: Retrieved from www.500forbaby.org.

Illinois Asset Building Group (2016). 2016 policy agenda. Retrieved from http://illinoisassetbuilding.org/wp-content/uploads/2016/03/2016-Policy_ Agenda_FINAL.pdf.

Internal Revenue Service. (2015). Tax benefits for education: Information center. Retrieved from http://www.irs.gov/uac/Tax-Benefits-for-Education:-Information-Center.

Internal Revenue Service. (2017, January 30). Retirement Savings Contributions Credit (Saver's Credit). Retrieved from https://www.irs.gov/retirement-plans/plan-participant-employee/retirement-savings-contributions-savers-credit.

Office of the Special Trustee for American Indians. (n.d.). Individual Indian Money account information. Retrieved October 3, 2016, from http://www.bia.gov/cs/groups/mywcsp/documents/collection/idc010124.pdf.

Oliver, M. L., & Shapiro, T. M. (1995). *Black wealth/white wealth: A new perspective on racial inequality*. New York: Routledge.

Olson, E. (2017, November 17). In Oregon, you can now save for retirement. Unless you object. *New York Times*. Retrieved from https://www.nytimes.com/2017/11/17/your-money/oregon-save-for-retirement.html?emc=eta1&_r=0.

Oregon.org (n.d.). *OregonSaves*. Retrieved from http://www.oregon.gov/retire/Pages/index.aspx.

Peters, C. M., Sherraden, M. S., & Kuchinski, A. M. (2016). Growing financial assets for foster youths: Expanded child welfare responsibilities and caseworker role tension. *Social Work 61*(4), 340-348. doi:10.1093/sw/sww042.

Phillips, L., & Stuhldreher, A. (2011). Kindergarten to College (K2C). Washington,

DC: New America Foundation. Retrieved from http://sfofe.org/wp-content/uploads/2011/10/K2C-Case-Study-Final.pdf.

Poore, A., & Quint, C. (2014, October 27). Baby talk: Children's savings accounts mark new frontier in paying for college. *New England Journal of Higher Education*. Retrieved from http://www.nebhe.org/thejournal/baby-talk-childrens-savings-accounts-mark-new-frontier-in-paying-for-college/.

Prosperity Now. (2016a, September). A growing movement: State of the children's savings field. Retrieved from https://prosperitynow.org/resources/state-childrens-savings-field-2016.

Prosperity Now (2016b). *Campaign for every kids future*. Retrieved from http://savingsforkids.org/home.

Rauscher, E. E., O'Brien, W. M., Callahan, J., & Steensma, J. (2016). "We're going to do this together:" Examining the relationship between parental educational expectations and a community-based children's savings account program. Center on Assets, Education, and Inclusion. University of Kansas, Lawrence. Retrieved from https://aedi.ku.edu/sites/aedi.ku.edu/files/docs/publication/CSA/reports/Promise_Indiana.pdf.

Rutherford, S. (2000). *The poor and their money*. New York: Oxford University Press.

Sanders, C. K., & Schnabel, M. (2006). Organizing for economic empowerment of battered women: Women's savings accounts. *Journal of Community Practice 14*(3), 47-67.

SavingforCollege.com (2016). Welcome to saving for college. Retrieved from http://www.savingforcollege.com//.

Schreiner, M., & Sherraden, M. (2007). *Can the poor save? Saving and asset building in Individual Development Accounts*. New Brunswick, NJ: Transaction.

Siegel Bernard, T. (2015, June 19). Variable annuity plus guaranteed income merits careful scrutiny. *New York Times*. Retrieved from http://www.nytimes.com/2015/06/20/your-money/variable-annuities-with-guaranteed-income-riders-require-careful-scrutiny.html.

Sherraden, M. (1991). *Assets and the poor: A new American welfare policy*. Armonk, NY: M. E. Sharpe.

Sherraden, M., Clancy, M., Nam, Y., Huang, J., Kim, Y., Beverly, S. G., Mason, L. R., Wikoff, N. E., Schreiner, M., & Purnell, J. Q. (2015). Universal accounts at birth:

Building knowledge to inform policy. *Journal of the Society for Social Work and Research, 6*(4), 541-564. doi:10.1086/684139.

Sherraden, M. S., & McBride, A. M. (2010). *Striving to save: Creating policies for financial security of low-income families*. Ann Arbor: University of Michigan Press.

Smith, J. (2016, February 26). Turbocharging state-based retirement plans. Retrieved from https://www.aspeninstitute.org/blog-posts/turbocharging-state-based-retirement-plans/.

Soifer, S. D., McNeely, J. B., Costa, C. L., & Pickering-Bernheim, N. (2014). *Community economic development in social work*. New York: Columbia University Press.

Southern Regional Asset Building Coalition (SRABC) (2014). Closing the racial wealth gap: Innovative solutions for change. Conference Report. Retrieved from http://www.srabcoalition.org/media/15300/SRABCReport.1.20._FINAL.PDF.

Steuerle, C. G. (2016, April). *Prioritizing opportunity for all in the federal budget: A key to both growth in and greater equality of earnings and wealth*. Washington DC: Urban Institute. Retrieved from https://www.urban.org/sites/default/files/publication/80041/2000758-Prioritizing-Opportunity-for-All-in-the-Federal-Budget-A-Key-to-Both-Growth-in-and-Greater-Equality-of-Earnings-and-Wealth.pdf.

U. S. Department of Treasury. (2015). TreasuryDirect: Treasury securities and programs. Retrieved from http://www.treasurydirect.gov/indiv/products/products.html.

U.S. Housing and Urban Development. (2012). Individual Development Accounts: A vehicle for low-income asset building and homeownership. Retrieved from https://www.huduser.gov/portal/periodicals/em/fall12/highlight2.html.

Whitty, J. (2005, September/October). Elouise Cobell's accounting coup. *Mother Jones*. Retrieved from http://www.motherjones.com/politics/2005/09/accounting-coup-0.

第 11 章　信贷和信用建设

专业原则：信贷是非常重要的资源，也是资产建设的基础。信贷的可得性在某种程度上由信用得分决定。谨慎使用信贷产品和及时还贷对于构建强有力的信用报告、提升信用得分非常重要。

在美国任何一个低收入社区走走，都能清楚地看到人们对信贷的迫切需求。广告牌上写着："信用不良？没有信用？没问题！"这些标志通常被用来宣传发薪日贷款、小额汽车贷款等。税务办公室还可以提供当天的退税支票。这些广告的出现并不令人惊讶，因为美国有 2600 万成年人的信用记录"不可见"，也就是说他们缺少信用记录，很难以较好的条款获得贷款（Brevoort，Grimm and Kambara，2016）。此外，另有 1900 万人的信用记录没有评分，这限制了他们获得信贷优惠条款的机会。信用受限的人大多为低收入人群、年轻人、老年人或少数族裔人士（CFPB，2016）。

人们以两种不同的方式使用"信贷"（credit）一词：（1）将来必须偿还的贷款，通常会附带利息（"我以信贷的方式购买了汽车"）；（2）基于信用报告和可用的信用工具，借贷或使用货币的能力，例如信用卡和贷款（"我的信用记录很好，因此我能够以比较好的条款获得汽车贷款"）。拥有住房、获得高等教育等许多金融目标的实现都涉及信贷的使用。

在本章中，我们将概括性地介绍信贷的好处和风险，讨论信贷在 21 世纪家庭财务管理和资产建设中的关键作用，并就如何帮助低收入群体有效管理信贷提出建议。通过本章的介绍，服务者可以做好准备，以协助服务对象确定信用目标以及实现这些目标的步骤，还可以检查信贷合同的义务条款。本章还将解释各类信贷的利率、费用和还款计划的重要性。最后给出关于更安全、更灵活的信贷产品的建议。

我们从朱厄尔·默里开始，自从离开了虐待她的丈夫托德·默里后，她在经济独立方面取得了重要进展。朱厄尔在一家餐馆当服务员，这为她提供了一份较低但稳定的收入，加上一些公共援助，朱厄尔认为这些足以保证自己搬出过渡住房。朱厄尔向她的社工莫妮卡·贝克求助，莫妮卡从朱厄尔决定与托德离婚开始就一直支持她。随着时间的推移，她们建立了互相信任的关系。此外，家庭暴力项目的团队帮助朱厄尔从托德那里拿回了退税（见第 7 章），并制定了一个短期储蓄计划（见第 9 章）。朱厄尔约见莫妮卡，和她讨论自己与女儿泰勒的搬家计划。

聚焦案例：朱厄尔学习信贷

当朱厄尔进来的时候，莫妮卡开始问她，最后一次见面后她的生活中发生了什么，是什么让她今天来到这里。朱厄尔告诉莫妮卡，她认为是时候开始找公寓了。自从在金融教育课上了解到，她需要一个好的信用得分才能购买公寓后，朱厄尔就一直很担心。莫妮卡告诉朱厄尔，很多人的信用得分都很低，但她们可以一起努力提高她的分数。了解到托德对朱厄尔的家庭暴力行为，以及托德将于明年出狱的消息，莫妮卡问朱厄尔是否有其他事情让她感到紧张。

朱厄尔说："是的，我不确定我知道该如何做每一件事，比如获得公共服务和支付所有账单。"莫妮卡向她保证会协助她解决信用问题，并让她学会独立应对公寓相关事宜。朱厄尔说："我也在想，托德出狱后，我们是否安全。"莫妮卡说，她们会讨论一个安全计划，并向朱厄尔保证，在她准备好之前不必搬家。

"那么，"莫妮卡说，"我们开始讨论你的信用吧。无论如何，良好的信用是非常重要的。"莫妮卡知道信用是当代美国文化的一个复杂部分，她让朱厄尔回顾自己的目标，并以此作为这一工作的开始。第一步是帮助朱厄尔为今后可能的艰苦工作做好准备。朱厄尔谈到了搬家并开始新生活，为泰勒提供一个家——这是她以前从未拥有过的。但在讨论过程中她总是提到对自己信用的担忧。

"告诉我你为什么担心这个？"莫妮卡问。朱厄尔讲述了她最近去一家家具店的经历，售货员告诉她，用这家店的信用卡付款可以获得较低的折扣和月供。朱厄尔在这家商店的网上售货机上申请，并当场获得批准。售货员还给朱厄尔看了她的信用得分，589 分。朱厄尔从金融教育课上知道这是很低的分数。当她咨询售货员的时候，售货员却告诉她"没问题"。此外，她还获得了零利率的贷款。朱厄尔满腹狐疑，读了合同上面的小字后才发现，如果她一年内无法全额还款，年利率就会上升到24%。此外，该信用卡还有年费和其他收费。这绝对不是免费的。她对售货员说她得考虑一下，然后就离开了。当她要离开的时候，售货员说她错过了一个机会。

莫妮卡同意她的看法，增加她的信用得分才是个好主意。但朱厄尔解释说这需要一些时间。莫妮卡怀疑朱厄尔的问题主要是缺少信用记录，也就是所谓的**资浅贷款人**（thin file）。这可能与她的上一段婚姻有关。

在此之前，朱厄尔一直不愿意考虑申请信贷，她希望通过使用现金和附近的支票兑现网点来避免金融问题。现在她开始意识到必须建立良好的信用记录，以帮助自己更好地生活。莫妮卡要求朱厄尔在下次会谈时把所有与账单或信用有关的信件都带来。这些账单将帮助莫妮卡决定如何帮助朱厄尔。

信贷的好处和风险

信贷可以在几个重要方面发挥作用。它使人们有能力应对紧急财务问题，或允许支付诸如汽车修理或医疗账单等难以管理的支出，从而使人们感到安心。此外，它还非常方便和安全，因为消费时人们无需携带大量现金。谨慎的借贷有助于资产建设。例如，为房屋支付抵押贷款或长期贷款，房屋价值增长时个人财产也在增加。明智地使用信贷产品有助于人们建立良好的信用记录和评分，从而获得较低的利率并降低未来借贷成本。信用还有助于人们获得工作和租房，还会影响保险和住房抵押贷款的成本（CFPB，2014c）。

但是，使用信贷也面临一些挑战。用信用卡买东西几乎毫不费力，而且信用卡的借贷限额通常比人们随身携带的现金要高。这可能导致人们超出自己的经济能力去购买一些不必要的东西。而且，用信贷购买并支付的成本高于现金消费。因此，使用信贷会抑制人们储蓄的能力。

聚焦案例：朱厄尔开始为个人信用努力

朱厄尔参加第二次面谈时，莫妮卡问她感觉如何。

朱厄尔：你知道的，我可以和你谈论这些，莫妮卡。但我的信用，我知道它不好，我真的不为这些东西感到骄傲（指着账单）。

莫妮卡：朱厄尔，我知道这很困难，也知道你经历了什么。你做得非常好，我相信，你可以做到。

朱厄尔：这些东西开始让我尝到苦果了。我拖欠了一些账单，有些甚至不是我的，而是我前夫的。我没有足够的钱来支付这些账单。也许现在就搬出去住对我来说太早了。现在，我的信用得分也很低，我该怎么办呢？

莫妮卡：我理解你现在非常担心自己的信用得分。现在我们先来检查下这些账单，但是不要过于担忧。不要忘记，你的信用记录是和托德的记录混在一起的，他在很多方面都对你非常不好，而这并不是你的问题。你知道这些的吧？

朱厄尔：是的，我知道，但现在这都是我的信用问题了。

她们开始浏览和检查朱厄尔的账单，其中有一部分信件从未被打开过。朱厄尔尤其无法面对跟托德相关的账单。当她们开始讨论怎么做时，朱厄尔逐渐放松下来。她感觉到莫妮卡很理解自己的处境，也没有对自己评头论足。她终于可以和别人谈论自己一直在逃避的账单了，这让她松了一口气。

莫妮卡告诉朱厄尔，她认为她们可以取得一些进展。她见过更糟的，但朱厄尔还有很多要学。她告诉朱厄尔："看，我们一起检查这些账单，可以更好地了解你到底欠了多少钱。我们也许可以让你定期还款。这意味着你会自动支付一些账单，这样你就不需要时刻想着所有账单了。"朱厄尔同意这样做会有所帮助，但她问道："这能提高我的信用得分吗？"

莫妮卡回答："在某种程度上可以，而且这有助于避免你陷入更多的信用问题。下次见面，我们一起讨论你的信用报告，了解你信用和债务的整体情况。我们会看看有多少是准确的，以及是否要把托德的财务和你的分开。我们还会讨论决定你如何开始偿还一些难以管理的债务，并真正开始建立一个独立的信用记录，以获得更好的信用得分。"

朱厄尔不知道事情这么复杂，但她能够理解。莫妮卡知道，有些工作可能令人沮丧。为了激励朱厄尔，莫妮卡花了一些时间谈论朱厄尔对未来的期望，让她想象几年之后，拥有更高的信用得分后，她的生活将会是什么样子的，包括朱厄尔能够想象的最好结果以及为实现这些愿望而要采取的措施。

讨论信用问题的准备工作

朱厄尔和莫妮卡的互动在两个重要方面是积极的：（1）她们继续建立信任关系；（2）朱厄尔通过思考她的财务目标开始了对信用问题的讨论。建立信任和设定目标是与服务对象成功进行金融或财务工作的关键要素。

在准备与服务对象讨论信用问题时，服务者应该是积极的、肯定的，但他们也必须清楚地表明，从零开始建立信用或提高信用得分需要时间，而且过程很可能不会非常顺利。服务对象可能会因为突发事件（如紧急医疗事件或失业）而推迟建立信用。要开始建立信用，服务对象必须了解信用得分的含义、获取信用报告，并识别和更正报告中的错误。一旦服务对象获得信贷，他们就需要明智地使用贷款和管理信用卡，来建立和维护信用。

在整个过程中，服务者应该认识到服务对象在讨论信用问题时所遇到的各类情绪问题——压力、焦虑、困惑或尴尬。他们可以帮助那些不理解为什么自己的信贷申请被拒绝或撤回的服务对象打消疑虑。服务者还可以向服务对象保证，他们并不是特例：在拥有信用记录的美国人中，超过一半的人的信用得分并不在最高范围内，这意味着大多数人所支付的利率超过得分最高的人所支付的利率（Corporation for Enterprise Development，2016）。服务者可以解释为，居住在低收入社区的人们经常很难获得公平的信贷（Cover，Spring and Kleit，2011）。

信贷被拒绝或过去有过信用不良经历的服务对象可能不愿意再次申请。对于像朱厄尔这样的人而言，信用可能是提醒他们过去不愉快经历的东西，他们宁愿忘记或逃避。这类服务对象可能会因为过去的财务问题而感到被评头论足，即使有些时候这些财务问题并不是他们的责任（Redevelopment Opportunities for Women，n.d.）。

服务者有时也会接触信用资质很浅的服务对象（换言之，他们没有信用记录或信用记录很少）。大概 20% 的成年人由于没有使用足够的信用额度、长期没有使用信贷或最近才使用足够的信用额度，而无法拥有获得信用得分的资格（Brevoort et al.，2016；CFPB，2015a）。一些没有信用记录的服务对象仅使用现金来生活。他们可能会因为担心债务或对信贷缺乏了解而避免使用金融机构的信贷服务。和避免信贷的人们一起工作的服务者可以解释，虽然这样可以避免出现问题债务等，但使用信贷可以使他们获得优惠的信贷服务。

在金融教育和指导下，大多数服务对象可以安全地管理小额信贷。服务者应该告诉服务对象，困惑和负面情绪并不罕见。将他们的反应正常化可以帮助服务对象感到轻松并减少被孤立感。比如，“我真的能理解为什么你感到压力这么大”或者“我想大多数处在你这种情况下的人都会和你有一样的感受”等表述，可以让服务对象感到舒适，并能够继续寻找解决方案。

理解信贷条款

贷方根据不同的条款或条件提供信贷。对服务对象来说，注意信贷条款是很重要的。否则，他们就有可能因拖欠还款而失去抵押品，或者不得不以较高的利率偿还贷款。了解不同类型的信贷条款可以帮助服务对象实现他们的财务目标。

在*分期贷款*（installment credit）中，借款人按照贷款合同中详细说明的额度支付本金和利息。分期贷款包括学生贷款、汽车贷款、小额消费贷款（用于购买冰箱等物品）、圣诞贷款（用于购买圣诞礼物）和住房抵押贷款。

当借款人还清贷款时，*循环贷款*（revolving credit）会自动更新到最高信用额度。借款人可以自行选择使用循环贷款以及还贷增量方式。与分期贷款不同，循环贷款既没有固定的还款期数，也没有像分期贷款一样的固定利率。例如，某借款人使用了 500 美元循环贷款中的 200 美元后，他仍然可以获得剩余的 300 美元贷款。在偿还了这 200 美元后，他可以再次获得全部 500 美元的信贷额度。信用卡和*信用额度*（lines of credit，借款人可以获得的贷款额度）是贷款人提供给借款人的最常见的循环信贷产品，但低收入家庭最有可能获得的循环信贷产品是信用卡。

公用事业公司、医师和其他服务提供方会提供*服务贷款*（service credit）[有时也被称为*开放贷款*（open credit）]，即在服务发生时客户并不需要支付费用。比如，电力公司允许客户提前用电并延后付款，甚至可能提供年度付款计划。服务贷款通常不含利息，但如果逾期付款，可能会增加罚款和费用，公司还可以将逾期账户寄给催收公司。公司往往不会及时向信用机构报告按时付款的情况，因此服务贷款通常不会建立信用记录。然而，拖欠或拒付可能被报告给信用机构，这会对借款人的信用报告产生负面影响。

贷款还分为有担保的或无担保的。*有担保贷款*（secured credit）需要抵押品，如固定资产或现金。*无担保贷款*（unsecured credit）则不需要抵押品。尽管大多数信用卡属于无担保贷款，但是也存在有担保的信用卡，这可以帮助没有信用记录或信用不良的人建立信用记录（详见信用建立部分）。

AFS 行业也提供*替代性担保贷款*（alternative secured credit），包括汽车抵押贷款、典当贷款和发薪日贷款（见第 4 章）。许多低收入的借款人会使用替代性担保贷款，因为他们无法通过传统方式获得贷款，如信用卡。使用这些方式成功借贷和还款通常不会被报告给信用机构，但是不良的还款记录则会被报告，并损害人们的信用（American Financial Services Association Education Foundation，2013）。

理解和支付信用卡账单

贷款人会根据上个月的交易活动定期（通常是每月）发布报告，包括余额、任何新的费用、最近的付款、对未还款项收取的利率以及将来结转余额的成本等。服务者应该鼓励服务对象定期查看账单的详细信息，以确定收费是否准确，并密切关注利息和费用。

借款人可以使用信用卡支付各种费用，包括自动支付、用户消费、现金透支以及使用外币进行的任何消费。每种活动可能涉及不同的费用和利率。例如，现金透支的利率通常高于信用卡消费的利率（National Consumer Law Center，2016）。

信用卡是一种比较规范的信贷产品。联邦和州政府法规为借款人提供了信息披露、保护以及在贷款人违反法律时寻求补救的机会。联邦法规已经改变和扩大了关于信用卡的消费者保护，因为这种信用形式已经变得越来越普遍（见专栏 11.1）。

专栏 11.1　聚焦政策：2009 年信用卡业务相关责任和信息披露法案

2009 年，《信用卡业务相关责任和信息披露法案》(即《CARD 法案》) 规定了新的消费者保护措施。几十年来，信用卡公司通过给申请信用卡的学生提供免费赠品（如 T 恤衫）等手段在大学校园中大力推销信用卡。这些新借款人经常因为不了解信用卡而陷入问题债务。《CARD 法案》要求 21 岁以下的申请人必须证明他们有独立收入或者有共同签署人。贷款机构不可以给 21 岁以下的人邮寄优惠信息，也不能在大学赞助的活动中推销产品（CFPB，2013）。

此外，《CARD 法案》强制要求信用卡公司遵守以下条款：

- 允许借款人在寄出账单后的 21 天内还款，每月有固定还款日，公司应遵守判定借款人是否按时还款的规定。
- 提前 45 天通知客户利率上升，且只适用于新的支付（不能溯及过去的交易）。

- 将还款优先应用于借款人利率最高的项目，从而减少债务。
- 报告如果只支付最低还款额需要多长时间才能付清现有欠款，这使人们能够理解支付最低还款额的含义。

由于该法案的实施，信用卡成本下降，尤其是对于信用欠佳的借款人而言，并且没有证据表明这会导致贷方提高利率或减少获得信贷的机会（Agarwal，Chomisisengphet，Mahoney and Stroebel，2014）。

信用报告和信用得分

了解信用报告和信用得分是帮助服务对象建立信用的关键。信用报告类似于一份关于服务对象财务状况和历史行为的简历，包含个人信用历史和当前账户状态的数据信息。贷方根据信用报告来确定一个人的信用价值。

信用得分是基于信用报告中的信息来预测借款人还款能力的分数（CFPB，2014g）。一般来说，贷方认为信用得分较低的借款人具有较高的还款风险（CFPB，2014a）。此外，它可能导致贷方拒绝向个人提供信贷或以更高的利率提供信贷。信用得分有不同的类型，最常用的是 FICO 评分。FICO 评分由 Fair Isaac 公司创建，是基于信用报告中的信息产生的（CFPB，2014b；myFICO，2016；National Consumer Law Center，2016）。信用得分可以基于一个征信机构的数据产生，也可以基于三家国家级征信机构的数据产生（即所谓的三合并得分，tri-merged score）。

要拥有信用记录，个人必须拥有至少一个已向征信机构（credit bureaus）报告且开户时间在 6 个月及以上的账户，定额分期账户或循环信贷账户皆可。每次用户提出申请时，信用得分会被重新计算，因此，信用得分会随着信用报告上数据信息的变化而变化（myFICO，2016）。

信用报告的获取

信用报告由征信机构维护。三家主要的国家级征信机构分别是 Experian、Equifax 和 TransUnion。这三家机构从借款人目前以及过去的贷方机构收集其信贷使用数据、信贷条款以及信用历史信息。

《公平准确信用交易法》(The Fair and Accurate Credit Transactions Act，FACTA)

规定，任何拥有信用记录的人每年都可以从三大征信机构免费获得一次信用报告（FTC，2016）。人们可以通过填写纸质表格或通过网站（www.annualcreditreport.com）进行申请（CFPB，2015b）。需要指出的是，免费的信用报告不包含个人信用得分。在实践中，对信用得分的关注会分散用户对信用报告具体内容的注意力，而报告内容才是最重要的。重点是要检查信用报告中存在的错误并找出解决方法。

服务者应该鼓励服务对象每年至少检查一次他们的信用报告，同时也要提醒他们不要使用其他来源的信用报告或网站，即使这些网站声称提供免费的信用报告。这些网站很可能试图窃取个人信息或出售大多数用户并不需要的信用监控服务。在某些情况下，人们可以获得额外的免费信用报告，包括：（1）信用问题导致贷款或就业被拒绝；（2）失业；（3）存在有争议的信息且纠纷过程已完成；（4）信用报告导致信贷申请被潜在的贷方拒绝；（5）出现身份被盗用的情况，或者信用报告上出现诈骗警告（见第16章）。此外，一些金融机构和信用卡公司可能在其网站或账单上免费提供信用得分。

当债权人向信用机构报告相关信息时，根据法律规定他们必须报告准确的信息。但是，债权人并没有义务向三家征信机构都提供信息，因此，用户从一家征信机构获得的信用报告很可能与从另一家获得的报告存在显著差异。

2017年，Equifax发生了一起备受瞩目的安全漏洞事件，超过1.43亿用户的敏感的个人信息和金融信息被黑客曝光，这导致征信机构受到越来越多的审查。鉴于这种缺乏安全性的情况存在，服务者应该建议服务对象定期检查他们的信用报告，这比以往任何时候都重要。此外，信用报告上出现的冻结账户会导致开设新的信用额度对服务对象来说非常困难，这有时候跟其他前瞻性措施（见第16章）一样重要（FTC，2017）。

聚焦案例：朱厄尔的信用报告

莫妮卡和朱厄尔从一家征信机构网站申请了朱厄尔的免费信用报告。朱厄尔以前从来没有申请过，她很惊讶这居然那么简单和容易。她们从年度信用报告网站上申请信用报告，网址为：www.annualcreditreport.com。得到报告后，她们一起回顾报告数据的细节，并在空白处做笔记（见图11.1）。为了确保信息的准确性，莫妮卡询问朱厄尔是否了解信用报告上的每一个账户，以及她欠多少钱和她的付款记录是否有错误。在这个过程中，莫妮卡告诉朱厄尔不同类型的信贷以及如何阅读报告。

账户总览

账户	总数	余额	可用额度	限额	负债信用比	月还款额	有余额的账户
抵押贷款	0	0	0	N/A	N/A	N/A	N/A
分期贷款	0	0	N/A	N/A	N/A	0	0
循环贷款	1	4326 美元	9700 美元	9700 美元	40%	79 美元	1
汽车贷款	1	2217 美元	N/A	N/A	N/A	96 美元	1
总计	2	6543 美元	9700 美元	9700 美元	N/A	175 美元	2

信用历史：3 年 1 个月

查询：信用报告申请

最近申请：Kroll Finance Credit Application

潜在负面信息

公共记录：1 条

不良账户：1 个

债务催收：1 个

注销账户：N/A

活跃账户：2 个

> 3 年前的信用卡……19 岁？
> 寻找新贷款？
> ←遗漏的还款？
> ←债务催收？你的？

ACME 信用卡 PO Box 981537 874-2717

账号：××××　　目前状态：按约还款

账户持有人：个人账户　　最高信贷：4838 美元

账户类型：循环　　信贷限额：9700 美元

开户日期：3 年　　余额：4326 美元

支付历史：

1 月	2 月	3 月	4 月	5 月	6 月
79 美元	241 美元	79 美元	571 美元	153 美元	326 美元

8 月	9 月	10 月	11 月	12 月	1 月	2 月	3 月	4 月	5 月	6 月	7 月
正常	正常	正常	正常	正常	正常	正常	正常	正常	正常	正常	正常

Pilot 汽车贷款

账号：××××　　期限：36 个月

目前状态：正常　　待还：28

初始余额：2850 美元　　目前余额：2217 美元

> 3 月遗漏的还款？

支付历史：

1月	2月	3月	4月	5月	6月						
96美元	96美元	0美元	192美元	96美元	96美元						
8月	9月	10月	11月	12月	1月	2月	3月	4月	5月	6月	7月
正常	正常	正常	正常	正常	正常	正常	违约	正常	正常	正常	正常

不良账户：没有按照约定还款的账户会在个人信用记录中保留7年，自第一次违约欠款日算起。

Pilot 汽车贷款：

违约：5个月前

VMS 债务服务：

拖欠90天及以上：4年前

违约：4年前

债务催收：催收账户是指被债权人转移给债务催收机构的账户，因为债权人认为这些欠款没有按约偿还。

VMS 债务服务：4年前

未全额结算：2年前

判决书　　已提交

> 这是你的吗？早于信用记录！

公共记录：公共记录信息包括破产、抵押留置，以及来自联邦、州和县级法庭的判决记录。

VME 债务服务公司

Cook 县法庭文件：97023

判决书　　已提交

> 为什么出现在你的报告上？

个人信息：当债权人申请查看个人信用历史或者本人直接向 Equifax 申请时，下列信息将出现在个人信用报告中。

社会保障号码：×××-××-×096

年龄：23

正式姓名：朱厄尔·斯塔福德

地址信息：

现住地址：2227 BLUE MOUND，PORTLAND ME

之前住址：1121 E SENECA PORTLAND ME

就业历史：

报告的前任雇主：N/A

用户选择退出：无记录。

警报：

检查此次账户冻结。没有证明：伴侣的滥用？

身份欺诈风险：1 年前，3 个月信用卡冻结

用户声明：本文件没有用户声明。

争议文件信息：如果你认为本文件中的信息有误，可以发起针对该信息的调查。

如何获得你的信用得分：根据法律规定，你有权利获得你的信用得分，但可能需要支付一些费用。

- 你有权知道你的文件中包含的信息。
- 你有权对不完整或不准确的信息提出异议。
- 用户报告机构必须修改或删除不准确、不完整或未经验证的信息。
- 用户报告机构可能不会报告过期的负面信息。
- 获得个人信用文件的次数有限。

纠正身份盗窃的影响：当别人未经授权就使用你的姓名、社会保障号码、出生日期或其他身份信息时，身份盗窃就会发生。例如，其他人使用你的个人信息开信用卡账户或以你的名义申请贷款，就是发生了身份盗窃。可前往如下网址获得更多信息：www.consumerfinance.gov/learnmore。

图 11.1　朱厄尔的信用历史

莫妮卡解释说，虽然每个机构的信用报告格式看起来不同，但信息是相似的。她们回顾朱厄尔信用报告中的每一项，并讨论可能出现的问题。

- **账户总览**部分显示所有的活跃账户。贷方会根据这些信息快速评估借款人的情况。这部分包括用户每个账户的总余额、付款金额和最高余额（即该账户一次性所欠的最高金额）。信贷账户是指用户目前正在使用和还款的账户，如信用卡、房贷、学生贷款或汽车贷款。朱厄尔的信用报告显示，她只有两个账户：一张信用卡和一笔汽车贷款。“循环”部分显示朱厄尔的信用卡欠款是 4326 美元。这很多——大约是其收入的四分之一。而且她的借款已经达到限额的 40%。对于债权人而言，这是一个警告信号，因为它超过了任何情况下的建议百分比。她每个月在该账户上的最低还款额为 79 美元，继续用这张卡消费则将会增加她的欠款额度。汽车贷款部分显示她的汽车贷款额为 2217 美元。

- **信用历史**包括的信息最早可追溯至 10 年前，这取决于信贷的类型。朱厄尔的信用报告显示了 3 年 1 个月之前至今的历史信息。

- **查询**部分列出了申请借款人信用报告的公司（被称为“牵拉”申请）。个人信用报告上有两种查询。**硬查询**（hard inquiries）是指申请信贷时的查询，可能会对信用得分产生负面影响。**软查询**（soft inquiries）是指与信贷申请无关的查询，例如已经向借款人提供信贷的债权人提出查询请求以监管借款人管理信贷的方式。（信用检查许可——通常以小字体印刷——是信贷申请过程的一部分。）查询记录通常会在个人信用报告中留存 2 年（Herron，2014）。朱厄尔的信用报告显示了一个最近的信贷申请，这可能让她的信用得分降低几个点。不过，这似乎并没有导致新账户的开设。

- **潜在负面信息**部分，有时被称为**负面摘要**或**贬义摘要**，会列出所有不良账户，包括公共记录（通常是法庭诉讼）、拖欠账户和催收账户。朱厄尔的信用报告显示了一个公共记录、一个不良账户和一个催收项目。

- **注销账户**部分列出了所有已经注销但仍被上报给征信机构的账户。账户可能是由消费者自己或贷方注销。朱厄尔的信用报告中没有注销的账户。

- **活跃账户**是指当前有到期付款且被上报给信用机构的账户。在朱厄尔的信用报告中，有两个活跃账户：信用卡和用来购买汽车的贷款。这部分包括每个账户的数据信息。**支付历史**显示每笔支付的月份和年份。在朱厄尔的信用报告中，她的信用卡中有 79 美元的到期还款，需要她每月偿还。如果可以，朱厄尔还会偿还额外的钱，比如新的消费支出或之前的欠款。她还有一项汽车贷款，每月还款额为 96 美元。3 月，朱厄尔拖欠了一笔付款，但下个月又补上了。尽管如此，这仍被视为一种违约行为（被列在潜在负面信息部分），这损害了她的信用。

- **不良账户**部分列出了任何催收或逾期的账户信息。催收是指该账户被指定或交易给债务催收公司，由催收公司向欠款人收款。在朱厄尔的信用报告中，她的信用卡有逾期记录，还款拖欠 90 天以上；此外，催收和判决（即法院判决的公开记录）也被列在潜在负面信息部分。她的信用卡延期还款信息是准确的，但是其他的事件似乎发生在朱厄尔和托德结婚之前，也在她拥有个人信用报告之前。莫妮卡觉得这可能是错误记录。

- **公共记录**列出了财务判决，例如财产留置权、过去欠缴的房租或破产。**留置权**指强制要求债务人偿还债务的法律程序（National Consumer Law Center，2016）。它是法律承认的债务。如果是存在留置权问题的资产被出售，留置权人将首先得到支付，资产所有人得到剩余的款项。朱厄尔的信用报告显示了一个由 VMS 债务服务公司提出的判决，这意味着债权人对朱厄尔某个没有支付的贷款提出了法律索赔。

- **个人信息部分**包括用户的个人姓名（别名、中间为首字母的姓名或姓名缩写）、当前和过去的地址、社会保障号码和出生日期，以及就业信息。在朱厄尔的信用报告里，除了她婚前姓氏和以前的地址外，没有太多的信息。对于老年人来说，信用报告会包含更多的细节。这些记录通常被用来证明一个人的身份，因此其准确性是非常重要的。

- **选择—退出选项**允许用户选择不接受没有申请的信贷。用户可致电888-5-OPT-OUT 选择退出登记。朱厄尔的信用报告没有显示任何相关资料。

- **警报**是潜在的危险标志。在这个案例中，朱厄尔有过实施**冻结**的历史，这意味着没有她的授权，她的报告无法被提供给潜在的债权人（见第16 章）。

- **用户声明**是指用户发出的个人声明，对潜在贷款人可见。用户通过该选项添加一个说明，表明有人曾非法使用（或正在使用）他们的信用，或者说明他们对某个特定项目在其信用报告中出现的方式存在异议。用户也可以在这部分提供关于财务虐待或疾病的信息，这样潜在的债权人在考虑贷款审批时就可以参考。在用户声明中，用户还可以陈述他们对某些条款的异议，或者要求债权人在发放信贷前采取额外的步骤来验证他们的身份。朱厄尔的信用报告中没有这部分内容（见第 16 章）。

总的来说，朱厄尔的信用报告看起来还不错，但莫妮卡觉得有些地方需要修正、澄清或补充。有些项目应该归属于她的前夫，而不是朱厄尔本人。信用报告上显示一些来自与用户共享地址的其他人的项目是很常见的情况。朱厄尔和她的丈夫共用一个地址和姓氏，但其实有一笔贷款并不在她的名下，而且发生在他们结婚之前。这个需要从朱厄尔的信用报告中删除。

信用报告还显示，朱厄尔的信用卡债务较高。如果她想要一个更高的信用得分，她应该降低欠款相对于借款限额的比例。每当欠款超过最高限额的 30% 时，贷方就会将其视为一个危险信号，认为借款人一次性使用了过多贷款。

最后，朱厄尔没有按时偿还汽车贷款是一个不良记录。虽然她在延期一个月后就进行了还款，但这也导致了一些滞纳金，并导致信用报告列出拖欠项目。朱厄尔的信用报告项目比较少，还存在一个拖欠的账户记录，这会是一个问题。她可以在报告中添加用户声明，解释自己的情况，让潜在贷款人有所了解。

提高信用得分

服务者可以通过解释如何计算信用得分来帮助服务对象提高他们的信用得分。服务者可以就如何改进每个项目提出具体建议。

信用得分是由什么构成的?

开始阶段，服务者可以向服务对象解释 FICO 的分数范围（300—850），及其五个组成要素：

第一，*支付历史*占 FICO 评分的 35%。它总结了用户过去是如何使用信用卡的：是否按时还款、延迟还款的情况，以及延迟还款的频率。为了改善支付历史记录，服务者可以跟服务对象强调在任何可能的情况下按时支付账单的必要性。

第二，*欠款总额*占 FICO 分数的 30%，包括欠款总额以及其占个人当前限额的比例等。例如，如果某个用户有三张信用卡，总共拥有 1000 美元的信用额度，计算信用得分时将用 1000 美元与当月的欠款额度进行比较。如果用户当月共花费 250 美元，即可用贷款的 25% 被用掉。将每个账户的信贷使用比例保持在限额的 30% 以下的用户，比较会受到债权人的青睐。

第三，*历史记录*，即账户开通的时间，占 FICO 分数的 15%。较长的账户使用历史便于征信机构对该账户进行评估。长时间持有某一账户以及避免同时关闭多个账户是提高信用得分的重要策略。如果用户想要关闭几个不活跃的账户，服务者应该建议服务对象尽量在几个月内慢慢关闭。服务者还可以建议服务对象尽量只开立计划使用数年的账户，而不是开一张信用卡后几个月就关掉。

第四，*信贷类型*占 FICO 评分的 10%。理想的情况是循环贷款和分期贷款账户之间的平衡（CFPB，2014e；National Consumer Law Center，2016）。服务者可以帮助服务对象审查他们的信贷使用情况，以确定是否在 30% 的限制以内，并通过头脑风暴的方式让服务对象尽量长期维持这个比例。服务对象还可能在信贷类型和相关条款的审查上需要帮助。

第五，*新增信贷申请*占 FICO 分数的 10%。为了提高信用得分，用户应该避免同时申请开设多个新的信贷账户，而应该根据信贷优先级分批申请。服务者可以帮助服务对象制定信贷优先级计划（如从信用合作社申请小额贷款，而不是申请新的信用卡），和服务对象一起在一段时间内逐步安排信贷申请。

服务者还应该建议服务对象在较短时间内为一些特定的消费支出集中申请信贷，如房贷或汽车贷款（CFPB，2014f；National Consumer Law Center，2016）。因为征信机构会追踪贷方对个人信用报告的查询请求，这可能会损害个人信用得分。与较长时间内的多次查询相比，集中在一个月内的查询对信用得分的影响较小，因为这样，征信机构就可以识别出消费者是为了购买大件资产（如汽车）而申请信贷。征信机构并不希望抑制这类消费，因此会将这类查询认定为一次查询，而不是多次单独的查询。

从信用报告中删除错误信息

信用报告出现错误是很常见的，这会对个人信用得分产生负面影响。从信用报告上删除这些错误信息可以提高信用得分。如果没有关于用户如何使用信贷的准确信息，债权人就会根据不完整且常常具有误导性的信息作出借贷决策。

据估计，有1000万人（占所有消费者的5%）的信用报告会出现各种严重的错误，进而影响他们的信用得分，但只有四分之一的人报告了这些错误（FTC，2013）。常见的错误包括名字拼写错误、不准确的地址、就业历史或还款历史。其他常见的错误还包括报告中列出了不属于本人的账户以及重复账户（CFPB，2014b，2014d）。

如果信用报告有问题，服务者应该建议服务对象立即申请纠正这些错误（CFPB，2014h）。虽然可以线上申请修正这些错误，但服务者最好鼓励服务对象向征信机构提交纸质申请，这样可以确保有明确的文件记录。如果出现争议，这将非常有帮助。在纸质信件中，用户应该详细说明报告中出现的错误，并要求征信机构调查和纠正（见图11.2）。从法律上讲，征信机构有30天的时间对书面请求作出答复。各个信用机构的联系方式详见本章末。

决定信贷优先次序

信用报告中的每一项都代表一个信贷账户，都会影响个人信用得分。但是，一段时间后，有些账户将从信用报告中被删除，不再影响信用得分。下面是一些不良项目在信用报告中停留时间的具体举例：

- *催收账户*是指逾期90天及以上的未还款账户。它们以催收的形式被报告给征信机构，从债务人第一次拖欠原始债权人的日期算起，将在其信用报告中保留长达7年的时间（见第14章）。
- *破产*是用户寻求债务减免的法律程序。根据破产类型的不同，信用记录可以保留长达7年到10年（见第17章）。
- *税收留置权*是政府对未缴税款的财产提出的索偿权。已缴税款留置权在信用报告上最多保留7年，但未缴税款留置权将无限期保留。

日期

亲爱的消费者服务工作人员：

我写这封信是因为我〈日期〉的信用报告中存在一些问题，主要有以下三方面：第一，我的信用报告上的一些信息是不正确的；第二，我希望删除一些过期信息；第三，我希望针对这些有异议的部分在信用报告上增加一个用户说明。

1. 下面列出的账户信息我并不熟悉，我希望您做些调查并从我的信用报告中删除这些信息。我从来没有申请或授权申请这些账户，也没有签署过和这些账户相关的文件。

电讯　#4456892　开户日期：2011 年 12 月　金额：355 美元

信用卡　#345930940329　开户日期：2011 年 12 月　金额：863 美元

Appletree 租赁　#6384952　开户日期：2012 年 1 月　金额：1475 美元

2. 请从我的信用报告中删除下列过期信息，这些拖欠还款的时间都已经超过 7 年。

俱乐部健身：786543　最后的使用日期：2005 年 1 月

Welshop：876598　最后的使用日期：2005 年 6 月

Rentcenters：819711　最后的使用日期：2004 年 3 月

3. 针对上面列出的、由 Appletree 中介公司报告的项目，我希望增加一份用户说明以解释具体情况。这份错误的信息导致我目前在租公寓时遇到了一些问题。请标明"我从未向 Appletree 中介公司租赁公寓，也没有出现过他们报告的违约行为。我的居住地址记录可以证明我从未在那里居住过。"

如果有任何问题，请通过 555-444-5444 联系我。

祝好，

×××

图 11.2　异议申请模板

考虑到支付特定债务的可能后果［例如，无意中重设了最后一次交易活动的日期，导致债务在信用报告中保留的时间延长］（见第 14 章），服务者应该帮助服务对象确定他们偿还贷款的优先级。当这样做时，服务者需要知道什么时候从信用报告中删除这些项目将会很有帮助。服务者应该建议服务对象优先偿还那些将在信用报告中保留较长时间的欠款，而不是那些很快会被删除的账户。例如，一个已经在报告中存在了 6 年的催收账户的优先级应该低于一个才留存 1 年的催收账户。合理的信贷计划对于帮助服务对象实现长期目标是很重要的。

聚焦案例：朱厄尔制定了信用建设计划

朱厄尔开始处理其信用报告中的问题。首先，莫妮卡帮助朱厄尔给征信机构写信，说明她的报告中出现的错误并要求修改。这将从她的信用报告中删除公共记录和催收记录。与此同时，朱厄尔想解释一下她的处境。所以莫妮卡帮助朱厄尔写了一份用户声明，说明拖欠账户属于她的前夫托德，任何潜在的未来贷方在检查她的信用时可以考虑这些信息（National Consumer Law Center，2016）。因为不是共同签署人，朱厄尔对这笔债务可能不负有法律责任。如果她是共同签署人，即使其中一些债务属于托德，朱厄尔也无法处理这个不良账户（她错过了一笔信用卡还款）(见专栏 11.2)。她还希望信用卡公司删除属于她前夫的债务信息。最终，这些都将从她的报告中被删除。

最后，即使不准确的账户记录被删除，朱厄尔的报告仍存在信贷资质浅的问题。莫妮卡建议，朱厄尔需要在信用报告中添加一些账户记录，以提高她的信用得分。“但是这要一步一步来，”莫妮卡说，“我们会仔细考虑如何做这件事。”

专栏 11.2 谁需要对信贷和债务负责?

信贷和债务的责任取决于具体条款。账户所有者（申请信用卡或签署贷款文件的个人）对债务全权负责。**联名账户所有者**共享信贷所有权，需要负责偿还全部债务，无论债务是由谁造成的。**共同签署人**虽然并不实际使用信贷，但同意对债务负责。**经授权的用户**有权使用信用卡，但不对任何债务负责。因此，如果朱厄尔是托德的信用卡的授权用户，债务就不会出现在她的信用报告上（Consumer Action，2012）。

信用建设

除了纠正错误和澄清信用报告的细节外，服务对象有必要制定信用建设计划，这对于那些信用很低或没有信用记录的人来说尤其重要。比如，将按时支付欠款的良好账户添加到信用报告中，会提高信用得分，即使信用报告中有未偿还的债务。良好账户包括按约支付的账户，即关闭时没有欠款的账户。自关闭之日起，这些账户将在信用报告中保留长达 10 年，而拥有良好历史记录的活跃账户可能会无限期留在报告中（National Consumer Law Center，2016）。此外，要获得FICO信用得分，账户应该是活跃的，并且经常被使用，以此来构建服务对象的信用记录。

人们有很多好的方法来建立信用。对于那些没有信用或信用很低的人来说，*有担保的信用卡*（需要有保证金的信用卡）可以帮助用户建立信用。如果使用有担保的信用卡的用户不支付欠款，贷方可以从保证金中提取资金。[①]

建立信用的第二种方法涉及使用共同签署人。如果一个信用良好的共同签署人同意为借款人提供担保，贷方更有可能给没有信用或信用很低的人提供贷款。只有在确信借款人会偿还贷款，或准备好在借款人无法偿还贷款时进行还款的情况下，潜在的共同签署人才应该同意。

建立信用的第三种方式是汽油卡或零售商店卡。与主流信用卡（如Visa、MasterCard、American Express和Discover）相比，这些更容易获得，而且汽油卡或零售商店卡允许借款人按时支付较小的账单，这有助于用户建立信用记录，最终让人们更容易获得费用较低的主流信用卡（National Consumer Law Center，2016）。

建立信用的第四种方式是使用*信用建设贷款*（credit builder loan），即有担保或无担保的小额贷款（几百美元）（见专栏11.3）。在有担保的信用建设贷款中，贷方将贷款存入储蓄账户，在贷款全部还清后将钱给予借款人。实质上，借款人在实际收到贷款之前就偿还了贷款。借款人可以使用账户中超过贷款金额的资金。另一种选择是在一个被冻结的储蓄账户中，用等量的钱来保证贷款的安全。例如，一个借款人可以借200美元，同时将其银行账户中的200美元作为贷款抵押品。保证金（200美元）随着贷款的偿还而逐步发放。例如，借款人每支付50美元的贷款，就有50美元的抵押资金可用。相比之下，无担保贷款没有担保金，但利率通常高于有担保贷款（Johnson，2015）。

专栏11.3　聚焦组织：信用建设者联盟

信用建设者联盟（Credit Builder’s Alliance，CBA）是一个全国性的非营利组织，它支持成员帮助金融脆弱家庭建立信用。它的主要活动之一是充当会员组织和征信机构之间的桥梁，以记录用户的还款情况。

小型的非营利组织（例如信用合作社）需要CBA的帮助，因为它们缺少大型征信机构所要求的还款数据量。这些小型信用合作社在一个月内报告的

① 有担保的信用卡不同于预付借记卡，后者在销售时通过电子方式存入或扣除钱款。预付卡的使用不会向征信机构报告，也不建立信用记录。

支付活动可能少于 50 次。由于数量很少，它们无法直接向各征信机构报告。因此，CBA 捆绑了来自其会员组织的还款数据，以帮助家庭通过小额消费贷款和小型企业贷款的还款活动建立信用。

Experian 和 CBA 进行的研究证实了信用建设对金融脆弱家庭的价值。利用 CBA 会员组织报告给 Experian 的还款数据、信用历史和信用得分，他们发现，这些用户的平均信用得分较低，这使他们面临着很高的不偿还债务的风险。此外，分析表明，那些申请了由 CBA 会员组织提供的信贷产品并定期支付债务的借款人，其信用得分显著增加，并有资格获得额外的信贷（Experian，n.d.）。尽管不是每个人都可以定期偿还债务，但获得帮助的人可以建立自己的信用记录并获得基本的财务立足点。从长远来看，更好的信用和更高的得分将使人们有资格获得来自金融机构的安全且实惠的金融产品，并有利于其资产建设。没有 CBA 的参与，Experian（n.d.）发现，非营利组织不太可能向信用机构报告其还款情况。

最后，没有信用或信用很低的人可以建立可替代性或非传统信用，这考虑到了传统信用报告没有包括的良好财务管理。例如，一些征信机构正在尝试在计算信用时纳入租金支付（Ortiz，2016）。另一种非传统的信贷是借贷圈（lending circles）。在借贷圈中，少数人（即 6 人到 10 人）与非营利组织合作，以零利率相互借贷。借贷圈的每个成员每月支付相同的款项，并报告给征信机构。每个月参与者轮流获取总金额，直到每个人都轮完为止。每月的支付活动有助于参与者建立或提高信用得分（Mission Asset Fund，2014；见第 4 章）。

借贷方和信贷的选择

对于没有信用或信用很低的人而言，他们很难从大量的贷方和贷款类型中作出选择。服务者可以帮助他们在信贷来源和类型之间进行比较和选择。其中，需要考虑的关键因素包括成本、可用性和安全性。

聚焦案例：朱厄尔开始建立信用

过了一段时间，莫妮卡和朱厄尔努力让征信机构将托德的账户从她的信用记录中删除。由于朱厄尔不是某贷款的共同签署人，因此该账户将在 3 个月内从她的信用报告中删除（如果她是共同签署人，她仍然有责任偿还）。与此同时，莫妮卡建议朱厄尔通过偿还未还贷款和增加良好账户的数量来建立自己的信用。

朱厄尔有两个个人账户：信用卡和汽车贷款。根据莫妮卡的建议，朱厄尔决定专注于偿还利率较高的信用卡债务。莫妮卡帮助朱厄尔与贷款人联系，并协商其中属于托德部分的未偿贷款。尽管法官在离婚诉讼中将1800美元的债务分配给了托德，但信用报告中并未反映这一点。

然后她们开始建立朱厄尔的信用。在权衡之后，朱厄尔决定开一张有担保的信用卡。莫妮卡帮朱厄尔找了一个保证金很低的产品。为了申请信用卡，朱厄尔提交了一份电子申请，提供的信息包括姓名、地址、出生日期、就业历史、社会保障号码、收入和租金。她还被要求发送一份文件来核实申请信息。她把300美元存入有担保的信用卡。两天后她收到一封邮件，通知她申请成功了。她在周末收到这张有担保的信用卡，并用个人身份号激活了它。

莫妮卡强调，朱厄尔应该用这张信用卡购买她预算里的部分东西，如汽油。这可以通过必要的消费记录建立信用，而不是增加新的支出。莫妮卡还建议将欠款保持在信用卡额度的30%以下（即100美元）。增加消费可能会损害她的信用记录，除非她遇到了真正的紧急情况，否则应该避免。莫妮卡重申了每月按时足额还款的重要性。在几个月内，朱厄尔的信用报告将反映出她改善后的信用行为，并且在6个月内，她的信用得分应该会开始增加。

信贷成本

每种类型的贷款都有利息、费用或其他成本，这些费用因四个因素的不同而有所不同：（1）信贷条款，（2）借款人与贷款人之间的关系，（3）信用得分，以及（4）其他相关成本。

信贷条款决定了其成本。循环贷款的成本，如信用卡或信用额度，往往比分期贷款要高。信用卡公司每月对未付余额收取复利。不幸的是，即使很多人能够负担得起更高的还款，三分之一的借款人的每月还款额仍是或接近最低还款额，这增加了他们的债务成本（Keys and Wang，2015）。信用卡还可能有分期贷款所没有的其他费用，而分期贷款有固定的付款时间，还可以延长以降低月供。

借款人与贷款人之间的关系也会影响信贷成本。银行和信用合作社向它们的客户提供信贷，寻求长期的发展关系。鉴于信用合作社和社区发展信用合作社的社会责任和免税地位，当银行不愿为信用得分低或信用记录受损的低收入群体提供服务时，它们通常会为这些人提供服务。

信贷成本还取决于借款人的信用得分。以 FICO 得分为例，信用得分超过 700 的用户被认为是拥有较好的信用，因而他们能够在贷款方面获得最佳利率；得分低于 650 的用户则难以获得低成本贷款，因此服务者应该鼓励他们建立信用。

最后，虽然非正规贷款可能没有经济成本（利息或费用），但它们几乎总是有社会关系成本。这意味着一个人的声誉和可靠性可能会增加或降低，这会影响借款人将来借款的能力。

可用性和安全性也是决策中的重要因素。货比三家是很重要的，这样服务对象能够以最低的成本得到最好的产品。服务对象在作决定之前应该比较不同信贷产品的利率和条款。通常，服务对象会使用最方便的信贷，比如信用卡，这会让他们比使用分期贷款（比如消费贷款或循环信贷）支付更多的钱。服务者应该建议服务对象至少比较三种信贷产品，对比其利率、条款和费用。为了找到成本最低的信贷产品，即使是那些没有良好信用记录的服务对象也应该比较分期贷款（比如小额消费贷款）、循环信用额度和信用卡的成本。选择有消费者保护的信贷，如银行或信用合作社的信贷产品，通常意味着选择更安全的信贷服务。

倡导更加安全和更加灵活的信贷产品

20%（4500 万）的美国人因为缺少可评分的信用记录而无法获得信贷（CFPB，2016）。因此，这些所谓的“隐形借贷人”就被排除在各类金融机会之外，他们一生中为信贷支付的成本也高于那些能够获得更廉价信贷的人（CFPB，2015a）。信用得分还会影响一个人找工作、买手机或租房子的能力。在某些紧急情况下，当这些人必须借款时，他们没有资格申请主流信贷产品，往往转向其他可替代的信贷产品，如发薪日贷款。

较低的信用得分给金融脆弱家庭带来的成本凸显了消费者保护的重要性。例如，政策倡导者通过与三家征信机构合作，共同开发新的信用得分模型。他们把按时支付公用事业费和电话账单等信息考虑在内，并且减少了诸如医疗账单等不良信息的影响（myFICO，n.d.；O’Shea，2016）。CFPB 对提供可替代信贷产品的公司进行监管。随着信贷市场不断推出新型信贷产品，这种监管需要持续进行。政策倡导者应该在很多领域做出努力，如增加合适的信贷产品、规范向金融脆弱家庭发放高成本贷款等（见专栏 11.4）。最近出台的法规规定，对于超过一定额度的消费贷款，贷方必须进行标准化承销，以确定申请人是否有能力偿还贷款。这一规定适用于要求借款人一次性付清全部或大部分债务的贷款。消费者权益倡导者希望这些规定有助于防止人们获得他们无力偿还的贷款（CFPB，2017）。

专栏 11.4　聚焦研究：负责任借贷中心

负责任借贷中心（Center for Responsible Lending，CRL）是一家非营利组织，致力于研究和倡导保护家庭金融福祉的政策和做法。它重点关注公平且有包容性的贷款，特别是针对金融脆弱家庭的贷款，包括面向汽车、房屋、银行透支、教育和短期需求（如发薪日贷款）的贷款，以及关注这些家庭如何安全使用信用卡、预付卡和应对债务催收。CRL 的研究和倡导在以下几方面影响了政策发展：

- 2006 年，在房地产泡沫破灭和抵押贷款危机爆发之前，CRL 呼吁关注次贷抵押滥用问题及其对有色族裔的负面影响（Bocian，Ernest and Li，2006）。
- 它促成了《CARD 法案》的通过，该法案减少了信用卡公司的不公平借贷策略（见表 11.1）。
- 它促成了《军人贷款法案》(Military Lending Act，2006）的通过。该法案规定，发放给军人及其家属的发薪日贷款年利率上限为 36%。
- 它主张要求网络贷款公司在批准贷款之前充分评估借款人的偿还能力（CRL，2015a）。
- 它反对向大学和金融机构提供给学生的支票账户和预付卡账户收取高额透支费用（CRL，2015b）。

一种潜在的策略是通过基于社区的非营利组织（例如社区发展金融机构）来扩大人们获得信贷的机会，这些组织为低收入群体提供其负担得起的信贷（见第 13 章和第 22 章）。创新的低成本产品将为低成本、灵活且安全的信贷提供更多选择（National People’s Action，n.d.；Nieves，2016）。

总结

在 21 世纪，良好的信用对于金融安全至关重要。良好的信用可以帮助人们租房、购买保险、支付公用事业费并找到工作。不幸的是，许多人没有信用或信用很差，这不仅限制了他们参与金融市场，还迫使他们以更高的利率获得信贷产品，从而加剧了其金融脆弱性。服务者在帮助服务对象建立信用以及使用信贷实现短期和长期目标等方面发挥着重要作用。

探索更多

· 回顾 ·

1. 回顾朱厄尔的信用报告（见图 11.1）：
   a. 信用报告的三个主要部分是什么？
   b. 这些部分中的数据是什么意思？
   c. 为什么使用这些数据来评估人们未来借贷或处理金融问题的潜力？
   d. 使用信用得分评估低收入家庭的信用管理能力有哪些弊端？
2. 什么是“资浅”信用报告？为什么有些人有“资浅”报告？为什么对某些人来说这是个问题？人们可以通过哪些方式建立信用？

· 思考 ·

3. 如果你去年没有检查自己的信用报告，请从国家征信机构下载免费的信用报告（具体参阅 Annualcreditreport.com）：
   a. 信用报告中的内容是什么？
   b. 有人审查你的信用报告吗？为什么或为什么不呢？
   c. 你如何看待人们，尤其是那些有信用问题的人们，对他们的信用报告进行审查？

· 应用 ·

4. 分析朱厄尔的信用报告（见图 11.1）：
   a. 她的信用有什么优点和缺点？你认为哪些因素表明她可能是一个好的借款人？哪些因素会使你担心？
   b. 如果你是贷方，你会借钱给朱厄尔吗？在什么条款和条件下？
   c. 你会问她什么问题？

5. 以下因素对借款人的信用得分有帮助还是有损害？请解释原因：
   a. 使用某信用卡长达 3 年，并总是按时还款。
   b. 使用信用卡超过 90% 的信用额度。
   c. 在 6 周内开 4 张新信用卡。
   d. 注销信用良好但最高借款限额较高的信用卡。

参考文献

Agarwal, S., Chomisisengphet, S., Mahoney, N., & Stroebel, J. (2014). Regulating consumer financial products: Evidence from credit cards. *Quarterly Journal of Economics, 130*(1), 111-164.

American Financial Services Association Education Foundation. (2013). Personal loans 101: Understanding small dollar loans. Retrieved from http://www.afsaef.org/files2013/Understanding_Small_Dollar_Loans-8PGS.PDF.

Bocian, D. G., Ernst, K. S., & Li, W. (2006). Unfair lending: The effect of race and ethnicity on the price of subprime mortgages. Center for Responsible Lending. Retrieved from http://www.responsiblelending.org/mortgage-lending/research-analysis/rr011-Unfair_Lending-0506.pdf.

Brevoort, K. P., Grimm, P., & Kambara, M. (2016). Credit invisibles and the unscored. *Cityscape, 18*(2), 9-34. Retrieved from https://www.huduser.gov/portal/periodicals/cityscpe/vol18num2/ch1.pdf.

Center for Responsible Lending. (2015a). Expanding access to credit through online marketplace lending. Retrieved from http://www.responsiblelending.org/research-publication/online-marketplace-lending-treasury2015.

Center for Responsible Lending. (2015b). Overdraft U: Student bank accounts often loaded with high overdraft fees. Retrieved from http://www.responsiblelending.org/research-publication/overdraft-u-student-bank.

Consumer Action. (2012). What's the difference between an authorized user, a joint account holder, and a cosigner. Consumer Action. Retrieved from http://knowyourcard.org/question/credit_card_account_ownership_categories.

Consumer Financial Protection Bureau. (2013). CARD Act report: A review of the impact of the CARD Act on the consumer credit card market. Retrieved from http://files.consumerfinance.gov/f/201309_ cfpb_ card-act-report.pdf.

Consumer Financial Protection Bureau. (2014a). Can shopping for a loan have an effect on my credit? Retrieved from http://www.consumerfinance.gov/askcfpb/763/can-shopping-loan-have-effect-my-credit.html.

Consumer Financial Protection Bureau. (2014b). How do I get a copy of my credit report? Retrieved from http://www.consumerfinance.gov/askcfpb/311/how-do-get-a-copy-of-my-credit-report.html.

Consumer Financial Protection Bureau. (2014c). How does my credit score affect my ability to get a mortgage loan? Retrieved from http://www.consumerfinance.gov/askcfpb/319/how-does-my-credit-score-affect-my-ability-to-get-a-mortgage-loan.html.

Consumer Financial Protection Bureau. (2014d). How often can I request a free credit report? Retrieved from http://www.consumerfinance.gov/askcfpb/1267/how-often-can-i-request-free-credit-report.html.

Consumer Financial Protection Bureau. (2014e). What information goes in my credit score? Retrieved from http://www.consumerfinance.gov/askcfpb/317/what-information-goes-into-my-credit-score.html.

Consumer Financial Protection Bureau. (2014f). What is a FICO score? Retrieved from http://www.consumerfinance.gov/askcfpb/1883/what-is-fico-score.html.

Consumer Financial Protection Bureau. (2014g). What is my credit score? Retrieved from http://www.consumerfinance.gov/askcfpb/search/?selected_facets=category_exact:credit-reporting.

Consumer Financial Protection Bureau. (2014h). What should I look for in my credit report? What are a few of the common credit report errors? Retrieved from http://www.consumerfinance.gov/askcfpb/313/what-should-i-look-for-in-my-credit-report-what-are-a-few-of-the-common-credit-report-errors.html.

Consumer Financial Protection Bureau. (2015a). Data point: Credit invisibles. Retrieved from http://files.consumerfinance.gov/f/201505_cfpb_data-point-credit-invisibles.pdf.

Consumer Financial Protection Bureau. (2015b). Where can I get my credit score? Retrieved from http://www.consumerfinance.gov/askcfpb/316/where-can-i-get-my-credit-score.html.

Consumer Financial Protection Bureau. (2016, December). Who are the credit invisibles? How to help people with limited credit histories. Retrieved from https://s3.amazonaws.com/files.consumerfinance.gov/f/documents/201612_ cfpb_ credit_ invisible_ policy_ report.pdf.

Consumer Financial Protection Bureau. (2017). CFPB finalizes rule to stop payday debt traps. Retrieved from https://www.consumerfinance.gov/about-us/newsroom/cfpb-finalizes-rule-stop-payday-debt-traps/.

Corporation for Enterprise Development. (2016). Consumers with prime credit. Retrieved from http://scorecard.assetsandopportunity.org/latest/measure/consumers-with-prime-credit.

Cover, J., Spring, A. F., & Kleit, R. G. (2011). Minorities on the margins? The spatial organization of fringe banking services. *Journal of Urban Affairs, 33*(3), 317-344.

Experian. (n.d.). Experian conducts analysis with Credit Builders Alliance and confirms value of credit building to the financially vulnerable. Retrieved from https://www.experianplc.com/media/news/2014/experian-conducts-analysis-with-credit-builders-alliance-and-confirms-value-of-credit-building/.

Federal Trade Commission. (2013). In FTC study, five percent of consumers had errors on their credit reports that could result in less favorable terms for loans. Retrieved from https://www.ftc.gov/news-events/press-releases/2013/02/ftc-study-five-percent-consumers-had-errors-their-credit-reports.

Federal Trade Commission. (2016). Consumer information: Free credit reports. Retrieved from http://www.consumer.ftc.gov/articles/0155-free-credit-reports.

Federal Trade Commission. (2017). The Equifax data breach: What to do. Retrieved from https://www.consumer.ftc.gov/blog/2017/09/equifax-data-breach-what-do.

Herron, J. (2014, October 2). How many FICO scores do you have? Bankrate. Retrieved from http://www.bankrate.com/finance/credit/how-many-fico-credit-scores-do-you-have.aspx.

Johnson, A. (2015). Create, restore credit with a credit-builder loan. Retrieved from http://www.creditcards.com/credit-card-news/create-restore-credit-builder-loan-1270.php.

Keys, B. J., & Wang, J. (2015). Minimum payments and debt paydown in consumer credit cards (NBER Working Paper No. 22742). Cambridge MA: National Bureau of Economic Research. Retrieved from http://www.nber.org/papers/w22742.

Mission Asset Fund. (2014). Lending circles. Retrieved from http://missionassetfund.org/lending-circles/.

myFICO. (n.d.). You have more than one FICO score. Retrieved from http://www.myfico.com/credit-education/credit-score-versions/.

myFICO. (2016). What is a credit score? Retrieved from http://www.myfico.com/CreditEducation/questions/Why-Scores-Change.aspx.

National Consumer Law Center. (2016). *Guide to surviving debt.* Boston: National Consumer Law Center.

National People's Action. (n.d.). Stop predatory lending. Retrieved from http://npa-us.org/pay-day-loans.

Nieves, E. (2016). Borrowers need better options than predatory payday loans. Corporation for Enterprise Development. Retrieved from http://cfed.org/blog/inclusiveeconomy/borrowers_need_better_options_than_predatory_payday_loans/.

Ortiz, L. M. (2016, Summer). Challenging the almighty credit score. *Shelterforce*. Retrieved from http://www.shelterforce.org/article/4552/challenging_the_almighty_credit_score/.

O'Shea, B. (2016). FICO XD: A credit score for those with no credit. Nerdwallet. Retrieved from https://www.nerdwallet.com/blog/finance/fico-xd-credit-score/.

Redevelopment Opportunities for Women. (n.d.). REAP curriculum. Retrieved from https://www.frcmo.org/services/row/.

第 12 章　高等教育

专业原则：完成高等教育可以增加未来的收入，提高长期金融安全的潜力。但是，高等教育的财务选择因学生而异。服务者可以指导未来的学生和他们的家庭制定高等教育财务计划。

1973 年，美国只有 28% 的工作需要高中以上学历，但到 2020 年，要求高中以上学历的工作占比预计达到 65%（Carnevale，Smith and Strohl，2013）。这意味着近三分之二的工作需要高等教育学历。不幸的是，对许多人来说，尤其是金融脆弱人群，由于高昂的学费和其他教育费用，高等教育似乎遥不可及。无论是对正在选择大学的高中生还是对想要通过继续教育促进职业发展的成年人而言，是否接受高等教育都是一个很难的选择。这值得人们付出努力和各项花费吗？

简单的答案是“值得”。研究表明，高等教育是影响未来收入、资产建设和整体经济表现的关键因素（Hout，2012）。拥有高级技能、知识和经验的人能够获得更好的机会并维持一份高薪的工作（Harmon，Oosterbeek and Walker，2003）。

美国劳工统计局每年发布的数据表明，受教育程度更高的人收入更高（见图 12.1）。2015 年，具有专业学位的毕业生周收入的中位数是高中毕业生的 2.5 倍以上（前者为每周 1730 美元，后者为每周 678 美元）。与仅具有高中及以下学历的人相比，大学毕业生失业的可能性也较小。拥有学士学位的人的失业率几乎是只有高中学历的人的一半（分别是 2.8% 和 5.4%）。此外，接受高等教育可以为人们寻找新的、不同类型的工作提供更大的灵活性，并缩短寻找工作所需的时间（Rothstein and Rouse，2011）。

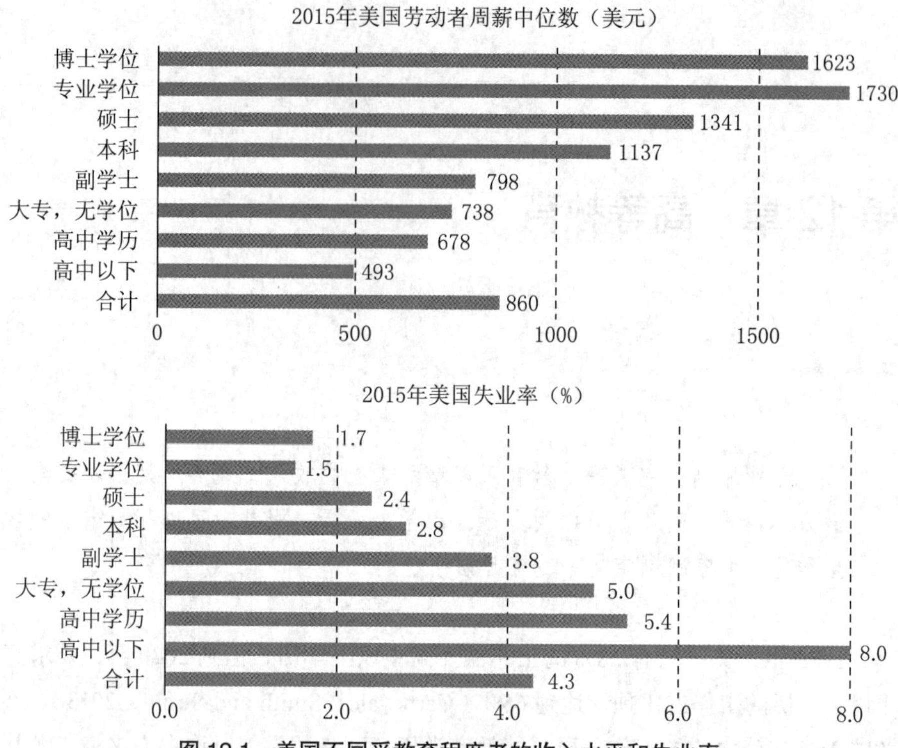

图 12.1　美国不同受教育程度者的收入水平和失业率

注：数据是针对 25 岁及以上人群的。收入是针对全职工作的工资和薪水的。

资料来源：2015 年当前人口调查，美国劳工部，美国劳工统计局。

然而，考虑到高等教育的高昂费用，学生们必须谨慎地选择能够真正帮助他们为就业和其他机会做好准备的学位，并确保不会被难以管理的学生债务所累。本章将探讨高等教育的潜在收益和成本。首先，我们给出高等教育的定义，考查学生如何支付高等教育的各项费用，包括使用储蓄和贷款。我们还关注人们在离开学校后如何管理他们的学生贷款债务。本章最后介绍使得高等教育对金融脆弱学生及其家庭更可及的项目和政策。

我们从乔治·威廉姆斯和他十几岁的女儿艾贝·威廉姆斯开始。乔治一直和他的家庭服务顾问路易丝·德班一起处理家庭财务问题。在经历了艰难的早期成年生活之后，乔治已经重新振作起来。他身体健康，有一份自己喜欢的工作。乔治已经获得了副学士学位，目前正在攻读社会工作学士学位。艾贝是一名高中生，成绩很好，对于上大学很兴奋。但由于收入比较低，日常生活开支又较高，乔治一想到要同时负担自己和艾贝的大学费用，就感到非常焦虑。

什么是高等教育?

高等教育是指任何一种在中专或高中以后接受的教育或培训。它包括大学的学士学位教育，也包括两年制的社区大学教育和职业培训机构的培训，例如针对医疗技术人员或卡车司机的培训，还包括专业学位的研究生教育，例如工程、财务管理、医学和社会工作。

2014 年，美国共有 4700 多所高等教育机构（U.S. Department of Education，2016），其中 3000 多所属于传统的四年制大学，剩余的是两年制大学或职业培训学校。这些学校可以是公立的（通常由国家资助）、私立的、非营利的或营利的。尽管营利性学校是一种相对较新的类型，但自 1970 年以来，营利性学校的规模显著增长，到了 2010 年，营利性学校的学生数量已经占总学生数的十分之一，其平均成本高于提供类似学位的非营利性学校和公立学校（Cottom，2017；Deming，Goldin and Katz，2011）。

聚焦案例：给乔治和艾贝介绍大学

乔治不是一个传统意义上的学生（年龄较大、工作一段时间后再次回归学校的学生），经历了起起落落之后，他正在攻读 BSW 在线学位。乔治目前的收入难以支付学费，所以他必须借款。此外，他还必须管理和偿还现有的学生贷款，这些贷款是他为了获得副学士学位而申请的。

艾贝有一个大学储蓄账户，这让她更想获得大学学位（见第 1 章）。她的父母很支持她，也想在经济上帮助她。但是，他们知道自己没有足够的钱来支付艾贝所有的大学费用。

艾贝和乔治都非常重视教育，并希望从上大学中获益，但上大学带来的经济后果是复杂的，甚至对他们未来的福祉有重大影响。

教育投资：机遇和挑战

教育被认为是一种人力资本投资，因为它提供的技能、知识和经验可以为人们创造经济价值，尤其表现为更高的收入（Becker，1962），接受过高等教育的人更能够从就业市场中获利。这些都是传统的观点，人们越来越担心某些大学学位和课程培训可能无法带来预期的收入增长（Oreopoulos and Petronijevic，

2013）。

但是，高等教育不仅提供直接的就业途径，它还为个人发展、提升自信心、确定生活方向和拓展社交网络提供了更多的机会，帮助人们拥有更加充实的生活以及找到更好的工作（Castleman，Owen and Page，2015）。此外，人们通常在接受高等教育的同时遇到终身朋友和伴侣（Schwartz，2013）。换句话说，在高等教育中获得的基本技能和知识不仅会增加未来收入，还会影响人们的家庭生活、社区活动和其他非工作环境（Baum，Ma and Payea，2010）。

尽管如此，在实现教育的潜力方面仍然存在一些挑战。这对来自低收入家庭的学生来说更是如此，许多人不得不在工作、学校和家庭之间奔波。这种情况导致他们需要更长的时间才能毕业，更糟糕的是，许多来自低收入家庭的学生最终无法获得学位，却背负着学生债务（Darolia，2014；Walpole，2003）。有些学生就读的是营利性学校，而这些学校通常面向中低收入家庭的学生；学校颁发的学历证书可能存在问题；学生往往背负着巨额的学生贷款债务，毕业后就业率较低，学生对教育的满意度较低（Deming et al.，2011）。

此外，大多数低收入学生缺乏足够的机会和经济手段，来获得能够提供最有就业前途的教育（Hout，2012；Smith，Pender and Howell，2013）。特别是，不太知名的院校提供的学位难以转化为更好的工作机会，这意味着一些学生花很多钱来获得学位，而这些学位却不能带来未来收入的显著增加。总而言之，高等教育有很多好处，但也存在巨大的挑战，特别是对于低收入学生而言。服务者可以帮助学生了解关于高等教育的各种选择。

高等教育的成本

在计算高等教育的成本时，必须考虑直接成本和间接成本（Abel and Deitz，2014）。直接成本包括学费，住房费用（如房租和公用事业费），食物支出，交通费，书籍、电脑等用品支出和其他基本开支。所有这些费用随着学生在校时间的增加而增加。2017—2018 学年，两年制社区大学的平均学费为 3570 美元 / 年，而四年制私立大学的学费和住宿费为 46950 美元 / 年（Ma et al.，2017）。

通常情况下，高等教育的大量间接成本——机会成本很容易被忽视。这里的机会成本是指由于入学，人们不能长时间工作甚至无法工作而放弃的收入（Abel and Deitz，2014）。对于一个全职工作可以获得 25000 美元收入的学生而言，离开工作岗位去全日制学校上学实际上花费了这个学生 25000 美元的机会成本。因此，教育的真正成本比学费、杂费和其他直接支出要高，因为它还包括学生在不上学的情况下可以获得的收入。

支付高等教育费用

服务者可以帮助服务对象决定如何支付大学学费，让高等教育成为一项值得的投资。其中一种方法是在申请大学的同时就考虑费用问题。通常，学生们是先选择学校，然后再考虑如何支付学费。反之，他们可以在作最终决定之前，先比较教育花费、评估多所学校的价值。联邦法律要求大学必须在线发布“净价计算器”，来反映其标价。因此，在决定申请的学校之前，学生及其家庭可以了解他们能够负担学费的大学有哪些。CFPB 为学生提供财务比较指南（CFPB，n.d.）。

聚焦案例：乔治与金融援助人员的面谈

去年，乔治回到学校攻读非全日制 BSW 学位。为了完成学位，他需要获得 50 个学分，此外还需要参与实习工作，他希望能够在现在的雇主那里完成这份实习。

在开始上课之前，乔治与学校的金融援助人员见面。后者看了乔治的财务信息，帮助他考虑可能的选择。乔治完成了联邦学生资助免费申请（FAFSA）(见专栏 12.1）。根据他的信息，学校为他提供了佩尔助学金（Pell grants）和 2300 美元的联邦斯塔福德（Stafford）贷款。

他不知道这项投资是否值得。去年，蒙大拿州社会工作者的平均年薪约为 4 万美元。然而，这是中间值，有一半的社会工作者挣得更多，但有一半挣得更少。尽管如此，乔治仍然相信 BSW 学位能够为他创造机会并增加他的收入。他估算自己需要花 1 万美元才能获得学士学位，然后他猜测这个学位能帮他找到一份年薪至少比现在多 5000 美元的工作。即使考虑到他在学校的时间和潜在的收入损失，这似乎也是一项不错的投资，尤其是从长期来看。另外，他非常热爱自己的职业。乔治发现帮助年轻人找到生活方向是很有意义的。不过，他知道自己还得付账单。

乔治明白除了学费外还有其他费用。他主要通过在线课程进行学习，从而节省了交通费用，但他不得不花钱购买笔记本电脑和网络服务。此外，每个学期他必须去校园学习 3 次，每次大概是 2.5 小时的车程，这不仅消耗汽油和个人时间，还会导致汽车磨损。在校期间，他也无法通过花大量时间去跳蚤市场做生意或砍伐木材来赚钱。

专栏 12.1　联邦学生资助免费申请

FAFSA 是获得联邦学生资助的必要条件，它包括助学金、勤工俭学基金和联邦贷款。许多学校使用 FAFSA，根据实际需要向学生发放助学金，有些学校则是基于先到先得原则。未来的大学生通过联邦网站（www.fafsa.gov）每年完成一次申请，申请表格将被提交给美国教育部，并与 IRS 的税收数据相关联。

FAFSA 表格要求提供社会保障号码和联邦学生资助 ID，对于仍处于受扶养状态的学生，还需要提供父母的社会保障号码。在线系统会向所有学生发放联邦学生资助 ID，以确认其身份，并允许学生以电子方式签署联邦学生资助文件。是否是受扶养人不是基于对学生居住地的判断，而是取决于父母是否在他们上一年的纳税申报表上对该学生提出申报（见第 7 章）。如果父母声称自己的孩子是受扶养人，则使用父母的信息。FAFSA 申请通常需要大约 30 分钟才能完成，此外还需要额外的时间进行信息检查和更正，例如使用 IRS 数据检索和验证收入信息。

利用 FAFSA，学校以学生贷款和助学金的形式向学生提供经济援助。援助决策会考虑学生的支付能力——即家庭预期支付额（expected family contribution，EFC）。如果调整后的家庭总收入（见第 6 章）在 25000 美元以下，受扶养学生的 EFC 通常就为零。作为一项指标，接受联邦政府公共援助的家庭，如获得社会保障收入、SNAP 或妇女 / 婴儿和儿童资助（WIC）的家庭，通常有资格获得零 EFC。

即使学生们谨慎地作出决策，高等教育成本对于大多数人来说也还是太高了，尤其是对于低收入家庭，他们可能无法用当前的收入来支付。大多数学生还必须使用储蓄、奖学金、助学金和贷款来支付高等教育费用。

高等教育储蓄

许多学生及其家庭为了接受高等教育而存钱。有教育储蓄的学生比没有教育储蓄的学生更可能完成高等教育（Elliott and Beverly，2011a，2011b）。第一个原因是经济上的：即使储蓄只能支付一部分高等教育费用，也更有助于家庭承担高等教育。另一个可能的原因是认知或心理上的：为高等教育储蓄有助于培养大学生的身份认同感（见专栏 12.2）。创新的大学储蓄计划，如 CDA 和 529 大学储蓄计划（见第 10 章），都有助于建立这一身份认同感。

专栏 12.2 聚焦研究：储蓄有助于年轻人“上大学”

几乎所有年轻人在进入高中时都渴望上大学，但随着高中毕业，年轻人对于上大学的期望值显著降低（Elliott and Beverly，2011a）。根据 Daphna Oyserman（2013）的研究，这在一定程度上可以由年轻人是否具有大学生身份认同感来解释。其逻辑是，具有认同感的年轻人更可能有动力去实现高等教育目标。这一观点结合基于身份认同的激励理论（Oyserman，2009），被用来解释儿童在学校集中注意力，进而获得更好的课业表现的能力。

在所有的关键因素中，财务状况发挥了主要作用，尤其是家庭资产和儿童储蓄（Ikoma and Broer，2015；Oyserman，2013）。研究人员发现，为大学存钱的孩子和年轻人会更强烈地意识到自己未来可能会接受高等教育。利用收入动态调查数据（Panel Study of Income Dynamics），研究人员发现，12 岁到 18 岁的累积储蓄与 5 年后的大学生身份认同感呈正相关（Elliott，Choi，Destin and Kim，2011）。有证据表明，与没有储蓄账户的孩子相比，有储蓄账户的孩子留在学校的可能性要大得多。事实上，在那些希望从四年制大学毕业的年轻人中，有储蓄账户的人比那些没有账户的人上大学的可能性要高大约 6 倍（Elliott and Beverly，2011a）。

尽管有这些好处，但一些学生和他们的家庭可能还是会犹豫是否要为上大学而储蓄，因为他们认为储蓄会让他们没有资格获得更多的财政资助。虽然在 FAFSA 的财政资助核算中，教育储蓄被认为是一项资产，但每年预计只有一小部分用于支付学费和其他费用。实际上，每个账户每年预计只有不到 6% 用于支付大学费用。例如，如果一个 529 计划的账户里有 1000 美元，那么只有大约 56 美元用于支付当年的大学费用。

在当前的经济和政策环境下，教育储蓄很难支付所有的高等教育费用。因此，大多数学生还必须寻求其他来源的帮助，如助学金、奖学金和贷款。

奖学金和助学金

奖学金和助学金是根据经济需要、学业表现或其他条件而定的，不同于贷款，它们不需要偿还。奖学金和助学金被提供给学生（或其机构），以帮助学生接受高等教育。助学金往往是按需分配给低于一定收入的学生。奖学金也可以按需分配，但更多是以成绩为基础，面向某些特定专业的学生，或者以学术、体育、艺术、社区服务或其他能力和成就为基础进行分配。学校、慈善机构、社区和其他机构为学生提供成千上万的奖学金，金额从几百美元到涵盖所有教育费用不等。一些奖学金和助学金仅面向特定专业领域的学生，或来自政治代表人数不足的学生群体，及来自特定城市或州的学生。

佩尔助学金计划是美国最大的助学金来源，这是面向低收入学生且基于需求分配的助学金。2015 年，近 800 万学生获得了佩尔助学金，总额超过 300 亿美元（the College Board，2015）。其中，全日制学生获得的佩尔助学金约为 6000 美元，非全日制学生获得的佩尔助学金不到一半。学校直接从美国教育部获得佩尔助学金，用于支付符合条件的学生的各项费用。佩尔助学金只对符合 FAFSA 和 EFC 标准的低收入学生开放，且仅针对本科生，资助期大约为 6 年。

联邦政府不向学生直接发放佩尔奖学金，而是将其分配给学校。然后，由学校向被录取的学生提供经济援助一揽子计划，其中包括有补贴贷款和无补贴贷款、州财政援助、机构奖学金和助学金以及佩尔助学金。

为高等教育借款

考虑到高等教育的高成本，即使是有存款和助学金的学生通常也必须借钱。学生贷款分为联邦（公共）贷款和私人贷款。联邦贷款是由美国教育部直接发放的，通常比私人贷款利率更低，还款期限更灵活。私人学生贷款较为少见，尤其是在低收入家庭中，其主要用于支付斯塔福德贷款或附加贷款（PLUS loans）所不包括的额外贷款（Avery and Turner，2012）。

常见的三种贷款计划包括有补贴的斯塔福德贷款、无补贴的斯塔福德贷款和 PLUS 贷款，每种贷款都有不同的资格标准和支付准则。

有补贴的斯塔福德贷款是根据学生的 EFC 来提供的，属于具有固定利率的低息贷款。重要的是，联邦政府将支付学生就读期间产生的至少一半的利息。该贷款仅适用于本科项目，并且贷款金额受学年限制。根据具体情况，借款人在借有补贴的贷款上通常有一个终生贷款限额。借款人必须在毕业后或不再参加全日制学习后的 6 个月开始偿还贷款。

无补贴的斯塔福德贷款也是基于 EFC 来提供的，但不同收入水平的学生都有资格申请。与有补贴的贷款不同，政府不负责支付学生就读期间产生的利息。每期利息必须按时支付，否则就会被累积到贷款总额中。该贷款可用于本科生、研究生和专业学位项目。贷款限额与无补贴贷款类似：2017 年，对于仍是受扶养人的本科生，联邦斯塔福德贷款的限额是 3.1 万美元，经济独立的本科生的贷款限额是 5.7 万美元。

PLUS 贷款是面向学生家长的贷款。在使用其他联邦贷款限额后，该贷款可用于任何额外的借款。与其他学生贷款不同，该贷款必须由家长申请并接受信用检查。这些贷款是父母的责任，他们必须在贷款发放后就立即开始还款。

一旦学校向学生发放包括贷款在内的年度经济援助，学生需要填写一份本票文件（master promissory note），这是一份明确了贷款利率、还款计划和其他一般性条款的法律文件。这通常在网上完成，而且它是一份重要的文件，因此学生应该保存一份副本。

在完成本票文件之前，学生需要完成在线学生贷款准入咨询（Student Loan Entrance Counseling）（Cooley，2013）。该咨询提供贷款的详细信息以及关于毕业后（或学生不再参加全日制学习后）如何偿还贷款的建议。除准入咨询外，所有的联邦学生贷款的借款人还必须完成在线清偿咨询（online exit counseling），该咨询提醒学生贷款如何运作，并解释何时还款。

每笔贷款都有一个服务方，它是发送还款提醒并接受和处理还款的私人公司。联邦学生贷款由一系列签约公司代表联邦政府收取还款。拥有多笔贷款的借款人可能必须向多个服务方支付款项。此外，服务方还可能会发生周期性变化。

学生贷款和其他债务一样，必须被偿还。事实上，由于破产法和贷款法的特殊规定，学生贷款很难被取消或终止。2015 年，有 280 万 60 岁以上的成年人仍在偿还学生贷款；在 50 岁及以上的成年人中，有 11.4 万人的社会保障福利被扣留以支付学生贷款债务，其中 2 万人的社会保障支票因为偿还学生贷款而低于贫困线（U.S. Government Accountability Office，2016）。只有在少数情况下，联邦学生贷款可以被免除，包括借款人死亡、永久残疾或其他特殊情况，如学校资格被吊销。但除此之外，学生贷款对借款人来说是一种永久性的负债（见第 14 章）。

聚焦案例：艾贝追求她的大学梦

艾贝是一名高中四年级学生，正在制定大学计划。正如我们在第 1 章了解到的，她参加了 College$ave 计划，这是由她的学校和当地非营利组织赞助的一项储蓄计划。艾贝每月向蒙大拿州的家庭教育储蓄计划 529 账户中存入 50 美元（US News and World Report，2016）。在艾贝高中毕业时，College$ave 会为她的账户提供约 500 美元的捐款，这将使她的总储蓄达到近 2500 美元。

艾贝为自己的大学储蓄基金感到自豪，即使她知道这些储蓄不足以支付四年大学学费，她仍觉得自己为未来做出了贡献。艾贝一直与她的经济援助顾问西奥多·威尔逊合作，学生们称他为特德先生。特德先生对艾贝的大学储蓄基金印象很深刻，并告诉她这是一个很大的优势，即使这不是一个很大的数目。只要艾贝去了认证的职业培训机构或专业教育机构，就可以用她的529账户积蓄来支付学费、食宿费、书本费或购买电脑。

特德还鼓励艾贝申请公共和私人奖学金及助学金。在特德的帮助下，艾贝浏览了Fastweb网站上最新的经济援助列表（FinAid，2016）。特德告诉她，她很可能有资格获得佩尔助学金，另外作为布莱克菲特印第安人居留地的注册成员，她还有资格获得美国印第安事务局、美国印第安大学基金以及IIM等其他来源的奖学金。在做了一些调查后，特德告诉艾贝她可能还有其他机会。虽然不指望每年都能赢得这些竞争性奖项，但艾贝是个好学生，大有希望。特德提醒她，每一个奖项都是很重要的。

此外，特德还建议艾贝向斯塔福德补贴贷款项目借款，因为她来自低收入家庭，所以她有资格申请。特德提醒艾贝给自己留足够的时间处理这些事情，不要等到最后一分钟才完成FAFSA。特德还强调，她需要父母的帮助来完成FAFSA中关于收入和资产的问题。因为她的母亲在纳税表上将艾贝申报为受扶养人，因此FAFSA需要她母亲的社会保障号码，以便把她的FAFSA表格和她母亲的纳税申报表联系起来，进而确定她的申请资格。在计算经济援助时，她父亲的抚养费将从其收入中直接扣除。特德告诉艾贝，FAFSA会把她529账户中的存款视为一种资产，这将减少她可以得到的援助金额，但幅度不会太大。根据FAFSA的规定，她的529账户中只有5.64%被认定为用于支付学费。

艾贝不断听到有人无力偿还学生贷款的消息。但是特德让她放心，如果她对学校申请和借款额度持谨慎态度，那么偿还贷款就不会给她造成困扰。最后，艾贝告诉特德自己已经准备好了，很高兴开始下一步。

管理学生贷款

学生贷款旨在帮助学生对当下的自己进行投资，并在未来离开学校获得更好的工作机会后再偿还这些贷款（Avery and Turner，2012）。但是，对于那些试图创业、组建家庭或寻求更高学位的人来说，这常常是一种经济负担，尤其是对于有经济困难的人而言。一些借款人没有能力按约还款，还有一些人可能会完全停止偿还贷款，这会给他们的未来带来很严重的问题。

大多数的联邦学生贷款提供 10 年还款计划。理想情况下，借款人可以在 10 年内还清贷款，但有些时候，借款人仍无法承担以 120 次还款为基础的月供额度（10 年内每年 12 次月供）。这可能会导致人们无法按时全额还款，即**违约**。学生贷款的违约情况会被记录在借款人的信用报告中。拖欠贷款可能会导致其他贷款申请被拒绝或被收取更高的利息。贷款违约还会累积其他费用。重要的是，如果借款人正在为贷款发愁，就应该积极采取行动，可能的话尽量避免违约行为。减轻学生贷款负担的方法有很多。服务者可以帮助服务对象管理这个过程，例如，建议借款人选择不同的还款计划。

学生贷款还款计划

美国教育部针对联邦学生贷款提供了一系列可供选择的还款计划，这在一定程度上回应了那些以学生贷款借款人为服务对象的组织的政策倡导（见专栏 12.3 和专栏 12.4）。例如，被称为“领工资时还款”（Pay As You Earn，PAYE）的计划。该计划要求借款人将**可自由支配收入**的 10% 用于还款，这里的可自由支配收入是指按家庭规模计算的贫困线的 150% 和剔除某些支出后收入的差额，如子女抚养费。有还款计划的借款人必须每年核实他们的收入，以确定下一年的还款金额。在按时还款 20 年后，剩余的贷款就可以被免除。然而，当借款人的收入增加时，还款额就会增加，所以这个还款计划并不总是一个好的选择。

专栏 12.3　聚焦组织：大学入学和成功机构（The Institute for College Access & Success，TICAS）

TICAS 是一个无党派的非营利倡导组织，目标是增加所有人接受高等教育的机会。组织活动包括：提供信息并推动高等教育机构、各州和联邦政府为没有得到充分发展的学生增加获得受教育机会的途径。

TICAS 的一大举措是学生贷款项目（Project on Student Debt）。自 2005 年以来，该项目发布了相关报告并提供一些工具，以增进社会各界对学生贷款如何影响家庭、经济和社会的了解。该项目还提供以下资源：

- 有关基于收入的还款计划和公共服务贷款豁免的信息；
- 联邦学生贷款条款的年度概要，包括贷款限额和利率；

- 面向应届毕业生的学生贷款建议；
- 关于私人贷款的咨询指南。

此外，TICAS（2015b）帮助创建和改进了以收入为导向且便于管理的联邦贷款偿还计划，推动佩尔助学金计划，并简化 FAFSA 申请。

专栏 12.4　聚焦政策：希望奖学金税收抵免（Hope Scholarship Tax Credit）和美国机会税收抵免（American Opportunity Tax Credit，AOTC）

希望奖学金税收抵免提供联邦所得税减免，用于支付本科教育费用。它以佐治亚州的一项计划为蓝本，于 1997 年制定。该项目为学生提供“1 美元换 1 美元”的所得税减免，以帮助学生支付教育费用（见第 10 章）。

2009 年，希望奖学金税收抵免扩展至 AOTC。数额从 1800 美元增加到 2500 美元，可用于支付学费以外的费用，比如用于购买与课程相关的书籍、用品和设备等。这项政策也经历了一些修订，对于低收入或没有纳税记录的学生，最多可退还 1000 美元，这意味着学生可以得到更多的退税。这些变化意味着，与希望奖学金税收抵免相比，AOTC 可以为低收入学生提供更多服务。研究表明，这些税收减免政策提高了目标学生的大学入学率（Turner，2011）。

表 12.1 显示了对于某个离开学校后最初年收入为 25000 美元、未来每年增长 5% 的人来说，还款和贷款减免是如何发挥作用的。该借款人有一笔无补贴的联邦贷款，初始额度为 30000 美元。表格第一行提供了一种标准方案，即每月偿还 333 美元。10 年以后，即 120 次月供后，借款人共支付 39967 美元的本息。在 10 年结束后，贷款全部还清，不会有贷款减免。表格第二行展示的是 PAYE 还款计划，即借款人将收入的 10% 用于还款。这个计划提供较低的初始还款额（60 美元）以及较长的还款期。与之相比，标准计划提供较高的还款额和较短的还款期。PAYE 计划可以免除 20 年后剩余的 27823 美元贷款。但是，如果借款人的收入年增长率超过 5%，那么月还款额可能会更高，甚至会导致借款人无法获得贷款减免，只能还清全部贷款。借款人永远不必支付超过其收入 10% 的月还款额，这可能在标准计划里发生。还款计划随时间推移而不断发展，也可能随着新的选择的出现而变化。借款人应该关注这些变化，以确保选择最适合其情况的还款计划。

表 12.1　3 万美元本科生贷款还款计划：初始收入为 2.5 万美元，年增长率为 5%

还款计划（美元）	初始还款（美元）	最终还款（美元）	时间（年）	总还款额（美元）	减免额（美元）
标准计划	333	333	10	39967	0
PAYE 计划	60	296	20	39517	27823

注：家庭规模为 1 人，本科生和研究生教育的贷款利率为 6%，收入以每年 5% 的速度增长。
资料来源：美国教育部。

公共服务贷款减免

公共服务贷款减免计划的服务对象主要是从事公共服务的借款人，包括在联邦、州或地方政府工作的人，军人，或者在非营利组织工作的人。在为期 10 年共 120 次按时还款后，该计划提供免税的贷款减免。还款 10 年后的贷款余额将被免除，并且被免除的金额不属于应税收入，这是该计划的另一优势。此外，某些特定岗位的人，例如应急管理、公共安全 / 法律执行、公共卫生、公共教育、幼儿教育、公共利益法相关工作人员以及社会工作者或教师，也可以申请该计划。

学生贷款服务和合并

由于贷款机构很少向借款人提供还款选择的相关信息，借款人通常必须自己做些研究或向顾问寻求建议。许多专业顾问声称在学生贷款方面具有专业知识，但这些机构的质量和可靠性各不相同。学生必须谨慎地寻找一个不收取任何费用或佣金、且能代表他们利益的顾问。咨询资源可以在美国国家信贷咨询基金会（National Foundation for Credit Counseling，NFCC）（2016）和美国教育部（n.d.，-a）的网站上找到，后者关注的是学生在借款前的情况。

学生可以通过国家学生贷款数据系统（U.S. Department of Education，n.d.，-b）在线跟踪联邦学生贷款的情况。在该网站注册后，借款人可以看到他们的贷款余额、利率和每笔联邦贷款的具体条款。但是，该网站只允许借款人在一个版块查看他们所有的联邦贷款，而且不能用该系统管理贷款还款，该系统也不能帮助借款人确定哪些贷款符合自己选择的还款计划。

对于借款人来说，管理多笔贷款以及向多家服务机构偿还多笔贷款具有一定的挑战性。一些借款人可能希望通过合并或再融资把不同的贷款合并为一笔贷款。贷款合并可以将学生贷款整合成一笔具有固定且较低利率的贷款。贷款合并可以简化贷款管理，但也有潜在的负面影响。例如，贷款期限会延长到30年，因此总利息比短期贷款的利息高得多。借款人一旦合并学生贷款，可能会失去针对联邦学生贷款的还款计划选择。因此，借款人应该仔细考虑贷款合并问题。

聚焦案例：偿还学生贷款——乔治的选择

乔治对他的还款选择有很多疑问。在攻读副学士学位期间，他借了23500美元。他还有大约8年时间还清贷款。因为入学时间还不到一半，乔治没有资格申请学生贷款延期。这意味着他必须在攻读副学士学位的同时偿还贷款。乔治每月需要偿还约189美元的贷款，这对他微薄的收入来说是个挑战。乔治的第一笔贷款是在他完成副学士学位后的6个月到期的。乔治几乎每个月都很努力，设法偿还学生贷款，但这很困难。乔治和路易丝已经谈论了很多次关于他每月支付所有费用的困难。

现在乔治又回到学校了，他需要借更多的钱。他已经用完了他大部分的联邦学生贷款，但仍然可以借无补贴的联邦学生贷款。他估计，获得BSW学位后，他额外将有约10000美元的学生贷款债务。

乔治面临着不同的选择。他应该借吗？或者，他应该做更多的工作，攒几年钱后再上学，而不是借钱？作出选择并不容易。5年前，乔治按要求完成了所有的在线贷款咨询，但他几乎不记得了。路易丝建议他和学校里的财务援助顾问谈谈，以便获得一些建议。

下一次乔治开车去学校时，他参加了一个简短的研讨会，并与一个财务援助顾问见了面，帮助评估他的选择。该顾问帮助乔治在国家学生贷款数据系统中查找他的贷款。实际上，乔治有三笔贷款，其中一笔贷款是他在攻读副学士学位时申请的。

顾问告诉乔治，一个选择是申请将这三笔联邦学生贷款整合为一笔直接合并贷款（direct consolidation loan）。这样他就可以在20年而不是10年的时间里还清。所有的贷款都是固定利率，他每个月只需要支付82美元。但是，顾问警告乔治，这将使贷款期限内的利息成本比他目前的还款计划高出一倍以上。目前，他在10年内的利息支付总额约为4500美元，但在20年的合并贷款中利息支付总额将超过9000美元。他一点也不喜欢这个选择。

然后顾问告诉乔治一个他可能更感兴趣的选择：公共服务贷款减免计划。

乔治曾听一些一起参加社会工作项目的同事谈论过这个计划，但对细节不是很了解。这名财务援助顾问解释说，在还款 10 年后，任何剩余的贷款余额都可以被免除，且都是免税的。顾问说，乔治必须为非营利机构或公共机构工作，而实际上他已经在这样做了。但顾问也告诉乔治，必须按时还款，如果收入增加，其月还款额也会增加。乔治甚至可能最终还清了所有贷款，10 年后没有获得余额减免。

这个方案也有一些需要乔治考虑的事情。这意味着他毕业后必须在公共服务岗位上工作 10 年，而不能在薪水和福利更高的私人诊所工作。虽然这会限制乔治的工作选择，但他所在的地区没有那么多的私人诊所，而且乔治喜欢在非营利部门工作。

项目和政策创新

高等教育变得越来越昂贵（Institute for Research on Higher Education，2016）。由于高等教育的经济负担已经以学生贷款的形式从公共领域转移到学生及其家庭身上，我们就更应该重新考虑如何支付高等教育费用（Collier and Herman，2016）。与金融脆弱的学生及其家庭有直接接触经验的服务者，可以提供一些有用的观点和策略。

少数族裔和低收入学生的学生贷款挑战

财富的种族差异意味着，少数族裔学生尤其缺少用于高等教育的资产保障，这就导致他们不得不求助于学生贷款，使得其贷款债务负担加重（Goldrick-Rab，Kelchen and Houle，2014）。学生贷款债务负担很重，他们却没有足够的赚钱能力，这会直接导致金融不安全的问题（Gale，Harris，Renaud and Rodihan，2014）。

许多关于学生贷款的争论都集中在学生债务的庞大数额上。但是，最糟糕的情况是那些有学生贷款却没有获得高等教育学位或证书的人（Dynarski，2015）。这意味着这些人没有获得任何高等教育资格证书，工作前景也没有得到改善，同时却债台高筑，且信用记录不佳。该群体面临的违约风险最大，也是许多拟议政策的重点关注人群。

总的来说，高等教育费用可以通过家庭储蓄和资产、奖学金、助学金以及学生贷款的合理组合来支付。扩大大学储蓄计划、提供更多基于需求的资助、增加还款选择、让 FAFSA 更加容易、在州一级增加高等教育投资、举报欺诈性学校等一系列具体举措可以帮助学生获得高等教育，同时减轻他们的财务负担。

扩大大学储蓄计划

那些从出生起就开始制定和实施大学储蓄计划的人会为他们的高等教育积累可观的存款。尽管大学储蓄计划的存款很难支付高等教育的全部费用，但储蓄加上助学金、奖学金、贷款和合理的勤工俭学可以让人们负担得起高等教育。不幸的是，正如我们所了解到的，低收入家庭和少数族裔在资产建设、大学储蓄方面处于明显的劣势。因此，大学储蓄计划的发展必须是渐进的，尤其是在帮助低收入家庭的学生进行大学储蓄账户积累方面（见第 10 章）。

让 FAFSA 变得更加容易

完成 FAFSA 的过程非常复杂。学生必须输入详细的财务信息，这通常很复杂，尤其是对于父母分居的家庭。填写 FAFSA 已经成为上大学、申请贷款和助学金的障碍。从高中开始，可以针对学生及其家庭提供关于 FAFSA 的培训，通过更多的支持和咨询，这一过程会变得容易一些。

提供更多基于需求的资助

服务者拥有与低收入群体打交道的一手经验，后者希望获得高等教育学位，但如果没有全职工作，他们就无法负担高等教育，这使得完成学业变得更加困难。更多以需求为导向的资助可以让低收入家庭的学生更能负担得起学费。可以扩大佩尔助学金计划，并由国家和私人项目提供额外的资助。还有其他一些具体的举措，包括在社区大学免费授课，或者允许学生免费完成大学教育的前两年，从而降低获得四年制学士学位的总费用（Duruy，2015）。此外，在州和联邦层面颁布一些法案，针对高等教育费用提供税收减免，包括给低收入学生及其家庭提供更多的税收优惠，提高高等教育的可获得性（Saunders and Lower-Basch，2015）。

在州层面投资高等教育

州政府通过资助公立大学和社区大学为高等教育提供大部分支持。大多数州对高等教育的财政支持一直在下降，这就导致学生的学费和费用增加（Doyle，2012）。自 2007 年以来，州政府拨款实际减少了 7%，在某些州甚至减少得更多（Baum and Johnson，2015）。部分州提议为低收入学生提供学费支持，州和地方的倡议可以扩大政府对高等教育的支持（Seltzer，2017）。

增加还款选择

借款人，包括尚未还款的在校生，需要更多有关贷款还款方式的信息和指导。尽管与以往相比，现在的还款方式很多，但许多学生和借款人都不知道自己有哪些选择，也不知道如何申请。学生及其家庭需要了解有关贷款如何运作以及如何为高等教育筹集资金的信息，不仅在入学前，甚至在毕业之后，这些信息都很重要。所有学生及其家庭都应该能够获得有关高等教育储蓄、助学金和贷款的中立且公正的信息。离开学校后，借款人应该能够立即选择替代性还款计划，因为这时候贷款已经到期并且他们需要支付初始还款。对于从某些特定学校毕业、起薪相对较低的学生来说，将他们自动纳入替代性还款计划，使其有能力还款，是有必要的。

举报欺诈性学校

营利性大学的学生贷款使用水平、学生债务水平和贷款违约率最高（Avery and Turner，2012）。联邦法律要求这些学校必须证明它们会帮助学生做好获得有报酬工作的准备。然而，高辍学率表明，很多学生为上学付出了高昂学费，却没有提高他们的就业能力。服务者可以协助投诉以低收入学生为目标但未能提供优质服务的学校。

聚焦案例： 艾贝考虑为自己的未来进行投资

为了获得除奖学金和贷款外的经济支持，艾贝一直在考虑在校期间做兼职工作。但是当她和父亲谈论这个问题时，乔治警告她，平衡工作和学习是很棘手的。如果工作意味着她不得不推迟毕业，那么住房和学费实际上可能会更加昂贵。特德先生同意乔治的观点，认为学习应该是第一位的，但是特德也明白，有些学生真的想要通过工作来为他们的大学教育提供经济支持。

与此同时，特德先生鼓励艾贝思考她想要什么样的大学生活。例如，特德自己上大学时就住在校园里，参加了很多非学术类活动。但是，很多学生会通过住在家里和通勤上学来节省费用。特德先生告诉艾贝这由她和她的家人决定，但是她应该仔细考虑决定的所有方面。

特德先生建议艾贝，一旦决定了想要选择什么样的学校，就申请多所学校，这样可以比较不同学校的学费和奖学金。他们讨论了几个选择：她可以像父亲一样，从社区大学开始，然后转到部落大学以节省开支。但是，艾贝一直在思考特德先生的经历，她想申请一所大学，这样就可以参与校园生活。她想知道这样费用会有多高。

总结

在一个越来越需要高中以上学历才能找到好工作的经济环境中，高等教育已经成为一个越来越重要的晋升策略。通常，这是一个涉及整个家庭且需要终身付出努力的行为（Bastedo and Jaquette，2011）。让所有希望获得高等教育的学生负担得起教育费用，需要许多人（包括服务者）共同的努力和创新。

更多讨论

・回顾・

1. 什么是 FAFSA 表格？如何使用？为什么像艾贝这样的未来大学生无法完成 FAFSA？
2. 联邦学生贷款有哪两种？它们能用来做什么？每种贷款的成本是多少？使用联邦学生贷款是否有限额？
3. 乔治有哪些学生贷款还款计划可以选择，以减少他每月的还款额？请分析一个可供选择的还款计划。该还款计划的一个优点是什么？一个缺点是什么？

·思考·

4. 教育在哪些方面是一种投资？这项投资的“回报”是什么？投资教育有什么风险？你认为你的教育会在经济上给你带来好处吗？你决定上学主要是因为经济上的原因还是非经济上的原因？

·应用·

5. 在你的社区里找一所两年制的社区大学：
   a. 全日制学生的学费是多少？完成一个两年制的学位需要多少钱？
   b. 除了学费，学生还需要为哪些费用做计划？
   c. 对于上学期间没有存款和收入的学生，他们需要借多少钱才能上大学？你考虑了哪些费用？还有哪些费用需要考虑在内呢？
   d. 你认为为了获得学位而借那么多钱合理吗？为什么？

参考文献

Abel, J. R., & Deitz, R. (2014). Do the benefits of college still outweigh the costs? *Current Issues in Economics and Finance, 20*(3), 1-12.

Avery, C., & Turner, S. (2012). Student loans: Do college students borrow too much—or not enough? *The Journal of Economic Perspectives, 26*(1), 165-192.

Bastedo, M. N., & Jaquette, O. (2011). Running in place: Low-income students and the dynamics of higher education stratification. *Educational Evaluation and Policy Analysis, 33*(3), 318-339.

Baum, S. & Johnson, M. C. (2015, November 2). Financing public higher education: The evolution of state funding. The Urban Institute. Retrieved from http://www.urban.org/research/publication/financing-public-higher-education-evolution-state-funding.

Baum, S., Ma, J., & Payea, K. (2010). Education pays, 2010: The benefits of higher education for individuals and society. Trends in higher education series. *College Board Advocacy & Policy Center*. Retrieved from https://trends.collegeboard.org/

sites/default/files/education-pays-2010-full-report.pdf.

Becker, G. S. (1962). Investment in human capital: A theoretical analysis. *The Journal of Political Economy, 70*(5), 9-49.

Carnevale, A. P., Smith, N., & Strohl, J. (2013, June). Recovery: Job growth and education requirements through 2020. Georgetown Public Policy Institute, Center on Education and the Workforce. Retrieved from http://cew.georgetown.edu/recovery2020.

Castleman, B. L., Owen, L., & Page, L. C. (2015). Stay late or start early? Experimental evidence on the benefits of college matriculation support from high schools versus colleges. *Economics of Education Review, 47*, 168-179.

Collier, D. A., & Herman, R. (2016). Modifying the Federal Loan Guarantee Provision in the Higher Education Act of 1965: An overview of federal loan policies that have transitioned higher education from the social good. In M. R. Umbricht(Ed.), *Higher Education in Review*(pp.9-23). Retrieved from http://sites.psu.edu/higheredinreview/wp-content/uploads/sites/36443/2016/05/HER_2016-Special-Issue_Part-One.pdf.

Consumer Financial Protection Bureau. (n.d.). Paying for college. Retrieved from http://www.consumerfinance.gov/paying-for-college/.

Cooley, A. H. (2013). Promissory education: Reforming the federal student loan counseling process to promote informed access and to reduce student debt burdens. *Connecticut Law Review, 46*, 119.

Darolia, R. (2014). Working (and studying) day and night: Heterogeneous effects of working on the academic performance of full-time and part-time students. *Economics of Education Review, 38*, 38-50.

Deming, D. J., Goldin, C., & Katz, L. F. (2011). The for-profit postsecondary school sector: Nimble critters or agile predators? National Bureau of Economic Research (Working Paper No. 17710). Retrieved from http://www.nber.org/papers/w17710.

Doyle, W. R. (2012). The politics of public college tuition and state financial aid. *The Journal of Higher Education, 83*(5), 617-647.

Duruy, E. (2015, July 27). The debate over free community college. *The Atlantic*. Retrieved from http://www.theatlantic.com/education/archive/2015/07/free-community-college-mixed-reviews/399701/.

Dynarski, S. M. (2015, August 31). Why students with smallest debts have the larger problem. *New York Times*. Retrieved from http://www.nytimes.com/2015/09/01/upshot/why-students-with-smallest-debts-need-the-greatest-help.html?_r=0.

Elliott, W. E. III, & Beverly, S. G. (2011a). The role of savings and wealth in reducing "wilt" between expectations and college attendance. *Journal of Children and Poverty, 17*, 165-185.

Elliott, W. E. III, & Beverly, S. G. (2011b). Staying on course: The effects of assets on the college progress of young adults. *American Journal of Education, 117*, 343-374.

Elliott, W. III, Choi, E. H., Destin, M., & Kim, K. (2011). The age old question, which comes first? A simultaneous test of children's savings and children's college-bound identity. *Children and Youth Services Review, 33*(7), 1101-1111.

FinAid. (2016). Financial aid for Native American students. Retrieved from http://www.finaid.org/otheraid/natamind.phtml.

Gale, W., Harris, B., Renaud, B., & Rodihan, K. (2014). Student loans rising: An overview of causes, consequences, and policy options. Washington, DC: Urban-Brookings Tax Policy Center.

Goldrick-Rab, S., Kelchen, R., & Houle, J. (2014). The color of student debt: Implications of federal loan program reforms for black students and historically black colleges and universities. Wisconsin Hope Lab. Retrieved from https://news.education.wisc.edu/docs/WebDispenser/news-connections-pdf/thecolorofstudentdebt-draft.pdf?sfvrsn=4.

Harmon, C., Oosterbeek, H., & Walker, I. (2003). The returns to education: Microeconomics. *Journal of Economic Surveys, 17*(2), 115-156.

Hout, M. (2012). Social and economic returns to college education in the United States. *Annual Review of Sociology, 38*, 379-400.

Ikoma, S., & Broer, M. (2015, October). How can we help students match college aspirations to college enrollment? [InformED Blog]. Washington: American Institutes for Research, Education Policy Center. Retrieved from http://www.air.org/resource/how-can-we-help-students-match-college-aspirations-college-enrollment.

Institute for College Access and Success. (2015b, October 26). National policy agenda to reduce the burden of student debt. Retrieved from http://ticas.org/initiative/student-debt-policy-agenda.

Institute for Research on Higher Education. (2016). College affordability diagnosis: National report. Philadelphia, PA: Institute for Research on Higher Education, University of Pennsylvania. Retrieved from http://www2.gse.upenn.edu/irhe/affordability-diagnosis.

Ma, J., Baum, S., Pender, M., & Welch, M. (2017). *Trends in college pricing 2017*. Retrieved from http://trends.collegeboard.org.

National Foundation for Credit Counseling. (2016). Student loan debt counseling and advice. Retrieved from https://www.nfcc.org/our-services/student-loan-debt-counseling/.

Oreopoulos, P., & Petronijevic, U. (2013). Making college worth it: A review of the returns to higher education. *The Future of Children, 23*(1), 41-65.

Oyserman, D. (2009a). Identity-based motivation: Implications for action-readiness, procedural-readiness, and consumer behavior. *Journal of Consumer Psychology, 19*, 250-260.

Oyserman, D. (2013). Not just any path: Implications of identity-based motivation for disparities in school outcomes. *Economics of Education Review, 33*, 179-190.

Rothstein, J., & Rouse, C. E. (2011). Constrained after college: Student loans and early-career occupational choices. *Journal of Public Economics, 95*(1), 149-163.

Saunders, K. & Lower-Basch, E. (2015). Education tax credits: Refundability critical to making credits helpful to low-income students and families. Washington, DC: CLASP. Retrieved from http://www.clasp.org/resources-and-publications/publication-1/Education-Tax-Credits-Refundability-Critical-to-Making-Credits-Helpful-to-Low-Income-Students-and-Families.pdf.

Schwartz, C. R. (2013). Trends and variation in assortative mating: Causes and consequences. *Annual Review of Sociology, 39*, 451-470.

Seltzer, R. (2017, January 4). Free tuition idea revived. Retrieved from https://www.insidehighered.com/news/2017/01/04/new-yorks-tuition-free-plan-sparks-debate.

Smith, J., Pender, M., & Howell, J. (2013). The full extent of student-college academic undermatch. *Economics of Education Review, 32*, 247-261.

Turner, N. (2011). The effect of tax-based federal student aid on college enrollment, *National Tax Journal, 64*(3), 839-861.

U.S. Department of Education, National Center for Education Statistics. (2016). *Digest of Education Statistics, 2015*(NCES 2016-014), Chapter 2. Retrieved from https://nces.ed.gov/fastfacts/display.asp?id=84.

U.S. Department of Education. (n.d.-a). Complete counseling. Retrieved from https://studentloans.gov/myDirectLoan/counselingInstructions.action.

U.S. Department of Education. (n.d.-b). NSLDS student access data system, national student loan. Retrieved from https://www.nslds.ed.gov/nslds/nslds_SA/.

U.S. Government Accountability Office(2016, December). Social Security offsets: Improvements to program design could better assist older student loan borrowers with obtaining permitted relief. GAO Highlights, GAO 17-45. Retrieved from http://www.gao.gov/assets/690/681722.pdf.

U.S. News and World Report(2016). Montana 529 Plans. Retrieved from http://money.usnews.com/529s/montana.

Walpole, M. (2003). Socioeconomic status and college: How SES affects college experiences and outcomes. *The Review of Higher Education, 27*(1), 45-73.

第 13 章　住房和房产

专业原则：服务者帮助弱势家庭寻找负担得起的、体面的、安全的和稳定的住房，方式可以是租房或买房。服务者倡导增加人们负担得起的租房供应以及住房资助和补贴。

管理住房成本是 FCAB 的核心。住房是大多数家庭的最大支出，尤其是金融脆弱家庭（Lazio，2015）。许多家庭都在努力寻找负担得起的、体面的、安全的和稳定的住房，并支付远远超过政府标准的租金，特别是在美国的高成本住房市场中（Joint Center for Housing Studies of Harvard University，2016）。很多情况下，这种沉重的经济负担会导致人们被驱逐和无家可归（Desmond，2016）。例如，2013 年，超过 200 万低收入租房者面临被驱逐的威胁和无家可归的风险（Joint Center for Housing Studies of Harvard University，2016）。2015 年，美国 50 多万人无家可归，他们流落街头或住在收容所，其中的 22% 是儿童（National Alliance to End Homelessness，2016；US Department of Housing and Urban Development，2016）。那些住在出租屋里的人通常忍受着恶劣的住房条件，比如浴室和厨房功能不完善，甚至不能运转（Joint Center for Housing Studies of Harvard University，2016）。

联邦政策在造成弱势家庭住房困境的过程中扮演了重要角色。总体而言，住房政策助长了住房方面的种族隔离，对有色族裔家庭造成了负面的金融影响和其他影响（Rothstein，2014）。在租房方面，租金补助急剧下降，住房成本上升，收入停滞，已经导致越来越多的家庭将住房成本视为沉重的负担（Joint Center for Housing Studies of Harvard University，2015b）。此外，政策将少数族裔和低收入家庭集中在特定的社区，这通常会对他们的福祉和发展机会产生不良影响（Metzger，2014）。在房屋所有权方面，联邦补贴偏向高收入家庭而不是低收入家庭，这限制了那些能够自己买房的低收入家庭（CBPP，2016）。住房抵押贷款利息的减免使美国每年花掉700亿美元，但主要是高收入家庭从中获利（见第7章）。这剥夺了中低收入家庭积累财富的重要途径（Pew Research Center，2015）。

本章探讨金融脆弱群体的住房选择，以及服务者如何帮助服务对象租房和寻找合适的金融产品来支撑他们买房。此外，我们还将讨论服务者如何进行政策和项目倡导，以改善服务对象租房和拥有自己房产的机会。

我们从西尔维娅·伊达尔戈·阿塞韦多和赫克托·康特拉斯·埃斯皮诺萨开始。他们仍在租房，但希望能很快实现自己买房的梦想。之前，我们从当地熟人那里了解到他们曾试图买房的糟糕经历。几年后的今天，通过和住房顾问加布里埃拉·冯塞卡一起努力，他们走上了一条更好的道路。加布里埃拉帮助他们从失败的房屋交易中拿回了大部分的钱，现在正在帮助他们存钱和做买房准备。

聚焦案例：西尔维娅和赫克托是租房者，但梦想拥有自己的房子

西尔维娅和赫克托很幸运，住在一间虽然小但是很体面且负担得起的出租屋里。赫克托全年都在建筑工地工作，西尔维娅在当地一家生意很好的餐馆做全职工作，所以他们有固定收入，可以按时支付账单并存钱。然而，这个社区的治安不好，他们一直渴望在一个安全的社区买房子。

他们梦想拥有一所房子。有了自己的房子，他们的生活会更稳定。赫克托将有空间扩大他的房屋建筑业务，这会增加家庭收入。而且，这样他们就有可以传给其孩子的资产了。这对他们来说尤其重要。

与加布里埃拉见面时，他们一起回顾了目前在住房方面的支出。他们每月支付1800美元的房租。他们每月的收入在4000美元到5000美元之间，这不包括其他亲属的赠与或赫克托的自雇收入。大多数月份，1800美元的房租高于政府规定的“中度成本负担”，即收入的30%（见表13.1）。

表13.1　2013年房租占收入的比例（单位：%）

收入	中度负担（房租占收入的30%—50%）	沉重负担（房租占收入的50%以上）	合计
小于15000美元	11	72	83
15000美元—29999美元	41	35	76
30000美元—44999美元	36	9	45
45000美元—74999美元	17	2	19
75000美元以上	5	0	5
合计	23	26	49

资料来源：改编自哈佛大学住房研究联合中心（Joint Center for Housing Studies of Harvard University，2015a，表A-1）。

之前和加布里埃拉一起工作的时候，西尔维娅和赫克托创建了收入和支出损益表（见第 5 章）。赫克托利用这些信息计算出他们能凑多少钱买房。西尔维娅说，他们大概有 4225 美元的存款，3250 美元左右的现金，退休金账户中大约有 5300 美元，另外还有一笔 2250 美元的外借款。此外，他们还从上次的卖家那里拿回了 1000 美元，存放在当地一家信用合作社的 CD 账户里（见第 10 章）。他们不太想把所有钱都用来买房，但是，如果真的需要这样做，他们可以筹集到大约 15000 美元。

现在加布里埃拉帮助西尔维娅和赫克托了解了他们的处境，他们更有动力买自己的房子了。他们认为是时候支付抵押贷款和积累自己的财富了——而不是把钱交给房东。他们一直在关注当地的房价，知道只有在房屋需要大量维修的情况下，他们才有资格申请和获得住房贷款。不过没关系，赫克托有翻新房子的技能，也有能找到便宜材料的人脉关系。他们相信能够找到一些自己负担得起的材料。

拥有令人满意且可负担的租房面临的挑战

截至 2015 年，超过三分之一（36%）的美国家庭租房居住（Joint Center for Housing Studies of Harvard University，2016）。租房者的年收入中位数为 3.5 万美元，约为有房一族收入中位数（67900 美元）的一半（Joint Center for Housing Studies of Harvard University，2015a）。

租房者面临的两个主要问题是成本和质量。首先，在成本方面，许多家庭的房租支出超出了他们的可负担范围，这降低了他们支付其他账单和储蓄的能力。政府的指导方针是，房租支出占家庭税前总收入的比例不应超过 30%。如果超过 30% 则被认为是中度负担，超过 50% 被认为是沉重负担。总体而言，约有一半的租房者承受着经济负担，绝大多数低收入家庭（收入低于 15000 美元）——约 72%——承受着较沉重的负担（Joint Center for Housing Studies of Harvard University，2016）。

租房的第二个问题是质量。月租在 600 美元以下的出租屋中，八分之一存在物理设施不足的问题，如“缺少设施完整的浴室、自来水、电力，或有其他严重失修的问题”（Joint Center for Housing Studies of Harvard University，2016，p. 5）。与高价出租屋相比，租客负担得起的出租屋往往是条件很差的老房子

（Breitenbach，2016）。

此外，政府和私营部门会为福利性住房提供支持和资源，特别是针对老年人、残疾人和有孩子的贫困家庭。但是，由于资金不足，总体效果有限。联邦住房计划只覆盖四分之一符合条件的家庭（CBPP，2013）。

因此，许多金融脆弱家庭直面租房市场，与收入相比，租房成本高而房屋质量低，这就让寻找合适的出租屋变得很有挑战。服务者可以通过一些方式为他们提供帮助，如帮助这些家庭找到负担得起的住房，参与为金融脆弱家庭提供更多福利性住房的倡议。

帮助服务对象寻找出租屋

人们通常会因为租房问题向服务者寻求帮助。在资源有限的情况下，低收入家庭会权衡考虑每所房子的位置、成本和收益。在开始找房之前，服务者可以帮助服务对象确定目标，考虑因素包括成本、空间、家具、设施、位置、安全性和其他因素。学区的质量和残障通道通常也是重要的因素。

在找房之前，服务者还可以帮助服务对象了解房东和租赁公司如何筛选潜在租客。例如，许多房东会要求开信用支票并拒绝有信用问题的申请人。房东还可能联系租客的前房东，来获得参考意见或做犯罪背景调查。房东通常会要求房客预付款项，其中可能包括第一个月的租金、保证金或钥匙押金，有时还包括最后一个月的租金，很多人很难一次性拿出这些钱（Herman and Schwab，1995）。

了解这些潜在的障碍因素后，服务者可以与服务对象及其家庭一起努力提高他们找到合适出租屋的能力。服务者可以帮助服务对象获得有关现有的经济适用房的信息，了解房东的要求，并浏览租赁申请流程。此外，服务者还可以帮助一些家庭提高他们的信用（见第 11 章），提供个人参考建议，并帮助服务对象储蓄来积累房租和押金。最后，他们还可以提供有关政府住房援助的相关信息。

考虑政府补贴的租房选择

大多数政府补贴的租房项目都需要资产调查，这意味着申请人需要提供低收入证明。与政府其他需要资产调查的项目相比，租房项目的援助力度很大。

租房援助是基于家庭规模和收入水平确定的，主要是考虑家庭收入与地区收入中位数（area median income，AMI）的相对情况。要想获得申请资格，家庭收入必须等于或低于当地 AMI 的 80%。然而，大多数政府补贴的租房项目侧重于收入低于 AMI 50% 甚至 30% 的家庭，因此其援助对象主要是低收入家庭。每年，美国住房和城市发展部（US Department of Housing and Urban Development，HUD）都会发布各个地区最新的 AMI 指导文件，来反映这些地区的生活成本。联邦政府、州政府和地方政府都会提供这些住房项目。

政府补贴住房的方式有两种：一种是对建造或重建房屋的费用进行补贴，另一种是直接补贴租房者。政府提供公共住房、住房选择抵用券第 8 节项目（the Housing Choice Voucher Section 8 Program，通常被称为第 8 节项目抵用券，又称 Section 8 项目，因为在这一项目的法律规定中它位于第 8 节）以及低收入住房税收抵免项目（the Low Income Housing Tax Credit Program，LIHTC）。通过向住户提供租金援助来进行补贴。

公共住房

*公共住房*是指地方公共住房管理局（local public housing authorities，PHA）获得联邦政府支持后运营管理的低成本租房项目。一般而言，租金最高不得超过承租人家庭总收入的 30%（见第 7 章）（包括所有 18 岁及以上成员的收入）。租金金额还会考虑家庭规模和家庭成员的残障状况。申请人在向当地 PHA 申请公共住房后，会被列入轮候名单等待空闲的公共住房。有些时候，申请人可能需要等待数年才会有结果（Leopold，2012）。入住公共住房的承租人必须遵守相关规定，并更新收入证明来保留他们的租房资格（US Department of Housing and Urban Development，n.d. -a）。

公共住房的类型很多，包括高层公寓、小型公寓、联排住宅，甚至还有一些独栋住宅。公共住房的质量各不相同，位置也有差异。一些符合条件的低收入家庭可能会由于房屋质量太差或其他因素而决定不住公共住房。

住房选择抵用券第 8 节项目

*住房选择抵用券*是一种公共补贴，租户可用它来租赁私人房屋。受当地 PHA 的监管，住房选择抵用券可用于私人租房的租金补贴。与公共住房一样，拥有第 8 节项目抵用券的承租人可能会与其他没有获得住房援助的租户住在一起。

持有第 8 节项目抵用券的家庭，最高需要缴纳的租金是收入的 30%，因此承租人支付的房租金额取决于他们的收入。房东直接从 PHA 获得剩余的租金。例如，如果一套公寓的月租金是 500 美元，家庭支付 30%（150 美元），PHA 将支付剩下的 70%（350 美元）。房东只能根据市场价收取合理的租金，这些特定社区租金的最高数额由 HUD 规定。

申请人通过当地 PHA 申请第 8 节项目抵用券。和公共住房一样，抵用券的轮候名单通常也很长。当被通知申请通过时，申请家庭需要在特定时间内（通常为 120 天）找到合适的出租屋，从房东那里拿到协议，并联系 PHA 进行检查以确定租金是否符合规定。第 8 节项目抵用券还可以转给新的出租屋，只要新房子满足项目要求。承租家庭需要和房东签订租约，房东还要和 PHA 签订一份关于由其支付租金的协议（U.S. Department of Housing and Urban Development，n.d. -b）。

基于项目的第 8 节计划

基于项目的第 8 节计划（the Project-based Section 8）规定，PHA 每月直接向私人房东支付建造或翻修楼房或楼内设施的费用。该计划主要补贴将每月收入的 25% 至 30% 用于支付房租的家庭。该计划是基于出租屋的补贴，而不是基于家庭（如住房选择抵用券第 8 节项目）。如果承租家庭搬家，补贴不会跟着走。在有些公寓楼中，有专门为老人、残疾人或其他特殊人群保留的住房（Housing Link，2015）。希望参与该计划的人可以直接向房东申请。

针对特殊人群的住房

联邦政府还有一些专门为弱势群体提供的低成本住房项目，运作方式类似于基于项目的第 8 节计划。

- 第 202 节（Section 202）为 62 岁及以上的低收入人群提供住房；
- 第 818 节（Section 818）为有残疾人的低收入家庭提供住房（户主或配偶为残疾人）；
- 第 515 节（Section 515）为农村低收入人群提供住房。

还有一些由联邦住房管理局（Federal Housing Administration，FHA，本章稍后讨论）资助的、针对特殊人群的、基于项目的方案。其中一些项目和计划是几十年前创建的，但是住房目前仍在使用。随着这些项目的到期和资助的结束，社区需要开始寻找新的保障性房源。

低收入住房税收抵免项目

LIHTC 通过向开发商提供税收抵免，为保障性住房的建造或翻新提供支持。建筑公司、保险公司、银行和其他营利性企业（“投资者”）与开发商结成合作伙伴关系，为建造房屋提供资金。作为投资的交换，投资者可获得为期 10 年的税收抵免。这减少了他们的纳税义务。同时，作为交换，获得 LIHTC 补贴的公寓的租金必须在至少 15 年内维持在租户可承受的水平。15 年后，租金可提高到该地区的市场价。LIHTC 的住房通常和以市场价格水平为租金的住房混在一起。与所有其他保障性住房项目一样，该项目也对家庭收入和月租金有限制。承租 LIHTC 补贴住房的租户可以同时使用第 8 节住房抵用券，将租金降低到收入的 30%。像大多数补贴住房一样，承租人每年都必须证明自己有入住资格，而且经常有轮候的情况。

接下来，我们回到西尔维娅和赫克托身上。现在回想起来，他们才意识到，在刚结婚的时候他们可能有资格获得租房补贴，但现在他们的收入太高，已经无法获得申请资格。此外，他们也更想要拥有自己的房子。所以他们再一次开始朝着买房努力，同时避免之前遇到过的困难。

聚焦案例：西尔维娅和赫克托回顾他们的财务状况，为申请房贷做准备

长期以来，除了为买房存钱外，西尔维娅和赫克托也小心翼翼地避免欠债。他们不喜欢欠钱。然而，这意味着他们拥有资浅的信用报告，需要建立信用（见第 11 章）。这对夫妇只有一张接近上限的信用卡。加布里埃拉认为这没关系，但也告诉他们，他们需要向贷款人证明他们可以管理房贷。

加布里埃拉解释说，她帮助过的很多家庭都使用 FHA 的贷款来购买第一套房子。这是由政府担保的贷款，也就是说，如果借款人不还款，FHA 将对贷款人进行赔偿。借款人必须向 FHA 支付保险费，这将被计入每月的还款中。但是，FHA 贷款通常有最低首付和最低抵押贷款结算成本的要求（约为房价的 3.5%）。

擅长数学的西尔维娅很快算出，如果能够申请到 FHA 贷款，他们存下的 1.5 万美元可以让他们支付一套价值近 50 万美元的房子的首付。但是，加布里埃拉很快纠正了她，因为他们还必须有能力偿还每月的贷款，50 万美元的抵押贷款需要他们每月偿还 4000 美元，这几乎是他们每个月的总收入！此外，加布里埃拉还告诉他们，银行只考虑那些记录在案的资产。

加布里埃拉告诉他们，他们现在能做的是获得抵押贷款的预批准。这个过程可以告诉他们是否有资格申请抵押贷款以及可以借到多少钱。加布里埃拉提到，西尔维娅的移民身份（拥有绿卡的永久居民）不会影响他们的贷款申请。

加布里埃拉建议他们向信用合作社提出申请，因为他们已经是该合作社的长期客户。出于贷款担保的目的，加布里埃拉澄清说，除非赫克托提供证明并在纳税时申报，否则贷款人不会把他的私下收入作为其家庭收入的一部分。

在下一次面谈前，西尔维娅和赫克托整理了他们的工资单。赫克托最近的工资单见表 13.2。根据工作时间的不同，他每个月的工资都有所不同，有些月份他还在建筑工地做兼职。但是贷款人将使用这个工资单来预测他的收入，并决定赫克托和西尔维娅能够借多少钱。

表 13.2 赫克托的工资单（美元）

总收入	3993.00
联邦扣缴税	491.14
FICA	247.57
医疗	57.89
加州扣缴税	56.63
SDI	39.93
401k（2%）	79.86
实得收入	3019.98

西尔维娅最近的工资单见表 13.3。加布里埃拉帮他们算出，他们的总收入可以支撑为期 30 年、高达 32.5 万美元的抵押贷款，在缴纳税款或保险之前，他们每月可以偿还约 1800 美元。赫克托听到这个消息后很兴奋，但加布里埃拉提醒他们，如果有资格申请利率最低的贷款，他们才可以借到这些钱。她表示，接下来，他们需要查看自己的信用报告。

表 13.3 西尔维娅的工资单（美元）

总收入	2848.00
联邦扣缴税	349.94
FICA	176.39
医疗	41.25
加州扣缴税	40.35
SDI	39.93
401k（2%）	28.45
实得收入	2208.62

加布里埃拉帮助他们获取信用报告，包括信用得分，并帮助完成住房抵押贷款预批准申请。事实证明，西尔维娅的账户记录太少了，以至于她没有信用得分。不过，赫克托有信用记录（见图 13.1）。

信用历史: 14 年 7 个月

账户总览:

	余额	可用额度	限额	比率	还款	状态
汽车贷款	0	0	12000 美元		300 美元	关闭
分期贷款	0	0	4500 美元		49 美元	关闭
循环贷款	4850 美元	1450 美元	6300 美元	77%	95 美元	正常

活跃的交易线:

循环贷款账户

目前状态：按约还款

过去 12 次支付：

延期 30 天还款：2 次

延期 60 天还款：0 次

延期 90 天还款：0 次

债务催收:

目前：没有

过去 3 年：1 次

过去 5 年：2 次

公共记录：没有

就业：Kroll Bros Construction LLC

警报：没有

用户声明：没有

信用得分：679

图 13.1　赫克托的信用报告

加布里埃拉审阅了赫克托的信用报告。赫克托很惊讶加布里埃拉想讨论一些自己已经不再使用的账户。例如，赫克托去年还清的汽车贷款，但仍显示在报告中；5 年前的一笔分期贷款也是如此。加布里埃拉询问赫克托关于报告中的每一个项目，以确保它们的信息都是准确的，并了解报告中出现的这些项目的所有情况。然后她看了赫克托的信用得分，679 分。她解释说，679 分是一个平均值，正好处于可能导致较高贷款利率的水平。

拥有房产的好处与风险

像西尔维娅和赫克托这样的服务对象在关注买房的好处时，也必须了解其中的风险。通过对利益和风险的综合考虑，服务对象才可以确保购房决策符合其目标和财务能力。

购房的经济收益

即使在房地产危机和经济大萧条期间房价下降了之后，大多数美国人仍然渴望拥有自己的房子（Pew Research Center，2011）。实际上，买房具有显而易见的好处（见专栏 13.1）。首先，房主在支付抵押贷款的同时积累房屋净值和财富。房屋净值（home equity）是指房屋的价值减去贷款的本金余额。2013 年，房屋净值占低收入家庭净财富的 80% 以上，占少数族裔家庭净财富的 50% 以上（Joint Center for Housing Studies of Harvard University，2016）。

专栏 13.1　聚焦研究：可负担的房产

北卡罗来纳大学教堂山分校的社区资本中心（the Center for Community Capital）致力于金融资本收益的研究和政策分析。它的重点是负担得起的房屋所有权、金融服务和教育。例如，作为研究议程的一部分，一项研究侧重于讨论房屋所有权对通过自助联邦信用合作社社区优势项目（the Self-Help Federal Credit Union Community Advantage Program）获得住房抵押贷款的人群的金融和非金融影响，该项目在全国范围内资助了超过 40 亿美元的抵押贷款（UNC Center for Community Capital，2014）。主要发现如下：

- 信用记录很少或没有信用记录、债台高筑或只能支付少量首付的参与人员，通过拥有房产积累了大量财富；
- 房主一般不会因为拥有房屋而过度借贷或牺牲其他类型的投资和储蓄；
- 拥有一套房子通常比租类似的房子更划算；
- 拥有房产鼓励人们参与社区活动，包括选举投票；
- 拥有房产与积极的社会行为有关，包括较低的犯罪率；
- 在经济困难时期，拥有房产能让人感到自豪，并在心理上起到缓冲作用。

当家庭每月偿还抵押贷款时，贷款余额会减少，房屋净值则增加。房屋净值就像定期存款一样不断累计到银行账户中。房主卖掉房子后，就可以用获得的资产净值做别的事情，包括买另一套房子。净值增加家庭财富的另一种方式是，房主可以把房屋作为抵押品来借款，用于消费甚至是创业（NeighborWorks America，2010；US Department of Housing and Urban Development，2006）。

如果房子和资产的价值随着时间的推移而增长，那净值也会增长。例如，一个人花 75000 美元买了一套房子，房屋价值增加到 100000 美元，房主就会获得 25000 美元的资产净值。这种情况通常发生在经济繁荣时期。当然，房价也可能下降，导致净值减少。

买房的另一个好处与税收有关。抵押贷款利息税收减免（the mortgagc interest tax deduction）可以减少应纳税额［基于前一年所支付的房屋贷款利息（home loan interest，即为房贷支付的利息金额）和房产税（property taxes，即为房产支付的税额）］。但是，这只对需要缴税且逐项列出税款的房主有利，因为这种扣除减少了家庭需要缴税的收入基数。由于缴税负担较低或没有缴税负担，低收入家庭很少从这种税收减免中受益（见第 7 章）。

虽然拥有房产有很多好处，但其带来的经济和非经济的收益并没有在美国人口中平均分配（见专栏 13.2）。

专栏 13.2 房屋所有权的种族差异

近四分之三的白人家庭拥有自己的房子（73%），而只有不到一半的拉丁裔（45%）和非裔（44%）拥有自己的房子。造成这种差异的原因非常复杂。除收入以外，白人家庭比非裔家庭更有可能获得财务转赠或遗产，并将其用于支付购房首付（Shapiro，Meschede and Osoro，2013；Urban Institute，2015）。这样，他们可以更早买房，也更容易负担买房费用，因为首付越多，利率和月供就越低。与白人家庭相比，非裔家庭买房的时间往往较晚（Shapiro，Meschede and Osoro，2013），因此他们积累的财富较少且难以传给子女，这就不利于他们买房。

另一个关键原因是在贷款和保险方面针对有色族裔长期存在的歧视。住房金融方面的歧视可能导致房屋所有权的差异延续数代，这限制了他们在拥有房产和积累财富方面的机会（Gordon，2005；见第 3 章）。

购房的金融风险

拥有房产也有一定的金融风险，这是每个潜在的购房者都要考虑的重要问题。住房市场出现波动，房屋价值也在变化。例如，房价在迅速上涨一段时间后，又因为经济大萧条的影响而在美国许多地区急剧下跌。房价中位数下降了 24%，许多家庭的房屋净值大幅减少（Wolff，2014）。尽管很难为类似的事情做好万全准备，但潜在的购房者还是应该考虑可能影响房屋价值的经济波动。

购房者应该充分考虑各种风险，并做好以下准备：

● 购房者可以评估抵押贷款（包括利率、积分、费用和其他细节）是否划算。

● 购房者可以考察特定社区的房价。因为位置不同，房屋可能以不同的速率升值或贬值。与多数社区相比，少数族裔社区的房屋升值速度更慢（甚至可能贬值）（Oliver and Shapiro，2006）。这是由许多因素造成的，包括居住隔离和住房政策、遗产歧视以及房地产和抵押市场波动，这些因素最终以不平等的方式影响着人们的房屋价值（Shapiro，2004）。

● 为了让房产成为一项好投资的机会最大化，购房者应该计划在买的房子里至少住 4 年到 5 年。因此，在买房之前，购房者应该考虑工作、子女教育或其他因素是否会导致他们搬家（NeighborWorks America，2009，2010）。

● 购房者应该注意其他成本：维护和维修。一般的维护、刷漆、勾缝、庭院维护，以及更换或修理屋顶、地基、加热和冷却系统，可能会花很多钱，尤其是老房子。这些费用对于金融脆弱家庭来说可能很难承担（NeighborWorks America，2009，2010）。房主可以自己做些维护和维修工作来降低花销，但对许多人来说，他们还需要学习额外的技能。

● 个人和家庭的财务稳定性是家庭是否有能力偿还贷款的重要因素。如果借款人无法偿还贷款，出现贷款合同违约，他们就可能面临房屋止赎的风险，甚至银行可能会把房屋拿来拍卖以还清贷款，这会导致房主失去所有投资到房产上的钱。

有关购房的建议和帮助

服务者可以帮助购房者了解购房过程，并最大程度地降低购房风险。他们可以帮助潜在的购房者选择房屋位置，并在购房者遇到不公平或非法的房产抵押和欺诈行为时提出投诉（National Fair Housing Alliance，2016）。他们还可以评估潜在购房者是否愿意购买和维护房屋，并寻找资源帮助购房者进行房屋维护、维修和翻新。

服务者在由 HUD 资助和认证的组织构成的平台网络中工作，免费为服务对象提供买房前和买房后的咨询。他们可以帮助人们寻找房子、根据其金融状况建议合适的贷款产品、协助管理贷款申请程序、在购房者无力偿还贷款时就如何避免丧失抵押权问题提供指导等。有些服务者还会提供其他的金融建议，包括预算和信用的建设与管理（Collins and O'Rourke，2011）。NeighborWorks America 是其中最大的一个组织（见专栏 13.3）。其他提供购房咨询的资源还包括合作推广组织和当地社区组织以及金融机构（Collins and O'Rourke，2011；Prevost，2013）。

专栏 13.3　聚焦组织：NeighborWorks America

NeighborWorks America 为使人们获得安全且可负担的租房和房产提供工具和建议，其目标是建立有韧性的社区。它支持由经过培训和认证的顾问组成的非营利组织网络，这些顾问每年向全国各地的社区提供住房援助。

服务者可以把服务对象介绍给 NeighborWorks 机构。机构为购房者提供买房教育和个性化的购房咨询、帮助他们修理房屋，并提供反向抵押贷款建议（见第 18 章）。NeighborWorks 还会帮助那些在偿还抵押贷款上有困难的客户，帮助他们出租房屋，使这些客户不要变得无家可归。此外，服务者还可以注册参加由 NeighborWorks 提供的关于住房和社区发展的培训。

接受过房屋咨询的潜在购房者比没有接受过咨询的潜在购房者更可能拥有成功的购房经历（Brown，2016；Smith，Hochberg and Greene，2014）。例如，研究发现，在 NeighborWorks 接受过咨询的购房者，在还贷的前两年，其违约的可能性比其他人更低（NeighborWorks America，2016）。

买房

家庭一旦决定买房，就必须经历一系列步骤：准备买房，获得抵押贷款预批准，选择社区，选择抵押贷款机构并获得批准，管理财务，找到符合目标的房子，并完成最后的步骤。

聚焦案例：西尔维娅和赫克托花时间考虑各种选择

当西尔维娅和赫克托申请住房抵押贷款预批准的时候，加布里埃拉邀请他们参加她所在的机构举办的购房讨论会。讨论会的主讲人谈论了一系列举措的重要性，包括制定预算、定期检查家庭财务、建立信用、坚持储蓄、仔细挑选房子，此外还应确保抵押贷款是负担得起的和低风险的。

会上讨论的很多内容，西尔维娅和赫克托之前就有所了解，但他们也学到了一些新知识。例如，他们了解到，购房者每年要花费房屋价值的1%至3%的金额用于维修和保护，这比他们之前预期的要多。但是，西尔维娅和赫克托认为，他们可以减少这方面的开支，因为赫克托自己就可以完成大部分工作，而且他可以买到比较便宜的材料。

他们还了解到，选择一个房价不会下跌、配套学校质量好的社区的重要性。因为参会的很多人，比如西尔维娅和赫克托，都有孩子，所以主讲人介绍了如何找到合适的社区。她告诉大家如何查看每个社区公立学校的评分。他们了解到，拥有较好学校的社区的房价中位数超过50万美元，远远超出西尔维娅和赫克托能承受的水平。主讲人还谈到了公寓式住房，但也提醒大家，公寓每个月的物业费可能很高。

主讲人还讨论了购买带有出租屋的房子的利弊。因为这种方式可以帮助偿还抵押贷款，西尔维娅和赫克托一直在考虑是不是要选择这种交易方式。银行会将租金计入他们的收入，这样他们就可以获得更多的贷款。这会显著影响他们的购房决策。但是，他们必须做好和租客打交道的准备，西尔维娅和赫克托觉得这可以接受。很明显，西尔维娅和赫克托需要认真研究与房屋地理位置以及出租屋相关的问题。

准备买房

买房的准备工作包括了解购房过程和购房要求，最重要的是获得抵押贷款资格。抵押贷款的条款对房屋总成本有很大的影响，因此了解这些信息非常重要。注册住房顾问，例如在NeighborWorks工作的顾问，可以为购房者提供相关信息，帮助他们确定房屋所有权资格和可能的抵押贷款条款。贷方会考虑的因素包括购房者的收入、信用、首付和债务。

收入和就业稳定性

首先，贷方会考虑申请人的收入水平和就业稳定性。申请人需要提供至少两年的稳定就业证明。贷方要确保借款人每月的收入能够支付住房抵押贷款、税款以及抵押贷款保险。通常情况下，他们只考虑在个人所得税和工资单中申报的有偿工作。

信用历史

其次，贷方会评估申请人的信用记录，来决定是否愿意贷款以及收取多少利息。对于信用较差的借款人，贷方可能拒绝他们的申请，或者收取比较高的利息。因此，信用不良的人可能会考虑推迟买房，直到他们提高个人信用并有资格获得条款更好的贷款。

首付

在审查申请人的收入和信用历史后，贷方还会考虑借款人能够拿出的首付（即潜在买家的预付款）。首付是买家投入到房子中的初始权益。首付低于房价的 20% 通常会导致更高的利率和月供，因此很多借款人会尽可能尝试支付 20% 的首付款。一些抵押贷款机构会明确要求至少 20% 的首付款。首付款和抵押贷款金额的组合决定了购房者能够承担的最大房屋价值。

债务水平

最后，贷方会考虑申请人的债务水平，来确保申请人有能力偿还抵押贷款（见第 14 章）。贷方主要从两方面来审查债务：

- 贷方通常要求借款人的债务总额不超过家庭总收入的 42%，包括信用卡、学生贷款、其他债务以及抵押贷款债务。这就是所谓的*负债比率*（debt ratio）（或*后端比率*，back-end ratio）。
- 贷方通常还会将抵押贷款的月还款额限制在收入的 30% 以下。这就是所谓的*住房比率*（the housing ratio）（或*前端比率*，front-end ratio）。抵押贷款的月还款额是房主每月支付的本金、利息、税和保险的总和。抵押贷款月还款额除以申请人的月收入得到住房比率。例如，每月总收入为 4200 美元，抵押贷款月还款额是 1200 美元，则住房比率为 28.5%。信用良好、首付比例较高的借款人可以申请住房比率高达 36% 的抵押贷款，但大多数借款人有资格申请的是住房比率约为 30% 的贷款。

住房贷款资格预审

在购房者开始看房子或与房产中介商谈之前，他们必须先联系贷款机构获得贷款资格预审信，该信用来评估他们能买得起多少钱的房子。这不是贷款审批，也不涉及详细的文件和审核（如信用检查），但它可以反映申请人能够申请的贷款的大致数额以及月还款额。这一过程有助于买家在看房子之前就对自己的负担能力有一个客观的认识，也防止买家被试图说服他们超支消费的房产中介或卖家误导。资格预审还会让人们意识到，在开始找房子之前，他们是否需要增加收入、积累储蓄或减少债务。

选择社区

一旦确定买房是可行的，下一步购房者需要决定去哪里看房子。影响人们居住位置选择的因素包括：

- 离朋友和其他家人/亲戚比较近；
- 和公共交通的距离，或者容易停车或开车；
- 当地学校和儿童照料服务的质量；
- 和工作地点的距离以及通勤时间；
- 犯罪情况；
- 环境质量，远离噪音、有毒场所和灾害易发区；
- 和信仰组织与社区服务组织的距离；
- 步行距离内的设施，如食物杂货店、餐馆、娱乐、公园和其他服务设施；
- 房产税率；
- 房主保险费用。

对于家庭而言，哪些因素是最重要的，并没有唯一正确的答案。每个人的选择会因为个人或家庭的目标不同而有差异。无论如何，对居住位置的选择总是意味着购房者要有所取舍。

选择抵押贷款机构并获得预批准

准备买房的人要选择贷款机构和抵押贷款类型，并获得预批准。通过事先确定的融资，借款人才能确保他们负担得起准备购买的房屋。有时候购房交易的动作要快，因为卖家通常面向多个买家。提前做好财务准备有助于购房者在找到想要购买的房子时迅速行动并提供可信的报价。

与贷款资格预审不同，预批准是贷款机构对抵押贷款条款以及客户可承担的贷款金额的正式声明。预批准要求申请人提交抵押贷款申请和进行信用检查，此外还需要申请人支付一笔费用。贷款机构将说明借款人被批准的贷款数额以及贷款利率。

对不同的抵押贷款机构进行比较可以帮助借款人找到他们负担得起的最优质贷款（NeighborWorks America，2009）。借款人可能会得到多家潜在抵押贷款机构的预批准，也可以比较各家机构的利率、交易关闭成本和费用。通常情况下，建议借款人至少比较三家机构（NeighborWorks America，2009）。

住房抵押贷款机构有不同类型，包括信用合作社、银行、按揭银行家（mortgage banker）、按揭经纪人（mortgage broker）和社区发展金融机构（CDFI）。第 4 章讨论了信用合作社和银行，另外三类机构只提供住房贷款，不提供储蓄和支票账户。按揭银行家代表其他金融机构或投资人处理抵押贷款。按揭经纪人则是站在借款人的立场上撮合申请人和金融机构。CDFI 是基于社区的贷款机构，为传统借贷服务覆盖不足的低收入家庭提供抵押贷款（Mayer，Temkin and Chang，2008）。有一部分 CDFI 是独立的组织，其他的则是政府认证的信用合作社和银行（见第 22 章）。

对服务对象而言，和信誉良好的贷款机构合作是非常重要的。对低收入家庭和少数族裔家庭的住房歧视由来已久（见专栏 13.4）。过去，由于州政府或联邦政府对抵押贷款机构、银行家和经纪人的监管比较少，一些贷款机构出售高成本贷款或使用欺骗性贷款手段。

专栏 13.4 抵押贷款歧视

非裔和拉美裔家庭在获得住房和抵押贷款方面面临系统性歧视（见第 3 章；Bocian，2012）。尽管 2000 年后，许多少数族裔家庭可以买房和进行房产再融资，但是他们获得的多是具有**可调利率**（adjustable rate mortgage，即贷款的利率会发生变化）的高成本贷款、较低的首付、难以降低的再融资利率和其他风险条款（Ding，Quercia，Li and Ratcliffe，2011）。具有比较高的止赎权风险的贷款会被积极推销给有色族裔（Bocian，Li，Reid and Quercia，2011）。其中很多人本可以申请风险较低、成本较低的贷款（Bocian，Ernst and Li，2008；Shapiro et al.，2013）。不幸的是，这些有风险的贷款导致少数族裔家庭面临抵押贷款违约和止赎权的问题，并持续多年影响这些家庭的信用记录（见第 14 章）。

联邦政府的监督和监管范围在不断扩大（CFPB，2011）。各州也对银行、信用合作社、按揭银行家和按揭经纪人进行更严格的监管。尽管如此，购房者仍应该仔细评估住房抵押贷款，包括向专业人士咨询住房贷款的质量。

聚焦案例：西尔维娅和赫克托朝着拥有自己的房子迈出下一步

在加布里埃拉的推荐下，西尔维娅和赫克托参加了一个特殊项目，这个项目通过加州住房金融机构为在加州首次置业的低收入家庭提供帮助。它帮助人们存首付、获得低息住房贷款资格，还指导人们提高自己的信用得分。西尔维娅申请并获得了一张新的信用卡，用于建立良好的还款记录。同时，在加布里埃拉的帮助下，他们在减少信用卡债务方面取得了进展。

上过第一节课后，西尔维娅和赫克托还完成了一个在线购房咨询项目，这个项目帮助他们了解面向需要大量维修的房屋的优质贷款条款。他们想借比房产估价更多的钱来支付维修费用。到目前为止，很少有贷款机构愿意考虑这类购买—维修贷款（purchase-rehab loan）。幸运的是，加布里埃拉参加了当地一个帮助中低收入家庭进行资产建设的组织联盟，该联盟提倡人们负担得起的住房抵押贷款，并监督当地抵押贷款机构遵守《社区再投资法》(the Community Reinvestment Act，CRA)(见专栏 13.5）的情况。通过该联盟，加布里埃拉了解到，某个信用合作社的贷款项目可能适合西尔维娅和赫克托的情况。

西尔维娅和赫克托见了信用合作社的信贷员。他们带来了相关的文件，包括纳税申报单、有照片的身份证件、W2 表格、银行对账单和工资单。他们使用在线表格完成了贷款申请。见面过程中，信贷员明确表示不在工资单上的收入不能被核算在内，只有记录在案的收入才算（CFPB，2013）。对于其他申请人来说，这可能是个很不好的消息，但是西尔维娅和赫克托已经从加布里埃拉那里知道了这一点。他们向多家金融机构进行了贷款申请，想比较看看哪家机构能为他们提供最好的选择。

专栏 13.5　聚焦政策：社区再投资法

1977 年出台的《**社区再投资法案**》鼓励银行向其服务范围内的所有借款人提供贷款，包括低收入群体和少数族裔社区人群。这也是银行向少数族裔家庭和社区提供抵押贷款的主要动机（Reid et al.，2013）。当银行申请收购其他银行、与其他银行合并或开设新的分支机构时，监管机构会审查该银行的商业银行信用评级（CRA）记录，包括汇总评级。如果评级没有达到要求，则该银行的扩张申请可能不会获得批准。

该评级的核算主要基于贷款模式、投资和服务，其中贷款所占权重最大（Federal Reserve Bank of Atlanta，n.d.）。很少有银行被评为不达标，而且银行通常聘请专门的经理人负责维持良好的 CRA 评级。住房倡导者们会密切关注 CRA 评级，并利用评级来鼓励银行向少数族裔和低收入群体提供住房贷款和其他贷款。例如，当评级较低的银行申请扩大规模时，住房倡导者可以和诸如全国社区再投资联盟（National Community Reinvestment Coalition）等基层联盟合作，也可以自己独立给监管机构写信，建议他们拒绝这些银行的申请，除非银行采取措施改善其评级。借助商业银行 CRA 进行倡导，有助于提高住房贷款的广泛可得性（Bostic and Surette，2000）。

财务安排

为了进行最划算的房屋交易，借款人会寻求尽可能低的利率和费用。低利率可以降低月供和总成本，因此非常重要。住房抵押贷款分为固定利率或可调利率两类。固定利率抵押贷款是指在整个贷款周期内具有相同的利率，而可调利率抵押贷款的利率会随着经济的整体变化而变化。银行利率的上升或下降，不会影响固定利率贷款，但会影响可调利率贷款。如果是可调利率贷款，当市场平均利率上升时，抵押贷款的利率也随之上升，这意味着每月的还款额增加，贷款成本也随之增加；当市场平均利率下降时，抵押贷款的利率也可能下降（但不一定如此）。相对于固定利率抵押贷款，可调利率抵押贷款存在成本上升的风险。

贷款期限（抵押贷款的存续期）也很重要。大多数可负担的抵押贷款是 30 年期限。期限较短的贷款通常利率较低，但每月还款额较高。当然，如果借款人想每月多还一些贷款，可以选择在 30 年之内还清。

在发放贷款时，贷方会考虑贷款额与房屋价值的比率，即按揭比率（loan-to-value ratio），它应该低于一定的阈值。例如，如果一套房子价值 10 万美元，贷方可能只愿意借出 8 万美元，因此贷款是房屋总价值的 80%（按揭比率为 80%）。其余部分需要通过首付补齐。通常按揭比率低于 80% 的贷款利率最低，很少有贷款机构愿意发放按揭比率超过 97%（只需要 3% 的首付）的贷款。FHA 担保贷款（FHA-insured loans）是最常见的低首付贷款，它们由私人贷款机构提供，但由政府提供担保。如果丧失止赎权，借款人仍然会有财务损失，但贷方的大部分损失会得到补偿。这降低了贷方的风险，提高了其提供低首付贷款的能力。

私人抵押保险（private mortgage insurance，PMI）提供了 FHA（担保）贷款之外的另一种选择。PMI 并没有得到政府的支持，当首付款低于 20% 时，贷方会要求借款人必须参保 PMI。尽管 PMI 的保费高于 FHA，但当按揭比例低于某一阈值时，可以被取消。

许多联邦机构向金融弱势群体提供低首付的特殊补贴抵押贷款。退伍军人事务部为退伍军人和现役军人提供具有优惠条款和利率的特殊抵押贷款或保险贷款。美国农业部为某些特定农村地区的低收入群体提供抵押贷款。《印第安住房贷款担保》（the Indian Home Loan Guarantee）为联邦认证的部落登记成员的主要住房提供抵押贷款（HUD.gov，n.d.）。

信用不良和首付储蓄较少的借款人可能会发现，他们只有资格获得高成本的贷款，也就是所谓的次级抵押贷款（subprime mortgage）。这些贷款通常具有比较高的利率、高风险条款（对贷款再融资的罚款），以及较高的费用。即使有更高的信用得分，与男性相比，女性也更有可能接受次级抵押贷款和更高成本的抵押贷款，尤其是有色族裔的女性（Fishbein and Woodall，2006）。实际上，对于那些只有资格获得上述贷款的借款人而言，与其承担次级抵押贷款的高成本和高风险，还不如改善他们的财务状况（Bocian，2012）。除了次级抵押贷款外，借款人应提防任何具有掠夺性特征的贷款（见专栏 13.6）。

专栏 13.6　什么是掠夺性贷款?

掠夺性贷款（predatory loans）是指对借款人不公平的贷款（City of Oakland，2016；NeighborWorks America，2009）。比如：

- **高压销售手段**（high-pressure sales methods），包括欺骗性的额外收益、较低的月供、认为信用不良不是问题的陈述；
- 与借款人的信用背景不相符的**高利率和费用**；
- 需要在贷款结束时一次性支付的**大笔款项**（balloon payments）；
- 由于每月还款不足以支付贷款利息而出现的**负摊还**（negative amortization），随着用户不断还款，贷款规模不是变小而是增大；
- 附加的不必要或不正常的**成本和费用**；
- **贷款翻转**（loan flipping），这意味着在短时间内贷款反复被再融资，每次都产生新的成本和费用；
- **欺诈行为**，例如不提供披露声明和费用、伪造贷款文件和进行其他非法活动。

选房

当人们最终选择买房时，与信誉良好且具有州政府颁发的执照的房产经纪人合作是很有帮助的，特别是在房屋销售很快的房地产市场。房产执照法律顾问协会（the Association of Real Estate License Law Officials）网站列出了所有有执照的经纪人。中介会根据买家的标准来提供可供选择的房子，安排看房，并协助买卖双方进行价格谈判。同时，购房者也应该自己做些调查，比如开车在社区周围转转、使用在线数据库，或通过自己的社交网络寻找合适的机会。

房产中介收取的佣金是房屋售价的 1% 到 3% 不等，佣金包含在房屋销售价格中。卖方通常也会有一个代理人。这样，中介收取的佣金加起来大概占销售价格的 7%。通常情况下，中介费由卖方支付，但买方代理人可能会就费用和佣金进行协商。

聚焦案例：西尔维娅和赫克托获得了住房贷款预批准

虽然信用状况不尽如人意，但仍有两家金融机构预批准了西尔维娅和赫克托申请的加州住房金融机构抵押购房贷款。他们收到了当地信用合作社的预批准信，其中包含购买—维修贷款的详细信息，两个人对此感到非常兴奋（见图 13.2）。

敬启者：

该购买者被预批准 325000 美元的 FHA 担保的住房贷款。这一资格是基于为期 30 年、利息 3.9%、总房产税每年不超过 3000 美元、首付 3.5% 的抵押贷款。

根据申请时收到的资料，以及已审查的信用记录和收入水平，申请人符合上述贷款条件。

我们还审查了申请人的现金资产和储蓄。我们已经确定申请人确实拥有足够的资金来完成这笔交易。

本预批准信不构成贷款批准，或对利率、费用和期限的承诺。贷款申请中的任何失实陈述或申请人财务状况的不利变化都可能导致本预批准信无效，如按照公认标准的不良信用记录。本信不授予第三方任何权利或特权，包括但不限于不动产卖方。

在作出正式贷款决定之前，申请人必须提供一份完整且具有可接受估价的贷款文件，以供核保审查。

真诚地，

信贷联合贷款办公室

图 13.2　预批准信

现在西尔维娅和赫克托已经得到了贷款预批准，他们想开始找房子。赫克托认为，避开房产经纪人，自己找房子比较省钱。西尔维娅提醒他之前失败的买房经历，以及专业人士告诉他们的拥有一个经纪人的重要性：“我们可以自己找房子，这没问题，但谈判呢？这是两码事。不管怎样，我们不用付房产经纪人钱，卖家才需要付钱。这笔佣金通常是房屋最终售价的一定百分比。”赫克托最终同意了西尔维娅的想法。

他们找到一名被极力推荐的房产经纪人，开始一起看房子。然而，他们发现这个经纪人并不真正理解他们想要什么。于是他们找了另一个中介，马上觉得好多了。考虑到赫克托的建筑技能，新中介建议他们考虑需要维修的止赎房屋，这样他们更负担得起。他们找到了一些可能的选择并实地看房，但并没有找到非常合适的和他们想要的。这些房子不仅需要重新修理，而且位于他们不想居住的社区。西尔维娅和赫克托想起加布里埃拉曾说过的买房不要太着急的话。

买房的最后一步

在购房者提交一份房屋合同后，他们会与卖方协商完成房屋的合法转让。在交割之前，这笔交易的状态被称为托管（in escrow），或“处于合同下”（under contract）。管理托管的人被称为托管人员（the escrow officer），是为买方和卖方服务的独立的第三方。托管人员可以是专门的工作人员，也可以是房产中介或代理人，他们要负责保管合同原件以及其他相关文件，保管定金（earnest money，签署合同时购房者支付的钱，向卖方表明交易承诺），以及确保所有人都各尽其职。

房屋买卖的交割成本通常在房价的2%到7%之间，包括价值评估、房屋检查、产权查询、定金和律师费等。买家和贷方会安排进行评估、房屋检查和产权查询。

- 评估（appraisal）费用通常为300美元至400美元不等，由专业人士对房屋的公允市场价值（fair market value）进行估计，以确保贷款金额与房屋当时的实际价值相符；
- 房屋检查（home inspection）是对房屋状况的专业评估，费用通常为200美元至300美元不等。房屋检查对购房者也很有帮助，它可以提供房屋短期和长期维修 / 维护的情况。
- 律师或专门的工作人员需要进行产权查询（a title search），这是对房屋所有权历史记录的合法查询，这决定了出售房屋的人是否有合法的出售权。产权查询还包括卖家以房屋为抵押品的贷款，或房产的税收留置权。在卖房之前，卖家必须支付这些贷款或税款。

聚焦案例：西尔维娅和赫克托买房

西尔维娅和赫克托看了很多房子，但令人沮丧的是，大多数房子都状况很差，价格不菲，或在不好的社区。最后他们终于找到了一套拥有止赎权的待修房屋。赫克托觉得这是一套比较合适的房子，虽然需要大量维修。他带了一个从事建筑工作的朋友去看房，他们都觉得房子的架构（包括地基、电气、管道）很稳定。赫克托可以自己负责其他维修。虽然这套房子不在顶级学区，但所在学区的评价也不错，不过西尔维娅上下班的路程会比现在更远。两个人都觉得整体上这套房子还是划算的。

这家人简直不敢相信他们终于准备好买房了！他们与负责整个交易过程的房屋经纪人会面。经纪人解释说，丧失止赎权的房屋的销售方式与普通房屋相同，但往往需要更长的时间，所以他们必须要有耐心。这栋房子属于一家银行，必须得到银行的批准才能被出售。

经过十几天的等待，银行接受了西尔维娅和赫克托出价 30 万美元来购买这套房子的申请。这对夫妇支付了 1200 美元的定金，并设定了一个完成交割的日期。在正式得到这栋房子之前，他们必须经过一系列流程，而且必须在 45 天内完成。与此同时，他们明白这笔交易现在正式处于托管状态。

他们安排了一次房屋检查，结果发现了许多问题，但这并没有让西尔维娅和赫克托改变买房的想法。贷方为他们准备了一页纸的贷款估算（loan estimation）（CFPB，n.d.）。该表格列出了估计的贷款利率、每月的还款额和总交易成本，还包括每月的税费和保险费用，以及利率和付款在未来可能发生的变化。

最后，西尔维娅和赫克托终于可以用存了多年的钱来买他们的新房子了。经纪人警告他们说这笔交易仍然可能失败，但他们希望能够顺利买到这套房子。赫克托开始考虑装修的预算和时间表。在装修完成之前，他们不能搬进去，他们也必须为此做预算。

买房的其他花费

获得房屋所有权的花费并不随着房屋出售的结束而终止。搬家（或租车）、公共设施押金、家用电器、家具、必要的维修和改建可能会需要比预期要高的费用。房主还必须支付房产税和财产保险。大多数贷方要求房主将税费和保险费存入一个托管账户，这个账户包括借款人要支付的税费和保险费（当这些款项被实际支付时，房主会收到通知）。要获得房屋所有权还需要花费其他费用，如公用事业费、维护和修理费以及庭院护理花费。

问题应对

通常情况下，房主在支付账单时会优先支付抵押贷款（NeighborWorks America，2009；Sherraden and McBride，2010）。但有时房主遇到失业或健康问题时，可能会无法按时偿还抵押贷款。当借款人拖欠还款时，贷方就会采取某种行动。如果延迟 30 天，贷方会尝试联系借款人，并向信用机构报告此拖欠行为。如果借款人连续两次拖欠还款，贷方就会认为这是非常严重的问题。这时借款人就属于违约，贷方可能开始走法律程序申请止赎权（即申请获得房屋所有权）。实际上，贷方会尽量避免这种行为，因为成本高昂，而且他们可能需要很长时间来处理。

当房主遇到问题时，应该与专业服务机构联系，该类机构负责处理每月的抵押贷款协商和支付。如果能够尽早联系，房主可能获得一些帮助措施（见第 14 章）。可能的措施包括：制定一个可负担的还款计划，暂停月供或只付利息，提前支付未还款项以及修改抵押协议的条款。

还有一种选择是延期还款（forbearance），这是指允许拖欠借款人跳过一笔或多笔还款、以后再还的协议。如果借款人只是暂时拖欠还款，就可以向贷方保证他们很快就可以再次承担定期还款，这时延期还款协议就尤其有用。

如果借款人预料到自己无法还款，也有避免止赎的办法。一种是卖空交易（short sale），即将房屋出售给新业主，所得收益可能低于所欠债务，但贷方同意用这些收益抵销全部的欠款，借款人不用全额支付剩余的贷款。代替没收契据（Deed in Lieu of Foreclosure）是另一种选择，借款人把房屋契据和钥匙交给贷方，并搬出来以换取贷款豁免（University of Missouri Extension，2013）。在这两种情况下，借款人的信用都会受到损害，而且可能要承担额外的财务成本和法律成本。

服务者在租房和买房中的角色

在微观层面上，服务者可以帮助家庭明确短期和长期目标、作出是租房还是买房的决策。他们应该随时关注公共补贴住房轮候名单的开放情况（有些时候该名单几年里可能只开放很短的时间），提醒服务对象名单已经放开，以及帮助服务对象寻找负担得起的出租屋，协助服务对象为面试筛选和可能的信用检查做准备。服务者帮助潜在的购房者评估他们是否买得起房子，并考虑买房的全部成本。他们要提醒服务对象综合考虑经济状况、房价和利率等因素，决定当下是否是买房的合适时机。当服务对象决定买房时，服务者可以引导他们去找一个注册在案的住房顾问。

服务者还可以推动相关倡议，改善弱势家庭的住房选择（Metzger and Khare，2016）。他们可以倡导混合收入发展策略（mixed-income development）来削弱收入和种族隔离（Chaskin，Khare and Joseph，2012）；组织包容性分区（inclusionary zoning），要求开发商以负担得起的价格预留新的住房（Jacobus，2015）；发展住房支持，如教育、社会服务、医疗保健、心理健康以及社区发展，这些都有助于家庭稳定（Metzger and Khare，2016）。

关于住房租赁，服务者可以进行相关政策、产品和服务的倡导，提高房屋的可得性。越来越多的证据表明，住房优先模式（housing first model）会产生积极的影响（Henson et al.，2015）。这是一种优先提供永久住房，然后提供就业、医疗保健、心理健康和其他支持性服务的方法。住房优先计划还可以被纳入旨在防止人们无家可归的其他行动，如减轻收入有限的家庭在支付租金上面临的困难和扩大保障性住房的供应。例如，将房租税收减免的范围扩大到四分之一以上，这是目前符合低收入补助条件的比例（Sard and Fischer，2013）。服务者还可以加入一些团体组织，如美国低收入住房联盟（National Low Income Housing Coalition），这些组织致力于保护现有的联邦住房资助项目，并扩大低收入住房的供应。

关于房屋所有权，服务者也可以采取一些行动加以改善。在州和地方层面，经济适用房联盟（affordable housing coalitions）主要致力于资源倡导，比如倡导帮助支付首付和交易关闭费用的项目。服务者还可以监测当地银行的贷款发放状况和 CRA 评级，并要求银行对当地的贷款实践负责。他们还可以致力于维护中产阶层社区的经济适用房，并为社区发展做出贡献，创造更多的住房机会（Metzger and Khare，2016）。

在政策层面，服务者可以关注住房抵押贷款中存在的种族歧视和性别歧视问题，并致力于揭示和消除贷款歧视（Fishbein and Woodall，2006）。他们可以倡导消除而非支持住房隔离的政策。目前，一半的房主和大多数的中低收入房主并没有从住房抵押税收减免政策中受益。通过政策倡导将这种减免转化为可退还或不可退还的税收抵免，服务者能够努力使低收入家庭从中获益（Fischer and Huang，2013；Toder，Austin，Turner，Lim and Gesinger，2010）。此外，服务者可以提倡只适用于主要住房的减免政策，而不是现行政策所允许的两套住房，或者可以倡导降低可减免的抵押贷款利息数额（Toder et al.，2010）。现行政策下，高收入的购房者几乎获得了所有的政策好处。

总结

对许多家庭来说，找到负担得起的、体面的、安全的、稳定的住房是财务稳定的核心。尤其是对于低收入家庭，住房是他们最大的开支。对于房主来说，房子通常是他们最大的资产。服务者在帮助服务对象寻找最佳住房选择以及制定未来住房计划方面发挥着关键作用。最后，在联邦、州和地方层面，服务者和服务对象需要发出自己的声音，促进保障性住房的增加和包容性社区的建立。

更多讨论

·回顾·

1. 使得低收入者可以租得起房子的三个联邦计划是什么？这些项目的资格要求是什么？每个项目可以帮助家庭支付多少住房费用？
2. 贷款机构在批准购房抵押申请前要考虑的三个主要因素是什么？每个因素如何影响人们能否获得贷款批准？
3. 向首次购房者描述买房的各个关键步骤。如果你接触的某个家庭需要购房指导，你会建议他们去哪里寻求咨询或购房指导和机会呢？

·反思·

4. 什么是住房优先计划？为什么要采取住房优先计划，而不是像传统模式那样先关注行为改变然后才关注永久住房？
5. 讨论买房的好处、成本和风险：
   a. 为什么即使存在成本和风险也还是有这么多的人有买房的目标？

b. 考虑到你目前的情况，买房的成本和风险值得吗？为什么？
c. 你将来想买房子吗？为什么？

·应用·

6. 假设你正在和一个想买房子的服务对象打交道。你对她的处境有了更多的了解。分析每个影响因素，描述它们会如何影响服务对象买房的决定，如果这是一个问题，她可以如何解决它：
   a. 目前她每个月的债务占月收入的 19%；
   b. 她计划在这个地区至少再待 4 年，但考虑在那之后搬到离家人更近的地方；
   c. 她已经工作两年；
   d. 她已经存够了 5% 的首付；
   e. 她的信用记录显示她有一笔 6 年的未收债务。
7. 调查你所在社区的首次购房者计划。选择一个项目：
   a. 谁有资格获得该计划的服务？
   b. 该计划是否提供任何经济帮助？如果有，是什么？
   c. 它提供非经济方面的帮助吗？是什么样的帮助？
   d. 申请其服务的资格准则是什么？

参考文献

Bocian, D. G. (2012). Mortgages: The state of lending in American & its impact on US households. Center for Responsible Lending. Retrieved from http://www.responsiblelending.org/state-of-lending/reports/3-Mortgages.pdf.

Bocian, D. G., Earnst, K. S., & Li, W. (2008). Race, ethnicity, and subprime home loan pricing. *Journal of Economics and Business, 60*(1-2), 110-124.

Bocian, D. G., Li, W., Reid, C., & Quercia, R. (2011). Lost ground, 2011: Disparities in mortgage lending and foreclosures. Washington, DC: Center for Responsible Lending. Retrieved from http://www.responsiblelending.org/mortgage-lending/research-analysis/Lost-Ground-2011.pdf.

Bostic, R. W., & Surette, B. J. (2000). Have the doors opened wider? Trends in homeownership rates by race and income. *Journal of Real Estate Finance and Economics, 23*(3), 411-434.

Breitenbach, S. (2016, January 29). States, cities tackle housing crisis for low-income families. Pew Charitable Trusts. Retrieved from http://www.pewtrusts.org/en/research-and-analysis/blogs/stateline/2016/01/29/states-cities-tackle-housing-crisis-for-low-moderate-income-families.

Brown, S. R. (2016). The influence of homebuyer education on default and foreclosure risk: A natural experiment. *Journal of Policy Analysis and Management, 35*(1), 145-172.

Center on Budget and Policy Priorities. (2013). Chart book: Federal housing spending is poorly matched to need. Retrieved from http://www.cbpp.org/research/chart-book-federal-housing-spending-is-poorly-matched-to-need.

Chaskin, R. J., Khare, A. T., & Joseph, M. L. (2012). Participation, deliberation, and decision-making: The dynamics of inclusion and exclusion in mixed-income developments. *Urban Affairs Review, 48*(6), 863-906.

City of Oakland. (2016). The difference between subprime and predatory lending. Housing and Community Development. Retrieved from http://www2.oaklandnet.com/Government/o/hcd/s/HSC/DOWD008853.

Collins, M. J., & O'Rourke, C. (2011). Homeownership education and counseling: Do we know what works? Research Institute for Housing America Special Report. Washington, DC: Research Institute for Housing America.

Consumer Financial Protection Bureau. (n.d.). Loan estimate explainer. Retrieved from http://www.consumerfinance.gov/owning-a-home/loan-estimate/.

Consumer Financial Protection Bureau. (2011). Financial report of the Consumer Financial Protection Bureau. Retrieved from http://files.consumerfinance.gov/f/reports/CFPB_Financial_Report_FY_2011.pdf.

Desmond, M. (2016). *Evicted: Poverty and profit in the American city*. London: Crown Publishers.

Ding, L., Quercia, R. G., Li, W., & Ratcliffe, J. (2011). Risky borrowers or risky mortgages disaggregating effects using propensity score models. *Journal of Real Estate Research, 33*(2), 245-278.

Federal Reserve Bank of Atlanta. (n.d.). Your bank's overall CRA rating. Retrieved from https://www.frbatlanta.org/banking/publications/community-reinvestment-act/your-banks-overall-cra-rating.aspx.

Fishbein, A. J., & Woodall, P. (2006). Women are prime targets for subprime lending. Washington, DC: Consumer Federation of America. Retrieved from http://www.consumerfed.org/pdfs/WomenPrimeTargetsStudy120606.pdf.

Fischer, W., & Huang, C. (2013). Mortgage interest deduction is ripe for reform: Conversion to tax credit could raise revenue and make subsidy more effective and fairer. Center on Budget and Policy Priorities. Retrieved from http://www.cbpp.org/research/mortgage-interest-deduction-is-ripe-for-reform.

Gordon, A. (2005). The creation of homeownership: How New Deal changes in banking regulation simultaneously made homeownership accessible to whites and out of reach for Blacks. *The Yale Law Journal, 115*(1), 186-226.

Henwood, B. F., Wenzel, S., Mangano, P. F., Hombs, M., Padgett, D., ... Uretsky, M. (2015). The grand challenge of ending homelessness(Grand Challenges for Social Work Initiative Working Paper No. 9). Cleveland, OH: American Academy of Social Work and Social Welfare.

Herman, G., & Schwab, C. A. (1995, February). A home for your family: Choosing to rent. North Carolina Cooperative Extension Service, North Carolina State University HE-428. Retrieved from https://www.ces.ncsu.edu/depts/fcs/pdfs/fcs428.pdf.

Housing Link. (2015). Project-based Section 8. Retrieved from http://www.housinglink.org/SubsidizedHousing/ProjectBased.aspx.

HUD.gov. (n.d.). Section 184 Indian Home Loan Guarantee Program. Retrieved from https://portal. hud.gov/hudporta!/HUD?src=/program_offices/public_indian_housing/ih/homeownership/184.

Jacobus, R. (2015). *Inclusionary housing creating and maintaining equitable communities*. Cambridge, MA: Lincoln Institute of Land Policy. Retrieved from https://www.lincolninst.edu/sites/default/files/pubfiles/inclusionary-housing-full_0.pdf.

Joint Center for Housing Studies of Harvard University. (2015a). American's rental housing: Expanding options for diverse and growing demand. Retrieved from http://www.jchs.harvard.edu/sites/jchs.harvard.edu/files/americas_rental_housing_2015_web.pdf.

Joint Center for Housing Studies of Harvard University. (2015b). The state of the nation's housing: 2015. Retrieved from http://www.jchs.harvard.edu/.

Joint Center for Housing Studies of Harvard University. (2016). The state of the nation's housing: 2016. Retrieved from http://www.jchs.harvard.edu/sites/jchs.harvard.edu/files/jchs_2016_state_of_the_nations_housing_lowres.pdf.

Lazio, R. (2015). Stable housing, stable families: Thinking beyond homeownership. In L. Choi, D. Erickson, K. Griffin, A. Levere, & E. Seidman's(Eds.), *What it's worth*(pp. 113-126). Federal Reserve Bank & Corporation for Enterprise Development. Retrieved from http://www.strongfinancialfuture.org/wp-content/uploads/2015/12/What-its-Worth_Full.pdf.

Leopold, J. (2012). The housing needs of rental assistance applicants. *Cityscape, 14*(2), 275-298.

Mayer, N. S., Temkin, K., & Chang, H. (2008). An analysis of successful CDFI mortgage lending strategies in six cities. Washington, DC: CDFI Fund. Retrieved from www.cdfifund.gov.

Metzger, M. W. (2014). The reconcentration of poverty: Patterns of housing voucher use, 2000 to 2008. *Housing Policy Debate, 24*(3), 544-567. doi:10.1080/10511482.2013.876437.

Metzger, M. W., & Khare, A. T. (2016). Fair housing and inclusive communities: How can social work move us forward? (CSD Working Paper No. 16-36). St. Louis, MO: Washington University, Center for Social Development.

National Alliance to End Homelessness. (2016). The state of homelessness in America 2016. Retrieved from http://www.endhomelessness.org/library/entry/SOH2016.

National Fair Housing Alliance. (2016). What is housing discrimination? Retrieved from http://www.nationalfairhousing.org/KnowYourRights/tabid/4179/Default.aspx.

NeighborWorks America. (2009). Realizing the American dream. Washington DC: Author.

NeighborWorks America. (2010). Deciding whether to buy or rent. Retrieved from http://www.keystomyhome.org/ready/buyorrent/index.asp.

NeighborWorks America. (2016). Homeownership. Retrieved from http://www.neighborworks.org/homes-finances/homeownership.

Oliver, M., & Shapiro, T. (2006). *Black wealth/white wealth: A new perspective on racial inequality*. New York, NY: Taylor and Francis Group.

Pew Research Center. (2011, April 12). Home sweet home. Still. Retrieved from http://www.pewsocialtrends.org/2011/04/12/home-sweet-home-still/.

Pew Research Center. (2015). Wealth gap between middle-income and upper-income families reaches record high. Retrieved from http://www.pewsocialtrends.org/2015/12/09/5-wealth-gap-between-middle-income-and-upper-income-families-reaches-record-high/.

Prevost, L. (2013, March 28). The benefits of counseling. *New York Times*. Retrieved from http://www.nytimes.com/2013/03/31/realestate/the-benefits-of-prepurchase-mortgage-counseling.html?_r=2&adxnnl=1&adxnnlx=1366322844-pQ6XygBPR13O6idp331O0Q.

Reid, C., Seidman, E., Willis, M., Ding, L, Silver, J., & Ratcliffe, J. R. (2013). Debunking the CRA myth—again. Chapel Hill, NC: UNC Center for Community Capital. Retrieved from http://ccc.sites.unc.edu/files/2013/02/DebunkingCRAMyth.pdf.

Rothstein, R. (2014). The making of Ferguson: Public policies at the root of its troubles [Report] . Retrieved from Economic Policy Institute website: http://www.epi.org/publication/making-ferguson/.

Sard, B., & Fischer, W. (2013, August 21). Renters' tax credit would promote equity and advance balanced housing policy. Center on Budget and Policy Priorities. Retrieved from http://www.cbpp.org/research/housing/renters-tax-credit-would-promote-equity-and-advance-balanced-housing-policy?fa=view&id=3802.

Shapiro, T. M. (2004). *The hidden cost of being African American: How wealth perpetuates inequality*. New York, NY: Oxford University Press.

Shapiro, T. M., Meschede, T., & Osoro, S. (2013). The roots of the widening racial wealth gap: Explaining the black-white economic divide. Institute on Assets and Social Policy. Retrieved from http://iasp.brandeis.edu/pdfs/Author/shapiro-thomas-m/racialwealthgapbrief.pdf.

Sherraden, M. S., & McBride, A. M., with Beverly S. G. (2010). *Striving to save: Creating policies for financial security of low-income families*. Ann Arbor: University of Michigan Press.

Smith, M. M., Hochberg, D., & Greene, W. H. (2014). *The effectiveness of pre-purchase homeownership counseling and financial management skills*. Philadelphia, PA:

Federal Reserve Bank of Philadelphia.

Toder, E., Austin, M., Turner, K., Lim, K., & Gesinger, L. (2010). Reforming the mortgage interest deduction. Washington, DC: Urban Institute. Retrieved from http://www.urban.org/research/publication/reforming-mortgage-interest-deduction.

U.S. Department of Housing and Urban Development(n.d.-a). HUD's public housing program. Retrieved from http://portal.hud.gov/hudportal/HUD?src=/topics/rental_assistance/phprog.

U.S. Department of Housing and Urban Development(n.d.-b). Housing choice vouchers fact sheet. Retrieved from http://portal.hud.gov/hudportal/HUD?src=/topics/housing_choice_voucher_program_section_8.

U.S. Department of Housing and Urban Development. (2006). The homeownership experience of low-income and minority families: A review and synthesis of the literature. Retrieved from http://www.huduser.org/Publications/PDF/hisp_homeown9.pdf.

U.S. Department of Housing and Urban Development(2016, November). *The 2016 annual homeless assessment report(AHAR) to Congress*. Washington, DC: Author. Retrieved from https://www.hudexchange.info/resources/documents/2016-AHAR-Part-1.pdf.

UNC Center for Community Capital. (2014). Community advantage panel study: Sustainable approaches to affordable homeownership. Retrieved from http://ccc.sites.unc.edu/files/2014/04/CAP-Research-Brief-April-2014.pdf.

University of Missouri Extension. (2013). Homebuyers resource guide: Homeownership made easier. Retrieved from http://extension.missouri.edu/p/GH5002#ready.

Urban Institute. (2015). Nine charts about income inequality. Retrieved from http://apps.urban.org/features/wealth-inequality-charts/.

Wolff, E. N. (2014). Household wealth trends in the United States, 1962-2013: What happened over the Great Recession? National Bureau of Economic Research. Retrieved from http://www.nber.org/papers/w20733.

第 14 章　债务、问题债务和债务协商

专业原则：服务者帮助服务对象划分良好债务和问题债务（problem debt），重建信用，并寻找协商债务数额和还款计划的方法。他们还倡导公平的催债做法和政策。

大多数美国家庭都有一些债务——也就是欠贷方的钱。当人们借钱买房、接受高等教育、用信用卡消费，或者进行其他投资时，就会产生负债。其中大部分债务是可控的，甚至是积极的。当人们可以管理还款和进行合理投资时，债务有助于建立信用记录和积累财富。换句话说，明智地管理债务可以帮助人们获得更好的财务前景。

但是，很多家庭都面临难以应对和管理的问题债务。数据显示，43% 的美国人很难支付每月的账单（Gutman，Garon，Hogarth and Schneider，2015）。近四分之一（23%）的中低收入家庭存在严重的拖欠债务，即拖欠 90 天及以上的债务（Federal Reserve Bank of New York Consumer Credit Panel/Equifax，2016）。这类问题债务会导致信用评级下降，借贷成本上升，还可能影响住房和就业（见第 9 章）。

在金融脆弱家庭中，问题债务通常是这些家庭不断借款的累积结果：收入较低时为应付生活开支而借款；为解决失业、残疾、疾病或离婚等造成的收入损失而借款；风险借贷（Rugh and Massey，2010；Seefeldt，2015；Sherraden and McBride，2010；Warren and Tyagi，2016）。即使是很小的事件，如工作时间减少、医疗费用、交通罚款或费用、紧急牙科手术，都可能带来资金短缺，并逐渐导致问题债务的出现。账单被拖欠，维修被推迟，非必需品被抛在脑后。最后，家庭成员可能会吃不起饭或买不起药，辍学或从事夜间工作而把孩子单独留在家里。不合理的开支和财务管理也会导致问题债务。一些人用发薪日贷

款或其他借款来支付账单，继而进一步陷入债务困境（见第4章）。

问题债务除了影响长期的财务稳定外，还会影响债务人的健康。约有四分之一的美国人报告他们的财务压力很大（Gutman et al.，2015），特别是对于那些认为债务超出自己控制的人（Selenko and Batinic，2011）。他们可能会出现心理和生理问题，债务也会对其健康、人际关系、就业和生活的其他方面产生负面影响（Fitch，Hamilton，Basset and Davey，2011；Richardson，Elliott and Roberts，2013）。

一些家庭会通过寻求帮助来解决问题债务，但服务者应该预料到，与部分服务对象讨论债务问题会遇到很多困难。虽然难以避免，但问题债务总是令人感到尴尬。伴随债务而来的挑战，如关系问题，导致人们往往不愿意讨论它（Meltzer，Bebbington，Brugha，Farrell and Jenkins，2013；Turley and White，2007）。良好的谈话技巧、同理心和耐心对于帮助人们敞开心扉谈论问题债务非常重要，这是解决问题的第一步（见第21章）。

本章会概括性讨论债务和问题债务，强调服务对象可以寻求帮助的渠道，提出关于债权人如何处理债务的见解，并为服务者和服务对象提供与债权人进行债务协商的策略和技术。此外，我们还会讨论债务催收以及确保其合法性的策略。最后，本章将讨论几项政策建议，来确保在金融服务方面提供有力的消费者保护。

本章从尤兰达·沃克的案例开始，她一直在寻求帮助来解决自己的财务问题。尤兰达从事医疗援助工作，以此来养活自己。此外，她还为母亲和住在附近的女儿塔米卡提供部分支持。随着年龄的增长，她想知道她以后该如何照顾母亲，自己什么时候能够退休，又是否能够为女儿留下一些资产。很不幸的是，尤兰达最近发生了一场事故，她不得不自掏腰包支付了一大笔医疗费用，这场事故还使她无法工作，这再一次阻碍了她制定相关计划的努力。

聚焦案例：尤兰达和她的医疗债务

尤兰达目前正在处理一张信用卡的问题债务和一大笔逾期的医疗账单。尤其是医疗账单，她不知道该如何在短时间内还清。她担心这会影响她的信用记录和未来的财务状况。

尤兰达的雇主不提供医疗保险，但她有一份私人医疗保险。每年尤兰达在医疗保险免赔额、处方、共付费用和其他不包括在保险内的自付医疗费用上大约花费1200美元。

尤兰达在家里绊了一跤，摔断了手腕。她一开始不愿意去医院，两天后才去了急诊室。最后，她收到了1.1万美元的医疗账单，按照医疗保险对扣除部分和共同支付部分的规定，她报销了8500美元。目前，尤兰达还欠2500美元，虽然手腕已经痊愈，但她仍处于失业状态，这就导致其经济状况进一步恶化。

起初，和许多美国人一样，尤兰达想从退休账户里借钱，但是她以前这么做过，而且知道自己很难还回去（Pew Charitable Trusts，2017）。不堪重负的她几个月都没有打开邮件，忽视了医疗账单。当尤兰达发现这笔账单被转给其他收账机构时，她很担心，于是支付了一部分账单——大概付清了2500美元中的500美元。尤兰达非常焦虑，她从小就被教育要避免债务，但是这场事故、医疗账单和失业严重影响了她的财务状况。现在尤兰达不知道该怎么办。

问题债务

像尤兰达一样因疾病或受伤而出现问题债务的情况很常见。在破产的美国人中，超过一半是由医疗问题引起的，甚至在拥有医疗保险的人中也是如此（Himmelstein，Thorne，Warren and Woolhandler，2009）。工资停滞和缺少储蓄导致人们无力支付账单，也削弱了人们为健康和其他紧急事件储蓄的能力（Brobeck，2008；Mishel，2015；见第9章）。

帮助有问题债务的服务对象的策略取决于债务类型、债务年限和其他因素。为了帮助服务对象实现“拥有准确且可管理的债务和良好信用”的最终目标（National Consumer Law Center，2016），服务者可以帮助他们评估自身所面临的财务困难，了解债权人如何处理债务，并对问题债务采取行动。

评估信用和问题债务

帮助债务人的第一步是评估他们的财务问题。一部分服务对象没有意识到或者逃避自己目前面临的问题财务，也没有积极地去解决；其他人能够敏锐地意识到这些问题，并准备采取措施。服务者可以使用一些评估工具（见专栏14.1），鼓励服务对象讨论自己的情况。

专栏 14.1 信用和债务评估调查

信用和债务评估调查可以确定服务对象债务问题的严重程度。如果有三个及以上的问题回答“是”，则表明被调查人的债务需要进一步的讨论；6个及以上的肯定答复则表明存在更严重的情况，服务者和服务对象可能需要采取行动来处理债务问题。

（1）我通常只支付信用卡账单的最低还款额。	□是	□否
（2）我的信用卡余额每月都在增长。	□是	□否
（3）我家对钱存在争论。	□是	□否
（4）有时我会向配偶/伴侣/家庭成员隐瞒一些消费。	□是	□否
（5）我经常使用信贷服务支付一些往常直接花钱购买的物品。	□是	□否
（6）我曾经考虑过申请破产。	□是	□否
（7）我预支现金来支付账单和债务。	□是	□否
（8）我正在申请新的信用额度，因为我的信用额度已经用完了。	□是	□否
（9）我不知道我所有账单的总额。	□是	□否
（10）我有几个月没有支付账单或有几个月在缴纳滞纳金。	□是	□否
（11）我花光了我的储蓄。	□是	□否
（12）我经常思考关于债务的问题。	□是	□否
（13）我的债务妨碍了我的工作和/或家庭生活。	□是	□否
（14）债务催收公司在给我打电话或发送信件。	□是	□否
（15）我从退休账户中取钱来偿还债务。	□是	□否
（16）如果我失去工作，这意味着我的生活将马上面临财务危机。	□是	□否
（17）我把信用卡余额从一种贷款或信用卡转到另一种。	□是	□否
（18）我没有应急储蓄。	□是	□否
（19）我还未付清本月账单，下个月账单就到了。	□是	□否
（20）我避免在账单到达时或之后不久打开信件。	□是	□否
勾选的总数	□	□

资料来源：改编自国家信贷咨询基金会（the National Foundation for Credit Counseling，n.d.）。从 https://www.nfcc.org/tools-and-education/money-management-tips/how-do-i-know-if-im-in-financial-trouble/ 网站获得。

使用信用和债务评估工具有两个目标：（1）确定债务是否是服务对象的责任；（2）有助于服务者协助服务对象解决财务问题。有时候债务可能是由债权人的错误导致的或是身份被盗用的结果（见第16章）。在这种情况下，人们可以抗辩（defense），表示他们不应该因为债权人的错误承担债务，或债权人不能证明这是服务对象的负债。有时候，被指控的债务实际上在法律上属于其他人。债权人必须证明对方确实负有债务，才能通过法院强制收回。

服务者可以指导服务对象如何进行抗辩，并和他们一起与债权人沟通，来应对债务问题。他们还可以帮助服务对象向法律援助组织（Legal Aid）或当地律师协会（Local Bar Association）寻求法律帮助。律师可以帮助服务对象提出诉讼、摆脱债务，并将债务从信用报告中删除（NCLC，2016）。

当评估显示债务确实属于服务对象时，服务者可以帮助他们厘清对问题债务的感受和目标。一些服务对象可能对债务持矛盾态度，但出于现实考虑仍想要减少债务；也有一部分人可能对债务感到有压力、焦虑、尴尬或其他负面情绪。服务者应该预料到服务对象对债务的一系列反应，同时准备好加强服务对象的优势以建立目标。

对于对债务有负面情绪的服务对象，服务者可以提起他们表现好的时候，例如过去努力偿还债务或联系债权人制定还款计划。谈论服务对象的长处可以安抚他们的情绪，帮助他们放松，并激励他们制定还债计划。处理情绪还可以减少服务对象的被孤立感，这有助于服务者和服务对象建立专业关系。类似“这听起来很有压力”或“我认为大多数处于你这种情况的人会和你有一样的反应——这是完全可以理解的”的表述，会让服务对象感觉自己不是在被评判，而且更愿意与服务者分享自己的信息。这并不是服务者在回避问题债务的严酷现实，相反，它会让服务对象知道服务者不会因为债务问题而责备他们。

理解债权人如何处理债务

解决债务问题的下一步是帮助服务对象了解债权人如何处理债务。当服务对象（或债务人）没有按时支付账单时，公司（或债权人）会试图通过一系列步骤收回债务：

（1）由公司内部的催收部门通过寄信、打电话的方式催收债务；

（2）向征信机构报告债务拖欠信息，降低债务人的信用得分；

（3）付钱给催收公司，让他们来催收债务；

（4）把债务卖给债务催收公司；

（5）通过起诉债务人来催收债务。

债权人通常会努力尽可能高效地收回债务。如果3个月至4个月后仍未收到付款，债权人可能会冲销（write off）债务，这意味着他们已经不指望债务能被偿还，并在报税时将其申报为公司的一笔损失。在债务冲销后，债权人仍可能试图收回全部债务。冲销会出现在借款人的信用报告中，损害他们的信用得分（NCLC，2016）。

债权人还可以将逾期债务以低于所欠债务的价格出售给债务催收公司，而债务催收公司则可能以更低的价格转售给其他公司。每一家购买债务的公司都是在赌博，赌自己能收回这些债务。不择手段的讨债行为会导致人们因为同一笔债务而被多家催收公司联系（Halpern，2014）。这可能导致同一笔债务多次以负面记录的形式出现在债务人的信用报告中。催收公司的不公平做法引发了某些消费者保护实践的出现（见专栏 14.2）。

专栏 14.2 聚焦政策：美国《公平债务催收作业法》

根据 1977 年通过的《**公平债务催收作业法**》（Fair Debt Collection Practices Act，FDCPA），债务催收人在追讨债务时必须遵循特定的程序。该法案于 1996 年作为《**消费者信用保护法**》（Consumer Credit Protection Act）的一部分进行了修订。它防止第三方债务催收机构——催收公司、律师和购买拖欠债务的公司——使用辱骂、不公平的或欺骗性的手段向债务人催收（Carrns，2014）。FDCPA 涵盖信用卡欠款、医疗债务、抵押贷款、汽车贷款、学生贷款以及银行债务，不包括商业债务、税收和赡养费，不适用于债务的原始贷款人。

FDCPA 禁止以下做法（CFPB，n.d.）：

- 在上午 8:00 之前或晚上 9:00 之后联系债务人，除非得到债务人的许可；
- 在债务人工作时联系，除非得到债务人的许可；
- 与债务人及其配偶、律师以外的任何人讨论债务人的债务；
- 以暴力威胁、人身威胁、公布姓名、污言秽语骚扰债务人；
- 作出虚假陈述，声称自己是律师或政府的代表，声称债务人犯罪，歪曲自己作为收债人的角色、歪曲所欠债务的数额，或者歪曲他们送给债务人的文件性质；
- 声称债务人要被逮捕；
- 威胁要没收、扣押或出售债务人的财产或工资，除非法律允许这样做。

消费者可以向其所在州的司法部长举报潜在的违规行为（National Association of Attorneys General，2017），并向 FTC（ftc.gov）或 CFPB（consumerfinance.gov）报告。由于许多州都有自己的债务催收法案，联系州检察长办公室（naag.org）通常是第一步。

债权人也可以对拖欠的债务人提起催收诉讼（collections lawsuits）。催收诉讼对债务人很不利（见第17章），但为债权人提供了收回全部债务的最佳机会。根据各州法案，债权人可以在规定期限内起诉债务人（Halpern，2014）。当没有其他办法收回逾期债务（如收回房屋或汽车）且债务数额较大（超过500美元）时，债权人更有可能提起诉讼。如果债务人对债务没有争议、抗辩，也不偿还，债权人倾向于起诉（NCLC，2016）。虽然债权人有可能通过起诉收回全部的债务，但直接与债务人协商减少债务可以节省金钱和时间（Halpern，2014）。因此，债务人应该考虑在上法庭前与债权人协商债务事宜。

针对问题债务采取行动

服务对象在处理问题债务时有几种选择，包括继续按约还款或根本不还款。然而，很多服务对象在问题债务变得严重之前不会寻求帮助，而且他们通常有多个无法偿还的账户。这时候，服务对象就需要采取行动，比如债务整合、债务协商，甚至可能需要申请破产（见第17章）。

按约还款

人们可以选择按照当前的还款条件偿还欠款，比如通过做更多的工作或从其他来源借款。这可能是避免不良信用记录的一种合理策略。然而，过度工作可能会对债务人的家庭或健康产生负面影响。如果贷款条件有利，借款可能是一个短期解决方案，但新的债务也必须偿还，否则可能会造成进一步的损害。在当前还款条件下无法偿还债务的服务对象，需要考虑其他选择。

聚焦案例：尤兰达寻求帮助

尤兰达过去和债务催收人有过不愉快的经历，她很想避免再和他们打交道。她也不希望债权人在她工作的时候联系她，尤其是她刚刚从伤病中恢复过来。她怀疑逾期的账单损害了她的信用得分，并担心医院最终会起诉她。她打电话给家庭服务中心（Family Services）的顾问多萝西·约翰逊，然后一起上网完成了债务评估。根据她输入的信息，她收到了一份报告（见图14.1）。

当前情况：月度

净收入：1400 美元

滞纳金：90 美元 ⚠

信用卡到期：150 美元

当前情况：余额

信用卡：3490 美元

汽车贷款：3000 美元

储蓄：2150（6 周的净收入）美元 ⚠

债务催收：2000 美元 ⚠

警告：你有 3 个风险因素，即存在滞纳金、储蓄过少、面临因债务而被起诉的风险。

建议：寻求信用咨询。

图 14.1　尤兰达的评估结果

评估结果表明，尤兰达应该寻求债务咨询，但她不放心随便给人打电话。她听说有人打电话给广告牌上的债务减免公司，并支付费用来摆脱债务，但没有起到任何作用。她不想成为骗局的受害者。多萝西建议她去 NFCC 网站看看。尤兰达查了他们的资料，并给当地的工作人员打了电话。

有时，人们会处于无法偿还债务的窘境，比如收入波动或紧急情况下没有足够的储蓄。在这些情况下，不偿还债务可能是一个可行的选择。例如，一笔从未还款的 100 美元债务在距离产生之日 7 年后会从信用报告中被删除。但是，不偿还债务可能会带来无法被轻易忽略的催债过程。当服务对象没有钱偿还债务时，服务者可以帮助他们权衡哪些债务应该优先偿还，哪些债务可以延后。

债务整合

债务整合涉及利用更多的借款来偿还当前债务，如二次抵押 / 房屋净值贷款（a second mortgage/home equity loan）（见第 13 章）或房屋净值信贷额度（a home equity line of credit）（见第 11 章）。这些类型的贷款需要抵押品，如果不按期偿还新的整合贷款，抵押品就有可能会被没收。例如，如果一套房子被用作新贷款的抵押品，服务对象不能按时偿还贷款，就可能会因止赎权而失去房子。作为一种新的贷款，债务整合会出现包括利息和手续费在内的新成本，有的时候甚至很高。有抵押的债务整合确实有可能因为抵押利息而带来收入所得税的减免，这是其他类型的贷款所不具有的，但这并不会帮助那些没有逐项列明其税收的人（FTC，2012a）。

债务协商

债务协商是债务人与债权人通过协商减少现有债务偿还额的过程。理想情况下，债务人会在债务被移交给债务催收机构之前发起债务协商过程。一些债权人根本不会就债务进行协商，有些债权人有具体的政策规定债务人可以免除多少本金（CFPB，2015b）。如果债务发生时间比较近，且债务人已经偿还了部分欠款，那么即使数额很小，债权人也更愿意协商。

债务协商有两个目标：（1）临时修改的还款计划，或（2）达成协议。临时修改的还款计划可以降低未偿余额的利率，而不要求债务人立即一次性支付部分本金，这可以让债务人在财务困难时期稍微放松。债务人应该确定他能够承担协商后剩余债务的还款。达成协议允许债务人以低于所欠债务总额的金额来偿还债务。债权人会向征信机构报告还款方式是按约付款（paid-as-agreed）或全额付款（paid-in-full），这是一个积极的信用信号。

债务人如何寻求帮助

如果服务者觉得他们不能通过债务协商来帮助服务对象，则可以将服务对象转介给能够提供帮助的机构。主要有三个选择：（1）债务减免和清算公司，（2）信贷咨询服务机构，及（3）其他非营利组织、政府部门或营利组织。这三类机构都提供面对面的、电话的或在线的帮助。通常情况下，他们会协助服务对象修改还款计划和结算协议，但是，它们在某些重要的方面也有所不同。

债务减免和清算公司

债务减免和清算公司可能是服务对象最熟悉的，因为它们会在低收入社区、少数族裔社区以及广播和电视上投放大量广告。由公司和律师事务所组成的债务减免/清算行业规模庞大且有利可图。他们为债权人（原始债权人或债务催收人）提供债务清算方面的帮助。策略包括要求服务对象在特定账户中预留资金，直到有足够的账户余额来和债权人进行清算为止（CFPB，2015b；FTC，2012b）。

这样的策略是有问题的，债务减免和清算公司会向服务对象提前收取服务费用（CFPB，2015b）。这样就可以确保，即使债务协商失败，公司也能得到付款。他们还会要求服务对象停止与债权人联系、停止每月向债权人付款，同时为一次性结算存款。这可能导致债权人向征信机构报告债务人的拖欠行为，从而降低其信用得分（FTC，2012b）。

FTC 监管债务减免和清算行业，并警告人们使用这些服务的风险，因为这些公司可能会存在虚假声明、无法兑现承诺以及不道德或欺诈的做法（FTC，2012b）。当服务对象与债务减免和清算公司合作并与债权人取得联系时，债权人有时会立即开始收债（CFPB，2015b），否则他们需要等待更长时间才能催收。服务者应该跟那些正在考虑向这些公司寻求帮助的服务对象解释这个行业的陷阱，并提供一些替代方案。

消费信贷咨询机构

消费信贷咨询机构（consumer credit counseling agencies，CCCA），有时也被称为消费信贷咨询服务（consumer credit counseling services），是 NFCC 的非营利机构成员（见专栏 14.3）。它们提供一系列的消费信贷和金融咨询服务。虽然各个机构提供的服务不尽相同，但总的来说，主要集中在信贷、债务、破产、学生贷款和住房咨询方面。一些机构还提供其他社会服务项目，如青年指导、寄养和药物滥用规划（NFCC，2016）。

专栏 14.3　聚焦组织：国家信贷咨询基金会

债务减免非常复杂，因为有太多的债务管理、债务整合和债务清算组织，其中包括不择手段的公司和真正的社区非营利组织。服务对象或服务者有时候很难对此进行区分。

可以提供帮助的组织之一是国家信贷咨询基金会（National Foundation for Credit Counseling，NFCC），这是一个经过认证的信贷咨询机构的会员组织。作为认证过程的一部分，NFCC 每 4 年对其成员组织进行审查，以确保它们都是非营利性组织，且可以提供高质量的、公正的服务。NFCC 成员机构的所有信贷顾问都需要获得认证并达到 NFCC 的能力标准。他们必须坚守一定的道德标准，并把服务对象的最佳利益放在首位。

NFCC 成员组织的一个项目案例是“塑造你的财务重点计划”（Sharpen Your Financial Focus initiative），它提供在线自我评估工具，帮助人们改善财务状况。该计划将服务对象与认证顾问联系在一起，进行在线财务评估，帮助用户建立财务目标，然后通过自动电子邮件和文本的方式进行提醒和跟踪，来帮助服务对象了解他们的计划。

在第一次面谈时，一名受过培训的注册顾问会审查服务对象的整体财务状况，并针对其债务提出行动方案。根据服务对象的情况，信贷顾问可能提供的建议包括不偿还债务、按照当前条款继续偿还债务、债务整合、债务协商或申请破产（见第 17 章）。

对于债务整合，信贷顾问和服务对象一起制定债务管理计划（debt management plan，DMP）。根据 DMP，CCCA 与债权人协商减少债务人的每月还款额。按照协商确定的月还款额，债务人把钱转给 CCCA，然后，CCCA 向债权人支付略低于协商数额的钱。与债务减免和清算机构不同，CCCA 与债权人达成协议，服务对象再通过 CCCA 偿还债务，这样就不会产生债务催收或者产生更高的利息和其他费用（CFPB，2015b）。

CCCA 通常对申请注册的 DMP 收取少量的一次性费用，此外，它还会根据所管理债务的数额每月收取一笔维护费用（一般是 5 美元至 35 美元之间）。管理费会被纳入服务对象每月要偿还的债务中。因此，在缴纳注册费后，服务对象只有在与债权人协商成功并至少向债权人支付过一次款项后，才需要支付每月的管理费。

如果债务人负担得起每月的还款，DMP 就能取得成功。在债权人同意商定的还款额之前，继续支付账单对于债务人来说是很重要的。如果不这样做，后者与债权人的债务整合协议就无效。债务人还应确保 CCCA 每月按时支付正确的协商金额（FTC，2012a）。

寻求其他帮助

除了 CCCA 以外，其他的地方社区发展组织和非营利组织有时也会提供金融和债务咨询。一些雇主提供的雇员援助计划可能提供免费的债务咨询服务。公共组织和非营利组织也会提供债务咨询。当地联合道路分支机构（United Way branch）可能会提供这些资源的列表。有时营利性组织如社区银行，也提供金融咨询服务。最后，有些服务对象可能倾向于“自力更生”（a do-it-yourself approach），这时服务者应该给他们提供一些支持。服务者应该了解所有的可能选择，帮助服务对象管理债务问题。

聚焦案例：尤兰达向信誉良好的机构寻求债务帮助

尤兰达决定采纳多萝西的建议，并打电话给当地 NFCC 的附属机构，申请进行免费的财务评估。工作人员告诉她，第一次来的时候不需要支付任何费用。她要求尤兰达在赴约时带上所有和债务相关的文件（比如贷款文件和回执）和收入证明（去年的纳税申报单和最近的工资单）。

尤兰达预约的是信贷顾问兼财务顾问珍妮特·哈勒特。尤兰达不太愿意透露自己的个人财务信息，但珍妮特很专业，向她保证会保密，并花时间了解了尤兰达的情况。珍妮特告诉她要耐心完成最初的文书工作，因为这个过程会花费一些时间。不过，她向尤兰达保证，她过去帮助许多服务对象减轻了债务。

珍妮特检查了相关文件，并问了尤兰达一些问题。作为评估的一部分，她们一起完成了债务跟踪表（a debt tracker，显示债务相关信息的表格），其中包含尤兰达每一笔债务的信息（见表 14.1）。尤兰达最担心的是她的医疗债务。

表 14.1　尤兰达的债务状况

名称	余额（美元）	最低还款（美元）	百分比（%）	信贷限额（美元）	可用余额（美元）	到期日	估计的支付日期
信用卡	3900	150	9.99	10000	6100	每月 1 日	2.1 年
汽车贷款	3000	230	7.01	—	—	每月 15 日	1.7 年
医院账单	2000	50	10.0	—	—	—	已过期

珍妮特继续努力与尤兰达建立信任关系，称赞了尤兰达继续偿还医疗债务的行为，尽管她无法每次都支付全部的金额。她们讨论尤兰达的每笔债务，并确定了还款的先后顺序。珍妮特说尤兰达做得非常好，她的主要负担是医疗债务。珍妮特向她保证，没有必要申请破产或采取其他更激烈的手段。她们只需要把精力放在医疗债务上即可。

珍妮特问道：“尤兰达，你看过你的信用报告吗?”尤兰达回答说她还没看，因为她觉得自己可能理解不了。珍妮特解释说，信用报告可能会提供一些信息。“此外，”珍妮特补充说，“你永远也不会知道，他们可能在哪里出错。”珍妮特提议现在就开始审阅信用报告。尤兰达同意了，并将报告显示在电脑屏幕上，两个人一起审阅（见图 14.2）。

<姓名>	<社会保障号码>	<出生日期>
尤兰达·沃克	111-11-111	02/××
<目前住址>	<报告日期>	
121 Allen St，Cleveland，MS	1/××	
<之前住址>		
9932 WOODBINE，#9B，Shelby，MS		
<目前的雇主>	<职务>	<证实><报告><雇佣>
Home Health Assoc	工人	5/×× 5/×× 3/××
<上任雇主及地址>	<职务>	<证实><报告><雇佣>
Catholic Charities	助手	2/×× 2/×× 9/××
Angels Home Health	助手	未知 未知 未知

信用总结：

开放账户：2　债务催收：1　公共记录：1　债务清偿：1

	信贷限额	余额	逾期	月还款	可用余额
循环	10100 美元	3900 美元	450 美元	150 美元	6100 美元
分期	15300 美元	3000 美元		230 美元	
债务催收		2000 美元	2000 美元		
合计	25400 美元	10100 美元	2000 美元	310 美元	5100 美元

公共记录：

类型	日期	法庭编号	状态
判决	6/××	98M987654	未支付的民事判决

债务催收：

名称	账号	核实日期	Advanced	COL	状态
Howell D.S.	12345	4/××	2000 美元	2000 美元	06，07

模板文件：

*** 账户风险分数 650***

分期付款贷款：

名称	账号	余额	逾期	还款	状态	条款
Jacks Auto	00821	3013 美元		230 美元	01	60
GMAC	99A17	0		0	10	60
KRM GRM	091098	0		0	10	60

交易 / 循环：

名称	账号	余额	可用逾期额	状态
CH VISA	7871792451	3900 美元	6100 美元	01
MA RETAIL	XW67145103	0	0	09
MC CSM	9667500019	0	0	10

查询记录：

2/15/××××	USA BANK CARD
3/20/××××	JMC AUTO
1/03/××××	US APPLIANCE
7/11/××××	RETAIL EXPRESS
5/29/××××	TMOBILE
9/01/××××	MSCU
3/04/××××	DVRY CORP CERDIT LEASE

报告结束

编码：

01：按约还款；02；延期 30 天至 59 天；03：延期 60 天至 89 天；04：延期 90 天至 119 天；06：债务催收；09：冲销坏账；10：全额支付

CRED LIM：授信人批准的最大授信金额

BLANCE：截至核对日期的欠款余额

PAST DUE：截至核对日期的逾期金额

AVAILABLE：可用信贷

PASTDUE：逾期金额

SUBNAME：授信人的缩写名称

ACCOUNT #：消费者在授信机构的账号

图 14.2　尤兰达的信用报告

正如尤兰达所想，这份报告看起来很复杂。珍妮特同意这种看法。“但如果我们一步一步来，事情就不会像看起来那么复杂。”首先，珍妮特要求尤兰达检查个人信息和地址的准确性，虽然这些信息看起来是准确的。然后珍妮特问：“你的信用卡怎么办？报告显示有一笔长达 59 天的延期付款和 450 美元的逾期付款。”尤兰达说她觉得自己应该都按时还款了，即使在生病的时候也是如此。珍妮特说这可能是一个错误。珍妮特还发现尤兰达曾被一名职业律师向法院提起诉讼。尤兰达说，大概 4 年前她的女儿撞了一辆还没有还清贷款的汽车，而且钱不多。珍妮特认为她们也许能从尤兰达的报告中删掉这个记录。

尤兰达审阅并理解了自己的信用报告，感到如释重负。虽然有点乱，但至少她已经开始看清大局了。在第一次见面结束时，尤兰达告诉珍妮特，她现在的目标是解决医疗债务。珍妮特认为她们可以协商还款金额或付款条件。两人将有关下一步行动的一致意见以书面形式记录下来。尤兰达觉得珍妮特很支持自己，两人都同意医疗账单是她的主要债务问题，而且是可以解决的。通常情况下，机构会对该服务收取 65 美元，但由于尤兰达的收入不到联邦贫困水平的 200%，她的费用将被免除。作为珍妮特的服务对象，尤兰达同意再进行一次会面（幸运的是，考虑到她的收入，她有资格获得免费咨询服务）。

与债权人联系和协商

本节讨论与债权人协商的步骤，服务者和服务对象可以在开始前回顾这些步骤。

第一步：回顾债务总额和财务状况

在给债权人打电话之前，债务人应该利用信用报告（见第 11 章）、贷款文件或报表、债务追踪表等回顾他们的信贷历史，然后决定不同债务的优先级。没有一种固定的正确方法可以确定债务的优先级，服务者应该支持服务对象作出关于先协商和支付哪些债务的决定。当然，服务者可以指出不同策略的优缺点。他们可能建议服务对象考虑以下几点：

● 有抵押品（如房子或汽车）担保的债务，若服务对象不偿还此类债务，可能会导致抵押品被没收，无法满足基本的家庭需要，因此，这些债务应该优先偿还。

● 有些类型的债务利息很高。为了成本最小化，这些也可能是需要被优先考虑的债务。

● 全额还清小额债务可以减少账户项目，提高信用得分。成功地偿还这些债务还可能会鼓励服务对象偿还其他更麻烦的长期债务。

● 即使不还款，某些类型的债务在一段时间后也会从信用报告中消失。这些即将从信用报告中消失的债务不用优先偿还。

因为债务协商通常需要一次性结清欠款或再加上已经降低的每月定期还款

数，债务人应该在联系债权人之前确定自己可以负担多少。服务者可以帮服务对象寻找一次性结算资金的各种可能来源，比如退税或从家庭成员那里获得借款。

第二步：联系债权人并协商

在确定了债务优先次序和能够承担的还款金额后，债务人就可以联系债权人了。如果债务人在给债权人打电话时可以跟服务者共享线路，可能会感到更有底气，因为服务者可以扮演后台支持的角色。对于那些还没有准备好联系债权人的服务对象，角色可以调换，由服务者主导。服务对象也可以在与服务者一起做好准备后，自己独立联系债权人。在代表服务对象作出任何承诺之前，服务者必须与服务对象确认，并且在没有服务对象参与的情况下绝不应该打电话联系债权人。

联系内容主要包括以下三方面：

（1）解释困难。债务人应该告诉债权人为什么难以遵循当前的还款条款（因为债务的利率或还款期）。在不透露过多隐私信息的情况下，给出一些总体解释是有帮助的，例如失去伴侣的一半收入、医疗问题和账单，或一段时间的失业。

（2）提出报价。债权人是否接受协商以及如何协商存在很大差异。对于超过 2 年的债务，债务人可以协商支付低于原始贷款的数额。一开始，债务人应该主动提出支付总债务的 40% 至 70%，这取决于利率、费用和债务年限。主动提出的金额应低于债务人能够承受的水平，因为债权人很可能会提出一个更高的金额。

（3）最后确定并同意协议条款。服务者和服务对象可以在跟债权人打电话时通过非语言交流，或中断通话私下商谈，以确保服务对象理解并同意协商的条款。如果服务对象不确定，也可以结束通话，再花些时间认真考虑，作出决定后再联系债权人。

协商一旦达成，就应该以书面形式提出和确定。债务人要特别注意，不要再次违约。第二次违约意味着债权人几乎不可能再次接受协商，而且由于款项已被支付，信用报告上债务的最后期限也被重新设定。因此，如果服务对象觉得自己不能满足债权人愿意提供的条件，就不应该同意协议。

通常情况下，债务人最好通过电话与债权人联系，而且是和被授权进行债务协商的代理人进行商谈。另一种选择是通过邮件进行协商，在邮件中说明困难并附上一张列明报价金额的支票。债权人可能接受也可能拒绝这份报价。电子邮件也比较有用，鉴于缺少发送信息的证明文档，不建议债务人使用在线表单。

第三步：还款并保存记录

与债权人协商成功后需要采取几项行动。如果需要一次性付款，债务人应立即用支票或银行本票（不要用现金）付款，并在备注部分注明账户号。快速付款传递了信守承诺的信号。债务人应该索取和保存每笔付款的收据。

在支付最后一笔款项时，债务人应该要求债权人提供一份说明欠款余额为零的信件，并以此作为证明。服务者要强调保留书面记录的重要性。这些记录可以解决未来可能出现的问题或争议。债务人应该复制所有的信件和付款记录。

第四步：联系征信机构

最后，债务人应通过邮寄信件的方式联系三家征信机构，要求他们更新信用报告。否则，征信机构可能不会收到债务人不再欠债的通知。如果服务对象没有这样做，服务者可以帮助他们发出这封信，告诉服务对象如何检查他们的信用报告。如果债务仍显示在信用报告上，债务人应该再发送一封后续信函。账户记录被准确上报后，个人的信用得分应该会相应提高。

聚焦案例：尤兰达就其医疗债务开始协商

在审阅了尤兰达的预算和账单后，她和珍妮特制定了一个支付医疗账单的计划。尤兰达同意在协商前搁置几个月的还款，这将在两个方面有所帮助：（1）显示她能够每月定期进行小额还款；（2）可以积累和提供小额整笔付款给医院，显示协商还款计划的诚意。

她们决定通过电话来协商，因为这比写信更有效率。尤兰达以前从未进行过债务协商，所以她希望由珍妮特带头接听电话，而她则在同一条线路上倾听并发表意见。她们并排坐在一起，以便沟通，然后给债权人打了电话。

> 珍妮特：您好。我是珍妮特·哈勒特，来自密西西比州杰克逊的一家消费信贷咨询公司。我代表我的客户尤兰达打这通电话，她现在和我坐在一起。(尤兰达补充了自己的问候。)
>
> 催收机构：有什么需要帮忙的吗？

珍妮特：尤兰达意识到她欠的2000美元医疗费用不包括在保险范围内，我们想和您谈谈如何安排还款。

催收机构：您好，我们很高兴和您谈谈。让我查一下您的账户。（尤兰达提供了自己的账户信息、全名等。）

珍妮特：尤兰达的原始账单是2500美元，她已经付了500美元，但是还有134美元的利息和费用。尤兰达去年偿还过欠款，但她无法按要求全额付清，因为当时她受伤了无法工作。现在她已经重新开始工作，并且正在努力偿还账单。我们一直在研究她的预算，希望贵公司能接受总共1980美元的还款额，在66个月内每月还30美元？您能接受这个数目吗？

催收机构：是这样的，我们不能接受这个报价，因为这比她所欠的原始金额要少，而且期限太长。但我看得出沃克女士很努力，所以我想我们可以为她做点什么。我们愿意扣除134美元的利息和费用，并进一步延长分摊支付期限，这样沃克女士每月还50美元，在36个月内没有额外的费用和利息。不过，在新的还款计划开始前，她需要一次性支付200美元。然后沃克女士将合计支付2000美元，期限超过3年。这样，全部算下来，她总共支付2500美元。（尤兰达点头表示同意。）

珍妮特：我觉得可以。那沃克女士能不能先一次性支付100美元，并在接下来的35个月内每月支付50美元，同时扣除134美元的费用？

催收机构：好吧，我们可以接受。不过第一笔还款要尽快。

珍妮特：好的，她可以做到。谢谢！另外，您能否澄清一下这笔借款将在她的信用报告中被标记为已付？

催收机构：好的，我们将把它标记为定期还款，并每月报告一次。

尤兰达：谢谢！

尤兰达和珍妮特同意接下来的步骤，那就是签署并返还一份还款协议。尤兰达松了一口气。她感觉自己的处境好多了，因为拥有了一个她认为自己可以做到的计划。

服务者倡导政策变化

服务者可以与联邦和各州监管债务催收的机构合作。FTC执行FDCPA，美联储和其他银行监管机构对贷方进行审查，作为他们监督债务催收工作的一部分，其中包括监督是否符合债务催收法案的规定。审查员寻找对消费者的潜在风险，以及公司是否遵守消费者保护法的要求。在州层面，州消费者保护部门、银行监管部门和总检察长都可以直接接收消费者的投诉，他们还会就不当行为将债权人告上法庭。

CFPB 监管全国 4500 家讨债机构中的大多数（CFPB，2012）。CFPB 研究消费者保护问题，这些问题属于 FDCPA 的范畴。CFPB 还会收集关于催收机构滥用职权的投诉，规定债权人联系债务人的方式（见专栏 14.2），规定债权人必须证明债务归属于债务人，并向债务人提供有关债务和还款要求的准确信息。

服务者可以通过多种方式支持对债务人的保护。首先，服务者可以向州总检察长、FTC 和 CFPB 报告债权人涉嫌滥用权利的行为。这类报告对于监管机构能否发现问题并将债权人告上法庭以制止最糟糕的情况至关重要。没有报告，监管机构就不可能进行执法行动。服务者还可以发展或加入现有的消费者权益倡导者网络，发现一些趋势和某些新兴的现象。这些现象和趋势可能引起研究人员和倡导者的注意，并可能影响执法和政策变化（见专栏 14.4）。消费者团体可以与服务者联合起来，在地方、州和国家各级更有效地倡导强有力的消费者保护法。这些团体还可以倡导有关消费者保护的执法行动或诉讼。州一级的行动往往是联邦执法和法规的重要前奏。当联邦机构决定参与执法行动时，就会依赖于消费者和倡导者的意见（CFPB，2015a）。最后，在拟议法规的意见征询期里，服务者还可以对拟议的联邦和州法规发表意见，以确保它们将对服务对象产生有意义的实际影响。即使法规已经发布，宣传也有助于法规得到落实，并且服务者还可以报告不遵守法规的情况。

专栏 14.4　聚焦研究：国家消费者法律中心（National Consumer Law Center，NCLC）

NCLC 是一个全国性的非营利性组织，致力于为低收入和弱势家庭的金融安全提供法律保护。它的目标是终结剥削性的金融行为，帮助家庭积累和保留财富，以促进经济公平。它从事和金融最脆弱家庭财务问题有关的政策分析和宣传工作，包括诉讼、培训和向从事消费者权利保护工作的律师进行咨询。它在开展研究和宣传方面发挥了重要作用，这些研究和宣传为许多重要的联邦和州政策奠定了基础，包括 FDCPA，以及保护了银行账户中的联邦利益，使其不受债权人影响。

NCLC为服务者和服务对象提供相关研究的免费出版物，内容涉及家庭暴力幸存者、军人家庭、老年人、学生借贷者、有色族裔家庭和社区，以及其他许多人群（NCLC，n.d.）。资料包括不公平的和欺诈性的行为和做法、债务重组服务、透支贷款、移动支付和汇款、预付借记卡、支付欺诈、公共福利、破产、信用卡、信用歧视、信用报告、债务催收、就业、止赎和抵押贷款、发薪日贷款、学生贷款和税收（NCLC，n.d.）。NCLC网站还提供信函示例，例如**困难陈述信函**，以及实务建议，例如“关于破产的十三项重要注意事项”“债务应对指南”和“如何获得法律援助”。

总结

服务者在帮助服务对象了解债务的积极影响和消极影响，以及如何以有利于其财务状况的方式管理债务等方面扮演着重要的角色。对于遇到问题债务的服务对象，服务者可以帮助他们了解债务的条款，并制定偿还债务的计划。服务者可以帮助想要进行债务协商的债务人联系债权人和催收机构。此外，政策监督和宣传也很必要，它们可以保护服务对象免受无理索赔的困扰，以确保债权人尊重消费者的权利。

更多讨论

·回顾·

1. FDCPA认定的滥用债务催收策略是指什么？如果借款人遇到这种情况，该怎么办？
2. 债务人与债权人进行债务协商的四个步骤是什么？描述债务人在每个步骤中至少应该采取的一个行动。
3. 珍妮特如何利用尤兰达的信用报告来指导她的咨询过程？为什么信用信息在与服务对象合作解决信用问题时非常重要？

·思考·

4. 请参阅专栏 14.1 中的财务评估调查：
    a. 回答这些问题让你感觉如何？
    b. 你认为这些问题会让一些服务对象感到不舒服吗？
    c. 你认为这个调查可以提供什么信息来帮助服务对象了解他们的财务状况？

·应用·

5. 审阅尤兰达的信用报告，并回答下列问题：
    a. 尤兰达有哪些公开记录（如果有的话）？那意味着什么？
    b. 尤兰达的分期贷款情况如何？
    c. 如果你是尤兰达的顾问，你希望与她讨论哪些事项以改善她的信用记录？尤兰达可以选择什么办法来改善她的信用记录？你有什么方法可以帮助她吗？
6. 调查你所在社区的债务减免和催收公司。这些机构看起来信誉怎么样？在推荐给服务对象之前，你如何检查这些机构的质量？

参考文献

Brobeck, S. (2008). Understanding the emergency savings needs of low-and moderate-income households: A survey-based analysis of impacts, causes, and remedies. Washington, DC: Consumer Federation of America.

Carrns, A. (2014, May 20). Dealing with debt collectors. *New York Times*. Retrieved from http://www.nytimes.com/2014/05/20/your-money/dealing-with-debt-collectors.html.

Consumer Financial Protection Bureau. (n.d.). Are there laws that limit what debt collectors can say or do? Retrieved from http://www.consumerfinance.gov/askcfpb/329/are-there-laws-that-limit-what-debt-collectors-can-say-or-do.html.

Consumer Financial Protection Bureau. (2012). Defining larger participants of the consumer debt collection market. Retrieved from http://files.consumerfinance.

gov/f/201210_cfpb_debt-collection-final-rule.pdf.

Consumer Financial Protection Bureau. (2015a). Fair debt collection practices act: CFPB annual report 2015. Retrieved from http://files.consumerfinance.gov/f/201503_cfpb-fair-debt-collection-practices-act.pdf.

Consumer Financial Protection Bureau. (2015b). What's the difference between a credit counselor and a debt settlement company? Retrieved from http://www.consumerfinance.gov/askcfpb/1449/whats-difference-between-credit-counselor-and-debt-settlement-company.html.

Federal Reserve Bank of New York Consumer Credit Panel/Equifax. (2016). Consumer credit explorer notes. Retrieved from https://www.philadelphiafed.org/eqfx/webstat/index.html.

Federal Trade Commission. (2012a). Coping with debt. Retrieved from http://www.consumer.ftc. gov/articles/0150-coping-debt.

Federal Trade Commission. (2012b). Settling credit card debt. Retrieved from https://www.consumer.ftc.gov/articles/0145-settling-credit-card-debt.

Fitch, C., Hamilton, S., Basset, P. & Davey, R. (2011). The relationship between personal debt and mental health: A systematic review. *Mental Health Review Journal, 16*(4), 153-166.

Gutman, A., Garon, T., Hogarth, J, & Schneider, R. (2015). Understanding and improving consumer financial health in America. Chicago: Center for Financial Services Innovation. Retrieved from http://www.cfsinnovation.com/Document-Library/Understanding-Consumer-Financial-Health.

Halpern, J. (2014). *Bad paper: Chasing debt from Wall Street to the underworld*. New York: Farrar, Straus & Giroux.

Himmelstein, D. U., Thorne, D., Warren, E., & Woolhandler, S. (2009). Medical bankruptcy in the United States, 2007: Results of a national study. *The American Journal of Medicine, 122*(8), 741-746.

Meltzer, H., Bebbington, P., Brugha, T., Farrell, M., & Jenkins, R. (2013). The relationship between personal debt and specific common mental disorders. *European Journal of Public Health, 23*(1), 108-113.

Mishel, L. (2015, January 6). Causes of wage stagnation. Economic Policy Institute. Retrieved from http://www.epi.org/publication/causes-of-wage-stagnation/.

National Association of Attorneys General. (2017). Who's my AG? Washington, DC.

Retrieved from http://www.naag.org/naag/attorneys-general/whos-my-ag.php.

National Consumer Law Center. (n. d.). Home page. Retrieved from http://www.nclc.org/issues/issues.html.

National Consumer Law Center. (2016). *Guide to surviving debt*. Washington, DC: National Consumer Law Center.

National Foundation for Consumer Credit. (2016). About us. Retrieved from https://www.nfcc.org/about-us/.

National Foundation for Credit Counseling. (n.d.). How do I know if I'm in financial trouble? Retrieved from https://www.nfcc.org/consumer-tools/consumer-tips/how-do-i-know-if-im-infinancial-trouble/.

Pew Charitable Trusts. (2017, October). Financial shocks put retirement security at risk. Washington, DC. Retrieved from http://www.pewtrusts.org/~/media/assets/2017/10/rs_financial_shocks_put_retirement_security_at_risk.pdf.

Richardson, T., Elliott, P., & Roberts, R. (2013). The relationship between personal unsecured debt and mental and physical health: A systematic review and meta-analysis. *Clinical Psychology Review, 33*(8), 1148-1162.

Rugh, J. S., & Massey, D. S. (2010). Racial segregation and the American foreclosure crisis. *American Sociological Review, 75*(5), 629-651.

Seefeldt, K. S. (2015). Constant consumption smoothing, limited investments, and few repayments: The role of debt in the financial lives of economically vulnerable families. *Social Service Review, 89*(2), 263-300.

Selenko, E. & Batinic, B. (2011). Beyond debt: A moderator analysis of the relationship between perceived financial strain and mental health. *Social Science and Medicine, 73*(12), 1725-1732.

Sherraden, M.S., & McBride, A.M., with Beverly S.G. (2010). *Striving to save: Creating policies for financial security of low-income families*. Ann Arbor: University of Michigan Press.

Turley, C., & White, C. (2007). Assessing the impact of advice for people with debt problems. Legal Services Research Centre. Retrieved from http://www.infohub.moneyadvicetrust.org/content_files/files/assessing_the_impact_of_advice.pdf.

Warren, E. & Tyagi, A. W. (2016). *The two-income trap: Why middle-class parents are going broke*(rev. ed.). New York: Basic Books.

第 15 章　风险管理与保险

专业原则：金融脆弱家庭需要保险，但保险的选择涉及投保哪种风险以及如何支付费用。服务者可以帮助服务对象理解保险的重要性和他们的选择，并为每个人倡导负担得起的、可靠的保险。

每个人都可能遭遇不幸的事，比如失业、被抢、车祸、房子被烧或失去亲人。这些事故除了给个人造成创伤以外，往往还会造成严重的经济后果。个人（被保险人）和保险公司之间的保险合同为面临此类事件的家庭提供了重要的财务缓冲。也就是说，保险帮助人们管理风险。

然而，很多人都没有保险或保险不足，这主要是因为保险费。对于低收入群体和存在其他紧要问题的人来说，保险往往不是他们优先考虑的问题。此外，保险单的条款可能会让人感到困惑。人们主观上倾向于避免思考某些事件的发生，比如死亡。尽管大家都知道坏事有可能发生，但很多人往往低估了它们发生的可能性（Kunreuther and Pauly，2014）。

此外，保险公司在销售保险时，历来歧视某些群体。种族特征可能导致整个社区购买保险的行为都被拒绝，或保险公司会忽略对其家庭和汽车的保护（Squires，2003）。这种做法不限于私人保险，政府保险也对某些群体存在歧视。例如，少数族裔的农场工人和家政工人没有资格申请失业保险（Unemployment Insurance），这是联邦政府为解决大萧条期间普遍存在的失业问题而设立的一项计划。随着后续破坏性影响的出现，直到几十年后，这些群体才被纳入政策覆盖范围（Stoesz，2016）。鉴于这些复杂的因素，少数族裔中很多人都投保不足，即如果发生索赔，保险不能支付全部的花费。另一些人则完全没有保险，即缺少保险来覆盖特定风险的损失和费用。

保险公司可以是公共的（政府）或私人的（公司）。公共保险，通常被称为社会保险，涵盖老年、残障、医疗和失业等方面（见第6章）。本章的重点是私人保险，但也涵盖医疗保险（分为私人的和公共的）。服务者应该了解不同类型的保险，这对金融脆弱群体很重要，还应了解没有特定类型保险的后果。本章还将讨论人们如何在某些类型的保险上省钱。最后，我们帮助服务者知道何时以及如何将服务对象转介法律帮助。

本章从西尔维娅·伊达尔戈·阿塞韦多的案例开始，她正在研究医疗保险。西尔维娅和她的丈夫赫克托还有他们的孩子住在一起。赫克托的建筑工作提供了一些福利，包括医疗保险、伤残保险和人寿保险。西尔维娅的餐馆工作不提供任何福利。之前，西尔维娅通过赫克托的工作获得医疗保险，但最近赫克托的雇主改变了政策，不再为员工配偶提供保险。现在西尔维娅需要自己购买医疗保险。

聚焦案例：西尔维娅研究医疗保险选择

西尔维娅最近几天不太舒服，她决定去社区卫生诊所看看，之前几年她都是这样做的。医生治疗了她的重感冒，并告诉她几天后就会好。她准备直接支付医疗费用。然而，工作人员问她关于医疗保险的问题。西尔维娅说，她的雇主不提供这种福利，并解释说，她以后也不能通过赫克托得到这种福利。

工作人员建议她查看“覆盖加州”（Covered California）网站，根据《患者保护与平价医疗法案》（Patient Protection and Affordable Care Act），加州居民可以获得医疗保险。只要西尔维娅持有合法移民文件[①]，该网站就会为她提供财务帮助来支付保险费。西尔维娅确认她持有绿卡。工作人员告诉她，她今年可能会因为没有保险而被罚款，但以后可以获得低成本的保险，这比罚款便宜，且能给她的家人提供良好的保险（Healthcare.gov，2016）。

西尔维娅记得她和老板的最近一次谈话。自从赫克托的公司政策改变，不再提供她的保险后，老板建议她购买自己的医疗保险。她回想起在墨西哥的生活，在那里，她的家人去镇上的诊所，不需要担心基本医疗保险的问题，这让她意识到美国是不同的。幸运的是，现在家里还没有人真的病了，但她意识到没有医疗保险存在很大的风险。

① 无证移民没有资格获得ACA、医疗补助、医疗保险或儿童健康保险计划（见第6章）的保险或健康补贴。他们可能会从社区卫生中心和医院寻求医疗保健，并经常需要自付大笔费用。

西尔维娅担心保险太贵，尤其是现在她和赫克托正在把所有钱都投入他们的房子里。但她也知道，为意外医疗事故买单可能要贵得多。就在几个月前，妹妹乔治娜在上班的路上出了一场小车祸。她撞到了头部，同事们很担心，把她送到了急诊室。幸运的是，乔治娜没有什么严重的问题，但是，因为没有医疗保险，乔治娜不得不支付700美元的医药费。如果事故再严重一些，这样的费用对整个家庭来说会是一个严重的财务问题。

西尔维娅甚至不确定从哪里开始。众多的选择以及不熟悉的术语都令人困惑。这让她很焦虑，甚至想逃避，但她知道自己别无选择。他们必须要有医疗保险。她决定弄清楚要做什么。

保险有助于风险管理

保险可以防范金融风险及抵御未来不确定性，即不确定某些损失是否会发生以及损失可能性有多大。人们在处理经济损失风险时有几种选择：

- 避免财务风险，例如，不买车或不驾驶汽车，以消除在车祸中损失金钱的风险和对汽车保险的需要。
- 通过减少糟糕事情发生的可能性来降低财务风险。如使用安全带、小心驾驶、保持汽车良好的工作状态可以降低风险。
- 通过购买保险把风险转移给其他人或机构。
- 积累足够的储蓄，以防发生不好的事情从而造成经济损失（自我保障）。

大多数家庭会结合使用四种策略。然而，购买正式的保险几乎是每个人在某些时候都必须要做的事情。这就需要人们对保险如何运作有一个基本的了解。

研究机构可以帮助服务者理解保险如何保护人们的财务安全（见专栏15.1）。

专栏 15.1 聚焦研究：凯泽家族基金会

凯泽家族基金会（Kaiser Family Foundation）是一个独立的无党派组织，它从事相关研究并提供有关美国医疗保健和医疗保险的信息。例如，基金会的一项研究发现，未参保的低收入劳动者从2013年的35%降至2014年的26%（Williamson，Antonisse，Tolbert，Garfield and Damico，2016），另一项研究分析了大约1100万新参保的非老年成年人如何使用他们的保险（Garfield and Young，2014）。报告显示，与没有保险的人相比，新参保人群认为他们可以获得更好的医疗保健，他们对于医疗账单的问题更少，对未来医疗账单的担忧也更少。

尽管如此，新参保人群中的很多人仍难以支付每月的保费，这可能导致一些人在下一年放弃保险（Liss，2016）。此外，保险覆盖并没有显著改善人们的财务不安全感。一些受访者说，他们难以使用保险计划和理解其中的细节。

凯泽家族基金会的研究结果表明，虽然扩大医疗保险覆盖范围可以在一定程度上减少人们获得医疗服务的财务障碍，但许多家庭仍然面临挑战。此外，仅仅获得保险是不够的，人们在得到保险后仍然需要更多关于保险的信息。

保险如何运作

保险是基于“统筹”（pooling）概念，由许多被保险人共同分担风险。保险公司从投保人那里收取的费用被称为保费（premium）。保险合同规定了在何种情况下被保险人可以就风险事件的发生提出索赔要求。通过这种方式，被保险人支付保费，但同时可以转移部分损失风险。保险政策会倾向于专门处理某些类型的损失（如火灾、疾病和生命安全）。当保险承保的损失发生，被保险人提出索赔要求，如果证据确凿，保险公司应予以赔付。

保险公司的保费标准基于两个因素：（1）承保损失的潜在成本；（2）损失可能发生的概率。损失越大和风险越常见，保费往往越昂贵。保险公司通常会提供覆盖小概率风险事件的保险，但保费仍然很高。各州对保险公司进行监管，但对收取高额保费的规定较少，因此消费者应该认真比较和挑选。考虑到保费的成本和风险规划的困难，金融脆弱家庭可能不会把购买保险视为优先事项。他们往往过于关注非常罕见的事件，而对自己面临的真实风险关注不够（Loewenstein et al.，2013）。服务者可以帮助服务对象评估他们的风险，并了解优先考虑哪种保险（见专栏 15.2）。

专栏 15.2 保险的类型

人们应该优先考虑高风险/高成本损失事件的保险，例如房屋和汽车的损失、因残疾而影响收入。服务者可以通过解释保险类型来帮助服务对象确定风险：

- **人寿保险。**在投保人死亡的情况下为家人或其他指定受益人提供赔付的保险。
- **伤残保险。**为因慢性病或受伤而丧失赚取收入的能力的投保人赔付的保险。
- **财产保险。**承保与房屋或公寓有关的事故、盗窃或损失。
- **牙科保险。**覆盖牙科护理和治疗费用的保险。很多人没有牙科保险，不得不自掏腰包支付牙科费用或放弃此类服务。
- **医疗保险。**覆盖日常医疗保健和意外的重大医疗费用的保险。
- **汽车保险。**关于车辆损坏或被盗的保险，以及意外事故的责任保险。大多数州都要求车主必须有基本的汽车责任保险，没有这种保险的人驾驶车辆会受到罚款和处罚（American Automobile Association，2016）。

选择保险

成本

成本是选择保险时首先需要考虑的因素。保险费用取决于个人对保险类型做出的特定选择。相关因素包括免赔额、联合保险（co-insurance）、免除责任和续保条款。

免赔额——被保险人在保险公司开始赔偿其损失前自己支付的部分——影响保险成本。保险公司要求被保险人提供免赔额，以激励人们注意保护自己和他们的财产。较高的免赔额通常意味着较低的保费。例如，拥有1000美元汽车保险免赔额的人有一辆要花2500美元修理的车，他必须在保险支付剩余的1500美元之前支付1000美元。虽然高免赔额的保险通常有较低的每月保费，但投保人必须确保在需要时有钱支付免赔额。个人财务状况和对风险的评估在选择免赔额时具有重要作用。

联合保险是被保险人对索赔费用的一种支付方式。与免赔额类似，联合保险鼓励人们谨慎行事。在某些保险计划下，人们可能同时承担免赔额和联合保险，但后者只有在达到免赔额后才生效。免赔额是第一笔需要支出的花费，和它不同的是，联合保险是被保险人与保险公司的百分比分成。例如，参加联合医疗保险的人可能需要支付20%的费用，而保险公司支付80%。虽然免赔额的上限是固定的，但根据风险事件的成本不同，联合保险的金额可能要大得多。

联合保险迫使被保险人承担更多的费用，限制索赔的数额，降低保险公司的总成本。这样做的结果是降低了保费，但也增加了被保险人的风险。

共同支付（co-pays）也称为共付（co-payments），通常只在医疗保险中使用，即被保险人在看医生、购买药物或使用医疗服务时支付较低的费用（5 美元至 50 美元）。除保险索赔和联合保险外，这些钱由服务提供方直接收取。

保单未涵盖的免除责任也会影响保费。例如，洪水或地震可能被排除在房主的财产保险政策之外。更多的免除责任会导致更低的保费，但也使投保人面临更多的风险。

续保条款可以确保保单继续生效，有些时候保费与前一年相同。这种担保通常意味着保险公司要收取更高的保费。例如，一份 10 万美元、没有续保条款的人寿保单，随着人们年龄的增长，通常需要被保险人支付更高的保费。和续保条款类似的保险政策每年都可以继续，但可能在所有年龄上都需要更高的保费。续保条款保证保费不会逐年增加。

可靠性

可靠性是人们选择保险时需要考虑的另一个因素。当人们提出保险索赔时，他们期望保险公司能够予以支付。州保险监管机构会检查保险公司的账目，评估保险公司支付索赔的能力。不过，人们在签订人寿保险等长期合同之前，应该仔细评估保险公司的可靠性和声誉。为了了解这些情况，人们可以求助于评级公司，这些公司会对各保险选择进行评估，并向消费者提供建议。人们也可以求助于提供特定类型保险教育资料的组织。此外，各州均有权力监管保险公司和保险代理人。许多州还提供各保险公司的保费比较表、在线消费者提示和热线信息，以及公布消费者投诉情况或州政府针对保险公司的行动（National Association of Insurance Commissioners，2016a）。

保险的类型

本节将详细介绍保险的种类以及消费者针对每种保险需要作出的决定。这些保险并不是唯一可用的保险类型，但却是金融脆弱家庭最常见和最重要的保险。它们包括医疗保险、伤残保险、人寿保险、丧葬保险以及保护资产和财产的各种保险。

医疗保险

医疗保险涵盖可预测的、定期的预防性保健费用，如每年体检和接种疫苗的费用，也包括疾病或受伤产生的医疗费用。医疗保险可以通过雇主或其他团体计划、个人计划或政府计划［如医疗补助计划（Medicaid）］获得。以下是常见的团体计划：

- 首选服务提供者组织（preferred provider organizations，PPO）是指一组医疗服务提供方，通过与保险公司签订协议，以固定的成本提供大多数医疗服务。在人们选择从哪里获得医疗服务时，该计划能给予更大的灵活性。
- 医疗维护组织（health maintenance organizations，HMO）与特定的服务提供方签订合同，根据具体情况提供医疗服务。除紧急情况外，人们只能接受来自合约机构提供的医疗服务（HealthCare.gov，n.d.）。
- 基于雇主的保险（employed-based insurance）覆盖了近一半的美国人（Kaiser Family Foundation，2016a）。雇员通常需要缴纳保费，还要承担共同支付和免赔额。
- 个人（非团体）商业保险［individual（nongroup）market insurance］可通过私人市场或公开交易直接获得。保费取决于保险范围。没有雇主投保的低收入群体和中等收入人群可能有资格获得税收抵免，以降低保险的成本（U.S. Centers for Medicare and Medicaid Services，n.d.-a）。
- 医疗补助计划是一项由联邦政府和州政府合作的医疗保险计划，旨在为低收入人群提供医疗保险。在一个州符合资格的人可能在另一个州不符合（SSA，2011）。各州医疗补助计划的覆盖范围每年都在变化（见专栏 15.3）。

专栏 15.3　聚焦政策：医疗补助计划的扩展

2010 年《平价医疗法案》（The Affordable Care Act，ACA）扩大了医疗补助计划的覆盖范围，将更多没有保险的低收入家庭纳入其中（Kaiser Family Foundation，2016a）。到 2016 年，三分之二的州和哥伦比亚特区扩大了医疗补助计划的获取资格以覆盖更多没有保险的成年人，包括受扶养子女的父母和退伍军人及其配偶（Families USA，2015）。

没有扩大医疗补助计划的州的未参保率更高，很多家庭陷入“覆盖缺口”，被排除在医疗补助计划之外，也没有资格获得税收抵免以帮助他们支付医疗保险费（Garfield and Damico，2016）。

倡导者联盟（advocacy coalitions）在州层面努力促进医疗补助计划的扩大。这些联盟组织会收集数据、提供公众教育，并游说立法。凯泽家族基金会还会追踪每个州的保险状况（Kaiser Family Foundation，2016b）。

- 儿童医疗保险计划（the Children’s Health Insurance Program，CHIP）由州政府资助，为近 900 万低收入家庭儿童提供医疗保险（Henry J. Kaiser Family Foundation，2018）。虽然在有些州，该计划是和医疗补助计划联合提供的，但 CHIP 还覆盖很多父母没有资格申请医疗补助计划的低收入家庭儿童（U.S. Centers for Medicare and Medicaid Services，n.d.-b）。参保家庭通常需要每月支付保费，但可以根据收入水平获得补贴。

- 医疗保险（Medicare）由联邦政府运作，为 65 岁及以上的老年人以及患有某些慢性疾病的人提供保险（U.S. Centers for Medicare and Medicaid Services，n.d.）。医疗保险包括四个部分：A 部分覆盖医院、护理机构和临终关怀机构提供的服务；B 部分覆盖医生诊疗服务和医疗用品；C 部分不是一个单独的保险范围，而是一个私人保险计划，将 A 部分和 B 部分与一定范围内的处方药捆绑在一起；D 部分包括某些处方药的部分费用。一些低收入人群和残疾人具有双重资格，也就是说，他们有资格同时获得医疗补助计划和医疗保险。

- 退伍军人健康管理和军事保险（Veterans Health Administration and Military Coverage）是通过退伍军人事务部（Department of Veterans Affairs）的诊所与国民健康和医疗计划（the Civilian Health and Medical Program）为退伍军人提供的医疗保险。另一种形式的保险是 TRICARE，这是针对现役军人和退伍军人及其家属的地区性医疗保健计划。军事退休人员、配偶和丧偶人士通常都有资格获得 TRICARE 保险（HealthCare.gov，2016）。

2010 年通过的 ACA——即“奥巴马医改”（Obamacare）的各项条款将在数年内陆续生效。ACA 是自 1965 年建立医疗保险制度以来，美国医疗保健系统最重大的变革。凯泽家族基金会（2013）总结了 ACA 的关键条款。（注意，ACA 的条款仅适用于美国公民和合法移民。）

- 保险是强制性的（直到 2019 年）；任何没有私人或公共医疗保险的人如果没有被最低水平的医疗保险覆盖，都需要支付罚款；

- 既往病史不能被用来将人们排除在保险范围之外；

- 各州可以选择扩大医疗补助计划，以覆盖更多不同收入水平的未投保人群；

- 在联邦和部分州组织的医疗保险市场（Health Insurance Marketplace）为那些没有通过雇主获得保险的人提供一种来参加医疗保险的途径；
- 医疗保费和成本通过收入所得税条款对符合条件的人进行补贴；
- 在一些保险项目中，根据医疗服务提供者的相对表现、效率和质量对其进行监管和补偿。

ACA 在很多方面都存在争议。联邦和各州的政策制定者已经提出了多项建议来改变或废除 ACA，包括改变其覆盖范围、允许更多的人获得最低的医疗保险或不参保医疗保险。尽管有很多关于该政策的争论，来自联邦机构的支持也在减少，但 ACA 的许多条款仍继续受到消费者的重视（Cunningham，2017）。政策制定者会持续关注和讨论公共医疗保险的作用、保险授权的使用以及其他有关医疗成本和质量的条款（The White House，n.d.）。

聚焦案例：西尔维娅寻求帮助以获取医疗保险

西尔维娅去过诊所没多久，又带着儿子托马斯来到诊所，按学校要求进行每年一次的体检。他们去了社区诊所，但因为西尔维娅还没有保险，前台工作人员把她介绍给了西泽·戈麦斯。西泽接受过医疗保险注册助理员的培训并获得了认证，可以帮助人们获得医疗服务。西泽会说西班牙语，这很有帮助，因为尽管西尔维娅的英语很好，但医疗保险如此复杂和令人生畏，听他用西班牙语解释对西尔维娅很有帮助。西泽向西尔维娅询问了她的家庭和每个人的健康状况。“那你的医疗保险呢？”他问道。

西尔维娅告诉西泽关于赫克托雇主的新规定以及自己为何不再享有医疗保险。“我看过网站，但它太复杂了！”西尔维娅说，“我不知道哪个计划对我们来说是正确的，所以我还没有做任何事情。”

西泽解释说，医疗保险可以保护她的家庭免受大笔医疗费用的影响，提供除了诊所外的更多选择。西尔维娅知道他们需要保险。

西泽告诉西尔维娅现在的时机非常好，目前正是保险开放注册窗口期，即人们可以注册参加团体医疗计划。他还向西尔维娅保证，一旦投保，托马斯就仍然可以在诊所接受医疗服务。西泽和西尔维娅一起浏览加州医疗保险市场的网站，讨论各种选择。西尔维娅告诉西泽，自己早些时候看了这个网站，但不确定要注册什么，因为有许多不同的保费、免赔额、自付费用和其他细节。

西泽解释了适合西尔维娅及其孩子的医疗保险条款，以及每个选项的收益和成本。西泽告诉她，她的家庭收入和家庭规模使他们有资格享受加州保险计划的保费补贴。可选的医疗保险分为四类：青铜（bronze）、白银（silver）、黄金（gold）和白金（platinum）。所有的保险计划都涵盖基本的预防保健和相同质量的医疗服务，但费用不同。西泽在网站上向西尔维娅展示了她可能需要支付的保费，这是基于他们每年大约50000美元的家庭收入计算的（见表15.1）。

表15.1 加州保险计划和保费示例

医疗保险计划	共同支付	免赔额	保费
青铜	40%	9600美元	151美元
白银	每次30美元	3400美元	324美元
黄金	每次25美元	0	440美元
白金	每次15美元	0	570美元

资料来源：https://apply.coveredca.com，2017年，基于一个由一个成年人和两个孩子组成、家庭年收入为5万美元的家庭，其每月纳税减免额度为396美元。

西尔维娅认为青铜计划是最实惠的。在扣除396美元的联邦所得税抵免之后，青铜计划每月最低仅支付151美元，但西泽告诉她，他们需要有一大笔储蓄，才能支付每年9600美元的免赔额以及40%的共付费用。西泽建议选择白银计划，每月费用为324美元，但免赔额只有3400美元，以及很少的共付费用。他说，对家庭来说，白银计划通常是最好的选择。然而，西尔维娅不知道自己是否负担得起每月的保费。她感谢西泽的帮助，并说会与西泽保持联系。

当天晚上，她和赫克托讨论了各种保险计划的利弊，并决定选择青铜计划。他们会尽量减少医疗服务的使用，而且他们都很健康。考虑到开放注册的时间很短，西尔维娅决心尽快回到诊所。然后，西泽会帮她在网站上注册，网站上也解释了如果她选择使用其他服务提供方的医疗服务而不是该诊所时，应如何使用保险（Centers for Medicare and Medicaid，2016）。

在回家的路上，西尔维娅虽然很担心每月有一笔新的还款，但也松了一口气。在注册之前，她并没有意识到她是多么担心如果家里有人生病或者出了事故怎么办。西尔维娅的下一步是开始考虑如何为可能的共付费用和免赔额做预算。

伤残保险

很多人都会考虑人寿保险，但往往会忽视伤残保险，而事实上，处于工作期的成年人更可能出现伤残而不是死亡。此外，许多家庭会因为短期的收入损失而缺少经济来源（Financial Industry Regulatory Authority，2016）。伤残保险保障的是个人赚取收入的能力，用于抵御慢性疾病或受伤带来的风险。虽然保险范围各不相同，但伤残保险涵盖身体伤害、精神疾病和长期疾病，如癌症。

申请伤残保险赔偿通常需要申请人提交伤残医学证明来获得索赔。根据具体情况和伤残保险的来源，审批时间有所不同，甚至可能需要几个月的时间。因此，有些人会同时购买短期和长期伤残保险，以避免收入的长期中断。

有些人有资格通过雇主、其他组织或工人补偿组织（Workers' Compensation）获得伤残保险。雇主和其他组织如工会，会提供团体伤残保险。作为激励员工重返工作岗位的措施，这些计划并不能百分百取代收入。由雇主支付的短期伤残保险在被索赔后通常会有 14 天的等待期，保险期限一般不到 2 年。工人补偿保险（Workers' Compensation Insurance）为因工作受伤或患病的工人提供伤残保险。很多州（尽管不是所有）要求大型雇主提供工人补偿保险，但某些类型的岗位可以免除（如农业工人；U.S. Department of Labour，n.d.）。这些计划通常是为人们短期离开工作岗位提供保险，但政府项目如社会保障伤残保险（Social Security Disability Insurance，SSDI）、补充保障收入（Supplemental Security Income，SSI）和退伍军人伤残赔偿金（Veterans Disability Compensation），则覆盖长期伤残。

SSDI 是一种公共保险，为社会保障系统覆盖的人群提供伤残保险，保险覆盖一部分没有工作记录的人以及在孩童时期（22 岁之前）已残疾的成年人。大多数申请 SSDI 的人最初会被拒绝，而可能需要一年或更长时间进行上诉。要获得申请资格，个人必须完全残疾而无法工作，且伤残状态预计持续一年以上（Social Security Administration，n.d. -a；Special Needs Alliance，2015）。领取人在领取了 2 年 SSDI 福利金后，就有资格享受医疗保险，也可能会领取其他福利。2014 年，1000 万人受到 SSDI 的保障，其中绝大多数（87%）是伤残的劳动者，10% 是残疾的成年孩子，2.5% 是残疾的丧偶人士（Social Security Administration，n.d. -a）。

SSI 是另一项公共保险计划，覆盖收入低、资产少、没有工作经历的残疾人，有工作经历的残疾人有资格申请 SSDI。身体或精神状况严重影响其活动能力甚至可能致死的儿童也有资格申请 SSI，只要他们满足收入较低、资产很少的限制条件（SSA n.d. -b）。大约有 550 万人领取 SSI 福利金（SSA，n.d. -a）。

退伍军人伤残赔偿金覆盖因执行任务或军事训练而致残程度达到 10% 或致病的退伍军人。赔偿数额取决于伤残程度的医学评估（从 10% 到 100% 不等）和军事服务致残证明（U.S. Department of Veterans Affairs，2013）。有工作经历的伤残退伍军人也有资格获得 SSDI（Muller，Early and Ronca，2014）。

人寿保险

人寿保险是指在被保险人死亡后向指定受益人提供特定数额的赔款，即所谓的死亡抚恤金（death benefit）。这对于有受扶养人的劳动者来说尤其重要。有些雇主提供团体人寿保险，并将其作为雇员福利的一部分。个人也可以在私人市场上购买人寿保险。如果人们想要更多的保险，可以购买额外的人寿保险。

申请人寿保险需要申请人提供体检证明。这有助于人寿保险公司确定投保人的健康状况，并允许保险公司因为投保人吸烟、高胆固醇、高血压、糖尿病或其他可能增加过早死亡风险的状况而增加保费（DiGiacomo，2011）。

人寿保险的费用根据保险类型、投保人年龄、健康状况和保险赔付金额的不同而不同（SSA，2013）（见表 15.2）。

表 15.2　定期人寿保险 20 年月保费示例

年龄	100000 美元	250000 美元
25 岁	25 美元	54 美元
35 岁	36 美元	80 美元
45 岁	50 美元	110 美元
55 岁	80 美元	180 美元
65 岁	120 美元	300 美元

注：本表适用于不吸烟且身体健康的投保人为期 20 年的定期人寿保险每月保费。
资料来源：作者基于市场保费情况自行计算。

人们对人寿保险范围的选择受多个因素影响。对大多数家庭来说，最低额会包括用来偿还主要债务（如抵押）、支付葬礼和其他最终费用的支出，或许还包括子女的教育支出。有些家庭还可能希望保险能够支撑未亡配偶不工作或覆盖全职照料孩子的支出。对于定期人寿保险，保单的期限也是一个考虑因素。保险期限可以延长到子女完成学业或本人经济责任可以减少时（见专栏 15.4）。

专栏 15.4　定期人寿保险和永久人寿保险

定期人寿保险（term life insurance）提供对一段时间内死亡风险的防范。如果被保险人在承保期内死亡，保险公司向受益人支付死亡抚恤金。如果被保险人未在承保期内死亡，受益人将得不到任何赔偿。只要人们按约支付保费，定期人寿保险就会以最低的保费提供最大的保障。定期人寿保险对金融脆弱人群来说是比较理想的，特别是他们有孩子或其他受扶养人并且可以按约支付保费时。如果人们跳过某次付费，保险成本则会显著增加。定期保险的费用相对较低，灵活性较高，这就使它成为许多人最合适的人寿保险形式。

永久人寿保险（permanent life insurance）（有时被称为终身人寿保险、可变人寿保险或万能人寿保险）把保险保障和现金价值结合起来。与定期人寿保险不同，终身人寿保险为被保险人的整个生命周期提供保障（如果已支付所有保费；Kim，DeVaney and Kim，2012）。终身人寿保险具有的现金价值特点使得它经常作为储蓄产品被出售，随着时间的推移，会累积一部分溢价。有些保单允许人们在放弃保险赔偿的条件下，以保险为抵押进行借款或者套现。尽管终身人寿保险在所得税减免上有一些优势，但是它的利率通常比其他投资选择要低。在相同的保障范围下，终身人寿保险要求的保费越高，人们管理起来越麻烦。四分之一以上（26%）的终身人寿保单持有人会在前3年终止他们的保单，近一半（45%）会在前10年终止（Kim et al.，2012）。特别是对于所得税负担较低的低收入人群而言，定期人寿保险的优势通常大于终身人寿保险。

这两种保险都可以通过金融机构、网站或代理人购买。保单的销售通常包含佣金。佣金受保单成本影响，因此，终身人寿保险的佣金往往更高（Cohen，2015）。

丧葬保险

2015年，美国丧葬费用中位数大约为7000美元（National Funeral Directors Association，2015），很多家庭都负担不起。对很多人来说，死后没有传统葬礼是无法接受的。他们可以考虑丧葬保险，这是一种永久性人寿保险，用于支付人们死后的花费，而不会给亲属造成负担。丧葬保险的承保水平相对较低（5000美元至3万美元），保险公司也不要求体检证明，因此人们很容易获批。但是，如果投保人患有某些疾病，可能会被拒绝。像其他类型的永久人寿保险一样，丧葬保险的保费比定期保险要高。没有资格申请定期保险的人可以选择为葬礼储蓄或购买意外死亡保险，后者只有在投保人意外死亡时才会赔偿被保险人（DiGiacomo，2011；National Funeral Directors Association，2015）。

为资产和财产投保

为资产和财产投保不仅可以防范风险，也可以增加家庭财富（见第 10 章）。保险降低了人们因盗窃、意外事故和自然使用而损失资产的风险，避免个人和家庭辛苦积累的资产出现流失的情况。与低收入家庭最相关的财产和资产保险类型包括汽车保险、业主险、承租险和小额保险。

汽车保险

汽车保险在车辆发生事故、损坏或被盗的情况下保护个人免受经济损失。如果没有足够的保险，人们需要为损失可能很大的事故承担责任（Brobeck and Hunter，2012）。汽车保险的费用因汽车型号、免赔额、居住地、驾驶记录、年龄、性别、婚姻状况、信用得分、驾驶习惯等因素而异。汽车保险的类型如下：

- 责任险是一种最基本的汽车保险，当被保险人负有责任时，该保险用于赔偿他人的经济损失。它涵盖人身伤害和财产损害，是各州法律要求的最常见的汽车保险（American Automobile Association，2016）。这是费用最低的汽车保险，不包括对被保险人汽车维修费用和医疗费用的赔偿。
- 碰撞险负责赔偿被保险人车辆在意外事故中所造成的损失，不论被保险人是否有过失。如果一个投保了碰撞险的人与另一个没有投保的人发生事故，他的费用（如医药费、汽车修理费）由他们各自的保险公司承担。
- 综合险负责赔偿被保险人的车辆因非意外事故（如火灾、被盗、故意破坏、洪水、冰雹等）所造成的损失。
- 未投保机动车险赔偿没有保险的驾驶人造成的事故或驾车逃逸事故给被保险人带来的医疗费用，在一些州，该保险还会赔偿财产损失。
- 当有过错的驾驶员没有足够的保险赔偿损失时，未充分投保机动车险可以支付相关治疗费用（Brobeck and Hunter，2012）。
- 医疗保险支付被保险人车辆上所有受伤人员的医疗费用，无论其是否有过失。它还赔偿被保险人的家庭成员在他人车辆事故中受伤或在步行 / 骑车时被汽车撞到而产生的医疗费用。

承租险

承租险是对住宅内物品的损失进行保险，不包括住宅本身，它相对比较便宜。承租险并不是必需的，很多房客都不会购买该保险，但考虑到盗窃或物品损坏造成的成本，购买承租险可能是明智的。承租险主要有两种：（1）重置价值保险（a replacement value policy），承保更换、修理或重建资产的费用；（2）现金价值保险（a cash value policy），只承保物品折旧后的当前价值。后者比较便宜，但是前者涵盖了替换任何损坏或被盗物品的成本，并可以帮助家庭在物品损坏或被盗后迅速恢复（Kossman，2013）。

业主险

业主险是对房屋结构和内部物品进行保险，也承保因为入室盗窃、火灾、风暴灾害等事件带来的债务和部分生活开支。（为地震、洪水和其他不寻常危险投保通常需要另外单独的保险。）贷方几乎都会要求房主购买业主险，因为这会在房屋交易止赎的情况下保护他们的利益（见第 13 章）。如果房主故意拒付或不支付保险账单，贷方可能会强制房主购买财产保险并向其收取费用（CFPB，2015；2016b）。业主险的保费有时候会被囊括在每月的房贷中，抵押贷款提供方会在保险账单到期时用这些钱进行支付（CFPB，2016a）。

业主险包括两部分。个人财产部分保护住宅及其结构和个人财产（如电子产品和珠宝）免受损失或损坏。责任部分承保对他人人身或财产的伤害和损害负有责任的房主。

大多数业主险不承保家族生意和与生意相关的损失。拥有家族生意的个人，如从事发型设计或珠宝设计的业主，应该考虑购买额外的家庭业务保险，以防损坏或盗窃。在现有保单中增加额外的家庭业务保险相对便宜（例如，2500 美元的保险每年仅增加 100 美元保费），但它涵盖了很多可能的问题（如银行存款被盗；Tice，2011）。

小额保险

小额保险是覆盖小型风险的短期保险政策。例如，人们在失业或生病的情况下，参加小额保险可以覆盖住房抵押贷款或汽车贷款。在失业的情况下，有些类型的小额保险还可补偿工资收入的损失。小额保险也可以承保汽车维修、汽车故障和拖拽以及其他意外费用。

小额保险政策通常与其他服务或合同捆绑在一起（Ashton and Hudson，2014）。例如，小额保险可以作为汽车贷款或抵押贷款的一部分出售，以确保后者被予以支付。消费者可能没有意识到他们有这个保险或保费，随着时间的推移，费用会累积至很高的水平，尤其是在资金来自贷款的情况下。因此，评估小额保险的成本和覆盖范围非常重要。人们还应该审查分期付款贷款，确保没有隐藏的保费。在某些情况下，人们可以取消小额保险来节省资金。

服务者帮助人们思考和计划风险管理

正如本章开始所讨论的，人们不参保和投保不足的原因有很多，包括过于乐观、无法理解风险、资金短缺、保险政策混乱以及歧视。即使人们了解到自己必须购买保险，也很难掌握由风险事件造成的潜在财务损失。因此，投保不足很少是因为人们不知道风险可能发生，而是他们的心理状况、财务能力和其他因素的综合反映。为了提供帮助，服务者可以教导服务对象如何选择和使用保险，并倡导更好的系统来帮助服务对象。

帮助服务对象选择和使用保险

让服务对象理解风险的存在和财务损失的潜在风险，以及知道如何保护自己是很重要的。从帮助服务对象确定目标开始就很有帮助。服务者可以询问服务对象对他们来说谁和什么是重要的，以及他们如何保护自己所重视的东西不受事故和其他负面事件的影响，然后可以询问这些东西在丢失或损坏的情况下会发生什么。像所有的消费决策一样，价值观和目标非常关键。

确定目标后，服务者可以帮助服务对象选择实现这些目标所需的保险类型。服务者可以解释哪些保险应被视为优先事项，以及每种保险的法律规定和合同要求。服务对象可能不知道雇主、工会、政府和其他组织有时会免费提供保险或对保险予以补贴。这些来源的保险通常是最便宜和最值得信赖的，因为它们已经由提供组织进行了审查。

当这些资源不可用时，服务者可以帮助服务对象评估并选择其他的选项。这时，服务对象可能需要别人帮助他们分析保险的特点，对不同保险公司和销售代理进行比较和评估。服务者要权衡考虑保险购买决策和服务对象的承受能力。教育在这一过程中很关键。例如，由于金融脆弱的消费者往往是高成本保险产品的目标，如永久人寿保险和丧葬保险，服务者可以告诉服务对象他们可以拥有的其他选择，并将他们介绍给社区中声誉良好的专业人士（Cramer，O’Brien and Lopez-Fernandini，2008；Kim et al.，2012）。

服务者还可以帮助服务对象申请保险福利。例如，服务者经常协助服务对象申请 SSDI，包括帮助他们获得伤残医疗证明，代表他们写申请信，以及对 SSA 的否决提出上诉。很多申请人在上诉后都被认定为残疾，因此服务者应该鼓励受挫的服务对象坚持下去，即使要花费数年的时间。服务者还可以把服务对象转介给当地法律服务组织、当地律师协会或其他法律代表组织，这可以使他们的申请更有可能获得批准（Laurence，2015）。

改变系统以更好地服务服务对象

当部分人群受到歧视或受到保险行业低效率和其他问题的影响时，改变保险系统就变得有意义。服务者可以为提升机会的可获得性或帮助服务对象应对风险做出贡献。例如，他们可能会注意到，数量不成比例的贫困拉美裔年轻人没有被保险覆盖，特别是在没有扩大医疗补助计划的州（Goodnough，2016）。服务者可以倡导地方、州和联邦政策与项目，增加金融脆弱家庭和社区获得负担得起的且值得信赖的保险产品的可能性。例如，服务者与州联盟（state coalitions）合作促进医疗补助计划覆盖范围的扩大（见专栏 15.3）。

服务者也可以组织培训指导，向未投保群体提供某些特定种类的保险。例如，当一个服务者意识到他的服务对象（其中多数是非法移民）没有汽车保险和驾照时，服务者可以提供相关信息，跟服务对象讨论相应风险，并筹集资金支付公交或地铁费用。

服务者可能会发现保险公司、公共机构或私人机构的不当或不道德的做法。例如，他们可能认为居住在特定社区的服务对象受到汽车保险行业的歧视性对待（Ong，2004）。服务者也可能发现，在自然灾害或其他负面事件发生后，被保险人的索赔请求被系统性拒绝。例如，飓风“桑迪”过后数年，数千宗索赔仍未被受理，甚至许多索赔受到保险公司的欺诈指控，导致联邦应急管理局（the Federal Emergency Management Agency）审查所有未决索赔（Alfonsi，2015；Chen，2015）。

在这些情况下，服务者可以与其他人一起对行业施加压力，以改变其不当做法。州和联邦联盟致力于防止保险定价中的歧视行为，加强对保险产品的监管，并加强对州的监督。国家保险部门受理投诉并将其转发给保险公司，帮助消费者得到回应（National Association of Insurance Commissioners，2016b）。一些全国性的组织帮助服务者和他们的服务对象发声，如 NCLC（见第 14 章）和 CFA（见专栏 15.5）。

专栏 15.5　聚焦组织： 美国消费者联合会（Consumer Federation of America，CFA）

CFA 是一个由大约 300 个非营利性消费者组织组成的协会，通过研究、倡导和教育来提高消费者权益。它关注的问题之一是保险，特别是低收入家庭负担保险的能力。

例如，CFA 调查发现，汽车保险的价格往往让低收入家庭难以负担。保险公司根据房屋所有权和信用得分等社会经济评级因素（socioeconomic rating factors）来设定保费，即便车主有良好的驾驶记录。在以非裔美国人为主的社区，保费是根据性别、婚姻状况、教育、工作类型和居住地来设定的，这些通常会给那些最无力支付保费的人带来高额保费。

高昂的保费往往会导致人们不投保或投保不足。CFA 研究发现，低收入者经常因为没有汽车保险而面临严厉的处罚，如触犯者可能要缴纳 500 美元或更多的罚款、被吊销驾照，在一些州甚至会被监禁（CFA，2016）。服务者可以找到关于各类消费者问题的最新信息，并在 CFA 注册以接收订阅邮件。

聚焦案例： 西尔维娅和赫克托考虑购买其他保险

现在西尔维娅和赫克托已经有了医疗保险，这让他们免于支付大额的医疗开支，这是一种解脱。但之后他们开始考虑其他可能发生的情况。他们不是那种会过于担心“如果”的人，但是现在他们很快就要拥有自己的房子了，任何一个重大的挫折都很可能会打乱他们的生活。他们负担不起太多，所以开始权衡考虑他们没有参加的其他不同类型的保险，如牙科保险、伤残保险、人寿保险和其他保险。考虑潜在的悲剧是很有挑战性的，但是西尔维娅和赫克托想知道自己是否可以在不花费大量金钱的情况下，慢慢地建立一些保障措施。

西尔维娅记得西泽告诉过她：如果不好的事情可能发生，就要防范最高的风险和最大的代价。在考虑了各种情况后，他们认为自己面临的最重要风险便是赫克托失业。赫克托的建筑工作是相当有风险的，失去他的收入对他们的财务状况将是毁灭性的打击。因为赫克托是工会会员，他调查了工会资助的伤残保险的成本和收益，发现如果他在工作中受伤，他的工作可以提供保险，但不包括在其他地方发生的伤残（比如在自己家里或兼职时）。他们不确定自己能否负担得起。如果不是太贵的话，购买伤残保险来覆盖工伤和无法工作的风险可以让他们心里安稳一些。现在，他们决定针对赫克托的主要工作岗位购买工伤保险和伤残保险，因为赫克托大部分时间都在做这份工作。买房之后，赫克托将寻找一份伤残保险，使其能够为他在工作以外的时间提供保障，包括做兼职的时候。

总结

保险提供了重要的金融风险防护，不仅保护个人和家庭，如人寿保险和伤残保险，还可以保护财产，如房产和汽车保险。人们理解保险是一个好主意，但却会推迟参保。服务者可以帮助服务对象评估他们想买哪种保险、如何购买、如何支付以及有必要的话该如何使用。服务者也可以帮助服务对象找到可靠的保险信息和资源，帮助其作出决定。最后，服务者还可以站在服务对象和所在社区的立场上提出政策倡议，帮助一些群体获得保险，并向提倡者、州和联邦监管机构报告保险滥用情况。

更多思考

·回顾·

1. 请描述下列保险。每种保险承保哪些风险？哪些人会从保险中受益？
   a. 汽车碰撞险
   b. 承租险
   c. 牙科保险
   d. 定期人寿保险
   e. 伤残保险
2. 为什么有两个学龄孩子的全职夫妇需要考虑伤残保险？如果他们的收入相似，为夫妻双方投保会不会是个好主意？如果夫妻一方的收入比另一方高，他们应该怎么做？为什么？
3. 保险公司如何决定对同一保险的不同被保险人收取多少费用？为什么一份汽车责任保险对 21 岁的男性收取 800 美元，却对 45 岁的女性收取 400 美元？

·思考·

4. 由于某些事件风险较高，在相同的保险价值下，对低收入社区的财产保护收取的保费可能会比高收入地区更高。这对你公平吗？
5. 如果你是西泽，你会对西尔维娅和赫克托选择参加青铜计划而不是白银计划作何反应？

·应用·

6. 你被安排在启蒙学前教育项目中给家长们举办一个关于保险的研讨会。你想参加什么保险呢？你觉得家长们会提什么问题？你打算如何回答？
7. 请讨论，在你所在的州，一名30岁、拥有不良驾驶记录的男性需要为汽车责任保险缴纳的保费数额。保险的成本是什么？假设这个人决定不买保险，不参加汽车保险，那么成本是什么？为什么有些人没有保险？请写出四个问题，用来询问在这种情况下试图购买保险的服务对象。

参考文献

Alfonsi, S. (2015). The storm after the storm. *CBS News, 60 Minutes*. Retrieved from http://www. cbsnews.com/news/hurricane-sandy-60-minutes-fraud-investigation-2/.

American Automobile Association. (2016). Liability laws: AAA digest of motor laws. Retrieved from http://drivinglaws.aaa.com/tag/liability-laws/.

Ashton, J. K., & Hudson, R. S. (2014). Do lenders cross-subsidise loans by selling payment protection insurance? *International Journal of the Economics of Business, 21*(1), 121-138.

Brobeck, S., & Hunter, J. R. (2012, January 30). Lower-income households and the auto insurance marketplace: Challenges and opportunities. Retrieved from http://www.consumerfed.org/pdfs/ Hunter-Brobeck-LMI-HOUSEHOLDS+CARINSURANCEMARKETPLACECHALLENGE S+OPPORTUNITIES.pdf.

Centers for Medicare and Medicaid. (2016, May 4). From coverage to care (C2C). Centers for Medicare and Medicaid Services. Retrieved from https://www.cms.gov/About-CMS/Agency-Information/OMH/OMH-Coverage2Care.html.

Chen, D. W. (2015, March 12). FEMA to review all flood damage claims from Hurricane Sandy. *New York Times*. Retrieved from http://www.nytimes.com/2015/03/13/nyregion/fema-to-review-hurricane-sandy-flood-claims-amidscandal-over-altered-reports.html.

Cohen, A. (2015, September 9). Life insurance agents and commissions: What you should know. NerdWallet. Retrieved from https://www.nerdwallet.com/blog/insurance/life/life-insurance-agent-commissions/.

Consumer Federation of America. (2016). CFA studies on the plight on low-and moderate-income good drivers in affording state-required auto insurance. Retrieved from http://consumerfed.org/cfa-studies-on-the-plight-of-low-and-moderate-income-good-drivers-in-affording-state-required-auto-insurance/.

Consumer Financial Protection Bureau. (2015). What is homeowner's insurance? Why is homeowner's insurance required? Retrieved from http://www.consumerfinance.gov/askcfpb/162/what-is-homeowners-insurance-why-is-homeowners-insurance-required.html.

Consumer Financial Protection Bureau. (2016a). What is an escrow or impound account? Retrieved from http://www.consumerfinance.gov/askcfpb/140/what-is-an-escrow-or-impound-account.html.

Consumer Financial Protection Bureau. (2016b). What is homeowner's insurance? Why is homeowner's insurance required? Retrieved from http://www.consumerfinance.gov/askcfpb/162/what-is-homeowners-insurance-why-is-homeowners-insurance-required.html.

Cramer, R., O'Brien, R., & Lopez-Fernandini, A. (2008). The assets agenda: Policy options to promote savings and asset ownership by low- and moderate-income Americans. Washington, DC: New America Foundation.

Cunningham, P. W. (2017, October 23). The health 202: Obamacare may lose 1.1 million people because of advertising cuts. *The Washington Post*. Retrieved from https://www.washingtonpost.com/news/powerpost/paloma/the-health-202/2017/10/23/the-health-202-obamacare-may-lose-1-1-million-because-of-advertising-cuts/59eccffd30fb045cba000924/?utm_term=.fd5b758930e2.

DiGiacomo, R. (2011, October 11). Should you pass on burial insurance? Bankrate. Retrieved from http://www.bankrate.com/finance/insurance/pass-burial-insurance.aspx#ixzz2Wz1RPSQX.

FamiliesUSA. (2015). A 50-state look at Medicaid expansion. Retrieved from http://familiesusa.org/product/50-state-look-medicaid-expansion.

Financial Industry Regulatory Authority. (2016, July). Financial capability in the

United States 2016. Retrieved from http://www.usfinancialcapability.org/downloads/NFCS_2015_Report_Natl_Findings.pdf.

Garfield, R., & Damico, A. (2016, January 21). The coverage gap: Uninsured poor adults in states that do not expand Medicaid—An update. Kaiser Family Foundation. Retrieved from http://kff.org/health-reform/issue-brief/the-coverage-gap-uninsured-poor-adults-in-states-that-do-not-expand-medicaid-an-update/.

Garfield, R. & Young, K. (2014). How does gaining coverage affect people's lives? Access, utilization, and financial security among newly insured adults. Menlo Park, CA: Kaiser Family Foundation. Retrieved from http://kff.org/health-reform/issue-brief/how-does-gaining-coverage-affect-peoples-lives-access-utilization-and-financial-security-among-newly-insured-adults/.

Goodnough, A., (2016, August 18). Six years into Obama's health care law, who are the uninsured? *New York Times*. Retrieved from http://www.nytimes.com/2016/08/18/us/six-years-into-obamas-health-care-law-who-are-the-uninsured.html?emc=edit_tnt_20160818&nlid=23538461&tntemail0=y.

HealthCare.gov. (n.d.). Health insurance plan & network types: HMOs, PPOs, and more. Retrieved from https://www.healthcare.gov/choose-a-plan/plan-types/.

HealthCare.gov. (2016). Health care coverage options for military veterans. Retrieved from https://www.healthcare.gov/veterans/.

Henry J. Kaiser Family Foundation. (2013, April 25). Summary of the Affordable Care Act. Retrieved from http://kff.org/health-reform/fact-sheet/summary-of-the-affordable-care-act/.

Henry J. Kaiser Family Foundation. (2016a). The ACA and Medicaid expansion waivers. Retrieved from http://kff.org/tag/waivers/?utm_source=web&utm_medium=trending&utm_campaign=1215.

Henry J. Kaiser Family Foundation. (2016b). Current status of state Medicaid expansion decisions. Retrieved from http://kff.org/health-reform/slide/current-status-of-the-medicaid-expansion-decision/.

Henry J.Kaiser Family Foundation. (2018, January 10). Status of federal funding for CHIP and implications for states and families. Retrieved from https://www.kff.org/medicaid/fact-sheet/status-of-federal-funding-for-chip-and-implications-for-states-and-families/.

Kim, H., DeVaney, S., & Kim, J. (2012). Which low- and moderate-income families purchase life insurance? *Family & Consumer Sciences Research Journal, 40*(3), 295-312.

Kossman, S. (2013, September 12). 4 common myths about renters insurance. *U.S. News and World Report*. Retrieved from http://money.usnews.com/money/personal-finance/articles/2013/09/12/4-common-myths-about-renters-insurance.

Kunreuther, H. & Pauly, M. (2014). Behavioral economics and insurance: Principles and solutions. The Wharton School, University of Pennsylvania. Retrieved from http://opim.wharton.upenn.edu/risk/library/WP201401_HK-MP_Behavioral-Econ-and-Ins.pdf.

Laurence, B. (2015). Social Security Disability benefits. NOLO Law for All. Retrieved from http://www.nolo.com/legal-encyclopedia/social-security-disability-benefits-29686.html.

Liss, S. (2016, February 28). Some health insurers struggling. *St. Louis Post-Dispatch*. E1, 3.

Loewenstein, G., Friedman, J. Y., McGill, B., Ahmad, S., Linck, S., Sinkula, S., & Madrian, B. C. (2013). Consumers' misunderstanding of health insurance. *Journal of Health Economics, 32*(5), 850-862.

Muller, L. S., Early, N., & Ronca, J. (2014). Veterans who apply for Social Security Disability Workers benefits after received a Department of Veterans Affairs rating of "Total Disability" for service-connected impairments: Characteristics and outcomes. Social Security Administration Office of Retirement and Disability Policy. Retrieved from https://www.ssa.gov/policy/docs/ssb/v74n3/v74n3p1.html.

National Association of Insurance Commissioners. (2016a). Map of NAIC states and jurisdictions. Retrieved from http://www.naic.org/state_web_map.htm.

National Association of Insurance Commissioners. (2016b). Consumer information source. Retrieved from https://eapps.naic.org/cis/fileComplaintMap.do.

National Funeral Directors Association. (2015). Statistics. Retrieved from http://nfda.org/about-funeral-service-/trends-and-statistics.html.

Ong, P. (2004). Auto insurance redlining in the inner city. *Access Almanac, 25*, 40—41.

Social Security Administration. (2011). Medicaid program description and legislative history. Retrieved from https://www.ssa.gov/policy/docs/statcomps/supplement/2011/medicaid.html.

Social Security Administration. (2013). Actuarial life table. Retrieved from https://

www.ssa.gov/oact/STATS/table4c6.html.

Social Security Administration. (n.d.-a). What you should know before you apply for Social Security disability benefits. Retrieved from http://www.ssa.gov/disability/disability_starter_kits_adult_eng.htm.

Social Security Administration. (n.d.-b). What you should know before you apply for SSI Disability benefits for a child. Retrieved from http://www.ssa.gov/disability/disability_starter_kits_child_factsheet.htm.

Special Needs Alliance. (2015). Administering a special needs trust: A handbook for trustees. Retrieved from http://www.specialneedsalliance.org/.

Squires, G. D. (2003). Racial profiling, insurance style: Insurance redlining and the uneven development of metropolitan areas. *Journal of Urban Affairs, 25*(4), 391-410.

Stoesz, D. (2016). The excluded: An estimate of the consequences of denying Social Security to agricultural and domestic workers. St. Louis, MO: Washington University, Center for Social Development.

The White House (n.d.). Repeal and replace Obamacare. Retrieved from https://www.whitehouse. gov/repeal-and-replace-obamacare.

Tice, C. (2011). Does your home business need insurance? *Entrepreneur*. Retrieved from http://www.entrepreneur.com/article/220125.

U.S. Centers for Medicare and Medicaid Services. (n.d.-a). 5 tips about the health insurance marketplace. Healthcare.gov. Retrieved from https://www.healthcare.gov/quick-guide/.

U.S. Centers for Medicare and Medicaid Services. (n.d.-b). Medicaid & CHIP coverage. Retrieved from https://www.healthcare.gov/medicaid-chip/.

U.S. Department of Health and Human Services. (n.d.). Medicare Program. Retrieved from http://www.benefits.gov/benefits/benefit-details/598.

U.S. Department of Labor. (n.d.). Workers' Compensation. Retrieved from https://www.dol.gov/general/topic/workcomp.

U.S. Department of Veterans Affairs. (2013). Compensation. Retrieved from http://www.benefits.va.gov/COMPENSATION/types-disability.asp.

Williamson, A., Antonisse, L., Tolbert, J., Garfield, R., & Damico, A. (2016. June 10). ACA coverage expansions and low-income workers. Kaiser Family Foundation. Retrieved from http://kff.org/report-section/aca-coverage-expansions-and-low-income-workers-issue-brief/#endnote_link_190537-4.

第 16 章　身份盗用与保护

专业准则：盗用身份的方式有很多，但金融脆弱家庭可能缺乏这种认识，并且没有意识到，身份被盗用甚至会影响到他们目前和以后的金融福祉。服务者可以通过多种方式帮助服务对象，包括提供阻止身份被盗用的步骤的相关信息、及时止损并解决问题、阻止潜在的身份盗用，以及处理身份被盗用导致的精神压力等。

随着金融技术的日益普及，身份盗用也更加普遍。2014 年，大约 7%（1760 万）的美国人遭遇了身份盗用，并且盗用者从受害者身上平均获利 7761 美元（Harrell，2015）。除了经济损失，这些受害者还要承受法律费用和精神压力。因此，保护自己的身份和金融记录，对我们每个人都很重要。

这一章，我们将围绕身份盗用，讨论服务者如何帮助服务对象理解、阻止和处理身份盗用；如何就帮助金融脆弱家庭防止身份被盗用进行政策倡导。首先，我们将了解尤兰达·沃克的案例，她正在寻求信贷咨询师的帮助，以及珍妮特·哈勒特在处理尤兰达的医疗债务方面的进展（见第 14 章）。在这一章，由于遇到身份盗用，尤兰达正在向珍妮特寻求帮助。

聚焦案例：尤兰达的财务烦恼

珍妮特曾帮助尤兰达处理医疗债务，尤兰达也在她们之前的既定方案下，一直跟进偿还负债。尤兰达对于和珍妮特相处感到非常自在，而且获得了实际的金融帮助。珍妮特是一位非常优秀的倾听者，完全没有攻击性，也不评判服务对象，并且具有丰富的家庭金融案例处理经验。

由于信用卡债务，尤兰达再次拜访了珍妮特，特别是她想了解如何降低月付。但是在交谈中，珍妮特很快就意识到，这并非尤兰达来访的真正原因，她来访是因为她最近产生了很多新的费用和账单。珍妮特回顾了自己的工作记录，记录显示尤兰达有车贷、信用卡债务和医疗债务。由于他们之前处理过医疗债务，制定了合理的计划，按理说尤兰达不至于陷入债务窘境——除非又出现了新问题。

尤兰达：在我丈夫罗伯特去世的时候，我就知道我的信用有问题。我为支付账单制定了计划……但是这次不一样——这次不是我的错。我收到了一份账单，我还不太确定，但估计是我的女儿塔米卡消费的。我不太确定……

珍妮特：尤兰达，这次的账单金额是多少？

尤兰达：我只扫了一眼，差不多3000美元！

珍妮特：你记得和女儿有共同授权或者申请过这个信用卡吗？

尤兰达：没有，确切地说，如果她要使用，我是不会同意的，她也知道。所以她从来不问我。

珍妮特：你们使用同一个地址吗？

尤兰达：不，塔米卡和她男朋友住在一起。她过去和我住一起，但现在不是。不过她就住在附近，我可以经常看到她。

珍妮特：你在那张信用卡的欠款方还有其他消费记录吗？

尤兰达：没有，我甚至都没听说过那家公司。

珍妮特：你最近检查过信用报告吗？

尤兰达：没有，自从我上次和你见面后，就再也没看过了。

珍妮特：好的，那不如我们就从信用报告开始吧。不过，尤兰达，如果真是你女儿未经你允许使用的，就涉及身份盗用了——她假冒你的身份使用信用卡。现在你被账单困扰。

尤兰达：是啊，我知道这不好，我也不想让她陷入困境。我还试图阻止过，我从她那里拿走了我的卡片。我告诉她，我知道她做了什么。我以为我能处理好，我也觉得我能慢慢支付账单。但是，我很担心。我只是——我不确定我可以偿还费用。如果我支付不起……我的信用就糟了。

珍妮特：我看出来了，这很令人担心。我理解，但是我们得一件件来。我们先看看你的信用报告，讨论一下可能的选择。

什么是身份盗用？

前面的例子看来是尤兰达的女儿假冒妈妈的名字使用了信用卡。这是违法的（U.S. Department of Justice，2015a）。身份盗用意味着在未经允许的情况下使用（或者试图使用）他人的个人信息。本章聚焦于冒用他人信息来获取金融利益（FTC，2015）。

身份盗用的主要方式就是冒用（未经授权使用）信用卡或银行账户（Bureau of Justice Statistics，2015）。但是，FTC 报告了多种方式的身份盗用，包括冒用他人公共福利、银行账户、税务、薪资、公用事业、电话、雇佣关系和医疗服务（见专栏 16.1）。受害者有时会同时遭遇多种方式的身份盗用，比如银行账户和信用卡被盗。虽然这类问题通常解决起来比较迅速，但其中也包括 9% 的受害者，他们的问题超过一个月才能被解决（Bureau of Justice Statistics，2015）。在这样的情况下，身份盗用会导致经济损失、不公平的逮捕、不合适的扣押、债务催收者的骚扰、公共服务的损失和健康记录的错误信息。

专栏 16.1　聚焦研究：联邦贸易委员会

FTC 是一个保护消费者免于被诈骗、被欺骗、遭遇不公平交易、身份被盗用的政府机构。它包括一个安全的消费者向各个机构投诉的在线数据库，包括 FTC、商业促进局（the Better Business Bureau）、CFPB，还包括很多联邦和州授权的相关机构，这些机构和部门共享数据。除了身份盗用，FTC 还处理有关信用报告、债务信息及其他消费者条目的事宜，这些都是公众可获取的联邦和州层面的数据。FTC 的详细报告对社会工作实践和政策倡导非常有用。

比如，根据 FTC 消费者哨兵网络报告（FTC's Consumer Sentinel Network Report，2015），在 2014 年，身份盗用位列诈骗投诉的第一位（占 13%），并且位列军人和退伍军人投诉的第一位。最常见的身份盗用就是政府文件 / 福利诈骗（39%），其次是信用卡诈骗（17%）和冒名顶替（11%）。这些数据在州层面也是可获取的，所以服务者可以用它们来警示服务对象，政策倡导者也可以进行地方层面的政策倡导。

关于金融脆弱人群的数据在实践和倡导方面同样有用。在 2014 年所有的身份盗用案例中，24% 的受害者年龄在 30 岁以下，6% 的受害者在 19 岁及以下（Harrell，2015）。发现身份被盗用对年轻人来说非常困难，因为他们往往等到需要办理就业、买电话、申请公共福利、贷款等事项时才会发现，而这都是接近成年期才办理的事宜。

尽管身份盗用在高收入家庭发生率最高，但低收入家庭也同样存在风险（见专栏 16.1）。例如，2014 年，3.2% 持有信用卡的低收入家庭和 3.7% 持有银行账户的低收入家庭都经历过账户盗用（Harrell，2015）。尽管该百分比低于高收入家庭，但其造成的金融损失可能是灾难性的（Dranoff，2014）。身份被盗用会影响人们的收入和获得基本服务的机会，从而引起人们在食物福利、住房补贴、就业、退税、公用事业服务和其他重要资源方面的中断。此外，低收入家庭通常没有法律援助资金来解决与身份盗用有关的问题（Dranoff，2014）。

尽管身份盗用主要针对的是各种金融账户，但也可大致分为两类：（1）未经授权使用或试图使用现有账户，例如信用卡等；（2）未经授权使用受害人的个人信息来开设新账户（即塔米卡的行为）。

发现：身份盗用的迹象

通常情况下（但并非总是如此），受害人并不认识罪犯或不知道罪犯是如何获得其个人信息的（Harrell，2015）。罪犯可能住在另一个州或另一个国家，也可能是其邻居。受害人很可能没有意识到自己的身份被盗用了。由于身份盗用可以在短时间内造成严重损失，因此我们的目标是将其影响最小化。服务者可以帮助服务对象提高警惕，关注其私人信息及提早发现可能出现问题的迹象。

最初的迹象通常来自金融机构，机构会与服务对象就异常问题进行联系，比如银行账户提款异常或信用卡出现异常消费。当受害人尝试使用信用卡但被意外拒绝时，也会收到警告。身份盗用的其他迹象包括：

- 银行账户中的钱丢失；
- 未收到账单或其他应收到的邮件；
- 债务催收人员就陌生债务打来电话；
- 收到意外账单；
- 信用报告上出现不熟悉的账户；
- IRS 发出通知，通知受害人其名下生成了多份纳税申报表；
- 受害人收到未使用的医疗账单；
- 受害人本应有资格获得的贷款被拒绝。

有时迹象更复杂。例如，保险公司可能会向受害人发送拒绝索赔信，因为他们的记录错误地显示受害人已达到福利限额或其健康状况不准确。公司还会在服务对象容易遭遇身份盗用的情况下通知他们，例如当其计算机系统被破坏

（即被黑客入侵），使得公司的记录受到威胁时。在这种情况下，公司通常会免费提供信用检查，以便监视潜在受害人的活动。

行动：如果怀疑遭遇身份盗用，服务对象应该怎么做

服务对象从严重的身份盗用影响中恢复正常可能需要数月或数年，因此越早开始解决问题越好。但是，在解决问题之前，他们应确认身份盗用确实已经发生而不是一场误会。例如，有权访问账户或使用信用卡的其他人可能以意想不到的方式使用了，或者服务对象认识的某个人可能以其名义订购了商品。但是，一旦得到确认，服务者可以协助服务对象采取措施，将其金融损失降至最低（FTC，2014）。

当服务对象怀疑身份被盗用或者公司、公用事业或其他组织联系服务对象，告知其身份可能已经被盗时，FTC（见专栏 16.1）建议实施以下三个步骤：（1）阻止或最大程度地减少正在进行的诈骗；（2）证明已经发生身份盗用并且受害人不对由此产生的债务负责；（3）纠正因身份盗用而导致的信用报告中的错误（FTC，2013）。一些受害人可能需要法律援助才能完成这些操作。

第一，停止诈骗

首先，一旦确定服务对象遭遇潜在的身份盗用情况，受害人应立即通知诈骗发生的金融机构，并要求冻结或关闭该账户。例如，如果信用卡或借记卡被盗，或者钱已经从银行账户中被取走，受害人应立即关闭这些账户，并立即更改用户名或密码。受害人还应该了解记录与潜在诈骗相关的每个行为的重要性。

接下来，受害人应联系三大征信机构之一（见第 11 章），并要求在其信用报告上显示诈骗警报。（要求该征信机构将诈骗警报告知其他两家机构。）诈骗警报旨在引起潜在贷方的注意，并要求他们核实新贷款申请人的身份，从而使身份被盗用者更难开立更多账户。该警报会在个人信用报告中保留 90 天，并可持续更新。它还授权受害人从三大征信机构获得免费的信用报告。此后，如果确认身份被盗用，则受害人可以在信用报告中显示诈骗警报长达 7 年。

受害人还可以申请安全冻结，防止任何人以自己的名义使用信贷，包括受害人本人（Experian，2016）。当某人的身份已被用于实施严重诈骗，或受害人知道某人试图使用其身份时，安全冻结是一种强有力的保护措施。任何人都可

以随时申请安全冻结，但是申请和解除安全冻结都需要付费（每家征信机构大约收取 10 美元）。为了恢复借贷的能力，受害人必须在每家征信机构使用特殊表格或通过在线表格使用密码来取消冻结。最后，在某些情况下，服务对象可能需要律师的帮助，来解决与债权人和征信机构的问题。

第二，举证身份盗用已发生

试图澄清身份的受害人必须证明，犯罪者应对其所产生的债务负责。该步骤包括与执法机关联系，但并非所有人都愿意这样做。在某些情况下，尤其是身份盗用发生在家人和朋友之间时，受害人可能会选择不执行此步骤，以避免使这些重要的人陷入困境。例如，尤兰达担心使塔米卡陷入困境。家庭成员中如果有非法移民，他们也可能会避免将违法行为报告给执法机关。服务者应谨慎处理这些复杂情况。

澄清某人的身份时，参考警察报告很重要。地方公共安全部门不一定有身份盗用处理报告，并且，某些部门可能将身份盗用案件视为低优先级的。如果受害人首先致电当地公共安全部门报告身份盗用情况并咨询是否需要特殊程序，他们成功的可能性会更大。如果公安机关不积极受理，受害人可能会深感沮丧和失望。

受害人还应向 FTC 报告身份盗用。受害人可以使用 FTC 的投诉协助网站，在该网站上打印并填写《身份盗用宣誓书》(Identity Theft Affidavit)。这份宣誓书的副本应被作为警方报告的附件内容之一。此外，受害人还需要提供由政府签发的带照片的身份证明、住址证明以及任何其他被盗证明，例如账单和 IRS 的通知。在该过程中，服务对象应查看其信用报告，以获取进一步的身份盗用证据。

警方报告和《身份盗用宣誓书》共同构成身份盗用报告。该报告论述有人盗窃了受害人的身份，并保证受害人的某些权利，例如从信用报告中删除诈骗信息的权利。该报告还可催收收款公司试图从受害人处收取诈骗性债务。最后，该报告可使受害人在其信用报告上延长诈骗警报，并从公司获取有关身份盗用者滥用的账户信息（FTC，2013）。

第三，去除信用报告中因身份盗用导致的错误

为了最大程度地减少涉及信用的身份盗用造成的经济损失，服务对象应从信用报告中删除诈骗导致的收费。该过程可能比较艰难，但是非常值得，因为身份盗用对金融福祉可能具有深远的影响（见第 11 章）。删除错误包括受害人

致电其身份被非法使用的行为所发生的机构，解释身份盗用事件，并要求该公司删除错误的收费。该公司可能会要求服务对象提供身份被盗用的证据和文件。受害人应保留该通信的副本。

下一步是再次联系征信机构，要求删除由诈骗导致的错误报告（FTC，M14）。这涉及与三家征信机构就这些错误进行辩论（见第 11 章）。为此，受害人应向每家征信机构发送一份身份盗用报告副本及其身份证明，并要求封锁信用记录上因身份盗用导致的错误记录。

身份盗用者可能仍持有再次使用受害人身份所需的信息。因此，受害人应监视其信用报告，以确保错误收费已被删除，不会再次出现收费现象，并且不会突然出现新的错误收费。即使受害人最近要求征信机构提供免费的年度报告，他也可以免费使用带有诈骗警报的账户进行持续的信用监控。

向服务对象介绍律师

最后，尽管服务对象可以自行采取这些步骤解决身份盗用问题，但在某些情况下需要法律援助。经验丰富的律师可以处理法律文件，甚至在必要时采取法律手段，以解决服务对象与身份盗用有关的账户争议，或迫使债权人采取行动。有下列情形之一的，服务对象应与律师联系：

- 债权人、征信机构或其他公司拒绝对诈骗性收费采取补救措施，并坚持要求服务对象付款；
- 征信机构没有从受害人的信用报告中扣除诈骗性收费，或该项目被删除后，又再次出现；
- 服务对象难以在公共记录中建立自己独立的身份；
- 当针对身份盗用案对受害人提起任何法律诉讼（民事或刑事）时；

在许多情况下，服务对象需要律师的帮助，如果服务者不确定下一步应如何操作，则应建议服务对象咨询知名律师，或联系法律服务机构以寻求进一步指导。

特殊情况

有几种身份盗用情况需要服务者特别考虑。包括虐待关系中的身份盗用，其中涉及社会保障号或税收相关问题和医疗问题，以及涉及特定人群的情况，例如老年人、移民、现役军人、儿童和寄养儿童。

虐待关系

几乎所有的家庭暴力幸存者都报告说，虐待对他们的经济安全有负面影响（Adams，Sullivan，Bybee and Greeson，2008；Sanders，2015）。他们特别容易遭受身份盗用，因为施虐者经常可以访问其个人机密信息，这使施虐者可以申请退税、获得信贷、就业以及以受害人的名义申请福利等。

服务对象经常只有在脱离虐待关系后才发现身份被盗。回想一下，朱厄尔发现其前夫在他们离婚后，为了获得她的退税而为他俩错误地报税（见第7章）。借助帮助，朱厄尔成功地发现了前夫窃取自己退税的企图。在其他案件中，由于经济虐待，受害人可能会背上沉重债务、获得不良信用和引发金融混乱。因为摆脱这些情况可能很困难，受害人通常需要帮助。

服务者必须考虑到，在虐待案件中，对施虐者权力的任何挑战（包括挑战使用受害人的身份）都可能使受害人及其子女遭受身体和精神伤害的风险。针对虐待对象提交警察报告或《身份盗用口供》可能会造成严重后果。因此，在处理涉及家庭暴力行为的身份盗用案件时，不具备专业知识的服务者应咨询家庭暴力专家。

盗窃社会保障号

身份盗用者可以使用他人的社会保障号来获取个人信息，例如出生日期、母亲的婚前姓氏和雇主姓名。拥有社会保障号和个人信息的身份盗用者可以联系银行，要求将付款重新返回至其自己的银行或借记卡账户，以受害人的名义申请信贷，或登录受害人的在线账户，然后重新申请社会保障福利（SSA，2013）。此外，设立“我的社会保障”（My Social Security）账户可防止他人以本人的名义开设账户，并使福利流向他处。

与税收相关的身份盗用

在美国，与税收相关的身份盗用问题日益严重。仅2014年，IRS就支付了31亿美元的虚假纳税申报单，另有225亿美元的纳税申报诈骗未遂行为（U.S. Government Accountability Office，2016）。身份盗用者使用盗取的社会保障号和个人信息，以他人的名义提交纳税申报表并要求退税。人们通常只有在尝试提交自己的纳税申报表时才会意识到问题（见第7章）。此类遭遇身份盗用的受害人采取与其他类型盗窃相同的步骤（向 FTC 投诉、在信用报告中显示诈骗警报，并关闭被盗窃者开立或篡改的账户）。受害人应填写并提交《身份盗用宣誓书》，也必须通知 IRS。他们还应以书面形式（非电子方式）提交纳税申报表，缴纳税款并等待 IRS 联系解决此问题（IRS，2016）。

老年人

为了获得老年人的社会保障退休福利，身份盗用者会瞄准老年人群体。他们打电话或发送电子邮件给老年人，以获得他们的个人信息，然后使用该信息开设“我的社会保障”账户。如果成功，他们就可以将老年人的直接存款重新定向到他们控制的账户。如果老年人被错误地告知他们最近开立了“我的社会保险”账户，则应与 SSA 联系（SSA，2013）。

移民

大约有 180 万非法移民使用伪造的社会保障号支付了近 120 亿美元的州和地方税（Gardner，Johnson and Wiehe，2015；Goss et al.，2013）。这是身份盗用的一种形式，但这也是唯一获得正式工作的方法。但是，由于没有标识符，这些人没有资格获得税收收益，例如 EITC，也没有资格获得社会保险或医疗保险福利（Goss et al.，2013）。例如，使用这些劳动者信息的纳税人如果企图要求退税，则既是税收诈骗，也是身份盗用。

具有永久身份的移民特别容易被盗取身份。带有无证件家庭成员的移民，通常尤其害怕以受害人的身份前往相关机构。例如，2017 年，骗子打电话给毫无戒心的人们，声称他们欠 IRS 的钱。受害人中移民占很大的比例，损失超过 1 亿美元（Barry，2017）。

医疗身份盗用

目前，医疗身份盗用问题相对来说比较少，但在不断增长（Medical Identity Fraud Alliance，2015）。医疗身份盗用者使用他人的身份，来支付医疗服务或产品的费用，包括就医、申请保险索赔、获取处方药或住院。盗窃者和受害人的医疗信息混在一起，可能引发混乱，并会导致治疗或保险索赔方面的错误。如果服务对象收到他们未使用的服务账单，或接到不属于他们的医疗债务的电话，则可能会发现问题。他们还可能会在其信用报告中看到医疗收款，或者收到医疗保险通知，告知他们已达到福利限额。在某些情况下，服务对象可能会因其医疗记录不正确而被拒绝支付医疗保险。遇到这些问题的人应获取其医疗记录副本，并检查是否存在错误。此外，他们必须从其医疗提供者和医疗保险那里获取会计披露副本。该副本列出了收到医疗记录副本的每个人，并帮助受害人确定应与哪些提供者联系，以梳理其医疗和财务信息。他们还应向医疗保险公司和所有医疗服务提供者去函，解释医疗身份盗用情况，详细说明哪些信息不正确，并要求更正其医疗记录。受害人还应检查其信用报告，并发出诈骗警报或冻结其信用（FTC，2012b）。

现役军人

现役军人容易遭受身份盗用，特别是在国外驻守时。身份盗用是军人向 FTC 提出的最常见投诉（FTC，2015）。现役军人有资格通过与征信机构联系，在其信用报告中发布现役警报（Equifax，2016），通知企业采取额外的预防措施来核实以现役军人名义申请信贷者的身份。现役军人可以激活现役警报达 12 个月，并且如果其持续服役更长时间，则可以续订警报。有了此警报，服役军人在两年内不会收到预先批准的信贷或保险要约。

儿童身份盗用

在 10 起身份盗用案件中，有 9 起涉及陌生人，但一小部分涉及使用儿童（或其他家庭成员）身份的家庭成员（Harrell，2015）。例如，负担不起公用事业费的父母，可能使用其子女的姓名和社会保障号来申请公用事业服务。公用事业公司不知道该姓名和社会保障号属于孩子，就可能在孩子年满 18 岁之前，为孩子开立一个新账户并创建信用报告和评分。这种类型的身份盗用没有恶意，但会损害孩子的信用，使他们成年后背负其他人的债务。不愿向执法机关举报家庭成员的孩子必须找出偿还债务的方法。

寄养儿童身份盗用

每年，成千上万的寄养儿童缺乏照料，许多人还需处理不良信用。约 5% 到 10% 寄养家庭中的儿童有不良信用档案，原因在于债权人过失、身份混合、错误使用或诈骗使用儿童的姓名或社会保障号、拖欠账款或进行身份盗用和诈骗（GoldbergBelle and Chenven，2013）。经历过身份盗用的儿童可能会因不良信用记录而难以过渡到成年期。这样的后果可能包括难以租房、难以获得公共服务、难以获得学生贷款、没有资格获得话费合同或就业。寄养儿童通常缺乏成年人的指导和支持来纠正信用问题（California Office of Privacy Protection，2011；Peters，Sherraden and Kuchinski，2016）。官方对这一问题和其他信贷问题的认识导致政策改变，这些政策旨在发现身份盗用并帮助儿童从身份盗用中恢复过来（President's Advisory Committee on Financial Capability for Young Americans，2015；见专栏 16.2）。

专栏 16.2　聚焦政策：儿童寄养法保护青少年免受身份盗用和信用问题的侵害

为了解决约 5% 的寄养儿童面临的系统性信贷问题，美国国会颁布了《2011 年儿童和家庭服务改善与创新法案》(Annie. E. Casey Foundation，2013）。该法案要求儿童福利机构每年为每个 16 岁及以上的寄养儿童提供一份免费的信用报告，帮助他们理解该报告，并解决不符合实际的内容（Stoltzfus，2011）。

儿童福利机构向全国征信机构获取信用报告，以执行该法律。员工接受培训，学习如何获取、解释和纠正错误。CFPB（CFPB，2014）和 CBA（Goldberg Belle and Chenven，2013）已经编制了培训材料，以帮助机构和儿童福利个案工作者执行该法律。

聚焦案例：尤兰达的信用评分下降

接下来这周，尤兰达与珍妮特再次见面。在办公室中，珍妮特使用信用报告服务调取了尤兰达的全部三份信用报告。珍妮特还调取了尤兰达的信用评分，并将其与几个月前见面时的信用评分进行比较。她的评分从 650 下降到 620，这不符合她们的预期。

接下来，珍妮特在屏幕上显示了一份征信局的报告，然后与尤兰达进行讨论。在查看尤兰达的信用报告（见表 16.1）时，珍妮特指出了一些影响其信用的关键因素，以及一些新的和潜在的问题。即使尤兰达在偿还医疗债务方面取得了进步，一张新信用卡（塔米卡所开的信用卡）的余额相对于限额仍然很高。新卡欠款的贷方为 CAP CO，余额为 2281 美元，最高为 3000 美元。珍妮特还指出了尤兰达信用报告中提到的一些问题。尤兰达并未申请信贷，因此一定是塔米卡想开立其他账户。他们查看数据并讨论了这些选项。

表 16.1　尤兰达近期信用报告中的交易和查询记录

交易 / 周转					
姓名	账号	余额	收益	逾期	状态
CHASE	7871792451	2081 美元	7720 美元	0	01
CAPCURCO	A619473501	2281 美元	3000 美元	150 美元	03
MA RETAIL	XW67145103	0	0	0	
MC CSM	9667500019	0	0	0	09

查询	记录
06/16	ORMANCRED FIN CORP
06/13	CAPCURCO CREDIT FINANCE
06/10	SAP FINANCE SRVCS
2/15	USA BANK CARD
3/20	JMC AUTO
1/03	US APPLIANCE
7/11	RETAIL EXPRESS
5/29	TMOBILE
9/01	MSCU
3/04	DVRY CORP CREDIT LEASE

注：01= 按照约定支付；03= 逾期 60 天至 89 天；09= 冲销坏账；10= 全额支付。

防止身份盗用

当服务对象本人或其关系密切的某个人受到伤害时，服务对象最有可能提到身份盗用。服务者可以通过采取措施保护其个人信息来鼓励服务对象预防将来可能发生的事件。

保护每个家庭成员的社会保障号是预防的关键要素。服务者可以提醒服务对象不要在钱包、手提包或公文包中存放社保卡或社会保障号。存放社保卡的安全位置是银行保险柜或家中的安全位置。服务对象应保护或销毁包含其社会保障号的其他文件（或隐藏该号码）。绝不可以将自己全部或部分社会保障号用作个人识别码（PIN），除非绝对需要，否则请勿将其提供给任何人。[①] 服务对象有权（也应该）询问学校或政府机关，要求他们提供索取社会保障号的原因以及存储其信息的方法。

为保护个人信息并防止身份盗用，服务对象可以采取的其他措施如下（U.S. Department of Justice，2015b）：

• 不要使用地址、电话号码、姓氏（包括母亲的婚前姓氏）、生日和其他可访问的信息来保护 PIN 和密码。为低、中和高安全性账户创建三种不同的密码。切勿在靠近 ATM 卡或信用卡的地方写 PIN 码。

• 离开家时仅携带所需的信息。尽量减少携带的卡数量，这样，一旦钱包或手提包被盗，还能降低身份盗用的可能性。

• 每天接收邮件来确保收发邮件安全。外出时，安排邮局、家人或朋友处理邮件；通过选择不使用预先批准的信用额度来限制垃圾邮件；选择加入国家谢绝来电登记处（National Do Not Call Registry）。在丢弃邮件之前，请撕碎敏感文档。

• 根据合法的必要性，将金融记录保存在安全的地方。

• 在安全的网站上进行金融业务和购物，该类网站可以通过网页上某个位置的锁形图标进行标识。

• 避免点击链接，即使是由信任的朋友、银行、公用事业部和其他公司发送的链接也一样，谨慎地使用计算机和手机。切勿发送个人或金融信息来回复电子请求，即使这些请求看起来很正式。相反，应联系发件人或访问网站以检查其合法性。金融机构通知客户可用对账单和账户更改消息，但不要求通过电子邮件或短信发送信息。

• 销毁包含个人信息的文档，例如不必要的金融记录、收据、过期的信用卡和预先批准的信贷优惠。如果可以的话，撕碎不必要的文件，然后将其丢弃。

• 避免在社交媒体上发布个人信息，并限制对网络页面的访问。

• 接到电话时，切勿通过电话泄露个人信息。在许多骗局中，诈骗者扮作公司或政府的代表，并要求提供个人信息（Hoffman and McGinley，2010）。此时最好挂断电话而不泄露个人信息，并拨打公司或政府机构的客户服务电话。

---

① 社会保障网站（www.ssa.gov）列出了法律允许的办理社会保障号码的所有要求。

记录保存基础

在所有家庭中，个人文件、家庭记录和重要法律文件都是以纸质形式和电子形式积累的。服务对象应开发一个记录保存系统，来跟踪重要的金融信息。服务者可以通过多种方法和最佳实践来帮助服务对象。

有时，当服务对象带着一堆文件进来时，他很明显缺乏条理性。与其试图强加一个组织系统，不如称赞服务对象拥有文档并理解其价值。然后，服务者可以探索保存对服务对象有效的记录的方法。服务者必须说明重视和管理纸质和电子记录的重要性。这有助于服务对象组织所有内容并将其存储在指定的位置，以免丢失文档，并在需要时更容易检索信息。在紧急情况下，服务对象应该至少让另一个值得信任的人知道他们的计划。

存储替换成本高昂的纸质文件的最佳位置是防火箱或保险箱。这些文件包括出生证明和死亡证明、社保卡、护照、人寿保险文件、结婚和离婚判决书、医疗保险代理、授权书、军人退役证明、公民身份证明文件、财产契据、州和联邦纳税申报表以及车辆所有权。服务对象也可以备份这些文件的电子版本，并将它们存储在有密码保护的计算机文件夹、硬盘驱动器或在线存储服务中。

服务对象应将税务文件保存 7 年（Walker，2016）。自提交申请之日起，IRS 有 3 年的审核时间，但如果发现重大问题，则可以再延长 3 年。贷款文件也应被保存更长的时间，尤其是抵押贷款、汽车贷款、还款期更长的学生贷款和分期贷款。

验证报表后，服务对象应在一个付款周期后销毁信用卡收据和其他购买记录。对于习惯于上网且可以访问安全互联网的服务对象来说，“无纸化”对账单是一个不错的选择，这种对账单可以用电子邮件版本代替邮寄账单，减少了管理和丢弃纸质记录的需要。

网络身份盗用

网络身份盗用是一个重大问题。服务对象可以采取一些基本步骤来减少网络身份盗用的可能性：

- 不要使用明显的密码（例如生日、地址、孩子的名字）或任何常用词。
- 切勿在电子邮件中透露个人信息（例如全名、出生日期、银行账号或社会保障号）。
- 不要点击电子邮件中的链接，也不要点击询问个人信息的弹出广告。

- 使用以“https://”开头的网址，这种网址比“以‘http://’开头的网址”更安全。
- 经常登录在线账户，以检查对账单以及大大小小的交易。身份盗用者通常在尝试进行大笔交易之前，先尝试几次小笔交易以测试。
- 在公共场所使用计算机时，请保护密码和 PIN 码。
- 定期更改密码并使用安全密码。
- 避免在公用计算机上登录金融站点。

服务对象可以通过电子邮件向 FTC 报告诈骗行为或疑似诈骗行为，并向证券交易委员会报告疑似金融账户诈骗行为。

监控信用和银行账户

监控信用和银行账户对于防止身份盗用的发生或再发生至关重要。大多数人可以开发自己的系统来免费监控其金融账户，但是遭受身份盗用的服务对象可以考虑使用防盗保护服务。公司每月收取一定的费用，提供各种有助于身份保护的服务，例如监视信用报告以及跟踪个人信息和金融账户（FTC，2012a）。有些公司还有收费服务来帮助服务对象在遭受身份盗用后重建身份。

这些服务往往是积极的市场营销和广告，尤其是针对弱势人群。虽然有些服务对象足够重视这项服务，并因此支付每月的费用，但对于典型的低收入服务对象而言，这种划算的选择很少见。有时，有重大安全漏洞的债权人或企业将免费提供此类服务。

服务者在协助受害人和防止身份盗用中的角色

除了到目前为止讨论的各种角色之外，服务者可以帮助服务对象解决身份盗用的最重要方法之一，是帮助他们缓解情绪困扰。身份盗用往往会引发人们深深的无力感，受害人脆弱性增强，对他人的信任降低（FTC，2013）。尤其是涉及当前或以前的亲密伴侣或亲戚时，这种情况更可能会发生。在某些情况下，这种感觉可能会导致服务对象对金融服务机构或执法机构不信任。服务者可以帮助服务对象讨论和解决这种感受，同时采取措施防止进一步的损失。

当家庭成员为犯罪者时，如果报警或发出诈骗警报，服务对象尤其会在情感上面临特别挑战，因为这会给整个家庭造成压力。服务对象可以依靠犯罪者获得住房、儿童照料或子女抚养费。在这种情况下，服务者和服务对象应讨论报警的利弊。另一种选择是提出冻结财产或发出诈骗警报，以代替报案，并通过咨询解决犯罪者的问题。最终，决定权在于服务对象。

服务者的目标始终是提供信息和支持，以帮助服务对象作出自己的决定。但是，身份盗用不同，这属于诈骗，是非法的。在某些情况下，服务对象将无法采取必要的措施来做出补救。在这种情况下，服务对象可能需要寻求金融或法律专业人士的帮助。

在宏观实践层面，服务者与其他专业人士共同努力，防止侵害、提供服务，并通过法律法规保护人们免遭身份盗用。服务者可以组建或加入联盟，并使用现有的支持材料来促进其社区的活动（见专栏 16.3）。他们还通过联系消费者保护机构（例如 FTC 和 CFPB）及商业团体（如美国商业促进局委员会），来鼓励服务对象报告身份盗用的程度，从而促进统计其案件数量和社区中的身份盗用程度的准确性。

专栏 16.3 聚焦组织：国家身份盗用受害人援助网络

国家身份盗用受害人援助网络（The National Identity Theft Victim Assistance Network，NITVAN）是美国联邦政府资助的一个非营利组织。该组织旨在通过支持联盟的协调反应，来改善身份盗用受害人服务计划。NITVAN 在其网站上为受害人和服务者提供了许多资源：

- 为社会服务和其他服务提供者提供身份盗用类型的培训资源，包括与家庭暴力受害人、无家可归者、心理健康服务对象、老年人、儿童和移民一起工作的人。
- 公共教育资源，包括公共服务公告和社交媒体宣传活动、概述最初诈骗步骤的宣传册、详细的受害人恢复工具包、外联材料和宣传材料。
- 可以帮助受害人的州热线和其他州及非营利机构的详细信息、相关法律法规概要（例如安全冻结法、警察报告法和其他身份盗用法）以及相关法律，例如诉讼时效、法律赔偿、民事诉讼、支付卡、网络钓鱼、间谍软件、扫描设备、社会保障号、记录的访问和销毁以及免费的信用报告。

作为指导，NITVAN 通过解决关于联盟的目标和目标人群、谁已经在做这项工作、谁应出席谈判、伙伴关系能够做什么、组织有效的会议和战略规划等问题，帮助建立地方身份盗用联盟。

聚焦案例：尤兰达担忧与塔米卡的关系

尤兰达很沮丧，对该做什么感到矛盾。她担心自己的信用，但同时也担心塔米卡。尤兰达知道塔米卡正使用信用卡来支付账单并照顾婴儿，她知道塔米卡不好意思要求更多的财务援助。塔米卡并不完全了解自己所作所为的含义，但是尤兰达不想女儿再继续这样做。

尤兰达说，她听说有人被抓到以他人的名字开立信用卡并因此被捕入狱（U.S. Department of Justice，2015b）。珍妮特解释说，塔米卡的行为的确是非法的，从法律上讲，这与从尤兰达的银行账户中提取资金没有什么区别。实际上，这会使尤兰达支付更高的利息和费用。现在她的信用记录受到了损害。

尤兰达认为，目前她可以继续偿还这笔债务，以防止自己的信用进一步受损。她已经注销了这张卡，因此塔米卡无法继续使用。但是她不确定塔米卡是否会尝试开立另一账户。当尤兰达质问她时，塔米卡懊悔不已并答应偿还这笔钱。但尤兰达知道塔米卡没有钱。

尤兰达喜欢塔米卡，并希望自己能为女儿提供更多帮助。她知道，整个事情反映出了一个更大的问题，但她不确定如何解决。她和珍妮特讨论了各种选择。首先，珍妮特敦促尤兰达考虑在接下来的 90 天内提交诈骗警报，以防止债权人在不直接与她联系并确认的情况下开立新账户。这至少可以使塔米卡不再尝试开立新账户。

珍妮特还告诉尤兰达，她可以提交警察报告，在其信用报告中增加解释，并将诈骗警报延长 7 年。但是，如果提交报告，塔米卡可能会被起诉，并面临诈骗、伪造、通过欺骗手段盗窃和盗窃罪的指控，塔米卡会被罚款甚至入狱。她还必须向尤兰达做出赔偿。

尤兰达拒绝了这个选项。这将破坏塔米卡已经开始的充满挑战的成年生活。另外，他们的关系对她来说太重要了。尽管如此，尤兰达还是意识到了自己必须要做的事情。“好吧，”珍妮特说，“你有一些短期解决信用卡债务的方法，但是你很沮丧。讨论如何改善塔米卡的处境是否有意义？”

结论

身份盗用每年影响数百万个家庭，并触及许多金融脆弱家庭的生活，造成财务受损和情感影响。服务者可以帮助服务对象防止身份盗用，如果发生了，服务者则应采取措施以最大程度地减少和减轻损害。他们还可以将服务对象的心声和经验带到各地方、州和国家，以倡导制定更强有力的政策来保护人们免遭身份盗用。

探索更多

·回顾·

1. 说出至少三个身份盗用的案例。描述每个案例以及它如何发生。人们可以采取什么措施来避免每种形式的身份盗用？
2. 身份盗用给尤兰达带来的直接代价和长期代价是什么？
3. 服务者经常与处于困境的服务对象打交道，这种困境可能会使服务对象家庭成员的最大利益相互对立。尤兰达可能对塔米卡采取的行动方案是什么、权衡是什么？服务者可能有哪些建设性的方法来处理这种情况？

·反思·

4. 考虑你的个人信息：
   a. 它有多安全？
   b. 你的信息是否被盗用过？
   c. 什么方法可以帮助你更好地保护个人信息？
   d. 是什么阻止你采取更多的预防措施？

·应用·

5. 有一个服务对象来找你做金融咨询。你打开她的信用报告，发现报告上有三张信用卡和两条无法识别的信用额度。
   a. 你首先要问服务对象什么？
   b. 你建议采用什么策略来解决这个问题？
   c. 你的服务对象是否可以做些什么来避免身份盗用？你将如何帮助该服务对象保护自己将来免受身份盗用？
6. 研究你所在社区的身份盗用报告程序。如果遇到身份盗用的案件，你会如何报告？会向谁报告？

参考文献

Adams, A. E., Sullivan, C. M., Bybee, D., & Greeson, M. R. (2008). Development of the scale of economic abuse. *Violence against Women*, *14*(5), 563-588.

Annie E. Casey Foundation(2013). Youth and credit: Protecting the credit of youth in foster care. Retrieved from http://www.aecf.org/m/resourcedoc/AECF-YouthAndCredit-2013.pdf.

Barry, E. (2017, January 3). India's call-center talents put to a criminal use: Swindling Americans. *New York Times*. Retrieved from http://www.nytimes.com/2017/01/03/world/asia/india-call-centers-fraud-americans.html.

Bureau of Justice Statistics. (2015). Victims of identity theft 2014. Retrieved from http://www.bjs.gov/content/pub/pdf/vit14_sum.pdf.

California Office of Privacy Protection. (2011). A better start: Clearing up credit records for California foster children report on results of a pilot project. Retrieved from http://oag.ca.gov/sites/all/files/agweb/pdfs/privacy/foster_youth_credit_records.pdf.

Consumer Financial Protection Bureau. (2014). Helping youth in foster care to start and maintain good credit. Retrieved from http://files.consumerfinance.gov/f/201405_cfpb_tipsheet_youthfoster-care-good-credit.pdf.

Dranoff, S. (2014). Identity theft: A low-income issue dialogue. *Dialogue, 17*(2), 3-6.

Equifax. (2016). Fraud alerts and active duty alerts. Retrieved from https://help.equifax.com/app/answers/detail/a_id/17/~/fraud-alerts-and-active-duty-alerts.

Experian. (2016). Security freeze. Retrieved from http://www.experian.com/consumer/security_freeze.html.

Federal Trade Commission. (2012a). Identity theft protection services. Retrieved from https://www.consumer.ftc.gov/articles/0235-identity-theft-protection-services.

Federal Trade Commission. (2012b). Medical identity theft. Retrieved from https://www.consumer.ftc.gov/articles/0171-medical-identity-theft.

Federal Trade Commission. (2013). Guide for assisting identity theft victims. Retrieved from http://www.consumer.ftc.gov/articles/pdf-0119-guide-assisting-id-theft-victims.pdf.

Federal Trade Commission. (2014). Disputing errors on credit reports. Retrieved from http://www.consumer.ftc.gov/articles/0151-disputing-errors-credit-reports.

Federal Trade Commission. (2015). Consumer Sentinel Network data book. Retrieved from https://www.ftc.gov/system/files/documents/reports/consumer-sentinel-network-data-book-january-december-2014/sentinel-cy2014-1.pdf.

Gardner, M., Johnson, S., & Wiehe, M. (2015). Undocumented immigrants' state & local tax contributions. Washington, DC: Institute on Taxation and Economic Policy. Retrieved from https://itep.org/wp-content/uploads/undocumentedtaxes2015.pdf.

GoldbergBelle, S. & Chenven, S. (2013). Accessing credit reports for foster youth: A reference guide for child welfare agencies. Retrieved from http://www.aecf.org/m/blogdoc/aecf-AccessingCreditReportsforFosterYouth-2013.pdf.

Goss, S., Wade, A., Skirvin, J. P., Morris, M., Bye, K. M., & Huston, D. (2013, April). Effects of unauthorized immigration on the actuarial status of the Social Security Trust Funds. Actuarial Note, Number 151, Social Security Administration. Retrieved from https://www.ssa.gov/oact/NOTES/pdf_notes/note151.pdf.

Harrell, E. (2015). Victims of identity theft, 2014. U.S. Department of Justice, Office of Justice Programs. Retrieved from http://www.bjs.gov/content/pub/pdf/vit14.pdf.

Hoffman, S. K. & McGinley, T. G. (2010). *Identity theft*. Santa Barbara, CA: ABC-CLIO.

Institute on Taxation and Economic Policy. (2013, July). Undocumented immigrants' state and local tax contributions. Retrieved from http://www.itep.org/pdf/undocumentedtaxes.pdf.

Internal Revenue Service. (2016). Taxpayer guide to identity theft. Retrieved from https://www.irs.gov/uac/Taxpayer-Guide-to-Identity-Theft.

Medical Identity Fraud Alliance. (2015). 2014 fifth annual study on medical identity theft. Retrieved from http://medidfraud.org/2014-fifth-annual-study-on-medical-identity-theft/.

Peters, C. M., Sherraden, M. S., & Kuchinski, A. M. (2016). From foster care to adulthood: The role of income. *Journal of Public Child Welfare, 10*(1), 39-58.

President's Advisory Committee on Financial Capability for Young Americans. (2015). Final Report. Washington, DC: The White House and Treasury Department.

Sanders, C. K. (2015). Economic abuse in the lives of women abused by an intimate partner: A qualitative study. *Violence Against Women, 21*(1), 3-29.

Social Security Administration. (2013). Fraud advisory: Beware of identity thieves seeking to redirect your Social Security benefits. Retrieved from http://oig.ssa.gov/newsroom/news-releases/may3advisory.

Stoltzfus, E. (2011). Child welfare: The Child and Family Services Improvement and Innovation Act. Congressional Research Service. Retrieved from http://aaicama.org/cms/federal-docs/CRS_PL_112_34.pdf.

U.S. Department of Justice. (2015a). Identity theft. Retrieved from https://www.justice.gov/criminalfraud/identity-theft/identity-theft-and-identity-fraud.

U.S. Department of Justice. (2015b). Identity theft quiz: A quiz for consumers. Retrieved from https://www.justice.gov/criminal-fraud/identity-theft/identity-theft-quiz.

U.S. Department of Justice. (2016). Identity theft victim assistance online training: Supporting victims' financial and emotional recovery. Retrieved from https://www.ovcttac.gov/views/TrainingMaterials/dspOnline_IdentityTheft.cfm.

U.S. Government Accountability Office. (2016). Identity theft and tax fraud: IRS needs to update its risk assessment for the Taxpayer Protection Program. Retrieved from http://www.gao.gov/products/GAO-16-508.

Walker, M. (2016, March 21). How long to keep tax records and other documents. *Consumer Reports*. Retrieved from http://www.consumerreports.org/taxes/how-long-to-keep-tax-documents/.

第 17 章　催收、扣押及破产

专业原则：当服务对象面临问题债务时，仅有更好的金融管理恐怕是不够的。因此，服务者还应知道何时和如何帮助服务对象应对债务催收、债务扣押，并寻求法律补偿，如必要时申请破产等。服务者应能协助服务对象对其问题债务采取行动，了解各州及联邦法院的政策变化，降低那些金融脆弱家庭的问题债务发生率。

诚然，信贷、借贷和债务对大多数家庭来说非常有用、甚至必不可少（见第 11 章和第 14 章）。但是，有些会累积起来引发致命债务。这些致命债务经常会引起一系列负面事件，使家庭几乎不可能再回到正轨。失业、疾病、伤残、医疗账单、离婚、家庭护理需求及紧急事件等会使家庭负债累累、无法偿还。即使经过支付和事项协商处理，一些债务负担仍然不可控。此时，服务者可帮助服务对象对后者的实际情况进行评估，指导他们下一步该怎么做，包括指导他们如何寻求法律援助等。

本章内容包括债务催收及还款计划、催收诉讼及借方辩护和反诉等，这些可能需要被当庭解决。在某些州，法院可能会判决扣押借方工资来支付债务。若债务非常沉重，借方可选择申请破产。该方法既有利也有弊。服务者可帮助服务对象成功地处理这些繁琐的程序，必要时为他们提供信贷咨询、法律及其他援助。此外，服务者也可促进政策变化，减少那些金融脆弱家庭的债务问题。

我们来看一下乔治·威廉姆斯的经历。乔治是个年轻的劳动者，他的收入非常低，但支出非常高。长期以来，他一直在低收入与高支出之间苦苦挣扎。子女抚养费尤其是个大问题。但是，他制定了一份支出计划，并一直在努力学习，争取拿到学士学位来提高收入，改善职业前景。现在，乔治正和他来自家庭服务机构的咨询师路易丝·德班一起工作，来降低他的债务。

聚焦案例：乔治回顾他的债务问题

数月前，由于很难满足自己的支出，乔治和路易丝制定了一份支出计划。现在，他们首先回顾了上次谈话后的情况，路易丝问乔治做得怎么样。乔治说，有些事情进展顺利，但总体而言，他觉得还是不能满足支出。路易丝让乔治把他的所有资产都列出来（见表 17.1）。路易丝喜欢从列资产开始，这是因为从所拥有的资产开始入手，服务对象会感觉非常好，很有底气。

表 17.1　乔治的资产（美元）

库存现金	185
支票账户	670
储蓄账户	125
退休金账户	1125
拖车价值	2630
车辆价值	9800
休闲全地形车	1200
其他财产（工具、家具等）	2100
合计	41505

把这些资产列出来以后，乔治看到，他所拥有的资产比他起初所想的要多很多。他对于自己有一辆卡车和一辆休闲全地形车尤其感到自豪。有了这两辆车，他就可以砍伐木柴，把东西运到跳蚤市场。另外，他觉得有自己的拖车就很好，这样他就不用租公寓了。

接下来，路易丝让乔治列出他所有的债务。尽管乔治不是很确定，不知道准确的欠债数目，但是他知道他的拖车和卡车有欠款。路易丝安慰他，这些的确很难跟踪，因为这些数字是不断变化的。路易丝建议，乔治可从免费的年度债务报告网站来得到他的债务报告。从网站上验证得知，乔治有两份分期贷款，一份贷款来自他的卡车，另一份来自他的拖车。他还有三份助学贷款，总额为 10793 美元。他还有四张信用卡，余额为 8700 美元。最后，他还欠他兄弟 250 美元，尽管这笔钱没有被列在信用报告中。就像列资产清单一样，路易丝把这些债务项目列了出来（见表 17.2）。

表 17.2　乔治的债务（美元）

卡车贷款	8012
拖车贷款	21978
助学贷款	10793
信用卡	8700
欠兄弟的借款	250
合计	49733

看完这个清单后，乔治意识到，这就是他一直饱受金融压力的原因之一。当乔治意识到，他的欠债比他拥有的资产多8000美元后，他肉眼可见地变得非常沮丧。路易丝安慰他，现在他们需要做的就是，如何使他的净资产变成正数。乔治告诉路易丝，最近他有点入不敷出。路易丝从乔治的信用报告中确认了这一点，并注意到他有逾期未支付的现象。自十年前破产以来，尽管乔治在管理他的财务方面做得比以前好多了，但是他的信用记录显示，他又需要度过一段艰难的时间来保持收支平衡。

催收

当借方不能偿还债务，甚至在修改了还款计划后仍然无法支付（见第11章）时，债权人可提起诉讼，让法院发付款令（Bryant，2015）。该程序涉及催收诉讼、借方辩护及反诉、法庭判决等。

催收诉讼

鉴于法律诉讼费时费力、成本很高，对于小额项目，债权人不倾向于发起催收诉讼。对于那些债权人认为值得诉讼的案例，他们才会走诉讼程序。首先，他们会发起投诉，提出借方欠债权人一定金额的钱款，以获得法院令（或判决）。在大部分州，债权人需在规定的时限内提起诉讼（Bryant，2015）。此外，债权人还可请求法院发出“传票”。传票是用来通知债权人的文件，表明有人提起了诉讼，描述诉讼类型，要求借方如何、何时回应。传票可通过电子邮箱发送或亲自送达。

借方需按照要求进行回应，这一点至关重要；否则，借方就会被默认判决为输方，这就意味着，借方只是因为没有按照要求进行回应就输掉了这场诉讼。下列步骤至关重要：完整回答所有问题；否认关于金额、日期或欠款条件等方面的所有错误说明；在截止日期前提交所有书面材料；保存所有文件的副本（Bryant，2015）。即便债权人提起诉讼，双方仍可达成庭外“和解”（一种非正式协议），而无需等待法院判决。借方可能更喜欢庭外“和解”，以避免留下法庭记录。

案件被提交法庭前，借方会收到一份《借方审查表》，要求借方宣誓并如实回答关于偿还所欠金额能力方面的问题。这些问题包括资产、财产、银行账户、收入来源、其他债务等。借方审查非常严肃，收到该审查表的借方应尽快安排计划执行该程序。对于那些收入低、没有资产的人，这通常意味着该程序的结束，因为债权人意识到借方已经不太可能还款了（Finkelstein，2013）。

但是，那些拥有资产或有收入的借方可能就会因诉讼被起诉到法院。此时，借方应向可靠的、经验丰富的消费信贷律师进行咨询，但是要当心，以免被某些律师施加压力从而支付高昂的律师费或聘用定金（Taylor Poppe and Rachlinski，2016）。一些社区设有公益律师或法律援助机构，这些律师或机构可提供低收费或免费的法律援助服务。

债权人选择进行诉讼后，并不一定都会打赢诉借方的官司。如果债务经历过转卖（见第 11 章），债权人则更有可能会输掉这场诉讼，这是因为新的债权人一般拥有的信息和历史记录都比较少，因此所拥有的证据也比较少。有时候，借方只需简单提出抗辩诉讼中的任何形式的辩护，就会导致债权人输掉这场诉讼。

借方辩护

对借方来说，催收诉讼有两种主要抗辩形式：（1）贷方对存在争议的款项不具有合法权利；（2）贷方无法证明其拥有该债务。“反诉”是指使贷款合同无效的辩护。有若干种形式的反诉，包括不公平或欺骗性贷款条款、故意设计的无法承受的贷款、向借方施加巨大压力从而使其签署原始贷款合同、债务催收方法违反了法律规定（见第 14 章）等。那些具备合法反诉条件的借方应向律师寻求帮助，以便成功反诉（Finkelstein，2013）。若某项贷款可通过反诉证明是无效的，那么，法院可撤销该债务，借方从此不再欠债。

还有一种辩护情况：该债务实际上不是借方所欠。有时候，不是借方，而是其他人产生的债务，例如通过身份盗用等（见第 16 章）。在这些情况下，借方可以不承担该债务。尽管贷方可提供文件证明该债务，但是，这些证明文件是不完整的。许多债务包含利息、手续费和其他费用等。对这些费用，贷方需证明借方除了原始债务外，同意支付这些费用。

法院判决

下一步就是庭审。在庭审过程中，债权人提供证据证明其拥有该债务，并提供债务合同及会计记录，来证明借方未能还款。借方可进行相关辩护和反诉，包括提供文件和证人等。若借方请律师作为其代表，则更有可能取得成功。

接下来，法官对该诉讼案做出裁决。若债权人输了，则借方不必偿还该债务。若借方反诉成功，比如某个诈骗贷款合同损害了借方的信用评分，则债权人必须支付借方所受的损失。若债权人赢得了诉讼，则法院将为债权人提供若干选择来催收判决付款，包括原始债务、诉讼费用及其他费用。根据州法律规定，法院允许债权人获取财产，如汽车、房屋及家庭用品等，并在公开拍卖会上进行拍卖。法院还允许债权人对工资、其他形式的收入或金融账户中的钱款进行扣押（Bryant，2015）。此外，债权人也可对车辆行车证或不动产行使留置权，防止借方在留置权解除前出售该财产。

在一些情况下，借方或债权人可能会想向更高一级法院提起上诉。只有在初次审理过程中存在事实或程序错误时，上诉才会被受理。上诉时，更高一级法院不会考虑所有证据，只考虑与所上诉错误相关的问题。任意一方均可上诉，但是上诉需要花费更长时间以及更多的法务费用。

扣押

在一些州，拥有法院对借款人判决的债权人有权提出*扣押*申请，直接从借款人雇主那里扣除借款人的工资，或者从银行账户里扣除打入的工资。扣押申请批准后，法院将会给借款人雇主、银行或其他持有借款人财产的相关方发出正式通知，指示其在规定时间内移交财产或钱款（Bryant，2015）。同时，借款人将会收到一份扣押通知，表明其有权参与听证会，确保债权人遵守联邦和州法律。那些收入被扣押的借款人必须注意，其收入存在哪个账户里。若非免税和免税钱款存在同一账户里，金融机构会弄不清楚到底应该依法扣押多少款项，这就有可能会使得该账户被冻结或被全部没收。根据债务种类不同以及严厉程度不同，扣押可受到保护，也可用替代方案赎回。

聚焦案例：乔治收到催款单

乔治给路易丝看了两封信，这两封信警告他陷入了麻烦。一封信来自他的信用卡中心，通知他错过了还款日期，需缴纳 39 美元的滞纳金，并会被收取利息。另一封信来自他的助学贷款提供商（见第 12 章），通知他未还款。路易丝和乔治一起，仔细阅读了这两封信，并花费时间进行解释。他们两人一起核对，确定信用报告中确实有这两笔债务，乔治真的错过了还款日期。路易丝建议乔治认真对待这两封信。

他们回顾了之前制定的支出计划。尽管乔治的收入保持不变，但是他的支出超过了计划，这就导致他未能偿还上个月的信用卡。路易丝解释说，尽管他不能全额还款，但是，他应该始终支付最低还款额度，以避免被收取滞纳金。乔治认为，他可以支付下月账单的最低还款金额以及上月的最低还款额度和滞纳金，这样，他至少可以保持信用卡有效。

接下来，他们讨论了乔治的助学贷款。乔治记得，他在支票账户中为各项助学贷款设置了自动还款。但不幸的是，他们发现，乔治有三笔助学贷款，而只有其中两笔成功设置了自动还款。

乔治尴尬地说："我应该早些了解清楚！"他担心自己可能支付不起第三笔贷款，因此，他们一起再次讨论了他的预算。他的预算非常紧张，尤其是在没有其他额外收入的月份里。乔治真的想立即处理这笔贷款，但是，他的当务之急是处理贷款提供商的信函及潜在的开庭日。乔治以前经历过被催收债务及参加法庭听证会，因此，他真的希望避免再次发生此类事件。

免于扣押的保护规定

联邦法律中规定了扣押期间或免于扣押两方面的保护：（1）一部分工资可以免于没收；（2）某些形式的收入，如公共福利等，大部分可以免于扣押。

第一项保护规定可以防止雇主扣押金额超过工资的 25% 以及每周到手工资的第一个 217.50 美元（截至 2016 年）(除非该扣押令用于儿童照料或赡养)。在某些州，扣押金额可能低于联邦规定（Kiel，2014；U.S. Department of Labor，2009）。

第二条保护规定可保护某些形式的收入（如公共福利等），使其免于大部分扣押令。例如，社会保障福利、残疾人援助福利、联邦应急事务管理局灾难援助、大部分退伍军人及国家公共援助福利等不得被扣押以偿还债务（FTC，2015）。不被该规定覆盖的例外情况包括：联邦助学贷款、退税、赡养费及儿童照料费（FTC，2015）。

负担不起扣押令时的选择

若借款人负担不起扣押令，无法留出足够的生活资金，则可要求法院变更条款，尤其是涉及儿童抚养或借款人的情况发生变化时。根据各州规定，扣押超过可支配收入 25% 的部分可能有资格由法院进行重新计算。另一个选择是，与债权人接洽，提出《解决协议》(workout agreement)——一项还款计划，其中，借款人在一定期限内归还扣押令外的全部或部分债务。若债权人认为自己不能收回全部债务，则可考虑签订解决协议，但是借方应该注意，达成解决协议之前，判决已经发生了变化。还有一个选择是，借款人申请破产。该选择可立即停止任何扣押令、财产没收，并可能解除一些消费债务（Elias and Dzikowski，2016）。

面临严厉扣押令的债务

拖欠 IRS 的退税和税收债务将导致最严厉的扣押令或其他催缴行动。IRS 可采取行动，包括扣押欠税后的公共福利或社会保障退休福利等，直到所欠金额全部收齐。此外，IRS 还可在报纸上或网上公开欠税人员名单，这会对这些人的声誉产生不良影响（Perez-Truglia and Troiano，2015）。

尽管法律规定了债权人提起诉讼、使用扣押令的条件，但是债权人有很强的自主性。有证据表明，在债权人所采取的行动中，有很多与债务无关的因素（如种族偏见等）发挥着作用（见专栏 17.1）。

专栏 17.1　聚焦研究：ProPublica 关于债务、扣押及破产的研究

ProPublica 是一家公共利益媒体，其研究结果发现，2008 年至 2012 年间，在圣路易斯市、纽瓦克市及芝加哥三个城市中，以非裔为主的居住区的债务诉讼要比以白人为主的居住区中更加普遍。事实上，将收入纳入考虑范畴后，非裔居住区的诉讼案可能高达白人居住区的两倍（Kiel and Waldman，2015）。例如，在圣路易斯市，只有大约四分之一的人居住在以非裔为主的社区中，但是，超过一半的法院判决——总价值超过 3400 万美元——发生在非裔社区中。一个非裔居民因未支付污水处理费而被扣押了储蓄账户。他看了收到扣押令的人员名单后说："他们把我们大家都起诉了。"（Kiel and Waldman，2015）

ProPublica 对具有高扣押率的社区居民进行了访谈，访谈揭示了由种族差异引起的一系列问题。由于可得到的资源非常少，包括收入和资产等，非裔家庭不能支付其账单及紧急支出。同时，其他因素也发挥了一定作用。例如，许多家庭无法聘请代表参加法院的审理程序。此外，一些法院判决租户负责承担房东未支付的账单，而还有一些人被判决支付已经过了诉讼时效的债务，并被收取了高额的费用（Kiel and Waldman，2015）。这些针对少数族裔的做

法非常不公平。除了这种歧视性待遇外，许多家庭还未完全理解不支付账单的后果以及债权人催收债务所付出的努力。总而言之，研究发现，与白人家庭相比，非裔家庭更加没有能力解决债务问题，因此遭受了更多的工资扣押（Kiel and Waldman，2015）。

ProPublica 最近的一项研究发现，在破产程序中，非裔美国人与白人也受到了区别对待（Kiel and Fresques，2017）。研究人员对伊利诺伊州和田纳西州的非裔聚居区和白人聚居区进行了比较，并发现，与居住在白人居多的居住区的人相比，那些居住在非裔美国人居多的居住区的人上诉的破产案件更容易被驳回，被驳回的概率大约是前者的两倍（因此，其境况未能得到缓解）。此外，来自非裔聚居区的人也更可能采用第 13 章，而不是第 7 章的规定进行诉讼，这就意味着，来自白人聚居区的诉讼人更有可能永久性地缓解债务。来自非裔聚居区的人中，只有 39% 被免除了债务，而白人聚居区的这一比例为 58%。这一比例是在排除了社会经济状况及其他因素以后得到的。由此可见，差距非常大！

破产

破产是提供法院庭审的一套法律体系，人们可借助这套体系来处理他们的问题债务。破产是那些无力偿还债务的借方可用的最后一个手段。从理想角度看，借方债务可尽可能以借方能承受的偿还水平、公平地得到偿还。美国司法部破产管理部门（美国受托人计划，The U.S. Trustee Program of the Department of Justice）负责监督破产案件的管理工作。美国有 99 个破产管理区，每个区都设有法院，并配有法官来审理破产争议案件，由他们来决定是否免除、清偿或重组债务，并负责监督破产争议案件。法院将任命一名破产受托人来审核起诉状和庭审文件，该受托人可在发现违法现象后提出反对意见。

有两种形式的个人破产：见第 7 章和第 13 章。第 7 章显示了债务免除规定，而第 13 章则规定了不减少金额情况下的债务重组。许多消费者不具备第 7 章规定的破产条件，因为他们的年收入不低于其所在州中等家庭收入（U.S. Department of Justice，2015b）。当其收入超过该金额后，就只剩下第 13 章这一个选择了。

第 7 章中允许受托人寻求许可，对借方财产和资产进行清算或出售，来偿还债权人，余额则可被免除。清算后的资产首先被用来支付法律程序的费用，然后借方将按照优先顺序，将余额在各债权人间进行分配。某些债务，如近期所得税及大部分联邦助学贷款等，不能在破产中被免除，仍然是借方的义务。第 7 章中讲述的破产可保护借方在提起诉讼后及案件结案前，免遭诉讼、扣押及债权人采取的其他行动。尽管第 7 章涉及对大部分合格财产的清算，但是，大部分州允许借方保留一部分资产和财产，如低于一定价值的房产或汽车等（Elias，Renauer and O'Neill，2015）。

第 13 章讲述对某些债务进行重组，而不是全部免除。那些具有固定收入、但其收入不够支付其债务的借方通常采用这种破产形式。第 13 章要求借方在 36 个月至 60 个月内偿还债权人。若借方在偿还计划结束时，按计划归还了所有款项，则可被免除剩余债务。该计划不要求借方对其资产进行清算，但可能会包含一些规定，要求借方出售一些资产（如出售汽车来支付该汽车的贷款等）。像第 7 章一样，一旦借方提起第 13 章规定的诉讼（除非他们近期内已经提起了诉讼），他们就可自动受到保护，免于所有的法律诉讼、扣押及债权人采取的其他行动。

那些拟发起第 7 章或第 13 章规定的破产诉讼的借方在发起诉讼前，必须先在 180 天内完成借方教育，并在举行完破产听证会后的 60 天内完成借贷咨询。美国受托人计划中有一份经批准的咨询服务提供商名单（U.S. Department of Justice，2015a）。对于大部分州及司法辖区来说，这两个程序每个都持续 2 小时，借方可通过线上网课、线下课程或打电话的形式参加。借方教育包括破产程序及金钱管理的基本知识。信贷咨询涉及做预算、管理金钱、提供未来债务合理使用的指导等内容（U.S. Department of Justice，2015a）。咨询和教育每项收费范围为 35 美元至 50 美元，对于那些收入低于联邦贫困线 150% 以下的借方，可免收或少收该费用。

通常，启动破产程序之前，借方需要先找一个破产律师。尽管借方可以不雇用律师来启动破产程序（法律术语为“自辩”），但是这样做极具挑战性，尤其是借方试图防止丧失止赎权或收回权时。在选择律师前，借方要先问清楚费用、专业性及发起破产诉讼案件方面的经验等（Elias，Renauer and O'Neill，2016）。律师费不尽相同，最高可达 2000 美元或更多（Dzikowski，2016）。此外，还有立案费和诉讼费，加起来大约 400 美元或更多，具体收费取决于破产形式。对于低收入借方，一些律师协会将推荐提供公益性或免费的破产代表服务的律师。当地法律援助机构也可代表低收入客户处理破产案件。服务者可协助低收入服务对象寻求低收费或免费的法律援助、咨询及教育（FTC，n.d.）。

发起破产诉讼前需考虑的问题

从理想角度来看，破产代表着一个新的起点，它使人们能够建立积极的债务偿还模式。要想成功破产，稳定、可预测及足够的收入至关重要。不幸的是，就业不稳定、收入低往往会使一些人无法满足第 13 章中介绍的破产偿还协议（Porter and Thorne，2006）。

考虑申请破产之前，那些不能支付其房屋或汽车债务的人可直接与贷方商量，修改欠款总额或月还款额。因为抵押贷款和助学贷款在破产案件中是不能被免除或重组的，借方在探索债务管理方案、还款选择及贷款修正时，仍然需要考虑这些策略（见第 14 章）。尤其是联邦助学贷款，该贷款有许多还款计划可供选择（见第 12 章）。

破产的有一个主要缺点是，会对人的信用产生长期负面影响。破产是一项法律程序，也是一份公开记录，会在一个人的信用报告中保留十年。破产记录会使借方办理汽车贷款、信用卡等变得非常困难，借方可能需要四年或更长时间，才能有资格获得住房抵押贷款资格。即便借方定期支付借款，破产后其利率也会变高。此外，破产还会影响就业情况、租赁公寓的能力、低成本保险的获取资格等（见第 11 章）。

另一个不利因素是可能会造成财产损失：申请第 7 章所述的破产前，申请人应该仔细考虑自己是否能够保住财产。财产可能会被清算或用于偿还债务。各州的豁免标准大相径庭（见专栏 17.2）。

专栏 17.2　聚焦政策：州破产豁免法

一些州在破产清算资产门槛方面的豁免程度比联邦要更加大方。哥伦比亚特区和以下 19 个州——阿拉斯加州、阿肯色州、康涅狄格州、夏威夷州、肯塔基州、马萨诸塞州、密歇根州、明尼苏达州、新罕布什尔州、新泽西州、新墨西哥州、纽约州、俄勒冈州、宾夕法尼亚州、罗得岛州、得克萨斯州、佛蒙特州、华盛顿州及威斯康星州，都允许人们使用联邦豁免法或州豁免法。其他州则要求人们采用各自州规定的豁免法（O’Neill，2017）。

各州通用的豁免法包括《宅地豁免法》和《通用豁免法》，前者保护家庭财产（见第 13 章），后者可豁免不超过一定金额的任何形式的财产。其他的州豁免法保护珠宝、谋生工具（如施工工人的工具箱）或其他财产。尽管一些州直接采用联邦豁免标准，但其他州提供了不同标准的保护，具体如下：

- 北卡罗来纳州的《宅地豁免法》：18500 美元；
- 北达科他州的《宅地豁免法》：80000 美元；
- 罗得岛州的《宅地豁免法》：300000 美元。

在破产资产保护中，罗得岛州的房主比北卡罗来纳州的房主拥有的保护要多很多。服务者应掌握各州的豁免规定，关注联邦及各州豁免法的变化情况。此外，服务者还可在其所在州的立法中倡导更具针对性的豁免，以保护弱势家庭的重要资产。

聚焦案例：乔治的破产经历

十年前，乔治陷入了严重的财务危机，在律师的建议下，他申请了破产。在那时，他拖欠的信用卡债务超过 10000 美元，拖欠医疗机构 7500 美元。他统计了他的卡车贷款为 15000 美元，然后，他终止了他的汽车保险（见第 15 章）。他没有全职工作，不能支付这些账单。尽管他有可以汇报给 IRS 的收入，但是他停止了所得税申报，并因此收到了罚款通知。债主们不停地给他打电话、发信件，甚至联系他的朋友们。对此，他都置之不理：把所有信件扔进信箱，不接听电话。朋友和家人开始关注他的健康和金融安全问题。最后，他意识到他不得不处理自己的财务状况，因为这种糟糕的状况不会“自己消失”。

因此，乔治申请了破产。看起来这是一个全新的开始，也是摆脱债主的唯一方式。但是，他发现这个过程非常难熬，令人感到羞耻。他觉得自己没有任何其他选择。这是他生命中最低谷的时刻。

在寻求破产时，乔治的无担保债务非常高（见第 11 章）。律师和法院一致认为，乔治负担不起自己的债务。他对自己的资产进行了清算，支付了能够支付的债务，获得了一个全新的开始。大约三年后，他就又能开始借款了。尽管他仍在财务问题上苦苦挣扎，但破产帮助他解决掉了大约 30000 美元的债务。

实践启示

服务对象遇到问题债务后，经常会向服务者寻求帮助。就像路易丝那样，服务者可以和服务对象一起商讨解决其问题债务，也可提供服务、利用政策，来使这些家庭不再出现债务问题，并在他们出现债务问题时给予帮助。

聚焦案例：乔治考虑他的选择

回到乔治当前的债务情况，路易丝告诉乔治，他可以再次考虑申请破产。从法律上看，距乔治上次申请破产已经过去了八年，这意味着，他有资格根据第 7 章描述的条件再次申请破产。乔治摇着头告诉路易丝，他不会再考虑申请破产了。“破产记录刚刚从我的信用报告中消失，我真的不想再走那条路了。”

“我完全理解。那样的话，”路易丝说，“我们需要重新看一下你的预算、资产、债务和信用报告。但是在那之前，咱们先审视一下你的目标，确保我们没有偏离正确的轨道。”路易丝鼓励乔治说出他对事物的优先顺序安排。

乔治：我需要抓紧。不能再错过任何还款。我想，最重要的是那笔助学贷款。我搞砸了。我真的以为我已经还了。但是，我接下来还需要还信用卡。如果我能把那两笔还款搞定，就可以处理卡车和住房贷款。但是，唉，这真的太难了……掌握这一切太难了。

路易丝：你认为现在你能做什么来处理你的助学贷款？

乔治：嗯，就像我们刚才谈到的——我先给助学贷款中心的服务人员打电话。我需要告诉他们发生了什么事情，然后继续进行自动还款。但是，我知道他们会先让我把欠的那些钱都还上。但我没那么多钱，甚至差很多！你知道，我曾试图根据我的收入情况，建立一份新的还款计划，但他们说，因为有一些欠款没有支付，因此我不能进行新的还款。我知道他们不想搭理我。

路易丝：你真的想现在就给他们打电话吗？如果你有银行账户信息，我们可以看看他们能做什么。他们也许能帮你制定一份计划。也许我们能根据你的收入，制定一份新的再还款计划，并把上次的余额加到这笔贷款中。我敢打赌，我们真的可以把你所有的助学贷款都加到再还款计划中。

乔治：真的吗？那就太好了，如果能降低我的助学贷款还款金额，那我也就可以还上信用卡债务了。我想先处理这些债务。

路易丝：我知道这个问题很难，但我还是得说：如果注销了信用卡，就不会再产生任何新的费用，你会怎么办呢？

乔治：我以前经历过这种情况——我是指没有信用。我想，我活着就会经历这些。坦诚地说，信用卡和所有这些支付方式，还有我不知道的那些方式，消费起来真的超级方便，但是支付账单真的很困难啊。如果欠着他们钱，我能注销我的信用卡账户吗？

路易丝：欠款余额仍将保留，但你可以随时注销这些卡。也许，如果他们肯免掉一部分费用，同时关掉账户，避免产生新的费用，我们可以制定出一份还款期限更长的再还款计划。这可能是一个不错的选择。

乔治：好。我想，我要选择这么做。一旦我把这两项债务——助学贷款和信用卡债务——处理好，我就可以做得更好。以前的我可能不是这么想的，但今天，我在努力改善自己，不让事情变得更糟。

与服务对象一起处理问题债务

在处理问题债务时，服务者可帮助服务对象考虑并衡量他们的选择。尤其是，服务者应掌握催收、扣押及破产的基本知识，包括每个选择如何、何时、为什么可能是合适的选择。服务者可对每个选择的优缺点进行评估，解释专业术语，并帮助人们查找、填写相关表格，组织和维护好预算，同时保存记录。

服务者可帮助服务对象考虑第 7 章与第 13 章中提到的起诉的优缺点。服务者也可协助服务对象考虑破产，对他们个人拥有的有价值资产以及第 7 章破产情况下他们愿意放弃的资产进行评估。服务者还可协助服务对象进行信贷咨询，寻求法律帮助。与专业从事破产咨询的律师建立联系，可帮助服务者解答一些基本问题，掌握何时让服务对象去寻求专业帮助。

帮助服务对象探讨哪些事件造成了他们的财务问题、如何实施破产（若他们选择了破产）以及将来如何避免这些问题，也同样重要。这通常涉及该过程的情感方面。一般来说，催收、扣押和破产是令人害怕、让人沮丧的经历。与信贷咨询人员及债权人公开其个人财务信息，对每个人的自主性和自信心是个挑战。为服务对象提供帮助，来做出这些财务及法律安排，有助于产生积极的效果。

关注政策变化

低收入家庭的债务问题不仅仅是个别财务管理问题。工资停滞、收入波动、缺少存款积累和建立净值资产的机会等都是避免出现问题债务的障碍。服务者可向金融脆弱家庭推广政策，来减少问题债务，一些地方、州及国家政策（Aratani and Chau，2010）如下所示：

- 扣押及破产中，更高的州级收入及资产可豁免额度；
- 债权人诉讼中，典型低收入者的扩展法律服务；

- 各州在反对非法催收及滥用债务催收实践中采取的强制保护措施；
- 发生危机——如自然灾害、火灾、失业及其他紧急情况等——后为家庭提供更多支持，防止这些家庭陷入债务危机；
- 针对医疗债务提供更多保护，防止低收入家庭陷入难以承受的债务。

结论

金融脆弱人群经常在难以承受的债务中苦苦挣扎。在一定程度上，这些人可能无法偿还这些债务，这就会给他们生活的方方面面带来不良影响，这些影响会持续数年。主要打击，如失业或严重疾病等，会加重家庭债务。当债务引起困难后，人们就需要帮助。服务者可帮助服务对象对其金融状况进行评估，了解管理难以承受的债务的后果，衡量各项法律选择，并引导他们下一步该如何做。但是，最后，还需要做出政策变更，防止大量家庭出现问题债务，进而承受由此引起的耻辱和焦虑。

探索更多

·回顾·

1. 什么是扣押令？对低收入借方来说，扣押令意味着什么？如果收到了扣押令的话，借方可采取哪些保护措施？
2. 第7章和第13章的破产有什么区别？各举出一个优缺点。
3. 乔治为什么申请破产？申请破产是否帮到了他？如何帮到的？他还应该再考虑申请破产吗？为什么？
4. 路易丝审阅了她手头案例的所有家庭，发现其中许多家庭都存在问题债务，并最终寻求了破产保护，大部分是因为他们的收入太低，无法满足支出。路易丝可采取哪些可能的手段，来处理这些客户面对的更大问题？

·反思·

5. 考虑破产和工资扣押：

a. 你认识申请破产或收入被扣押的人吗?

b. 当听说某人申请破产后，你会作出什么样的反应，你对这个人的感觉怎样?

c. 你对那些有扣押令在身的人持什么态度?

d. 对那些正在经历破产和/或扣押的人，你对他们的境况是什么态度?

e. 如果你对破产和扣押有负面感觉，面对服务对象时，你如何控制你的态度?

·应用·

6. 调查你所在州的扣押情况：

a. 你所在州工资扣押的限额是多少?

b. 你所在州对破产中资产豁免的规定是怎么样的?

c. 对你所在州的借方来说，这意味着什么?

参考文献

Aratani, Y., & Chau, M. (2010). Asset poverty and debt among families with children. National Center for Children in Poverty. Retrieved from http://www.nccp.org/publications/pdf/text_918.pdf.

Bryant, A. N. (2015). *Complete guide to federal and state garnishment, 2016 edition*. New York: Wolters Kluwer Law & Business.

Dzikowski, P. (2016). Average attorney fees in Chapter 7 bankruptcy. Nolo. Retrieved from http://www.nolo.com/legal-encyclopedia/average-attorney-fees-chapter-7-bankruptcy.html.

Elias, S., Renauer, A., & O'Neill, C. (2015). *How to file for Chapter 7 bankruptcy*. Berkeley, CA: Nolo Press.

Federal Trade Commission. (n.d.). Filing for bankruptcy: What to know. Retrieved from https://www.consumer.ftc.gov/articles/0224-filing-bankruptcy-what-know.

Federal Trade Commission. (2015). Debt collection. Retrieved from http://www.consumer.ftc.gov/articles/0149-debt-collection.

Finkelstein, M. (2013). The case of the recalcitrant debtor: A study in creditor's rights. *St. John's Law Review, 30*(2), 2.

Elias, S., & Dzikowski, P. (2016) *Bankruptcy: Keep your property and repay debts over time*. Berkeley, CA: Nolo.

Kiel, P. (2014). Old debts fresh pain: Weak laws offer debtors little protection. ProPublica. Retrieved from https://www.propublica.org/article/old-debts-fresh-pain-weak-laws-offer-debtors-little-protection.

Kiel, P., & Fresques, H. (2017, September 27). *Data analysis: Bankruptcy and race in America*. ProPublica. Retrieved from https://projects.propublica.org/graphics/bankruptcy-data-analysis.

Kiel, P. & Waldman, A. (2015). The color of debt: How collection suits squeeze black neighborhoods. ProPublica. Retrieved from https://www.propublica.org/article/debt-collection-lawsuitssqueeze-black-neighborhoods.

O'Neill(2017). State v. federal bankruptcy exemptions. AllLaw. Retrieved from http://www.alllaw.com/articles/nolo/bankruptcy/state-v.-federal-bankruptcy-exemptions.html.

Perez-Truglia, R., & Troiano, U. (2015). Shaming tax delinquents: Theory and evidence from a field experiment in the United States. Washington, DC: National Bureau of Economic Research.

Porter, K., & Thorne, D. (2006). The failure of bankruptcy's fresh start. *Cornell Law Review, 92*(1), 67-128.

Taylor Poppe, E. S., & Rachlinski, J. J. (2016). Do lawyers matter? The effect of legal representation in civil disputes, *Pepperdine Law Review, 43*(4), 881-944.

U.S. Department of Justice. (2015a). List of approved providers of personal financial management instructional courses(debtor education) pursuant to 11 U.S.C. § 111. Retrieved from http://www.justice.gov/ust/list-approved-providers-personal-financial-management-instructional-courses-debtor-education.

U.S. Department of Justice. (2015b). Means testing. Retrieved from http://www.justice.gov/ust/eo/bapcpa/meanstesting.htm.

U.S. Department of Labor(2009, July). The Federal Wage Garnishment Law, Consumer Credit Protection Act's Title 3. Retrieved from https://www.dol.gov/whd/regs/compliance/whdfs30.pdf.

第 18 章　为老年期的经济保障做好准备

专业原则：为了使退休生活有保障，金融脆弱的服务对象可在年轻时尽早开始与服务者合作。服务者可以协助老年人管理其晚年的金融决策，并为改善老年人财务保障的政策和计划作出贡献。

尽早着手准备是退休保障的关键。实际上，经济保障的基础是在人生早期建立的，但直到老年期才显现出来（Emmons and Noeth，2015）。不为老年时的经济作准备的人可能会面临老年生活水平显著下降的危机。除了对工作作出战略性选择外，在人生早期培养金融能力和进行资产建设，可以使人们的退休生活有经济保障。不幸的是，只有 45% 的成年人进行退休储蓄，而 75% 的人担心退休后没有足够的资源（Morrisey，2016；Oakley and Keneally，2017）。

本章探讨服务者如何协助年轻人规划有经济保障的退休生活，以及如何协助老年人管理他们的金融资源及获得金融支持，以改善晚年的财务状况。服务者在制定满足老年人、特别是最弱势群体经济需求的项目和政策方面也发挥着重要作用。

我们从尤兰达·沃克的案例开始。尤兰达·沃克支撑着自己的家庭，努力维持收支平衡，并为自己的退休生活感到担忧。

聚焦案例：尤兰达·沃克的退休准备

在 48 岁生日即将到来时，尤兰达反思了自己的生活。她不确定自己还可以工作多久：15 年、20 年，还是 30 年？她的健康状况不佳，家庭健康护理的工作使她筋疲力尽。尤兰达无法想象自己 60 多岁时还要将病人抬上床抬下床。她一生都在努力工作，并希望尽早退休。她知道自己 62 岁时有资格获得社会保障金，并且一直认为那时距离现在只有15年。她希望将更多的时间花在家庭和教会上，但她担心自己的收入来源，并且想知道自己是否可以减少预算以维持生计。

与此同时，她还有一些迫在眉睫的财务问题。她的女儿塔米卡和布里安娜仍然需要她的经济支持。尤兰达也越来越关注母亲乔内塔的健康。由于清楚老年人的健康问题，尤兰达知道患有严重的认知减退或痴呆症的人需要花费昂贵的护理费用，而她负担不起。

尤兰达和儿童与家庭服务部门的社会工作者多萝西·约翰逊取得了联系，多萝西·约翰逊曾为她提供过帮助。多萝西在电话中建议与尤兰达见面讨论其退休计划以及有关其母亲的问题。多萝西告诉她，作为“上有老、下有小”的一代人，要同时照顾父母和孩子，可能会感到压力。她们约定见面，并且多萝西给了尤兰达一份材料清单，列出了她需要带来的文件。

美国老年人的财务状况及收入来源

尤兰达并不是唯一一个为退休生活担心的人。有近三分之二的美国人担心自己退休时能否维持生活水平（McCarthy，2016；MetLife Mature Market Institute，2012）。55岁及以上的成年人中，有四分之一的人表示，他们可能或肯定无法在30天之内拿出2000美元来满足意外需求（FINRA Investor Education Foundation，2016）。50岁以上人群的总体信用卡债务要比年轻人高（Traub，2013）。作选择时，财务规划知识和技能的不足会导致人们的退休储蓄水平较低（Lusardi and de Bassa Scheresberg，2016）。

对于年长的少数族裔妇女来说，这个问题更为严重（Rhee，2013）。几乎所有非裔美国人和拉丁裔老年人（91%）都缺乏足够的资源来维系他们的一生（Meschede，Cronin，Sullivan and Shapiro，2011；Meschede，Shapiro，Sullivan and Wheary，2010）。2014年，近五分之一的65岁及以上的非裔美国人和拉丁裔美国人生活在贫困中（DeNavas Walt and Proctor，2015）。此外，经济大萧条对退休储蓄造成了损失，特别是对于非裔美国人和拉丁裔美国人家庭，其退休储蓄在2007年至2010年间分别下降了35%和18%（McKernan and Ratcliffe，2013）。

对于许多低收入工作者而言，即使他们早早开始工作，为退休攒够钱也是不现实的。一名25岁的低收入妇女（年收入20000美元）只有每年储存其收入的25%以上（然而这是不切实际的），到65岁退休时才不必削减开支（VanDerhei，2015）。这使得低收入人群在其老年时可能会面临经济压力（U.S. Government Accountability Office，2011；Wider Opportunities for Women，2012）。

对于所有这些风险，服务者可以帮助年轻和中年服务对象在其整个生命周期中建立坚实的经济基础，而不必等到退休（或即将退休）时才制定计划。他们可以帮助服务对象了解退休金的三种收入来源——社会保障、养老金和退休储蓄，这些可以为退休生活打下坚实的基础。服务者也为政策改革作出了贡献，这些政策可以为低收入人群提供足够的退休资源。我们首先概述退休后的资金来源。

社会保障

社会保障是一项联邦计划，为那些在社会保障体系中工作和缴费的人提供退休福利、残疾福利和遗属福利。它提供了诸多基本的好处，许多老年人几乎完全依靠这些作为退休后的收入。近四分之一的已婚夫妇（22%）和近一半的未婚或丧偶者（47%），其90%及以上的收入来自社会保障（SSA，2014）。少数种族和少数族裔的老年人很可能完全依靠社会保障（Caldera，2012）。

大多数劳动者根据其工作经历，从社会保障积累养老福利，但是，社会保障并不作为储蓄被存入账户，而是一种社会保险计划，它根据公式提供每月福利。每月福利与通货膨胀率挂钩，这意味着每年的福利金支付额根据生活成本的增长而增长，社会保障金直至死亡都是有保障的，因此人们不必担心社会保障金耗尽。美国政府通过这种方式提供社会保障年金（见第10章）。2016年5月，平均每月退休金为1302美元（SSA，2016a）。

要获得社会保障资格，劳动者必须在社会保障体系中至少支付10年的费用（按40个季度计，但这些季度不必连续）。社会保障金是根据35年最高收入的平均值得出的。

人们最早可以在62岁时领取社会保障金，但是随着年纪渐长，大多数人每月可以获得更高的月薪，因为工作时间越长，人们社会保障记录上的贡献就越多。此外，每个月都有人延迟申请社会保障金，这会改变福利公式并增加福利金额，直到70岁，也就是公式能提供最大福利的年龄。在62岁时，人们将只能获得完全退休年龄（2016年，1943年至1954年出生的人的年龄为66岁，之后出生的人的年龄为67岁）的人所获金额的75%。如果人们推迟到完全退休年龄以后申领，福利将每年增加8%。不幸的是，许多财务状况不佳的家庭无法等到年纪渐长、福利显著提高时再领取社会保障金。

为了补贴低收入的老年劳动者，社会保障福利有一个最低水平和一个最高水平。高收入者的月收益相对较小（与工作年收入相比），而低收入者的月收益相对较大，通常远远超过其对社会保障的贡献。

尽管社会保障具有这种累进式的特征，但在其他方面，低收入者所获得的收益却不及高收入者。首先，低收入人群的平均寿命往往不高，因此平均而言，他们的社会保障收入不及寿命更长的同龄人。其次，并非所有人都有资格获得社会保障金。约有 10% 的劳动者没有获得社会保障养老金（SSA，2014）的资格。一些是没有保险的劳动者，例如一些州和市政雇员，但许多是没有申报所得税、也没有缴纳 FICA 税的劳动者，或者是社会保障记录不符合领取养老福利资格的劳动者。这些不合格的劳动者中多数是女性、少数族裔、移民，以及文化程度较低且收入较低的人，例如家政服务人员（Stoesz，2016）。44% 以上不符合社会保障条件的人，晚年生活在贫困线以下，而受益者总数仅不到 4%（Whitman，Reznik and Shoffner，2011）。

养老金：固定福利计划

固定福利计划由雇主提供，其承诺在退休时提供“固定”的月度福利（通常与生活成本挂钩），支付至死亡，类似于年金。养老金的资金可能完全来自雇主供款，也可能来自雇主和雇员的共同供款。在固定福利养老金中，雇主可以控制投资和管理决策，并且对于雇员何时以及如何提取养老金而不受处罚有所限制。公式根据员工的收入历史、服务年限和退休年龄来定义养老金。大多数计划都有一个最低登记年限，员工必须满足该条件方能有资格注册或被纳入该计划。登记年限通常为 5 年至 10 年，并且某些计划允许退休人员在未达到全额提取福利金最低要求的情况下提取一定比例的福利金。临时工可能获得部分福利，或者根本没有。如果公司破产或被收购，则养老金计划可以作为“养老金给付担保公司基金”（Pension Benefit Guarantee Corporation fund）的一部分继续，该基金由州和联邦政府建立，以确保养老金可以支付承诺的福利。公司必须向该基金支付保费，并且其计划必须被会计审查，以确保他们能够按照承诺支付福利。

随着时间的推移，由于成本增加和管理养老金的风险，大多数雇主已经不再使用固定的养老金（Buixica，lams，Smith and Toder，2009）。只有大约 20% 的劳动者享有固定福利养老金，而且这个数字正在稳步下降（Butrica，Smith and lams，2009）。养老金通常由成立较久的大型私营公司、拥有活跃工会的公司以及一些州和地方政府为公职人员提供。

退休储蓄：固定供款退休计划

固定供款退休计划正在取代养老金计划。它与固定福利计划的不同之处在于，固定的是供款，而非福利。雇主制定固定供款计划并进行退休储蓄存款，而雇员进行投资并管理决策。在该计划下，一些雇主会将雇员的供款比例提至最高。雇员持有该账户，雇主不提供终身支付，这与固定福利养老金不同。示例见 401（k）和 403（b）储蓄计划。

大多数固定供款计划允许人们从账户中借钱，但雇员必须在离职之前偿还这些贷款，否则他们将欠下所得税和罚款。在某些情况下，例如雇员残疾时，可以提前兑现账户，这被称为“困境提款”(hardship withdrawals)。当雇员离开雇主时，资金可以保留在账户中或转入另一个账户。从事过不同工作的服务对象可能拥有多个账户，账户中的余额通常很小。

其他固定供款退休计划并非由雇主缴款，这些就是传统的 IRA 和 Roth IRA（见第 10 章）。个人可以独立于雇主，自行建立账户。没有基于雇主的计划的人可以将其用作退休储蓄的主要形式，但他们也可以补充由雇主缴款的计划。

固定供款计划没有像养老金给付担保公司那样的保险。对于退休金不足或投资失败的人来说，该计划无法保证支付。金融风险完全由个人承担。

除了社会保障金以外，还有退休储蓄的美国老年人在财务上要比那些没有养老金的美国人做得更好。仅获得社会保障金的人的年收入中位数为 15985 美元。结合固定福利养老金，2013 年老年人的平均收入为 34420 美元（Pension Rights Center，n.d.）。然而，2013 年，在处于收入分配后半部分的家庭中，只有 40% 的家庭在任意类型的退休账户中有存款，而在 2014 年，一半的美国老年人每年从这类资产中获得的收入不到 1703 美元（Bricker et al.，2014；Pension Rights Center，n.d.）。

聚焦案例： 尤兰达计算其退休收入

第一次会面时，尤兰达将多萝西要求的文件带来了。她们一起回顾了尤兰达的生活和退休目标。尤兰达告诉多萝西，她并不需要太多的物质来维持生活，但她希望能够帮助自己的孩子和教会。她觉得自己的财务状况已经得到了控制，但还是担心自己的长期计划。她还可以工作多久？她将如何在不工作的情况下养活自己、母亲和女儿？

多萝西告诉尤兰达，她担心的也是人们普遍担心的。多萝西知道，与她的众多服务对象一样，尤兰达可能低估了自己的晚年生活所需。但是，在开始计划之前，多萝西建议尤兰达首先查看她的财务状况。

她们从尤兰达退休时需要的收入开始，多萝西要求尤兰达查看她的工资单（见表 18.1）。

表 18.1　尤兰达近期每周工资单（单位：美元）

工资总额	442.33
联邦扣缴	（48.85）
FICA 税	（27.47）
医疗保险	（6.41）
密西西比州扣缴	（16.00）
401k（3%）	（13.27）
实得工资	330.33

上周，她的实得工资为 330 美元，而她赚了 442 美元。多萝西提醒尤兰达，她获得了约 4000 美元的联邦 EITC，因此她的税后实际收入约为每年 21000 美元。考虑到这一点，尤兰达无法想象自己如何靠更少的钱生活。

多萝西解释说，由于通货膨胀，今天的 21000 美元在 15 年后买不到相同数量的商品和服务。如果尤兰达在 15 年后退休，那么实际上她需要在退休的第一年获得约 30000 美元的收入（以平均通胀水平为假设），才能维持目前的生活水平。多萝西指出，虽然许多人认为退休后的生活成本可以减少，但大多数人最终想要达到的支出水平几乎与他们工作时的支出水平相同。因此，从现在起 15 年后，如果有 30000 美元的退休收入是一个不错的起点。多萝西看到，这个数字令尤兰达感到紧张，尤兰达屏住呼吸说："那真是一大笔钱。"

多萝西安慰她："这笔钱看起来确实很多，但我们可以继续进行预测，我想我们可以找到方法来实现这一目标。这可能并不容易，我们可能需要充分发挥创造力，但是在作出任何决定之前，我们先看看整体情况如何。"

接下来，她们讨论了尤兰达的退休收入来源。首先从社会保障老年福利开始。尤兰达最近的工资单显示了 FICA 税的减免，所以她们浏览 SSA 的网站查看尤兰达的社会保障记录。这看起来很熟悉：尤兰达每隔几年就会收到一封类似的社会保障声明信件（见表 18.2）。

表 18.2　尤兰达的收入历史（信息来自：SSA.GOV/MYACCOUNT）

年龄（岁）	FICA 收入（美元）
25	12200
26	13100
27	15210
28	12004
29	13090
30	14004
31	15080
32	12599
33	13970
34	17375
35	16891
36	18101
37	17120
38	16600
39	11207
40	13595
41	20921
42	22100
43	23067
44	22938
45	24198
46	23807

多萝西问尤兰达，这份收入记录是否准确。尤兰达查看了所有记录，认为是正确的。在确认了尤兰达收入记录的准确性之后，多萝西还向她展示了如何创建“我的社会保障”账户来估算未来的福利、验证收入，以及估算她所支付的 FICA 税。

然后，她们使用 SSA 网站上的计算器，估算了尤兰达在 15 年后可获得的社会保障福利。她们假设，尤兰达的收入将遵循最近几年的模式，到 62 岁时她将赚到 30000 美元。基于该假设，根据她领取社会保障金的年龄，她们找到了每月和每年预计的社会保障福利（见表 18.3）。

表 18.3　尤兰达的社会保障福利

领取年龄（岁）	月福利（美元）
62	722
65	932
70	1364

如果尤兰达的目标是 30000 美元，那么若她在 62 岁退休，将面临巨大的资金缺口，而若在 66 岁退休，资金缺口将小得多。尤兰达很清楚，仅靠社会保障金是不够的，但实际情况也没有她想象的那么糟糕。

接下来，她们查看尤兰达存了多少钱。她拥有一个 401（k）退休储蓄账户，存款约 10000 美元。另外，她还有一个 401（k）账户，存款 8400 美元，她每个月将收入的 3% 存入该账户。多萝西指出，许多人根本不存钱，而尤兰达这样做是件好事。与大多数人一样，尤兰达从未为任何提供固定福利计划的雇主工作，但她拥有一些固定供款 401（k）基金。这是一些**指数型**股票基金，这意味着它们的**指数**与市场指数的组成部分相匹配，并且年费和支出较低（见第 10 章）。

然后，她们查看了尤兰达的债务。归功于尤兰达与她的信贷顾问珍妮特所做的工作，她在偿还医疗和信用卡债务方面做得不错（见第 16 章）。现在，她还拥有一辆无债务的汽车。尤兰达以及她的母亲和女儿所居住的房子是她母亲的，因此尤兰达没有抵押贷款。母亲乔内塔去世后，尤兰达将继承房子，这使退休计划变得更加容易，因为当她从有偿工作中退休时，她不必计划偿还债务。

接下来，她们估计当尤兰达退休时，现有的退休储蓄将增加多少。有两种增长方式：（1）尤兰达持续供款；（2）存款升值。如果尤兰达继续每月存入自己收入的 3%，她的收入每年增长 4%，并且她扣除费用后的 401（k）投资基金的年增长率为 4%，那么 15 年后当她 62 岁时，将拥有 51000 美元，66 岁时将拥有 61000 美元。

多萝西现在拥有的信息足以为尤兰达做出一些估算。如果她的目标年收入为 30000 美元，那么每年就必须从退休账户中支出。多萝西估计，在考虑社会保障因素后，如果尤兰达在 62 岁退休，她的退休储蓄大约可以维持 7 年。这意味着，到 70 岁时，她就会用光积蓄，只剩社会保障金。

但是，如果尤兰达一直工作到 66 岁（根据社会保障福利公式计算，这是她的完全退休年龄），并且一直为社会保障供款，那么她将获得更多的年度社会保障福利。这意味着她需要减少退休储蓄的支出，来填补她 30000 美元的收入目标和社会保障收入之间的缺口。在这种情况下，她的退休储蓄将持续 17 年，一直到 80 多岁。

尤兰达真的希望在62岁时退休，但很明显，她将没有足够的钱维持目前的生活水平。多萝西解释了多等待四年的三个好处：

（1）她每延迟一个月领取社会保障并缴纳FICA税，她的社会保障收益都将增加，尤其是当她接近完全退休年龄时。

（2）每月存入401（k）退休基金的钱越多，她的储蓄就有望增值更多。

（3）她拖得越久，就越没有时间来支付她的退休金。

但是，多萝西看到尤兰达感到失望。她很高兴自己在传达尤兰达眼中的坏消息之前，就花时间与尤兰达建立了关系。多萝西补充说："尤兰达，你现在无需作出任何决定。你有时间去思考。"尤兰达点点头，说："我只是想知道我将如何维持健康和体力。"

"好的，下次见面时，"多萝西说，"我们来考虑一下如何增加退休后的收入和储蓄。如果你愿意，也可以自己做一些探索。"多萝西建议尤兰达使用退休研究中心的"退休目标"（Target Your Retirement）工具进行研究。在那里，她可以开始探索更多的储蓄、更长的工作时间，或工作与退休相结合的选择（见专栏18.1）。

专栏18.1　聚焦研究：波士顿学院退休研究中心

波士顿学院退休研究中心发起对影响退休收入的因素的研究，这些因素包括社会保障、州和地方养老金、医疗和长期护理、退休储蓄和退休收入。为了制定切实可行的解决方案，该中心的研究人员研究了影响金融决策的经济和行为因素。

该中心提供有关金融剥削、金融素养、金融状况、养老金改革和税收激励的简报、工作论文和数据。一份名为"网上理财知识"（Financial Literacy on the Web）（Blanton，2011）的工作论文，提供了一个近4100个个人理财网站的评估框架。这些网站监控预算、发放优惠券和提供计算器。它讨论了不同类型网站的优缺点，以及有效且受欢迎的网站的示例。

该中心还开发了交互式实用工具，帮助人们规划退休计划。"Squared Away"网站涵盖的主题包括：学习医疗保险、管理日常支出、在3分钟内确定预算，还包括在哪里削减支出、偿还债务以及明智地借贷（Boston College Center for Retirement Research，2016c）。"退休目标"是一项互动计划，可帮助老年人制定计划以维持其退休后的生活水平（Boston College Center for Retirement Research，2016b）。另一个可以帮助人们识别退休计划的行为障碍的工具，被称为"可能破坏退休的奇怪行为"（Curious Behaviours that Can Ruin Your Retirement）（Boston College *Center* for Retirement Research，2016a）。

提高退休后的经济保障

达到退休年龄的人可以通过多种方式增加其经济保障。他们可能工作更长时间，获取公共福利，降低金融服务和产品的成本，避免金融诈骗和剥削，简化资金管理任务，减少消费，并考虑反向抵押。

工作更长时间

许多人在达到退休年龄以后继续工作。一些人留在原来的工作岗位上，而另一些人退休后则转而从事新的工作，有时是兼职工作。从 1990 年到 2010 年，年龄在 65 岁至 69 岁之间的工作人口比例，从 22% 增加到 31%（Kromer and Howard，2013）。许多人可以选择是否工作更长时间，但还有很多人，尤其是退休储蓄不足的人，则不得不工作。尽管人们可以在 62 岁时就申请社会保障金，但他们在领取福利的同时仍可能继续工作。

超过退休年龄继续工作，可以改善家庭财务状况，提高生活质量，但也存在一些实质性的障碍。健康状况不佳和残疾可能会使工作变得困难，甚至使人们无法工作。许多老年人是家人和朋友的照料者，他们很少有时间工作。还有一些人根本不想工作，尤其是考虑到他们可以从事的工作类型。

获取公共福利

退休人员可能有资格获得经济或实物公共援助。例如，LIHEAP 为极低收入家庭提供供暖和能源补贴（U.S. Health and Human Services，2016）。其他低收入老年人可能有资格获得住房补贴或参与 SNAP。在达到退休年龄之前，有工作经历和严重健康问题的服务对象可能有资格参加 SSDI，该保险将支付福利直至达到退休年龄。

医疗保险（见第 13 章）覆盖了所有在工作期间缴纳社保的人。但是，要从该通用计划中受益，人们必须遵循一些登记规则并接受未能在正确时间登记的处罚。通常，人们必须在 65 岁生日前后三个月内登记医疗保险，否则可能因错过登记期限而面临潜在的罚款。尽管医疗保险涵盖了许多医疗费用，但它并不能涵盖所有费用，包括共付费用和其他自付费用。受益人可以购买额外的保险，以支付医疗保险无法涵盖的医疗费用（Jacobson，Huang and Neuman，2014）。

低收入老年人也可能有资格获得医疗补助，该补助可支付医疗保险未涵盖的许多医疗保健费用。拥有太多金融资源而没有资格享受医疗保险的退休人员，可以通过减少金融资源和支付一定水平的医疗费用，来获得享受医疗补助的资格。但是，将资产赠予孩子（最多提前 5 年）并不能使退休人员拥有获得医疗补助的资格。他们可以通过偿还某些债务（例如提前偿还贷款以及预付丧葬费）来加快获得资格。

因工作年限不足而无法获得残疾或老年福利的人群可能有资格获得 SSI，直至 62 岁（SSA，2016b）。65 岁以后，大多数收入极低的老年人即使没有残障，也有资格获得 SSI，但有些人可能没有资格，例如非法移民和某些合法入境的移民（SSA，2017）。社会保障退休福利每月的金额很低，平均只有 435 美元（Social Security Administration，2016a）。据估计，每月社会保障退休福利低于 800 美元且无其他收入、储蓄或资产的老年人，除了有资格获得社会保障退休福利以外，还可能有资格获得 SSI。一些州为低收入老年人提供额外的收入援助。

专栏 18.2 详细介绍了一些组织，老年人可以向该组织寻求帮助，以获得公共资源。

专栏 18.2　聚焦组织：美国国家老龄化委员会、国家老龄化区域协会和美国退休人员协会

美国国家老龄化委员会（National Council on Aging）关注老年人的经济福利和健康生活，尤其是弱势老年人。该组织赞助国家老年中心研究所（The National Institute of Senior Centers）和福利中心（The Center for Benefits Access），并管理一个针对弱势老年人的有用工具——BenefltsCheckUp。该工具根据服务对象的邮政编码、社会经济水平和其他资格标准在线提供信息（National Council on Aging，2016）。该组织还与其他非营利组织、政府和私营部门组织合作，其目标是到 2020 年改善 1000 万老年人的健康和经济保障（National Council on Aging，n.d.）。

国家老龄化区域协会（The National Association of Area Agencies on Aging）代表美国各地社区中为老年人提供服务和支持的地方机构，包括家庭和社区服务、交通以及健康老龄化。该组织出版了若干手册，例如《老龄化问题的答案：金融剥削》(*Answers on Aging: Financial Exploitation*，n.d.-a)，以及与国家老龄化委员会合作出版《支付与储蓄：老年人福利指南》(*You Gave, Now Save: Guide to Benefits for Seniors*，n.d.-b)。

AARP 是世界上最大的会员组织，拥有 3800 万会员。其目的在于改善医疗保健、就业和收入保障，并为美国老年人提供保护，使他们免受金融剥削的危害。该组织的网站提供信息、资源、研究、法律和政策倡导以及补助。它还通过“重返工作岗位 50+”（Back to Work 50+）项目，提供有关如何获得成人教育、营养、处方药、社区服务和就业援助等服务的指南。AARP 还提供有关住房、合理支出、税费、储蓄和投资、信贷和债务管理、破产、消费者保护以及退伍军人福利等方面的金融教育。老年人可以使用“AARP 福利快速链接”（AARP Benefit QuickLINK）访问服务选项，该链接将逐步引导用户确定服务的可及性和资格（AARP，2016）。

降低金融服务的成本

一些金融服务可能会引发老年人预算中的“支出漏洞”（见第 8 章）。即使有更简单、成本更低的替代选择，老年人也可能会使用他们熟悉的金融产品和服务。为了降低这些成本，老年人可以查看银行账户、预付充值卡、贷款和其他金融服务的费用（见第 4 章）。对于老年人而言，避免诸如透支费或低余额费用之类的罚款和费用尤为重要。例如，积累高额银行费用以获取社会保障福利的老年人可以关闭其银行账户，并使用联邦政府提供的 Direct Express 借记卡。使用此借记卡直接购物，而不是依靠现金或支票，可以省钱。拥有 401（k）账户或 IRA 账户的老年人可以将账户合并到一个账户提供方，以降低费用。

避免金融诈骗和剥削

老年人尤其容易受到金融剥削，因为他们往往有储蓄，有来自社会保障的固定收入，经常信任他人，并可能表现出认知能力下降的迹象（Hudson and Goodwin，2016）。据估计，年龄在 65 岁以上的人群中，有 20% 的人“在金融方面被利用”（Investor Protection Trust，2010，p. 3）。2010 年，此类金融剥削造成的年度金融损失总计近 30 亿美元（MetLife，2011）。

老年人信任的人，例如看护人、家人、朋友和顾问，通常是此类金融诈骗的肇事者（MetLife，2009）。家人和朋友可以利用共同的银行账户，使用他们的 ATM 卡或支票取款，或通过威胁，在金融方面利用老年人。还有其他诈骗，例如假彩票、无担保的房屋维修、身份盗用、自称“亲戚”打电话借钱、不现实的投资计划和虚假的房屋维修（CFPB and FDIC，2014）。金融顾问、医生和律师可能会向老年人收取不必要的费用。

简化资金管理任务

为可能出现的认知减退和金融管理能力下降做计划，是为老年和退休做准备的重要部分（Mandell，2013）。首先，在退休之前，人们可以考虑将金融账户合并为简单的工具。这些工具几乎不需要管理，也无需缴纳管理费。其次，他们可以评估自己是否能在当前的住所“安度晚年”，还是应该寻求其他选择。最后，人们可以查看自己的临终相关文件（见第 19 章），设置账户受益人，并指定信任的人来处理他们的金融状况。

减少消费并精简开支

在不对生活水平产生实质影响的情况下，人们可以降低一些成本。例如，考虑到成本，住房代表一个显著减少开支的机会。搬到低成本住房、与室友分摊生活费用，或与亲戚住在一起可能会节省很多钱（Sass，Munnell and Eschtruth，2014）。运输和通信是其他老年人可以显著减少支出的领域，包括放弃开车或放弃使用固定电话。对于小额储蓄，老年人可以充分利用老年折扣。以这些不同的方式减少开支对一些人来说是可以接受的，但对另一些人来说却是问题。

考虑反向抵押贷款

反向抵押贷款是一种特殊类型的贷款，它允许 62 岁以上的房主以其房屋净值为抵押进行借贷（见第 13 章）。房主继续拥有和维护房屋，但可以将房屋的价值作为收入，并承诺在房屋被出售或本人死亡时偿还贷款。获得反向抵押贷款意味着该房主的继承人不会继承房屋，除非偿还贷款。

但是，他们应该考虑清楚。反向抵押贷款很复杂，并非都是优点。因此，在决定使用反向抵押贷款之前，服务对象应仔细考量自己的目标，并与家人讨论这个想法。他们还必须在贷款获得批准之前完成住房咨询。一方面，反向抵押贷款可以解决一个重大的金融问题（例如房屋止赎），并为房主提供现金用于房屋修理、税费、医疗保健或护理。另一方面，对于许多房主来说，以家庭财富和遗产为代价可能是他们不愿意采取的方式。

管理老年人的钱

像尤兰达这样合法接管他人财产的人，即为受托人，他们有几种选择。根据 CFPB（2013）的规定，受托人有四项职责：（1）仅为个人最大利益行事；（2）谨慎管理个人的金钱和财产；（3）将个人的金钱和财产与受托人的金钱完全分开；（4）保留良好的金融记录。违反这些标准的受托人可能会被起诉，并被勒令偿还任何未使用的钱，甚至可能要支付罚款或被判入狱服刑。

授权［或永久授权书（DPA）］是一份法律文件，赋予某人为他人作财务决定的法律权力（CFPB，2013）。其范围可以仅限于几项（例如出售房屋），也可以更广泛，涉及一个人财务生活的大多数方面。

聚焦案例：乔内塔的健康状况恶化

尤兰达与多萝西一起为退休做规划时，尤兰达的母亲乔内塔的健康状况突然恶化。乔内塔今年 72 岁，有很多健康问题，但认知能力下降的问题最令尤兰达担心。乔内塔越来越健忘，偶尔会从家里出去闲逛。前一周，在一个寒冷的日子里，乔内塔徘徊在几个街区之外的商业街。当一个朋友打电话给上班的尤兰达告诉她这件事时，她很快安排了一个人来顶班，然后去接她的母亲。她到达时，母亲很高兴，并解释说自己要买一些鸡蛋。

这件事发生后，尤兰达对整天把母亲一个人留在家里的做法感到很不安。上班前，尤兰达会准备午餐，乔内塔一整天都在看电视和休息，直到尤兰达回来。尤兰达不知道该怎么办。她无法想象把母亲送进福利院，她负担不起家庭护理费用，也不能辞掉工作。

乔内塔无法再独立管理自己的财务，因此尤兰达需要做的事越来越多。当她注意到母亲购买电视广告中的小件邮寄产品时，尤兰达提出了接管乔内塔的财务的想法。乔内塔指责尤兰达忘恩负义："这是我的房子，我让你免费住在这里！"在尤兰达最困扰的时刻，母亲指责她贪婪，想夺走她的家。上周，乔内塔责备尤兰达说："你只想让我死。"

走丢事件发生后，尤兰达知道她必须做些什么。尤兰达求助于多萝西。多萝西也同意，是时候立即对乔内塔的财务决策采取一些措施了，她们还谈了谈她日常护理的下一步计划。

法院可能会为那些无法管理自己的金钱和财产的人指定一个更严肃的选择——财产监护人（某些州为财产保管人）。根据各州的具体情况，被监护人可能被称为“无行为能力人”“受保护人”或“受监护人”，从而被剥夺财务决策能力。法院通常不会授予他们监护权，除非尝试了限制性较小的替代方法（例如授权），但被认定无效。接收联邦福利（例如社会保障或 SNAP）的人可以被指定为代理收款人（或退伍军人管理局福利的 VA 受托人），即指定的福利接收者，代表受益人使用资金（CFPB，2013）。

理想情况下，老年人应该在决策能力下降之前做出信托安排。否则，某些人——通常是家人或朋友——必须请求法院指定监护人，这就需要进行诉讼，要花费很长时间和昂贵的费用。

服务者在老年人金融福祉中的角色

随着人口老龄化，到 2040 年，美国 65 岁及以上人口的比例将从 12% 增加到 20% 以上（Administration on Aging，2016）。这意味着需要更多的服务者来为不断增长的人口服务。服务者可以通过与老年人讨论金融状况，并倡导在老年人中建立金融保障的政策，来帮助他们建立退休基金和金融保障。

与老年人讨论其金融状况

服务者在处理老年人的金融问题时会遇到两个关键挑战：复杂性和隐私性。金融产品和服务令人困惑，人们常常对各种账户和选择感到不知所措。帮助人们厘清自己的金融状况需要服务者的时间和耐心。其次，大多数人不太情愿或根本不愿意分享他们的金融生活细节。对于老年人来说，金钱不仅仅是数字，它们代表着一生的决策、工作、关系和投资。老年人理所当然地担心被剥削。

聚焦案例： 尤兰达开始接管乔内塔的财务

在随后一次的会面中，多萝西建议尤兰达与乔内塔谈谈其财务状况，并让乔内塔尽可能多地参与进来。尤兰达首先提出支付乔内塔每月的公用事业费。由于对账单支付感到沮丧，乔内塔表示同意。

多萝西帮助尤兰达考虑接下来的步骤和选择。在研究让尤兰达成为乔内塔社会保障福利代理收款人的可能性时，她们了解到，这需要由 SSA 认定，受益人无法管理自己的福利。如果尤兰达成为乔内塔的代理收款人，她将获得并控制乔内塔的社会保障福利。SSA 必须认同乔内塔无法管理自己的福利，并且尤兰达应该是乔内塔的代理收款人。

同时，乔内塔的病情稳定了。她的外孙女塔米卡目前失业，并同意在不找工作的时候去照看外祖母。尤兰达知道，她必须做出其他安排，现在只是时间问题，但就目前而言，一场危机得以避免。她在等一个风平浪静的日子，与乔内塔谈论其政府福利。

她和多萝西还讨论了下一步，她想请老年医学专家对乔内塔进行评估。多萝西建议尤兰达看看当地的**地区老龄化机构**可能建议哪些资源，该机构是 1973 年《美国老年人法案》(The Older Americans Act）建立的全国网络的一部分，可以帮助老年人在家中和社区中生活（Administration on Aging and National Association of Area Agencies on Aging，n.d.)。

尽管尤兰达将不得不同时管理她和母亲的财务，但知道她母亲的钱不会浪费，这使她感到很欣慰。当然，尤兰达还必须继续专注于自己的退休计划。

他们可能不习惯与他人谈论金钱。认知的变化可能使金钱问题变得更加难以讨论。

出于这些原因，服务者帮助服务对象建立老年金融安全时需要老年服务对象高度的信任。回到基础上来是有帮助的：从服务对象所在的地方开始，并从他们的目标开始。但是，与老年人一起工作通常涉及寻求他人的帮助，且这些人已经涉及老年人的个人金融状况。如果存在认知问题，这一点尤其重要。仅要求服务对象提供解决问题或实现目标所需的金融信息也很重要。一种方法是使用福利检查工具（见专栏 18.2)，回答特定问题。

建立老年人家庭经济保障的政策和计划

服务者还可以参与政策制定和计划解决方案，以支持老年人的经济保障。Nancy Morrow-Howell 及其同事（2015）提出了五个政策建议，来支持老年人的金融状况。

（1）解决收入不足的问题。由于许多老年人必须工作，因此就业计划可以为寻找兼职工作的老年人设计特殊计划，并协助发展小型企业。社会保障方面的一些改革包括根据平均预期寿命来确定退休年龄，但许多少数族裔的预期寿命低于平均水平。还需要设计其他政策来减少无法工作的残疾老年人的贫困。

（2）降低老年人的生活成本。例如，地方法规可以允许集体生活和多代人共同生活以减少住房成本。还可以为房屋改建提供税收抵免（Joint Center for Housing Studies，2014）。扩大交通选择，尤其是针对残疾老年人，可以降低交通费用。创建替代长期机构医疗保健的方法将减少医疗保健费用，并使人们避免使用昂贵的医疗设施。

（3）推广适当的金融服务和产品。对老年人友好的低风险、易于管理的银行产品，将使老年人能够为衰老和可能出现的认知衰退做好准备（Lock，2016；Siddiqi，Zdenek and Gorman，2015）。帮助老年人避免金融剥削的干预措施尤为重要（Gilhooly et al.，2016）。服务者可以与金融机构合作来设计产品和服务，以满足文化多元化的老年人的需求。

（4）支持终身资产积累。支持涵盖所有背景和文化的所有劳动者的退休储蓄计划很重要（Richman，Ghilarducci，Knight，Jelm and Saad-Lesser，2012）。同时，可以提高公共福利计划中的资产限额，以允许金融脆弱人群维持可应急储蓄。

（5）提供金融能力教育和指导。重要的是提高对如何避免被金融剥削和身份盗用的认识（见专栏 18.3）。此外，那些遇到金融问题的人应该能够获得适当且负担得起的金融和法律建议。

专栏 18.3　聚焦政策:《老年人公正法案》

2010 年颁布的《老年人公正法案》(The Elder Justice Act，EJA）是第一部授权拨款解决虐待、忽视和剥削老年人问题的联邦立法，是《病人保护和平价医疗法案》的一部分。EJA 除了为虐待老年人法医研究中心提供新的资金外，还包括为长期护理申诉专员项目提供额外资金。它授权成立联邦虐待老年人协调委员会和虐待、忽视和剥削老年人问题咨询委员会。两党老年司法联盟（The bipartisan Elder Justice Coalition）是一个由老年维权团体和数百名个人成员组成的团体，该联盟近 10 年来一直在努力推动这项法律的通过。

EJA 可能通过避免金融剥削以保护老年人来发挥作用，但要完全将国会已通过的法律付诸实施，还需要更多立法工作。该项法律通过多年后，EJA 的规定仍未被充分执行。美国成人保护服务协会及其附属组织继续与州和联邦各级政策制定者合作，解释 EJA 的重要性及资助和实施该法律的价值。倡导者与众议院和参议院拨款委员会会面，阐明将资金投入 EJA 联邦预算的理由。

EJA 是善意政策的例证，该政策得到了两党的支持并已被签署成为法律。但是，它也显示拨款和预算流程对政策实施有很大影响。出于有效性目的，政策需要结构和资金；仅仅被签署成为法律是不够的。任何需要每年拨款的项目都可能陷入政治困境，其结果就是，可能无法按计划实施。倡导以确保该项法律充分实施很有必要。

未来十年与老年人经济保障相关的政策问题是复杂的。由于医疗费用可能成为家庭的主要经济负担，因此对许多家庭来说，医疗保健实际上是一个重要的财务问题。在某些情况下，大家庭的家庭成员、子女和孙辈最终要为家里年长者健康状况下降承担经济责任（Reaves and Musumeci，2015）。资产较少的低收入人群可以通过医疗保险（U.S. Centers for Medicare and Medicaid Services，n.d.）获得某些长期护理的资格，但获得设施和优质服务对家庭来说是一种挑战。随着老龄化家庭数量的增加，对公共项目的需求也在增长——需要扩大的福利项目、替代方案、低成本的医疗服务和扩大的慈善护理，以帮助减轻家庭面临的财务负担。

聚焦案例：尤兰达决定，是时候保障其母亲的金融状况了

有时候麻烦突然降临。走失事件发生约一周后，一场暴风雨毁坏了乔内塔的房顶。尤兰达计划第二天晚上进行维修，但在她上班时，乔内塔雇了一个自称会修理屋顶的“好人”。尤兰达到家后，她的母亲说，这名男子是一个建筑承包商，他从附近经过，帮助遭受暴风雨破坏的人们。他声称自己可以用另一份工程遗留的材料修理屋顶，并且如果乔内塔预付现金的话，他可以提供“很大的折扣”。他爬上屋顶，然后爬下来，告诉乔内塔，问题比他最初想的要严重得多。“不过没问题，”他告诉乔内塔，如果今天能支付100美元，他明天就会来完成工作。

尤兰达感到此人可疑。她听说过这类骗局。警方接到过报案，但在像她所在的社区，骗局仍在继续。果然，尽管尤兰达多次打电话，但承包商仍然没有过来。乔内塔拒绝向警方举报这个“好人”。因为这房子在乔内塔的名下，所以尤兰达帮她打电话给财产保险公司，看是否可以弥补损失。保险公司工作人员告诉她这是一个被涵盖在保险中的项目，但费用不太可能超过1000美元的免赔额。因此，母女二人决定不为损失索赔保险。尤兰达很担心，由于没有钱修屋顶，她担心下次下雨时，房子会毁掉。

在接下来的会面中，尤兰达向多萝西讲述了屋顶事件。尤兰达想知道为什么有关部门继续允许骗子在非裔美国人社区活动而不担心被起诉。尽管多

萝西希望与尤兰达合作处理其母亲的病情和退休计划，但也知道修理屋顶是第一要务。如果屋顶不修复，这个家庭可能会失去其最大的金融资产。尤兰达上班时，她们给地区老龄化机构打电话，后者向他们介绍当地的社区行动计划，该计划帮助人们进行紧急房屋维修。尤兰达的母亲有资格获得帮助，当天晚些时候他们就可以派人过去。工人如期到达，盖上防水布，以防再次下雨，并告诉尤兰达屋顶可以维修。不过，已经有一些人在等候了，所以她们可能要等几天时间。工人承诺会尽快过去，与此同时，不要揭开防水布。

尤兰达非常感谢多萝西了解到这一资源。她们约定了下一次会面来讨论尤兰达对乔内塔的担忧。同时，多萝西建议她密切关注乔内塔的金融状况，包括确保她手头没有信用卡或大量现金。

结论

与老年人打交道的服务者在个人和政策层面上可以进行各种干预，以帮助金融脆弱的服务对象和人群建立老年保障。这意味着要帮助老年人（出于各种原因，他们发现自己没有足够的经济手段）寻找支持的来源，作出明智的财务决策，并过上有经济保障的老年生活。这还涉及制定政策和计划，帮助每个人为经济上有保障的晚年生活打下基础，促进资源积累，并将其传递给下一代。

探索更多

· 回顾 ·

1. 退休的三大主要收入来源是什么？所有人退休后都有资格获得这些来源吗？为什么？
2. 尤兰达与其母亲乔内塔之间的主要金融问题是什么？随着乔内塔认知能力的衰退，尤兰达有什么选择？

· 反思 ·

3. 设想一下你的退休生活：
   a. 你认为什么时候可以停止工作？
   b. 你认为退休后的消费水平会降低吗？为什么？
   c. 考虑未来的退休生活会使你感到高兴或焦虑吗？为什么？如果这使你感到焦虑，你必须选择哪些方式来改善？
4. 国家正面临着一场退休危机，很多人，尤其是低收入的人，在停止工作后，担心且无力承担同等水平的消费。从固定福利计划向养老金固定供款计划的转变，至少从哪三个方面改变了家庭的经济保障？可以在联邦或州一级尝试采用哪三项政策来提高老年人的金融安全？

· 应用 ·

5. 尤兰达正在计划退休事宜。讨论以下内容：
   a. 如果她把领取社保的年龄从 62 岁推迟到 66 岁，她还能再领取多少？如果推迟到 70 岁呢？
   b. 尤兰达什么时候有资格享受医疗保险？医疗保险对她的预算有什么影响？
   c. 对于尤兰达来说，工作到 62 岁以后的金融和非金融利弊是什么？
   d. 你认为尤兰达应该在什么年龄退休？你会如何与她讨论有关她退休年龄的决定？
6. 考虑以下每种情况，确定两个可以帮助每个人更好地为退休做准备的行动：
   a. 一名已婚男子，28 岁，年收入 26000 美元，每年将自己收入的 3% 储蓄在 401（k）账户中，他的妻子与他年龄相同，是一名保育员，没有定期退休储蓄。他已经支付了社会保险，但是他的妻子没有社保记录。
   b. 一名单身女子，43 岁，年收入为 28000 美元，并有固定福利养老金，该养老金将从她 65 岁开始，每月支付她 1200 美元。她没有其他积蓄，但当她年龄达到要求时，她有资格申请社会保险福利。
   c. 一名已婚男子，52 岁，去年在建筑行业收入为 32000 美元。他的 401（k）储蓄账户中有 74000 美元，并拥有一栋房子，这栋房子的抵押贷款还有 10 年（他的房屋月供约为 1200 美元）。在他 62 岁时，他将有资格每月获得约 2000 美元的社会保障金。

参考文献

AARP. (2016). AARP benefits QuickLINK. Retrieved from https://www.benefitscheckup.org/cf/index.cfm?partner_id=22.

Administration on Aging. (2016). Profile of older Americans: 2015 future growth. Retrieved from http://www.aoa.gov/aging_statistics/profile/2011/4.aspx.

Administration on Aging, & National Association of Area Agencies on Aging. (n.d.). Your first step in finding services for older adults. Eldercare Locator. Retrieved from http://www.n4a.org/files/ResourcesforOlderAdults.pdf.

Blanton, K. (2011). Financial literacy on the web. Center for Retirement Research. Retrieved from http://crr.bc.edu/wp-content/uploads/2012/04/Financial-Literacy-on-the-web.pdf.

Bricker, J., Dettling, L. J., Henriques, A., Hsu, J. W., Moore, K. B., Sabelhaus, J., ... Windle, R. A. (2014). Changes in U.S. family finances from 2010-2013: Evidence from the Survey of Consumer Finances. *Federal Reserve Bulletin, 100*(4), 1-41.

Butrica, B. A., Iams, H. M., Smith, K. E., & Toder, E. J. (2009). The disappearing defined benefit pension and its potential impact on the retirement incomes of Baby Boomers. *Social Security Bulletin, 69*(3), 1-120. Retrieved from https://www.ssa.gov/policy/docs/ssb/v69n3/ssb-v69n3.pdf.

Butrica, B. A., Smith, K. E., & Iams, H. M. (2012). This is not your parents' retirement: Comparing retirement income across generations. *Social Security Bulletin, 72*(1), 37-58.

Caldera, S. (2012). Social Security: Who's counting on it? AARP Public Policy Institute. Retrieved from http://www.aarp.org/content/dam/aarp/research/public_policy_institute/econ_sec/2012/Social-Security-Whos-Counting-on-It-fs-252-AARP-ppi-econ-sec.pdf.

Boston College Center for Retirement Research. (2016a). Curious behaviors that can ruin your retirement. Retrieved from http://crr.bc.edu/special-projects/interactive-tools/curious-behaviors-that-can-ruin-your-retirement/.

Boston College Center for Retirement Research. (2016b) Target your retirement.

Retrieved from http://crr.bc.edu/special-projects/interactive-tools/target-your-retirement/.

Boston College Center for Retirement Research. (2016c). Tools you can trust from a reliable source. Retrieved from http://squaredaway.bc.edu/.

Consumer Financial Protection Bureau. (2013). Guides for managing someone else's money. Retrieved from http://www.consumerfinance.gov/managing-someone-elses-money/.

Consumer Financial Protection Bureau, & Federal Deposit Insurance Corporation. (2014). Money Smart for older adults: Prevent financial exploitation. Retrieved from http://files.consumerfinance.gov/f/201306_cfpb_msoa-participant-guide.pdf.

DeNavas Walt, C., & Proctor, B. D. (2015). Income and poverty in the United States: 2014. Current Population Reports, U.S. Census. Retrieved from https://www.census.gov/content/dam/Census/library/publications/2015/demo/p60-252.pdf.

Emmons, W. R., & Noeth, B. J. (2015). The economic and financial status of older Americans: Trends and prospects. In N. Morrow-Howell & M. S. Sherraden(Eds.), *Financial capability and asset holding in later life*(pp.3-26). New York: Oxford University Press.

FINRA Investor Education Foundation. (2016). Financial capability in the United States 2016. Retrieved from http://www.usfinancialcapability.org/downloads/NFCS_2015_Report_Natl_Findings.pdf.

Gilhooly, M. M., Dalley, G., Gilhooly, K. J., Sullivan, M. P., Harries, P., Levi, ... Davies, M. S. (2016). Financial elder abuse through the lens of the bystander intervention model. *Public Policy & Aging Report, 26*(1), 5-11. doi:10.1093/ppar/prv028.

Hudson, R. B., & Goodwin, J. (2016). Elder wealth, cognition, and abuse. *Public Policy & Aging Report, 26*(1), 2-4. doi:10.1093/ppar/prv036.

Investor Protection Trust. (2010). Elder investment fraud and financial exploitation. Retrieved from http://www.investorprotection.org/downloads/EIFFE_Survey_Report.pdf.

Jacobson, G., Huang, J., & Neuman, T. (2014). Medigap reform: Setting the context for understanding recent proposals. Henry J. Kaiser Family Foundation. Retrieved from http://kff.org/medicare/issue-brief/medigap-reform-setting-the-context/.

Joint Center for Housing Studies. (2014). Housing America's older adults: Meeting the needs of an aging population. Cambridge, MA: Joint Center for Housing Studies at Harvard University. http://www.jchs.harvard.edu/sites/jchs.harvard.edu/files/jchs-housing_americas_older_adults_2014.pdf.

Kromer, B., & Howard, D. (2013). Labor force participation and work status of people 65 years and older. U.S. Census Bureau. Retrieved from https://www.census.gov/prod/2013pubs/acsbr11-09.pdf.

Lock, S. L. (2016). Age-friendly banking: How we can help get it right before things go wrong. *Public Policy & Aging Report, 26*(1), 18-22. doi:10.1093/ppar/prv034.

Lusardi, A., & de Bassa Scheresberg, C. (2016). Americans' troubling financial capabilities: A profile of pre-retirees. *Public Policy & Aging Report, 26*(1), 23-29. doi:10.1093/ppar/prv029.

Mandell, L. (2013). *What to do when I get stupid: A radically safe approach to a difficult financial era*. Bainbridge, WA: Point White Publishing.

McCarthy, J. (2016, April 28). Americans' financial worries edge up in 2016. Gallup. Retrieved from http://www.gallup.com/poll/191174/americans-financial-worries-edge-2016.aspx.

McKernan, S. M., & Ratcliffe, C. (2013). Closing the wealth gap: Empowering minority-owned businesses to reach their full potential for growth and job creation. Urban Institute. Retrieved from http://www.urban.org/research/publication/closing-wealth-gap-empowering-minority-owned-businesses-reach-their-full-potential-growth-and-job-creation.

Meschede, T., Shapiro, T. M., Sullivan, L., & Wheary, J. (2010). Severe financial insecurity among African American and Latino seniors. Institute on Assets and Social Policy. Retrieved from https://iasp.brandeis.edu/pdfs/2010/LLOL3.pdf.

Meschede, T., Cronin, M., Sullivan, L., & Shapiro, T. M. (2011, October). Rising economic insecurity among senior single women. Institute on Assets and Social Policy. Retrieved from https://iasp.brandeis.edu/pdfs/Author/meschede-tatjana/Rising%20Economic%20Insecurity%20Among%20Senior.pdf.

MetLife. (2009). Broken trust: Elders, family & finances. Retrieved from https://www.metlife.com/assets/cao/mmi/publications/studies/mmi-study-broken-trust-elders-family-finances.pdf.

MetLife. (2011). The MetLife study of elder financial abuse: Crimes of occasion, desperation, and predation against America's elders. Retrieved from https://www.

metlife.com/assets/cao/mmi/publications/studies/2011/mmi-elder-financial-abuse.pdf.

MetLife Mature Market Institute. (2012). The new American family: The MetLife study of family structure and financial well-being. Retrieved from https://www.metlife.com/assets/cao/mmi/publications/studies/2012/studies/mmi-american-family-structure-finacial-considerations.pdf.

Morrissey, M. (2016, March 3). *The state of American retirement: How 401(k)s have failed most American workers*. Economic Policy Institute. Retrieved from http://www.epi.org/publication/retirement-in-america/.

Morrow-Howell, N., Sherraden, M., & Sherraden, M. S. (2015). Conclusion: Financial capability in later life: Summary and applications. In N. Morrow-Howell & M. S. Sherraden(Eds.), *Financial capability and asset holding in later life*(pp.218-232). New York: Oxford University Press.

National Association of Area Agencies on Aging. (n.d.-a). Answers on aging: Financial exploitation. Retrieved from http://www.n4a.org/Files/financial-fraud-access508.pdf.

National Association of Area Agencies on Aging and National Council on Aging. (n.d.-b). Guide to benefits for seniors. You gave, now save. Retrieved from http://www.n4a.org/Files/Guide-to-Benefits%20508%20Compliant.pdf.

National Council on Aging. (n.d.). BenefitsCheckUp. Retrieved from https://www.benefitscheckup.org/.

National Council on Aging. (2016). About NCOA. Retrieved from https://www.ncoa.org/about-ncoa/.

Oakley, D., & Kenneally, K. (2017, February). *Retirement security 2017: A roadmap for policy makers*. National Institute on Retirement Security. Retrieved from http://www.nirsonline.org/storage/nirs/documents/2017%20Conference/2017_opinion_nirs_final_web.pdf.

Pension Rights Center(n.d.). Income from other sources. Retrieved from http://www.pensionrights.org/publications/statistic/income-other-sources.

Reaves, E. L., & Musumeci, M. (2015). Medicaid and long-term services and supports: A primer. Henry J. Kaiser Family Foundation. Retrieved from http://kff.org/medicaid/report/medicaid-and-long-term-services-and-supports-a-primer/.

Rhee, N. (2013). Race and retirement insecurity in the United States. National

Institute on Retirement Security. Retrieved from http://www.nirsonline.org/index.php?option=content&task=view&id=810.

Richman, K., Ghilarducci, T., Knight, R., Jelm, E., & Saad-Lesser, J. (2012). Confianza, savings, and retirement: A study of Mexican immigrants. University of Notre Dame, Institute for Latino Studies. Retrieved from http://www.nefe.org/Portals/0/WhatWeProvide/PrimaryResearch/PDF/ConfianzaSavingsandRetirement_NotreDameFinalRpt.pdf.

Sass, S., Munnell, A., & Eschtruth. Using your house for income in retirement: A retirement planning guide. Center for Retirement Research. Retrieved from http://crr.bc.edu/wp-content/uploads/2014/09/c1_your-house_final_med-res.pdf.

Siddiqi, S. N., Zdenek, R. O., & Gorman, E. J. (2015). Age-friendly banking: Policy, products, and services for financial capability. In N. Morrow-Howell & M. S. Sherraden(Eds.), *Financial capability and asset holding in later life*(pp.195-217). New York: Oxford University Press.

Social Security Administration. (2014, April 2). Social Security basic facts. Retrieved from https://www.ssa.gov/news/press/basicfact.html.

Social Security Administration. (2016a). Monthly statistical snapshot, May 2016. Retrieved from https://www.ssa.gov/policy/docs/quickfacts/stat_snapshot/.

Social Security Administration. (2016b). Understanding supplemental security income eligibility requirements, 2016 edition. Retrieved from https://www.ssa.gov/ssi/text-eligibility-ussi.htm.

Social Security Administration. (2017). *Spotlight on SSI benefits for Aliens*. Retrieved from https://www.ssa.gov/ssi/spotlights/spot-non-citizens.htm.

Stoesz, D. (2016). The excluded: An estimate of the consequences of denying Social Security to agricultural and domestic workers. Center for Social Development. Retrieved from https://csd.wustl.edu/Publications/Documents/WP16-17.pdf.

Traub, A. (2013). In the red: Older Americans and credit card debt. Demos. Retrieved from http://www.demos.org/publication/red-older-americans-and-credit-card-debt.

U.S. Centers for Medicare and Medicaid. (n.d.). Dual eligibles. Retrieved from https://www.medicaid.gov/affordablecareact/provisions/dual-eligibles.html.

U.S. Government Accountability Office. (2011). Income security: Older adults and the 2007-2009 recession. Retrieved from http://www.gao.gov/new.items/d1276.pdf.

U.S. Health and Human Services. (2016, January 19). LIHEAP frequently asked questions. Retrieved from http://www.acf.hhs.gov/programs/ocs/resource/consumer-frquently-asked-questions.

VanDerhei, J. (2015). How much needs to be saved for retirement after factoring in post-retirement risks: Evidence from the EBRI Retirement Security Projection Model®. Retrieved from http://www.ebri.org/pdf/notespdf/EBRI_Notes_03_Mar15_Svngs-HlthCntribs.pdf.

Whitman, K., Reznik, G. L., & Shoffner, D. (2011). Who never receives Social Security? *Social Security Bulletin, 71*(2), 17-24.

Wider Opportunities for Women. (2012). Doing without: Economic insecurity and older Americans. Retrieved from http://www.wowonline.org/documents/OlderAmericansGenderbriefFINAL.pdf.

第 19 章　有序安排财务：遗产规划

> 专业原则：每个人，包括金融脆弱的人，都应该为自己的孩子、未来的医疗保健和资产制定计划，以便为死亡或丧失能力做准备。服务者可以帮助人们进行规划以及在需要时寻求金融和法律指导，并倡导能够使服务对象更轻松地规划其遗产的政策。

对许多人来说，遗产规划是一个难以开口的话题，因为它涉及思考自己的死亡或可能使人们无法处理事务的不幸事件。一些家庭，尤其是金融脆弱家庭，通常认为他们的财产不值得进行遗产规划。由于这些原因，人们经常推迟遗产规划。但是，遗产规划很重要。如果没有进行遗产规划，失去亲人时，家庭成员除了要为失去亲人或亲人残疾而悲痛外，还要面对令人困惑和昂贵的抉择。遗产规划为子女在父母去世或丧失行为能力的情况下提供指导。有多个伴侣、继子女和其他复杂关系的复杂家庭会增加对遗产规划和遗嘱的需求（Francesconi，Poliak and Tabasso，2015）。此外，没有遗产规划会减少下一代可用的资产。

尽管遗产规划意义重大，但是仍有三分之一的 70 岁以上的老人和三分之二的低收入家庭没有遗嘱（Angel and Mudrazija，2011）。即使是那些拥有遗产证明文件的人，也常常不能做到及时更新（AARP，2000；James，2009）。

本章重点介绍与金融脆弱家庭最相关的遗产规划要点，说明服务者如何帮助服务对象确定在其死亡或丧失能力后的愿望优先顺序。首先，我们来谈谈朱厄尔，她最近刚结束了一段家庭暴力关系。她的前夫托德拖欠子女抚养费，他一直被监禁，没有收入。她的姐姐诺拉经常来照看她的女儿泰勒。在服务者莫妮卡·贝克的帮助下，朱厄尔正在利用一些社会项目来补充她作为餐厅服务员的工资，并逐渐获得了经济上的稳定，她还报了一个为期两年的牙科卫生副学士学位的在职课程。但是她很担心泰勒。

聚焦案例：朱厄尔做了最坏的打算

泰勒刚满4岁，刚上幼儿园。她的表现还不错，但是老师担心她可能有发育问题。她不爱与其他孩子说话，容易发脾气。日托人员已经联系了当地学区，学区将帮助朱厄尔对泰勒进行测试，并在需要时制定个性化教育计划（Individualized Education Plan，IEP）。听到这个消息后，朱厄尔实际上松了一口气，因为她总能看出泰勒与其他孩子不太一样，而且她的行为问题似乎越来越严重。

朱厄尔问莫妮卡，她应该可以从测试中得到什么。莫妮卡解释说，学区为有发育障碍的孩子提供特殊服务资金（U.S. Department of Education，2016）。她还提到了额外的保障收入（Supplemental Security Income），如果泰勒有符合条件的残疾，这笔收入可以提供每月的经济补贴。尽管获得这些福利存在诸多困难，但诊断对于确定泰勒可能需要的服务是有价值的。

在拜访莫妮卡的过程中，朱厄尔停顿了一会儿，然后告诉莫妮卡："你知道，我一直在担心如果我不在身边，泰勒会怎样。除了诺拉，我是泰勒唯一可以依靠的人。我知道我不能指望托德，我也不想指望他。"莫妮卡问她现在有何想法，朱厄尔解释说："你知道我的老板吗？她的丈夫在一场车祸中丧生。他们有人寿保险，她也有一份好工作，但是他们没有制定任何计划。听起来像是一团糟。她的丈夫在另一段婚姻中有一个孩子，但没有遗嘱，所以我的老板和她丈夫的前妻就谁来抚养孩子的话题大吵了一架。这让我想了很多。如果我发生什么事，我不希望泰勒和托德生活在一起，因为不知道会发生什么事情。那该怎么办？"

出于安全第一的考虑，莫妮卡询问托德是否与朱厄尔和泰勒进行了接触或对她们有威胁。朱厄尔否认了，但她承认仍然感到担心："托德可能某一天会出现，如果我不在泰勒的身边——我甚至不愿去想会发生什么。"

当莫妮卡问是否有人可以照顾泰勒或在朱厄尔无法自行作出医疗决定时，替她作决定，朱厄尔回答说："我的姐姐诺拉，我想她可以，如果不得不这样做的话。她爱泰勒，但她也有自己的事情。我不知道她能不能长期照顾泰勒。我真的必须把所有事情弄清楚！但这让我感到自己又回到了与律师和法院打交道的日子。这使我感到压力。"

莫妮卡看到朱厄尔变得焦虑不安，说："我知道这是一件令人不舒服的事情，而且会让人感到不知所措。这是'最坏的情况'，会让我们所有人都感到焦虑。朱厄尔，你不必着急。我们一起花点时间考虑一下这些选择。"

由于莫妮卡不想把朱厄尔压垮，所以建议下一次见面时再考虑这一点，朱厄尔表示同意。这使她有一些时间来思考，并且，目前托德仍在监禁中，因此她知道自己是安全的。莫妮卡向朱厄尔保证，她们可以用一种减轻压力而非增加压力的方式来完成这项工作。

“不如我们把精力集中在泰勒身上，”莫妮卡建议说，“把测试做完，然后我们就能看到事情的进展。”朱厄尔松了一口气。莫妮卡向朱厄尔提供了一些缅因州父母基金会（Maine Parent Foundation）的资源，这些资源面向有特殊需要和发育障碍的儿童的父母。莫妮卡向朱厄尔展示了如何使用基金会的网站来更多地了解残疾儿童家庭社区。她们打算更多地讨论泰勒的测试，然后再讨论未来的计划。

遗产规划

遗产规划涵盖一系列活动，从简单的行动（例如整理金融文件和指定金融文件的受益人）到更复杂的法律行动（例如遗嘱和信托）。其中可能包括公开医疗保健和临终偏好、购买人寿保险，以及规划儿童照料。遗产规划具有金融和非金融特征。

当某人去世时没有留下遗产规划，则其拥有的所有财产均要经过遗嘱认证，这是一项法律程序，当人们没有遗嘱、信托或指定受益人时，该程序会对他们的财产进行监督。它监督死者的债务支付、资产转让和遗产支出。遗嘱认证法院还会指定一名监护人来照顾未成年人（18 岁以下），并指定一名保管人，来为未成年子女处理资产或将资产转移到未成年子女账户。遗嘱认证法院要确定的事项越多，花费的时间就越长，这将导致法院对该人的遗产收取的费用更多，从而减少了可用于儿童和其他继承人的钱。

金融脆弱家庭可以采取一些步骤避免遗嘱认证，包括指定金融账户受益人、指定共同财产和设立遗嘱。在更复杂的情况下，例如涉及一个受扶养的残障儿童时，人们可以建立特殊信托。

指定金融账户受益人

每个金融账户（例如银行账户或人寿保单）都可以选择在持有人死亡的情况下指定受益人。这些指定具有法律效力，除非遗嘱认证法院另有规定，否则指定受益人将继承该账户。对于只有几个账户而没有其他资产的人来说，只需在账户文件上指定受益人，即可完成大部分遗产规划。换句话说，这是一种廉价的资产转让方法，不需要遗嘱或信托。账户持有人去世后，金融账户的受益人可以迅速获得资金，这些收益可以用来支付即时费用，例如葬礼费用。人们可以选择任何受益人，例如配偶、子女、兄弟姐妹、孙辈、朋友、教会或慈善机构。

指定受益人就像在表格中输入一个人的名字一样简单。如果原受益人死亡，账户持有人也可以指定第二受益人。账户持有人可以通过填写新的指定受益人表格，随时更改受益人。他们还可以指定直系后代为受益人［法律术语为“按家系”(“perstirpes”)］，这使子女可以继承平等的份额。在某些情况下，账户持有人也可能会给予指定受益人不等的百分比，因此这个过程更加复杂。账户持有人去世之前，指定受益人无权使用该账户。

这一步骤虽然方便，但也有缺点。例如，账户持有人无法明确要求指定受益人应该如何使用这笔钱，或者规定受益人在一定时间内获得多少钱（一次性到账）。受益人可以用这笔钱做任何事情，即使账户持有人不批准。例如，账户持有人可能会指定一位亲属为受益人，但要求其将这笔钱用于照顾账户持有人的子女。但是，作为受益人，法律并不要求亲属将这笔钱用于账户持有人的子女，甚至也不要求其与子女共享这笔钱。指定受益人时，还有其他一些注意事项：

- 多名受益人。人们通常将现任配偶作为第一受益人，如果其现任配偶去世了，则其子女为第二受益人。如果账户持有人死亡，而第一受益人还健在，则该账户将平均分配给第一受益人，即使所有者可能更倾向于不平等份额。

- 残疾受益人。接受公共福利的残疾人不应被列为第一受益人，除非其有信托。即使是很小一笔遗产，也会对个人获得公共福利的资格产生负面影响。

- 未成年受益人。当受益人未达到法定年龄时（大多数州为 18 岁），法院将指定专人监管账户资金。

- 退休账户。继承退休账户的受益人可以将其作为自己退休基金的一部分。但是，如果账户持有人没有列出受益人，那么该退休账户将不再被视为继承人的退休账户，必须在 5 年内被出售，并且可能要缴纳联邦税。

账户持有人应将受益人表格放在安全的地方，并定期检查（Geer，2011）。在发生重大生活变化（结婚、生子或收养孩子、离婚或家庭成员死亡）之后，账户持有人可能希望列出不同的受益人。如果受益人先于账户持有人死亡，而受益人没有被替换，则由遗嘱认证法院确定适当的继承人。

指定共同财产

人们也可以通过签署文件来避免遗嘱认证，证明在一个所有人死亡后，其财产归共同所有人所有。共同财产，称为联权共有财产自动继承权，是由多人共同拥有的资产，当其中某人死亡时，其所拥有的部分被转移给其他人。房屋和汽车是通常没有指定受益人的资产，但可以很容易地被设置为联权共有财产。任何人都可以共同拥有，包括父母、兄弟姐妹、朋友或子女（甚至是未成年子女）。在联权共有财产中，共同所有人的所有权百分比相等。最后一个存活的人获得剩余财产。

各州的共同财产法存在差异。在一些州，即普通法财产州（亚利桑那州、加利福尼亚州、爱达荷州、路易斯安那州、内华达州、新墨西哥州、得克萨斯州、华盛顿州和威斯康星州；而阿拉斯加州为居民提供选择权），大多数在婚姻期间获得的财产被认为是双方平等拥有的共同财产，并会被自动转让给未亡配偶（无论其姓名是否在所有权文件上）。对于已婚夫妇，某些州实行联权共有财产自动继承权，将夫妇视为一个人，并且如果其中一人先去世，也会避免遗嘱认证。换句话说，已婚夫妇自动拥有共同财产。

根据这些财产安排，新所有人主张所有权很简单。根据财产类型，新所有人填写表格，并将其与死亡证明一起提交给相应的机构，例如州机动车办公室（用于汽车）或县遗产记录办公室（用于房屋）。

设立遗嘱

遗嘱是一份文件，表达个人对去世后的金钱和财产分配以及对未成年子女的监护权愿望。需要注意的是，遗嘱通常不会覆盖指定受益人或共有财产。但是，遗嘱对于指定如何使用资产（例如代表儿童）很有用。遗嘱对于指定儿童的监护权也很重要。事实上，遗嘱是表达对未成年子女监护权愿望的唯一方式（见专栏 19.1）。它还可以指定继承人在成年之前如何管理资产，甚至可以指定如何为年轻人分配和管理资金。

专栏 19.1 帮助服务对象指定监护人

为儿童选择监护人可能很艰难（Dale，2011）。家庭成员可能会在谁应该抚养孩子的问题上存在分歧，或者会犹豫是否有人愿意承担责任。在有好几个孩子和各种关系的复杂家庭中，这就更加困难。

就像莫妮卡对朱厄尔所做的那样，最好的做法是让服务者引导服务对象。他们担心什么？他们的目标是什么？如果服务对象没有需求，则服务者可以提供基本信息，例如宣传册，解释为什么拥有一份涵盖儿童监护权的简单遗嘱很重要。

有时，服务对象（例如朱厄尔）不确定谁应该成为监护人。在这种情况下，服务者和服务对象会探索那些与服务对象有共同价值观、信仰和育儿方式的亲戚和朋友，以及那些能够提供养育和安全的家庭环境的人。其他问题可能也很重要，例如地理位置以及孩子是否能够继续留在同一所学校。移民家庭可能会考虑另一个国家的人。此外，服务者可能会向不确定选择谁作为孩子监护人的服务对象提一些更深入的问题：

- 在孩子的生活中，是否介意潜在的监护人与亲戚和他人保持重要关系？
- 潜在的监护人能否跟上孩子的活动水平？
- 这个人可以满足孩子的经济需要吗？

法院文件指定遗嘱执行人，遗嘱中指定此人或组织负责分配死亡后的资产、支付费用和索赔。提交至遗嘱认证法院的文件也可以确定遗产。

聘请律师写遗嘱的费用通常为750美元至1500美元。这笔金额对许多家庭来说是个挑战，但也有免费的选择，例如手写的简单遗嘱（也被称为全息遗嘱）或使用在线表格创建的遗嘱。只要这些遗嘱被签署，许多州就会接受，但有些州还需要证人。某些非营利组织会为有孩子的家庭准备简单的遗嘱，其费用低廉或免费。

信托

信托是一种为受益人持有财产的法律安排（CFPB，2013）。信托受信托协议条款的约束，信托协议是指定一个受托人来管理信托的法律文件。受托人和受益人可以是同一个人，也可以是其他家庭成员或第三方。信托有三种类型：遗嘱信托、可撤销生前信托和不可撤销信托：

- 遗嘱信托是在遗嘱中创建的，直到死亡才真正发挥作用。一旦有人去世，遗嘱的资产将被转移到信托中。然后，受托人管理如何分割资产并将其转让给继承人。
- 可撤销生前信托在某人生前创建，并以该信托的名义持有个人的财产。这个人既是受托人，又是当前受益人，并且对全部财产拥有完全控制权——能够将资产转入或转出信托、修改信托，甚至撤销信托，直至死亡。如果此人丧失行为能力，则接任受托人将接管——可以是配偶、子女，甚至是律师。但是，在其死后，受托人接管该信托，该信托就变得不可撤销，这意味着，如果没有遗嘱认证法官的裁定，该信托就无法再被更改。

- 可以为有特殊需要的子女建立特殊需求信托（special needs trust，SNT）（Webb，2014）。父母（或其他人）可以在生前为有特殊需要的子女设置 SNT。该信托也可以在父母（或其他人）去世后启动（见专栏 19.2）。

专栏 19.2　聚焦政策：SNT 保障残疾人的公共福利

超过一半（59%）的残疾人资产贫乏（Schmeling，Schartz，Morris and Blanck，2005）。SNT 允许家庭为残疾人建立资产，且不会使该人失去获得公共福利的资格（Special Needs Alliance，2016）。各州对保障范围有不同的限制，但这些信托通常旨在满足政府福利未涵盖的补充需求（Pacer Center，2010）。因此，这类信托允许有资格获得政府福利（例如医疗补助和 SSI）的残疾儿童从 SNT 中获得支持，且不会丧失获得公共福利的资格（Webb，2014）。2016 年，相关法律修订后，残疾人被允许为自己建立 SNT（Special Needs Trust Fairness and Medicaid Improvement Act，2016）。

SNT 的设置过程非常复杂，人们通常需要法律帮助（Denzinger，2003）。首先，父母选择一位受托人，在父母一方去世的情况下，受托人可以是在世的另一方以及一位指定的继承人。通常，SNT 只有一位受托人，但是可以指定一位家庭成员和一位公司受托人作为共同受托人。公司受托人管理资产，而家庭成员则充当受益人的监护人。公司受托人可能是律师事务所或当地银行。当父母一方去世时，信托中指定的人或实体将成为新的受托人。受托人根据信托协议分配资金，包括对受托人如何管理或分配资金进行限制。

包括金融账户、财产和人寿保险收益在内的资产都可以放在信托的名下。SNT 可以包括受益人居住的房屋。例如，某些 SNT，如果由庭外和解的方式资助，则可能在受益人去世后纳入"返还国家"（pay-back-the-state）条款。尽管这些情况很少见，但是拥有信托且信托中规定了偿还条款的人一定要咨询律师，以充分理解这些条款。

政策倡导的一部分是推动其实施。就 SNT 而言，家庭通常需要鼓励。家庭报告中没有 SNT 的两个主要原因是资产不足和未感知到需求（Lauderdale and Huston，2012）。金融、法律和人力服务专业人士的专业参与是提升家庭拥有 SNT 可能性的关键因素。在精神健康方面服务者的支持下，家庭建立 SNT 的可能性几乎增加了三倍（Lauderdale and Huston，2012）。

聚焦案例：朱厄尔了解泰勒的残疾

随着时间的推移，朱厄尔继续整理她的财务问题，并准备自己搬出去。同时，泰勒的学校对泰勒进行了心理测试。测试表明，泰勒患有自闭症谱系障碍，有资格接受特殊教育服务。学校已计划在下个月制定一项名为“IEP会议”的个性化教育计划，以决定哪些服务可以帮助泰勒。

莫妮卡和朱厄尔每周见面时都在处理该问题。对于这个诊断，朱厄尔的百感交集。起初，她感到沮丧，想知道自己是否做错了什么，才导致了这个结果。她担心泰勒的未来，想知道泰勒是否有一天能够独立。然而，得到了诊断结果后，她松了一口气。至少泰勒现在能够获得帮助，朱厄尔可以获得一些指导。

在处理了最初的诊断带来的冲击后，朱厄尔觉得自己已经准备好采取下一步措施了。她和莫妮卡开始讨论代泰勒向SSA提交残疾申请。朱厄尔决定，如果自己发生任何事情，她希望诺拉成为泰勒的监护人。她和诺拉进行了交谈，这是一次愉快的对话；诺拉一直以为，如果朱厄尔不能照顾泰勒，她会照顾泰勒。

除了将诺拉加入朱厄尔的遗嘱外，莫妮卡还建议朱厄尔为泰勒建立一个SNT。如果泰勒符合残疾条件，莫妮卡建议朱厄尔与缅因州平等司法伙伴（Maine Equal Justice Partners）联系，这是一个为低收入者服务的法律援助组织（见专栏19.3）。莫妮卡还提到，家长倡导教育权利联盟（The Parent Advocacy Coalition for Education Rights，2010）为残疾儿童的父母提供了金融资源指南，而CFPB则为残障人士或照顾残疾人的人提供了金融指南。

当朱厄尔与缅因州平等司法伙伴联系时了解到，尽管他们无法为朱厄尔设立遗产，但他们可以帮助她了解必须做什么。他们提供视频、讲义，并与法律和社会工作专业的学生进行简短的座谈，以讨论遗产规划和有特殊需求的儿童。他们还把朱厄尔介绍给一位公益律师，这位律师主动提出与她会面，讨论下一步行动。这种日程安排非常适合她，朱厄尔对了解自己的选择感到放心。

信托的成本和复杂性差异很大。一些组织提供支持，来帮助残疾儿童家庭创建SNT（见专栏19.3）。

专栏19.3 聚焦组织：法律援助

法律援助组织是非营利性法律援助提供者，是美国法律援助提供网络的一部分。它们为低收入者提供民事（非刑事）法律咨询和代理服务，并在家庭法、住房和消费问题方面帮助人们，并协助人们获得被错误剥夺的社会保障福利或退伍军人养老金。法律援助提供者是公共福利方面的专家，他们对有特殊需要子女的父母的需求特别敏感。他们还倡导立法机关和政府机构采取公平的公共政策。

有几个在线资源可帮助人们获得有关遗产规划的帮助。本地法律援助机构的名单列于一个交互网站（Legal Service Corporation，n.d.）。另一个资源是LawHelp.org，它帮助低收入者找到当地的法律援助和公共福利律师事务所，连同表格、指南、自助信息，以及链接至其他服务的英语和西班牙语链接。

为未来可能丧失行为能力而做准备

遗产规划的另一个领域是为未来有可能丧失行为能力做好准备，这和死亡一样，也可能是难以想象的。当人们再也无法作出重要决定时，有两种文件可以保障他们的权益：（1）金融事务授权（power of attorney，POA）；（2）医疗决策的高级指导。每种都有不止一个类型。

金融事务授权

POA 处理个人金融状况。如果有人由于某种原因无法工作并且无法处理其金融事务，POA 就可以提供帮助。例如，POA 可以代表住院、被驱逐出境或被监禁且无法开展金融业务的人行事。

POA 有两种类型（Irving，2016）。最简单的是一种*通用的持久授权书*，这是一种非常广泛且全面的 POA 形式，它指定了受托人，例如配偶或子女，在个人无行为能力的情况下，这些人有权进行任何资金决策。他们的职责包括处理邮件、保管福利支票、管理退休账户、提交纳税申报表或处理其他金融事项。该协议一经签署便立即生效，并在个人丧失行为能力期间继续有效。关键是要指定一个了解个人偏好的受托人。*弹性的持久授权书*仅在符合某些条件（如医生宣布该人无行为能力时）的情况下，才会代表该人行事。但是，此类 POA 的缺点包括迟滞时间长，且应该在律师的指导下仔细考虑。这两种类型的 POA 都应该界定某人丧失行为能力的程度，并为医生提供一个免责声明，以调用 POA。

医疗决策的高级指导

有时，当患者无法传达自己的意愿时，必须作出医疗护理方面的决策。如果发生这种情况，且无法与家人取得联系或无法就这些决定达成共识，法院可能不得不介入。有两个重要步骤可以避免这种情况。第一步是让服务对象说出他们的愿望，并向子女和医生清楚表达。第二步是完成一份医疗决策的高级指导——也被称为“医疗指导”或“生前遗嘱”——它阐明了一个人在丧失行为能力时对医疗的愿望。它告知家庭成员和医生有关某些延长寿命的医疗程序或治疗的个人偏好。为了确保文件将来可访问，某些州还设有临终注册表来存储医疗决策的高级指导。

许多人还拥有一份医疗照护永久授权书（也称为医疗照护代理），该文件任命某人在患者无法作出医疗决策时而作出决定（American Bar Association, 2011）。它还允许该人执行医疗保健指导。

当人们濒临死亡或患有慢性衰退性疾病时，他们也可能希望制定生命维持治疗医嘱。这是一种基于患者、家庭成员和医疗保健专业人士之间的对话以进行临终计划的方法，以确保重病或体弱的患者可以选择他们想要的治疗方法。最后，如果患者处于无法获得生命维持治疗医嘱的医疗环境中，例如急诊室，人们也可能会作出不抢救的决定。

服务者在遗产规划中的角色

服务者在遗产规划中扮演着重要角色。他们可以与个人和家庭合作，与服务对象讨论制定遗产规划的重要性以及遗产规划的关键要素。他们还可以参与其中，以使服务对象能够更轻松、更便宜地找到有关制定遗产规划的信息和指导。他们也可以帮助服务对象安全地存储文档。

帮助服务对象进行遗产规划的方法

几乎所有人都不愿意考虑死亡和残疾，这使遗产规划成为所有金融话题中最困难的之一——甚至没有之一。因此，许多人，不管收入水平如何，都难以进行遗产规划。考虑未来的衰老、可能的疾病和丧失行为能力以及最终的死亡并非易事。但是，即使是那些没有做任何准备的服务对象，死亡和丧失行为能力也可能是一个问题。

服务者如何开始？按照“从服务对象所在的地方开始”的原则，通常最有效的方法是让服务对象自己提出这个主题。例如，朱厄尔在谈到对泰勒未来的担忧时，为莫妮卡提供了机会。换句话说，服务对象在提及自己的遗产、对未来的恐惧、对下一代的希望和梦想或对社区的贡献时，就会给服务者提供一个机会。但是服务对象可能不会这么容易提及。在这种情况下，服务者可以温和地询问，尤其是当服务对象提及未来时。例如，服务对象可能会提出这样的问题：把什么东西留给他们的孩子、作出困难的金融或医疗决定，或者如何支付他们的葬礼费用。他们可能会想知道，如果自己不在孩子身边，谁会作出医疗决定或照顾孩子。在这种情况下，服务者可以提供有关遗产规划的知识和资源，从而使服务对象有一种控制感和安全感。

同时，服务者必须谨慎。有关服务对象金融资产的问题（例如支票或储蓄账户中剩余的资金、房产、传家宝或土地）是非常敏感的。除非服务者与服务对象之间建立了信任关系，否则服务对象可能会对服务者想了解其金融状况和计划的原因感到怀疑。

关注遗产规划的重要元素

遗产规划包含许多可能的部分，决定从何处着手可能会令人不知所措。服务者可以帮助服务对象分辨他们的优先事项；可以帮助他们了解遗产规划的重要部分，并制定时间表；也可以帮助服务对象在网上找到可用于遗产文件的标准表格并填写完整；还可以帮助服务对象评估创建哪些文件时需要专家的帮助，以及从何处获得公益法律咨询或低价服务。

每个人（包括单身甚至失业的年轻人）首先应该做的事情是确保他们的所有金融账户都有指定受益人，并确保这一指定是最新的。此后，根据服务对象的情况，服务者应关注以下特定要素（Jacobs，2014）：

- 尽管年轻人通常很健康，但他们发生事故的几率很高，这些事故可能导致他们丧失行为能力或昏迷。因此，医疗保健指导和 POA 文件很重要。
- 特别是未成年子女的父母，应购买人寿保险（见第 15 章），但他们也应该拥有一份遗嘱或信托文件，为其子女指定监护人。
- 已婚夫妇应确保其遗产得以继承，他们的医疗决定将由在世的配偶或子女作出。
- 对于分居或离异的人，如果他们丧失行为能力，则在其作出金融决策时，可能需要考虑再婚和多重家庭关系。

- 老年人可能更担心丧葬事宜，或者万一他们去世，他们的房子和其他财产会被怎样处理。

当服务对象已经制定了遗产规划时，服务者可以鼓励他们定期进行检查。例如，随着人们的年龄增长、死亡或搬家，他们可能需要指定新的受益人。

协助服务对象妥善保管遗产规划文件

最后，服务者可以为服务对象提供有关在哪里安全保存遗产规划文件的指导。关于将谁作为副本保存者，有几个考虑，包括家庭成员、医生、神职人员、律师等。服务对象可以将一些文件（例如，指定受益人姓名以及医疗保健和医疗保健代理的持久授权书）存放在家里的保险箱中。其他文件，例如遗嘱、信托和 POA，应存放在保险箱或其他安全的地方。每个人都应附上律师、遗嘱执行人以及个人希望通知的其他人的联系信息。遗嘱、信托和 POA 需要经过公证的签名才能执行——仅仅复印一份表格是不够的。

每个人都需要遗产规划

富裕的家庭可以聘请律师和金融专业人士来帮助他们规划遗产，但低收入家庭通常不能这么做。朱厄尔可以聘请公益律师，但并非每个人都如此幸运。在家庭冲突很少的情况下，许多金融文件相对简单，自己简单地动手制定遗产规划可能就足够了。合作推广服务中心可以提供可靠和免费的信息，解决低收入家庭常见的遗产规划问题（Extension，2008）。

但是，一些人（如朱厄尔）需要专业指导，因为他们的处境更加复杂。例如，当有家族企业、复杂的再婚情况或继子女、残疾或患有慢性疾病的儿童时。目前，为低收入家庭和金融脆弱家庭提供低成本和可靠的遗产规划服务的地方很少。网上的信息常常令人困惑，有时还很昂贵。法律援助和公益性援助取决于委托人居住的州和地区，且不能满足需求（见专栏 19.3）。

服务者可以与律师、理财规划师、公职人员等合作，为那些无力聘请理财顾问的家庭，就与遗产有关的事宜提供公众支持的指引。研究数据有助于确定需要更多服务的理由（见专栏 19.4）。

聚焦案例：朱厄尔开始申请残疾认定和为泰勒准备 SNT 的过程

公益律师通过电话与朱厄尔交谈，并且在她的允许下，与莫妮卡进行了交谈。根据律师的建议，以及她从缅因州平等司法伙伴那里了解到的情况，朱厄尔决定填写遗嘱、POA 和医疗保健代理。

朱厄尔告诉律师，她希望诺拉成为泰勒的监护人，并且希望准备证明当她发生了什么事时诺拉就拥有合法的 POA。他们讨论了在常规 POA 和需要医生签名的 POA 之间进行选择的方法，朱厄尔对诺拉足够信任，所以决定拥有常规的持久 POA。

他们还讨论了泰勒被认定为社会保障覆盖的残疾情况时其可以获得 SNT 的可能性。朱厄尔会将自己指定为受托人，除非她去世、丧失行为能力或自愿指定一个继任者，否则她将一直担任该角色。她计划将诺拉指定为第二受托人。如果泰勒获得 SNT 批准，朱厄尔计划在自己去世后，将所有资产指定给信托，包括她的储蓄和支票账户、人寿保险单收益以及她一生中可能获得的任何财产。

几周后，朱厄尔前往律师事务所审阅并签署了所有文件。她不习惯做这种事情，这让人不知所措，但是律师很好，解释了每一份文件。律师事务所还设有公证处，因此朱厄尔能够在 30 分钟的简短会面中完成所有文件。律师向朱厄尔解释说，SNT 是一份文件，她应该将其保存在安全的地方，但诺拉可以根据需要找到它。律师还提出要在其办公室保留一份副本，以作保障。朱厄尔为自己在规划未来时采取的这些措施感到欣慰，她很高兴现在已经结束了。

专栏 19.4　聚焦研究：北美精算师协会

北美精算师协会（The Society of Actuaries，SOA）退休后需求和风险委员会进行了研究，并以日常语言撰写问题摘要，这对服务者很有用。委员会收集了一系列报告，每份报告都基于退休时遇到的重大决定，包括遗产规划。

报告中的例子包括死亡率表、退休风险调查和预期寿命计算器。SOA（2012a）一份名为“遗产规划：为生命终结做准备”的报告被称为“决策摘要”，因为它突出了撰写遗嘱、指定受益人以及拥有律师和医疗保健代理的关键考虑因素。

另一份 SOA（2012b）报告《退休后没钱了》，展示了研究和一些实用建议，以确保人们有足够的退休金，包括造成人们透支的原因、有多少人这样做，以及可能的解决方案等信息。它赞助了一个“活到 100 岁”（Living to 100）的国际性研讨会，该会议将各国领导人聚集在一起，围绕老龄化人口的增加以及对社会、金融、退休和医疗保健系统的影响交流思想和认识（SOA，2014）。

结论

服务对象很可能对本章讨论的遗产规划的范围不熟悉。尽管他们可能知道遗嘱，但他们可能不会考虑遗产规划的其他部分，例如指定账户受益人、资产的共同所有权或高级指导。此外，他们可能认为遗产规划的这些要素仅适用于富人。服务者不是金融顾问，但他们可以帮助服务对象理解为什么以及如何开始制定遗产规划。他们还可以倡导为金融脆弱家庭提供全面的遗产规划指南，尤其是对于那些需要从理财规划师和律师那里获得昂贵建议的遗产规划的内容而言。

探索更多

·回顾·

1. 什么是指定受益人条款？对于有遗嘱或没有遗嘱的人，这些条款如何发挥重要作用？当某人去世时，指定受益人条款可能会出现什么潜在问题？
2. 哪种情况特别需要设立 SNT？SNT 的主要优点是什么？主要缺点是什么？
3. 朱厄尔和她的律师讨论了常规 POA 和需要医生签名的 POA 之间的选择。二者有什么不同？对于朱厄尔而言，哪个更好？

·反思·

4. 考虑遗产规划和遗嘱：
   a. 你为什么认为很多家庭没有遗产规划和遗嘱？
   b. 你是否曾与家人讨论过遗产规划？原因分别是什么？
   c. 什么会让人们更容易接受设立遗嘱和遗产的过程？
   d. 你是否有遗产规划？为什么有或者为什么没有？如果没有，什么原因会使你开始制定遗产规划？

·应用·

5. 研究你所在的社区中可用的法律服务：
   a. 基本遗嘱费用是多少？

b. 是否有针对低收入家庭的低成本或无成本的遗产规划、遗嘱和信托资源？

c. 是否有为残障人士家庭提供的特殊资源？

参考文献

AARP. (2000). Where there is a will . . . Legal documents among the 50+ population: Findings from an AARP survey. Retrieved from http://assets.aarp.org/rgcenter/econ/will.pdf.

American Bar Association. (2011). Giving someone a power of attorney for your health care. Commission on Law and Aging, American Bar Association. Retrieved from https://www.americanbar.org/content/dam/aba/uncategorized/2011/2011_aging_hcdec_univhcpaform.authcheckdam.pdf.

Angel, J. L., & Mudrazija, S. (2011). Aging, inheritance, and gift-giving. In R. H. Binstock, L. K. George, S. J. Cutler, J. Hendricks & J. H. Schulz(Eds.), *Handbook of aging and the social sciences*(7th ed., pp.163-173). Amsterdam: Elsevier.

Consumer Financial Protection Bureau. (2013). Managing someone else's money: Help for trustees under a revocable living trust. Retrieved from http://files.consumerfinance.gov/f/201310_cfpb_lay_fiduciary_guides_trustees.pdf.

Consumer Financial Protection Bureau. (2017). Your money, your goals: Focus on people with disabilities. Retrieved from https://s3.amazonaws.com/files.consumerfinance.gov/f/documents/cfpb_ymyg_focus-on-people-with-disabilities.pdf.

Dale, A., (2011, December 12). The hard question: Who will take care of your child if you die? *Wall Street Journal*. Retrieved from http://www.wsj.com/articles/SB10001424052970203699404577046500301783034.

Denzinger, K. L. (2003). Special needs trusts. *Probate & Property, 17*, 11-14.

Extension. (2008, August 18). Prepare your estate plan. Retrieved from http://articles.extension.org/pages/15749/prepare-your-estate-plan.

Financial Planning Days. (n.d.). Financial Planning Days. Retrieved from http://financialplanningdays.org/about.

Francesconi, M., Pollak, R. A., & Tabasso, D. (2015). Unequal bequests. National

Bureau of Economic Research. Retrieved from http://www.nber.org/papers/w21692.

Geer, C. T. (2011, July 6). Beware the beneficiary form. *The Wall Street Journal*. Retrieved from http://www.wsj.com/articles/SB1000142405270230371470457638 3523441136038.

Irving, S. (2016). Durable financial power of attorney: How it works. Nolo. Retrieved from http://www.nolo.com/legal-encyclopedia/durable-financial-power-of-attorney-29936.html.

Jacobs, D. L. (2014, January 19). Estate planning for the 99%. *Forbes*. Retrieved from http://www.forbes.com/sites/deborahljacobs/2014/01/19/estate-planning-for-the-99/#11bc03de7093.

James, R. N. (2009). Wills, trusts, and charitable estate planning: An analysis of document effectiveness using data. *Journal of Financial Counseling and Planning, 20*(1), 3-14.

Lauderdale, M., & Huston, S. J. (2012). Financial therapy and planning for families with special needs children. *Journal of Financial Therapy, 3*(1), 3.

Legal Services Corporation. (n.d.). Find legal aid. Retrieved from http://www.lsc.gov/what-legal-aid/find-legal-aid?address=.

Pacer Center. (2010). The special needs trust. National Endowment for Financial Education. Retrieved from http://www.pacer.org/publications/possibilities/saving-for-your-childs-future-needs-part1.html.

Parent Advocacy Coalition for Education Rights. (2010). Possibilities: A financial resource for parents of children with disabilities. Retrieved from http://www.pacer.org/publications/possibilities/.

Schmeling, J., Schartz, H. A., Morris M. & Blanck, P. (2005). Tax credits and asset accumulation: Findings from the 2004 N.O.D./Harris Survey of Americans with Disabilities. *Disability Studies Quarterly, 26*(1). Retrieved from http://dsq-sds.org/article/view/654/831.

Special Needs Alliance. (2016). *Administering a special needs trust: A handbook for trustees*. Special Needs Alliance. Retrieved from http://www.specialneedsalliance.org/wp-content/uploads/2016/04/2016-Handbook-for-Trustees.pdf.

Special Needs Trust Fairness and Medicaid Improvement Act, H.R.670, 114th Congress(2016).

Society of Actuaries. (2012a). Estate planning: Preparing for end of life. Retrieved from https://www.soa.org/Files/Research/research-pen-estate-planning.pdf.

Society of Actuaries. (2012b). The impact of running out of money in retirement. Retrieved from https://www.soa.org/Research/Research-Projects/Pension/Running-Out-of-Money.aspx.

Society of Actuaries. (2014). 2014 Living to 100 Monograph. Retrieved from https://www.soa.org/Library/Monographs/Life/Living-to-100/2014/2014-toc-listing.aspx.

U.S. Department of Education. (2016). *IDEA* regulations: Early intervening services. Retrieved from http://idea.ed.gov/explore/view/p/%2Croot%2Cdynamic%2CTopicalBrief%2C8%2C.

Webb, R. E. (2014). Special needs trust planning. *GP SOLO, 31*(2), 35-37.

第三部分

为人类服务

金融能力与资产建设实践

在本书的前两篇中，我们重点介绍了服务对象及其家人的金融挑战。在最后一篇第 20 章至第 23 章中，我们重点介绍 FCAB 的实践和服务者。首先，我们了解人们如何发展金融能力，以及一系列社会环境在塑造金融行为和前景方面的作用。我们将研究个人与家庭以及组织、社区和政策中的 FCAB 实践方法。最后，我们讨论针对弱势家庭的 FCAB 实践的现状和前景。

第 20 章概述人一生中金融能力的发展，提供从童年到老年改善金融能力的方法，并描述金融能力面临的挑战。这一章的后半部分探讨社会结构和社会环境如何影响人们的金融能力。

第 21 章重点介绍个人和家庭解决金融问题和增加金融福祉的直接微观实践类型。这一章还将讨论各种方法及其异同，包括金融教育、指导、训练、专业咨询和治疗，以及计划和建议。

第 22 章讨论服务者如何通过组织、倡导和宏观实践来提升弱势家庭和社区的金融机会和福祉。它涵盖通过人类服务、金融服务、规划、政策、倡导和资金提供的 FCAB 服务。然后，这一章讨论行为经济学对改进金融产品和服务设计的贡献，以及制度理论如何指导政策和计划制定。这一章最后将讨论 FCAB 宏观实践所需的专业技能。

第 23 章是本书的最后一章，在一个全新的实践领域展开对职业道路的论述，而这个实践领域因为太过新兴而无法提供清晰的教育和职业道路。但是，这一章将概述服务者目前进入该领域的方式、工作地点，以及为帮助弱势家庭和社区实现 FCAB 实践的专业化所作的努力。

第 20 章　社会环境中的金融能力

——为金融能力与资产建设实践做准备

专业原则：人们的金融能力随着经验和成熟度的增长而提升。纵观人的一生，金融能力乃至最终的金融福祉，不仅是人们本身金融能力的问题，而且也受到其所处社会环境的制约和机会的影响。

人们通过学习和实践，在一生中建立金融能力和资产。人们从幼年开始就通过观察和研习（学习）以及利用金融产品、服务和政策（实践），来学习如何组织和管理家庭金融，这样的行为贯穿人的一生。然而，人们是在社会环境的机遇和约束下学习与行动的。环境包括家庭、社交网络、组织、社区、文化以及他们所生活的历史时期。

在本书中，我们一直专注于金融管理和政策的特定领域，这些领域为金融福祉奠定了基础。本章将这些知识放在人类发展以及社会环境塑造金融能力的情境下。它从金融能力发展的各个阶段开始，提供关于改善服务对象金融功能的两种方法的见解，包括从童年到老年的金融功能，以及金融功能的挑战；然后研究社会结构和社会环境如何影响金融能力。

首先，我们从朱厄尔·默里的案例开始。在上一章中，朱厄尔与莫妮卡·贝克商定了如果朱厄尔出事，谁将成为泰勒的监护人。她们还开始研究，如果泰勒被批准获得社会保障残疾收入，其获得 SNT 的可能性。但是，现在朱厄尔还需要考虑其他事情。

聚焦案例：朱厄尔想教泰勒理财

泰勒自4岁起，就一直在向朱厄尔询问有关其金融状况的问题。朱厄尔对泰勒说："我很努力工作，但我们没有很多钱。爸爸现在没有工作，因为他在监狱里服刑。"当泰勒想要买东西时，朱厄尔不得不拒绝女儿，朱厄尔对此感到很难过，但她希望泰勒不要问得这么频繁。

在随后一次会面中，朱厄尔将自己的沮丧感告诉了莫妮卡，并询问如何避免泰勒老是索要东西。莫妮卡问她到目前为止是如何跟泰勒解释的。"没怎么解释，"朱厄尔说，"我认为孩子们并不真正理解钱这件事，所以我只是说，'很简单，我们买不起'。"

莫妮卡问朱厄尔，泰勒对她在进行的金融咨询了解多少。朱厄尔看起来有些吃惊："我不和泰勒谈论这些。我不想让女儿担心。当我还是个孩子的时候，我很多时候都在感到担心、感到贫穷、感到自己与其他孩子不同，我想给泰勒提供我从未有过的东西。但是我做不到。当我不得不拒绝她的时候，我感到很难过，我不想泰勒像我一样，所以我不会说太多。"

她和莫妮卡谈到了自己小时候对家庭财务的看法。朱厄尔谈到她从亲生父母和养父母那里学到的关于钱的东西是多么地少。朱厄尔说，她离开寄养家庭时参加了金融教育课，但从来没有人真正教过她如何理财。"每个人都说过类似于'你应该存钱'以及'天上不会掉馅饼'的话。"

当她们交谈时，朱厄尔意识到，她在成长的过程中，一直受金钱问题困扰。莫妮卡点点头，指出孩子们对这些事情非常了解。"他们知道的往往比我们想象的要多。实际上，他们更担心我们不谈论的事情，而不是我们谈论的事情。"

莫妮卡知道朱厄尔必须小心行事，她正努力改善自己的处境，并牺牲了本可以和泰勒在一起的时间去工作和继续学业。莫妮卡知道朱厄尔很爱泰勒，而莫妮卡不想让她因为没有与泰勒谈论金钱而感到内疚。莫妮卡希望朱厄尔加强对泰勒的关心，并对朱厄尔的金钱史保持敏感。

莫妮卡建议她们在每节课中都花一些时间谈论泰勒："让我们谈谈教泰勒有关金钱和财务的方法，我猜这将为泰勒的提问打开大门。然后，你和我可以讨论如何以不让她害怕的方式来处理这些问题。让泰勒成为你的向导；我猜泰勒会向你询问她担心的事情。这是一个很好的开始。"

这听起来是个好主意，朱厄尔同意了。莫妮卡给了朱厄尔一些有趣的金融培训材料，让她给泰勒。朱厄尔可以查看一下，下一次她们将继续讨论。莫妮卡的回应证实了朱厄尔的担忧，并为她提供了一条可能的出路。

整个生命周期金融能力的发展

金融能力的寿命模型为金融能力在人生各个阶段的发展提供了概念框架（Leskinen and Raijas，2006；Sherraden，2017）。它突出显示了一些人生事件和过渡期（或多或少）适合的某些金融干预措施。有些人称之为“教育时机”，即人们准备好学习某些金融课程的时机。但是，它也是向服务对象提供适当的金融机会、服务和产品的时机。

表 20.1 提出了建设金融能力的终身方法框架。正如其所示，金融能力是在一个人的一生中发展的，其基础是之前的经验教训和财务现实。通过这种方式，金融能力和脆弱性都在人们的一生中被创造出来，尽管它们可能直到以后，甚至可能直到年老时才会被揭示（Emmons and Noeth，2014）。本章讨论各个生命阶段，包括童年期、青少年期和青年期、成年期和老年期。在每个阶段，金融能力都反映了家庭金融生活的两个方面，包括损益表和资产负债表（Boshara and Emmons，2015）。

表 20.1　整个生命周期的金融能力

1. 生命阶段	2. 具有金融影响的生活事件	3. 金融机会：工具和政策[a]	4. 金融能力：知识和技能[b]
童年期	• 出生 • 经济礼物 • 零花钱 • 非正式有偿工作	• 现金 • 社会保障号码 • 购买力和钱包 • 销售收入和销售税 • 储蓄罐 • 预付存储卡 • 储蓄账户 • CDA 和 CSA • 观察父母的理财方式	• 开发计算能力 • 设定目标和制定计划 • 理财 • 区分需求和欲望 • 货比三家 • 存钱 • 借贷 • 了解利息 • 进行权衡
青少年期和青年期	• 正式就业 • 购买汽车 / 耐用品 • 租赁公寓 • 高等教育 • 紧急事件 • 公民参与	• 工资卡和员工卡 • 联邦、州、地方和 FICA 税 • 纳税申报、税收减免和抵免 • 金融产品和服务（交易和储蓄账户、ATM 和借记卡、移动服务） • 预付卡 • 应急资金 • 汽车贷款、学生贷款、消费贷款、小额贷款	• 了解工资和薪水 • 领取附加福利（无薪补偿） • 纳税申报 • 管理账户 • 支付租金 • 金融规划和记录保存 • 应急计划 • 储蓄和投资 • 管理信贷和债务 • 监控信用报告和评分 • 资助教育

续表

1. 生命阶段	2. 具有金融影响的生活事件	3. 金融机会：工具和政策	4. 金融能力：知识和技能
青少年期和青年期		• 信用卡 • 保险：医疗、汽车、财产 • 失业、伤残保险 • CDA、CSA 和其他储蓄 • 教育补助金和奖学金 • 退休储蓄 • 消费者权益与保护	• 债务谈判 • 了解保险 • 防止欺诈和身份盗用 • 捐赠和什一税
成年期	• 伴侣或婚姻 • 父母身份 • 建立家庭 • 房屋所有权 • 疾病和残疾 • 抚养父母 • 遗产 • 准备退休	• 金融和资产账户 • 税收减免和抵免 • 产假 / 陪产假和家庭医疗休假法（FMLA） • 收入支持（例如医疗补助、贫困家庭临时救助） • 住房抵押贷款（及相关费用） • 保险：医疗、人寿、伤残、长期护理、房屋 • 信用卡和消费贷款 • 医疗决策高级指导和授权 • CSA、CDA 及教育储蓄账户 • IRA 和其他退休储蓄 • 消费者权益与保护	• 沟通关于钱的事项 • 家庭或儿童的金融计划 • 购买房屋并计划维护 • 管理资产和负债 • 借贷和债务管理 • 规划儿童高等教育 • 了解税收负债 • 退休前规划 • 残疾 / 死亡的金融计划 • 遗产规划
老年期	• 退休 • 精简 • 退休后就业 • 照顾和接受照顾 • 死亡	• 受益人、遗嘱和信托 • 获取社会保障 • 医疗补助 • 高级医疗指导和授权书 • 补充医疗保险 • 处方药保险 • 反向抵押 • 遗产规划	• 了解退休收入 • 减少开支 • 管理资产与动用储蓄 • 残疾 / 死亡的金融计划

注：a 每个金融机会都意味着某种类型的金融机构。为了节省篇幅，金融产品和服务在提及一次之后不予重复，除非活动发生重大变化。假定个人可以持续获得某些产品或服务（但这在整个生命周期中不太可能）。

b 每个金融能力都意味着某种类型的金融社会化或教育。为了节省篇幅，金融知识和技能在提及一次之后不予重复，除非活动发生重大变化。尽管知识可能会随着时间的推移而增加或减少，但本表仍假定个人对原理有持续的了解。

资料来源：Sherraden（2017）；Nancy Morrow-Howell 亦对本表有所贡献。

童年期

儿童的金融生活比人们通常认为的更有意义。在很小的时候，儿童开始学习人们在哪里赚钱以及如何花钱和存钱。他们使用金融工具，例如钱包、存钱罐和借条。随着儿童接近学龄，他们越来越多地参与金融事务。儿童开始赚钱和花钱，有时将钱存入银行账户，这有助于他们了解理财。所有儿童和青少年的消费总额达数十亿美元，儿童也会影响父母如何增加数十亿美元的消费（McNeal，1999）。到五六岁时，他们已经有储蓄的能力且已经开始这样做了（Friedline，2015）。

童年期和青少年期的三个发展阶段与金融能力的发展有关：（1）执行功能；（2）金融实践和规范；（3）理财和金融决策（CFPB，2016b）。执行功能的发展始于儿童早期，这增强了孩子专注于未来目标、控制冲动以及获取和处理信息的能力（CFPB，2016b；Drever et al.，2015）。较高的执行功能创造了应对负面环境（包括金融状况）的能力。自我控制，即抑制情绪和采取理性行动的意愿，是执行功能的关键。在幼儿中，自我控制与成人幸福感的多种衡量指标相关，包括积极的金融管理，例如储蓄和拥有退休账户（Moffitt et al.，2011）。

第二个发展任务是习得金融态度和规范（即人们按照公认的观点来思考金融状况的方式）以及金融实践，这有助于人们简化金融决策。这些通常包括行为经济学家所称的“经验法则”，也就是人们所采用的思维捷径（即人们用有限的信息快速作出决定的例行反应），这为日常的财务管理提供了基础（CFPB，2016a，p.5）。例如，总是问自己“我需要这个吗？”是一种可以抑制冲动消费的金融行为，而每天在咖啡馆买咖啡则会被认为是一种导致不必要消费的行为。思维捷径可以减轻人们每天必须作出多种金融选择的压力。

小学年龄段的儿童（5 岁至 12 岁）可以从经济礼物和零花钱开始，管理少量收入。这个阶段的干预措施可以帮助发展执行功能及培养良好的理财习惯和规范，特别是最好可以结合孩子长大后的理财课程（Serido，Shim and Tang，2013）。在儿童能够逐渐吸收技能或态度时，提供基于经验的干预措施可能是最有效的（Drever et al.，2015）。例如，让孩子获得零用钱或参与储蓄账户管理，是向他们介绍理财的好方法。

人生早期的第三项发展任务是学习家庭理财和金融决策，即高效且有效的金融实践。甚至在早期，孩子们就开始学习如何制定有关支出、储蓄和管理资源的决策（Sonuga-Barke and Webley，1993）。

青少年期和青年期

在青少年期和青年期，人们获得了理财和金融决策技能。他们学习如何查找和应用金融信息、比较备选方案、采取行动并检查后果（CFPB，2016a）。这通常是从家中和附近的有偿工作开始的，例如做临时家政、养宠物、收集铝罐或帮助家族企业（McNeal，1999）。当一些青少年达到法定就业年龄时，他们就可以赚取收入、管理更复杂的金融任务，并使用更多的金融产品，例如信用卡。成年（大多数州为 18 岁）标志着与金融交易有关的法律义务的开始。

对于某些人来说，向成人金融角色的过渡可能是渐进的。家庭鼓励他们的孩子承担更多的金融责任，让他们有机会处理日益复杂的金融任务，例如管理银行账户、租房或借钱上学。但是对于其他人来说，这种过渡是迅速的，这些人几乎没有机会培养技能。结果，一些年轻人成为问题债务、身份盗用和其他金融问题的受害者（Bosch，Serido，Card，Shim and Barber，2016；Lusardi，Mitchell and Curto，2010）。

例如，年龄在 17 岁到 21 岁（取决于州）的年轻人离开寄养机构后，突然承担起成年人的金融责任，而且往往得不到支持（Gendron and Getsinger，n.d.）。他们通常缺乏管理现金、开立银行账户、制定家庭预算、支付账单、申请贷款等方面的金融知识和技能。离开寄养机构的年轻人中，只有一半人在 21 岁时拥有银行账户，许多之前被寄养的青年称，他们通过借贷和使用可替代的金融服务来维持生活（见第 4 章；Courtney et al.; 2007；Peters，Sherraden and Kuchinski，2012）。

有很多资源可以帮助儿童、青少年和年轻人学习金融知识和建立技能（见专栏 20.1）。

专栏 20.1　聚焦政策：CFPB 的成长资金项目

成长资金项目（Money as You Grow）是儿童学习理财的发展框架。它最初是总统金融能力咨询委员会（The President’s Advisory Council on Financial Capability）的一项举措，并在 CFPB（CFPB，2016c）得到进一步发展，它根据研究、教育标准和课程为儿童提供适合其年龄的金融课程和活动（CFPB，n.d.）。

该项目的网站上提供活动和游戏、有关金融发展阶段的信息、儿童提出的问题以及与儿童进行的关于金钱的对话。还有针对所有年龄段的其他资源的链接，比如针对幼儿的“芝麻街”(Segame Street)、针对学龄儿童的成长资金读书俱乐部，以及针对年龄较大的儿童和青少年的在线游戏、金融教育工具、职业探索活动和消费者新闻。

以下是一些探索适合不同年龄段金融主题的不同方式的示例：

儿童早期：

- 收入：通过工作赚钱；
- 储蓄：有些事情值得等待；
- 规划：有助于集中注意力、记忆和调整；
- 购物：花钱总是意味着作出选择。

儿童中期：

- 收入：人们在赚钱方面作出选择；
- 储蓄：人们在安全时将钱存入银行；
- 购物：货比三家，讨价还价与骗局有所不同；
- 借用：不要用信用卡买你买不起的东西；
- 保护：保护个人信息。

青少年期和青年期：

- 收入：从薪水中扣除税费；
- 储蓄：复利是一股强大的力量；
- 规划：你可以有短期和长期目标；
- 购物：选择大学时，请务必考量大学费用。

成年期

成年后，人们通常要承担与他人（例如配偶、伴侣、子女和其他家属）有关的金融决策责任。金融活动包括租房或买房、工作、照顾伴侣以及支付生育费用。这也是人们开始计划退休的时候，尤其是当他们的工作补贴了退休储蓄时（见第 10 章和第 18 章）。所谓的“上有老，下有小”一代有时会同时管理父母和自己家庭的财务（Miller，1981）。

家庭结构的巨大多样性使成年期的财务管理任务变得复杂。法律、表格和金融文件通常基于传统的核心家庭结构，不能反映单亲家庭、混合型家庭、同性伴侣（已婚和未婚）家庭以及多代同堂家庭的现实。例如，单亲家庭经常面临家庭收入低或下降的问题（Hernandez and Ziol-Guest，2009）。已婚的同性伴侣有权享受联邦福利，但过时的州法律——尤其是在税收、金融和医疗保健决策以及共同财产所有权方面——使财务管理面临挑战。多代同堂家庭在移民社区很常见，他们必须弄清楚如何处理收入、支出、债务、财产和税收。混合型家庭通过婚姻将两个及以上的家庭撮合在一起，通常会导致复杂的金融安排，包括如何管理金融账户和遗产。

老年期

成年后，财务管理任务会随着人们的管理能力而变化。收入下降，某些费用（尤其是医疗费用）增加。尽管在步入老年后，人们通常比年轻人拥有更多的金融知识和技能，但许多人也会出现认知能力下降的情况（Kariv and Silverman，2015）。老年人的债务水平低于年轻人，贫困程度也低于年轻人。然而，一些群体，特别是少数族裔和女性，进入老年期后财务状况很差（Morrow-Howell and Sherraden，2015）。实际上，预期寿命的延长意味着许多老年人难以使退休收入和储蓄维持到老年，而有四分之三的老年人可能都是如此（Meschede，Shapiro and Wheary，2009）。此外，老年人可能不准备采取措施来防范日益严重的金融剥削和诈骗（Metlife Mature Market Institute，2011）。

家庭结构的变化也给一些老年人家庭造成了压力。例如，有10%的孩子由其祖父母抚养（Pew Research Center，2013），这就要求他们同时执行成年期和老年期的金融任务。这些家庭中的贫困比例为28%，远高于以父母为首的家庭的贫困比例，后者只有17%。以父母为首的家庭的收入中位数为48000美元，而由祖父母为首的家庭收入中位数为36000美元。此外，他们的金融状况通常更为复杂，因为他们要处理医疗保险、收入福利、儿童抚养、寄养和领养规则（Pew Research Center，2013）。

聚焦案例：朱厄尔尝试“大声谈论”金钱

朱厄尔喜欢莫妮卡从CFPB发送的材料（见专栏20.1）。她不知道其他父母是否也有同感。她认为其中很多建议值得她和泰勒一试。其中一条建议——“表达自己的想法”——似乎很简单：

> 你的孩子经常从你的行为中得出他们自己的结论——有时可能不是你想的那样。“表达自己的想法”时，你可以阐明自己在做什么以及为什

么这样做。尝试养成在日常金钱和时间管理中"表达自己的想法"的习惯，这样你的孩子就可以跟着做。(CFPB，2016b)

第二天在杂货店，朱厄尔尝试着表达自己的想法。她和泰勒制定了一条规矩，当他们去商店时，泰勒可以选择一种她们所谓的"礼物"。但是，她如果要求再要一种，就会失去第一种。泰勒很难记住。朱厄尔提出了这个规则（并且朱厄尔自己也遵循），以减少在杂货店的开支。

当她们经过面包店时，朱厄尔说："我真的很想吃甜甜圈，但是由于我只能得到一种礼物，所以我想我要等一段时间，看看是否还有其他更好的东西。你觉得呢，泰勒?"泰勒看着她，没有说话。但是在走过了一个过道，经过谷类食品时，泰勒开始问："我能要吗?"她看着妈妈，"我的意思是，这些水果圈看起来不错，但也许还有其他我更想要的好东西，也许我可以等会儿再选择我的礼物。"

金融能力的社会影响因素

在本部分，我们将探讨人们所处的社会环境如何影响其金融能力，并最终影响其金融福祉。这种观点通过将个体发展置于更大的社会环境中，补充了前文讨论的寿命模型。它说明了社会力量，例如家庭、性别、社会阶层、民族和种族、文化、社交网络和社会支持、组织、社区和历史等如何影响人类生活轨迹，包括经济生活（Elder，Johnson and Crosnoe，2003）。

家庭

家庭向孩子传授有关财务管理的知识，使这些知识适应更大的社会背景、孩子的能力和其他因素（Gudmunson and Danes，2011）。金融社会化是指人们采用有关管理家庭金融的价值观、态度、知识和技能的方式，它会影响人们一生中作出金融决策的方式（Danes，1994；Schuchardt et al.，2009）。金融社会化是一个终生过程，而家庭起着基础性作用（Gudmunson，Ray and Xiao，2016）。

金融社会化通过父母和照料者对子女的金融世界观产生广泛的影响来实现。它有直接方式和间接方式（Gudmunson and Danes，2011）。父母和照料者除了提供学习机会外，还提供直接指导和指南，例如给孩子零花钱，来教他们理财，或给他们准备存钱罐，来教他们储蓄。也许更重要的是，父母和照料者通过实例传授金融知识，（有意识或无意识地）建立金融行为模型和金融应对机制。家庭成员的指南、指导、经验和榜样可能是正面的（例如学习评估购买行为），也可能是负面的（例如冲动消费）（Gudmunson and Danes，2011）。

金融社会化也影响儿童的整体金融前景，其影响可以延续到以后的生活。例如，就餐时分，金融脆弱家庭中长大的孩子可能习惯于听到入不敷出的消息（Edin and Lein，1997）。相反，富裕家庭的孩子可能会更多地了解家庭的投资情况。在现金来源为店面支票兑现网点的家庭中长大的孩子，其对金融服务的看法，可能与父母在银行的免下车窗口存钱时得到棒棒糖的孩子不同。随着时间的流逝，这些情况塑造了孩子们对自己在经济世界中的角色的思考方式，并为他们如何看待和管理家庭金融奠定了基础（Bosch et al.，2016；Gudmunson and Danes，2011）。

面对金融社会化，孩子们并不被动。家庭的金融决策涉及讨价还价和谈判（Zelizer，2002）。孩子们与父母讨价还价、发生冲突，与父母讨论零花钱、职位和工作时间表，并学习如何在此过程中管理金融生活。这些经验提供了金融决策的不同沟通方式，这些方式会影响他们未来谈判和管理家庭金融决策的能力（Gudmunson and Danes，2011）。

金融社会化对人们的金融能力具有强大的影响，但这并不是束缚。人们的金融价值观、态度和行为会在一生中随着他们的经历和机遇而不断变化。尽管父母和照料者没有完全放弃他们在指导和建立金融行为模型方面的作用，但媒体、同辈群体、教师、工作场所等在人们的金融学习中越来越重要（John，1999）。

性别

金融福祉因性别而异。女性，尤其是有色人种女性、未婚母亲和老年女性的收入和财富都比男性低（Hartman，2016）。某些群体，例如以有色人种女性为户主的家庭以及未婚和年长的女性，是金融最脆弱的群体。尽管几乎没有证据证明金融素养水平导致了女性和男性在金融福祉上的差异，但女性的金融素养较低，甚至控制了人口统计和社会经济特征（Theodos，Kalish，McKernan and Ratcliffe，2014）。然而，未婚女性的情况似乎更糟。与未婚男性相比，她们信用卡全额还款的可能性较小，承受财务压力的可能性更大，这也许是由照顾受扶养子女的责任所致（Theodos et al.，2014）。

年长的女性，特别是有色人种女性，其收入低于男性，贫困率则高于男性（Campbell et al.，2013）。研究人员发现，年龄较大的单身女性往往缺乏足够的退休收入，并且在老年时期面临更大的金融脆弱性（Sullivan and Meschede，2016）。尤其是在低收入家庭中，女性的金融脆弱性更高，这与缺乏育儿支持的社会政策有关。对照顾儿童和老年人、探亲假和照料儿童给予支持，将提高女性的金融福祉。

总体而言，人们对性别如何影响金融能力了解甚少。例如，学者们注意到女性的金融素养较低，但没有解释原因，尽管有些人认为教育和社会化起着一定作用（Fonseca，Mullen，Zamarro and Zissimopoulos，2012）。当女性处于平等的关系中，并且与家庭伴侣的年龄、受教育程度和收入相似时，她们往往会更多地参与金融决策，且她们可能比男性更倾向于寻求金融指导（Loibl and Hira，2016）。之前的研究发现，女性通常负责家庭的日常金融决策，包括管理家庭的银行账户、支付账单和分配开支，而男性更有可能作出较大的金融决策（Pahl，1995）。尽管如此，许多关于性别角色的假设都是过时的，其他假设则来自小型研究和非代表性样本。此外，尽管盖洛普（Gallup）民意调查发现，美国的女同性恋、男同性恋、双性恋和跨性别人士（LGBT 群体）取得金融成就的可能性比非 LGBT 受访者要少 10%，但人们对那些不认为自己是男性或女性的人的金融能力和金融福祉知之甚少（Gates，2014）。更多研究可以阐明性别、婚姻和其他因素对金融状况的影响。

种族和民族

不同种族和民族的生活经历对金融能力产生了深远的影响。千差万别的经历在过去带来了不同的金融和经济机遇，也使得现在的金融能力水平不同。过去及现在对有色人种的歧视，以及不公正的社会经济负担，限制或拒绝了人们获得有利政策和服务的机会（见第 2 章和第 3 章）。

在美国，移民在金融能力方面的经验差异也很大（见第 3 章）。例如，拉美裔在美国全面参与金融服务时面临多重障碍，他们中很高比例的人在原籍国无银行账户，这也可能导致他们在抵达美国后难以拥有银行账户（Porto，2016）。因此，虽然文化传统指导着金融行为的某些方面，但这些传统背后的原因通常与群体和社会的关系有关。服务者应熟悉不同群体金融能力低下的复杂原因。

此外，种族和民族类别常常掩盖了群体内部相当大的多样性。当数据只对较大的群体可及时，美洲原住民、亚裔、非洲裔和拉丁裔群体内部的不同经历和传统即被隐藏起来。例如，通常被归类为“亚裔”的群体的金融能力描述可能包括诸如赫蒙人、中国人和印度人等不同的群体，从而掩盖了金融能力方面的巨大差异（Nam，Huang and Lee，2016）。

文化

文化信仰、态度、规范、价值观和传统也会影响人们的金融能力。文化和传统甚至会随着孩子们长大成人，影响他们在遗产继承、老年人照料和退休支出方面的决定（Fidelity，2014）。宗教信仰的差异可能会影响金融决策（见第8章）。例如，许多宗教都奉行什一税的传统，不管他们的经济状况如何，都得拨出一定数额的收入给教会（Johnson and Wright，2006；Marks，Dollahite and Dew，2009）。在另一个例子中，伊斯兰法律禁止赚取利息和收取贷款费用，因此，出现了一个叫做伊斯兰银行业务的完整领域。传统的计息账户和贷款被符合伊斯兰教义的金融产品所取代（Hussain，Shahmoradi and Turk，2015）。

文化传统和价值观指导人们的行为，但了解其他因素（例如社会经济或政治地位）在多大程度上起决定作用也是很重要的。例如，低收入家庭之所以不愿购买传统的银行产品，是因为他们的文化，还是因为高昂的费用、文化上的不敏感性，或是因为赤裸裸的歧视？为了以有效的方式进行干预，服务者必须了解人们行为背后的根本原因。

再举一个例子，来自金融机构不可及和不可靠的国家的移民常常带着这样的预期：美国的金融机构同样不值得信任和不可及（Osili and Paulson，2008）。尽管来自原籍国的模式和信念可以相对快速地转变（Portes and Rumbaut，2001），但它们可以影响人们的金融观点，尤其是在第一代人中。此外，语言障碍和对美国金融服务的不熟悉都对金融能力构成重大障碍（U.S.Government Accounting Office，2010）。但是，诸如循环储蓄和信贷协会之类的民族金融机构，也可能为金融服务提供重要且积极的替代方案（见第4章；Moya，2005）。

社交网络和社会支持

社交网络是个人与群体之间的社会关系。它影响人们的金融能力，因为在其内部，人们相互提供和要求社会支持与资源。社交网络有很多种类，例如家庭、朋友、职业、教育、宗教、同辈群体和社交媒体网络。通过社交网络提供的社会支持可能包括那些愿意倾听并提供建议或信息，甚至提供有形援助或服务的人们。在金融方面，人们不仅将社交网络用作“共鸣板”，还可以在金融事务方面获得信息和建议，例如购买汽车和房屋或处理问题债务（CFPB，2015，p.27）。他们还利用自己的社交网络寻找和获得工作、达成更好的交易或借钱。

社交网络的规模、密度、力量、影响力和地位各不相同。不同类型的社交网络提供不同的支持和资源。例如，在一个密集网络中的亲密朋友可能会提供情感支持或贷款，而在一个松散网络中的熟人可能会提供一个工作机会（Granovetter，1973）。如今，随着互联网的出现，社交网络的覆盖范围要大得多，提供了不受地域限制、但受相互支持规范限制的访问。

社交网络通常带有互惠义务（Stack，1974）。换句话说，一个从别处得到帮助的人，将来可能会被请求提供帮助。组织和社区中的这些互助关系形成了社会资本，或者一个人可以从其社交网络中获得的价值。例如，无证移民家庭严重依赖其社交网络来寻找住房、找工作和管理他们的资金。

组织机构

人们将大部分时间都花在学校、工作场所和宗教机构等组织中。这些组织的活动可通过提供金融机会以及金融信息和培训，对人们的金融能力产生巨大影响（Financial Literacy and Education Commission，2016；President's Advisory Council on Financial Capability，2012；U.S.Government Accounting Office，2015）。例如，学校与金融机构合作，提供储蓄账户、储蓄场所，并在基于学校的银行业务项目中提供金融教育（Office of the Comptroller of the Currency，2014）。有些机构业务与孩子们的储蓄相匹配，并为孩子们提供赚钱储蓄的方法（Sherraden et al.，2010；Wiedrich，Collins，Rosen and Rademacher，2014）。

雇主也会影响人们的金融能力。有些雇主例行提供内部金融教育、直接存入工资服务，以及退休储蓄账户使用。这样的渠道和支持使获取知识、改善金融管理和积累资产变得更加容易。一些雇主甚至会提供资产购买方面的帮助，例如用于支付房屋首付款的资金（Snyderman，2005）。教堂、庙宇、清真寺和其他宗教组织也促进金融和消费者教育、财富建设和消费者教育举措。

社区

一个人成长和生活的地方也塑造其金融能力。例如，据估计，有 1400 万人生活在贫困集中的社区（即至少有 20% 的居民生活在贫困线以下的地区），其经济稳定程度和经济机会远低于那些不生活在贫困集中地区的人（Galster，2002；

Wilson，2012）。超过一半的贫困人口（55%）生活在这些地区，其中，非裔和拉丁裔的比例高于白人家庭（Kneebone and Holmes，2016）。集中贫困不仅仅是城市现象。郊区的贫困人口中有 41% 生活在贫困集中的地区，小镇和农村地区的贫困人口中有 54% 居住在贫困集中的地区（Kneebone and Holmes，2016）。

无论个人能力如何，生活在贫困集中的地区都会限制生活机会，这些地方在就业、商业、政府服务和交通方面提供的经济机会更少（Dreier，Mollenkopf and Swanstrom，2014；Wilson，2012）。贫困集中的地区不太可能提供金融服务，人们更有可能使用 AFS（Larrimore，2015）。面对歧视、缺乏机会以及无法获得负担得起的信贷，生活在贫困集中地区的人们在建立金融能力方面面临着巨大挑战。

同时，社区影响着人们所居住的房屋的净值。房屋所有权是财富积累的重要来源，尤其是在少数族裔和低收入家庭中（Herbert，McCue and Sanchez-Moyano，2013）。但是，房屋净值在很大程度上取决于人们居住的社区。就居住隔离积累净值的比率而言，以白人为主的社区显著高于以非洲裔美国人为主的社区（Shapiro，2004）。

历史时代和世代

人们成长的时代以独特的方式影响着整代人的金融能力（Elder et al., 2003）。例如，许多在大萧条时期长大的贫困年轻人，其成长方式与婴儿潮时期的年轻人截然不同，后者是一个相对富裕的时期。最近，千禧一代经历了经济危机和经济不平等加剧，这削弱了这代人的经济前景。一个人成长的时代会影响其心理状态和经济机遇。

当然，历史不会平等对待所有人。如第 2 章所述，美国的少数族裔和女性遭受了差别待遇，包括强制搬迁、遣返、资产剥离以及不平等的优惠政策和教育机会，这对整个群体的金融状况都产生了长期影响。服务者不能改变历史，但了解历史可以洞察人们的前景和金融状况，并对今天有所帮助。

对金融实践的影响

本节重点介绍服务者如何在实践中运用本章的观点，建立文化胜任力，并在实践的各个层面进行干预。

实践中的生命周期模型

服务者可以为服务对象提供不同的方法，以帮助他们在人生的不同阶段发展和保护他们的金融能力。由于多样化的家庭结构给许多人带来了额外的金融需求（Malone，Stewart，Wilson and Korsching，2010），服务者必须了解影响人们金融权利和责任的州和联邦法律（见表 20.1）。莫妮卡运用自己对朱厄尔童年的理解，以及对金融社会化和关键发展任务的了解，指导自己和朱厄尔的工作。通过这种方式，服务者可以理解某些行为的根源，并对服务对象的困境表示共情，否则，这些行为可能会使人困惑。这种理解和共情可以建立一种信任关系，并有助于服务者与服务对象建立有效的工作关系。

社会和文化胜任力

与金融脆弱群体的有效实践需要社会和文化胜任力（National Association of Social Workers，2015）。这与记住一系列所谓的文化特征无关，也不意味着文化和历史是决定因素，当人们获得建立金融能力的真正机会时，文化和历史也不是一成不变的。社会和文化胜任力是指在了解历史、社会和经济力量、文化以及群体和人民的其他经验之后进行实践的能力。它可以帮助服务者了解服务对象和社区人士如何看待他们的金融状况和选择。

具有文化胜任力的金融实践具有三个维度：（1）自我意识；（2）了解服务对象的社会环境；（3）尊重服务对象的决定。自我意识是指对自己在社会中的经济地位、如何达到该地位、自己的优势及劣势的认识。反思以下方面可能会有所帮助：童年时期的金融经验；关于理财的根深蒂固的价值观和信念，特别是对消费、储蓄和借贷的态度；金融管理和决策角色，以及对家庭中谁应该作出大小金融决策的看法；还有使用银行和替代性金融服务等金融机构的经验。探索和反思自己的金融能力有助于理解他人的经历。

第二，服务者应努力了解其服务对象的金融价值观、经验以及金融世界观。他们应该花时间了解服务对象的过去、金融经验、与政策的关系，以及受歧视和压迫的经历。换句话说，服务者应该了解服务对象的社会环境。为此，服务者可以使用“ABC 准则”：适应差异（accommodate difference）、保持灵活性（be flexible）并营造可信的氛围（create an atmosphere of trust）（O’Neill，2014）。

第三，服务者应该根据这些信息采取行动，表达对服务对象财务状况的理解，以及对其金融决策的尊重。例如，回想一下第 18 章中的尤兰达・沃克，她坚称她与母亲是家庭修缮骗局的受害者，因为她们是非裔美国人，所以政府未能保护她及其邻居们。与多萝西相比，经验不足的服务者可能会认为，这更多地与尤兰达母亲恶化的老年痴呆有关。无论如何，服务者应该承认并尊重服务对象的观点，并通过不断学习来跟进。正如多萝西所知，尤兰达的社区已成为许多无良企业的目标。这种理解并不意味着多萝西不会解决与乔内塔的老年痴呆相关的问题，而是她将验证尤兰达对问题的分析并解决相关问题。服务对象的理解和观点会引导服务者考虑他们最初可能没有料到的关键因素。

服务者可以采用的另一个概念是*文化谦逊*，这包括对反思性实践的承诺，承认和解决帮助关系中的权力差异，以及制定有益的干预措施，其中包括为服务对象辩护（Tervalon and Murray-Garcfa，1998）。文化谦逊“明确了制度与个人之间的相互作用，以及系统权力失衡的存在”（Fisher-Borne，Cain and Martin，2015，p.177）。

多层次干预

针对弱势群体的有效金融实践还需了解改变系统的时机。金融社会化对金融行为具有强大的影响力，但它并不能完全解释人们的金融能力，因为这也是社会、经济和政治境况的结果（见专栏 20.2）。例如，低收入家庭或少数族裔社区使用金融产品和服务，可能反映出金融实践设计不当和缺乏激励措施。因此，实践的重点还应该包括对这些缺陷的回应。

专栏 20.2　聚焦研究：Dēmos

Dēmos 是一个公共政策组织，其使命反映了其名称的含义：人民。Dēmos 的工作重点是通过研究、宣传、诉讼和战略沟通来减少政治和经济上的不平等。它的三个目标中，有两个与金融实践直接相关：在可持续的经济体中创造路径，使中产阶层规模更大、更多样化，以及改善社区和促进种族平等。该组织的具体研究和政策领域包括消费者事务、可持续经济、信贷、债务、经济机会、就业、收入、退休保障、收益、税收和中产阶层。

Dēmos 的一项研究发现，年轻的非裔家庭比白人家庭更有可能背负学生贷款（Huelsman et al.，2015）。对政策有重要影响的是，消除最低收入学生的学生贷款将对缩小贫富差距产生最大影响，尤其是与消除所有家庭的学生贷款的举措相比，后者实际上会扩大种族贫富差距（Huelsman et al.，2015）。

另一项研究发现，零售业正在延续其行业不平等（Ruetschlin and Asante-Muhammad，2015）。非裔和拉丁裔零售工人更有可能生活在贫困线以下，因为他们在最低工资职位中所占的比例过高，而在监管职位中所占的比例不足。家庭服务者特别感兴趣的是，该研究发现非裔和拉丁裔工人更有可能成为兼职员工，并且他们的工作安排难以预测，从而给家庭生活带来严重后果。该研究的作者呼吁提高最低工资以及进行其他改革（Ruetschlin and Asante-Muhammad，2015）。

通过考虑生命周期模型和社会对金融能力的影响，服务者可以帮助改善有利于边缘群体的金融产品和社会政策。他们可以检查案件量，并反思需要解决方案的不平等模式。他们可以分析其社区中金融脆弱性的根源，并为其服务对象的社会环境制定具体的干预措施。

服务者可以与所在社区的金融机构合作，为青年或移民群体设计金融产品。他们还可以创造“机会社区”，在“家庭的整个生命周期”中提供金融保障，以取代贫困和歧视集中的社区（Glover Blackwell，2016，p.109）。Community-Wealth.org 是致力于实现这一目标的组织之一（见专栏 20.3）。

聚焦案例：莫妮卡反思整个案例

尽管朱厄尔的日子过得很艰难，但莫妮卡并不像担心其他服务对象那样担心她。尽管生活起伏不定、前路艰辛，但朱厄尔是一个积极主动、足智多谋的年轻女性。莫妮卡对她在储蓄、信贷和建立金融保障方面所取得的进步印象深刻。莫妮卡认为朱厄尔的情况在不断变好，但她也意识到了未来的挑战，包括朱厄尔的前夫出狱后她所面临的挑战。

但是，莫妮卡真的很担心其他服务对象，以及那些没有得到照顾的人，尤其是老年人和同性关系中的虐待受害者。很多人仍在遭受伴侣、家人和朋友的经济剥削。不幸的是，朱厄尔在庇护所、咨询和金融教育课程中获得的服务，并没有被许多社区提供到位。即使在莫妮卡自己的社区中，服务提供者也无法满足许多人的需求。

莫妮卡决定查明她所在的社区和州是否有组织倡导扩大这些团体的服务。她对与一个致力于帮助虐待受害者的组织开展合作特别感兴趣，但是如果没有这种针对虐待的组织，莫妮卡会加入其他组织。毕竟，如果这是一种富有成效的努力，莫妮卡就可以处理与受害相关的事宜。

专栏 20.3　聚焦组织：Community-Wealth.org

Community-Wealth.org 促进了来自各个学科和专业的人士的对话与行动，这些人希望在其社区中积累财富。他们的目标是团结不同的选民，为家庭和社区带来更多的收入。该组织提请人们注意应对经济挑战的创新方法，特别是在低收入地区。网站上的资料描述了美国各城市如何转变为“社区富裕城市”（Community Wealth Cities）。

Community-Wealth.org 提供了很多信息和观点，这些被用于指导服务者如何努力建立社区和家庭财富（Democracy Collaborative，n.d.）。该网站提供图例、研究、视频、地图和立场书，主题广泛：

- 社区发展公司、社区发展金融机构和信用合作社；
- 绿色经济与区域粮食系统；
- 锚定机构（例如稳定的非营利组织、学校、医院）和社会企业；
- 工人合作社、土地信托、工会合作社和员工所有权。

结论

研究人员正在逐步了解金融能力是如何在人的一生中被创造出来的。此外，他们帮助我们理解诸如家庭、性别、民族和种族以及历史时代和地点等社会影响因素如何塑造人们的金融能力。这些发展为服务者提供了信息和指导，使其努力帮助人们培养金融能力，并把社会转变成一个促进增加金融知识和提升金融技能的地方，同时，这些发展也提供了获得有益的金融机会的途径。

探索更多

· 回顾 ·

1. 5 岁的儿童对金钱和家庭的金融状况了解多少？对于 5 岁的儿童，大人适合用什么样的方法来解释收入有限、储蓄不足以及收支平衡压力？
2. 列举你在社区中观察到的社会或文化因素对金融机会、行为和态度产生影响的三个例子。

·反思·

3. 莫妮卡决定参与帮助像朱厄尔这样的家庭，使其金融状况更加稳定和安全。像莫妮卡一样，你能做些什么来参与项目和推动政策的改变呢？你认为怎样可以帮助你最大程度地发挥作用？

·应用·

4. 检查成长资金项目（见专栏 20.1）。你如何使用它来设计高年级小学生（8 岁到 10 岁）的项目？你如何使用它来设计高中生（14 岁到 18 岁）的项目？
5. 如果考虑为成年人和老年人设计，则成长资金可以包括哪些要素？

参考文献

Bosch, L. A., Serido, J., Card, N. A., Shim, S., & Barber, B. (2016). Predictors of financial identity development in emerging adulthood. *Emerging Adulthood, 4*(6), 417-426.

Boshara, R., & Emmons, W. R. (2015). A balance sheet perspective on financial success: Why starting early matters. *Journal of Consumer Affairs, 49*(1), 267-298.

Campbell, A., Lopez-Fernandini, A., Gorin, D., Lipman, B., & Tabit, B. (2013, July). Insights into the financial experiences of older adults: A forum briefing paper. Washington, DC: Board of Governors of the Federal Reserve System. Retrieved from http://www.federalreserve.gov/newsevents/conferences/older-adults-forum-paper-20130717.pdf.

Consumer Financial Protection Bureau. (n.d.). Money as You Grow: Resources for parents and caregivers. Retrieved from http://www.consumerfinance.gov/money-as-you-grow/.

Consumer Financial Protection Bureau. (2015). Financial well-being: The goal of financial education. Retrieved from http://files.consumerfinance.gov/f/201501_cfpb_report_financial-well-being.pdf.

Consumer Financial Protection Bureau. (2016a). Building blocks to help youth achieve financial capability. Report Brief. Author, September. Retrieved from http://s3.amazonaws.com/files.consumerfinance.gov/f/documents/092016_cfpb_BuildingBlocksReportBrief.pdf.

Consumer Financial Protection Bureau. (2016b). How kids develop money skills. Retrieved from http://www.consumerfinance.gov/money-as-you-grow/how-kids-develop-money-skills/.

Consumer Financial Protection Bureau. (2016c). Take a tour of Money as You Grow! Retrieved from http://www.consumerfinance.gov/about-us/blog/take-a-tour-of-money-as-you-grow-our-new-resource-to-help-parents-and-caregivers-give-children-a-strong-financial-start/.

Courtney, M. E., Dworsky, A., Cusick, G. R., Havlicek, J., Perez, A., & Keller, T. (2007). Midwest evaluation of the adult functioning of former foster youth: Outcomes at age 21. Chicago: Chapin Hall at the University of Chicago.

Danes, S. (1994). Parental perceptions of children's financial socialization. *Financial Counseling and Planning, 5*, 127-149.

Democracy Collaborative. (n.d.). Community-wealth.org. Retrieved from http://community-wealth.org.

Dreier, P., Mollenkopf, J., & Swanstrom, T. (2014). *Place matters: Metropolitics for the twenty first century* (3rd ed.). Lawrence: University of Kansas Press.

Drever, A. I., Odders-White, E., Kalish, C. W., Else-Quest, N., Hoagland, E. M., & Nelms E. N. (2015). Foundations of financial well-being: Insights into the role of executive function, financial socialization, and experience-based learning in childhood and youth. *Journal of Consumer Affairs, 49*(1), 3-38.

Edin, K., & Lein, L. (1997). *Making ends meet: How single mothers survive welfare and low-wage work.* New York: Russell Sage Foundation.

Elder, G. H., Johnson, M. K., & Crosnoe, R. (2003). The emergence and development of life course theory. In J. T. Mortimer & M. J. Shanahan (Eds.), *Handbook of the life course* (pp. 3-19). New York: Kluwer Academic/Plenum.

Emmons, W. R., & Noeth, B. J. (2014). Despite aggressive deleveraging, Generation X remains "Generation Debt." Federal Reserve Bank of St. Louis. Retrieved from https://www.stlouisfed.org/publications/in-the-balance/issue9-2014/despite-aggressive-deleveraging-generation-x-remains-generation-debt.

Fidelity. (2014). Fidelity ®'s 2014 Intra-Family Generational Finance Study. Retrieved from https://www.fidelity.com/static/dcle/welcome/documents/intra-family-generational-finance-study.pdf.

Financial Literacy and Education Commission. (2016). National Strategy for Financial Literacy 2016 update. Retrieved from https://www.treasury.gov/resource-center/financial-education/Documents/National%20Strategy%202016%20Update.pdf.

Fisher-Borne, M., Cain, J. M., & Martin, S. L. (2015). From mastery to accountability: Cultural humility as an alternative to cultural competence. *Social Work Education 34*(2), 165-181. doi:10.1080/02615479.2014.977244.

Fonseca, R., Mullen, K. J., Zamarro, G., & Zissimopoulos, J. (2012). What explains the gender gap in financial literacy? The role of household decision making. *Journal of Consumer Affairs, 46*(1), 90-106.

Friedline, T. (2015). A developmental perspective on children's economic agency. *Journal of Consumer Affairs, 49*(1), 39-68.

Galster, George C. (2002). An economic efficiency analysis of deconcentrating poverty populations. *Journal of Housing Economics, 11*(4), 303-329.

Gates, G. J. (2014, August 25). LGBT Americans report lower well-being. Gallup. Retrieved from http://www.gallup.com/poll/175418/lgbt-americans-report-lower.aspx.

Gendron, C., & Getsinger, L. (n.d.). Financial needs of instant adults: What banks & credit unions can do to help youth to transition out of foster care. Alliance for Economic Inclusion. Retrieved from http://raisetexas.org/resources/AEI_Financial_Pub_final.pdf.

Glover Blackwell, A. (2016). Race, place, and financial security: Building equitable communities of opportunity. In L. Choi, D. Erickson, K. Griffin, A. Levere, & E. Seidman (Eds.), *For what it's worth: Strengthening the financial future of families, communities and the nation* (pp. 105-112). San Francisco, CA: Federal Research Bank of San Francisco & CFED.

Granovetter, M. (1973). The strength of weak ties. *American Journal of Sociology, 78*, 1360-1380. doi:10.1086/225469.

Gudmunson, C. G., & Danes, S. M. (2011). Family financial socialization: Theory and critical review. *Journal of Family Economic Issues, 32*, 644-667.

Gudmunson, C. G., Ray, S. K., & Xiao, J. J. (2016). Financial socialization. In J. J. Xiao (Ed.), *Handbook of consumer financial research* (2nd ed., pp. 61-72). New York: Springer.

Hartman, H. (2016). Women and wealth: How to build it. In L. Choi, D. Erickson, K. Griffin, A. Levere, & E. Seidman (Eds.), *For what it's worth: Strengthening the financial future of families, communities and the nation* (pp. 285-297). San Francisco, CA: Federal Research Bank of San Francisco & CFED.

Herbert, C. E., McCue, D. T., & Sanchez-Moyano, R. (2013, September). Is homeownership still an effective means of building wealth for low-income and minority households? (Was it ever?). Harvard University, Joint Center for Housing Studies. Retrieved from http://www.jchs.harvard.edu/sites/jchs.harvard.edu/files/hbtl-06.pdf.

Hernandez, D. C., & Ziol-Guest, K. M. (2009). Income volatility and family structure patterns: Association with stability and change in food stamp program participation. *Journal of Family and Economic Issues, 30*, 351-371.

Huelsman, M., Draut, T., Meschede, T., Dietrich, L., Shapiro, T., & Sullivan, L. (2015). Less debt, more equity: Lowering student debt while closing the black-white wealth gap. Dēmos. Retrieved from http://www.demos.org/sites/default/files/publications/Less%20Debt_More%20Equity.pdf.

Hussain, M., Shahmoradi, A., & Turk, R. (2015, June). An overview of Islamic finance. IMF Working Papers, WP/15/120. Washington, DC: International Monetary Fund.

John, D. (1999). Consumer socialization of children: A retrospective look at twenty-five years of research. *Journal of Consumer Research, 26*(3), 183-213.

Johnson, E., & Wright, J. (2006). Are Mormons bankrupting Utah? Evidence from the bankruptcy courts. *Suffolk University Law Review, 40*, 607-639.

Kariv, S., & Silverman, D. (2015). Sources of lower financial decision-making ability at older ages. Michigan Retirement Research Center, University of Michigan. Retrieved from http://www.mrrc.isr.umich.edu/publications/papers/pdf/wp335.pdf.

Kneebone, E., & Holmes, N. (2016, March 31). U.S. concentrated poverty in the wake of the Great Recession. Washington, DC: Brookings Institution. Retrieved from https://www.brookings.edu/research/u-s-concentrated-poverty-in-the-wake-of-the-great-recession/#anchor.

Larrimore, J. (2015). Financial well-being of individuals living in areas with concentrated poverty. Feds Notes. Board of Governors of the Federal Reserve

System. Retrieved from http://www.federalreserve.gov/econresdata/notes/feds-notes/2015/financial-well-being-of-individuals-living-in-areas-with-concentrated-poverty-20151124.html.

Leskinen, J., & Raijas, A. (2006). Consumer financial capability: A life cycle approach. In S. Collard, A. de la Mata, C. Frade, E. Kempson, J. Leskinen, C. Lopes, ... C. Selosse (Eds.), *Consumer financial capability: Empowering* European consumers (pp. 8-23). Brussels: European Credit Research Institute.

Loibl, C., & Hira, T. K. (2016). Financial issues of women. In J. J. Xiao (Ed.), *Handbook of consumer financial research* (2nd ed., pp. 195-201). New York: Springer.

Lusardi, A., & Mitchell, O. S. (2011). Financial literacy around the world: An overview. *Journal of Pension Economics and Finance, 10*(4), 497-508.

Lusardi, A., Mitchell, O. S., & Curto, V. (2010). Financial literacy among the young: Evidence and implications for consumer policy. *Journal of Consumer Affairs, 44*(2), 358-380.

Malone, K., Stewart, S. D., Wilson, J., & Korsching, P. F. (2010). Perceptions of financial wellbeing among American women in diverse families. *Journal of Family and Economic Issues, 31*, 63-81.

Marks, L. D., Dollahite, D. C., Dew, J. P. (2009). Enhancing cultural competence in financial counseling and planning: Understanding why families make religious contributions. *Journal of Financial Counseling and Planning, 20*(2), 14-26.

McNeal, J. U. (1999). *The kids market: Myths and realities*. Ithaca, NY: Paramount Market.

Meschede, T., Shapiro, T. M., & Wheary, J. (2009). Living longer on less: The new economic (in) security of seniors. Institute on Assets and Social Policy and Dēmos. Retrieved from http://www.demos.org/sites/default/files/publications/LivingLongerOnLess_Demos.pdf.

MetLife Mature Market Institute. (2011). The MetLife study of elder financial abuse: Crimes of occasion, desperation, and predation against America's elders. Retrieved from https://www.metlife.com/assets/cao/mmi/publications/studies/2011/mmi-elder-financial-abuse.pdf.

Miller, D. (1981). The "sandwich" generation: Adult children of the aging. *Social Work, 26*, 419-423.

Moffitt, T. E., Arseneault, L., Belsky, D., Dickson, N., Hancox, R. J., Harrington, H., Houts, R., ... Caspi, A. (2011). A gradient of childhood self-control predicts health, wealth, and public safety. *Proceedings of the National Academy of Sciences, 108*(7), 2693-2698.

Morrow-Howell, N., & Sherraden, M. S. (Eds.) (2015). *Financial capability and asset holding in later life*. New York: Oxford University Press.

Moya, J. C. (2005). Immigrants and associations: A global and historical perspective. *Journal of Ethnic and Migration Studies, 31*(5), 833-864.

Nam, Y., Huang, J. & Lee, E. (2016). Ethnic differences in financial outcomes among low-income older Asian immigrants: A financial capability perspective. *Journal of Community Practice, 24*(4), 445-461. http://dx.doi.org/10.1080/10705422.2016.1233474.

National Association of Social Workers. (2015). Diversity and cultural competence. Retrieved from https://www.socialworkers.org/pressroom/features/issue/diversity.asp.

Office of the Comptroller of the Currency. (2014). School-based bank savings programs. Retrieved from http://www.occ.treas.gov/topics/community-affairs/publications/fact-sheets/fact-sheet-school-based-bank-programs.pdf.

O'Neill, B. (2014). The culture of personal finance. Military families learning network webinar. Retrieved from http://www.slideshare.net/milfamln/the-culture-of-personal-finance.

Osili, U. O., & Paulson, A. (2008). Institutions and financial development: Evidence from international migrants in the United States. *Review of Economics and Statistics, 90*(3), 498-517.

Pahl, J. (1995). His money, her money: Recent research on financial organization in marriage. *Journal of Economic Psychology, 16*, 361-376.

Peters, C., Sherraden, M. S., & Kuchinski, A. M. (2012). Enduring assets: Findings from a study on the financial lives of young people transitioning from foster care. St. Louis, MO: Jim Casey Youth Opportunities Initiative.

Pew Research Centers. (2013, September 4). At grandmother's house we stay: One-in-ten children are living with a grandparent. Retrieved from http://www.pewsocialtrends.org/2013/09/04/at-grandmothers-house-we-stay/.

Portes, A., & Rumbaut, R. G. (2001). *Legacies: The story of the immigrant second generation*. Berkeley: University of California Press.

Porto, N. (2016). Financial issues of Hispanic Americans. In Xiao, J. J. (Ed.), *Handbook of Consumer Finance Research* (pp. 205-214). New York, NY: Springer.

President's Advisory Council on Financial Capability. (2012). Workplace financial capability framework—Summary of comments. Retrieved from https://www.treasury.gov/resource-center/financial-education/Documents/PACFC%20Financial%20Capability%20at%20Work.pdf.

Ruetschlin, C., & Asante-Muhammad, D. (2015). The retail race divide: How the retail industry is perpetuating racial inequality in the 21st century. Dēmos and NAACP. Retrieved from http://www.demos.org/sites/default/files/publications/The%20Retail%20Race%20Divide%20Report.pdf.

Schuchardt, J., Hanna, S. D., Hira, T. K., Lyons, A. C., Palmer, L., & Xiao, J. J. (2009). Financial literacy and education research priorities. *Journal of Financial Counseling and Planning, 20*(1), 84-95.

Serido, J., Shim, S., & Tang, C. (2013). A developmental model of financial capability: A framework for promoting a successful transition to adulthood. *International Journal of Behavioral Development, 37*(4), 287-297.

Shapiro, T. M. (2004). *The hidden cost of being African American: How wealth perpetuates inequality*. New York: Oxford University Press.

Sherraden, M. S. (2017). Financial capability. In Cynthia G. Franklin (Ed.), *Encyclopedia of social work*. National Association of Social Work. New York: Oxford University Press.

Sherraden, M. S., Johnson, L., Guo, B., & Elliott, W. (2010). Financial capability in children: Effects of participation in a school-based financial education and savings program. *Journal of Family and Economic Issues, 32*, 1577-1584.

Snyderman, R. (2005). Making the case for employer-assisted housing. NHI Shelterforce. Retrieved from http://www.shelterforce.com/online/issues/141/EAH.html.

Sonuga-Barke, E. J. S., & Webley, P. (1993). *Children's saving: A study in development of economic behavior*. Hillsdale, NJ: Lawrence Erlbaum.

Stack, C. B. (1974). *All our kin: Strategies for survival in a black community*. New York: Harper.

Sullivan, L., & Meschede, T. (2016). Race, gender, and senior economic well-being: How financial vulnerability over the life course shapes retirement for older women of color. *Public Policy Aging Report, 26*(2), 58-62. doi:10.1093/ppar/prw001.

Tervalon, M., & Murray-García, J. (1998). Cultural humility versus cultural competence: A critical distinction in defining physician training outcomes in multicultural education. *Journal of Health Care for the Poor and Underserved, 9*(2), 117-125.

Theodos, B., Kalish, E., McKernan, S., & Ratcliffe, C. (2014, March). Do financial knowledge, behavior, and well-being differ by gender? Urban Institute and FINRA Investor Education Foundation. Retrieved from http://www.urban.org/sites/default/files/alfresco/publication-pdfs/413077-Do-Financial-Knowledge-Behavior-and-Well-Being-Differ-by-Gender-.PDF.

U.S. Government Accounting Office. (2010). Consumer finance: Factors affecting the financial literacy of individuals with limited English proficiency. Retrieved from http://www.gao.gov/new.items/d10518.pdf.

U.S. Government Accounting Office. (2015). Highlights of a forum: Financial literacy: The role of the workplace. Retrieved from http://www.gao.gov/assets/680/671203.pdf.

Wiedrich, K., Collins, J. M., Rosen, L., & Rademacher, I. (2014, April). Financial education and account access among elementary students: Findings from the Assessing Financial Capability Outcomes Youth Pilot. Corporation for Enterprise Development. Retrieved from https://prosperitynow.org/files/resources/AFCO_Youth_Full_Report_Final.pdf.

Wilson, W. J. (2012). *The truly disadvantaged: The inner city, the underclass, and public policy* (2nd ed.). Chicago: University of Chicago Press.

Zelizer, V. (2002). Kids and commerce. *Childhood, 9*, 375-396.

第21章　面向个人和家庭的金融实践

专业原则：针对个人和家庭的金融实践有各种各样的方法。虽然有着明显的重叠，但每一个都有不同的目标，使用不同的方法，可能需要不同的专业学位和训练。

微观金融实践包括对个人和家庭的干预，用以提高他们的金融能力，其中包括他们的知识和技能。（下一章将讨论中观和宏观的金融实践。）人类服务领域的微观金融实践正在迅速变化。随着研究人员和服务者开发、测试和修改干预措施，有关干预措施有效性和专业人士作用的证据将越来越多。

服务对象通常会同时或连续使用多种形式的微观金融实践援助。服务者的方法取决于专业训练和在组织内的角色。工作也会因为他们合作的个案、项目和倡导工作而重叠。服务者还需要交叉培训，互相学习对方的实践方法，使人们具有两种及以上的职业能力来承担人们的财务困难（见第23章）。服务者可以使用各种方法和干预措施帮助个人和家庭建设金融能力。在本章中，我们将讨论金融教育、金融督导、金融训练、专业性金融咨询和治疗、金融规划和建议等方法及其异同。

在讨论这些微观金融实践的方法之前，我们先来看看尤兰达·沃克。回想一下，她曾与一位金融导师珍妮特·哈勒特合作，解决了一个医疗债务问题（见第14章）。当这种情况得到解决后，尤兰达终于准备好了做退休计划，而这一计划已经搁置了很长时间。不幸的是，在给珍妮特打电话之前，她母亲病情恶化，于是她向她的顾问多萝西·约翰逊寻求帮助（见第18章）。最后，尤兰达打电话给珍妮特，请珍妮特帮助解决退休问题。

聚焦案例： 尤兰达与她的金融导师会面并计划退休

首先，自上次面谈讨论尤兰达的债务问题后，尤兰达和珍妮特又聚在了一起。尤兰达回忆说训练和她想象的不一样。最开始，她以为金融导师会给她填表格，告诉她该怎么做。但她们却讨论了她面临的问题、她的目标以及解决问题的策略。

这次，她们讨论了尤兰达的退休目标和计划。当她们在珍妮特位于当地一家消费信贷咨询机构的办公室见面时，尤兰达告诉珍妮特，如果必须的话，她只想再工作15年到20年，她真的觉得有必要为自己做退休计划。她告诉珍妮特，虽然她目前比5年前丈夫去世时更愿意管理自己财务，但她的财务状况仍然非常困难。尤兰达一直致力于照顾她的家庭，但她觉得必须开始为自己的未来和退休做准备。她不想在年老时成为孩子们的负担。

金融教育

金融教育是一种增加人们金融知识和提高金融技能的方法，其目的是增加人们对金融事务的了解，激励他们更有效地管理家庭财务，形成对财务的态度，并提升人们对自己作为有能力的财务管理者的认知（Collins and O'Rourke，2009）。这种知识、技能和信心的结合通常被称为金融素养（Huston，2010）。金融教育者可以是专业人士，也可以是志愿者。尽管人们通过多种方式获得金融素养，比如阅读，但本节主要关注正式的金融教育。

金融教育往往是对其他实践方法的补充。我们在朱厄尔·默里身上看到了这一点，她参加了一个金融教育班，并接受了帮助她从受虐的婚姻过渡到财务独立的咨询。西尔维娅·伊达尔戈·阿塞韦多和赫克托·康特拉斯·埃斯皮诺萨还上了一节面向潜在购房者的课，同时还与一名住房顾问一起为买房做了财务准备。乔治·威廉姆斯参加了一门金融教育课程，此外他还会见了一名顾问，以解决自己的财务问题。

金融教育的内容通常取决于组织环境：

- 在初中和高中，金融教育通常旨在增加学生有关理财和金融产品的知识；倡导积极的价值观和态度；并提供实践金融决策技能和行为的机会（CFPB，2015；Council for Economic Education，2016；NEFE，2017）。学校还可以将金融教育纳入其他主题的课程，如数学或社会研究，或者在独立课程中教授金融和经济知识（特别是在高中）。对于儿童和青少年的金融教育，如果将“边做边学”纳入其中，即通过经验和集中反思来增加知识和发展技能，则效果尤其显著（CFPB，2016）。这种方法使用行动、反思、概念化和新经验的循环，鼓励学习者吸收与概括知识和技能，以便他们在新的情况下使用（Kolb，1984）。

- 对于成年人来说，金融教育通常侧重于特定目标群体的问题，如购房者、移民、退伍军人或残疾人。在这些情况下，金融教育课程，通常被称为“及时”金融教育，侧重于一个具体的金融问题。例如，移民金融教育的重点是获得和建立对金融服务的信任，并解决与移民身份、汇付和如何避免不安全金融产品有关的问题（Lutheran Immigration and Refugee Service，2007）。
- 对于残疾人来说，金融教育的重点是了解和管理残疾人的福利、工作、资产积累和金融赋权（World Insititute on Disability，2015）。
- 对于军人和退伍军人来说，金融教育的主题包括债务催收、消费贷款、信贷和信用卡、学生贷款和汇款。这些财务问题反映了军人生活的财务现实，包括部署、频繁搬迁和接触不安全的金融产品（CFPB，n.d.，-a）。

金融督导

金融督导基于两个人之间的关系：一个在财务管理方面有经验和专业知识，另一个正在发展金融技能（Dawson，2014）。金融导师可以是专业人士、同龄人或志愿者（MoneyThink，2016）。尽管服务者本身很少是金融导师，但他们可以组织和运营包括金融督导在内的项目。

作为榜样，金融导师为决策提供咨询，并为积极的财务行为提供支持。根据目标人群的不同，督导的重点是适合该群体的财务知识和技能。例如，大学督导项目通常侧重于工作与学业的平衡、预算及其他与学生相关的话题。在职督导项目可能强调管理账单、现金流和账户。督导可以通过面对面、在线或电话的方式进行。有时督导是在小组中进行的。

金融训练

（金融）训练帮助人们更好地表现，并在实现目标方面取得进展（Cox，

Bachkirova and Clutterbuck，2014；Grant，2003）。作为一种基于优势视角的方法，它是由服务对象的目标，而不是预先确定的项目目标驱动的。金融训练旨在通过学习设定目标和实施行动，帮助人们培养未来独立理财的技能（Theodos et al.，2015）。金融教练通常是接受过技术培训的机构员工（Lienhardt，2016）。大多数训练都是面对面进行的，尤其是第一节课，或者通过电话进行。

尽管是一个相对较新的实践领域，但一些旨在帮助人们建设金融能力的训练技术应用正在公共和非营利部门项目中急速扩张（Lienhardt，2016）。一些组织正在使用基于网络的服务交付方法（见专栏 21.1）。最早的一项关于金融训练的实地研究表明，训练有助于低收入人群提高他们的信用评分、储蓄、偿还债务能力并实现他们的财务目标（Theodos et al.，2015）。

专栏 21.1 MyBudgetCoach

MyBudgetCoach 是一种金融训练工具，旨在帮助人们实现金融目标。通过使用在线系统，服务对象与训练有素的金融训练师进行匹配，一起制定和监督他们的目标。服务对象和训练师使用该系统来学习财务管理技能、制定支出计划和跟踪财务目标。

一项检验 MyBudgetCoach 有效性的初步研究发现，该系统可以在保持个体化关注的同时，扩大获得训练的渠道（Collins，Gjertson and O'Rourke，n.d.）。这项研究比较了 MyBudgetCoach 提供的两种不同服务：一种是训练师和服务对象亲自见面，另一种是只使用电话和视频会议。

来自 44 个提供 MyBudgelCoach 的非营利项目的 300 多名服务对象，被随机分配到了现场训练组或远程训练组。结果显示，服务对象参与度和对 MyBudgetCoach 的满意度都很高：

- 三分之二的服务对象报告说，由于参与该计划，他们的财务状况有所改善。
- 报告支出高于收入的服务对象比例显著下降。
- 服务对象的金融能力量表得分提高（见第 1 章）。
- 三分之一的服务对象与他们的训练师至少共事四次，这群人的效果最为明显（Collins et al.，n.d.）。

有趣的是，许多被分配到远程训练组的服务对象也提议与他们的训练师线下会面，许多被分配到现场训练组的服务对象也要求远程会面。这一发现表明，服务对象可能更喜欢现场交流和远程交流相结合的方式，这可能取决于眼前的问题。

MyBudgetCoach 是一家旨在对社会产生积极影响、在其活动中考虑非金融利益并符合第三方认证标准的特殊私营公司（或 B 类公司），是一家进步解决方案的倡议者（Hiller，2003）。

训练方法

图 21.1 显示了金融训练如何支持人们的金融福祉。训练师帮助服务对象设定目标，并让他们对自己的目标负责。当服务对象练习设定目标时，他们会获得信心，这会提升毅力并减少拖延。

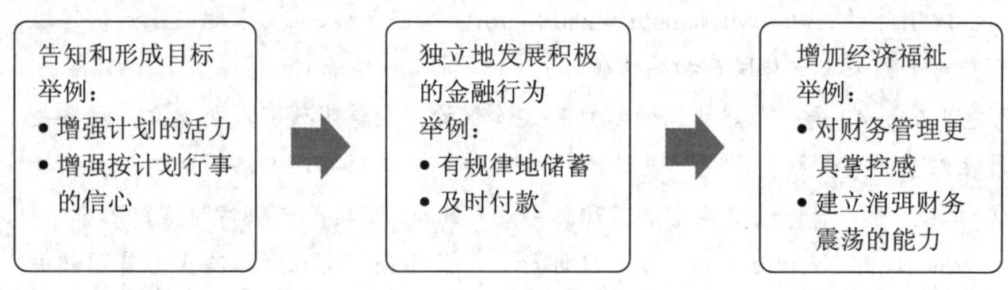

图 21.1　金融训练模式

金融训练的一种方法是 A|4 模式（Collins and Olive，2016）。它由四个部分组成：（1）联盟，（2）议程，（3）觉察，（4）行动。

第一部分：联盟。训练师和服务对象之间的联盟随着时间的推移而发展，对成功至关重要。它包括一种积极的工作关系和对实现金融目标所需的艰苦工作的承诺。

第二部分：议程。金融赋能的一个关键步骤是设定目标，这会增加亲社会行为并鼓励进步（Reid，1997）。训练师通过制定议程帮助服务对象集中精力，并对任务负责。制定和遵循议程使服务对象能够实践自我控制和动机，允许他们循序渐进地阶梯式学习，在开始时他们能获得更多支持，随着能将训练中所学技巧应用于其他情况，训练提供的支持变得越来越少。

第三部分：觉察。训练的一个关键方面旨在提高服务对象的自我意识，提高他们规范自己行为的能力（Grant，2012）。为了达到这一目的，训练师与服务对象谈论动机、期待、价值观，以及达成金融目标的潜在障碍。训练师经常要求服务对象想象“更好”的财务状况会是什么样的，然后专注于实现这一目标所需的小而渐进的步骤。这些渐进的步骤有助于减少与多个问题相关的认知压力，并帮助服务对象专注于特定目标（见专栏 21.2）。即使服务对象专注于过去的问题或外部因素，训练师也会保持积极态度并关注未来。训练师表扬服务对象的成功，在此基础上调动积极的情感和资源来支持长期的行为改变。尽管训练师可能会探索一系列解决财务问题的方法，但他们不认可某个特定的决定或行动，他们总是鼓励服务对象决定下一步行动。

专栏 21.2　聚焦研究：减少由匮乏导致的经济压力的行为干预

行为干预的证据基于对经济学和心理学的理解（见第 22 章）。例如，研究人员发现，面临经济匮乏的家庭会作出明显更糟糕的决定，并表现出认知功能下降的迹象（Mullainathan and Shafir，2013）。人们越来越关注如何通过行为干预来减少与匮乏相关的压力。

Ideas42 是一个非营利的研究和咨询机构，由学术研究人员建立，主要关注以下问题：社会问题，设计新的行为方法，特别关注经济弱势群体，并使用实验研究来测试这些方法。2015 年，Ideas42 发起了一项名为“贫困中断”（Poverty Interrupted）的倡议，设计行为干预措施，旨在通过减少与贫困相关的认知压力来终结代际贫困。Ideas42 通过以下措施制定策略，以减少此类认知压力：

- 消除获得财政援助和其他帮助的障碍，从而“降低”贫困成本；
- 通过精简流程和集中更多的资金、注意力和其他资源来创造“松弛”；
- 通过帮助低收入家庭设定目标并获得实现目标所需的资源来“重塑和赋能”（Daminger，Hayes，Barrows and Wright，2015，pp.8-9）。

其目标是测试能够帮助家庭在满足日常金融需求的同时，关注目标并采取促进财务保障的行动。

第四部分：行动。当议程提供了方向，觉察培养了动力，行动则是向前迈进的步骤和基准。训练师通过具体且可衡量的步骤帮助服务对象实现目标。最终，服务对象必须决定采取哪些步骤来实现他们的目标。训练师可以帮助他们预测障碍，并通过电话、电子邮件或短信的方式进行定期沟通来支持他们。此外，他们还可以通过提供成功报告来发出提醒和鼓励。

随着时间的推移，服务对象从与一名金融训练师共事发展到能够独立设定目标并采取行动以促进其金融福祉（Collins and Olive，2016）。

聚焦案例：尤兰达的金融训练师帮助她设定储蓄目标

珍妮特和尤兰达聊了约 90 分钟。像之前一样，珍妮特遵循训练的四个步骤。首先，她与尤兰达重新建立了**专业关系**（第一部分）。她们讨论互相的期望。珍妮特在一份书面文件中总结这些内容，明确表示尤兰达负责对自己制定的计划采取行动，珍妮特支持她实现那些目标。

珍妮特问尤兰达更多关于她的目标的问题，或她的**议程**（第二部分）。尤兰达说："我真的很担心退休后把钱花光了，我还没有攒够足够的钱，我也知道这太晚了。"珍妮特鼓励尤兰达谈谈她所说的"钱花光了"是什么意思。通过这种方式，珍妮特重新审视了这一负面事件，并鼓励尤兰达谈谈她想要的退休生活。在她们的谈话中，尤兰达说她想独立，不想成为孩子们的负担。事实上，当孩子们需要经济帮助时，她希望能够帮助他们。对尤兰达来说，及时为教会捐款是很重要的。

这个讨论帮助尤兰达弄清楚她退休后需要多少钱来维持对她来说很重要的生活方式。珍妮特不会对尤兰达的目标作出任何判断，也不会发表自己的意见。例如，珍妮特并未向教会捐钱，但尊重尤兰达对教会的奉献和财务承诺。珍妮特也明白，在教区居民需要帮助的关键时刻，尤兰达的教会定会做到回馈社会。珍妮特强调说，她是来支持尤兰达实现她的目标的，即使是向前迈出一小步也很重要。珍妮特帮助尤兰达使用一个在线计算器来计算尤兰达需要存多少钱来支持她的退休目标。珍妮特还帮助尤兰达找到了一个视频，讲述如何将自己的一部分收入自动存入 IRA。在这个过程中，尤兰达还决定要建立一个储蓄账户来支付意外的费用。

尤兰达承认她很难有可以被存起来的钱。支付了家庭开支后，剩下的钱不多了。尤兰达也承认，她已经成为其成年女儿塔米卡的"安全网"。珍妮特让尤兰达谈谈这个，但让她把注意力集中在下一步和事情如何改善上，而不是集中在塔米卡的问题上。这是一个**觉察**的过程（第三部分）。珍妮特不让尤兰达沉浸于这些问题，而把注意力重新放在如何取得进展上。专注于服务对象将要做的事情，而不是过去的失败和当前困难的情况，可以让他们认识到自己的力量。专注于积极的和未来的潜力会产生动力。珍妮特一再提醒尤兰达，她是有创造力的、足智多谋的和有自主性的，尤兰达完全是有能力和信心去控制她的财务未来的。

尤兰达决定，她的第一个**行动**（第四部分）是建立第二个退休账户，并与之前那个工资储蓄（税前）账户分开。工资账户很重要，因为她的雇主会出资，但她需要更多的钱才能退休。她和珍妮特在网上寻找有关 IRA 储蓄账户的信息。尤兰达认为这会起到很好的作用，因为如果她在退休前需要的话，就可以获得储蓄。在接下来的一周里，她的第一步是学习如何建立一个账户。两周后，她的第二步是开设一个账户。珍妮特告诉尤兰达，自己会在星期一尤兰达下班后和她通电话，然后下个星期再联系，看看情况如何。

在他们的互动过程中，珍妮特扮演着一个资源的角色，而不是一个为尤兰达提供建议的专家。相反，珍妮特让尤兰达能够专注于自己的目标并制定行动步骤。最终，尤兰达决定了什么是重要的，以及她下一步如何行动。

金融咨询和金融治疗

金融咨询和金融治疗是一个宽泛的术语，根据组织环境和行业的不同而采用不同的方式。本节介绍针对特定问题的金融咨询以及专业的金融咨询和金融治疗。

针对特定问题的金融咨询

服务对象可以找到经过培训和认证的顾问，在特定领域获得帮助，如住房、就业和信贷咨询（见第 23 章）。例如，寻求住房咨询的服务对象可以在租房、买房、反向抵押贷款或避免丧失止赎权等方面得到帮助。寻求信贷咨询的服务对象可以接受有关债务管理、债务减免和转介破产律师的指导。寻求就业咨询的服务对象通常会接受就业培训、为求职做准备，并获得有关寻找工作与谈判工资和薪水的帮助。

这种针对特定问题的金融咨询通常发生在服务对象要求（或有人推荐他们）特定类型的个性化帮助时（与需要更多专业培训的金融教育课程或咨询相反；见下一部分）。例如，当西尔维娅和赫克托买房子遇到困难时，一个朋友建议他们去社区发展机构找加布里埃拉·冯塞卡进行住房咨询。尽管住房咨询基于既定的技术，如倾听和目标设定，但问题解决的范围在设计上是狭窄的，援助是基于住房问题的最佳做法。

专业的金融咨询与治疗

在这里讨论的金融能力实践类型中，服务对象寻求金融问题的帮助。例如，他们上金融教育课，学习更多的财务管理知识。他们与金融训练师见面解决他们想解决的金融问题或实现他们想实现的金融目标。他们寻求针对特定问题的金融咨询，以解决特定的财务任务。

但在专业的咨询和治疗中，服务对象可能一开始根本就不会为经济问题寻求帮助。[①] 事实上，更常见的情况是，服务对象为孩子的行为问题、婚姻问题、心理健康问题或其他话题寻求咨询。在咨询过程中，他们发现了必须解决的财务问题。一个专业的咨询师或治疗师可以开始一段关于金钱的对话（见专栏 21.3）。无论是显而易见的、还是隐藏在环境背景中的，财务问题都可能是家庭冲突或支出失控的根源。当财务问题与情绪和心理健康问题有关时，其他直接的实践方法，如金融督导、教育和训练，可能本身就不够（Papp，Cummings and Goeke-Moray，2009；Taylor，Jenkins and Sacker，2009）。

专栏 21.3　与服务对象开始金钱对话

当服务者发现他们的服务对象有财务问题时，他们可以小心地引导谈话，以集中在这些问题上。然而，重要的是要注意我们的关键原则：从服务对象所处的情况开始，关注所呈现的问题，并且以一种非评判的方式。金钱困境往往是羞耻和内疚的根源，或者被服务对象认为是禁忌的话题。因此，开始谈话需要服务者的敏感和机智。

CFPB 在“你的钱，你的目标”指南（2015b）中提供了几种启动金钱对话的方法和工具。这本指南提供了对话开场白。帮助服务对象专注于他们的财务生活的一个方法是问：“如果你能改变你的财务状况中的一件事，那会是什么？”（CFPB，2015b，p.35）。在适当的时候，服务者可以询问服务对象对自己和对孩子的梦想，如果他们对自己的财务状况感到有压力，那么当遇到需要钱的紧急情况时他们会做什么，或者他们是否担心入不敷出。服者可以对服务对象的回答作出回应并鼓励服务对象在谈及财务问题时扩大对此的关注（CFPB，2015b）。

服务者可以通过这样一句话来共情管理家庭财务有多么困难：“如今管理财务变得相当复杂，有时还真的很昂贵。可能有一些办法能管理你的钱，这些方法更方便，甚至可能为你节省一些钱。这是你想聊聊的吗？”服务者还可以倡导在其组织的招聘程序中纳入一些金融福祉的指标。这些问题的回答可以暗示一场有效的金钱对话是否能开展。

---

① 我们并未对咨询师和治疗师作出区分，因为这两个术语经常被交替使用。总体上，咨询师倾向于聚焦某一更宽泛的问题。他们教导服务对象，表达他们的关切并提供资源，但治疗师倾向于在更长时期内提供更为专业化的诊疗。

一些咨询师和治疗师开始专注于财务问题，将心理健康实践和财务规划结合起来（Financial Therapy Association，2015；Smith，Richards and Shelton，2015）。这些专家关注促进财务健康的“认知、情感、行为、关系和经济”等方面（Archuleta and Grable，2011，p.49；Klontz，Britt and Archuleta，2015）。这些方面解释了人们的金融福祉和其他与权利和控制、自主、安全和自尊有关的个人问题之间的互动关系，以及这些问题如何影响了人们的总体幸福感（Keller，2011；Loewenstein，2000）。

具体来说，专业的金融咨询师和治疗师与亲密伴侣暴力受害者一起建立个人保障，同时协助受害者发展金融技能和建立经济保障（Hoge，Stylianou，Hetling and Postmus，2017；Sanders and Schnabel，2006）。这发生在朱厄尔·默里和她在家庭暴力项目中与莫妮卡·贝克的合作中。一开始，莫妮卡替朱厄尔申诉，直到后者的生理危险和危机解除。莫妮卡是处理亲密伴侣暴力案件的专家，她帮助朱厄尔培养了采取行动的意识和技能，包括帮助朱厄尔了解经济虐待的性质和如何获得金融能力。

动机访谈是咨询和治疗中使用的一种典型方法，它促进了与服务对象的合作（而不是对抗），以提高他们预见和改变某些消极行为的能力（Smith et al.，2015）。作为治疗药物和酒精滥用问题及其他类似问题的先驱，动机访谈正被应用于财务问题，如赌博成瘾。借此，服务者鼓励服务对象权衡当前行为的后果，克服对做出预期行为改变的矛盾心理（Arkowitz，Miller and Rollnick，2008）。专业咨询师和治疗师使用的其他方法还包括：焦点解决疗法、行为疗法、认知疗法和心理动力学疗法（Archuleta and Grable，2011）。根据不同的方法，咨询师和治疗师可以使用新兴的技术来鼓励服务对象思考财务关系和优先事项（见专栏 21.4）。

专栏 21.4 金融咨询和治疗中的新兴技术

金钱，尤其是金钱带来的麻烦，是一个很难与他人启齿的话题（Trachman，1999）。目前一些方法已被开发用来鼓励富有成效的讨论，包括金融谱系（financial genegrams）、金融成像、金融镜（financial mirror）和货币圈（money circles）。

金融谱系直观地描绘了家庭成员之间和代际之间的金融关系和互动——包括金融行为、条件、冲突和决策的模式（Gallo，2001；Nelson，Smith，Shelton and Richards，2015）。金融谱系可以帮助服务对象识别并利用广泛的家庭成员解决问题的积极方式，即使在面临创伤的情况下也是如此（Kuehl，1995）。金融谱系可能描绘健康和不健康的财务关系、有益和无益的联系，或可以突出有关金钱的正面和负面信息。它的目的是促进沟通，并阐明行为模式，以提供洞察和为未来的财务决策提供参考。

金融成像是一种通过检查金融文件来揭示金融支出模式的工具（McCoy，Ross and Goetz，2013）。例如，服装的收据可能会帮助服务对象了解，他们将服装作为身份象征，尽管这会给他们的家庭带来经济负担（Nelson et al.，2015）。宠物商店的收据可以帮助服务对象在面临社会孤立时谈论其宠物的重要性。从这项练习中获得的见解提高了对财务选择及其背后情绪的自我意识，并帮助服务对象理解和改变金融决策（Nelson et al.，2015）。

金融镜以另一种方式使用金融文件，即以服务对象选择的任何方式将其安排在公告板上（Nelson et al.，2015）。有些人把文件整理得很仔细，而另一些人则没有。有些人把一些文件藏在另一些的下面。有些人可能会留下一些文件。在他们的讨论中，服务对象和他们的治疗师探索"金融镜"的含义，以获得对自己希望作出的改变的洞察。

货币圈帮助服务对象了解他们理财的背景，包括财务关系和家庭在决策中的角色。咨询师从三个同心圆开始：

（1）在内圈里，服务对象画出正方形，给作出重大和较小决定的家庭成员贴上标签。

（2）在中间圈中，服务对象将标有家庭中其他人姓名的三角形插入其中。

（3）在外圈，服务对象画星星，给星星贴上标签，上面写着他们给谁钱、从谁那里得到钱、和谁分享钱以及讨论金融决策。这有助于确定每个人所承担的财务责任，以及服务对象如何描述每个人的理财风格（使用诸如谁是"规划者""挥霍者""逃避者""担忧者"或"储蓄者"等术语）。

这些家庭模式强调了每个圈里的人是如何——以及何时——影响服务对象的金融行为的。这种理解能让服务对象洞察自己的金融角色，并有助于服务对象改变行为。

金融规划和建议

金融规划和建议为退休规划、投资、人寿保险、税收和遗产规划等提供了一项技术和专业的聚焦。例如，遗产规划可能涉及法律程序，如设立遗嘱和信托。个人理财规划师，如注册理财规划师[①]和顾问，为服务对象扮演五个主要角色：（1）提供与长期财务预测相关的技术信息或解释税法和其他法律；（2）克服人们在不知不觉中犯下的错误和偏见；（3）简化选择过程，以使决策更容易；（4）当人们基于情感作出金融决策时予以干预；（5）帮助夫妻和家庭共同作出财务决策（Collins，2012）。

投资是金融规划和建议的主要组成部分。通常的问题是，投资多少才能最小化负债、管理风险和最大化财务收益。在财务规划师或顾问的帮助下，服务对象制定详细的财务计划，预测家庭在（预期）寿命结束时的收入和支出。这有助于确保一个家庭有足够的人寿、医疗和财产保险，为遗产捐赠留出足够的资金。财务规划和建议通常侧重于特定的退休日期，决定何时以及如何申请社会保障金，以及如何管理其他资产、养老金和储蓄。

理财规划师和顾问在推荐和促进理财产品和服务的销售时，可以直接通过收费服务或通过佣金从服务对象那里获得报酬（Archuleta and Grable，2011）。与低收入服务对象相比，他们通常更有兴趣服务富裕服务对象，因为这类服务通常包括手续费和佣金。然而，一些中低收入家庭可以通过无偿服务和实习规划师提供的服务，以低成本接触金融规划师和顾问（见第 23 章）。低薪员工也可以在工作场所接触金融规划师和顾问。

佣金的作用引起了人们对利益冲突的严重警觉，规划师和顾问可能会推荐收费最高，而不是那些最适合服务对象的投资或保险。受托责任的法律原则（见第 18 章）并不总是适用于财务顾问和规划师（Langevort，2010）。

另一个限制是，与低收入服务对象工作的金融规划师和顾问可能不太熟悉前者面临的问题，如公共福利、信贷管理和税收抵免。然而，有些项目已经能够在储蓄、纳税申报、家庭咨询或督导方面使用有针对性的金融规划服务。例如，金融诊所（financial clinic 见专栏 21.6）与纽约市金融规划协会建立了合作伙伴关系，后者为金融诊所内的咨询师提供无偿的财务顾问支持。金融规划师在 VITA 现场工作，帮助有特殊财务规划需求的家庭。

个人与家庭金融实务的异同

金融教育主要是提供信息，而训练、针对特定问题的咨询、专业咨询和治

---

① 注册理财规划师（CFP）是由注册理财规划师标准委员会监督认证的，证明个人已经达到一定的专业标准，并在与客户打交道时认可诚信、客观、能力、公平、保密、专业和勤奋的原则（2017）。

疗以及规划则是采取行动。这些方法是互补的。有些服务对象同时使用，并在整个生命周期内使用，有些服务对象可能希望获得所有这些服务。本节阐述了每种方法在优先顺序、目标设定、服务对象—服务者责任、具体问题和成本方面的异同。表 21.1 说明了所有这些服务之间的相同点和不同点（关于服务者的教育和培训，见第 23 章）。

表 21.1　金融实践方法比较

	金融训练	针对特定问题的金融咨询	专业的金融咨询和治疗	金融规划和建议
服务对象金融状况	服务对象稳步寻求改进	服务对象稳步寻求改进	危机中的服务对象，需要帮助或者有行为问题或有金钱关系冲突	服务对象稳步寻求规范性建议
会话目标	由服务对象确定	由服务对象和机构确定	由服务对象确定，阐释问题和行为	由服务对象和机构基于最佳实践确定
监督 / 自我控制	追踪和问责是被明确计划好的	先假定服务对象会采取行动，但必要时为服务对象完成任务	聚焦于服务对象的调适以及对行为负责	由规划师创建以任务为导向的文档，或为服务对象完成任务并收取费用
金融内容 / 主题	理财、储蓄、支出、信贷、规划	理财、支出、信贷、规划、住房、就业、税收、福利和保险	与金钱相关的行为、关系和模式；也可处理金融压力问题；理财、支出、信贷和规划	理财、税收、信托和房产、风险评估、小生意、投资、退休计划、教育储蓄
资金	公共支付	主要是公共支付	多样的，私人付款（经常浮动计算）或保险（支付）	私人付款或佣金（支付）

优先顺序

金融训练和基于问题的咨询（通常按顺序或同时提供）以改进行为表现为基础，通常稳定的服务对象寻求一个支持系统来制定计划并对行动负责。在针对特定问题的咨询中，咨询师和服务对象关注特定的问题领域（如住房和信贷）。在专业咨询和治疗中，服务对象可能无法立即实现目标或改进行动计划，他们的首要任务是安全和保障、确定援助计划或处理潜在的和同时发生的问题。

尤其是专业的咨询和治疗，帮助那些带有需要改变的习惯和行为模式的人们，或帮助那些由于金钱问题而关系变得复杂的人们。服务对象利用金融规划师和顾问解决更多的技术或法律问题，特别是与投资、保险和其他金融产品有关的问题。他们正在寻求直接的建议和意见。

目标设定

所有服务对象都寻求这些服务来达成一个目标——短期的或长期的。因为他们学习设定和实现目标的过程是训练的基础，所以金融训练将目标定义留给服务对象。针对特定问题的咨询通常有预先确定的目标，如提高信用和购房。专业的咨询师和治疗师专注于提出问题和解决行为改变或紊乱的问题。金融规划师和顾问将服务对象目标与最佳实践和标准（如最低储蓄水平）结合起来用于普通家庭。

服务对象—服务者责任

每种方法在服务对象和服务者期望采取行动的主动性程度上是不同的。训练、专业咨询和治疗都基于服务对象学会采取行动，并获得作出改变的动力，最终形成可以持续下去的新模式。在针对特定问题的咨询、金融规划和建议中，服务者可以代表服务对象承担一些任务，或将任务分配给服务对象，但不关注后续行动，也不必去（向服务对象）问责。

具体问题

每种干预措施所涉及的具体金融问题差别很大。这些措施都是为了处理一系列家庭财务问题。只有经过训练和督导的专业咨询师和治疗师才能处理心理健康问题。规划师和顾问通常处理高度技术性和法律性的问题。

成本

所有这些服务都有价值，这取决于服务对象和他们的情况，而且成本差异很大。（金融）训练和针对特定问题的咨询通常通过公共的和非营利的项目免费提供。专业的金融咨询和金融治疗往往更为昂贵，并且通常部分依赖于通过政府或医疗保险公司提供的第三方支付，以及通过按照浮动比例计算的服务对象直接支付的费用。金融规划和建议的费用主要是服务费或销售产品的佣金。相对较少的国家有公共资助的金融指导系统（见专栏 21.5）。

专栏 21.5　聚焦政策：为所有人提供金融指导

研究人员发现，人们不知道在哪里寻求独立可靠的财务建议，或者他们负担不起专业人士的财务建议（European Union，2016）。此外，人们在经济困难时往往不知道该何去何从。

为了提供金融指导，一些国家已采取了金融指导政策。例如，德国有收费的消费者协会，但主要由政府资助（European Union，2016）。英国一直是一个名为“金钱咨询服务”（Money Advice Service）的公共资助项目的政策领导者，该项目提供免费且公正的金钱咨询，使人们能够更好地理财。他们通过网站或电话提供几种类型的全天候帮助：

- 为金融脆弱人群和那些正在处理重大生活事件（如生孩子或处理家庭破裂）的人提供理财指导；
- 为人们减少问题债务并建立财务缓冲以避免未来的问题债务提供建议；
- 提供教育以扩展金融知识、提升技能及扩大获得金融产品和服务的机会，并改善人们对金融的态度和动机。

然而，英国政府决定，未来的金钱咨询服务将从提供直接服务转变为资助其他服务方以提供指导（European Eunion，2016）。

在美国，CFPB 支持金融指导。ASK CFPB 在其网站上为公众提供有关金融问题的答案，并提供有关支付大学学费和买房的建议。它还发布了针对特殊人群的指南（CFPB，n.d. ?）。另一项倡议资助美国非营利组织的金融训练事宜。这项 3000 万美元的计划将帮助退伍军人和金融脆弱家庭应对他们的财务问题（Petraeus and Dodd-Ramirez，2015）。此外，CFPB 正在与金融咨询和规划教育协会（一个提供教育、培训和认证金融咨询师与金融教育人员的非营利专业组织）合作进行研究，建立服务对象跟踪系统，并为培养金融训练师和开展金融训练认证制定标准（见第 23 章）。

聚焦案例：珍妮特如何成为一名金融训练师

有一天，尤兰达问珍妮特是如何成为一名金融训练师的。“我很好奇，”尤兰达解释说，“因为在见到你之前，我从未听说过金融训练师。”

珍妮特解释说，她以前在一家社区发展组织担任过个案管理者。“我不是一名注册财务规划师，事实上，我获得的是密西西比州大学的社会工作学士学位。但是，2 年前，我参加了一个为期 5 天的金融训练研讨会，之后我开始使用训练技巧。我的很多服务对象都有财务问题，而训练方法很有效，且与社会工作结合得很好——在解决问题方面有很多相似之处。所以，无论如何，我都有兴趣把更多的精力集中在这样的工作上。”

然后，去年，一个当地的非营利组织开展了一个金融训练项目，有一个基金会提供了资助。珍妮特解释说，她接受了名为 Change Machine 的全国在线金融训练资源的培训（见专栏 21.6）。“我在被聘用时，是该县唯一的全职金融训练师！到今天为止，我管理着大约 5 名社区志愿者，他们都是我在当金融训练师志愿者时培训的。”总之，珍妮特说他们可以通过免费的金融训练来帮助更多的人。

专栏 21.6　聚焦组织：金融诊所和 Change Machine

自 2005 年以来，纽约市的金融诊所展示了如何将金融训练融入广泛的社会、经济和其他支持中，提供实质性的、有意义的和持久的结果（Theodos et al., 2015）。金融诊所位于纽约市的街道上，提供一对一的咨询服务，帮助成千上万的服务对象制定金融目标、管理家庭预算、维护银行关系和进行纳税申报，它还为破产和丧失止赎权的人们提供法律援助。

作为金融训练领域的领导者，金融诊所还通过其在线的 Change Machine（2016）计划向全国各地的服务者提供培训和技术援助，该计划为来自 250 多个组织的 1500 多名从业者提供支持，使金融成为社会服务提供系统的一部分。

Change Machine 是一个教服务者成为高效和强大的金融训练师的在线平台。它还可用于跟踪服务对象和他们的表现，并提供训练师可用的资源来支持服务对象（Change Machine，2016）。Change Machine 平台上的资源是有依据的，因为这些都是多年来由金融诊所协调的行业专家、律师和外部专家与无财务保障的家庭一道进行现场试验得到的。

结论

随着服务者和研究者不断创新，关于有效性的理论见解和经验证据产生，微观金融实践方法将继续发展。同时，随着服务者将注意力集中在金融实践上，识别每个专业在帮助服务对象处理金融事务方面的优势，以及识别整个行业在服务方面的差距，专业角色也将不断演变。为了了解这些发展情况，对最有效解决特定财务问题的干预措施的类型和组合进行更多研究是有必要的（见专栏 21.1）。换言之，微观金融实践性质的不断演变表明，有必要就各种方法和技术的有效性提供依据。

相关服务者应该积极参与所有这些讨论。他们可以参与这些创新和政策的研究、评估与测试，而服务者参与研究更有可能使实际问题得到解决。服务对象的声音也应该被倾听，或许可被作为研究议程的一部分，服务对象也可以成为消费者权益组织及其机构委员会的成员。例如，CFPB 接受有关金融产品和服务（CFPB，n.d. -b）的投诉，州监管机构与金融顾问和规划师的认证机构也接受投诉。这些数据可以成为对未能为服务对象提供最佳利益的服务者采取法律行动和实施制裁的依据。

在这一章中，我们将重点放在对金融脆弱群体的微观实践上。帮助人们适应自己的情况是支持低收入家庭经济福祉的重要途径。但仅仅着眼于帮助人们适应和调适到一个充满着不公平、欺骗、剥削和欺诈的市场，并不能解决系统性问题。服务者可以通过向监管机构提供在低收入社区使用金融服务的障碍的重要反馈，影响服务对象的金融福祉。他们还可以参与改善护理系统，使服务对象获得建立家庭金融稳定和保障的机会。我们将在下一章讨论这些努力。

探索更多

·回顾·

1. 简要讨论本章中描述的与服务对象打交道的三种方法。通过这三种方法寻求帮助的服务对象都有什么样的典型目标?
2. 哪三种社会 / 文化因素影响人们的金融能力发展? 服务者有办法解决这三种社会 / 文化因素产生的障碍吗?

·反思·

3. 金融福祉量表（CFPB，2015a）旨在评估金融福祉。这里列有量表中的五种指标。这些指标可能捕捉到哪些与金融福祉有关的概念？从你的角度来看，是否遗漏了什么？

- 根据我的经济状况，我觉得我永远不会从生活中获得我想要的东西。
- 我只是在经济上勉强度日。
- 我担心我现有的或将要存的钱不会持久存在。
- 我月底还剩下一点钱。
- 我的财务控制了我的生活。

·应用·

4. 和年轻人（和你有信任关系的人）谈论她或他的财务生活（不要讨论具体的数量，这可能是敏感问题）：
   a. 她或他挣钱的方法都有哪些？
   b. 她或他是如何支付的（现金、支票、以物易物，或是其他）？
   c. 她或他是否对收入管理有疑问？
   d. 她或他是否以任何方式存过钱？她或他是否有储蓄目标？
   e. 她或他对储蓄了解多少？
   f. 她或他将钱存在哪里？
   g. 根据第 1 章的定义，写一篇小论文，说明你对这个人的金融能力的评价。你有什么方法可以和他一起提高金融能力和建设资产吗？
5. 找出珍妮特在如下对话中使用的基于优势视角的技巧。她为什么问这么多问题？她有没有向尤兰达提供过直接的建议或者评估过尤兰达在做什么？讨论一下你认为珍妮特的方法是成功的还是失败的，并说明理由。尤兰达在处理的主要问题是什么？你觉得珍妮特有什么办法可以使这场对话更成功吗？

珍妮特：从 1 到 10，你会给自己现在进行退休储蓄的能力打几分？

尤兰达：我不知道，我的意思是，3 分吧？

珍妮特：那太好了。“3 分”给了我们很多线索，对吧？那么，3 个月后你会怎样？

尤兰达：肯定好多了。但我觉得自己永远都拿不到 10 分……也许 5 分？

珍妮特：5 分太棒了。你可以得到 10 分，但现在 5 分就很好了。如果你从现在的 3 分提高到 5 分，你认为事情会有什么不同？

尤兰达：嗯，我肯定不会那么担心了。如果我有 5 分的话，你知道的，我会把每一份薪水都存起来？这样我就不用每个月都根据剩下多少钱再存钱了。我可以看到我的余额在增加。我就不会那么担心落后了。

珍妮特：好的，太好了。我听到你说定期储蓄对你来说很重要，对吗？

尤兰达：没错。但这很难，因为我的家人需要我，我为自己存钱，当他们需要我的时候我却这么自私，这是不对的，你知道吗？我得看看他们需要什么，然后把剩下的存起来。

珍妮特：好吧，那你过去用哪些方法帮助过你女儿？

尤兰达：有时她只是需要一些食物或借用我的车。有时她需要我付油钱或者帮她修车。

珍妮特：你认为让她参与你的整体计划和预算会对你达成目标有帮助吗？

尤兰达：如果我能把这笔钱放在一边……我是说，即使每月40美元也会有帮助。如果我将40美元存几个月，然后当这笔钱真的能发挥作用的时候，我可以尝试帮助她。

珍妮特：那么你可以采取哪些步骤来开始储蓄呢？

尤兰达：我可以开立一个特殊储蓄账户。我这样做了一年，是为了攒钱给孩子们买礼物。我知道我的账户可以自动转账。

珍妮特：那么你什么时候可以开立这个账户并开始储蓄呢？

尤兰达：我不确定。这不会花我太多时间的。但是我很难记住去做。

珍妮特：我两周后中午给你打电话怎么样？你能告诉我你能不能做到呢？

尤兰达：好的，我会去做的。

珍妮特：太好了！

参考文献

Archuleta, K. L., & Grable, J. E. (2011). The future of financial planning and counseling: An introduction to financial therapy. In J. E. Grable, K. L., Archuleta, & R. R. Nazarinia (Eds.), *Financial planning and counseling scales* (pp. 33-59). New York: Springer.

Arkowitz, H., Miller, W. R., & Rollnick, S. (Eds.). (2008) . *Motivational interviewing in the treatment of psychological problems*. New York: Guilford Press.

Certified Financial Planner Board of Standards, Inc. (2017). *Become a CFP® professional*. Retrieved from https://www.cfp.net/become-a-cfp-professional/cfp-certification-requirements https://www.cfp.net/.

Collins, J. M. (2012). Financial advice: A substitute for financial literacy? *Financial Services Review, 21*(4), 307.

Collins, J. M., & O'Rourke, C. (2009). Financial education and counseling: Still holding promise. *Journal of Consumer Affairs, 44*(3), 483-498.

Collins, J. M., & Olive, P. (2016). Financial coaching: Defining an emerging field. In J. J. Xiao (Ed.), *Handbook of consumer finance research* (pp. 93-102). New York: Springer International Publishing.

Collins, J. M., Gjertson, L., & O'Rourke, C. (n.d.). MyBudgetCoach pilot evaluation: Final report. Center for Financial Security, University of Wisconsin-Madison. Retrieved from https://centerforfinancialsecurity.files.wordpress.com/2016/06/mybudgetcoach_finalreport.pdf.

Consumer Financial Protection Bureau. (n.d.a). Information for servicemembers. Retrieved from http://www.consumerfinance.gov/servicemembers/.

Consumer Financial Protection Bureau. (n.d.b). Having a problem with a financial product or service? Retrieved from https://www.consumerfinance.gov/complaint/.

Consumer Financial Protection Bureau (n.d.?). Companion Guides. Retrieved from https://www.consumerfinance.gov/practitioner-resources/your-money-your-goals/companion-guides/.

Consumer Financial Protection Bureau. (2015a). Measuring financial well-being: A guide to using the CFPB Financial Well-Being Scale. Retrieved from http://files.consumerfinance.gov/f/201512_cfpb_financial-well-being-user-guide-scale.pdf.

Consumer Financial Protection Bureau. (2015b, April). Your money, your goals: A financial empowerment toolkit for social services programs. Retrieved from http://files.consumerfinance.gov/f/201407_cfpb_your-money-your-goals_toolkit_english.pdf.

Consumer Financial Protection Bureau. (2015c). Youth financial education curriculum review report and tool. Retrieved from http://files.consumerfinance.gov/f/201509_cfpb_youth-financialeducation-curriculum-review.pdf.

Consumer Financial Protection Bureau. (2016). Transforming the financial lives of a generation of young Americans: Policy recommendations for advancing K-12 financial education. Retrieved from http://files.consumerfinance.gov/f/201304_cfpb_OFE-Policy-White-Paper-Final.pdf. Council on Economic Education should be placed on next line. (2016). Survey of the states: Economic and personal finance education in our nation's schools, 2016. Retrieved from http://councilforeconed.org/wp/wp-content/uploads/2016/02/sos-16-final.pdf.

Cox, E., Bachkirova, T., & Clutterbuck, D. (Eds.). (2014) *The complete handbook of coaching*. Los Angeles, CA: SAGE.

Daminger, A., Hayes, J., Barrows, A., & Wright, J. (2015). Poverty interrupted: Applying behavioral science to the context of chronic Scarcity. Ideas42. Retrieved from http://www.ideas42.org/wp-content/uploads/2015/05/I42_PovertyWhitePaper_Digital_FINAL-1.pdf.

Dawson, P. (2014). Beyond a definition: Toward a framework for designing and specifying mentoring models. *Educational Researcher, 43*(3), 137-145.

European Union. (2016, November). Study on access to comprehensive financial guidance for consumers. European Savings Institute. Retrieved from http://ec.europa.eu/finance/finservices-retail/docs/fsug/papers/1611-study-financial-guidance_en.pdf.

Financial Therapy Association. (2015). What is financial therapy? Retrieved from http://www.financialtherapyassociation.org/About_the_FTA.html.

Gallo, E. (2001). Using genograms to help understand relationships with money. *Journal of Financial Planning, 14*(9), 46-48.

Grant, A. M. (2003). The impact of life coaching on goal attainment, metacognition and mental health. *Social Behavior and Personality: an International Journal, 31*(3), 253-263.

Grant, A. M. (2012). An integrated model of goal-focused coaching: An evidence-based framework for teaching and practice. *International Coaching Psychology Review, 7*(2), 146-165.

Hiller, J. S. (2013). The benefit corporation and corporate social responsibility. *Journal of Business Ethics, 118*(2), 287-301.

Hoge, G. L., Sylianou, A. M., Hetling, A., & Postmus, J. L. (2017, online). Developing and validating the scale of economic self-efficacy. Journal of Interpersonal Violence. DOI:10.1177/0886260517706761.

Huston, S. J. (2010). Measuring financial literacy. *Journal of Consumer Affairs, 44*(2), 296-316.

Keller, M. (2011). Couples & money: Financial social work to the rescue. *Social Work Today, 11*(3), 24.

Klontz, B. T., Britt, S. L., & Archuleta, K. (2015). *Financial therapy*. New York: Springer.

Kolb, D. A. (1984). *Experiential learning: Experience as the source of learning and development.* Upper Saddle River, NJ: Prentice-Hall.

Kuehl, B. P. (1995). The solution-oriented genogram: A collaborative approach. *Journal of Marital & Family Therapy, 21*, 239-250.

Langevoort, D. C. (2010). Reading Stoneridge carefully: A duty-based approach to reliance and third-party liability under Rule 10b-5. *University of Pennsylvania Law Review, 158*(7), 2125-2171.

Lienhardt, H. (2016). Financial coaching census: Insights from the financial coaching field. Asset Funders Network. Retrieved from https://centerforfinancialsecurity.files.wordpress.com/2016/05/financial-coaching-census-2015-brief_final.pdf.

Loewenstein, G. (2000). Emotions in economic theory and economic behavior. *The American Economic Review, 90*(2), 426-432.

Lutheran Immigration and Refugee Services. (2007). Financial literacy for newcomers: Weaving immigrant needs into financial education. Retrieved from http://www.higheradvantage.org/wp-content/uploads/2012/05/rw_financial_literacy.pdf.

McCoy, M. A., Ross, D. B., & Goetz, J. W. (2013). Narrative financial therapy: Integrating a financial planning approach with therapeutic theory. *Journal of Financial Therapy, 4*(2), 22-42.

MoneyThink. (2016). Theory of change. Retrieved from http://moneythink.org/our-program/our-approach/.

Mullainathan, S., & Shafir, E. (2013). *Scarcity: Why having too little means so much*. New York: Times Books.

National Endowment for Financial Education. (2017). *High school financial planning program: Personal finance education*. Retrieved from https://www.hsfpp.org/.

Nelson, R. J., Smith, T. E., Shelton, V. M., & Richards, K. V. (2015). Three interventions for financial therapy: Fostering an examination of financial behaviors and beliefs. *Journal of Financial Therapy, 6*(1), 33-43.

Papp, L. M., Cummings, E. M., & Goeke-Morey, M. C. (2009). For richer, for poorer: Money as a topic of marital conflict in the home. *Family Relations, 58*, 91-103.

Petraeus, H., & Dodd-Ramirez, D. (2015, May 20). The launch of the CFPB financial coaching initiative. Consumer Financial Protection Bureau. Retrieved from http://www.consumerfinance.gov/about-us/blog/the-launch-of-the-cfpb-financial-coaching-initiative/.

Reid, W. J. (1997). Research on task-centered practice. *Research in Social Work, 21*, 132-137.

Sanders, C. K., & Schnabel, M. (2006). Organizing for economic empowerment of battered women: Women's savings accounts. *Journal of Community Practice, 14*(3), 47-67.

Smith, T. E., Richards, K. V., & Shelton, V. M. (2015). Increasing financial health through casework interventions. *International Journal of Social Work, 2*(2), 69-80.

Taylor, M., Jenkins, S., & Sacker, A. (2009). Financial capability and wellbeing: Evidence from the BHPS. London: The Financial Services Authority.

The Change Machine. (2016). Change machine. Retrieved from https://change-machine.org/.

Theodos, B., Simms, M., Treskon, M., Stacy, C., Brash, R., Emam, D., ... Collazos, J. (2015). An evaluation of the impacts and implementation approaches of financial coaching programs. Urban Institute. Retrieved from http://www.urban.org/research/publication/evaluation-impacts-and-implementation-approaches-financial-coaching-programs.

Trachtman, R. (1999). The money taboo: Its effects in everyday life and the practice of psycho-therapy. *Clinical Social Work Journal, 27*(3), 275-288.

World Institute on Disability. (2015). Equity: Asset building strategies for people with disabilities: A guide to financial empowerment. Retrieved from https://worldinstituteondisabilityblog.files.wordpress.com/2015/11/equity-asset-building-strategies-for-people-with-disabilities.pdf.

第22章 组织、社区和政策中的金融能力与资产建设

专业原则：服务者可以利用直接与服务对象合作的经验和知识，通过改进金融产品、服务、计划和政策，努力扩大机会。这些努力可以增强社区、人口群体以及整个国家的金融福祉，并为之作出贡献。

尽管个人可以做一些事情来改善他们的金融福祉，但许多财务问题是难以解决的，其影响因素远远超出了个人和家庭的范围。贫困、歧视、设计不良的和不安全的金融产品、金融服务匮乏的社区和不公平的社会政策都在影响着人们的金融生活，如果社会状况无法被改变，这些负面影响就无法被解决。

鉴于服务者在帮助服务对象方面的直接经验，他们拥有的重要知识有助于改善组织和社区的条件（中观实践）和政策（宏观实践）。他们可以帮助创造更好的产品、服务和政策以扩大弱势群体的机会。同样重要的是，服务者可以动员和赋能金融脆弱人群与社区为自身利益而主张变革。

宏观层面的发展促进了服务者改善人们金融福祉的努力。现在，许多联盟和组织推行有利于金融脆弱群体的政策和方案。服务者还可以支持这些组织的努力，即使他们把大部分的专业时间用于直接帮助服务对象。人们越来越认识到并越来越接受金融对社会整体健康和福祉的重要性（见引言）。

本章以提升社区和地方组织的 FCAB 服务，以及提升智库、研发组织和慈善组织的工作的倡议为开端。第二节将从行为经济学的角度探讨金融产品设计。接下来，第三节将着眼于大局，展示制度理论如何影响政策和项目的发展，并总结旨在扩大金融脆弱群体机会的关键政策创新。最后，本章将列出有用的中观和宏观层面的实务技能。

首先，我们重访多萝西·约翰逊，她是在家庭服务机构中帮助尤兰达的社工。一段时间以来，多萝西一直在为尤兰达和她的家人提供财务指导和资源。现在她决定将更多地参与为社区里的服务对象拓展服务的活动。

聚焦案例：多萝西·约翰逊和她的同事讨论服务对象的金融问题

考虑到尤兰达的家庭状况，多萝西意识到自己必须做更多的事情。她在这一领域工作多年，与许多服务对象一起应对同样的挑战：银行的障碍、信贷和债务问题、贷款歧视、金融剥削和滥用、不值得信任的承包商、巨额的长期护理费用以及缺乏退休储蓄。她与服务对象的合作缓解了这些问题的症状，但她不能实事求是地说这些问题已经被解决了。她和同事们讨论了他们可以采取什么措施来解决问题的根源，最终决定与社区中的其他服务者组织一次规划会议。

在初次会面中，他们讨论了彼此案例中的相似之处。他们对自己帮助一些家庭度过危机的能力充满信心，但同时也承认与一个家庭一同工作的局限性。他们的努力就像创可贴——“被贴在需要更多关注的伤口上”。对于自己无法接触和支持每一个需要金融指导的人，以预防一开始容易避免的金融危机，他们感到无力。正如参会的多萝西的一名同事所说：“我们为一个服务对象解决了问题，然而有更多的服务对象也面临同样的问题！”

多萝西和她的同事们开了几个月的会，以确定他们的服务对象面临的主要问题，并决定有必要采取更系统的方法。通过其他方面的努力，他们同意组建一个协作组织，以推广将金融指导纳入基本人类服务的理念（Mintz，2014）。他们决定联系市政府和州政府的官员，提出将金融（服务）部分纳入人类服务体系。他们发起了一次会议并组织了一个议程。

组织和社区中的 FCAB

在中观层面，服务者的目标是在人类服务组织、社区发展组织及金融服务组织为家庭发展创造机会。人类服务组织的大部分工作是将金融能力服务整合到传统服务中。服务者也可为机构员工提供金融培训，并为转介的服务对象制定章程，以形成更聚焦于财务协助的服务关系。他们与其他组织合作开发新的服务或新的金融产品。例如在移民社区，服务者有时与少数族裔银行开展合作，这些银行的工作人员熟悉移民文化和语言，并能在金融服务方面提供指导（Dymski，Li，Aldana and Ahn，2010）。

将 FCAB 整合进人类服务与社区发展类组织

人类服务和社区组织越来越多地将 FCAB 纳入传统服务（见专栏 22.1）。其中包括社会服务组织、医疗和精神健康组织以及住房和社区发展组织。

专栏 22.1　将金融能力纳入人类服务：金融赋能的“超级维生素”

CFE 是一个全国性组织，旨在促进将 FCAB 纳入城市基本服务，如住房和预防无家可归、劳动力发展、营养、家庭暴力、再犯罪和其他援助计划。它为社会服务提供者提供培训，促使服务对象建立应急和长期的储蓄，并获得合适的银行产品和服务。他们为服务对象提供咨询和法律支持，以及在 52 个城市制定了保护服务对象免受不公平和剥削性银行行为侵害的策略（CFE，n.d.）。

根据纽约市消费者事务部金融赋能办公室的经验，创始人创造了“超级维生素效应”（supervitamin effect）一词，该词描述了“当金融赋能计划被融入初级社会服务的提供时，能够更快更好地实现目标”的结果（Bloomberg and Mintz，2011，p.5；Mintz，2014）。从那时起，几个城市和州开始启动地方金融能力计划（National League of Cities，2015；United States Conference of Mayors，2013）。由于金融不安全可能导致地方政府为额外的公共服务支付更多的费用，城市对金融赋权的投资也可能被证明是一种审慎的财政战略（McKernan，Ratcliffe，Braga and Kalish，2016）。

社会服务组织

社会服务组织提供营养、住房、教育、咨询和其他社会服务，以改善人们的生活条件和福祉，并经常帮助服务对象获得公共福利（见第 6 章）。然而，它们越来越多地整合了其他金融能力服务。例如，在儿童福利机构中，服务者通过金融教育和指导帮助寄养儿童从被照顾（向社会）过渡（Peters，Shertaden and Kuchinski，2016）。在家庭暴力项目中，服务者通过传授理财技能、帮助服务对象开设储蓄账户和促进资产积累，帮助其建立独立于施暴者的生活（Sanders and Schnabel，2006）。

医疗和精神健康组织

Parnell（2015）指出，“金融健康是公共健康”。根据这一点，医疗和精神健康组织的服务者增加了服务对象获得医疗福利的机会；建立了卫生保健指令和 SNT；帮助制定支出计划、提供金融服务，以及获得公平和负担得起的信贷。服务者设立项目来帮助慢性病患者创建预算、管理资金和银行账户，并建立信用。他们在社区精神健康中心开发项目，通过培训机构员工在健康筛查中寻找金融压力源，为服务对象定位金融资源，并提供金融教育和咨询，以此减少（服务对象的）金融不安全性。例如，一个精神健康组织可以与当地的金融机构合作，为其组织内的服务对象建立自己的"银行"。它不会是一个真正的金融机构，但它可以像金融机构那样为顾客服务。它可以提供基本的金融服务，如存款、取款、支票兑现，以及提供信封和邮票。它的员工可以利用这个内部银行去监督和指导服务对象检查余额，而不是透支。

住房和社区发展组织

FCAB 在住房组织和社区发展组织中发挥了重要作用。例如，公共住房管理部门通过一项名为"家庭自给自足计划"的项目鼓励储蓄，该计划由 HUD 发起。在这项计划中，当地住房管理局（HUD，2016）以每个家庭的名义设立了个人培训和服务计划以及计息代管账户，并将资金存入该账户。5 年后，参与家庭自给自足计划并完成自给自足目标的家庭可以将储蓄用于任何目的。与那些没有参加或没有完成该计划的人相比，参与者更有可能找到工作，并获得更高的收入，其储蓄的平均托管余额约为 5300 美元（de Silva，Wijewardena，Wood and Kaul，2011）。这项计划是促进社会最贫穷阶层建设资产的一个很好的例子，但并没有被所有住房机构所接受（Loya，Boguslaw and Erickson-Warfield，2015）。

社区发展组织旨在通过向社区居民提供经济适用住房、经济发展、社区规划、教育和社会服务来振兴社区（Sherraden and Mason，2013；Soifer，McNeely，Costa and Pickering-Bernheim，2014）。除了传统的社会服务外，他们还为所谓的银行服务未覆盖人群提供金融服务，帮助家庭进行预算编制，提供金融教育和公共福利及帮助其完成纳税申报（Friedline and Despard，2016；Morgan，Pinkovsky and Yang，2016）。他们与人类和金融服务组织合作，向低收入社区提供金融咨询和金融机会。

将 FCAB 整合进金融机构

三种主要类型的金融机构与金融脆弱社区合作，以扩大获得金融服务的机会：（1）银行、信用合作社和社区发展金融机构（CDFI）；（2）消费信贷咨询机构；（3）金融诊所和赋能中心。

银行、信用合作社和社区发展金融机构

银行和信用合作社通过创造针对金融脆弱群体特殊情况的金融产品，将FCAB的机会扩大到金融脆弱社区。在一些社区，政府官员、非营利组织领导人、金融机构和社区居民共同致力于设计更好的产品和降低准入门槛的银行业举措（Birkenmaier，2012）。服务者与银行合作，创造低成本、安全的银行产品。服务者还制定了沟通金融服务和社会服务的计划，包括在社会服务机构内明确银行服务的定位（Atkinson，2015）。

CDFI是指银行、信用合作社、贷款基金、小额贷款机构或风险资本出资人，他们向金融脆弱社区伸出援手，旨在扩大服务匮乏的低收入和少数族裔社区的经济机会（Mahon，2015；U.S.Department of Treasury，n.d.）。在联邦资金的支持下，CDFI为服务匮乏的社区提供了获得经济适用住房、企业和微型企业、非营利组织和房地产企业资金的渠道。例如，在密西西比河三角洲地区，CDFI与小型社区银行合作，教授金融素养、提供金融咨询和住房贷款，以及为合作社和小型企业提供资本（Trimarco，2016）。CDFI获得的联邦资金相对较少，但这些组织具有产生影响的巨大潜力，并正在越来越多的社区中被建立起来（Opportunity Finance Network，2015；Swack，Nurthrup and Hangen，2015）。

消费信贷咨询机构

消费信贷咨询机构制定计划，提供一系列金融教育、训练和咨询服务，它们通常侧重于信贷和债务。这些机构帮助弱势家庭处理与其债权人的关系、减少债务，及改善他们的财务管理。这些组织一开始主动帮助服务对象提高信用，这样后者就可以积累资产，比如买房或创办小企业。这些组织的服务者可以与其他组织合作，通过外联活动，例如社区博览会和社会服务机构的场所，帮助金融脆弱群体。

金融诊所与赋能中心

金融诊所和赋能中心旨在帮助家庭解决财务问题和实现财务目标。人们在就业、公共福利、收入支持、债务咨询、债务协商、信用建设和储蓄方面寻求这些组织的帮助（Rankin，2015）。例如，纽约市的金融诊所（见第21章）和近80家地方倡议支持公司的金融机会中心（Financial Opportunity Centers）提供金融咨询以及就业和社会服务援助（Roder，2016）。

其他类型的组织中的 FCAB

其他组织在州、地区和联邦各级推广 FCAB 政策和计划。这些组织包括国家智库、研发组织和慈善组织。

智库与倡导性组织中的 FCAB

由研究人员和公共政策专家组成的组织，通常被称为*智库*，向政策制定者和其他人提供有关当代社会和经济问题的信息与想法。服务者可以求助于这些组织来支持自己的教育和宣传工作。在本书中，我们重点介绍了许多旨在扩大金融服务、政策和消费者保护的智库，例如 Prosperity Now（2017）、CRL、新美国基金会（New America Foundation）等。它们向政策制定者提供信息，并倡导 FCAB 的扩张。一些机构，如 CFSI，为改进金融产品制定指导方针和思路，并在研究人员、政策制定者和金融服务部门之间架起桥梁。其他机构则从事研究并促进金融教育，如 NEFE、经济教育委员会和金融业监管局投资者教育基金会。其他的组织，例如 CBPP，在开展研究的同时，倡导改善针对金融脆弱家庭的社会和经济政策。

在州一级，资产建设联盟和社会福利团体主张用金融服务和金融机会帮助所获得的服务匮乏的人群。这些组织动员金融脆弱群体在州和联邦一级代表其社区进行宣传。例如，在州一级，消费者权益团体和其他组织在一些州成功地组织了倡导者进行游说（活动），要求限制发薪日贷款的许可利率并改变贷款条件，或要求彻底取消这些贷款（CRL，2017）。

研发组织中的 FCAB

研发组织向人们介绍美国家庭的金融福祉，并展示和检测一系列实践和政策创新的结果。他们发表研究成果、主持会议，并参与其他传播知识的活动。它们有些是大学研究中心，如圣路易斯华盛顿大学社会发展中心、威斯康星大学金融安全中心、布兰迪斯大学资产和社会政策研究所、堪萨斯大学资产和教育及包容中心，以及乔治敦大学全球金融素养中心等。还有的是独立的研究中心，如贫困行动创新组织（Innovations for Poverty Action，IPA，见专栏 22.3）和兰德公司。研究计划旨在评估、展示各种干预措施的效果，并为公共政策铺平道路。

慈善组织中的 FCAB

除了公共资金外，大型和小型慈善组织也为FCAB计划提供资金。福特（Ford）基金会、查尔斯·斯图尔特·莫特（Charles Stewart Mott）基金会、安妮·E.凯西（Annie E.Casey）基金会和亚瑟·瓦伊宁·戴维斯（Arthur Vining Davis）基金会等与许多其他基金会一起，支持FCAB的倡议。一个名为“资产资助者网络”（Asset Funders Network，2017）的基金会支持政策改革，以减少贫困，它的重点是在金融脆弱家庭中建立经济保障和进行财富积累。公司和相关基金会，如富国银行顾问公司、花旗基金会和摩根大通，也支持FCAB计划。

前几节讨论的地方、州和国家组织利用人类行为和社会组织的知识来设计符合弱势群体情况的金融产品、服务和政策。其中一些国家组织为服务者编制了指南和工具（见专栏22.2）。在接下来的两节中，我们将探讨行为经济学的原理和对有助于提供更好的金融服务和社会政策的社会机构的理解。

专栏 22.2　聚焦组织： 人类服务提供者指南

一些全国性的公共和私人组织发布了将FCAB服务纳入传统人类服务的指南。它们基于非营利组织和政府机构成功的地方倡议（Mintz，2014；Watson Grote，2015）。这些指南的前提是，因为财务问题与社会福利密切相关，所以社会服务组织应兼顾这两方面。

CFPB（2016）的指南《你的钱，你的目标：一个金融赋能工具包》，是为与低收入或金融脆弱人群一起工作的一线工作人员和志愿者提供的资源。该工具包将金融赋能定义为“建立个人知识和能力，以理财和使用适合你的金融服务产品”，它告诉你如何进行需求评估、制定行动计划、提供资源和推荐，以及监督进展和评估结果（CFPB，2016，p. 4）。主题包括作出支出决策、修改信用报告、选择金融产品、作出处理债务的决策，以及跟踪收入和账单。

NEFE（2017）的《社会服务专业人士工具》（Tools for Social Services Professionals）旨在提高服务者使用理财技能的知识水平和信心。它提供定制化的工具和资源，用于与面临独特困难的目标人群工作，这些人群包括老年人、青少年、退伍军人、人际暴力受害者、大学生、有健康问题和残疾的人、受赌博和住房问题影响的人。

《金融能力建设：综合服务规划指南》（Building Financial Capability：A Planning Guide for Integrated Services）是社区组织将金融能力服务纳入现有计

划的实用指南（Bowen，Hattemer and Griffin，2014）。它旨在为实施一个整合计划提供路线图，指导一个组织整合人类服务和金融服务的计划，无论这些服务是在机构的网站上提供的、通过合作伙伴关系提供的，还是通过转介提供的。该指南为员工提供了更好地了解和改善服务对象财务状况的工具。

资产和社会政策研究所（Institute for Assets and Social Policy）2015 年的指南名为"增强繁荣能力：通过资产整合加强人类服务影响"，是关于人类服务组织资产建设的简报。它概述了人类服务机构中的资产发展方法，并介绍了资产建设领域中的关键术语、程序、服务和组织。简报向人类服务机构展示了如何通过伙伴关系和合作，将资产建设纳入其为不同目标人群提供的服务。就像讨论过的既有指南一样，该指南有助于将资产建设项目整合到人类服务中。

通过行为经济学设计金融产品与服务

自 20 世纪 80 年代以来，经济学家和心理学家应用了实验室和实地研究的研究成果，以更好地理解人们的财务决策（Thaler and Sunstein，2008）。这一名为行为经济学的研究领域分析了人们如何始终作出并不总是符合他们最佳长期利益的财务决策（Campbell，2006）。服务者利用这些观察结果为金融产品和服务的设计提供信息。

在有关行为经济学对人类行为的许多见解中，三个关键概念对服务者特别有用（Liebman and Zeckhauser，2008）。首先，人们经常很难评估概率，这会导致他们在面对风险或不确定性时作出错误的判断。例如，许多人没有充分的医疗或汽车保险，而疾病和车祸 / 风险最为常见（见第 15 章）。相比之下，许多人高估了彩票或电器保险的价值。①

其次，很多人经常纠结于决策的制定，特别是当下的选择会产生未来的利益时。许多人过于看重现在，即使他们显然更愿意在未来受益，这就是所谓的即时倾向。这是人们的一种强烈倾向，即当下不采取措施来实现未来的收益，即使他们知道这对他们有好处。这就导致拖延、储蓄不足和过度借贷等行为。

最后，当压力大、选择复杂时，人们往往很难作出正确的决定。例如，当

① 先来感受一下两者的区别，中强力球彩票的概率是 1.75 亿分之一，而死于车祸的概率是 9000 分之一（Insurance Information Institute，2017；Siegel Bernard，2013）。

面对一个有很多选项的财务选择时，人们更容易放弃，不作任何选择。决策者面临的压力越大和选择越复杂，决策就越糟糕（Beshears，Choi，Laibson and Madrian，2009；Karlan，McConnell，Mullainathan and Zinman，2016）。

在行为经济学中，这些对金融福祉有明显负面影响的行为被称为偏见。幸运的是，行为经济学家正在探索帮助人们克服偏见的策略。简单的工具可以用于“助推”（nudge）人们作出更好的决策（Thaler and Sunstein，2008）。选择架构（choice architecture）是以积极的方式影响和引导行为的系统、程序和产品的设计（Thaler and Sunstein，2008）。专栏 22.3 强调了一些重要和有用的行为经济学推动因素，以及它们如何改进财务决策。

专栏 22.3　聚焦研究：行为经济学助推了这份事业

“助推”帮助人们克服偏见和战胜那些阻碍他们改善财务状况的行为。IPA 是一个国际组织，在 18 个国家开展工作，它使用严格的评估方法，特别是随机实验，来形成证据，证明有助于改进方案和政策成果的“助推”。IPA 强调了金融产品设计师可以使用的三个“助推”，即“扩大金融普惠性、改善对服务对象的服务，并继续促进金融健康”（Burke and Loiseau，2017，p. 1）。

承诺机制。一个人今天作出的承诺限制了他或她将来的选择。承诺机制旨在帮助人们坚持他们的长期目标。它们经常被用于金融产品，例如储蓄产品，这可以将承诺转化为储蓄产品，例如，它们帮助人们克服心理障碍并省钱。承诺机制帮助人们克服即时倾向，因为人们愿意承诺在未来做某事，但不会在今天作出选择（Buttenheim and Asch，2012）。

承诺机制的一个例子是“明天储蓄更多”（Save More Tomorrow）计划，该计划将加薪作为增加员工退休储蓄的机会。参与该计划的员工承诺将节省未来所加薪水的一部分。这样，他们今天的实得工资就不会减少，而是承诺将未来实得工资的一部分存起来（在他们加薪之后）。这种方法会提高退休储蓄率（Thaler and Benartzi，2007）。其他承诺机制可能包括对失败的经济惩罚，但大多数时候的机制是心理工具（IPA，2017）。

默认或自动注册。自动注册理财产品（如储蓄账户或贷款偿还计划）是确保每个人都能参与的简单方法。为了确保人们的选择自由，这样的方法允许人们“选择退出”。这比让人们“选择加入”更有效的原因是，许多人不会采取必要的步骤来注册产品，即使这些步骤很容易，而且他们相信产品是有益的。换句话说，拖延使人们不选择加入，但是，当自动注册时，他们通常不会选择退出（Choi，Laibson and Madrian，2011）。

一个默认自动注册的例子是雇主自动将雇员的工资存入交易账户。还有其他测试自动注册的实验，包括俄克拉何马州的 CDA（见第 10 章）。IPA 在阿富汗的一项研究调查了使用该国最大公司员工手机系统进行工资扣除的默认（或自动）登记情况。该计划将储蓄率提高了 40%，有助于形成储蓄习惯（Blumenstock，Callen and Ghani，2016）。

提醒。鼓励人们储蓄或作出其他积极的金融决策往往需要人们克服不断拖延的倾向。提醒会将金融决策放在头脑中的"首要位置"，并且会起作用（IPA，2017；Karlan et al.，2016）。提醒使人们更容易选择做他们想做但却很难做到的事情（Beshears et al.，2009）。

提醒在储蓄和还贷方面都很有效。例如，被提醒的储户更有可能达到他们的储蓄目标（相对于那些没有收到提醒的储户）。有效提醒是指提及一个人的储蓄目标或提供激励（Karlan，McConnell，Mullainathan and Zinman，2016）。这些措施还有一个额外的好处，即银行实施这些措施的成本不高（Karlan et al.，2016）。

总之，运用行为经济学原理的工具助推——但不要求——人们以某种方式行事（Thaler and Sunstein，2008）。如果设计得好，行为方法会保留个人选择，而不是过度操纵或家长式作风。此外，如果整个服务对象群体都能以期望的方式做出反应，那么行为方法的效果会更好。有些产品设计对某些人很有用，而对其他人却不太有用。因此，服务者应谨慎使用行为机制，并像所有干预措施一样，评估道德、影响和意外后果（Laibson and List，2015）。

以制度理论设计政策

制度理论解释了社会结构——如家庭、政府、教育、宗教和政府机构——如何影响和塑造人类福祉。在本节中，我们将探讨社会制度，特别是社会政策如何塑造人们的经济机会。正如我们在本书中所观察到的，政策通常在给一些人优先提供获得经济和金融机会与奖赏的方式同时，拒绝或限制另一些人。我们可以称这种有益于社会结构中的某些群体但不是所有群体的模式为机会结构。

为了探索机会结构是如何发挥作用，以及如何被改变的，本节讨论了七种制度结构，以解释社会制度如何促进储蓄和投资（Beverly et al.，2008）：（1）准入机会；（2）信息和指导；（3）激励；（4）便捷性；（5）期待；（6）限制；（7）安全性和可靠性。这些结构中的许多都是由行为经济学原理和制度理论提供信息的。每一种结构都影响着政策和其触达弱势群体的能力。

准入机会

准入机会是指使用金融政策、计划和服务的资格以及获得准入的能力，这些应包括所有人。目前，政策和服务往往无法惠及从事多种工作、不会说英语、信用差、工资低、收入低、识字率低、缺乏通勤工具、在银行上班时间工作或缺乏工作福利的人。获得准入需要有符合低收入家庭日常情况的政策，而要拥有这些政策，可能需要创造全新的服务，以应对金融脆弱家庭面临的具体挑战。例如，《实现美好生活法案》(Achieving a Better Life Expectation Act，简称 ABLE 法案）采取措施，扩大一些被其他政策排斥在外的残疾人积累资产的机会（见专栏 22.4）。

专栏 22.4　聚焦政策：ABLE 法案

2014 年通过的 ABLE 法案帮助那些带有明显残疾且发育程度在 26 岁以下的人士在税收优惠储蓄账户中储蓄，同时不会使这些人丧失获得补充性保障收入福利和医疗补助的资格。有了 ABLE 账户，残疾人及其家庭每年可以为“529 大学储蓄计划账户”贡献高达 14000 美元。在这些账户中赚取的利息不在州或联邦一级被征税。ABLE 账户的成本远低于其他可选服务（如 SNT）(见第 19 章；Institute on Assets and Social Policy，2015）的成本。ABLE 账户中的资金可用于“符合条件的残疾费用”，用于支付与残疾生活有关的任何费用，如教育、住房、交通、就业培训和支持、辅助技术、个人支持服务、医疗、预防、财务管理服务、丧葬费用、法律费用和其他费用（ABLE Act，2014）。对 ABLE 账户感兴趣的服务对象可以在 ABLE 国家资源中心（n.d.）找到有关其所在州的政策和发展的更多信息。

尽管 ABLE 账户为削弱收入支持计划中的资产限制开创了先例，但它们并不是渐进式的。它们不向低收入家庭提供补贴，不幸的是，这可能导致低收入家庭的低参与率（ABLE Act，2014）。

信息和指导

信息和指导是指人们了解和学习如何有效地使用政策、计划和服务的方式。

这包括金融产品的信息能否被不同人群理解，也意味着每个人都应该有机会接受金融教育和指导。

财务信息无处不在，但从无用且不安全的信息中筛选出有用且安全的信息，对普通人来说是很困难的。富裕家庭可以通过雇佣财务顾问来避免学习这些知识。服务者可以通过倡导政策，为无力支付雇佣费的金融脆弱家庭提供普惠性财政指导（见第 21 章）。

激励

激励性措施激励人们采用对自己有价值的政策、计划和服务。例如，储蓄账户中的钱由联邦政府承保（政策激励），这就鼓励人们开立储蓄账户。通过 EITC 的收入补贴激励低收入劳动者的工作（见第 7 章）。目前，对房主和退休储蓄者的税收优惠是通过对高收入家庭，而不是对低收入家庭实行税收优惠来实现激励的。这项政策可以为低收入家庭提供切实可行的激励措施，使他们持有并维护退休储蓄。

便捷性

便捷性是指政策、计划和服务的设计方式，使其更易于使用和更自动化。当政策和服务提供便利时，它们只是在做一些或全部预先设定好的行为；也就是说，它们不需要任何个人的“行为”。换句话说，便捷性可以弥补人们在意志力和能力方面的不足（Thaler and Sunstein，2008），例如，直接存款和自动转入储蓄的默认金额和自动登记、储蓄计划登记和付款提醒（见专栏 22.4）等功能提高了人们对金融账户的使用、在银行或退休账户中储蓄或偿还贷款。目前，许多针对低收入人群的政策侧重于改变他们的行为，而不是促进行动；然而，政策应该促进所有人获得金融机会（Sherraden et al.，2016）。

在改善金融脆弱群体的金融福祉方面，便捷性是一个大问题。便捷性可以是“高接触”的或“低接触”的，这取决于问题性质和服务对象或服务对象群体的能力，高接触的便利化方法通常需要更多人的参与和指导，而低接触的便利化方法通常依赖于自己动手的指导，它利用在线技术促进金融政策、计划和服务的获取。两者之间明显的成本差异意味着门槛降低（可伸缩性），也就是说，可以以较低的成本接触更多的人。

期待

期待是指目标鼓励人们去实现它们的方式。一般来说，人们对他们的期望作出反应。例如，在储蓄计划中，人们倾向于将匹配储蓄账户中的最大年度储蓄贡献作为目标，将最大值作为储蓄预期（Beverly et al.，2008）。当人们已经在使用金融产品时，期望可能是最有效的。例如，当银行开户面临多重障碍时，期望每个人都开一个银行账户不大可能。然而，如果每个人都有一个账户，那么对人们使用其账户的期待可能会产生更大的影响。政策可以通过在低收入人群中明确规则和指导方针来创造期待，从而鼓励健全的财务管理（Sherraden and McBride，2010）。

限制

限制是指金融产品构建功能的方式，这些功能可以控制产品的使用并防止人们进行糟糕的选择。选择带有限制的储蓄账户的人比选择没有储蓄账户的限制的人储蓄更多（Ashraf，Karlan and Yin，2006）。人们经常寻找能保护他们的储蓄使其不被日常使用消耗完的储蓄账户，这样当他们需要的时候就能使用这些储蓄。限制也适用于遗嘱、医疗指导和持久 POA。即使是低收入者也可能更喜欢有限制的产品，只要他们允许产品有应对危机的灵活性（Peters，Sherraden and Kuchinski，2012；Sherraden and McBride，2010）。

安全性和可靠性

安全性和可靠性是指产品和服务的利益得到保证和保护的方式（Beverly et al.，2008）。换言之，安全可靠的服务是人们可以指望“在承诺的时间、以承诺的金额和价格”获得的服务（Collins，Morduch，Rutherford and Ruthven，2009，p. 180）。从历史上看，向低收入和少数族裔社区提供的金融产品缺乏安全性和可靠性，而这些社区往往是诈骗和掠夺性产品的目标（Squires and Kubrin，2006）。银行业改革新政通过 FDIC（见第 4 章）创建了储蓄账户保险等机制，最近，CFPB 已经在保护消费者免受风险和不可靠产品侵害方面取得了重大进展（Board of Governors of the Federal Reserve System，2015；CFPB，2015）。

聚焦案例：多萝西和她的同事创建了一个金融指导协作组

当多萝西和她的同事们［现在同在一个（服务）协作组］与政府官员会面讨论将金融指导融入人类服务的想法时，他们一致认为，许多家庭没有准备好去应对他们面临的诸多金融决策和有挑战性的金融环境。这个协作组的成员熟悉全国各地的一些举措，但怀疑现有的服务者是否已准备好向服务对象提供金融指导。培训需要时间和金钱，但公共服务已经出现财政紧张的问题。尽管官员们并没有直接拒绝这个想法，但他们确实答复说没有额外的项目资金。他们转而询问协作组是否知道（哪里）现在就有资助新项目的模式，以及该地区是否已存在培训项目。

多萝西和她的同事们做好了被彻底拒绝的准备，但他们并不气馁且意识到还有很多工作要做。幸运的是，其中一名政府官员对这一想法很感兴趣，并要求加入这一事业。她来自住房管理局，熟悉 HUD 的家庭自给自足计划。她认为自己可以帮助考虑这些选择。

协作组被分为三个任务组，分别负责研究现有证据、探索不同的服务模式，以及寻找资金。第一个任务组正在研究证据。他们了解到，密西西比州的无银行账户率（12.8%）和未充分利用银行账户率（25.5%）居全国之首（FDIC，2016）。他们还发现了资产和机会记分卡（Prosperity Now，2017），该记分卡评估了各州在五个金融福祉领域的 56 项成果和 53 项政策：（1）金融资产和收入，（2）企业和就业，（3）住房和房屋所有权，（4）医疗保健，（5）教育。幸运的是，他们还了解到，密西西比州的 CDFI 比任何其他州都多（Trimarco，2016），这将使他们能够接触到更多像尤兰达这样的低收入家庭。任务组报告了密西西比州家庭糟糕的金融福祉状况、政策提升的巨大需求以及当地社区的一些优势。他们相信，他们可以向政策制定者和资助者提出强有力的理由，说明开发（服务项目）的迫切需求和制度机会。

第二个任务组探讨将金融指导纳入人类服务的模式。他们发现了若干个这样的组织，如 CFE、全国社区发展信用合作社联合会、金融诊所和军人财务准备计划等。任务小组成员认为，如果地方政府官员、金融服务部门代表、人类服务部门领导和社区代表了解到这些模式，将会对事情有所帮助。在与其他社区领导合作的基础上，他们决心找到一个适合自己社区的模式。

第三个任务组调查将财务工作纳入人类服务可能的资金来源。他们首先看了一下 HUD、卫生和公共服务部以及 CFPB 正在资助什么，并进一步了解 HUD 的家庭自给自足计划、卫生和公共服务部资助的资产独立项目，以及 CFPB 的金融指导计划。他们还通过资产出资人网络（Asset Funders Network）网站，了解谁在为全国各地的资产建设工作提供资金。

协作组成员共同为即将召开的会议（包括与社区领导和官员的会议）、拨款提案撰写和其他任务组会议制定时间表。

FCAB 的未来：一项政策议题

压迫和种族主义以及被排斥于金融参与之外的历史，给不同人群都带来了金融脆弱性，而当代的政策和计划还远没有解决这些历史上的不平等问题（见第 3 章）。此外，当代的经济不平等也带来了更多挑战（见第 2 章）。在本书中，我们已经确定了将改善金融脆弱家庭的 FCAB 的众多建议。本节汇集了主要的政策观点。

这些政策理念是由行为经济学和制度理论的原理所指导的。这些想法旨在做到普惠（普遍的）和进步（公平的）（Steuerle，2016）。然而，每一种都需要经过研究人员的仔细评估，以确保效果，即确保这些政策能减少现有的社会阶层、种族、民族和性别差距。此外，它们的实施方式必须是符合文化传统的，并适合服务对象的。

服务者可以通过对发现和使用金融服务所面临的挑战的“基层”洞察，为政策设计作出贡献，也可以为帮助金融脆弱家庭提供政策思路。他们还可以测试新的产品和服务，这些产品和服务可能会影响计划的发展和政策的制定变化。此外，服务者可以与当地大学、金融机构和其他研究机构的研究人员合作，收集数据并解读研究结果。

普遍的金融教育、信息提供和指导服务

终生的金融教育将为所有人的 FCAB 提供基础（见第 21 章）。它可以在教育系统中被提供，也可以在一生中的关键决策点被提供，例如人们第一次租房、买车或买房、生孩子、找到第一份工作、退休储蓄、离婚、年轻时丧偶或立遗嘱。不偏不倚的和有用的财务信息将为每个寻求信息的人提供作出金融决策的第一站。

但金融信息和教育还不够。除了少数例外，金融脆弱群体无法获得可靠的和适当的金融指导（Lander，in press）。政策应支持一个普遍的金融指导体系，就具体的财务问题提供不偏不倚的咨询和训练。一个在线金融服务门户，可以自动帮助人们注册（成为）关键的金融服务（接受者），能够提供财务信息和指导，使服务匮乏的人受益（Sherraden et al.，2016）。尽管许多问题可能可以通过在线援助系统被解决，但其他问题则需要服务者亲自或通过电话提供个性化援助。换言之，针对最脆弱群体的金融指导可能需要高接触度和更昂贵的支持服务。

普惠的、恰当的金融产品和服务

基础性、低成本和安全的金融产品和服务——如交易账户、储蓄、投资和小额信贷——应可供金融脆弱家庭获取使用（见第4章）。尽管电子接入和金融技术正在使这些成为可能，但在快速变化的市场中，它们需要监管机构的密切监督。一些人呼吁选择公开或半公开的银行业务（Baradaran，2015；Garon，2011）。美国可能会把其他国家视为榜样。例如，撒哈拉以南的非洲地区有12%的人拥有移动货币账户，其中包括58%的肯尼亚人，而全世界的这一数据只有2%（Demirguc Kunt，Klapper，Singer and Van Oudheusden，2015）。类似地，2016年，英国有超过400万人拥有基本的免费银行账户（HM Treasuty，2016），日本和法国通过邮局提供基本的金融服务（Garon，2011）。法国、西班牙、墨西哥和印度尼西亚有受到高度监管的政府经营的当铺（Baum，2008）。印度政府正在进行一项大规模的全国性实验，将所有人纳入金融体系，尽管结果仍不确定（Banerjee，2016）。

保护和扩大收入所得与收入支持

各种类型的收入支持可以解决工资停滞、收入流不稳定、福利援助下降和社会保险政策受威胁等问题（见第2章）。提高最低工资和其他形式的补偿，如工作福利，将提高家庭收入和稳定性（Lein，Romich and Sherraden，2015）。在公共和私营部门创造就业机会，为更多的人提供失业保险，并为他们延长保险覆盖时间，将增加未成年人和失业者家庭的收入。最后，为那些无法工作的人提供更多的收入支持，如为贫困家庭提供临时援助、补充性保障收入和SSDI，将补充这些人的就业收入（Lein et al.，2015，见第6章）。

更有利于低收入群体的税收政策

一些税收激励措施，如EITC，为低收入家庭提供收入支持。包括EITC在内的这些项目应该扩大到覆盖更多的人，包括在每个州通过州级的EITC。不成比例地惠及高收入家庭的其他税收优惠——如抵押贷款税减免和退休储蓄税减免——应该可以退还，并用于支持低收入家庭（见第7章）。例如，每年1000亿美元的税收福利，目前用于支持退休账户，但这些账户主要惠及高收入家庭，所以可以被重新分配给低收入家庭（Congressional Budget Office，2015；Joint Committee on Taxation，2015）。

支持低收入学生完成大学或其他高等职业训练与教育的项目

随着时间的推移，高等教育的公共投资已经发生了变化，因此大学促进学生向上流动的潜力比过去弱了（Bailey and Dynarski，2011）。此外，太多接受高等教育的中低收入学生背负着巨额债务离开学校，包括许多还没有获得学位的学生。学生贷款借款人应当受益于更多自动加入基于收入的还款计划的机会。对社区大学学费和其他教育补助金的补贴将减轻低收入学生的债务负担（见第12章）。高等教育储蓄也可以发挥更大的作用，正如进取性的“529大学计划”（College 529 Plans）（见第10章）所示。美国联合之路（United Way of America）正在探索储蓄、就业和金融指导在工薪家庭成功网络（the Working Families Success Network）中的作用（见专栏22.5）。

专栏22.5 将金融咨询、就业援助、公共福利整合进高等教育：工薪家庭成功网络

工薪家庭成功网络是一个由社区组织、社区大学、国家和地方基金会组成的团体，它致力于为家庭建立金融稳定。参与其中的组织采用一种综合的、以证据为基础的方法，将金融训练和金融教育、就业咨询以及获得公共福利捆绑在一起，以提高工薪家庭的收入、信用和储蓄。重点是改善有形的（经济）成果，包括就业安置和工作维持、稳定和较高的家庭收入、良好的信用分数、学位和培训计划完成情况（Annie E. Casey Foundation，n.d.）。

该网络与社区大学合作，提供金融教育、训练和资产建设服务。10个社区大学中的早期结果发现，当它们将金融服务与其他相关服务相结合时——比如申请财务援助和金融教育（而不是单独的课程）——将会取得更大的成功。总的来说，这10所学校提高了学生的留校率（80%的期满留校率，远远超过了普通学生的留校率）。学生们也能更好地表达自己的教育和财务目标，并制定计划实现这些目标。学生们报告说他们与大学有更紧密的联系，这些结果可能与学生更多地获得各种经济和非经济的利益有关（Liston and Donnan，2012）。

短期和应急储蓄与借贷

这些项目可以为人们提供短期帮助——从紧急补助金和贷款到受保护的应急储蓄（见第 9 章）。此外，政策应消除公共福利中已有的阻碍弱势家庭实施储蓄和资产建设的大多数资产限制和查验（过程）。

信用建设

公共支持的项目和政策，如免费的信用报告分数、金融教育和替代性的信用建设方案，可以为弱势家庭减轻准入难度和建立良好信用（见第 11 章）。在某些情况下，替代性的信用评分可以更准确地反映人们的信誉，并可能增加贷款人服务更多服务对象的潜力，包括 4500 万缺乏信用评分的人（Brevoort，Grimm and Kambara，2015；TransUnion，2016）。此外，监管机构可以将分数使用限制在仅与贷款相关的决定上，以减少信用分数对与信贷无关生活领域的不良影响。

普遍且终身的资产建设

由于大多数低收入家庭没有从减税和其他鼓励长期投资的政策中受益，因此应该有政策——通过税收规则或其他方式——帮助低收入家庭在其一生中积累资产（Sherraden，1991）。资产建设和储蓄政策，如 CDA，可以扩大准入资格，使其最终成为终身账户（见第 10 章）。

聚焦案例：多萝西和她在金融指导协作组的同事共同发起一项倡议

多萝西和她的同事将他们的小组命名为“金融指导协作组”。在协作性的综述之后，他们提出了几个将金融指导融入人类服务的模型，当地住房管理局局长也是协作组的一员，这就使协作组成了第一个整合金融指导的机构。她相信，他们可以获得额外的资金，以补充他们已经在做的 HUD 家庭自给自足计划。该小组中的两名成员，包括住房管理局局长，有撰写资助申请书的经验，并自愿草拟了前两份资助申请。

与此同时，协作组的成员继续收集信息，并思考还有哪些人类服务项目可以与金融指导相结合。最有力的角逐者是儿童福利计划，特别是寄养计划和城市青年就业计划。他们认为，这将是一个很好的继续发展的突破口，因为这两种情况都有全国性的例子，可以被用作模型和进行研究，以显示有效性（CFE，2016b；Loke，Choi，Larin and Libby，2016）。

协作组还考虑了如何利用行为经济学来鼓励储蓄。在城市青年就业计划中，他们讨论建立将青年人的工资自动存入可负担的银行账户的自动储蓄计划，这样，他们的工资就不会在到达银行之前被兑成现金而进入一个账户。协作组还考虑了使用短信提醒年轻人将部分工资存起来的想法，这些信息将聚焦于储蓄的复利损失，这些复利可用于未来的某些机会，如高等教育和房屋所有权。他们还讨论了公众认可或奖励那些达到自己储蓄目标的年轻人的想法，这是一种利用社会规范鼓励储蓄的方式。

可负担的住房和住房所有权

政策的改变可以使房屋租赁和房屋所有权更容易负担（见第 13 章）。这些政策变化包括在城市和郊区建造更多种类的住房，如分租公寓和复式住房。在所有住房市场，包括在房价较高的地区和农村市场建造经济适用住房，也可以帮助家庭控制主要开支（Peters，2016）。此外，政策还可以鼓励成本更低、提供更多社会福利的替代性生活安排，如老年人寄养家庭、合作性生活安排和其他创新。最后，为了鼓励低收入家庭拥有房屋所有权，政策可以通过提供可退还的税收抵免，以及进一步限制可允许的住房抵押贷款税收减免，使低收入家庭从住房抵押贷款税收减免中受益，这两项政策都将使住房政策更加公平（Fischer and Huang，2013；Toder，Austin，Turner，Lim and Gesinger，2010；见第 13 章）。

组织、社区和政策中的 FCAB 实践技能

服务者在领导和组织 FCAB 计划、联盟和政策倡导等方面发挥着重要作用（见第 23 章）。为此，他们需要组织、社区和政策的实践技能与经验。领导力和沟通技巧是基础。具体技能领域包括规划、筹资和财务管理、联盟建设、政策分析和发展，以及研究和评价。

直接的技巧和视角

服务者可以传达其服务对象和工作所在社区面临的关键挑战（见第 21 章）。他们还可以促使服务对象以多种方式参与地方、州和联邦的政策改革。他们可以与倡导类组织合作，让政策制定者直接从服务对象那里听到他们的金融服务和政策经验。服务者的工作有助于服务对象参与公开听证会、提交在线投诉、写信、游说和作证。

组织和计划技巧

服务者拥有与服务对象和社区合作解决金融问题的知识与经验，但他们也必须知道如何为改进金融产品、计划和政策作规划。他们需要组织管理技能，包括战略规划、沟通、营销、外联、董事会发展和项目评估。社区规划技能，如社区评估和项目规划，也很有帮助。

筹款和财务管理技巧

除了个人和家庭金融知识外，服务者还需要筹款方面的技能，如资助申请书的撰写以及地方、区域和国家公共与私营资金来源的信息。由于财务支持通常来自许多不同的渠道，服务者还需要管理组织和社区财务资源的技能。

网络化和结盟的技巧

服务者需要组织、建立网络以及与其他专业人士和机构合作的技能，这些专业人士和机构代表金融脆弱的服务对象。他们在联盟中工作——产生集体影响——需要了解其他学科和专业的技术与术语。通常在人际沟通方面受过培训和经验丰富的服务者可以促进合作伙伴之间的交流，这些合作伙伴可能以非常不同的方式看待问题和解决方案。例如，对于服务者、银行家、企业家、地方官员、城市规划师和律师来说，共同参与地方 FCAB 项目并不罕见。在推动政策的努力中，被选举和任命的公共领导人、经济学家、智库代表、资助者、公共政策分析师和说客可以加入其中。

建立信任是建立联盟的必要基础。正如全国社区发展信用合作社联合会的 Cathie Mahon（2015）所指出的：

> 信任和关系仍然是实现更好的金融稳定的关键。联合会研究的参与者

最看重的是金融机构之间的信任关系，而不是特定的创新或产品。尽管他们使用产品，但他们寻求和需要的是指导和建议；他们寻求的不仅仅是对机构的信任，而是他们自己管理所用产品的能力。（p. 95）

研究和评估的技巧

除了从消费的角度出发进行研究，服务者还应该为研究和评估作出贡献。他们可以与研究伙伴合作、确定研究问题、促进研究人员与服务对象和社区的接触、帮助解释研究结果，并为提出建议作出贡献（Sherraden and Sherraden, 2015）。

结论

在本书中，我们鼓励服务者从金融视角出发，来审视服务对象和社区的情况。本书的前提是，对于处于经济阶梯顶端和底部的人来说，机会是不同的，这些差异强化了经济优势和劣势。考虑到这一现实，本章提出了理解和改变金融产品、服务和政策，以改善整个群体和人口的金融福祉的方法。行为经济学原理为设计更好的产品和服务提供了见解。中观（社区和组织）和宏观（政策）层面普惠性和进步性的政策与方案，改善了鼓励并发展弱势群体的 FCAB 的途径。这些变化旨在改善个人的金融行为，同时也以增加机会、使每个人都能获得资源和改善金融福祉的方式塑造社会情况。

探索更多

·回顾·

1. 你如何使用至少两条行为经济学原理来设计一个帮助服务对象为紧急情况存钱的项目（说出这些原理）?
2. 回顾为弱势家庭扩大金融机会的策略。描述每种因素如何促进应急储蓄计划的设计，并提供本书中所描述的每个方案和政策的例子：
   a. 准入机会

b. 激励

c. 便捷性

d. 期待或限制

· 反思 ·

3. 想想与你合作过的服务对象（或社区），金融服务和政策方面的巨大差距是什么？哪些差距是最重要的，为什么？
4. 你认为什么项目或政策可以对你所在社区居民的金融赋能产生重大影响？你该如何参与进来呢？什么可能会阻止你更多地参与其中？

· 应用 ·

5. 寻找你所在地区的社区组织，帮助弱势家庭建立金融能力。请描述其中两个组织。他们向哪些目标人群提供哪些服务？他们的计划和服务有相关的成本吗？
6. 研究你所在社区里那些处理 FCAB 相关议题的政策倡导类组织。他们都有哪些倡议？你认为这些倡议被反映在本章的创新中了吗？具体是哪个（些）？

参考文献

ABLE Act. (2014). The Summary H.R.647—113th Congress (2013-2014). Retrieved from https://www.congress.gov/bill/113th-congress/house-bill/647.

ABLE National Resource Center. (n.d.). State review. Retrieved from http://www.ablenrc.org/state-review.

Annie E. Casey Foundation. (n.d.). Working Families Success Network: A successful strategy for promoting financial stability. Retrieved from http://workingfamiliessuccess.com/wp-content/uploads/2013/10/WFSN-Overview-Case-Making-Document-101013-FINAL.pdf.

Ashraf, N., Karlan, D., & Yin, W. (2006). Tying Odysseus to the mast: Evidence from a commitment savings product in the Philippines. *The Quarterly Journal of Economics, 121*(2), 635-672.

Asset Funders Network (2017). Our mission. Retrieved from http://assetfunders.org/afn/empower/.

Atkinson, A. (2015, November). Meeting people where they are. Washington, DC: Prosperity Now. Retrieved from https://prosperitynow.org/resources/increasing-financial-well-being-through-integration-meeting-people-where-they-are.

Bailey, M. J., & Dynarski, M. (2011). Inequality in postsecondary education. In G. J. Duncan & R. J. Murnane (Eds.), *Whither opportunity? Rising inequality, schools, and children's life chances* (pp. 117-131). New York: Russell Sage Foundation.

Banerjee, S. (2016). Aadhaar: Digital inclusion and public services in India. World Development Report 2016. Background Paper: Digital Dividends. Retrieved from http://pubdocs.worldbank.org/en/655801461250682317/WDR16-BP-Aadhaar-Paper-Banerjee.pdf.

Baradaran, M. (2015). *How the other half banks: Exclusion, exploitation, and the threat to democracy*. Cambridge, MA: Harvard University Press.

Baum, G. (2008, May 12). It's the Louvre of pawnshops. *Los Angeles Times*. Retrieved from http://articles.latimes.com/2008/may/12/world/fg-auntie12.

Beshears, J. Choi, J. J., Laibson, D., & Madrian, B. C. (2009). The importance of default options for retirement saving outcomes: Evidence from the United States. In J. R. Brown, J. B. Liebman, & D. A. Wise (Eds.), *Social security policy in a changing environment* (pp. 167-195). Chicago: University of Chicago Press.

Beverly, S. G., Sherraden, M., Cramer, R., Shanks, T. W., Nam, Y., & Zhan, M. (2008). Determinants of asset holdings. In S. M. McKernan & M. Sherraden (Eds.), *Asset building and low-income families* (pp. 89-152). Washington, DC: Urban Institute Press.

Birkenmaier, J. M. (2012). Promoting bank accounts to low-income households: Implications for social work practice. *Journal of Community Practice, 20*(4), 414-431. doi:10.1080/10705422.2012.732004.

Bloomberg, M., & Mintz, J. (2011). *Municipal financial empowerment: A supervitamin for public programs*. City of New York, Department of Consumer Affairs, Office of Economic Empowerment. Retrieved from http://www.nyc.gov/html/dca/downloads/pdf/SupervitaminReport.pdf.

Blumenstock, J., Callen, M., & Ghani, T. (2016). Mobile-izing savings with automatic contributions: Experiential evidence on dynamic inconsistency and the default effect in Afghanistan. Innovations for Poverty Action. Retrieved from http://www.poverty-action.org/sites/default/files/publications/mobile-izing-savings.pdf.

Board of Governors of the Federal Reserve System. (2015). Consumers and mobile financial services 2015. Retrieved from https://www.federalreserve.gov/econresdata/consumers-and-mobile-financial-services-report-201503.pdf.

Bowen, R., Hattemer, K., & Griffin, K. (2014). Building financial capability: A planning guide for integrated services. Retrieved from https://www.acf.hhs.gov/ocs/resource/afi-resource-guide-building-financial-capability.

Brevoort, K. P., Grimm, P., & Kambara, M. (2015, May 5). Data point: Credit invisibles. Consumer Financial Protection Bureau. Retrieved from http://files.consumerfinance.gov/f/201505_cfpb_data-point-credit-invisibles.pdf.

Burke, L., & Loiseau, J. (2017). Nudges for financial health: Global evidence for improved product design. Innovations for Poverty Action. Retrieved from http://www.poverty-action.org/sites/default/files/publications/Nudges-for-Financial-Health.pdf.

Buttenheim, A. M., & Asch, D. A. (2012). Behavioral economics: The key to closing the gap on maternal, newborn, and child survival for Millennium Development Goals 4 and 5? *Maternal Child Health Journal, 17*(4), 581-585.

Campbell, J. Y. (2006). Household finance. *The Journal of Finance, 61*(4), 1553-1604.

Center for Responsible Lending. (2017). Payday and other small dollar loans. Retrieved from http://www.responsiblelending.org/issues/payday-other-small-dollar-loans.

Choi, J. J., Laibson, D., & Madrian, B. C. (2011). $100 bills on the sidewalk: Suboptimal investment in 401(k) plans. *Review of Economics and Statistics, 93*(3), 748-763.

Cities for Financial Empowerment Fund. (n.d.). An evaluation of financial empowerment centers: Building people's financial stability as a public service. Retrieved from http://cfefund.org/wp-content/uploads/2017/07/FEC-Evaluation.pdf.

Cities for Financial Empowerment Fund. (2016b). Summer Jobs Connect: Connecting youth to developmental and financial goals. Retrieved from http://cfefund.org/sites/default/files/SJC%20Connecting%20Youth%20to%20Developmental%20and%20Financial%20Goals.pdf.

Collins, D., Morduch, J., Rutherford, S., & Ruthven, O. (2009). *Portfolios of the poor: How the world's poor live on $2 a day*. Princeton, NJ: Princeton University Press.

Congressional Budget Office. (2015). The budget and economic outlook: 2015 to 2025 [Report]. Retrieved from https://www.cbo.gov/sites/default/files/114th-congress-2015-2016/reports/49892-Outlook2015.pdf.

Consumer Financial Protection Bureau. (2015). Mobile financial services: A summary of comments from the public on opportunities, challenges, and risks for the underserved. Retrieved from http://files.consumerfinance.gov/f/201511_cfpb_mobile-financial-services.pdf.

Consumer Financial Protection Bureau. (2016). Your money, your goals: A financial empowerment toolkit. Retrieved from http://files.consumerfinance.gov/f/201309_cfpb_report_training-for-social-services.pdf.

de Silva L., Wijewardena I., Wood M., & Kaul B. (2011). Evaluation of the Family Self-Sufficiency Program: Prospective study. U.S. Department of Housing and Urban Development, Office of Policy Development and Research. Retrieved from https://www.huduser.org/portal/publications/familyselfsufficiency.pdf.

Demirguc-Kunt, A., Klapper, L., Singer, D., & Van Oudheusden, P. (2015, April). The Global Findex Database 2014: Measuring financial inclusion around the world. Global Findex Retrieved from http://documents.worldbank.org/curated/en/187761468179367706/pdf/WPS7255.pdf#page=3.

Dymski, G., Li, W., Aldana, C., & Ahn, H. H. (2010). Ethnobanking in the USA: From antidiscrimination vehicles to transnational entities. *International Journal of Business and Globalisation, 4*(2), 163-191.

Federal Deposit Insurance Corporation. (2016). 2015 FDIC national survey of unbanked and underbanked households. Retrieved from https://www.fdic.gov/householdsurvey/2015report.pdf.

Fischer, W., & Huang, C. (2013, June 25). Mortgage interest deduction is ripe for reform: Conversion to tax credit could raise revenue and make subsidy more effective and fairer. Center for Budget and Policy Priorities. Retrieved from http://www.cbpp.org/research/mortgage-interest-deduction-is-ripe-for-reform.

Friedline, T., & Despard, M. (2016, March 13). Life in a banking desert. *The Atlantic*, http://www.theatlantic.com/business/archive/2016/03/banking-desert-ny-fed/473436/.

Garon, S. (2011). *Beyond our means: Why America spends while the world saves.* Princeton, NJ: Princeton University Press.

HM Treasury. (2016, December). Basic bank accounts: January to June 2016. Retrieved from https://www.gov.uk/government/uploads/system/uploads/attachment_data/file/576033/Basic_bank_account_2016_dec_final.pdf.

Institute on Assets and Social Policy. (2015). Empowering prosperity: Strengthening human services impacts through asset integration. Retrieved from http://kresge.org/sites/default/files/Empowering-Prosperity.pdf.

Insurance Information Institute (2017). Mortality risk. Retrieved from http://www.iii.org/fact-statistic/mortality-risk.

Joint Committee on Taxation. (2015). Estimates of federal tax expenditures for fiscal years 2015-2019 (Report No. JCX-141R-15). Retrieved from https://www.jct.gov/publications.html?func=startdown&id=4857.

Karlan, D., McConnell, M., Mullainathan, S., & Zinman, J. (2016). Getting to the top of mind: How reminders increase saving. *Management Science, 297*, 1-19.

Laibson, D., & List, J. A. (2015). Behavioral economics in the classroom: Principles of (behavioral) economics. *American Economic Review, 105*(5), 385-390.

Lander, D. A. (in press). The financial counseling industry: Past, present, and policy recommendations. *Journal of Financial Counseling and Planning*.

Liebman, J., & Zeckhauser (2008). Simple humans, complex insurance, subtle subsidies. National Bureau of Economic Research. Retrieved from http://www.nber.org/papers/w14330.

Lein, L., Romich, J. L., & Sherraden, M. (2015). *Reversing extreme inequality* (Grand Challenges for Social Work Initiative Working Paper No. 16). Cleveland, OH: American Academy of Social Work and Social Welfare.

Liston, C. D., & Donnan, R. (2012). Center for Working Families at Community Colleges: Clearing the financial barriers to student success. MDC & Center for Working Families. Retrieved from http://mdcinc.org/sites/default/files/resources/CWF%20Clearing%20the%20Financial%20Barriers%20to%20Student%20Success%20-%20Complete.pdf.

Loke, V., Choi, L., Larin, L., & Libby, M. (2016, April). Boosting the power of youth paychecks: Integrating financial capability into youth employment programs. Federal Reserve Bank of San Francisco. Retrieved from http://www.frbsf.org/

community-development/files/wp2016-03.pdf.

Loya, R., Boguslaw, J., & Erickson-Warfield, M. (2015). Empowering prosperity: Strengthening human services impacts through assets integration. Retrieved from http://kresge.org/sites/default/files/Empowering-Prosperity.pdf.

McKernan, S. M., Ratcliffe, C., Braga, B., & Kalish, E. (2016, April). Thriving residents, thriving cities: Family financial security matters for cities. Retrieved from http://www.urban.org/sites/default/files/alfresco/publication-pdfs/2000747-Thriving-Residents-Thriving-Cities-Family-Financial-Security-Matters-for-Cities.pdf.

Mahon, C. (2015). Reestablishing trust: An essential first step for financial institutions. In Federal Reserve Bank of San Francisco & Corporation for Enterprise Development (Eds.), *What it's worth: Strengthening the financial future of families, communities and the nation* (pp. 93-97). San Francisco, CA: Federal Reserve Bank of San Francisco & Corporation for Enterprise Development.

Mintz, J. (2014). Local government solutions to household financial instability: The supervitamin effect. *Federal Reserve Bank of San Francisco Community Investment, 26*(6), 16-19, 40-41.

Morgan, D. P., Pinkovsky, M., & Yang, B. (2016). Banking deserts, branch closings, and soft information. *Economic & Financial Review, 23*(3), 103-113.

National Endowment for Financial Education. (2017). Tools for social services professionals. Retrieved from http://www.financialworkshopkits.org/workshops.aspx.

National League of Cities. (2015). National League of Cities and MetLife Foundation partner to build more financially inclusive cities. Washington, DC: Author. Retrieved from http://www.nlc.org/media-center/news-search/national-league-of-cities-and-metlife-foundation-partner-to-build-more-financially-inclusive-cities.

Opportunity Finance Network. (2015, November 10). 20 years of opportunity finance: 1994-2013: An analysis of trends and growth. Retrieved from http://ofn.org/sites/default/files/OFN_20_Years_Opportunity_Finance_Report.pdf.

Peters, M. (2016, April 24). How to make city housing more affordable. *Wall-Street Journal*. Retrieved from http://www.wsj.com/articles/how-to-make-city-housing-more-affordable-1461550190.

Peters, C. M., Sherraden, M. S., & Kuchinski, A. M. (2016). From foster care to adulthood: The role of income. *Journal of Public Child Welfare, 10*(1), 39-58.

Peters, C., Sherraden, M. S., & Kuchinski, A. M. (2012). Enduring assets: Findings from a study on the financial lives of young people transitioning from foster care. Jim Casey Youth Opportunities Initiative, St. Louis. http://www.jimcaseyyouth.org/enduring-assets-study-financial-lives-young-people-transitioning-foster-care.

Innovations in Poverty Action. (2017). Top of mind: Reminders can increase savings deposits at almost no cost to providers. Financial Inclusion Issue Brief. Retrieved from https://www.poverty-action.org/sites/default/files/publications/Top%20of%20Mind.pdf.

Prosperity Now. (2017). Prosperity Now scorecard. Retrieved from http://scorecard.prosperitynow.org/.

Purnell, J. (2015). Financial health is public health. In Federal Reserve Bank of San Francisco & Corporation for Enterprise Development (Eds.), *What it's worth: Strengthening the financial future of families, communities and the nation*, (pp. 163-172). San Francisco, CA: Federal Reserve Bank of San Francisco & Corporation for Enterprise Development.

Rankin, S. (2015, April). *Building sustainable communities: Integrated services and improved financial outcomes for low-income households*. New York: LISC.

Roder, A. (2016, September). First steps on the road to financial well-being: Final report from the evaluation of LISC's Financial Opportunity Centers. Economic Mobility Corporation. Retrieved from http://www.lisc.org/our-resources/resource/liscs-financial-opportunity-centers-surpass-other-programs.

Sanders, C. K., & Schnabel, M. (2006). Organizing for economic empowerment of battered women: Women's savings accounts. *Journal of Community Practice, 14*(3), 47-67.

Schaner, S. (2013). The persistent power of behavioral change: Long-run impacts of temporary savings subsidies for the poor. Russell Sage Foundation. Retrieved from http://www.russellsage.org/sites/all/files/Schaner_PersistentPower.pdf.

Sherraden, M. (1991). *Assets and the poor: A new American welfare policy.* Armonk, NY: M. E. Sharpe.

Sherraden, M. (2011). Asset-based social policy and financial services: Toward fairness and inclusion. In R. D. Plotnick, M. K. Meyers, J. Romich, & S. R. Smith. (Eds.), *Old assumptions, new realities: Economic security for working families in the 21st century* (pp. 125-149). New York: Russell Sage Foundation.

Sherraden, M. S., & McBride, A. M. (2010). *Striving to save: Creating policies for financial security of low-income families*. Ann Arbor: University of Michigan Press.

Sherraden, M., & Sherraden, M. S. (2015). Toward productive research agendas in financial inclusion, security, and development. In Federal Reserve Bank of San Francisco & Corporation for Enterprise Development (Eds.), *What it's worth: Strengthening the financial future of families, communities and the nation*, (pp. 355-370). San Francisco, CA: Federal Reserve Bank of San Francisco & Corporation for Enterprise Development.

Sherraden, M. S., Huang, J., Frey, J. J., Birkenmaier, J., Callahan, C., Clancy, M., & Sherraden, M. (2016). Financial capability and asset building for all. Grand Challenges Initiative, American Academy of Social Work and Social Welfare.

Sherraden, M. S., & Mason, L. M. (2013). Community economic development. In Cynthia G. Franklin (Ed.), *Encyclopedia of social work*. New York: Oxford University Press & National Association of Social Workers. doi:10.1093/acrefore/9780199975839.013.72.

Siegel Bernard, T. (2013, August 9). Win a lottery jackpot? Not much chance of that. *New York Times*. Retrieved from http://www.nytimes.com/2013/08/10/your-money/win-a-lottery-jackpot-not-much-chance-of-that.html.

Soifer, S. D., McNeely, J. B., Costa, C. L., & Pickering-Bernheim, N. (2014). *Community economic development in social work*. New York: Columbia University Press.

Squires, G. D., & Kubrin, C. E. (2006). *Privileged places: Race, residence, and the structure of opportunity*. Boulder, CO: Lynne Rienner.

Steuerle, C. E. (2016, April). Prioritizing opportunity for all in the federal budget: A key to both growth in and greater equality of earnings and wealth. *Urban Institute*. Retrieved from http://www.urban.org/sites/default/files/alfresco/publication-pdfs/2000758-Prioritizing-Opportunity-for-All-in-the-Federal-Budget-A-Key-to-Both-Growth-in-and-Greater-Equality-of-Earnings-and-Wealth.pdf.

Swack, M., Nurthrup, J., & Hangen, E. (2015). CDFI industry analysis summary report. CDFI Fund & Carsey Institute. Retrieved from http://scholars.unh.edu/cgi/viewcontent.cgi?article=1165&context=carsey.

Thaler, R. H., & Benartzi, S. (2007). The behavioral economics of retirement savings behaviors. Washington, DC: AARP Public Policy Institute. Retrieved from http://assets.aarp.org/rgcenter/econ/2007_02_savings.pdf.

Thaler, R. H. & Sunstein, C. R. (2008). *Nudge: Improving decisions about health, wealth and happiness*. New York: Penguin Books.

Toder, E., Austin, M., Turner, K., Lim, K., & Gesinger, L. (2010). Reforming the mortgage interest deduction. Washington, DC: Urban Institute. Retrieved from http://www.urban.org/research/publication/reforming-mortgage-interest-deduction.

TransUnion. (2016). Data fusion: The rise of alternative & trended data. Retrieved from http://images.e.transunion.com/Web/TransUnion/%7B81d9f07d-8f64-4d2c-a9eb-439210bf7b88%7D_Alternative-Data-Insight-Guide.pdf.

Trimarco, J. (2016, August 29). Special report: Banking on justice. *Yes! Magazine*. Retrieved from http://reports.yesmagazine.org/banking-on-justice/.

United States Conference of Mayors. (2013). DollarWise: Mayors for financial literacy. Retrieved from http://www.usmayors.org/dollarwise/.

U.S. Department of Treasury. (n.d.). Investing for the future: Empowering America's economically distressed communities. Retrieved from https://www.cdfifund.gov/Pages/default.aspx.

U.S. Housing and Urban Development. (2016, February). Family Self-Sufficiency (FSS) Program. Retrieved from http://portal.hud.gov/hudportal/documents/huddoc?id=fssfactsheet.pdf.

Watson Grote, M. (2015, February 24). Addressing basic needs through financial empowerment. Talk Poverty. Retrieved from https://talkpoverty.org/2015/02/24/addressing-basic-needs-financial-empowerment/.

第23章　在金融能力和资产建设实践中探寻职业发展路径

专业原则：改善弱势群体的财务状况需要多学科视角和技能，每个学科都为FCAB实践带来优势和专业知识。然而，对于FCAB服务者来说，职业准备和职业道路上都存在着挑战。

尽管越来越多的人认识到金融干预的重要性，但来自不同领域的服务者往往缺乏必要的教育和培训，以改善金融脆弱人群的FCAB。类似于咨询、心理学、社会工作等人类服务专业的学位课程，让服务者做好了面向金融脆弱人群的心理准备，但这些并不足以让他们处理本书所提及的金融问题。相比之下，个人金融、家庭理财和消费者科学的学位课程则可以帮助专业人士指导人们作出财务决策，且帮助对象并不局限于金融脆弱人群。同时，城市规划、公共管理和公共政策等学位课程也只是为了让服务者具备规划和分析的基础，同样很少针对弱势群体。可以说，当下很少有学位项目能让专业人士充分具备改善弱势群体和社区金融福祉的知识和技能。

虽然FCAB的实践领域过于新兴，目前还处于初步探索阶段，以至于无法提供给我们清晰的教育和职业路径，但是，本章仍会给出一个概述，包括当下服务者踏入该领域的方式、他们工作的地方，以及他们为了使弱势家庭和社区的FCAB实践专业化所作的努力。在本章的学习中，我们将回顾本书几个服务者的事迹，并讨论他们是如何为FCAB实践做准备的。

首先，我们从帮助朱厄尔·默里摆脱前夫的虐待并建立属于她自己的生活的专业人士开始。在最近一次联系中，朱厄尔向我们透露她正在和她的社工莫妮卡·贝克以及一名公益律师合作，为她身患残疾的女儿泰勒·默里建立一个

SNT。早些时候，朱厄尔参加了一个由家庭理财专家蒂法尼·克拉克教授主持的金融教育课程，并在她的帮助下开设了一个短期储蓄账户。

聚焦案例：莫妮卡和蒂法尼帮助朱厄尔发展财务管理技能

莫妮卡是朱厄尔（反）家庭暴力项目的社工，蒂法尼是她的金融教育导师。莫妮卡从第一次接受被前夫虐待的朱厄尔的求助开始，便一直担任联络员的职责，她向朱厄尔推荐了受雇于合作推广服务中心家庭生活项目的蒂法尼的金融教育。蒂法尼在社区举办研讨会和开设课程，同时在家庭服务机构举办一系列特别活动。下面是这两位服务者将金融实践融入日常工作的故事。

莫妮卡和蒂法尼在一场会议上结识，该会议是由当地一个为亲密伴侣暴力受害者提供服务的协调委员会举办的。在帮助试图摆脱虐待关系的女性的过程中，她们都逐渐意识到财务问题对服务对象的生活起到关键作用。同时她们还发现，除了身体虐待和复杂的感情问题外，如果不能摆脱经济窘迫的困境，这些妇女将永远无法解脱。这些妇女中的大部分没有经济后盾，对如何理财也不太了解，她们为生计所迫，以至于无法追求自己想要的生活。同时，蒂法尼和莫妮卡也意识到她们所掌握的知识仍然有所欠缺，尽管她们所接受的各种专业培训已经为日后的工作打下基础，但当要帮助亲密伴侣暴力受害者建设独立于施暴者的安全的金融生活时，她们仍会感到心有余而力不足。

拥有社会工作硕士学位的莫妮卡虽然在过去的修习中接触过关于贫困和社会福利项目的课程，但她觉得自己在家庭预算、信贷、债务以及储蓄和投资策略方面掌握的知识不够，无法帮助服务对象。（事实上，她有时甚至不确定如何管理好自己的财务。）她意识到自己需要掌握更多的财务知识，以帮助自己的服务对象。

与此同时，拥有家庭和消费者科学硕士学位的蒂法尼观察到了一个现象：城市里遭受亲密伴侣暴力的人数逐渐上升。她觉得自己对亲密伴侣暴力行为的了解少之又少，也没有做好解决女性安全问题的准备。令她吃惊的是，女性安全问题的发生并不罕见。例如，蒂法尼班里的一个女同学向她透露曾想以自己的名字开设储蓄账户，可又怕伴侣因此而觉得受威胁被冒犯，从而对自己施暴。

蒂法尼和莫妮卡见面后，便开始讨论该如何合作。鉴于莫妮卡十分想要接受培训，以便日后能够解决服务对象的财务问题，蒂法尼向她提供了个人和家庭财务方面的材料，并向她推荐了由合作推广服务中心提供的金融教育课程。莫妮卡接受了蒂法尼的帮助，她学习后觉得对自己很有帮助。在班上，她对家庭财务管理技能开始有了了解和学习。对此，莫妮卡十分感激，她提出建议，想要和蒂法尼合作，共同为亲密伴侣暴力受害者开设一个全新的金融教育课程。

针对为亲密伴侣暴力受害者提供特殊课程的事宜，蒂法尼与自己的主管进行了讨论。她的主管十分热衷于与家庭服务机构进行合作，并要求蒂法尼带头发展和指导金融教育课程。同时，莫妮卡向蒂法尼提供了更多相关领域专家的资源，让后者对亲密伴侣暴力有更多的了解（例如 Postmus，Plummer，McMahon，Murshid and Kim，2011；Weaver，Sanders，Campbell and Schnabel，2009）。同时，她们找到了全国反家庭暴力联盟的相关资源和在线讲义，以及来自 CFPB 的教育课程——《你的钱，你的目标》。

与此同时，蒂法尼的主管和莫妮卡所在机构的开发总监一起为金融教育寻找资金。他们发现当地基金会愿意支持这个项目并给予资助。随着时间的推移，在基金会的支持下，项目组成员评估金融教育、训练和咨询对参与者的影响，并将成功的案例记录在册。因此，这两个机构开始将金融能力工作融入日常项目。现如今，莫妮卡和蒂法尼已经成为所在社区的领袖，并且她们义不容辞地将金融能力建设工作推广到其他的服务机构中。

从事金融实践的专业资质储备

对于从事 FCAB 实践的专业人士，社会上并没有公认的职称、培训或证书的要求。相反，许多从事 FCAB 实践的专业人士都有着不同类型的专业背景，每个专业都有不同的学术要求和资质证明。在本节中，我们将回顾学位和证书课程，以及这些专业人士如何参与 FCAB 实践。

专业型学位项目

FCAB 的服务者们有着各种各样的学科背景。他们拥有人类服务、社会工作、咨询、家庭和消费者科学、人类发展、教育、商业和个人金融、法律、公共政策、城市规划等专业的学位。尽管这些学位项目中的大部分都要求修习者具有正规的实践经验，如社会实践或实习工作，才能获得相关学位，但对金融脆弱家庭的直接实践经验的要求则各不相同。每个实践领域和学科都为金融实践带来不同的优势。接下来，我们将介绍 FCAB 工作中最常见的针对弱势群体的专业学位。

社会工作

社会工作者致力于帮助人们处理和解决日常生活中的问题，包括财务问题。他们还通过组织、社区和政策变化收集资源并塑造政策环境。社会工作领域拥有学士、硕士和博士学位的教育体系，并且社会工作者在 50 个州均可申请执照。人类服务副学士学位通常是社会工作的入门证书。社会工作者的就业岗位分布在各种公共和非营利机构中，如家庭服务（中心）、学校、医院和诊所、矫正中心、残疾支持机构以及社区发展和政策组织（National Association of Social Workers，2017）。

大多数社会工作者直接与个人、家庭和团体合作，专注于评估和干预，以解决行为、情感和关系上的问题。他们知晓社会福利项目并可以熟练地帮助服务对象获得公共福利。他们接受过良好的人际关系和沟通技能培训，在干预的过程中十分注重发掘和建立服务对象的优势。社会工作者可以运用自身掌握的社区、组织和政策实践等方面的技能，制定政策和计划、合作组建联盟，以及倡导体制变革。尽管社会已致力于对社会工作者进行金融实践的培训（Council on Social Work Education，2017），但大多数社会工作者仍需要更多的个人金融知识。职业角色或许必须进行转变，以帮助金融脆弱群体（Birkenmaier，Loke and Hageman，2016；Peters，Sherraden and Kuchinski，2016）。

家庭与消费者科学

家庭和消费者科学领域的专业人士帮助人们学习实用的生活技能，如家庭和消费者经济学、消费者行为和个人金融。该领域拥有学士、硕士和博士学位的教育体系，专业人士接受课程教育，并在某一个专业领域集中获得实践经验。美国家庭与消费者科学协会（The American Association of Family and Consumer Sciences）为这些专业人士提供了交流和获得额外认证与资质的机会。金融咨询和计划教育协会（AFCPE，2017）是一个非营利组织，致力于制定金融咨询、指导和教育的标准。它负责对财务顾问和金融教育工作者进行培训与认证，并提供进修的财务咨询证书。到目前为止，这一专业领域的从业者不需要申请州一级许可证。

家庭和消费者科学的专业人士将经济学和消费者行为学的丰富知识，以及涉及金融市场、法规和产品的更多技术技能，融入 FCAB 的实践。消费者行为和金融市场的知识为专业人士在进行外联、教育、营销等干预措施中起到作用。在与服务对象工作的时候，他们充分利用了自己的金融知识、教学专长和技术技能。同时，他们也可以在监管机构中担任关键角色。但当涉及社会福利、为弱势群体提供具体服务，以及进行咨询和治疗干预的时候，他们便缺乏一定的培训。

专业咨询与心理学

专业咨询师和心理学者接受培训，以解决个人和家庭在心理、行为和情绪健康上的问题。该领域的学位分为副学士、学士、硕士和博士。硕士阶段前，他们广泛学习咨询技巧；硕士阶段时，他们将集中学习某一专业方向，如药物滥用、婚姻和家庭、心理健康或学校咨询；而心理学者评估、诊断和治疗心理症状。两者都为金融实践带来了人际关系方面的专业知识。他们设计治疗干预措施，服务身处各种情况的服务对象。然而，无论是咨询师还是心理学者，都不太可能在他们的学位课程中接受金融方面的教育和培训。咨询师和心理学者通常具备州一级执照，但具体培训和学位要求因州而异。

商业和个人金融

金融专业人士为直接向个人和家庭销售金融产品和服务的公司工作。他们通常拥有商业相关领域的学士或硕士学位，在零售消费金融、信用合作社、银行或保险业工作；还有一些人可能从事 CFP 或小企业顾问一类的职业。一些金融专业人士在社区发展方面也有相关资格证书，例如经济适用性住房管理中的资产管理方面。那些有商业和金融背景的人能胜任设计新的金融产品、发起金融服务交付倡议，或支持非营利组织实施金融计划等工作。从事这一领域的人士的专业动机是服务于服务匮乏的市场，提供慈善项目，甚至落实监管机构的要求。他们不具备人类行为方面的专业知识，也不知道如何正确地为金融脆弱人群服务。除了那些被国家或州相关管理机构授予可以销售金融投资产品资格的人，其他人只要满足学位项目要求，就不再需要取得其他特定证书。

法律

律师向人们提供基础的法律服务，也解决与家庭和企业财务相关的法律问题。要想成为一名律师，人们必须具备研究生学位和州律师协会的从业执照。在个人层面，他们为与财务问题有关的法律议题提供咨询、起草文件，并提起诉讼。他们将合同、监管、破产和遗产规划等技术领域的知识带到金融实践中。

在政策层面，律师研究和起草立法、指导实施，并倡导改革。他们在法律体系和法律救济方面对 FCAB 实践进行了深入探寻。但与商业专业人士一样，律师并没有接受过专门的关于人类行为、关系建立或联盟建立等方面的培训。

聚焦案例：加布里埃拉·冯塞卡是一名获得 HUD 认证的住房顾问

在一次会面中，西尔维娅问加布里埃拉，她是如何成为一名住房顾问的。加布里埃拉说她在大学主修传播学，随着毕业的临近，她开始思考自己未来会乐于从事什么工作。她自诩想要助人为乐，但不知道怎么做；她享受从商的感觉，但又不知道什么样的工作能让她把帮助别人和做生意结合起来。幸运的是，她完成了一份在社区机构的实习，该社区正致力于开发收入混合型经济适用性住房，加布里埃拉对这份实习工作很满意。

即将毕业时，一位教授找到加布里埃拉并告诉她，一家社区发展组织正在举行招聘活动，教授认为加布里埃拉是一个很好的候选人。于是，加布里埃拉申请了社区发展专家的职位，但由于缺乏相关工作经验，没有被录用。然而，工作人员深深地被加布里埃拉身上的热情所打动，同时也认可她那乐于奉献的精神，于是建议她从基层做起，并为她提供了接待人员的职位。可这根本不是她的心之所向，但因为未来有晋升空间，所以她决定接受这个职位。几年后，加布里埃拉如愿被提升为住房顾问。事实证明，前期的接待工作已经为她打下了很好的基础。这几年里，她深入了解组织、服务对象、社区资源，尤其是社区发展。

要想成为一名住房顾问，加布里埃拉还面临一个障碍。作为政府住房咨询补助金的接受者，每个住房顾问必须获得 HUD 的认证（HUD，2017）。加布里埃拉的高级主管推荐她进入 NeighborWorks 培训学院学习，该学院针对服务者专门开展了一个培训项目，旨在教会人们如何成为一名合格的住房顾问。加布里埃拉在线修习了两门课程并参与了考试，最终完成了住房顾问的认证。在这些课程中，她学习了怎样提供购前指导；也掌握了如何进行抵押贷款准备评估，包括抵押贷款如何运作，以及如何为弱势群体选择最合适的贷款产品；还知道了当房主陷入困境，例如无法支付抵押贷款或财产税时，她该如何去应对。

学习的过程大概持续了三个月，时间虽长但她学到了很多。获得认证后，加布里埃拉便可以充分参与该机构的住房咨询活动。这一认证也为加布里埃拉的职业生涯发展增加了筹码，无论是在该机构内部，还是未来在其他住房咨询机构里。

几年来，加布里埃拉一直热衷于为潜在购房者提供购房前咨询、抵押品止赎权丧失预防咨询和住房咨询。她时常以免费或者较低的佣金标准为服务对象提供帮助，并逐渐成为机构的核心雇员。但是，加布里埃拉最近一直在思考自己职业生涯的下一步该怎么走。她当然希望有更多与金融机构合作的机会和致力于服务匮乏群体的贷款项目，但她也很苦恼，因为她也喜欢直接与人打交道。目前，她正在权衡自己更适合公共管理、城市和地区规划、家庭和消费者科学或者社会工作等硕士学位中的哪个。

其他领域

金融实践领域也涉及那些没有在上述领域中接受过专业培训，但可能拥有其他领域的学位（如教育、社会学或市场营销）的人。通常，这些服务者会边工作边学习，但有些人可能会取得相关的资格认证或参加金融实践领域的继续教育课程。

总之，金融实践领域中有着不同类型的服务者，不同的专业背景让他们在工作中有着不同的优势。他们可能是能够与人良好合作的交际者，也可能是具有技术和金融等专业知识的技术人士；有些人会为服务对象提供免费服务，还有些人可能会收取一定的费用；其中一些服务者接受过专业培训，但是也有一些服务者工作多年却没有接受过系统培训。例如，我们访问了加布里埃拉·冯塞卡，她是西尔维娅·伊达尔戈·阿塞韦多和赫克托·康特拉斯·埃斯皮诺萨在NeighborWorks附属公司的住房顾问，我们发现加布里埃拉的职业生涯并不少见。

FCAB实践中的认证、许可和执照

对于服务金融脆弱家庭的服务者来说，虽然并没有特定的资格认证要求，但却有着越来越多的相关专业资格认证供其获取。有些人需要获得大专学位，有些人则不需要。类似于加布里埃拉所取得的住房顾问认证，资格认证和专业执照也能够从多方面证明服务者在FCAB实践的某一领域具有专业能力，同时给他们提供晋升通道，并确保他们能够用专业的知识和技能服务社会。

其中，一些认证是与服务金融脆弱人群的专业人士直接相关的。例如，AFCPE提供多种资格认证，如金融咨询、金融训练、信贷咨询和住房咨询。其他包括学院和大学在内的非营利组织，以及一些营利性企业则提供证书和继续教育的认证（Collins and Birkenmaier，2013）。其授课方式不局限于课堂，也可以通过网络。这些课程大多对修习者有测试的要求，往往需要他们花费几个月甚至更长的时间完成学习。修习者需要缴纳一定费用来参加认证评估（课程、考试、继续教育、年费），金额的多少取决于授课形式和教学强度，从几百到几千美元不等。

另外，通常还有两个较为常规的易申请的认证项目。一是 NFCC 提供的消费信贷顾问认证。这是一个自学项目，它要求申请者完成预科教育、具备一定的工作经验并通过统一标准的考试。二是 NeighborWorks 以 NeighborWorks 培训学院为依托提供的一系列专业领域的认证，其中金融能力证书在线发放，并根据申请者的地区安排面授课程。

除此之外，其他类型的认证因为需要申请者完成大量的课程和工作实践，往往更加严格。例如，若想获得 CFP 认证，申请者可能要花费几年的时间和较高的成本。然而，像 CFP 这一类的认证可以吸引很多人去申请。因为修习者在申请的过程中将会进行退休、保险、投资计划等金融课程的学习，所以它们的含金量更高。但是，像 CFP 这样的金融服务专业人士往往倾向于关注更富裕和财务更稳定的家庭。所以，当 FCAB 服务者因自身限制无法提供其他领域的服务（如社会工作）时，往往更愿意将服务对象转介给已经获得这类认证的同事们。

一些 FCAB 服务者可能并不拥有大专学历，但在金融咨询的一个特定领域获得了培训和认证。例如，密歇根州为债务顾问提供认证申请（Michigan Department of Insurance and Financial Services，2016）。另一些服务者也在具体的实践领域获得了培训、经验和认证，如信贷咨询、住房咨询等（Collins and Birkenmaier，2013）。这些认证项目在学习内容和教学方法上各不一样，需要修习者履行的责任也各不相同，它们在上课时间、作业和可能的考试上亦存在差异。

FCAB 服务者在哪里工作

除了直接与个人、家庭和团体合作外，FCAB 服务者还与组织和社区以及政策部门合作。对服务者要求的资格证明也因工作类型和组织环境的不同而有差异。下面将具体描述雇用 FCAB 服务者的组织类型。其中大部分组织还会提供实习岗位和实践机会，以让服务者掌握有关 FCAB 的实践技能。

- 社会服务机构往往倾向于雇用拥有社会工作、咨询和心理学等人类服务专业学位的人士。就职于这类机构的服务者往往和就职于医疗与精神健康组织的服务者一样，通常拥有在 FCAB 领域中工作的经验、资质和培训经历。

• 医疗和精神健康组织，类似于众多社会服务机构，往往会雇用具有人类服务资质的人士，但更注重他们在案例管理、咨询和治疗等方面的实务技能。

• 消费者和信贷咨询机构聘用的人士需具有家庭和消费金融以及相关学科的学位，或具有金融咨询某个特定领域的资质证明。

• 社区发展组织通常会雇用接受过社会工作和人类服务培训的人士，但也会雇用具备公共政策、城市规划、商业等其他学科背景的人士。服务者的职能覆盖了金融教育、住房咨询、劳动力发展、储蓄计划、业务发展、志愿者招募和培训以及资源开发等领域。

• 金融诊所和赋能中心雇用的员工具有学科背景多样化的特点，但他们皆有着基本的金融咨询技能，并能够帮助服务对象做就业规划和就业培训，提供报税协助，申请退税，协助做预算，帮助人们开立银行账户，并向他们提供关于破产、丧失房屋止赎权和其他财务问题的法律援助。

• 金融机构，如银行、信用合作社、CDFI，以及金融监管机构，会从商业、法律、家庭和消费者科学等专业领域雇用 FCAB 服务者。一些组织还会聘用人类服务领域的专业人士，且在招聘的过程中更青睐于那些受过财务培训，并且有过为服务匮乏家庭提供服务的经历的人士（Mayer，2004）。

• 由市政、州或联邦政府管辖的项目通常会雇用各个领域的专业人士，但是往往有着高学历的门槛限制。这些高材生一般会被分配到医疗、人类服务、教育、住房、城市规划、劳动力发展和劳动等机构工作。举例来说，美国国防部（U.S.Department of Defense，DOD）曾发布《军人财务准备计划》(见专栏 23.1)，向开展金融实践的人类服务实践者提供资金援助。

专栏 23.1　聚焦政策：军人财务准备计划雇用 FCAB 服务者

在联邦政府层面，因为制定了专门帮助军人处理财务问题的政策，DOD 成了最大的金融服务者雇主之一。在 DOD 管辖的 200 多万军人队伍中，年轻军人占据了很大比例。而在年轻军人中，大部分是第一次领到薪水。于是军队意识到这些年轻军人需要更多的金融指导。调查显示，超过 40% 的现役军人在家中有受扶养人，其中 4% 的男性军人和 12% 的女性军人是单亲父母（Clever and Segal，2013）。因此，尽管服役人员的收入略高于受教育程度相同的普通人，但是调查报告显示，他们正面临着显著的财务压力，而这些压力主要与薪酬和退休有关（Blue Star Families，2016；Hosek and MacDermid Wadsworth，2013）。

此外，军人的生活面临着频繁的调动和部署，这往往令他们的财务问题变得严重。例如由于银行无法联系到军人所产生的银行费、使用次数过少导致账户处于不活跃状态，或账户不符合规定且没有被及时修正，以上的种种情况皆会限制储蓄的发展（National Veterans Technical Assitance Center，n.d.）。一项针对军人家庭的调查显示，三分之一的军人家庭或多或少都有些财务困难，只有不到一半的军人家庭进行定期储蓄，拥有 1000 美元应急储蓄的军人家庭只占 56%（Status of Forces Servey of Active Duty Members，2013，as cited in Deckle，2016）。这些问题会对军人在被部署后的适应过程产生负面影响，从而导致更多的财务问题、更高水平的压力和焦虑（Elbogen，Johnson，Wagner，Newton and Beckham，2012）。

为了应对该情况，DOD 创建了一个军人财务准备计划，该计划有四个支柱：理财、先储蓄后投资、消费者保护和未来规划（Dekle，2016）。为此，DOD 雇用了许多专业人员，这些专业人士形成了一个军人支持网络，向军人提供包括金融咨询、就业准备和过渡期援助在内的金融服务。上百万的服务对象接受了基础的财务或就业咨询，成千上万的人接受了拓展的咨询或参加了研讨会和在线培训（Dekle，2016）。

陆军是美国四大军种中规模最大的一个。每一个陆军基地都为士兵提供了财务准备计划。该项目以研讨会和课堂为媒介，教导士兵储蓄和投资、设立储蓄目标，以及消除债务等方面的金融知识，并提供面对面的以及线上的财务咨询服务（Army OneSource，2016）。Army OneSource 向士兵提供各种在线资源，如将货币事项（Money Matters）移动应用程序、金融计算器等资源与财务准备资源［例如“我的 FICO 和我的社会保障”（“My FICO and My Social Security”）］、军人储蓄（Military Saves）行动材料、商业促进局委员会军人热线等资源进行连接，形成一个提高金融素养和增强金融风险防护的在线项目。

- 规划、消费者保护、倡导和资助机构也会雇用接受过专业培训的各类服务者。他们根据组织的工作重心，选择具备规划、法律、宣传和资源开发技能的服务者。他们也会根据组织的任务寻找特殊领域的专家。例如，某个组织可能会寻找一位专业人士来专门对接少数族裔社区、农村社区、移民社区、残障人士等的事务。

- 研发组织为了评估和测试 FCAB 干预措施，通常会招聘研究人员，这些岗位要求研究人员具备高学历和相关工作经历（见专栏 23.2）。

专栏 23.2 聚焦研究：金融实践的学术研究

跟进最新的学术研究也属于为个人、家庭、家人和团体传递高质量服务的范畴。特别要注意的是，服务者需要知道什么干预措施有效，知道谁是最佳的合作对象，还要清楚干预措施在什么情况下有效。来自大学、政府机构和非营利智库的研究人员为服务者提供了最新的知识和证据。服务者可以利用这些资源在其组织中发起和发展 FCAB 干预措施与规划。

到目前为止，尚且没有一个单一的地方或组织集合了关于金融实践的所有研究。相反的是，服务者必须了解哪些组织资助并发布了高质量的研究，以及哪些学术期刊刊载了这些组织工作领域的研究成果。纵观本书，我们提供了许多聚焦于FCAB 主题的研究和开发组织的案例。这些案例为我们寻找例证提供了很大的空间，也为我们提供了可靠有用的资源。

通过媒体报道，我们可以轻松地了解某一学术研究成果，但是一手资料往往更具有重要的研究意义。一些同行评审的学术期刊会定期刊载 FCAB 领域的相关文章，如《儿童和青少年服务评论》(*Children and Youth Service Review*)、《社会中的家庭》(*Family in Society*)、《消费者事务杂志》(*Journal of Consumer Affairs*)、《家庭与经济问题杂志》(*Journal of Family and Economic Issues*)、《金融咨询与规划杂志》(*Journal of Financial Counseling and Planning*)、《金融治疗杂志》(*Journal of Financial Therapy*)、《社会学与社会福利杂志》(*The Journal of Sociology & Social Welfare*)，以及《社会服务评论》(*Social Service Review*)等。

路易丝·德班是某个家庭服务机构的中级职业顾问，她逐渐意识到，经济和财务问题是她的服务对象目前呈现的许多问题的根源。她目睹了像乔治·威廉姆斯这样的家庭，因为收入低下而无法维持家庭的正常开销，更没有多余的资金去进行长期规划与额外投资。被深深触动的路易丝，决心要为这样的家庭提供更多的帮助。

聚焦案例：路易丝通过社会工作培训来设计金融干预计划

就职于家庭服务机构的路易丝面对的服务对象，通常都是由法院、学校或社会、健康中心转介而来的，这些服务对象往往出现了社会、情感和行为等问题。她目睹了服务对象本就稀少的经济资源逐渐被替代性金融服务所耗尽（见第 4 章）；她眼睁睁地看着家庭作出糟糕的金融决策，进而危害他们的金融稳定性；她发现许多年轻人远离家乡并试图在城市中谋求生路，却也因经济波动而日日为建立稳定的生活保障而奔波。

在社会工作培训中，路易丝一直坚信要跳出服务对象个人经历的束缚，转而重视社会制度对个人的影响。尽管这样做似乎会加大工作的难度，但一些刻板的社会制度导致了她很难与服务对象建立联系，从而无法达到服务效果，所以她必须要参与到制度变革中。尤其是，她对那些可以改善服务对象和社区中其他人群经济福祉的干预措施非常关注。

路易丝深知自身能力有限，于是她与同事一起组织了一场最低工资运动。她确信，如果服务对象有一份稳定的全职工作，并获得更高的薪水，其境况就会好得多。但她也深谙，如此便需要为提高州法定最低工资标准作出努力。虽然团队成员一直尝试让州立法者意识到提高工资标准的重要性，但他们也决定尝试其他策略。然而，路易丝也知道，光提高最低工资标准是不够的，因为许多服务对象可能都没有一份受最低工资法律保护的工作，这其中又以年轻人居多。

路易丝提议，要对美国各地的原住民社区进行调查研究，考察这些社区在建立经济保障时所做的工作。她将注意力集中在一些学术期刊（见专栏23.2）和自己相对了解的研究评估组织上。她从第一民族发展研究所（First Nations Development Institute）得到了很多珍贵资料。通过查阅，她了解到布莱克菲特印第安人居留地的贫困率为37%，是全国平均水平（15%）的两倍还多；该居留地的失业率接近20%，而全国的失业率约为6%（McElrone，2016）。路易丝知道数值会很夸张，但也认为只有事实才会对政府有所帮助。回顾众多举措，如第一民族发展研究所为原住民中的已育学生提供了金融赋能计划，这是一个金融素养计划，可以帮助年轻人学会管理他们从未成年人信托计划中一次性支取的钱。除此之外，还有遏制金融诈骗分子的项目，这些犯罪分子的诈骗对象主要为老年人，诈骗目标为接受人均标准支付（见第3章）、信托基金付款和诉讼和解（First Nations Development Institute，n.d.）。

她还注意到了俄克拉何马州正在进行的几个有趣的项目，其中包括俄克拉何马州原住民资产联盟（Oklahoma Native Assets Coalition，2016），该联盟发起了一个原住民儿童储蓄账户运动，并与俄克拉何马政策研究所（Oklahoma Policy Institute）合作，支持俄克拉何马州原住民建立资产网络。她发现，一些原住民的CDFI正在与部落地区的大学合作，为有创业兴趣的学生等群体提供创业培训，使金融服务更好地契合原住民社区的独特需要（U.S.Department of Treasury，n.d.）。她拜访了附近的一家原住民CDFI，想了解该机构能提供什么，以及是否有机会与之建立合作关系。她还仔细记录了所有有关干预措施的研究，这些干预措施表明了有望改善的发展方向，以及各种举措的资金来源。

在做这些工作的时候，路易丝小心翼翼地保持着一种原住民的“视角”，关注植根于原住民社区经历的历史和创伤的文化问题（见第 3 章；Weaver，2013；Yaeger，2011）。多年来，她了解到她的许多服务对象或其家人至少有一段时间异地工作。她意识到与部落主权相关的许多问题也必须被解决。到目前为止，路易丝对与家庭相关的法律问题相当熟悉，但也意识到，关于部落民族的经济主权问题，她还有很多需要学习的地方。无论最低工资运动组织做什么，都必须考虑部落治理和其他独特的社区现状（Yaeger，2011）。

虽然路易丝仍很迷茫，但她很兴奋地发现，在蒙大拿州和附近的州，从事经济和金融倡议的人比她想象的要多。她和同事计划去几个周边地区了解更多情况，并探讨未来合作的可能性。

FCAB 实践专业人士的职业前景

FCAB 实践为专业人士提供了以独特的方式塑造人类服务和金融服务的机会。越来越多的人认识到，人们的金融和经济发展与整个生命周期的福祉密切相关（见第 20 章）。随着研究人员与服务者合作开发知识和技能，涉及构建 FCAB 的理论和证据越来越多（见第 21 章）。

社区组织越来越多地将 FCAB 服务融入社会、医疗和精神健康服务，而社区发展组织则将社会和经济战略结合起来，为发展创造机会（见第 22 章）。随着研究人员和政策专家开发与测试新的政策改革（见第 22 章），社会政策创新拓展了 FCAB 为金融脆弱人群提供服务的机会。

尽管取得了这些进展，FCAB 实践的未来仍不明朗。服务者在准备、认证、职业道德准则、目标和责任等方面存在着广泛的差异。这种差异导致服务对象在遇到金融问题时，很难知道去哪里获得有力的最佳帮助。同时，在职培训、监督和继续教育的匮乏，可能导致服务者难以完美地为服务对象和社区提供保护。即使经受了一定的学术培训，服务者也可能暂不具备足够的 FCAB 相关知识和技能，难以最大程度地满足服务对象的金融需求。所以，该领域将必须能够向委托人保证，服务者是有能力且做好了充分准备的，而那些帮助进行财务规划的人也应该承担受托责任。

一些团体正在集中力量，以提高 FCAB 领域的专业水平，即探究什么样的知识、技能和投入可以为金融脆弱家庭带来真正的好处。如 CFE 制定了更严格的咨询和训练实践标准（见专栏 23.3）。而其他的团体，如圣路易丝华盛顿大学 CSD 发起了 FCAB 倡议，马里兰大学提出了金融社会工作创新计划，以及纽约市提出了经济素养创新方案，该方案聚焦美国家庭面临的经济问题，并为致力于解决这些问题的专业培训提供资源和研究成果（Frey et al.，2017；Frey et al.，2015；Horwitz and Briar-Lawson，2017；Sherraden，Birkenmaier，McClendon and Rochelle，2017）。例如，马里兰大学社会工作学院依托其继续职业教育办公室启动了一项金融社会工作证书计划，以协助社会工作者以多种方式帮助服务对象获得并增强金融能力（University of Maryland，2018）。

专栏 23.3 聚焦组织：专业化的金融训练和咨询

CFE 致力于明确金融实践对于金融脆弱家庭的意义，提高工作的可信度和知名度，以及创造更清晰的职业道路，从而使金融咨询和训练领域更加专业化。CFE 会将金融领域的各种专业人士（如直接服务者、管理人员、学者和金融教育、咨询、训练和资产建设等领域的投资者）聚集在一起开展讨论（CFE，n.d. -b）。

CFE 将其工作分成四个主要支柱：（1）**质量**，包括对服务者和工作项目的标准化培训、专业发展和认证要求；（2）**一致性**，包括干预措施和数据系统的标准化；（3）**问责制**，包括制定标准化的结果定义以及收集影响项目的数据；（4）**社区**，包括在地方、州和国家利益相关者之间开发关系网络，以支持和培养服务者的工作（CFE，n.d. -b）。

尽管 FCAB 领域中的服务者、政策制定者、研究人员等人士一直在追求专业化，但是仍然存在许多问题：

- 金融实践是否应该面向拥有不同学科或教育背景的专业人士，并在其中包含某种认证或指定？
- 与其他服务者相比，具备专业准备的服务者是否能够有更高水平的表现？专业化工作的对象到底是那些拥有特定教育背景的人，还是那些受过特定培训的人？
- 服务者该如何为跨学科的工作做准备，以便社会工作者、消费者和金融服务者、律师、接受过商业培训的人以及其他人员一起有效地推进该领域的发展？

- 在准备工作和专业活动方面，金融教育者、导师、咨询师、训练师和规划师的主要区别是什么（见第 21 章）？我们能够在多大程度上认为他们的服务可以被打包在一起并成为持续服务的一部分？

聚焦案例：珍妮特·哈勒特加入 Bank On 联盟

与尤兰达·沃克一起工作的信贷顾问兼金融训练师珍妮特·哈勒特是组织金融服务博览会的团队成员之一，尤兰达和她的女儿塔米卡也参与了这次博览会（见第 4 章）。珍妮特把有关博览会的信息传达给了家庭服务中心的社工，塔米卡在服务中心机缘巧合地获得了活动传单并给了她的母亲。这次活动非常成功，很多人通过该活动办理了第一个银行账户。同时，珍妮特也收到了很多积极的反馈。

因为关注服务对象的银行账户问题，珍妮特主动加入了一项基于城市的“Bank On”倡议。她发现除了那些没有银行账户的人以外，其他人为传统金融服务领域或替代性金融服务领域的金融服务付出过高昂代价。金融服务博览会是由城市 Bank On 联盟主办的第一个活动（见第 4 章）。

珍妮特第一次听说 Bank On，是通过一个信贷咨询领域的同事，他告诉珍妮特，会员资格对所有人开放。当珍妮特第一次参加 Bank On 会议（CFE, n.d. -a）时，社区银行和信用合作社的代表，以及社会服务提供者和社区其他人员的出席令她十分振奋。那天晚上，各个团体聚集在房间内，热烈地讨论新的银行账户标准（见第 4 章），该标准详细列出了开户存款、账户维护费以及其他费用的收费标准。那些想依托于当地 Bank On 行动提供开户服务的银行，被鼓励采用这一新标准（为顾客）开设账户。对珍妮特来说，这些标准似乎是一种进步，但她仍想更加努力地推进该行动，使产品更加灵活与可负担。

她之所以决定要出一份力，部分原因是她之前就职于 Bank On 联盟成员中的一家官方银行。她相信昔日的服务经验可以被带到讨论中来。提倡低成本的银行账户是她一直以来的信念，所以亲自参与倡议行动对她来说很重要。不同于无奈地在问题面前摇头，这些行动会让她真实地感受到自己为解决问题而付出了努力。珍妮特觉得，如果她的服务对象能够使用低成本银行账户，他们就可以节省一大笔费用，可能也不会面临过多的财务危机。最后，她决定加入联盟。如今，她和她的同事们正在倡导银行账户应该进行费用减负以满足新的行业标准。她为此感到很激动，因为她的服务对象很有可能可以在未来享受到更纯粹的金融机构服务。

这些问题和其他问题一样，将会因为FCAB服务者探索将该领域向更加专业化推进的方式，而受到广泛讨论和争论。

随着召开会议讨论发展问题的机会增多，FCAB领域必然会得到发展。服务者们感受到了金融脆弱家庭或社区的需求，聚集并进行FCAB项目的推广。例如：

- Prosperity Now（n.d.）每年会组织两次资产学习会议，该会议将服务者和政策制定者聚集在一起并讨论创造机会经济的步骤。
- 企业机会协会（Association for Enterprise Opportunity）成立的目的是为了支持那些正在创办或发展微型企业却面临服务匮乏问题的企业家。
- 机会金融网络（Opportunity Finance Network）、全国社区发展协会（National Community Development Association）、NeighborWorks网络和全国社区再投资联盟（National Community Reinvestment Coalition）聚集在一起，讨论低收入和服务匮乏社区的社区经济发展问题。
- 全国社区发展信用合作社联合会（National Federation of Community Development Credit Unions）、社区发展银行协会（Community Development Banking Association）和CFSI联合起来，对弱势家庭和社区的融资能力进行评估。

同时，学术领域在研究中往往容易陷入某种闭门造车的局面。所以跨学科的学术会议能够在加深对弱势家庭的金融和经济福祉含义的理解的同时，促进这一领域的发展。换句话说，把社会工作、消费者和家庭科学、咨询、商业和法律等方面的学者的研究成果结合起来，很可能会产生更多的重要学术进展。

结论

当下，金融服务者皆来自不同的专业领域，拥有不同的学科背景。截至目前，我们还不清楚这个领域有多大的可能性获得专业认同并开发实践标准。因此，对于那些想在这个领域开展事业的人来说，这既是挑战也是机遇。说是挑战，是因为该领域尚且不能提供给他们一个明确的职业道路，所以每个服务者只能自行决定哪些培训和经验是最有价值的。然而，该领域也提供了机遇，因为想从事金融实践的人可以充分发挥创新精神和企业家精神，而不受严苛的专业训练的约束。此外，由于实践标准的制定尚处于起步阶段，服务者就可以为金融实践的专业化过程作出贡献。换句话说，对于像加布里埃拉、莫妮卡、蒂法尼、路易丝和珍妮特这样富有企业家精神的个体来说，这个尚在发展的领域给予了她们自由发挥的可能性和机会。本章概述了一些具有典型意义的培训的主要来源和培养技能的方法，但任何对金融实践的某一方面感兴趣的人都不妨大胆一些，以独特的，甚至是非常规的方式来定制自己的职业道路。

FCAB 和其他金融实践领域是令人激动的工作领域，并有可能对弱势家庭和他们所生活的社区产生深远的影响。无论是刚开始职业生涯的学生，还是阅历丰富的在职专业人士，本书的观点和概念皆能为其个人成长提供平台，对于那些来自不同社区和环境的人们来说，本书也会对其金融福祉产生更强烈的影响。

探索更多

· 回顾 ·

1. 有哪两种证书或认证可以帮助服务者就 FCAB 议题做好准备，与家庭一起工作？要想获得这些凭证，服务者需要做些什么？
2. 举一个例子，哪个非营利 / 社区组织会有 FCAB 项目？是政府机构还是私人营利公司？

· 反思 ·

3. 通过本章的学习，你学到了哪些可以用来提升弱势群体的金融福祉的技能和专业知识？

· 应用 ·

4. 直接与你所在社区的服务对象及其家人合作，并开展金融能力研究计划。选择其中一个并回答以下问题：
   a. 这个计划提供什么服务？
   b. 该计划服务的目标人群是哪些？
   c. 该计划是否收取费用或学费，或该计划还有其他费用？
   d. 在你的社区中，你认为这些服务在多大程度上满足了金融脆弱家庭的需要？
5. 利用本章关于职业、准备和工作环境类型的内容作为背景信息，为自己制定一个职业规划并包括以下内容：

a. 评估

（1）你对哪种工作感兴趣？FCAB 工作的哪一领域最吸引你？

（2）你的职业目标是什么？

（3）你理想的工作是什么？

b. 研究

（1）你对哪些职位感兴趣？

（2）什么样的组织、公司或机构会雇用你来从事你感兴趣的工作？

c. 提高

（1）你需要什么样的技能和能力？

（2）你可以采取哪些步骤来实现你的职业目标？

参考文献

Association for Financial Counseling and Planning Education. (2017). Certification and training. Retrieved from https://www.afcpe.org/certification-and-training.

Army OneSource. (2016). Financial readiness. Retrieved from http://www.myarmyonesource.com/familyprogramsandservices/financialreadiness/default.aspx.

Birkenmaier, J. M., Loke, V., & Hageman, S. (2016). Are graduating students ready for financial social work practice? *Journal of Teaching in Social Work, 36*(5), 519-536.

Blue Star Families. (2016). 2015 military family lifestyle survey: Comprehensive report. Retrieved from https://bluestarfam.org/wp-content/uploads/2016/04/bsf_2015_comprehensive_report.pdf.

Prosperity Now. (n.d.). Assets Learning Conference. Retrieved from https://prosperitynow.org/is-sues/assets-learning-conference.

Cities for Financial Empowerment Fund. (n.d.-a). Bank On. Retrieved from http://www.joinbankon.org/#/.

Cities for Financial Empowerment Fund. (n.d.-b). The professionalizing field of financial counseling and coaching: A journal of essays from expert perspectives in the field. Retrieved from http://www.professionalfincounselingjournal.org/assets/cfe-fund-professionalizing-field-of-financial-counseling-and-coaching-journal.pdf.

Clever, M., & Segal, D. R. (2013). The demographics of military children and families. *The Future of Children, 23*(2), 13-39.

Collins, M. J., & Birkenmaier, J. M. (2013). Building the capacity of social workers to enhance financial capability. In J. M. Birkenmaier, M. Sherraden, & J. Curley (Eds.), *Financial capability and asset development: Research, education, policy, and practice* (pp. 302-322). New York: Oxford University Press.

Council on Social Work Education. (2017). Clearinghouse for economic well-being. Retrieved from http://www.cswe.org/EconWellBeing.aspx.

Dekle, J. W. (2016, January). Military financial readiness. Paper presented at the 2nd Financial Capability and Asset Building Convening, Society for Social Work and Research, Washington, DC.

Elbogen, E., Johnson, S. C., Wagner, H. R., Newton, V. M., & Beckham, J. C. (2012). Financial well-being and post deployment adjustment among Iraq and Afghanistan War veterans. *Military Medicine, 177*(6), 669-675.

First Nations Development Institute. (n.d.). Knowledge center. Retrieved from http://www.firstnations.org/knowledge-center.

Frey, J. J., Hopkins, K., Osteen, P., Callahan, C., Hageman, S., & Ko, J. (2017). Training social workers and human service professionals to address the complex financial needs of clients. *Journal of Social Work Education, 53*(1), 118-131. doi: 10.1080/10437797.2016.1212753.

Frey, J. J., Svoboda, D., Sander, R. L., Osteen, P. J., Callahan, C., & Elkinson, A. (2015). Evaluation of a continuing education training on client financial capability. *Journal of Social Work Education, 51*(3), 439-456.

Horwitz, S., & Briar-Lawson, K. (2017). A multi-university economic capability-building collaboration. *Journal of Social Work Education, 53*(1), 149-158. doi:10.1080/10437797.2016.1212750.

Hosek, J., & MacDermid Wadsworth, S. (2010). Economic conditions of military families. *The Future of Children, 23*, 41-59.

Mayer, N. E. (2004). Education and training for community development. In R. V. Anglin (Ed.), *Building the organizations that build communities: Strengthening the capacity of faith and community-based development organizations* (pp. 249-270). Washington, DC: U.S. Department of Housing and Urban Development.

McElrone, M. (2016). Blackfeet Reservation community food security & food sovereignty assessment. First Nations Development Institute. Retrieved from http://www.firstnations.org/system/files/FAST%20Blackfeet%20Community%20Food%20Assessment.pdf.

Michigan Department of Insurance and Financial Services. (2016). Approved debt management counselor certification providers. Retrieved from http://www.michigan.gov/difs/0,5269,7-303-22535_23037-349993--,00.html.

National Association of Social Workers. (2017). Practice. Retrieved from https://www.socialworkers.org/Practice.

National Coalition Against Domestic Violence. (n.d.). Home page. Retrieved from http://www.ncadv.org/.

National Veterans Technical Assistance Center. (n.d.). Research roundup: The financial impact of military service. Retrieved from http://www.nchv.org/images/uploads/RESEARCH%20ROUNDUP%20The%20Financial%20Impact%20of%20Military%20Service.pdf.

Oklahoma Native Assets Coalition. (2016). About us. Retrieved from http://www.oknativeassets.org/.

Peters, C. M., Sherraden, M. S., & Kuchinski, A. M. (2016). Growing financial assets for foster youths: Expanded child welfare responsibilities, policy conflict, and caseworker role tension. *Social Work, 61*(4), 340-348. doi:10.1093/sw/sww042.

Postmus, J. L., Plummer, S. B., McMahon, S., Murshid, N. S., & Kim, M. S. (2011). Understanding economic abuse in the lives of survivors. *Journal of Interpersonal Violence, 27*(3), 411-430.

Sanders, C. (2013). Financial capability among survivors of domestic violence. In J. M. Birkenmaier, M. S. Sherraden, & J. C. Curley, J. (Eds.), *Financial capability and asset building: Research, education, policy, and practice* (pp. 85-107). New York: Oxford University Press.

Sherraden, M. S., Birkenmaier, J., McClendon, G., & Rochelle, M. (2017). Financial capability and asset building in social work education: Is it "the big piece missing" ? *Journal of Social Work Education, 53*(1), 132-148. doi:10.1080/1043

7797.2016.1212754.

University of Maryland (2018). Financial social work certificate program. School of Social Work. Retrieved from http://www.ssw.umaryland.edu/cpe/certificate-programs/financial-social-work-certificate-program/.

U.S. Department of Housing and Urban Development. (2017). *Housing counseling: New certification requirements final rule. HUD Exchange*. Retrieved from https://www.hudexchange.info/programs/housing-counseling/certification/.

U.S. Department of Treasury. (n.d.). Native initiatives. Community Development Financial Institutions Fund. Retrieved from https://www.cdfifund.gov/programs-training/Programs/native-initiatives/Pages/default.aspx.

Weaver, H. N. (2013). Native Americans: Overview. In *Social work encyclopedia*. doi:10.1093/acrefore/9780199975839.013.603.

Weaver, T. L., Sanders, C. K., Campbell, C. L., & Schnabel, M. (2009). Development and preliminary psychometric evaluation of the Domestic Violence-Related Financial Issues Scale (DV-FI). *Journal of Interpersonal Violence, 24*(4), 569-585.

Yaeger, D. (2011). Developing Native American expertise in social work. *Social Work Today, 11*(5), 8.

术语对照表

529 College Savings Plan　529 大学储蓄计划
AARP　美国退休人员协会
account owner　账户持有人
accounts paid as agreed　按约还款账户
Accumulating Savings and Credit Associations　累计存款和信用联盟
action　行动
active accounts　活跃账户
actively managed funds　主动管理型基金
additional child tax credit (ACTC)　额外的儿童税收抵免
adjusted gross income (AGI)　调整后的总收入
adjustable rate mortgages　可调利率抵押贷款
advanced directive for health decisions (health care directives)　医疗决策的高级指导
adverse summary　不良账户总览
Affordable Care Act (ACA)　平价医疗法案
agenda　行动进程
alerts　警告
alliance　联盟
alternative financial services (alternative credit products and services)　替代性金融服务（替代性信贷产品和服务）
alternative or nontraditional credit　替代性或非传统信用
alternative secured credit　替代性担保贷款
alternative transaction products　替代性交易产品
amount of debt　债务总额
annuities　年金
appraisal　估值（价）
area median income (AMI)　地区中位收入
Ask CFPB　消费者金融保护局的金融指导
asset　资产
asset poor　资产贫乏的人
asset test　资产测试
authorized user　被授权用户
auto insurance　汽车保险
auto loans　汽车贷款
auto title loans　汽车牌照贷款
automated teller machine (ATM)　自动取款机
awareness　觉醒
balance sheet　损益表
balloon payments　一次性支付的大笔款项
bankruptcy　破产
Behavioral Economics　行为经济学
below market rate　低于市场水平的利率
benefits (job benefits)　福利
biases　偏见
Black Codes　黑人法令
bond　债券
braceros　短工计划

budget (budgeting) 预算
buyer agent 买方代理人
capital gains taxes 资本利得税
certificates of deposit (CD) 定期存单
certified or cashier's checks 保付支票
Chapter 7 Bankruptcy 第 7 章中的破产条件
Chapter 13 Bankruptcy 第 13 章中的破产条件
check cashing 支票兑现
checking accounts 支票账户
child development accounts (CDA) 儿童发展账户
child tax credit (CTC) 儿童税收抵免
choice architecture 选择架构
closed accounts 注销的账户
closing 房产交割
co-insurance 联合保险
collateral 抵押品
collection accounts 催收账户
college-bound identity 大学的身份认同感
collision coverage 碰撞险
commercial banks 商业银行
commitment devices 承诺机制
community banks 社区银行
Community Development Corporations (CDC) 社区发展机构
Community Development Credit Unions 社区发展信用合作社
Community Development Financial Institutions (CDFI) 社区发展金融机构
Community Development Organizations 社区发展组织
Community Reinvestment Act of 1977(CRA) 1977 年社区再投资法案
company shares 公司股份
compound interest 复利
comprehensive coverage 综合险
concentrated poverty 贫困集中的地区
Consumer Credit Counseling Agencies (CCCA) 消费信贷咨询机构
consumer credit counseling services (CCC) 消费信贷咨询服务
consumer installment loans 消费贷
consumer statement 用户声明
contingent workers 临时工
co-pays 共付费用
cosigner 共同签署人
counterclaim 反诉
coverture 有夫之妇
credit builder loan 信用建设贷款
Credit Bureau 征信机构
credit cards (major credit cards) 信用卡
credit reports 信用报告
credit score 信用得分
Credit Unions 信用合作社
creditors 债权人
cultural competence 文化胜任力
cultural humility 文化谦逊
custodian 监管人
dashboard 用户界面
debit cards 借记卡
debt consolidation 债务整合
debt negotiation 债务协商
debt relief and debt settlement companies 债务减免和清算公司
debtors 债务人
Deed in Lieu of Foreclosure 代替没收契据
default 违约
default enrollment or automatic enrollment 默认开户和自动开户
default judgment 默认判决
defense 辩护
deficit 赤字
defined benefit 固定福利
defined contribution 固定供款

delinquency 拖欠
dental insurance 牙科保险
disability insurance 伤残保险
discretionary income 可支配收入
discretionary spending 可支配开支
dividends 分红
down payment 首付
durable goods 耐用品
durable power of attorney for health care (health care proxy) 医疗照护永久授权书
earmark 专款专用
earned income tax credit (EITC) 所得税减免
earnest money 定金
education and training programs 教育和培训方案
education loans 教育贷款
electronic funds transfer (EFT) 电子资金汇款
emergency expenses 紧急开支
employer-based insurance 基于雇主的保险
employment programs 就业计划
enrolled agents 注册代理的专业报税人
escrow account 托管账户
estate plan 遗产规划
exclusions 责任免除
executive function 执行功能
executor 遗嘱执行人
exemptions 免征
expectations 期待
expected family contribution (EFC) 家庭预期支付额
experiential financial education (learning by doing) 边做边学
extension services 拓展服务
extreme poverty 极度贫困
Free Application for Federal Student Aid (FAFSA) 联邦学生资助免费申请
facilitation 便捷性
Fair Debt Collection Practices Act (FDCPA) 公平债务催收作业法
fair market value (fair market rent) 公允价值
Federal Trade Commission (FTC) 联邦贸易委员会
federally recognized tribe 联邦认可的部落
feminization of poverty 贫困的女性化
Federal Housing Administration (FHA) loans 联邦住房管理局贷款
FICO score FICO 得分
fiduciary duty 委托义务
filial piety 孝道
financial aid package 经济援助一揽子计划
financial asset 金融资产
financial attitudes and norms 金融态度和规范
financial capability 金融能力
financial capability and asset building (FCAB) 金融能力与资产建设
financial coaching 金融训练
financial counseling 金融咨询
financial counseling, issue specific 针对特定问题的金融咨询
financial education 金融教育
Financial Empowerment and Opportunity Centers (Financial Clinics and Empowerment Centers) 金融赋能和机会中心
financial genograms 金融谱系
financial inclusion 金融普惠
financial landscape 金融成像
financial literacy 金融素养
financial mentoring 金融督导
financial mirror 金融镜
financial statements 金融文件
FINANCIAL THERAPY 金融治疗
financial vulnerability 金融脆弱性
fixed expenses 固定费用
fixed term 定期

fixed-rate mortgages　固定利率抵押贷款
forbearance　延期还款
foreclosure　止赎权
formal job sector　正式就业部门
fraud alert　诈骗警告
fraudulent practices　欺诈行为
Freedmen's Bureau　自由人事务管理局
full retirement age　完全退休年龄
general durable power of attorney (POA)　通用的持久授权书
gross income　总收入
guarantcc of renewability　续保条款
guardian　监护人
guardian of property (conservator of property)　财产监护人（财产保管人）
hard inquiry　硬查询
Health and Mental Health Organizations　医疗和精神健康组织
health insurance　医疗保险
Health Maintenance Organizations (HMO)　健康维护组织
high-pressure sales methods　高压销售手段
higher education　高等教育
Historically Black Colleges and Universities (HBCU)　传统黑人大学
home equity　房屋净值
home equity loans　房屋净值贷款
home inspection　房屋检查
homeowners insurance　业主险
housing assistance programs　住房援助方案
Housing Finance Agency (HFA)　住房金融管理局
housing ratio　住房比率
housing vouchers　住房抵用券
human capital　人力资本
identity theft report　身份盗用报告
immigrants　移民
incentives　激励
inclusion　普惠
inclusionary zoning　包容性分区
income (household income)　收入（家庭收入）
income inequality　收入不平等
income statement　损益表
income taxes　所得税
income volatility　收入不稳定性
indexed funds　指数基金
individual (non-group) market insurance　个人（非团体）商业保险
individual development account (IDA)　个人发展账户
Individual Indian Money (IIM) accounts　个人印第安金钱账户
individual taxpayer identification number (ITIN)　个人纳税人识别号码
inflation　通货膨胀
informal job sector　非正式就业部门
information and guidance　信息和指导
in-kind income or bartered goods　实物收入或交换物
in-kind support programs　实物支持计划
inquiries　查询
insolvent　无力偿还
installment credit　分期贷款
institutional theory　制度理论
insurance　保险
IRS free file　国税局免费文档
itemized deductions　分项扣除
joint account owner　联名账户所有者
Joint Tenancy with Right of Survivorship (JTWROS)　联权共有财产自动继承权
laddered learning　阶梯式学习
lending circles　借贷圈
length of credit history　信用历史
liabilities　负债

liabilities (longer term) 负债（长期）
liabilities (shorter term) 负债（短期）
liability coverage 责任险
lien 留置权
lines of credit 信贷额度
loan flipping 贷款翻转
loan products 贷款产品
loan-to-value ratio 按揭比率
Low-Income Credit Unions 低收入信用合作社
Low-Income Housing Tax Credits (LIHTC) 低收入住房税收抵免
Low-Income Taxpayer Clinics (LITCS) 低收入纳税人指导中心
market value 市场价值
master promissory note (MPN) 本票文件
means test 经济状况调查
medical assistance programs 医疗援助计划
medical coverage (auto) 医疗保险（汽车）
mental shortcuts 思维捷径
merit-based scholarships and grants 以成绩为基础的奖助学金
micro financial practice 微观金融实践
migrants 移民
Military Financial Readiness Centers 军人金融筹备中心
military veteran benefits 退伍军人福利
minor's trust accounts 少年信托账户
mobile banking 移动银行
modified adjusted gross income (MAGI) 经修正的调整后总收入
Money as You Grow 成长资金项目
money circles 货币圈
money guard 现金安保
money lenders 放贷人
money management 资金管理（理财）
money management and financial decision making (child and youth development) 理财和金融决策（儿童和青年发展）
money market accounts 货币市场账户
money orders 汇票
money transmitters 资金转移
mortgage 抵押贷款
mortgage bankers 按揭银行家
mortgage brokers 按揭经纪人
mortgage interest tax deduction 抵押贷款利息税收减免
mutual funds 共同基金
my retirement accounts (MyRA) 我的退休账户
need-based scholarships and grants 按需分配的奖助学金
negative accounts 不良账户
negative amortization 负摊还
net worth (equity) 净值
nonbank money orders 非银行汇票
nondiscrimination 非歧视
nonjudgmental attitude 非批判的态度
nutrition assistance programs 营养援助计划
occasional expenses 临时费用
on/off the books 账面收入 / 账外收入
online-only banks 网上银行
opportunity costs 机会成本
opt-out option 选择退出选项
overdraft protection 透支保护
pawnshop loans 典当行贷款
Pay As You Earn (PAYE) 领工资时还款
payday loans 发薪日贷款
payment history 还款历史
payroll taxes 薪资税 / 工资税
Pell Grant program 佩尔助学金计划
per capita payments 人均标准支付
per stirpes 按家系
permanent life insurance 永久人寿保险
personal information 个人信息
PLUS loans 附加贷款

potentially negative information, adverse summary, or derogatory summary　潜在负面信息，负面摘要，或贬义摘要
POWER OF ATTORNEY (POA)　事务授权
preapproval　预批准
predatory loans　掠夺性贷款
Preferred Provider Organizations (PPO)　首选服务提供者组织
prequalification　贷款资格预审
present bias　即时倾向
presenting Issue　呈现问题
principal balance　本金余额
private mortgage insurance (PMI)　私人抵押保险
pro bono　公益性的 / 无偿的 / 低偿的
probate　遗嘱认证
probated estates　遗嘱认证遗产
problem debt　问题债务
procrastinate　拖延
progressive taxes　累进税
progressivity　累进性
Project-Based Section 8 Housing　基于项目的第 8 节住房计划
property insurance　财产保险
property taxes　财产税
public assistance　公共援助
public housing　公共住房
public records　公共记录
push factors and pull factors　推力因素和拉力因素
quinceañera　成人礼
reachable moments　可参与的时刻
real property and personal property　不动产和个人财产
real rate of return　实际回报率
receivable　应收账款
redlining　区别对待
refugees or asylees　难民
regressive taxes　累退税
remittances　汇付
renter's insurance　承租险
rent-to-own　先租后买
replacement value　重置价值
restrictions　限制
restrictive covenants　限制性契约
revocable living trusts　可撤销生前信托
reverse mortgage　反向抵押贷款
revolving credit　循环信贷
risk and return　风险和回报
Roth IRA　罗斯个人退休金账户
sales taxes　销售税
savers credit　储户抵免
savings accounts　储蓄账户
savings groups　储蓄小组
savings products　储蓄产品
second-chance accounts　二次机会账户
Section 202 Program　第 202 节项目
Section 515 Program　第 515 节项目
Section 811 Program　第 811 节项目
secured credit　有担保贷款
secured credit card　有担保的信用卡
security and reliability　安全性和可靠性
security freeze　安全冻结
self-determination　自决
service credit (open credit)　服务贷款（开放贷款）
servicer　服务方
settlement　和解
severely delinquent debt　严重的拖欠债务
sharecropping　佃农制
sharia-compliant　伊斯兰教义
short sale　做空
simple interest　单利
small business loans　小型经营信贷

small dollar loans 小额贷款
social insurance 社会保险
social security 社会保障
social security disability insurance (SSDI) 社会保障伤残保险
social service organizations 社会服务组织
social services 社会服务
soft inquiry 软查询
special needs trust (SNT) 特殊需求信托
spending leaks 支出漏洞
springing durable power of attorney 弹性的持久授权书
standard deduction 标准扣除额
stock 股票
storing money at home 在家存钱
strengths perspective 优势视角
subprime mortgages 次贷
subsidized stafford loans 有补贴的斯塔福德贷款
sufficiency 充裕
summary of accounts 账户总览
supplemental security income (SSI) 补充保障收入
tangible assets 有形资产
tax credit (non-refundable) 税收抵免（不可退还的）
tax credit (refundable) 税收抵免（可退还的）
tax credits 税收抵免
tax expenditures 税收支出
tax liens 税收留置权
taxable income 应税收入
teachable moments 教育时机
temporary modified payment 临时修改的还款
tenancy by the entirety 联权共有财产
term life insurance 定期人寿保险
testamentary trusts 遗嘱信托
The HAJJ 朝觐
the Housing Choice Voucher Section 8 住房选择抵用券第 8 节项目
thin (credit) file 资浅（信用）报告
think tanks 智库
Three-Fifths Rule 五分之三原则
time horizon 投资期
time value of money 货币的时间价值
tithing 什一税
title search 产权查询
traditional IRA 传统个人退休账户
transaction account 交易账户
transaction products 交易产品
trust 信托
trust agreement 信托协议
unbanked 无银行账户
unbiased 不偏不倚
underbanked 未充分利用银行账户
underinsured motorist coverage 未充分投保机动车险
unsecured credit 无担保贷款
unsubsidized stafford loans 无补贴的斯塔福德贷款
U.S. savings bonds 美国储蓄债券
variable expenses 可变花销
Veterans Health Administration (VHA) and Military Coverage 退伍军人健康管理和军事保险
veterans' disability compensation 退伍军人伤残赔偿金
Volunteer Income Tax Assistance (VITA) SITES 志愿者所得税援助站点
wages and salary 工资和薪水
wealth 财富
wealth inequality 财富不平等
will 遗嘱
windfalls 意外之财
workout agreement 解决协议

译后记

最近这十多年来，中国社会工作教育正经历着一场深刻的发展转型。1987年9月民政部召开“马甸会议”，标志着中国社会工作教育迎来恢复重建。经过35年的快速发展，中国内地高校每年培养各层次毕业生超过3万人。但同时，随着经济社会发展和“双一流”政策要求，社会工作教育也出现了本土理论创新不足、实务对现实回应不强、教学与实践衔接不够等问题，特别是很多高校社会工作专业设置片面追求大而全，导致专业教育趋同现象十分普遍，社会工作教育在各个高校间缺乏差异性、层次性。作为现代社会一项专业性助人事业和学科，社会工作专业教育需要不断回应经济社会发展的新变化、新问题、新需求，不断开拓新领域，努力迈向高质量发展的2.0时代。

金融社会工作的兴起与发展是社会工作学界和业界对特定经济社会问题作出的一种回应。现代社会金融化以及金融社会的高流动性和高风险化带来了一系列问题，金融社会工作作为全球社会服务的一个新领域，是社会工作和金融服务的一个结合。“金融社会工作”词条被《牛津社会工作百科全书》和《牛津社会工作宏观实践百科全书》收录，“面向所有人群的金融能力与资产建设”也被美国社会福利和社会工作学会列为社会工作在21世纪的十二大挑战之一。各国的金融机构、非营利组织和社工服务机构广泛开展金融社会服务，并设置金融社工岗位。同时，美国圣路易斯华盛顿大学等一些世界著名高校纷纷开设金融社会工作教育专业，也体现了全球社会工作界为适应社会金融化进程所做的一种教育创新。

本书是全球金融社会工作发展的代表之作，将本书译介给国内读者将有助于推进中国金融社会工作教育的发展。在这场深刻的教育转型中，国内一部分社会工作专业人士率先行动起来。2018年11月初，中央财经大学联合北京大学—香港理工大学中国社会工作研究中心、美国圣路易斯华盛顿大学社会发展中心召开“金融赋能与资产建设：金融社会工作实务、研究与教育国际研讨会”，这是国内第一届金融社会工作专题国际研讨会。随后，西南财经大学、上海商学院等院校相继举办了一系列金融社会工作主题的学术会议。2019 年 9 月，中央财经大学社会与心理学院在国内首先开办金融社会工作方向的社会工作专业硕士项目，在金融社会工作教学培养和课程设置方面实现了很大的探索和创新。此外，国内一批高校的社会工作院系还联合建成了中国社会工作教育协会金融社会工作专业委员会，在推动中国金融社会工作发展上迈出了重要一步。在实务方面，近年来金融社会工作与相关社会服务在国内快速兴起，目前已日渐深入参与应对金融社会风险挑战、开展金融助力乡村振兴、提升居民金融素养和金融健康、推进共同富裕等方面的工作。尤其值得一提的是，随着中国金融监管体制改革的推进，越来越多的金融机构开始关注和支持金融社会工作，并积极推动“社会工作 + 金融服务”的全新金融社会服务模式，这是“以人民为中心”理念下金融行业生态转型的一个积极信号。此外，随着国内金融社会工作教育和实务的推进，如《社会建设》《华东理工大学学报（社会科学版）》《社会工作》《社会工作与管理》《开发研究》等专业期刊也开始关注和刊发这一领域的研究成果，很多高校社会工作专业硕士（MSW）研究生在导师的指导下也以金融社会工作相关问题为主题完成学位论文，这些都形成了金融社会工作研究成果集中涌现的良好态势。

本书的翻译也是我们推动金融社会工作发展的一次重要尝试。中央财经大学社会与心理学院一直致力于从人才培养、学术研究、政策倡导以及实务发展等维度推动本土金融社会工作的发展。除了每年招收金融社会工作专硕研究生并进行持续三年本书的翻译工作之外，我们还积极组织了一批致力于金融与社会相关问题研究的专业师资力量，通过主办《金融与社会（集刊）》、不定期召开金融教育与金融社会工作专题论坛、开展金融与民生福祉相关课题研究等方式，持续深化对金融社会工作的研究。此外，我们还广泛开展金融社会工作产学研合作项目，先后与中国建设银行、Visa 公司、中国金融教育发展基金会、汇丰中国、深圳创新企业社会责任促进中心、佰特公益、益宝等卓越的国内外机构开展形式多样的合作，携手致力于推动金融社会工作的本土发展。

于我个人来讲，有幸主持翻译并顺利完成这部译著教材，主要得益于两方面的支持和帮助：一方面是同行专家的支持，包括国外专家团队和国内各位同仁。2018 年 11 月初，中央财经大学召开会议期间，来自圣路易斯华盛顿大学社会发展中心的玛格丽特 · 谢若登、朱莉 · 贝肯麦尔、迈克尔 · 柯林斯、黄进、邹莉等几位老师就将本书推荐给我们，使得我们了解到全球金融社会工作教育最为前沿的教材成果，并在当时就定下了将它译介回国的目标。我们诚挚感激黄进老师在本书引进、翻译和出版过程中提供的帮助，在整个翻译过程中，对于我们遇到任何疑难问题黄进老师总是悉心答复、给出建议，而且他与玛格丽特·谢若登两位老师欣然应邀为本书中文版作序。国内的同仁对本书的翻译和出版也提供了很多帮助。在 2018 年 11 月初的会议上，北京大学王思斌老师、中国青年政治学院史柏年老师、中国人民大学李迎生老师、云南大学钱宁老师、中国社会工作学会邹学银秘书长等亲临会议并分别致辞，他们这些年给予了本土金融社会工作发展很大的关注和支持。2019 年 11 月于山西太原举办的中国社会工作教育协会学术年会期间，协会常务副会长、南开大学关信平老师，协会副会长兼秘书长、北京大学马凤芝老师，协会副会长、南京大学二级教授彭华民老师等亲临金融社会工作专业委员会筹备会现场并分别致辞，对专委会建设与发展提出了重要建议和殷殷期望。特别是彭华民老师，他一直关心、支持、引领国内金融社会工作发展，牵头推动建成了中国社会工作教育协会金融社会工作专业委员会。Visa 中国区企业传播部普惠金融及教育项目负责人王东先生支持我们共建的“金融社会工作实习实训基地”，为师生开展实地调研和专业实务提供了重要平台。彭华民老师、王东先生还在百忙之中专门为本书赠写了推荐语。我们也曾以不同形式向专委会理事和同行们介绍本书及其翻译进展，广东财经大学的艾战胜老师、贵州财经大学的李国和老师、上海商学院的刘东老师、山东财经大学的董云芳老师等许多同仁不仅积极规划建设所在高校面向本硕学生的《金融社会工作》课程，而且在教学和使用本教材过程中为我们反馈了很多真知灼见，对翻译工作启发很大。

当然，这本译著是集体努力、众人汗水凝结的成果。中央财经大学社会与心理学院院长李国武教授这些年一直大力支持金融社会工作发展，不仅亲力亲为地给社会工作专硕研究生讲授相关课程，还专门为本书的翻译团队提供各种帮助。樊欢欢、尹银、胡洋、张现苓几位同事在我的提议下毅然参与了这项翻译工作，才使这项浩繁的任务顺利完成。面对这一全新任务，我们通过全程不定期召开翻译工作推进会等方式，克服了很多环境影响才逐渐打磨完成本作品。美国圣路易斯大学社会工作学院的博士生张莹莹女士和黄进教授不辞辛劳，应邀前后两次校对了本书翻译初稿，指出了人名、地名、机构名等错误，以及很多专业方面的翻译问题。格致出版社的忻雁翔副总编辑和程筠函编辑在本书翻译和出版过程中给我们提供了很多专业建议和支持，还将本书列入该社重点建设的“社会工作精品教材”丛书系列。此外，我这几年指导的研究生李敏、苏苗苗、刘世雄、兰思汗、杜鹏宇、谢诗东、王艺霏、陈艳、陈艺伟、韩雪、朱雯洁、李霄、曹驰悦等同学，在本书翻译过程中也协助我们做了很多工作。以上诸君为本书翻译出版倾注的大量精力和心血令我们深为感动。

相信拿到这本书的各位读者会发现，原书作者们在理论阐述、历史梳理、案例设计和资料索引等方面都做了大量的工作，阅读本书就像徐徐展开一幅金融社会工作的“山水画卷”，会让人获得系统而又全面的知识图景。当然我们深知，翻译工作是没有上限的，书中肯定还有一些不妥之处，作为国内第一本金融社会工作读本和教材，诚挚欢迎各位同仁多提宝贵意见，共同推动中国本土金融社会工作发展更上一层楼。

方　舒

2023 年 9 月 17 日于北京

Financial Capability and Asset Building in Vulnerable Households: Theory and Practice
ISBN 9780190238568
Published in the United States by Oxford University Press, New York

上海市版权局著作权合同登记号：图字 09-2021-0459

图书在版编目(CIP)数据

弱势家庭的金融能力与资产建设 : 理论与实务 /
(美) 玛格丽特·谢若登, (美) 朱莉·贝肯麦尔, (美)
迈克尔·柯林斯著 ; 方舒等译. — 上海 : 格致出版社 :
上海人民出版社, 2023.10
社会工作精品教材
ISBN 978-7-5432-3456-7

Ⅰ. ①弱… Ⅱ. ①玛… ②朱… ③迈… ④方… Ⅲ.
①家庭-金融资产-教材 Ⅳ. ①TS976.15

中国国家版本馆 CIP 数据核字(2023)第 069682 号

责任编辑 刘佳琪 程筠函
美术编辑 路 静

社会工作精品教材

弱势家庭的金融能力与资产建设:理论与实务

[美]玛格丽特·谢若登 朱莉·贝肯麦尔 迈克尔·柯林斯 著
方舒 胡洋 樊欢欢 张现苓 尹银 译
张莹莹 黄进 校

出 版 格致出版社
上海人民出版社
(201101 上海市闵行区号景路 159 弄 C 座)
发 行 上海人民出版社发行中心
印 刷 上海商务联西印刷有限公司
开 本 720×1000 1/16
印 张 37.25
插 页 1
字 数 663,000
版 次 2023 年 10 月第 1 版
印 次 2023 年 10 月第 1 次印刷
ISBN 978-7-5432-3456-7/C·292
定 价 138.00 元